GEÏLLUSTREERDE TECHNISCHE WOORDENBOEKEN
WOORDENBOEKEN

SCHLOMANN—OLDENBOURG

GEÏLLUSTREERDE TECHNISCHE WOORDENBOEKEN

MET MEDEWERKING VAN VELE
DESKUNDIGEN

BEWERKT DOOR

ALFRED SCHLOMANN

DEEL I
MACHINEONDERDEELEN EN DE
GEBRUIKELIJKSTE GEREEDSCHAPPEN

MÜNCHEN EN BERLIJN — R. OLDENBOURG
DEVENTER — Æ. E. KLUWER

MACHINEONDERDEELEN EN DE GEBRUIKELIJKSTE GEREEDSCHAPPEN

DUITSCH / ENGELSCH / FRANSCH
RUSSISCH / ITALIAANSCH / SPAANSCH
MET HOLLANDSCH SUPPLEMENT

ONDER REDACTIONEELE MEDEWERKING VAN
DIPL. ING. PAUL STÜLPNAGEL
VOOR HOLLAND BEWERKT DOOR
H. E. K. EZERMAN

MET 823 FIGUREN EN VELE FORMULES

1921
MÜNCHEN EN BERLIJN ~ R. OLDENBOURG
DEVENTER ~ Æ. E. KLUWER

Voorbericht van den uitgever.

Op het eerste deeltje van de bekende »Illustrierte Technische Wörterbücher« van A. Schlomann verscheen in 1916 een Zweedsch supplement. Dit bracht ons op de gedachte, ook een dergelijke bewerking voor Holland het licht te doen zien. Bij wijze van proef lieten we op Band 1 »Die Maschinenelemente und die gebräuchlichsten Werkzeuge« een Hollandsch supplement samenstellen. Wanneer het blijkt, dat de Hollandsche bewerking in een behoefte voorziet, ligt het in onze bedoeling, op de andere deeltjes der Duitsche uitgave ook een Hollandsch supplement te geven.

De woordenboeken van Schlomann onderscheiden zich van die van ten Bosch, doordat ieder onderdeel der techniek in een apart deel behandeld wordt en zij tevens behalve Fransch, Duitsch en Engelsch ook Russisch, Italiaansch en Spaansch bevatten. We meenden daarom, dat een Hollandsche uitgave van de »Illustrierte technische Wörterbücher« naast de woordenboeken van ten Bosch, waarvan een herdruk begin 1922 zal verschijnen, reden van bestaan heeft.

Een moeilijkheid bij de samenstelling van het Hollandsche supplement was het feit, dat onze taal rijk is aan technische uitdrukkingen, die aan andere talen zijn ontleend en in de practijk een zeker burgerrecht verkregen hebben. Veelal was het voor den bewerker, den heer H. E. K. Ezerman, moeilijk, voor zulke uitdrukkingen een goede gangbare Hollandsche vertaling te vinden. Hoewel het streven, om in de techniek zooveel mogelijk echt-Hollandsche woorden te gebruiken allen steun verdient, heeft de bewerker hier en daar beter gevonden, het in de practijk meest gangbare woord in dit boek op te nemen. Bij de samenstelling werd gebruik gemaakt van het Verklarend Handwoordenboek der Nederlandsche taal van M. J. Koenen, terwijl in vele gevallen het Viertalig Technisch Woordenboek van ten Bosch tot richtsnoer diende. Voorts werd een dankbaar gebruik gemaakt van vele gegevens, die door verschillende Hollandsche firma's welwillend werden verstrekt.

We houden ons steeds aanbevolen voor op- en aanmerkingen van vakkundigen, waardoor we hopen, fouten en gebreken, die ongetwijfeld niet geheel vermeden zullen zijn, bij een mogelijken herdruk te verbeteren.

Dat dit deeltje zijn weg zal mogen vinden en een goede steun zal zijn voor allen, die met de techniek te maken hebben, is de wensch van den

Uitgever.

Inleiding bij de Schlomann - Oldenbourg Illustrierte Technische Wörterbücher.

Bij de samenstelling van de »Illustrierte Technische Wörterbücher« van Schlomann is een wijze van bewerking gevolgd, die in beginsel van alle huidige methoden verschilt. De bewerking wordt gekarakteriseerd door:

rangschikking volgens vakgroepen[1]) **met gelijktijdige invoering van de schets in het technisch woordenboek.**

De bewerking volgens vakgroepen is op zulk een wijze door vakkundigen geschied, dat de betreffende groep met haar algemeene, theoretisch en practisch belangrijke uitdrukkingen in systematisch logische volgorde werd samengesteld, waarbij elk onderdeel van de groep in een afzonderlijk hoofdstuk werd ondergebracht.

Een belangrijk voordeel dezer indeeling volgens vakgroepen bestaat hierin, dat de woordenboeken van Schlomann niet alleen werken zijn, die dienen tot naslaan, doch bovendien tot zekere hoogte het karakter van een leerboek hebben aangenomen.

De meest naar voren tredende afwijking van de reeds bestaande woordenboeken wordt gevormd door de toepassing van de algemeen bekende »teekentaal« (schetsen, formules en symbolen) die bij de daarbij behoorende woorden zijn opgenomen, en waarnaar in den tekst verwezen wordt. Steunende op deze algemeene wereldtaal van den ingenieur, werden de vertalingen direct in werkplaatsen en bureaux van het betreffende land opgeschreven, waardoor groote nauwkeurigheid verkregen werd. In geen geval werden de uitdrukkingen uitsluitend aan technische woordenboeken, catalogi, prijscouranten, enz ontleend. Een groot aantal technische termen werd verzameld, waardoor het werk een zekeren grondslag vormt, waarop kan worden voortgebouwd. Aangezien in vele landen de terminologie nog niet vaststaat, is het duidelijk, dat groote moeilijkheden moesten worden overwonnen.

Het opnemen van schetsen in den tekst had ten doel, zoowel om aan de verschillende woorden de meest duidelijke

---

[1]) In dit deel is de stof verdeeld in de [volgende vakgroepen: Machineonderdeelen, Gereedschappen en een Aanhangsel, bevattende: „Technisch Teekenen" en „Algemeene Zaken".

verklaring te geven als ook om het karakter van leer- en herhalingsboek te verkrijgen, daar, zooals bekend mag worden verondersteld, die woorden het gemakkelijkst onthouden worden, waaraan men een zekere voorstelling kan verbinden.

Bij een blik in het woordenboek zien we een driedeelige indeeling in:

1e. Inhoudsopgave.
2e. Lijst in systematische volgorde.
3e. Doorloopend alfabetisch register.

Deze indeeling is zoowel in de Duitsche uitgave als in het Hollandsche supplement gevolgd.

Reeds met behulp van de na de »Inleiding« opgenomen inhoudsopgave kan men zonder moeite de volgens vakgroepen ingedeelde hoofdstukken vinden. De Hollandsche gebruiker raadpleegt dus eerst de Hollandsche inhoudsopgave en vindt daar vermeld, waar hij zoowel de Hollandsche vertaling van een bepaald hoofdstuk als het hoofdstuk in 6 talen kan vinden. Om evenwel het woordenboek geschikt te maken, zoowel voor het vertalen uit een vreemde taal in de moedertaal van den gebruiker, als van de eene vreemde taal in de andere, is achter in de Duitsche uitgave een alfabetisch register, waarin de talen door elkaar alfabetisch gerankschikt zijn, opgenomen en wel in 5 talen, nl. Duitsch, Engelsch, Fransch, Italiaansch en Spaansch, en een ander alfabet met alleen het Russisch, dat uit den aard der zaak niet in genoemd register kon worden ondergebracht. In het Hollandsche supplement bevindt zich ook een register, echter alleen voor het Hollandsch. Wil men nu een Hollandsch woord in onverschillig welke taal vertalen, dan zoekt men het in het Hollandsche register op en vindt er achter vermeld, op welke pagina men het kan vinden en tevens, welk nummer het woord op de bedoelde pagina heeft. Wanneer men een woord uit een der vreemde talen in het Hollandsch wil vertalen, dan zoekt men het op in het register achterin en vindt b. v. pagina 7, woord 8. Men raadpleegt nu de systematisch geordende lijst vóór in het Hollandsche supplement en vindt daar de Hollandsche vertaling van het woord.

Iedereen kan zich spoedig overtuigen van het doelmatige en nuttige van deze indeeling. Het groote voordeel treedt des te duidelijker aan het licht, wanneer men bedenkt, dat men met behulp van het Hollandsche supplement 42 tweetalige woordenboeken vervangt. Het in 5 talen doorloopende alfabet heeft tegenover een afzonderlijk register voor iedere taal het voordeel, dat elk woord der 5 talen in één en hetzelfde register gevonden wordt, waardoor men zich veel vlugger kan oriënteeren.

Aangezien de technische manier van uitdrukken in verschillende streken van één land niet altijd dezelfde is, zijn
alleen die woorden opgenomen, waarmede men in alle land-
streken één en hetzelfde begrip aangeeft.

Om dezelfde reden werd rekening gehouden met de ver-
schillen in de terminologie van Groot-Brittannië en Noord-
Amerika. De uitdrukkingen, die uitsluitend of met voor-
liefde in de Vereenigde Staten van Noord-Amerika gebruikt
worden, zijn met (A) aangegeven.

De woordenboeken van Schlomann, die tot de zak-
woordenboeken gerekend kunnen worden, leenen zich er bij-
zonder voor om door den ingenieur, den technischen koop-
man, den studeerende, op reis, in werkplaats, bibliotheek
of bij colleges gebruikt te worden. Uitdrukkingen, die be-
trekking hebben op verouderde constructies of die nog
slechts historische waarde hebben, zijn weggelaten.

Het hier volgende deeltje bevat de machine-onder-
deelen en de gebruikelijkste gereedschappen voor metaal-
en houtbewerking, met een Aanhangsel, waarin eenige uitdrukkingen zijn opgenomen, die voor technische bureaux
van belang kunnen zijn in verband met »technisch teekenen«
en »algemeene zaken«. Alleen die gereedschappen zijn in dit
deel opgenomen, die in iedere machinewerkplaats gevonden
worden.

1. Inhoudsopgave.

Machine-onderdeelen:	Hollandsch Supplement pag.	Duitsche Uitgave pag.
I. Bouten en schroeven	1	7
II. Spieën	2	21
III. Klinkwerk	3	26
IV. Assen	4	33
V. Pennen	4	37
VI. Kussenblokken	4	40
VII. Smering	5	49
VIII. Koppelingen	6	56
IX. Tandraderen	7	63
X. Drijfwielen	8	73
XI. Riemaandrijving	8	75
XII. Kettingaandrijving	10	88
XIII. Katrollen	10	93
XIV. Remmen	10	95
XV. Pijpen	11	97
XVI. Kleppen	12	112
XVII. Cilinders	14	130
XVIII. Pakkingbussen	14	132
XIX. Zuigers	14	136
XX. Krukaandrijving	15	140
XXI. Veeren	16	147
XXII. Vliegwielen	16	149
XXIII. Regulateurs	16	150

Gereedschappen:		
XXIV. Werkschroeven	16	153
XXV. Tangen	16	155
XXVI. Aanbeelden	17	158
XXVII. Hamers	17	160
XXVIII. Beitels	18	167
XXIX. Vijlen	18	169
XXX. Schaven	18	176
XXXI. Boren	19	178
XXXII. Freezen	19	183
XXXIII. Zagen	19	185
XXXIV. Verschillende gereedschappen	20	190
XXXV. Slijpgereedschappen	20	196
XXXVI. Het harden	21	198
XXXVII. Het soldeeren	21	200
XXXVIII. Meetwerktuigen	21	204
XXXIX. Metalen	22	210

Aanhangsel:		
XL. Technisch Teekenen	22	218
XLI. Algemeene zaken	24	234

Alphabetisch gerangschikt register,
met opgave van bladzijde en nummer, waarop ieder woord gevonden kan worden
a) Duitsch, Engelsch, Fransch, Italiaansch, Spaansch in één alphabet 257
b) Russisch 372

Hollandsch alphabetisch Register . 27

2. Lijst in systematische volgorde.

I. Bouten en schroeven.

Bldz. 7.
1. Schroeflijn (v)
2. Hellingshoek (m)
3. Helling (v)
4. Schroefvlak (o)
5. Schroefgang (v)
6. De schroef (v) heeft x gangen per duim
7. Schroefdraad (m)
8. Spoed (m) der schroef (v)

Bldz. 8.
1. Diepte (v) van den schroefdraad (m)
2. Breedte (v) van de schroefgang (v)
3. Inwendige diameter (m) (doorsnede) (v) van den schroefdraad (m)
4. Uitwendige diameter (doorsnede) van den schroefdraad (m)
5. Hart (o) van een schroef (v)
6. Rechtsche schroefdraad (m)
7. Rechtsloopend
8. Linksche schroefdraad (m)
9. Linksloopend

Bldz. 9.
1. Enkelvoudige schroefdraad (m)
2. Dubbele schroefdraad (m)
3. Drievoudige schroefdraad (m)
4. Schroefdraad (m) met meerdere gangen (v, ·mv), veelvoudige schroefdraad (m)
5. Scherpe schroefdraad (m), driekante schroefdraad (m), V-vormige schroefdraad (m)
6. Met scherpen draad (m)
7. Platte schroefdraad (m), vierkante schroefdraad (m)

Bldz. 10.
1. Met platten draad (m)
2. Ronde schroefdraad (m)
3. Met ronden draad (m)
4. Trapeziumvormige draad (m)
5. Moerdraad (m)
6. Gasdraad (m)
7. Fijne schroefdraad (m)

8. Fijnheid (v) van den schroefdraad (m)
9. Doode schroefgang (v), blinde schroefgang (v)
10. Automatische afsluiting (v)

Bldz. 11.
1. Schroefkoppeling (v)
2. Bout (m), schroefbout (m)
3. Pen (v) van een bout (m), schacht (v) van een bout (m)
4. Kop (m) van een bout (m)
5. Moer (v)
6. Sluitring (m), onderlegplaatje (o)
7. Boutgat (o)
8. Diameter (m), doorsnede (v) van een bout (m)
9. Bout (m) met kop (m) en moer (v)
10. Zeskante kop (m)

Bldz. 12.
1. Vierkante kop (m)
2. Ronde kop (m)
3. Verzonken kop (m)
4. Hamerkop (m)
5. Zeskante moer (v)
6. Gekroonde moer (v)
7. Vleugelmoer (v)
8. Randmoer (v)
9. Stelmoer (v)
10. Gerande moer (v), geribde moer (v)

Bldz. 13.
1. Holle moer (v)
2. Contra-moer (v)
3. Het borgen (o) van een bout (m)
4. Bevestigingsbout (m)
5. Draadstop (v)
6. Stelschroef (v), stelbout (m)
7. Aanzetschroef (v), aanzetbout (m)
8. Tapeind (o), tapbout (m)
9. Kopbout (m)
10. Pasgemaakte bout (m)

Bldz. 14.
1. Een bout (m) pasmaken
2. Oogbout (m)

3. Scharnierbout (m), scharnierschroefbout (m)
4. Verzonken bout (m), ingelaten bout (m)
5. Steunbout (m)
6. Afstandbout (m)
7. Afstandbus (v), afstandmof (v)
8. Spiebout (m), scheerbout (m), bout (m) met opsluitspie (v)
9. Een bout (m) vastspieën

Bldz. 15.
1. Klembout (m), stelschroef (v)
2. Stifttap (m)
3. Knevelschroef (v)
4. Vleugelschroef (v)
5. Micrometerschroef (v)
6. Steenbout (m)
7. Grondbout (m), fundatiebout (m)
8. Ankerplaat (v)

Bldz. 16.
1. Opsluitspie (v), opsluitwig (v)
2. Grondplaat (v), fundatieplaat (v)
3. Bout (m) met veelvoudigen schroefdraad (m)
4. Houtschroef (v)
5. Moersleutel (m)
6. Bek (m) van een sleutel (m), sleutelbek (m)
7. Sleutelwijdte (v)
8. Moersleutel (m) met één bek (m)

Bldz. 17.
1. Moersleutel (m) met twee bekken (m), dubbele moersleutel (m)
2. Draaisleutel (m)
3. Stelschroefsleutel (m)
4. Steeksleutel (m), soksleutel (m)
5. Dichte sleutel (m)
6. Kraansleutel (m)
7. Looper (m), haaksleutel (m), slothaak (m)
8. Vorksleutel (m), klepsleutel (m)

Bldz. 18.
1. Verstelbare schroefsleutel (m)
2. Engelsche (schroef-)sleutel (m)
3. Schroevedraaier (m)
4. Met bouten (m) bevestigen
5. Dichtschroeven, met schroeven (v) bevestigen
6. Verankeren, ankers (o) metselen in

7. Aanschroeven
8. Inschroeven
9. Vastschroeven

Bldz. 19.
1. Dichtschroeven
2. Samenschroeven
3. Losschroeven
4. Een schroef (v), bout (m), losdraaien
5. Losgaan
6. Een schroef (v), bout (m), aanzetten
7. Een schroef (v), bout (m), nazetten
8. Een schroef (v), bout (m), afdraaien
9. Schroefdraad (m) snijden, draadsnijden
10. Schroefdraad (m) uit de hand snijden

Bldz. 20.
1. Schroefdraad (m) opnieuw snijden
2. Snijplaat (v)
3. Schroefdraad (m) snijden met een snij-ijzer (o)
4. Schroefdraad (m) snijden met een draaibeitel (m)
5. Holbeitel (m), schroefstaal (o)
6. Inwendig schroefstaal (o)
7. Uitwendig schroefstaal (o)
8. Schroeffreesboor (v)
9. Ringsnij-ijzer (o)

Bldz. 21.
1. Snij-ijzer (o), wringijzer (o)
2. Snijkussen (o)
3. Draadsnijtap (m), snijtap (m)
4. Draad (m) tappen
5. Draadsnijmachine (v)

II. Spieën.

6. Keg (v), wig (v), spie (v)
7. Spievlak (o)
8. Wigrug (m)
9. Wighoek (m)

Bldz. 22.
1. Tapschheid (v) van een wig (v)
2. Houten wig (v), keg (v), spie (v)
3. IJzeren wig (v), keg (v), spie (v)
4. Stalen wig (v), keg (v), spie (v)
5. Het vastspieën (o)
6. Dwarsspie (v)
7. Langsspie (v)
8. Spiehoogte (v)
9. Spiebreedte (v)
10. Spielengte (v)

Bldz. 23.
1. Spiegat (o)
2. Draagvlak (o) van een spie (v)
3. Spiegleuf (v)
4. Gleuven (v, mv.) hakken, groeven (v) hakken
5. Hakbeitel
6. Machine (v) voor het hakken van gleuven (v), groeven (v)
7. Groeven (v) freezen
8. Kopspie (v)
9. Kop (m) van een spie (v)
10. Groefspie (v)

Bldz. 24.
1. Vierkante spie (v)
2. Ronde spie (v)
3. Platte spie (v)
4. Holle spie (v)
5. Tangentieele spie (v)
6. Dubbele spie (v)
7. Tegenspie (v), contraspie (v)
8. Tegenwig (v)
9. Opsluitspie (v), opsluitwig (v), sluitspie (v)
10. Splitpen (v)
11. Stelpen (v)

Bldz. 25.
1. Stelspie (v), verstelbare spie (v)
2. Ringspie (v)
3. Gleuf (v) en leispie (v)
4. Leispie (v)
5. Spieopsluiting (v), spiezekering (v)
6. Opspieën
7. Losspieën
8. Een spie (v) inslaan
9. Een spie (v) vastslaan

III. Klinkwerk.
Bldz. 26.
1. Klinknagel (m)
2. Schacht (v) van een klinknagel (m)
3. Kop (m) van een klinknagel (m), nagelkop (m)
4. Zetkop (m)
5. Geklonken kop (m)
6. Inzinkingshoek (m)
7. Klinknagelgat (o)
8. Nagel (m) met verzonken kop (m)
9. Nagel (m) met halfverzonken kop (m)

Bldz. 27.
1. Nagel (m) met gesnapten kop (m)
2. Nagel (m) met gehamerden kop (m)

3. Voorloopig geplaatste klinknagel (m)
4. Klinkverbinding (v), klinkwerk (o), het klinken (o), klinkverband (o)
5. Klinknaad (m)
6. Klinknagelverdeeling (v), steek (m)
7. Afstand (m) tot den rand (m)
8. Warmklinken (o)
9. Koudklinken (o)

Bldz. 28.
1. Sterk klinkverband (o)
2. Dicht klinkverband (o)
3. Klinkverband (o) met één plaats (v) van afschuiving (v)
4. Breukdoorsnede (v), doorsnede van afschuiving (v)
5. Klinkverband (o) met twee plaatsen (v, mv) van afschuiving (v)
6. Klinkverband (o) met meerdere plaatens (v, mv) van afschuiving (v)
7. Overlapnaad (m)

Bldz. 29.
1. Striplasch (v)
2. Dubbele striplasch (v)
3. Laschplaat (v)
4. Flensverbinding (v)
5. Enkele klinknagelrij (v)
6. Dubbele klinknagelrij (v)
7. Meervoudige klinknagelrij (v)

Bldz. 30.
1. Zigzagklinknaad (m)
2. Kettingnaad (m), kettingsteek (m)
3. Groepsteek (m)
4. Afstand (m) van het hart (o) van den nagel (m) tot de plaat (v)
5. Klinken
6. Den nagel (m) inlaten, den nagel (m) verzinken
7. Den nagel (m) verzinken, den nagel (m) indrijven
8. Tegenhouder (m)

Bldz. 31.
1. Klinkrand (m) kooken
2. Kookbeitel (m)
3. Losklinken, klinknagels (m, mv) stukslaan
4. Den klinknagelkop (m) afhakken
5. Uit de hand (v) klinken
6. Machinaal klinken
7. Klinkmachine (v)
8. Snapper (m), dopper (m)

Bldz. 32.

1. Klinkhamer (m)
2. Snapper (m), schulphamer (m)
3. Tegenhouder (m), aanhouder (m)
4. Klinkschroef (v)
5. Tegenhouder (m)
6. Tas (v) met hefboom (m)
7. Nageltang (v), klinknageltang (v)
8. Nageltang (v), klinknageltang (v)
9. Nagelsmidse (v), klinknagelsmidse (v)

Bldz. 33.

1. Klinknagelvuur (o)

IV. Assen.

2. As (v)
3. Ashals (m), asspil (v)
4. Asmetaal (o), aslager (o), [as]kussenblok (o), draagpot (m)
5. Astap (m)
6. As (v)
7. Druk (m) op de as (v), asdruk (m)
8. Aswrijving (v)
9. Wrijving (v) van den ashals (m)
10. Vaste as (v)
11. Beweegbare as (v)

Bldz. 34.

1. Gekoppelde as (v)
2. Ongekoppelde as (v)
3. Verschuifbare as (v)
4. Stuuras (v), vooras (v)
5. Draaiingsas (v)
6. Radas (v)
7. Aswenteling (v)
8. Asproef (v)
9. Asbreuk (v)
10. Een as (v) verwisselen
11. Het verwisselen (o) van een as (v)

Bldz. 35.

1. Assendraaibank (v)
2. Assendraaierij (v)
3. Assen (v, mv) afdraaien
4. Asoverbrenging (v)
5. As (v)
6. Astap (m)
7. Ashals (v)
8. Massieve as (v)
9. Holle as (v)
10. Vierkante as (v)
11. Asleiding (v)

Bldz. 36.

1. Liggende as (v)
2. Staande as (v)

3. Buigzame as (v)
4. Drijfas (v)
5. Tusschenas (v)
6. Ontkoppelingsas (v)
7. Kraag (m) van een as (v), askraag (m)
8. Opsluitring (m)
9. Haaks gebogen as (v)
10. Kniebocht (v)

Bldz. 37.

1. In een elleboog (m) ombuigen
2. Tweemaal haaks omgebogen as (v)
3. Een as (v) afsteken
4. Wentelas (v)
5. Omzetas (v)

V. Pennen.

6. Ashals (v), pen (v), tap (m)
7. Borst (v)
8. Borsthoogte (v)
9. Druk (m) op den ashals (m), pen (v)

Bldz. 38.

1. Tapwrijving (m)
2. Loopvlak (o)
3. Ingeloopen tap (m), ingevreten tap (m)
4. Draagpen (v)
5. Halstap (m)
6. Eindpen (v)
7. Taats (v)
8. Ringtap (m)
9. Kamspil (o), thrustas (v)

Bldz. 39.

1. Puntig aseinde (o)
2. Cilindrische pen (v)
3. Conische pen (v), tapsche pen (v)
4. Kogeltap (m)
5. Gaffelvormige tap (m), gevorkte tap (m)
6. Ingelaschte pen (v)
7. Draaitap (m)
8. Om een pen (v) draaien

VI. Kussenblokken.

Bldz. 40.

1. Kussenblok (o)
2. Lengte (v) van het kussenblok (o)
3. Boring (v) van het kussenblok (o), doorsnede (v) [diameter (m)] van het kussenblok (o)
4. Lengte (v) van den voet (m) van het kussenblok (o)
5. Draagvlak (o)

6. Druk (m) op het kussen-blok (o)
7. Druk (m) op de eenheid (v) van doorsnede (v), druk (m) op de oppervlakte (v)
8. Spilpot (m), taatspot (m)
9. Taatsplaat (v), grondplaat (v) van een taatspot (m)

Bldz. 41.

1. Taatspot (m) met ring (m)
2. Taatsring (m)
3. Taatspot (m) met kogels (m, mv)
4. Kamlager (o), thrustmetaal (o)
5. Draaglager (o), plummerblok (o)
6. Eindlager (o), eindmetaal (o)
7. Halslager (o), halsmetaal (o)
8. Dicht lager (o), gesloten lager (o)

Bldz. 42.

1. Lagerschaal (v)
2. Het lager (o) verbussen
3. Staand kussenblok (o)
4. Kussenblokmetaal (o)
5. Verstelbaar kussenblok (o)
6. Voering (v) van een kussenblok (o)

Bldz. 43.

1. Een lager (o) voeren
2. Een lager (o) met witmetaal (o) volgieten
3. Kraag (m) van de kussenblokvoering (v)
4. Kussenblok (o), kussenbloklichaam (o)
5. Dekstuk (o) van een kussenblok (o)
6. Bout (m) van een kussenblok (o)
7. Voet (m) van een kussenblok (o)
8. Bout (m) van den voet (m)
9. Grondplaat (v), fundatieplaat (v), slofplaat (v)

Bldz. 44.

1. Opstaande kant (m)
2. Stelspie (v), verstelbare spie (v)
3. Fundatiebout (m)
4. Oliegat (o)
5. Olieloop (m), oliegroef (v)
6. Lekbak (m), oliepot (m)
7. Draagblok (o)
8. Schuin kussenblok (o)

Bldz. 45.

1. Staand kussenblok (o) met kogelbeweging (v), Sellerslager (o)

2. Kussenblok (o) met ringsmering (v)
3. Kogellager (o)
4. Kogel (m)
5. Loopring (m)
6. Kogeltaplager (o)
7. Kogellagermetaal (o)
8. Rollager (o)

Bldz. 46.

1. Snedelager (o)
2. Snede (v)
3. Zitting (v)
4. Wandlager (o), muurlager (o)
5. Muurconsole (v), wandarm (m), muurstoel (m)
6. Hangend lager (o)
7. Balklager (o)
8. Dicht hangend lager (o)
9. Open hangend lager (o)

Bldz. 47.

1. Open hangend lager (v), door stangen (v, mv) vastgehouden
2. Lagerstoel (m)
3. Muurkast (v)
4. Kolomconsoleblok (o)
5. In de lengte (v) opgehangen consoleblok (o)
6. Eindstoel (m)
7. Hoofdaslager (o)
8. Binnenliggend lager (o), binnenmetaal (o)

Bldz. 48.

1. Buitenliggend lager (o), buitenmetaal (o)
2. Het lager (o) van een machine (v) loopt warm
3. Het warmloopen (o) van een lager (o)
4. Het lager (o) loopt
5. Het lager (o) vreet in
6. Het lager (o) stellen
7. Het lager (o) smeren
8. Laag (v) smeersel (o), olielaag (v)

VII. Smering.

Bldz. 49.

1. Smering (v)
2. Voortdurende smering (v)
3. Onderbroken smering (v)
4. Smering (v) uit de hand (v)
5. Inrichting (v) om uit de hand (v) te smeren
6. Automatische smering (v), zelfwerkende smering (v)
7. Zelfwerkend smeertoestel (m)
8. Afzonderlijke smering (v)

Bldz. 50.

1. Afzonderlijk smeertoestel (m)
2. Centrale smering (v)
3. Centraal smeertoestel (m)
4. Smeermiddelen (o, mv), smeer (o)
5. Smeerolie (v)
6. Consistentvet (o)
7. Vloeibaarheidsgraad (m) van het smeermiddel (o)
8. Smeerolie (v)
9. Viscositeit (v) van de smeerolie (v), kleverigheid (v) van de smeerolie (v)
10. De smeerolie (v) wordt harsachtig

Bldz. 51.

1. Harsachtig worden van olie (v)
2. Dierlijke olie (v)
3. Plantaardige olie (v)
4. Mineraalolie (v)
5. Machineolie (v)
6. Cilinderolie (v)
7. Indicateurolie (v)
8. Olietank (v), oliereservoir (o)
9. Oliekan (v)
10. Oliekan (v) met klepje (o)

Bldz. 52.

1. Oliespuitkan (v)
2. Oliespuit (v)
3. Olietoevoer (m)
4. Oliesmering (v)
5. Oliegat (o)
6. Olieloop (m), oliegroef (v)
7. Druipring (m)
8. Smeerring (m)
9. Lekbak (m), oliepot (m)

Bldz. 53.

1. Oliereiniger (m), oliefilter (m en o)
2. Schoongemaakte olie (v), gezuiverde olie (o)
3. Smeerinrichting (v), smeertoestel (m)
4. Oliepijpje (o)
5. Oliebak (m)
6. Smeerkraan (v)
7. Vetpot (m), smeerpot (m)
8. Oliepot (m), smeerpot (m)
9. Olieglas (o)

Bldz. 54.

1. Smering (v) met katoentjes (o, mv)
2. Oliebak (m) met katoentjes (o)
3. Katoentje (o) voor smering (v)
4. Het katoentje (o) is in de war (v)

5. Naaldsmeerpot (m)
6. Smeerpot (m) met druppelaar (m), druipsmeerpot (m)
7. Druppelaar (m)
8. Draaiende smeerpot (m)
9. Centrifugaalsmering (v)

Bldz. 55.

1. Ringsmering (v)
2. Smeerring (m)
3. Oliebak (m), oliebad (o)
4. Oliekamer (v), olieruimte (v)
5. Olieaftap (m)
6. Olie aftappen
7. Oliepomp (v)
8. Smeerpot (m) van Stauffer
9. Elleboogsmeerpot (m)

VIII. Koppelingen.

Bldz. 56.

1. Koppeling (v)
2. Askoppeling (v)
3. Vaste koppeling (v)
4. Mofverbinding (v), mofkoppeling (v)
5. Mof (v)
6. Schroefkoppeling (v)
7. Mof (v) met schroefdraad (m)
8. Klemkoppelbus (v)

Bldz. 57.

1. Bus (v)
2. Boutenkoppelbus (v)
3. Koppelbus (v)
4. Koppelbout (m)
5. Schijfkoppeling (v), flenskoppelbus (v)
6. Koppelschijf (v), flens (v)

Bldz. 58.

1. Sellerskoppeling (v)
2. Klemkegel (m)
3. Beweeglijke koppeling (v)
4. Expansiekoppeling (v)
5. Elastische koppeling (v)
6. Losneembare koppeling (v), ontkoppelbare verbinding (v)
7. Aandrijving (v) door middel van een losneembare koppeling (v)
8. Ontkoppelingstoestel (m)

Bldz. 59.

1. Ontkoppelbare mof (v)
2. Ontkoppelingshefboom (m)
3. Ontkoppelingsvork (v)
4. Ontkoppelingsas (v)
5. De koppeling (v) inschakelen
6. De koppeling (v) uitschakelen
7. Ontkoppeling (v)

Bldz. 60.
1. Automatische ontkoppeling (v), zelfwerkende ontkoppeling (v)
2. Klauwkoppeling (v), tandkoppeling (v)
3. Klauw (m), tand (m)
4. Uitschakeling (v) van een klauwkoppeling (v)
5. Klinkkoppeling (v), palkoppeling (v)
6. Klink (v), pal (m)
7. Wrijvingskoppeling (v)

Bldz. 61.
1. Conuskoppeling (v), tapsche wrijvings-koppeling (v)
2. Wrijvingsschijf (v)
3. Borstelkoppeling (v)
4. Lederkoppeling (v)
5. Electromagnetische koppeling (v)
6. Bandkoppeling (v), riemkoppeling (v)
7. Staafkoppeling (v)
8. Scharnierkoppeling (v)
9. Scharnier (o)

Bldz. 62.
1. Scharnierbout (m)
2. Kruisscharnierkoppeling (v), universeelkoppeling (v)
3. Kruissteun (m)
4. Kogelgewricht (o)
5. Koppelen, aaneenkoppelen
6. Gekoppeld
7. Direct gekoppeld met . . . ., rechtstreeks gekoppeld met . .

Bldz. 63.
1. Ontkoppelen, de koppeling (v) uitschakelen

IX. Tandraderen.

2. Vertanding (v)
3. Tandrad (o)
4. Tandsteek (v)
5. Steekcirkel (m)
6. Kopcirkel (m) van een tandrad (o)
7. Voetcirkel (m) van een tandrad (o)
8. In elkaar grijpen
9. Intanding (v), het ingrijpen (o) van tanden (m, mv)

Bldz. 64.
1. Ingrijplijn (v), lijn (v) van ingrijping (v)
2. Ingrijpweg (m), weg (m) van ingrijping (v)
3. Ingrijpboog (m), boog (m) van ingrijping (v)

4. Ingrijptijd (m), tijd (m) van ingrijping (v)
5. Doen ineengrijpen
6. Het ineengrijpen (o) doen ophouden
7. Baan van den tandkop (m)
8. Tand (m)
9. Tandvorm (m)
10. Tandflank (v)

Bldz. 65.
1. Tandkop (m)
2. Kophoogte (v)
3. Tandvoet (m)
4. Voethoogte (v) van een tand (m)
5. Tandhoogte (v)
6. Tanddikte (v)
7. Tandholte (v)
8. Tandlengte (v)
9. Ruw gegoten tand (m)

Bldz. 66.
1. Geschaafde tand (m), gesneden tand (m)
2. Gefreesde tand (m)
3. Tanddruk (m)
4. Specifieke tanddruk (m)
5. Tandwrijving (v)
6. Tandwrijvingsarbeid (m)
7. Cycloïde vertanding (v)
8. Epicycloïde (v)
9. Cycloïde (v)
10. Hypocycloïde (v)

Bldz. 67.
1. Pericycloïde (v)
2. Grondcirkel (m)
3. Rolcirkel (m)
4. Lantaarnradvertanding (v)
5. Dubbele puntvertanding (v)
6. Tandrad (o) met rechte flanken (v, mv)
7. Binnenvertanding (v), inwendige vertanding (v)
8. Evolvente vertanding (v)
9. Evolvente (v)

Bldz. 68.
1. Tandradoverbrenging (v)
2. Een stel (o) tandraderen (o, mv)
3. Reserveraderen (o, mv)
4. Drijfraderen (o, mv) voor krachtoverbrenging (v)
5. Drijfraderen (o, mv)
6. Overbrenging (v) door middel van rechte kamwielen (o, mv)
7. Drijfrad (o)
8. Overbrengingsverhouding (v) bij tandraderen (o, mv)

Bldz. 69.
1. Recht kamwiel (o)
2. Tandkrans (m)

3. Ribbe (v) van den krans (m)
4. Naaf (v)
5. Ribbe (v) der naaf (v)
6. Boring (v)
7. Spaak (v)
8. Aangebrachte krans (m)
9. Rad (o), uit twee of meer deelen (o, mv) bestaande

Bldz. 70.

1. Tandradoverbrenging (v) met inwendige vertanding (v)
2. Rad (v) met binnen- of inwendige vertanding (v)
3. Rad (o) [wiel (o)] met hoektanden (m, mv) [pijltanden (m, mv)]
4. Hoektand (m), pijltand (m)
5. Schuinte (v) van den tand (m), sprong (m) van den tand (m)
6. Getande stang (v) met tandwiel (o)
7. Getande stang (o), tandreep (m), tandheugel (m)
8. Conische kamradvertanding (v)
9. Grondkegel (m)

Bldz. 71.

1. Rolkegel (m)
2. Kegelrad (o), conisch wiel (o)
3. Rechthoekig ingrijpend raderwerk (o)
4. Conisch rad (o)
5. Wormoverbrenging (v)
6. Wormwiel (o)
7. Worm (m), schroef (v) zonder einde (o)
8. Wormwiel (o), schroefwiel (o)
9. Hyperbolisch wiel (o)

Bldz. 72.

1. Kamrad (o)
2. Tand (m) [kam] van een houten wiel (o)
3. Houten tand (m)
4. Vertanding (v) van ijzer (o) op ijzer (o)
5. Vertanding (v) van hout (o) op ijzer (o)
6. Ingrijpen (o) van tanden (m, mv)
7. Tanden (m, mv) in een wiel (o) inzetten [maken]
8. De wielen (o, mv) rammelen (maken lawaai)

Bldz. 73.

1. Machine (v) om raderen (o, mv) te vormen, radvormmachine (v)
2. Radfreesmachine (v)

X. Drijfwielen.

3. Overbrenging (v) door wrijvingsraderen (o, mv)
4. Wrijvingsrad (o)
5. Wrijvingsdruk (m)
6. Cilindervormig wrijvingsrad (o)

Bldz. 74.

1. Wrijvingskegelrad (o)
2. Overbrenging (v) door wrijvingsschijven (v, mv)
3. Wrijvingsschijf (v)
4. Wrijvingswals (v)
5. Wrijvingskegel (m)
6. Wrijvingsdrijfwerk (o)
7. Wrijvingsdrijfrad (o) met sponning (v) en groef (v)

Bldz. 75.

1. Spiegleuf (v)
2. Hoek (m) van de spiegleuf (v)
3. Diepte (v) van de ingrijping (v)
4. Wrijvingstusschendrijfwerk (o)

XI. Riemaandrijving.

5. Riemaandrijving (v)
6. Aandrijvende riemschijf (v)
7. Aangedreven riemschijf (v)
8. Riemspanning (v)
9. Werkelijke trek (m)
10. Trekkend deel (o) van een riem (m)

Bldz. 76.

1. Getrokken deel (o) van een riem (m)
2. Doorbuiging (v)
3. Omspanningsboog (m)
4. Een as (v) door riemen (m, mv) aandrijven
5. Drijfriem (m)
6. Oploopend deel (o) van den riem (m)
7. Afloopend deel (o) van den riem (m)
8. Riembreedte (v)
9. Riemdikte (v)

Bldz. 77.

1. Binnenkant (m) van een riem (m)
2. Buitenkant (v) van een riem (m)
3. Riemdrijfwerk (o), drijfwerk (o) voor riembeweging (o)
4. Riemaandrijving (v)
5. Open riem (m)
6. Gekruiste riem (m)
7. Halfgekruiste riem (m)
8. Hoekoverbrenging (v)
9. Leischijf (v), leirol (v)

Bldz. 78.
1. Drijfwerk (o) met belastings-spanning (v)
2. Spanrol (v)
3. Overbrenging (v) door kegelschijven (v, mv)
4. Horizontale riem (m), liggende riem (m)
5. Verticale riem (m), staande riem (m)
6. Schuine riem (m) van beneden links naar boven rechts
7. Schuine riem (m) van beneden rechts naar boven links
8. De riem (m) slaat

Bldz. 79.
1. De riem (m) slipt
2. De riem (m) klimt
3. Den riem (m) spannen
4. Den riem (m) korter maken, den riem (m) inkorten
5. De riem (m) loopt van de schijf (v) af
6. Riemoplegger (m)
7. Een riem (m) om de schijf (v) leggen
8. Een riem (m) van de schijf (o) gooien

Bldz. 80.
1. De riem (m) ligt op de as (v)
2. Dubbele riem (m)
3. Riem (m) uit meerdere lagen (v)
4. Riemleder (o), riemleer (o)
5. Drijfriem (m)
6. Kettingriem (m)
7. Riemverbinding (v)
8. Riemspanner (m)
9. Gelijmde riem (m)
10. Den riem (m) lijmen
11. Lederlijm (v)

Bldz. 81.
1. Genaaide riem (m)
2. Den riem (m) naaien
3. Naairiem (m), laschriem (m)
4. Riemverbinder (m)
5. Riemspanschroef (v)
6. Riemhechter (m)
7. Riemschijf (v)
8. Schijfrand (m), krans (m) van een schijf (v)
9. Velgdikte (v)
10. Breedte (v) der riemschijf (v)

Bldz. 82.
1. Vlakke riemschijf (v)
2. Bolle riemschijf (v) Welving (v)
3. Riemschijf (v) met rechte haken (v, mv)

5. Riemschijf (v) met gebogen spaken (v, mv)
6. Schijf (v) met twee rijen (v, mv) spaken (v, mv)
7. Gegoten ijzeren riemschijf (v)
8. Gesmeed ijzeren riemschijf (v)

Bldz. 83.
1. Houten riemschijf (v)
2. Riemschijf (v) uit één stuk (o)
3. Riemschijf (v) uit twee [meer] deelen (o, mv)
4. Kegelschijf (v)
5. Trapschijf (v)
6. Vaste en losse schijf (v)
7. Vaste riemschijf (v)
8. Losse riemschijf (v)
9. Naafbus (v)

Bldz. 84.
1. Een riem (m) van de losse schijf (v) op de vaste schijf (v) overgooien
2. Inpikken en uitpikken, inkoppelen en ontkoppelen
3. Riemhefboom (m)
4. Riemvork (v)
5. Snaaroverbrenging (v), touwoverbrenging (v)
6. Snaarspanning (v)
7. Leischijf (v) van de snaar (v)
8. Drijfwerk (o) met verschillende schijven (v, mv)

Bldz. 85.
1. Snaar (v), touw (o)
2. Streng (v)
3. Kern (v)
4. Touwslaan
5. Touwslagmachine (v)
6. Spiraaltouw (o)
7. Gesloten kabel (m)
8. Touwverbinding (m)
9. Het touw (o) splitsen
10. Splits (v)

Bldz. 86.
1. Kabelkoppeling (v)
2. Snaarwrijving (v)
3. Stramheid (v) der snaar (v)
4. Touwsmeer (o)
5. Bewegende snaar (v)
6. Stilstaande snaar (v)
7. Staaldraad (m), ijzerdraad (m), metaaldraad (m)
8. Staaldraad (m)
9. Henneptouw (o)
10. Katoenen snaar (v)

Bldz. 87.
1. Touwschijf (v)
2. Groef (v) der touwschijf (v)

3. Staaldraadschijf (v)
4. Henneptouwschijf (v)
5. Drijfwerkkabel (m)
6. Aandrijvende kabel (m)
7. Hijschtouw (o), hijschkabel (m)
8. Hijschkabel (m)
9. Kraantouw (o)

Bldz. 88.

1. Kabeltouw (o)
2. Windaskabel (m)
3. Den kabel (m) opwinden
4. Den kabel (m) afwikkelen

XII. Kettingaandrijving.

5. Kettingoverbrenging (v)
6. Ketting (m)
7. Kettingwiel (o)
8. Gewone ketting (m), schakel-ketting (m)
9. Schakel (v)
10. Inwendige lengte (v) van een schakel (v)

Bldz. 89.

1. Inwendige breedte (v) van een schakel (v)
2. Kettingijzer (o)
3. Kettingwrijving (v)
4. Kettingslot (o)
5. Gelaschte ketting (m)
6. Koplasch (v)
7. Zijlasch (v)
8. Ketting (m) met korte scha-kels (v, mv)
9. Ketting (m) met lange scha-kels (v, mv)

Bldz. 90.

1. Damketting (m)
2. Dam (m)
3. Beproefde ketting (m)
4. Hakenketting (m)
5. Kettingwiel (o)
6. Kettingrad (o)
7. Leibeugel (m) van een ket-ting (m)
8. Kettingrol (v)
9. Schakelketting (m)
10. Kettinglasch (v)

Bldz. 91.

1. Kop (m) van de lasch (v)
2. Kettingbout (m)
3. Gallsche ketting (m)
4. Getand kettingrad (o)
5. Kettingas (v)
6. Drijfketting (m)
7. Lastketting (m)
8. Kraanketting (m)
9. Ankerketting (m)
10. Kettingloop (m)
11. Ketting (m) zonder einde (o)

Bldz. 92.

1. Haak (m)
2. Bek (m) van een haak (m)
3. Schacht (v) van een haak (m)
4. Hals (m) van een haak (m)
5. Harp (v)
6. Dubbele haak (m)
7. Touwhaak (m)
8. Kettinghaak (m)
9. Onderdeelen (o, mv) van een haak (m)
10. Oog (o)

XIII. Katrollen.

Bldz. 93.

1. Driehoekige dichte haak (m)
2. Katrol (v), riemschijf (v)
3. Vaste riemschijf (v), vaste katrol (v)
4. Losse katrol (v)
5. Beugel (m) van een katrol (v)
6. As (v) van een katrol (v)
7. Takel (m)
8. Takelblok (o)
9. Vast blok (o)

Bldz. 94.

1. Hangend blok (o)
2. Bovenste blok (o)
3. Onderste blok (o)
4. Differentiaaltakel (m)
5. Differentaalschijf (v)
6. Touwtakel (m)
7. Kettingtakel (m)
8. Trommel (v)
9. Trommelmantel (m)

Bldz. 95.

1. Trommelas (v)
2. Touwtrommel (v)
3. Kettingtrommel (v)

XIV. Remmen.

4. Palwerk (o), palinrichting (v)
5. Palwerk (o) met tanden (m, mv)
6. Schakelrad (o)
7. Klink (v)
8. Wrijvingspalwerk (o)
9. Wrijvingspal (m)

Bldz. 96.

1. Rem (v), reminrichting (v)
2. Blokrem (v)
3. Remschijf (v)
4. Remblok (o)
5. Hefboom (m) van een rem-blok (o)
6. Remkracht (v)
7. Wrijvingsremwiel (o) non sponning (v)
8. Kegelrem (v)
9. Bandrem (v)

Bldz. 97.

1. Remband (m)
2. Differentiaalrem (v)
3. Centrifugaalrem (v)

XV. Pijpen.

4. Pijp (v)
5. Buisvormig
6. Inwendige middellijn (v) [diameter (m)] van de pijp(v)
7. De pijp (v) heeft een inwendige middellijn (v) van x mM.
8. Pijpwand (m)

Bldz. 98.

1. Wanddikte (v)
2. Nuttige lengte (v)
3. Pijpverf (v)
4. Pijpbekleeding (v)
5. Pijpverbinding (v)
6. Schroefverbinding (v) van pijpen (v, mv)
7. Flensverbinding (v)
8. Schroefkoppeling (v) met flenzen (v, mv)
9. Pijp (v) met flenzen (v, mv)
10. Flens (v), pijpflens (v)

Bldz. 99.

1. Flensdiameter (m)
2. Flensdikte (v)
3. Flensbout (m)
4. Cirkel (m) over het midden (o) der boutgaten (o, mv)
5. Pakkingrand (m)
6. Afsluiting (v) der flens (v) flenspakking (v)
7. Pakkingring (m)
8. Flens (v) met ingelaten rand (m)

Bldz. 100.

1. Mannetjes – en vrouwtjesflens (v)
2. Contraflens (v)
3. Haaksche flens (v)
4. Vaste flens (v)
5. Losse flens (v)
6. Flenskraag (m)
7. Opgeklonken flens (v)
8. Gesoldeerde flens (v)
9. Geschroefde flens (v)

Bldz. 101.

1. Flenssleutel (m)
2. Mofverbinding (v)
3. Pijp (v) met mof (v), sokbuis (v)
4. Pijpmof (v)
5. Pakkingkamer (v)
6. Diepte (v) van een mof (v)
7. Diepte (v) der pakkingkamer (v)

8. De pijp (v) met lood (o) volgieten
9. Gietijzeren pijp (v)
10. Staand gegoten pijp (v)

Bldz. 102.

1. Liggend gegoten pijp (v)
2. Smeedijzeren pijp (v)
3. Geklonken pijp (v)
4. Gelaschte pijp (v)
5. Gelaschte pijp (v) met stuiknaad (m)
6. Gelaschte pijp (v) met overlap (m)
7. Spiraalvormig gelaschte pijp (v)
8. Gesoldeerde pijp (v)
9. Naadlooze pijp (v)

Bldz. 103.

1. Gewalste pijp (v)
2. Pijpwals (v)
3. Pijpwalswerk (o)
4. Getrokken pijp (v)
5. Pijpen (v, mv) trekken
6. Koperen pijp (v)
7. Geelkoperen pijp (v)
8. Omgekraagde pijp (v) met losse flens (v)
9. Kraag (m)
10. Een kraag (m) aan een pijp (v) maken, omkragen

Bldz. 104.

1. Expansiepijp (v)
2. Expansiepijp (v)
3. Gegofde pijp (v)
4. Pijp (v) met pakkingbus (v)
5. Geribde pijp (v)
6. Slangvormige pijp (v), serpentijn (v)
7. Koelslang (v)
8. Verwarmingsslang (v)
9. Pijpafsluiting (v)

Bldz. 105.

1. Sluitprop (v), sluitdop (m)
2. Sluitkap (v)
3. Blinde flens (v)
4. Verbindingspijp (v)
5. Dubbele mof (v)
6. Bochtstuk (o), elleboog (m)
7. Ronde elleboog (m)
8. U-pijp (v)
9. Verloopstuk (o)

Bldz. 106.

1. Pijpvertakking (v)
2. Haaksche vertakking (v)
3. Scherphoekige vertakking (v)
4. Aftakkende pijp (v)
5. Kruisstuk (v)
6. T-stuk (o)

7. Driewegspijp (v)
8. Vierwegspijp (v)
9. Mof (v) met schroefdraad (m)

Bldz. 107.

1. Verloopsok (v)
2. Nippel (m)
3. Dubbele nippel (m)
4. Kniebocht (v), kniestuk (o)
5. Scherpe kniebocht (v)
6. Scherp verloopkniestuk (o)
7. Afgerond kniestuk (o)
8. Gaspijp (v)
9. Waterpijp (v)
10. Ketelpijp (v)

Bldz. 108.

1. Vlampijp (v)
2. Vuurbuis (v)
3. Waterpijp (v)
4. Verwarmingspijp (v)
5. Zuigpijp (v)
6. Zuigflesch (v), lensflesch (v), zuigkorf (m)
7. Zuigleiding (v)
8. Perspijp (v)
9. Persleiding (v)
10. Flenspijp (v)

Bldz. 109.

1. Pijpleiding (v)
2. Toevoerpijp (v)
3. Afvoerpijp (v)
4. Buizennet (o)
5. Pijpenplan (o)
6. De pijp (v) aanbrengen
7. Pijpbeugel (m)
8. Pijphaak (m)
9. Stoomleiding (v)
10. Waterleiding (v)

Bldz. 110.

1. Gasleiding (v)
2. Waterzak (m)
3. Waterslag (m)
4. Pijpbreuk (v)
5. Veiligheidsklep (v)
6. Pijpsleutel (m)
7. Pijptang (v), gastang (v)
8. Pijpsnijder (m)
9. Pijpbezem (m)

Bldz. 111.

1. Pijpschraper (m)
2. Waterpeilglastoestel (o)
3. Omhulsel (o) van het water-peilglas (o)
4. Waterpeilglas (o)
5. Peilglaskraan (v)
6. Waterlijn (v)
7. Waterkolom (v)

XVI. Kleppen.

Bldz. 112.

1. Klep (v)
2. Klepkast (v)
3. Klepkastdeksel (o)
4. Bout (m) van het klepkast-deksel (o)
5. Inwendige middellijn (v)
6. Doorlaat (m)

Bldz. 113.

1. Doorlaatopening (v)
2. Doorlaatdoorsnede (v)
3. Kleplichaam (o)
4. Klepzitting (v)
5. Oppervlak (o) der klepzit-ting (v)
6. De klep (o) op haar zitting (v) opschuren
7. Klepstang (v)
8. Handrad (o), handwiel (o)
9. Lengte (v) over alles (o)

Bldz. 114.

1. Lichthoogte (v) der klep (v)
2. Uiterste grens (v) der licht-hoogte (v)
3. Slagnok (v) der klepstang (v)
4. Klepoverdruk (m)
5. Traagheid (v) der klep (v)
6. Versnelling (v) der klep (o)
7. De klep (v) klemt
8. De klep (v) blijft hangen
9. De klep (v) slaat

Bldz. 115.

1. De klep (v) trilt
2. De klep (v) openen, open-draaien
3. De klep (v) sluiten, dicht-draaien
4. De speling (v) van de klep (v)
5. Klepsluiting (v)
6. Klepopening (v)
7. Het lichten (o) eener klep (v)
8. Diagram (o) van het lichten (o) van een klep (v)
9. De klep (v) ontlasten
10. Ontlasting (v) van een klep (v)

Bldz. 116.

1. Ontlastklep (v), hulpklep (v) (om het openen der hoofd-klep (v) te vergemakkelijken)
2. Lichtende klep (v)
3. Schijfklep (v)
4. Klepschijf (v)
5. Conische klep (v)
6. Conische zitting (v) der klep (v)
7. Kogelklep (v)

8. Klepkogel (m)
9. Borgbeugel (m)
10. Geleiding (v) eener klep (v)

Bldz. 117.

1. Geleiding (v) door middel van pootjes (o, mv)
2. Klep (v) met naar boven gerichte pootjes (o, mv)
3. Klep (v) met naar beneden gerichte pootjes (o, mv)
4. Geleidingspootje (o)
5. Geleiding (v) door middel van een stift (v)
6. Geleidingsstift (v)
7. Geleiding (v) der klepstang (v)
8. Eénwegsklep (v)
9. Tweewegsklep (v)

Bldz. 118.

1. Wisselklep (v), driewegsklep (v)
2. Ringklep (v)
3. Enkelvoudige ringklep (v)
4. Dubbele ringklep (v)
5. Meervoudige ringklep (v)
6. Trapsgewijze klep (v)
7. Klep (v) met dubbele zitting (v)
8. Schuif (v)

Bldz. 119.

1. Klokvormige klep (v)
2. Met gewichten (o, mv) beladen klep (v), klep (v) met gewichtsbelasting (v)
3. Klepbelasting (v)
4. Klep (v) met veerbelasting (v)
5. Klepveer (v)
6. Veiligheidsklep (v)
7. Veiligheidsklep (v) met gewichtsbelasting (v)
8. Gewichten (o, mv) der klepbelasting (v)
9. Hefboom (m) der klep (v)

Bldz. 120

1. Veiligheidsklep (v) met veerbelasting (v)
2. Veer (v) der klepbelasting (v)
3. De klep (v) belasten
4. De belasting (v) der klep (v) zuiver instellen
5. De klep (v) overbelasten
6. Voetklep (v)
7. Zelfwerkende klep (v)
8. Geleide klep (v)
9. Klepgeleiding (v)

Bldz. 121.

1. Afsluiter (m)
2. Stoomafsluiter (m)
3. Terugslagklep (v), non-return-klep (v)
4. Keerklep (v)
5. Reduceerklep (v)
6. Zuigklep (v)
7. Persklep (v)
8. Luchtklep (v)

Bldz. 122.

1. Snuifklep (v)
2. Toevoerklep (v)
3. Afvoerklep (v)
4. Afblaasklep (v)
5. Doorblaasklep (v)
6. Aftapklep (v), drainklep (v)
7. Voedingklep (v)
8. Proefklep (v)
9. Spuiklep (v)

Bldz. 123.

1. Scharnierklep (v)
2. Klep (v) eener scharnierklep (v)
3. Scharnierklep (v) met leder (o)
4. India-rubber klep (v)
5. Borg (m) eener klep (v)
6. Veiligheidsklep (v)
7. Terugslagklep (v)

Bldz. 124.

1. Smoorklep (v)
2. Zuigklep (v)
3. Persklep (v)
4. Toevoerklep (v)
5. Afvoerklep (v)
6. Smoorklep (v)
7. Smoren
8. Vernauwing (v)

Bldz. 125.

1. Schuif (v)
2. Schuifkast (v)
3. Schuifkastdeksel (o)
4. Schuifstang (v)
5. Schuiflichaam (o)
6. Schuifspiegel (m)
7. Pakkingring (m)
8. Geleiding (v) van de schuif (v)

Bldz. 126.

1. Rand (m) der geleiding (v)
2. Geleidingsmoer (v)
3. Smoorschuif (v)
4. Waterschuif (v)
5. Gasschuif (v)
6. Stoomsmoorschuif (v)
7. Ronde schuif (v)
8. Draaischuif (v)
9. Verdeelschuif (v)

Bldz. 127.

1. Vlakke schuif (v)
2. Bakschuif (v)
3. Schuifstang (v)
4. Zuigerschuif (v)
5. Ontlaste schuif (v)
6. Schuifbeweging (v)
7. Kraan (v)
8. Kraanplug (v)
9. Kraankop (m)
10. Huis (o) van een kraan (v)

Bldz. 128.

1. De kraan (v) opendraaien, openen
2. De kraan (v) dichtdraaien, sluiten
3. Conische plug (v), tapsche plug (v)
4. Kraanklep (v)
5. Schroefkraan (v)
6. Kraan (v) met pakkingbus (v) en drukstuk (o)
7. Rechte kraan (v)
8. Hoekkraan (v)
9. Driewegkraan (v)

Bldz. 129.

1. Vierwegkraan (v)
2. Aftapkraan (v)
3. Mengkraan (v)
4. Afsluitkraan (v)
5. Waterkraan (v)
6. Gaskraan (v)
7. Afblaaskraan (v)
8. Aftapkraan (v)
9. Voedingkraan (v)
10. Proefkraan (v)

XVII. Cilinders.

Bldz. 130.

1. Cilinder (m)
2. Hart (o) van den cilinder (m)
3. Boring (v) van den cilinder (m), cilinder-diameter (m)
4. Cilindermantel (m), cilinderwand (m)
5. Cilinderdeksel (o)
6. Dekselbout (m), cilindertapeind (o)
7. Dekselbouten (m, mv)
8. Cilinderbodem (m)

Bldz. 131.

1. Cilinderwerkbus (v), -pakkingbus (v)
2. Cilinderbekleeding (v), cilinderomkasting (v)
3. Een cilinder (m) uitdraaien
4. Een cilinder (m) nadraaien
5. Een cilinder (m) uitboren
6. Cilinderboormachine (v)
7. Cilindersmering (v)
8. Enkelwerkende cilinder (m)

Bldz. 132.

1. Dubbelwerkende cilinder (m)
2. Stoomcilinder (m)
3. Pompcilinder (m)
4. Drukcilinder (m)

XVIII. Pakkingbussen.

5. Pakkingbus (v), werkbus (v)
6. Drukstuk (o)
7. Rand (m) van het drukstuk (o)
8. Bus (v)
9. Pakking (v)

Bldz. 133.

1. Pakkingkamer (v), pakkingruimte (v)
2. Dikte (v) der pakking (v)
3. Bout (m) der pakkingbus (v)
4. Grondbus (v), grondvoering (v)
5. Grondring (m)
6. Smeerring (m)
7. Stoompakkingbus (v)
8. Pakkingbus (v) met lederen pakking (v)

Bldz. 134.

1. Manchet (v) van leder (o), lederen pakking-ring (m)
2. Metallieke pakkingbus (v)
3. Wrijving (v) eener pakkingbus (v)
4. De pakkingbus (v) aanzetten
5. De pakkingbus (v) klemt
6. De pakkingbus (v) lekt, de pakkingbus (v) lekt door
7. De pakkingbus (v) sluit af, de pakkingbus (v) is dicht

Bldz. 135.

1. De cilinder (m) wordt door middel van een pakkingbus (v) afgesloten
2. Verpakken
3. Henneppakking (v)
4. Hennepdraad (m)
5. Asbestpakking (v)
6. Asbestdraad (m)
7. India-rubberpakking (v)
8. Metallieke pakking (v)

XIX. Zuigers.

Bldz. 136.

1. Zuiger (m)
2. Zuigerdiameter (m)
3. Zuigerhoogte (v)
4. Speling (v) van den zuiger (m)
5. Zuigerdruk (m)
6. Zuigerstang (v)
7. Voet (m) van de zuigerstang (v)

8. Geleiding (v) van de zuiger-stang (v)
9. Zuigermoer (v)

Bldz. 187.

1. Zuigermoersleutel (m)
2. Zuigerstangpakkingbus (v)
3. Zuigersmering (v)
4. Zuigersnelheid (v)
5. Zuigerversnelling (v)
6. Zuigerwrijving (v)
7. Zuigerslag (m)
8. Heen-en terugslag (m) van den zuiger (m)
9. Heengaande slag (m) van den zuiger (m)
10. Teruggaande slag (m) van den zuiger (m)

Bldz. 138.

1. Opgaande slag (m) van den zuiger (m)
2. Neergaande slag (m) van den zuiger (m)
3. Zuigerpakking (v)
4. Zuiger (m) met hennep-pakking (v)
5. Zuiger (m) met lederpakking (v)
6. Een zuiger (m) met leder (o) verpakken
7. Zuiger (m) met metallieke pakking (v)

Bldz. 139.

1. Zuigerveer (v)
2. Lasch (v) eener zuigerveer (v)
3. Zelfspannende zuigerveer (v)
4. Zuigerlichaam (o)
5. Zuigerdeksel (o), dekplaat (v) van den zuiger (m)
6. Bout (m) van het zuiger-deksel (o)
7. Spanveer (v)
8. Zuiger (m) met labyrinth-pakking (v)

Bldz. 140.

1. Geslepen zuiger (m)
2. Een zuiger (m) slijpen
3. Zuigerschijf (v)
4. Dompelaar (m), plunger (m)
5. Stoomzuiger (m)
6. Pompzuiger (m)
7. Reserve zuiger (m), waar-looze zuiger (m)

XX. Krukaandrijving.

8. Krukoverbrenging (v)
9. Stand (m) in het doode punt (o)

Bldz. 141.

1. Doode punt (o)
2. Kruk (v)
3. Kruklichaam (o)
4. Krukas (v)
5. Kussenblok (o) der krukas (v)
6. Krukpen (v)
7. Krukpenlager (o)
8. Eindkruk (v)

Bldz. 142.

1. Krukken (v, mv) onder een hoek (m) van 180°
2. Krukschijf (v)
3. Handel (o) van een windas (v)
4. Handvat (o)
5. Windas (v) voor één man (m)
6. Windas (v) voor twee man-nen (m, mv)
7. Veiligheidskruk (v)
8. Slag (m) van een kruk (v)
9. Een kruk (v) draaien

Bldz. 143.

1. Kruk (v) met sponning (v)
2. Sponning (v), geleibaan (v)
3. Geleislof (v)
4. Excentriek (o)
5. Excentriciteit (v), uitmiddel-puntigheid (v)
6. Excentriekschijf (v)
7. Excentriekschijf (v) uit één stuk (o)
8. Excentriekschijf (v) uit twee deelen (o, mv)

Bldz. 144.

1. Excentriekring (m)
2. Excentriekstang (v)
3. Druk (m) op het excentriek (o)
4. Excentriekwrijving (v)
5. Excentrische aanzetbewe-ging (v)
6. Excentrisch, uitmiddelpun-tig
7. Drijfstang (v)
8. Drijfstanglichaam (o)
9. Kop (m) van de drijfstang (v)

Bldz. 145.

1. Gesloten kop (m) van de drijfstang (v)
2. Open kop (m) van de drijf-stang (v)
3. Vork (v) eener drijfstang (v)
4. Koppelstang (v)
5. Geleiding (v)
6. Geleislof (v)
7. Geleibaan (v), leibaan (v)
8. Geleivlak (o)

9. Druk (m) op de geleibaan (v)
10. Wrijving (v) der geleibaan (v)

Bldz. 146.

1. Stanggeleiding (v)
2. Geleibus (v), geleioog (o)
3. Geleistang (v)
4. Geleiding (v) van den kruiskop (m)
5. Kruiskop (m)
6. Geleislof (v)
7. Kruiskopbout (m)
8. Zuigerstang (v)

Bldz. 147.

1. Spie (v) van den kruiskop (m)

XXI. Veeren.

2. Veer (v)
3. Buigveer (v)
4. Platte veer (v)
5. Buiging (v), doorbuiging (v)
6. Rijtuigveer (v), wagonveer (v)
7. Veerband (m)
8. Oog (o) van een veer (v)
9. Veerstoel (m)

Bldz. 148.

1. Spiraalveer (v)
2. Wringveer (v)
3. Cilindrische schroefveer (v)
4. Conische schroefveer (v)
5. Veer (v) van vierkante doorsnede (v)
6. Veer (v) van ronde doorsnede (v)
7. Samendrukking (v) der veer (v)
8. Een veer (v) samendrukken
9. Een veer (v) uitrekken

Bldz. 149.

1. Veerwinding (v)
2. Aantal (v) windingen (v, mv) eener veer (v)
3. Veeren (werkwoord)

XXII. Vliegwielen.

4. Vliegwiel (o)
5. Krans (m) van een vliegwiel (o)
6. Spaak (v) van een vliegwiel (o)
7. Naaf (v) van een vliegwiel (o)
8. Ongelijkvormigheidsgraad (m)
9. Vliegwiel (o) uit twee deelen (o, mv)

Bldz. 150.

1. Randvoeg (v)
2. Velgbout (m)

3. Naafbout (m)
4. Getand vliegwiel (o)
5. Het uit elkaar slaan (o) van een vliegwiel (o)
6. Breuk (v) van den krans (m)

XXIII. Regulateurs.

7. Regulateur (m)
8. Regulateuras (v)
9. Regulateurbal (m)

Bldz. 151.

1. Regulateurhuls (v)
2. Slag (m) van de regulateurhuls (v)
3. Regulateurhefboom (m)
4. Stelinrichting (v) van den regulateur (m)
5. Centrifugaalregulateur (m)
6. Slingerregulateur (m)
7. Kegelregulateur (m)
8. Asregulateur (m)
9. Gewichtsregulateur (m)

Bldz. 152.

1. Gewicht (o) van een regulateur (m)
2. Veerregulateur (m)
3. Veer (v) van een regulateur (m)
4. Snelheidsregulateur (m)
5. Krachtregulateur (m)
6. Regelen, reguleeren

XXIV. Werkschroeven.

Bldz. 153.

1. Werkschroef (v)
2. Bankschroef (v)
3. Een werkstuk (o) tusschen een bankschroef (o) spannen
4. As (v) van de bankschroef (v)
5. Bek (m) van de bankschroef (v)
6. Bek (m)

Bldz. 154.

1. Spanplaten (v, mv)
2. Parallel-bankschroef (v)
3. Pijpklem (v)
4. Lijmtang (v)
5. Bankklem (v)
6. Handschroef (v)
7. Handklauw (m)
8. Handschroef (v) met spitse bekken (m, mv)

Bldz. 155.

1. Stifthandschroef (v), parallel-handschroef (v)
2. Spanklem (v)

XXV. Tangen.

3. Tang (v)
4. Bek (m) van een tang (v)

5. Platte tang (v)
6. Ronde tang (v)
7. Gastang (v)
8. Schuiftang (v)
9. Draadtang (v), draadvlech-
   terstang (v)
10. Draadsnijtang (v)

Bldz. 156.

1. Kniptang (v)
2. Nijptang (v)
3. Nageltang (v), nageltrekker
   (m)
4. Klemtang (v)
5. Trektang (v)
6. Soldeertang (v)
7. Gasbranderstang (v)
8. Veertang (v), pincet (o)
9. Schaar (v)
10. Schaarblad (o)

Bldz. 157.

1. Gebogen schaar (v)
2. Hefboomschaar (v)
3. Stokschaar (v)
4. Tafelschaar (v)
5. Parallelschaar (v)
6. Spanschaar (v)
7. Handschaar (v)
8. Machineschaar (v)
9. Blikschaar (v)

Bldz. 158.

1. Puntig gebogen blikschaar
   (v)
2. Lampenschaar (v)

XXVI. Aanbeelden.

3. Aanbeeld (o)
4. Baan (v) van een aanbeeld
   (o)
5. Aanbeeldblok (o)
6. Smidsaanbeeld (o)
7. Handaanbeeld (o)
8. Bankaanbeeld (o)
9. Aanbeeld (o) met hoorn (m)

Bldz. 159.

1. Hoorn (m)
2. Speerhaak (m)
3. Staart (m)
4. Rekstaak (m)
5. Tas (m)
6. Vijlklos (m)
7. Klinkstaak (m)
8. Bolstaak (m)
9. Ketelaanbeeld (o)

Bldz. 160.

1. Vlakplaat (v)
2. Zaalaanbeeld (o), zaalblok
   (o)

XXVII. Hamers.

3. Hamer (m)
4. Vlak (o) van een hamer (m)
5. Klauw (m) van een hamer
   (m)
6. Hamersteel (m)
7. Hameren
8. Koud hameren
9. Bankwerkershamer (m)

Bldz. 161.

1. Smidshamer (m), smeehamer
   (m)
2. Plethamer (m)
3. Voorhamer (m)
4. Handhamer (m)
5. Bankhamer (m)
6. Zijhamer (m)
7. Moker (m)
8. Drevelhamer (m)
9. Ketelsteenhamer (m)

Bldz. 162.

1. Hamer (m) met gekruisten
   klauw (m), ingenieurshamer
   (m)
2. Bolle ingenieurshamer (m)
3. Hoefhamer (m)
4. Zethamer (m)
5. Vlakhamer (m)
6. Ronde zethamer (m)
7. Bolhamer (m)

Bldz. 163.

1. Drijfhamer (m)
2. Klophamer (m)
3. Drevelhamer (m)
4. Bikhamer (m)
5. Dubbele zethamer (m)
6. Houten hamer (m)
7. Metalen hamer (m)
8. Koperen hamer (m)
9. Smeden, uitsmeden

Bldz. 164.

1. Koud smeden
2. Warm smeden
3. Met zalen (v, mv) smeden
4. Smidszaal (v)
5. Onderzaal (v)
6. Bovenzaal (v)
7. Stuiken, opstuiken
8. Het stuiken (o)
9. Lasschen
10. Het lasschen (o)
11. Lasschen

Bldz. 165.

1. Samenlasschen
2. Lasch (v), laschplaats (v)
3. Laschtemperatuur (v)
4. Laschfout (v)
5. Laschoven (m)

6. Afhakken met een warm-beitel (m)
7. Schrootbeitel (m) voor smidsaanbeeld (o)
8. Schrootbeitel (m)
9. Warmbeitel (m)
10. Koudbeitel (m)

Bldz. 166.

1. Smidse (v)
2. Smidshaard (m)
3. Smidsschoorsteen (m)
4. Smidsvuur (o)
5. Smidsgereedschap (o)
6. Stookijzer (o)
7. Pook (m)
8. Bluschhaak (m)
9. Ovenkrabber (m)
10. Smeedtang (v)

Bldz. 167.

1. Smidsventilator (m)
2. Blaasbalg (m)
3. Veldsmidse (v)

XXVIII. Beitels.

4. Beitel (m)
5. Vlakbeitel (m)
6. Ritsbeitel (m)
7. Ritsen
8. Steenbeitel (m)
9. Handbeitel (m)

Bldz. 168.

1. Koudbeitel (m)
2. Hakken
3. Afhakken
4. Kornagel (m), centerpons (m)
5. Center (o)
6. Centeren
7. Doorslag (m), drevel (m)

Bldz. 169.

1. Matrijs (v)
2. Handdoorslag (m)
3. Bankdoorslag (m)
4. Holpijp (v)
5. Holpijptang (v)
6. Ponsen.

XXIX. Vijlen.

7. Vijl (v)
8. Vijlenheft (o)

Bldz. 170.

1. Vijlenkapping (v)
2. Basterdkapping (v)
3. Zoetkapping (v)
4. Enkelvoudige kapping (v)
5. Kruiskapping (v)
6. Tweede kapping (v)
7. Eerste kapping (v)
8. Vijlen (v, mv) kappen

9. Vijlkapper (m)
10. Vijlenbeitel (m)
11. Vijlenhamer (m)

Bldz. 171.

1. Aanbeeld (o) voor vijlen (v, mv)
2. Vijlen (v, mv) verkappen
3. Verkapte vijlen (v, mv)
4. Vijlen (v, mv) harden
5. Het harden (o) van vijlen (v, mv)
6. Vijlen, afvijlen
7. Vijlstreek (v)
8. Vijlsel (o)
9. Vijlstofjes (o)

Bldz. 172.

1. Vijlbank (v)
2. Handvijl (v)
3. Armvijl (v)
4. Basterdvijl (v)
5. Zoetvijl (v)
6. Halfzoetvijl (v)
7. Fijne zoetvijl (v)
8. Zoeten

Bldz. 173.

1. Polijstvijl (v)
2. Stroovijl (v)
3. Grove vijl (v)
4. Platte vijl (v)
5. Vierkante vijl (v)
6. Spitse vijl (v)
7. Platte spitse vijl (v)

Bldz. 174.

1. Platte stompe vijl (v)
2. Driekante vijl (v)
3. Vierkante vijl (v)
4. Ronde vijl (v)
5. Halfronde vijl (v)
6. Kantvijl (v)
7. Oprondingsvijl (v)
8. Dubbele halfronde vijl (v)

Bldz. 175.

1. Mesvijl (v)
2. Drijfvijl (v)
3. Scharniervijl (v)
4. Schroefkopvijl (v)
5. Naaldvijl (v)
6. Holle vijl (v)
7. Zaagvijl (v)

Bldz. 176.

1. Groefvijl (v)
2. Rasp (v)

XXX. Schaven.

3. Schraapstaal (o)
4. Vlak schraapstaal (o)
5. Hol schraapstaal (o)
6. Driekant schraapstaal (o)
7. Schraper (m)

Bldz. 177.

1. Schrapen
2. Afschrapen
3. Naschrapen
4. Opruimer (m)
5. Geslepen opruimer (m)
6. Tweebeenige opruimer (m)
7. Spiraalruimer (m)
8. Opruimer (m) met rechte groeven (v, mv)
9. Tapsche [conische] opruimer (m)

Bldz. 178.

1. Stiftboor (v)
2. Machineruimer (m)
3. Opruimen

XXXI. Boren.

4. Boor (v)
5. Klembus (v) van den boorhouder (m)
6. Spil (v) der boormachine (v)

Bldz. 179.

1. Boorgat (o)
2. Boren, doorboren
3. Naboren, uitboren
4. Polijstboor (v)
5. Het boren (o)
6. Handboor (v)
7. Krukboor (v)
8. Tapboor (v)

Bldz. 180.

1. Boor (v) met één snede (v)
2. Boor (v) met twee sneden (v, mv)
3. Spitsboor (v)
4. Centerboor (v)
5. Voorsnijtand (m) van een boor (v)
6. Spiraalboor (v)
7. Freesboor (v)
8. Houtboor (v)

Bldz. 181.

1. Schroefboor (v)
2. Avegaar
3. Lepelboor (v)
4. Schroefavegaar (m)
5. Langgatboor (v)
6. Grondboor (v)
7. Steenboor (v)

Bldz. 182.

1. Boorgereedschap (o)
2. Drilboor (v)
3. Bushoor (v)
4. Drilboog (m)
5. Booromslag (v)
6. Boorstaal (o)
7. Hoekbooromslag (v)
8. Boorbeugel (m)
9. Ratelboor (v)

Bldz. 183.

1. Boormachine (v)

XXXII. Freezen.

2. Frees (v)
3. Freestand (m)
4. Frees (v) met ingezette tanden (m, mv)
5. Frees (v) met onveranderlijk profiel (o), achtergedraaide frees (v)
6. Schijffrees (v)
7. Gleuffrees (v)

Bldz. 184.

1. Mantelfrees (v)
2. Hoekfrees (v)
3. Stiftfrees (v)
4. Vlakke frees (v)
5. Tandradfrees (v)
6. Frees (v) voor wormwielen (o, mv)
7. Pijpfrees (v)
8. Profielfrees (v)
9. Freezen, uitfreezen

Bldz. 185.

1. Het freezen (o)
2. Freesmachine (v)

XXXIII. Zagen.

3. Zaag (v)
4. Zaagsnede (v)
5. Zaagblad (o)
6. Zaagbladhouder (m)
7. Zaagtand (o)
8. Hoek (m) van de zaagtanden (m, mv)
9. Snijhoek (m)

Bldz. 186.

1. Afschuiningshoek (m)
2. Lijn (v) over de punten (v, mv) der tanden (m, mv)
3. Lijn (v) over de onderzijde (v) der tanden (m, mv)
4. Driehoekige tand (m)
5. Wolfstand (m)
6. M-tand (m)
7. Doorboorde zaag (v)
8. Geschrankte tand (m)
9. Zaagzetter (m)

Bldz. 187.

1. Zetten
2. Zaagtanden (m, mv) hakken
3. Zagen
4. Zaagsel (o)
5. Koudzagen
6. Warmzagen
7. Koudzaag (v)
8. Warmzaag (v)
9. Metaalzaag (v)
10. Houtzaag (v)

Bldz. 188.
1. Handzaag (v)
2. Zaag (v) voor twee man (m)
3. Slappe zaag (v)
4. Boomzaag (v), schulpzaag (v)
5. Trekzaag (v)
6. Gebogen trekzaag (v)
7. Handzaag (v)
8. Toffelzaag (v)
9. Rug (m) van de zaag (v)
10. Schrobzaag (v)

Bldz. 189.
1. IJzerzaag (v), vijlzaag (v)
2. Spanzaag (v)
3. Metaalzaagboog (v)
4. Zaagboog (m)
5. Figuurzaag (v)
6. Kloofzaag (v)
7. Groote spanzaag (v)
8. Knevel (m)
9. Spanzaag (v)

Bldz. 190.
1. Groote draaizaag (v)
2. Zaagmachine (v)
3. Lintzaag (v)
4. Cirkelzaag (v)
5. Zaagspan (o)
6. Raamzaag (v)
7. Zaagblok (o)

XXXIV. Verschillende gereed-schappen.
8. Bijl (v)
9. Snede (v)

Bldz. 191.
1. Oog (o)
2. Bijlsteel (m)
3. Handbijl (v)
4. Timmermansbijl (v)
5. Steekbijl (v)
6. Bijl (v)
7. Handbijl (v), keukenbijl (v)
8. Dissel (m)
9. Afdisselen
10. Schaaf (v)
11. Schaafblok (o)
12. Schaafijzer (o)

Bldz. 192.
1. Hol (o) van een schaaf (v)
2. Schaven
3. Vlakschaven
4. Afschaven
5. Het schaven (o)
6. Schaafspanen (v, mv)
7. Blokschaaf (v)
8. Dubbele schaafbeitel (m)
9. Bovenijzer (o)
10. Schrobschaaf (v)

Bldz. 193.
1. Blokschaaf (v) met enkelen beitel (m)
2. Strijkblok (o)
3. Handschaaf (v)
4. Puntschaaf (v)
5. Sponningschaaf (v)
6. Groefschaaf (v)
7. Toogschaaf (v)
8. Profielschaaf (v)
9. Schaafbank (v)

Bldz. 194.
1. Voortang (v) der schaafbank (v)
2. Klemhaak (m)
3. Schaafmachine (v)
4. Vermoorbeitel (m)
5. Afhakken
6. Steekbeitel (m)
7. Hakbeitel (m)

Bldz. 195.
1. Guts (v)
2. Driekante beitel (m)
3. Haalmes (o)
4. Recht haalmes (o)
5. Gebogen haalmes (o)
6. Spijker (m)
7. Spijkeren

Bldz. 196.
1. Vastspijkeren
2. Spijkergat (o), nagelgat (o)
3. Klauwhamer (m)
4. Draadnagel (m)
5. Nagelijzer (o)
6. Lijmen
7. Vastlijmen
8. Lijm (v)
9. Lijmknecht (m)

XXXV. Slijpgereedschappen
10. Slijpsteen (m)

Bldz. 197.
1. Slijpsteenbak (m)
2. Fijnheid (v) van den slijp-steen (m)
3. Wetsteen (m)
4. Oliesteen (m)
5. Slijpen
6. Slijpinrichting (v)
7. Slijpschijf (v), polijstschijf (v)
8. Amaril (o)
9. Schuurpapier (o)
10. Schuurlinnen (o)

Bldz. 198.
1. Polijsthout (o)
2. Amarilschijf (v)
3. Amarilring (m)

4. Amarilcilinder (m)
5. Schuursteen (m)
6. Schuren
7. Amarilslijpmachine (v)
8. Amarilpoeder (o)

XXXVI. Het harden
9. Harden

Bldz. 199.
1. Het harden (o)
2. Aanloopen
3. Het aanloopen (o)
4. Aanloopkleur (v)
5. Hardheid (v)
6. Natuurlijke hardheid (v)
7. Glashardheid (v)
8. Hardheidsschaal (v)
9. Hardheidsgraad (m)
10. Hardingspoeder (o)
11. Barst (m) in staal (o)

Bldz. 200.
1. Het harden (o) in gesloten kisten (v, mv)
2. Harding (v) door afkoeling (v)
3. Harding (v) door slaan (o)
4. Harding (v) in olie (v)
5. Harding (v) in water (o)

XXXVII. Het soldeeren.
6. Soldeeren
7. Aaneensoldeeren
8. Verbinden door soldeeren
9. Soldeersel (o) losmaken
10. Het soldeeren (o)

Bldz. 201.
1. Het soldeeren (o)
2. Soldeeren met zacht soldeer (o)
3. Soldeeren met hard soldeer (o)
4. Soldeernaad (m)
5. Soldeerplaats (v)
6. Soldeerbout (m)
7. Hamervormige soldeerbout (m)
8. Puntige soldeerbout (m)
9. Gassoldeerbout (m)
10. Soldeerbrander (m)

Bldz. 202.
1. Soldeerlamp (v)
2. Soldeervlam (v), steekvlam (v)
3. Soldeerfornuis (o)
4. Soldeer (o)
5. Tinsoldeer (o)
6. Zacht soldeer (o)
7. Hard soldeer (o)
8. Soldeerwater (o)
9. Soldeerzuur (o)

Bldz. 203.
1. Soldeerbuis (v)
2. Soldeertang (v)
3. Soldeerproef (v)
4. Gietlepel (m)

XXXVIII. Meetwerktuigen.
Bldz. 204.
1. Zuiver meten
2. Het zuiver meten (o)
3. Mal (m)
4. Kalibreerstaf (m)
5. Micrometer (m)
6. Schuifmaat (v), schuifpasser (m)

Bldz. 205.
1. Bek (m)
2. Speermaat (v)
3. Spherische maat (v)
4. Cilinderspeermaat (v)
5. Bekkaliber (o)
6. Dieptemaat (v)
7. Maat (v) voor het bepalen (o) van binnenwijdte (v)
8. Kernkaliber (o)

Bldz. 206.
1. Schroefdraadkaliber (o)
2. Spoedmeter (m)
3. Draadklink (v)
4. Toleranzkaliber (o)
5. Standaardkaliber (o)
6. Draadklink (v)
7. Voelertjes (o, mv), diktemeter (m)
8. Buitenpasser (m)
9. Binnenpasser (m), voetjespasser (m)

Bldz. 207.
1. Kromme voegpasser (m)
2. Draadpasser (m)
3. Ronde passer (m)
4. Boogpasser (m)
5. Afschrappen
6. Afschrijfnaald (v)
7. Parallelkrasser (m)
8. Cirkelschraper (m)
9. Kruishout (o)

Bldz. 208.
1. Winkelhaak (m)
2. Gedekte winkelhaak (m)
3. Kruishaak (m)
4. Verstekhaak (m)
5. Verstelbare verstekhaak (m)
6. Rechtbuigen
7. Vlakplaat (v)
8. Waterpas (o)

Bldz. 209.
1. Waterpasbel (v)
2. Schietlood (o), puntlood (o)
3. Slagenteller (m)
4. Handslagenteller (m)

XXXIX. Metalen.

Bldz. 210.

1. IJzer (o)
2. IJzererts (o)
3. Ruw ijzer (o)
4. Wit ruwijzer (o)
5. Grauw ruwijzer (o)
6. Half ruwijzer (o)

Bldz. 211.

1. Spiegelijzer (o)
2. Wit straalijzer (o)
3. Gietijzer (o)
4. Open zandgieting (v)
5. Gietwerk (o) in kasten (v, mv)
6. Gietwerk (o) in zand (o)
7. Gietwerk (o) in droog zand (o)
8. Gietwerk (o) in vormaarde (v)

Bldz. 212.

1. Gietwerk (o) in leemen vormen (m, mv)
2. Gehard gietijzer (o)
3. Staalgietsel (o)
4. Smeedbaar gietijzer (o), gegoten smeedijzer (o)
5. Smeedijzer (o)
6. Geweld ijzer (o)
7. Puddelijzer (o)

Bldz. 213.

1. Vloeiijzer (o)
2. Bessemerijzer (o)
3. Thomasijzer (o)
4. Martinijzer (o)
5. Staal (o)
6. Geweld staal (o)
7. Puddelstaal (o)
8. Vloeistaal (o)
9. Thomasstaal (o)

Bdlz. 214.

1. Martinstaal (o), Siemens-Martinstaal (o)
2. Cementstaal (o), cementeerstaal (o)
3. Fijn staal (o)
4. Kroezenstaal (o)
5. Nikkelstaal (o)
6. Wolframstaal (o)
7. Gereedschapsstaal (o)
8. Stafijzer (o)
9. Rond ijzer (o)

Bldz. 215.

1. Vierkant ijzer (o)
2. Zeskant ijzer (o)
3. Plat ijzer (o)
4. Bandijzer (o)
5. Walsijzer (o)
6. Hoekijzer (o)

7. T-ijzer (o)
8. Dubbel T-ijzer (o), I-ijzer (o)
9. U-ijzer (o)
10. Z-ijzer (o)
11. IJzerblik

Bldz. 216.

1. Plaatijzer (o)
2. Smidsplaatijzer (o)
3. Plaatblik (o)
4. Ketelplaat (v)
5. Geruit plaatwerk (o)
6. Gegolfd plaatijzer (o)
7. Blik (o)
8. Koper (o)
9. Zink (o)
10. Tin (o)
11. Nikkel (o)

Bldz. 217.

1. Lood (o)
2. Goud (o)
3. Zilver (o)
4. Platina (o)
5. Messing (o), geelkoper (o)
6. Brons (o)
7. Phosphorbrons (o)
8. Geschutmetaal (o)
9. Klokmetaal (o)
10. Witmetaal (o), antifrictiemetaal (o), babbitsmetaal (o)
11. Deltametaal (o)

XL. Technisch Teekenen.

Bldz. 218.

1. Teekenen
2. Op ware grootte (v) teekenen
3. Op schaal (v) teekenen
4. Teekenbureau (o), teekenkamer (v)
5. Teekenaar (m)
6. Teekening (v)
7. Teekentafel (v)
8. Tafellade (v)

Bldz. 219.

1. Verstelbare teekentafel (v)
2. Teekenportefeuille (v)
3. Portefeuillerek (o)
4. Teekenbord (o)
5. Teekenhaak (m)
6. Kop (m) van den teekenhaak (m)
7. Blad (o) van den teekenhaak (m)
8. Driehoek (m)
9. Liniaal (v en o)
10. Teekenmal (m)

Bldz. 220.

1. Strooklat (v)
2. Teekenpapier (o)
3. Blad (o) teekenpapier (o)
4. Schetspapier (o)
5. Schetsblok (o)

6. Punaise (v)
7. Meten
8. Maat (v)
9. Metrieke maat (v)
10. Engelsche maat (v)
11. Standaardmaat (v)

Bldz. 221.

1. Maatstaf (m), schaal (v)
2. Dubbele decimeter (m)
3. Duimstok (m), opvouwbare duimstok (m)
4. Lintmaat (v), rolmaat (v)
5. Herleidingsschaal (v)
6. Transversaalmaatstaf (m)
7. Metrieke schaal (v)
8. Engelsche schaal (v)
9. Krimpmaat (v)

Bldz. 222.

1. Rekenliniaal (v en o)
2. Construeeren
3. Constructeur (m)
4. Constructie (v)
5. Constructiefout (v)
6. Machineteekenen
7. Machineteekening (v)
8. Schetsen
9. Schets (v)
10. Teekening (v) uit de hand (v)

Bldz. 223.

1. Ontwerpen
2. Ontwerp (o)
3. Schetsontwerp (o)
4. Algemeene opstelling (v)
5. Detailteekening (v)
6. Werkteekening (o)
7. Stuklijst (v)
8. Maatschets (v)

Bldz. 224.

1. Een machinedeel (o) in aanzicht (o) teekenen
2. Vooraanzicht (o)
3. Zijaanzicht (o)
4. Verticale projectie (v)
5. Zijaanzicht (o)
6. Plattegrond (m)
7. Omtrek (m)
8. Een machinedeel (o) in doorsnede (v) teekenen
9. Langsdoorsnede (v)

Bldz. 225.

1. Dwarsdoorsnede (v)
2. Doorsnede (v) [volgens] $x - y$
3. Hartlijn (v)
4. Maatlijn (v)
5. Maatpijl (m)
6. Maatcijfer (o)
7. Van hart (o) tot hart (o)
8. Hoofdmaten (v, mv)
9. Maten (v, mv) aanbrengen
10. Het aanbrengen (o) van maten (v, mv)

Bldz. 226.

1. Een teekening (v) in potlood (o) teekenen
2. Streeplijnen (v, mv) trekken
3. Stippellijnen (v, mv) trekken, stippelen
4. Streeppuntlijnen (v, mv) trekken
5. Harceeren, arceeren
6. Harceering (v), arceering (v)
7. Passerdoos (v)
8. Passer (m)
9. Been (o) van een passer (m)
10. Voet (m) van een passer (m)

Bldz. 227.

1. Passerpunt (v)
2. Kop (m) van een passer (m)
3. Passer (m) met verlengstukken (o, mv)
4. Potloodhouder (m)
5. Trekpenhouder (m)
6. Naaldhouder (m)
7. Naald (v)
8. Verlengstuk (o) van een passer (m)
9. Passersleuteltje (o)

Bldz. 228.

1. Potloodpasser (m)
2. Steekpasser (m)
3. Veerpasser (m)
4. Nullenpasser (m), orillonpasser (m)
5. Reductiepasser (m)
6. Stokpasser (m)
7. Schijfje (o) onder de passerpunt (v)

Bldz. 229.

1. Pointeernaald (v)
2. Pointeerwieltje (o)
3. Potloodkokertje (o)
4. Transporteur (m), graadboog (m)
5. Driehoek (m) met graadboog (m)
6. Trekpen (v)
7. Trekpen (v) voor gebogen lijnen (v, mv)
8. Dubbele trekpen (v)
9. Stippelaar (m), stippeltrekpen (v)

Bldz. 230.

1. De trekpen (v) bijslijpen
2. Teekenpotlood (o)
3. Het potlood (o) punten, slijpen
4. Potloodslijper (m)
5. Potloodslijper (m)
6. Potloodvijl (v)
7. Radeeren

8. Radeergummi (v), gomelastiek (o)
9. Potloodgummi (v)
10. Inktgummi (v)

Bldz. 231.

1. Radeermes (o)
2. In inkt (m) zetten
3. Oost-Indische inkt (m)
4. Teekenpen (v)
5. De teekening (v) beschrijven
6. Rondschrift (o)
7. Steilschrift (o)
8. Rondschrijfpen (o)
9. Inkthouder (m)
10. Wasschen met Oost-Indischen inkt (m)

Bldz. 232.

1. Verfdoos (v)
2. Stukjes (o, mv) verf (v)
3. Waterverf (v)
4. Tube (v) verf (v)
5. Penseel (o)
6. Verfpotje (o)
7. Verf (v) aanroeren
8. Verf (v) aanwrijven
9. Vloeipapier (o)

Bldz. 233.

1. De teekening (v) met een
spons (v) afwasschen
2. Spons (v)
3. De teekening (v) rimpelt
4. Kleurpotlood (o)
5. Roodpotlood (o)
6. Blauwpotlood (o)
7. Calqueeren, natrekken
8. Calque (v)
9. Calqueerpapier (o)
10. Calqueerlinnen (o)

Bldz. 234.

1. Lichtdruk (m)
2. Lichtdrukpapier (o)
3. Blauwdruk (m)
4. Witdruk (m)
5. Lichtdruktoestel (o)
6. Lichtdrukkamer (v)

XLI. Algemeene zaken.

7. Beweging (v)
8. Leer (v) der beweging
9. Rechtlijnige beweging (v)

Bldz. 235.

1. Eenparige beweging (v)
2. Weg (m)
3. Snelheid (v)
4. Tijd (m)
5. Niet eenparige beweging (v)
6. Versnelling (v)
7. Vertraging (v)
8. Beginsnelheid (v)

9. Eindsnelheid (v)
10. Gemiddelde snelheid (v)
11. Eenparig versnelde beweging (v)

Bldz. 236.

1. Eenparig vertraagde beweging (v)
2. Vrije val (m)
3. Valhoogte (v)
4. Valduur (m)
5. Stijghoogte (v)
6. Duur (m) van de beweging (v)
7. Kromlijnige beweging (v)
8. Tangentieele versnelling (v)
9. Versnelling (v) der middelpuntzoekende kracht (v), -
in de richting (v) van de
normaal (v)

Bldz. 237.

1. Totale versnelling (v)
2. Tangentieele kracht (v)
3. Middelpuntzoekende kracht
(v)
4. Centrifugaalkracht (v)
5. Schuine worp (m)
6. Werphoek (m)
7. Werpafstand (m), schotwijdte (v)
8. Werphoogte (v)
9. Kogelbaan (v)
10. Ballistische kromme (v)

Bldz. 238.

1. Horizontale worp (m)
2. Verticale worp (m)
3. Gedwongen beweging (v)
4. Wegweerstand (m)
5. Weerstand (m) in de richting van de normaal (v)
6. Tangentieele weerstand (m)
7. Slinger (m)
8. Kringslinger (m)
9. Slingerwijdte (v), amplitude
(v)

Bldz. 239.

1. Slingerhoek (m)
2. Slingering (v) van den slinger (m)
3. Slingertijd (m)
4. Conische slinger (m)
5. Cycloïde slinger (m)
6. Hellend vlak (o)
7. Hellingshoek (m), van het
hellend vlak (o)
8. Parallelogram (o) van snelheden (v, mv) [versnellingen
(v, mv)]

Bldz. 240.

1. Een snelheid (v) [versnelling
(v)] uit haar componenten
(v, mv) samenstellen
2. Componente (v) der snelheid (v) [versnelling (v)]

— XXXV —

3. Eenige snelheden (v, mv) [versnellingen (v, mv)] in haar resultante (v) samenstellen
4. Resultante(v) van snelheden (v, mv) [versnellingen (v, mv)]
5. Verschuiving (v)
6. Draaiing (v)

Bldz. 241.

1. Draaiingsas (v)
2. Draaiingshoek (m)
3. Hoeksnelheid (v)
4. Hoekversnelling (v)
5. Kracht (v)
6. Krachtrichting (v)
7. Aangrijpingspunt (o) der kracht (v)
8. Parallelogram (o) van krachten (v, mv)
9. Resultante (v)

Bldz. 242.

1. Componente (v), samenstellende kracht (o)
2. Krachtendriehoek (m)
3. Krachtenveelhoek (m)
4. Pool (v)
5. Poolafstand (m)
6. Stangenpolygoon (m)
7. Sluitlijn (v)
8. Gesloten krachtenveelhoek (m)
9. De krachten (v, mv) zijn in evenwicht (o)

Bldz. 243.

1. Moment (o) van kracht (v) P ten opzichte van draaipunt (o) O
2. Hefboomsarm (m) van kracht P ten opzichte van draaipunt (o) O
3. Koppel (o) van krachten (v, mv)
4. Moment (o) van het koppel (o)
5. As (v) van het koppel (o)
6. Statisch moment (o)
7. Traagheidsmoment (o)
8. Equatoriaal traagheidsmoment (o)

Bldz. 244.

1. Polair traagheidsmoment (o)
2. Zwaartepunt (o)
3. Zwaartekracht (v)
4. Versnelling (v) van de zwaartekracht (v)
5. Massa (v)
6. Evenwicht (o)
7. Evenwichtstoestand (m) van een lichaam (o)

8. Standvastig [stabiel] evenwicht (o)
9. Onstandvastig [labiel] evenwicht (o)
10. Onverschillig evenwicht (o)

Bldz. 245.

1. Arbeid (m)
2. Vermogen (o)
3. Paardekracht [PK] (v)
4. Arbeidsvermogen (o), levende kracht (v)
5. Wet (v) van het behoud (o) van arbeidsvermogen (o)
6. Wrijving (v)
7. Wrijvingsweerstand (m)
8. Wrijvingscoëfficiënt (m)
9. Wrijvingshoek (m)

Bldz. 246.

1. Wrijvingsvlak (o)
2. Standvastige wrijving (v)
3. Slepende wrijving (v)
4. Rollende wrijving (v)
5. Wrijvingsarbeid (m)
6. Totale arbeid (m)
7. Nuttige arbeid (m)
8. Nuttig effect (o), rendement (o)

Bldz. 247.

1. Vastheid (v)
2. Vastheidsleer (v)
3. Spanning (v)
4. Spanning(v)in de richting(v) van de normaal (v)
5. Belasting (v)
6. Een lichaam (o) wordt op trek (m), druk (m), buiging (v) belast
7. Toe te laten belasting (v)
8. Wijze (v) van belasting (v)

Bldz. 248.

1. Standvastige belasting (v)
2. Pulseerende belasting (v)
3. Varieerende belasting (v), afwisselende belasting (v)
4. Vormverandering (v)
5. Veerkrachtige vormverandering (v)
6. Vormveranderingsarbeid (m)
7. Verlenging (v)
8. Vernauwing (v), contractie (v)
9. Uitzetting (v)

Bldz. 240.

1. Uitzettingscoëfficiënt (m)
2. Elasticiteitsmodulus (m)
3. Uitrekking (v) bij breukbelasting (v)
4. Veerkrachtige uitrekking (v)
5. Blijvende lengteverandering (v)

3*

6. Elasticiteit (v), veerkracht (v)
7. Elasticiteitsgrens (v)
8. Proportionaliteitsgrens (v)

Bldz. 250.

1. Vloeigrens (v)
2. Trek (m)
3. Trekvastheid (v)
4. Trekbelasting (v)
5. Trekkracht (v)
6. Trekspanning (v)
7. Druk (m)
8. Drukvastheid (v)
9. Drukbelasting (v)

Bldz. 251.

1. Drukkracht (v)
2. Drukspanning (v)
3. Buiging (v)
4. Vastheid (v) tegen buigen (o)
5. Buigbelasting (v)
6. Buigmoment (o)
7. Buigspanning (v)
8. Weerstandsmoment (o)

Bldz. 252.

1. Doorbuiging (v)
2. Knik (m)
3. Knikvastheid (v)
4. Knikbelasting (v)
5. Afschuiving (v)
6. Weerstand (m) tegen afschuiving (v)
7. Belasting (v) door afschuiving (v)
8. Schuifspanning (v)
9. Aischuivingscoëfficiënt (m)

Bldz. 253.

1. Glijdingsmodulus (m)
2. Wringing (v)
3. Wringbelasting (v)

4. Torsiekoppel (o)
5. Draaiingshoek (m)
6. Machine (v)
7. Onderdeelen (o, mv) eener machine
8. Een machine (v) bouwen
9. Machinebouw (m)

Bldz. 254.

1. Machinefabriek (v)
2. Machinefabrikant (m)
3. Werktuigkundig ingenieur (m)
4. Werkmeester (m)
5. Meesterknecht (m)
6. Machinebankwerker (m)
7. Een machine (v) monteeren, een machine (v) opstellen

Bldz. 255.

1. Montage (v), opstelling (v) eener machine (v)
2. Monteur (m)
3. Montagewerkplaats (v)
4. Een machine (v) demonteeren, een machine (v) uit elkaar nemen
5. Demontage (v) eener machine (v)
6. Een machine (v) te werk stellen, een machine (v) in bedrijf (o) zetten
7. In gang (m) zijn, in bedrijf (o) zijn
8. Een machine (v) afzetten

Bldz. 256.

1. Werkplaats (v)
2. Werkbank (v)
3. Gereedschapskist (v)
4. Gereedschap (o)
5. Handgereedschap (o)
6. Arbeidsmachine (v)
7. Krachtswerktuig (o)
8. Werktuigmachine (v)

3. Alfabetisch Register.

A

Aanbeeld 158.3.
-, baan van een 158.4.
-, bank- 158.8.
-blok 158.5.
-, hand- 158.7.
-, ketel- 159.9.
- met hoorn 158.9.
-, smids- 158.6.
- voor vijlen 171.1.
-, zaal- 160.2.
Aanbrengen, de pijp – 109. 6.
-, het – van maten 225.10.
-, maten 225.9.
Aandrijvende kabel 87.6.
- riemschijf 75.6.
Aandrijven, een as door riemen – 76. 4.
Aandrijving door middel van een losneembare koppeling 58.7.
-, riem- 75.5, 77.4.
Aaneenkoppelen 62.5.
Aaneensoldeeren 200.7.
Aangebrachte krans 69.8.
Aangedreven riemschijf 75.7.
Aangrijpingspunt der kracht 241.7.
Aanhouder 32.3.
Aanloopen 199.2.
-, het 199.3.
Aanloopkleur 199.4.
Aanroeren, verf 232.7.
Aanschroeven 18.7.
Aantal windingen eener veer 149.2.
Aanwrijven, verf 232.8.
Aanzetbeweging, excentrische 144.5.
Aanzetbout 13.7.
-schroef 13.7.
Aanzetten, de pakkingbus 134.4.
-, een bout 19.6.
-, – schroef 19.6.

Aanzicht, een machinedeel in – teekenen 2241..
-, voor- 224.2.
-, zij- 224.3, 5.
Achtergedraaide frees 183.6.
Afblaasklep 122.4
-kraan 129.7.
Afdisselen 191.9.
Afdraaien, assen 35.3.
-, een bout 19.8.
-, – schroef 19.8.
Afgerond kniestuk 107.7
Afhakken 168.3, 194.5.
-, den klinknagelkop 31.4
- met een warmbeitel 165.6.
Afkoeling, harding door 200.2.
Afloopend deel van den riem 76.7.
Afschaven 192.4.
Afschrapen 177.2.
Afschrappen 207.5.
Afschrijfnaald 207.6.
Afschuiningshoek 186.1.
Afschuiving 252.5.
-, belasting door 252.7.
-, doorsnede van 28.4.
-, klinkverband met één plaats van 28.3.
-, – – twee plaatsen van 28.5.
-, – – meerdere plaatsen van 28.6.
-scoëfficiënt 252.9.
-, weerstand tegen 252.6.
Afsluiten (de pakkingbus sluit af) 134.7.
Afsluiter 121.1.
-, stoom- 121.2.
Afsluiting, automatische 10.10.
- der flens 99.6.

Afsluiting, pijp- 104.9˙
Afsluitkraan 129.4.
Afstand-bout 14.6.
-bus 14.7.
-mof 14.7.
-, pool- 242.5.
- tot den rand 27.7.
- van het hart van den nagel tot de plaat 30.4.
- werp- 237.7.
Afsteken, een as 37.3.
Aftakkende pijp 106.4
Aftapklep 122.6.
-kraan 129.2, 8.
-, olie- 55.5.
Aftappen, olie 55.6.
Afvoerklep 122.3, 124.5.
-pijp 109.3.
Afvijlen 171.6.
Afwasschen, de teekening met een spons – 233.1.
Afwikkelen, den kabel 88.4.
Afwisselende belasting 248.3.
Afzetten, een machine 255.8.
Afzonderlijk smeertoestel 50.1.
-e smering 49.8.
Algemeene opstelling 223.4.
Amaril 197.8.
-cilinder 198.4.
-poeder 198.8.
-ring 198.3.
-schijf 198.2.
-slijpmachine 198.7.
Amplitude 238.7.
Ankerketting 91.9.
-plaat 15.8.
Ankers metselen in 18.6.
Antifrictiemetaal 217.10.
Arbeid 245.1.

Arbeid, nuttige- 246.7.
–smachine 256.6.
–svermogen 245.4.
– –, wet van het be-
  houd van 245.5.
–, tandwrijvings- 66.6
–, totale 246.6.
–, vormveranderings-
  248.6.
–, wrijvings- 246.5.
Arceeren 226.5.
Arceering 226.6.
Armvijl 172.3.
Arm, wand- 46.5.
As 33.2, 33.6, 35.5.
– afsteken, een 37.3.
Asbestdraad 135.6.
–pakking 135.5.ı
As, beweegbare 33.11.
–breuk 34.9.
–, buigzame 36.3.
–, de riem ligt op de
  80.1.
–, draaiings 34.5,241.1.
–druk 33.7.
–, druk op de 33.7.
–, drijf- 36.4.
–, een. – door riemen
  aandrijven 76.4.
Aseinde, puntig 39.1.

As, gekoppelde 34.1.
–, haaks gebogen 36.9.
–hals 33.3, 35.7, 37.6.
– –, druk op de 37.9.
– –, wrijving van den
  33.9.
–, het verwisselen van
  een 34.11.
–, holle 35.9.
–, ketting- 91.5.
–koppeling 56.2.
–kraag 36.7.
–, kraag van een 36.7.
–, kruk- 141.4.
–kussenblok 33.4.
–lager 33.4.
– –, hoofd- 47.7.
–leiding 35.11.
–, liggende 36.1.
–, massieve 35.8.
–metaal 33.4.
–, omzet- 37.5.
–, ongekoppelde 34.2.
–, ontkoppelings- 36,6,
  59.4.
–overbrenging 35.4.
–proef 34.8.
–, rad- 34.6.
–, regulateur- 150.8,
  151.8.

Assen afdraaien 35.3.
–draaibank 35.1.
–draaierij 35.2.
Asspil 33.3.
–, staande- 36.2.
–, stuur- 34.4.
–tap 33.5, 35.6.
·-, thrust- 38.9.
–, trommel- 95.1.
–, tusschen- 36.5.
–, tweemaal haaks om-
  gebogen 37.2.
– van de bankschroef
  153.4.
– – een katrol 93.6.
– – het koppel 243.5.
–, vaste 33.10.
–, verschuifbare 34.3.
– verwisselen, een
  34.10.
–, vierkante 35.10.
–, voor- 34.4.
–, wentel- 37.4.
–, wenteling 34.7.
–, wrijving 33.8.
Automatische afslui-
  ting 10.10.
– ontkoppeling 60.1.
– smering 49.6.
Avegaar 181.2.
–, schroef- 181.4.

B

Baan, gelei- 143.2,
  145.7.
–, kogel- 237.9.
–, lei- 145.7.
– van een aanbeeld
  158.4.
–van den tandkop 64.7.
Babbitsmetaal 217.10.
Bad, olie- 55.3.
Bak, lek- 44.6, 52.9
–, olie- 53.5, 55.3
Bakschuif 127.2.
Bak, slijpsteen- 197.1.
Balklager 46.7.
Ballistische kromme
  237.10.
Bal, regulateur- 150.9.
Band-koppeling 61.6.
–, rem- 97.1.
–rem 96.9.
–, veer- 147.7.
–ijzer 215.4.
Bank-aanbeeld 158.8.
–doorslag 169.3.
–hamer 161.5.
–klem 154.5.
–, schaaf- 193.9.
Bankschroef 153.2.
–schroef, as van een
  153.4.

Bankschroef, bek van
  de 153.5.
–, parallel- 154.2.
Bank, vijl- 172.1.
–, werk- 256.2.
Bankwerker, machine-
  254.6.
–shamer 160.9.
Barst in staal 199.11.
Basterdkapping 170.2.
–vijl 172.4.
Bedrijf, een machine
  in – zetten 255.6.
–, in – zijn 255.7.
Been van een passer
  226.9.
Beginsnelheid 235.8.
Behoud van arbeids-
  vermogen, wet van
  het 245.5.
Beitel 167.4.
–, driekante 195.2.
–, dubbele schaaf-
  192.8.
–, hak- 23.5, 194.7.
–, hand- 167.9.
–, hol- 20.5.
–, kook 31.2.
–, koud- 165.10, 168.1.
–, schroot- 165.8.

Beitel –, voor smids-
  aanbeeld 165.7.
–, steek- 194.6.
–, steen- 167.8.
–, vermoor- 194.4.
–, vlak- 167.5.
–, vijlen- 170.10.
–, warm- 165.9.
Bek 153.6, 205.1.
Bekkaliber 205.5.
Bekleeding, cilinder-
  131.2.
–, pijp- 98.4.
Bek, sleutel- 16.6.
– van de bankschroef
  153.5.
– – een haak 92.2.
– – – schuifmaat 205.1.
– – – sleutel 16.6.
– – – tang 155.4.
Belasten, de klep 120.3.
Belasting 247.5.
–, afwisselende 248.3.
–, buig- 251.5.
–, de – der klep zuiver
  instellen 120.4.
– door afschuiving
  252.7.
–, druk- 250.9.
–, klep- 119.3.
–, knik- 252.4.

Belasting, pulseerende 248.2.
-sspanning, drijfwerk met 78.1.
-, standvastige 248.1.
-, toe te laten 247.7.
-, trek- 250.4.
-, varieerende 248.3.
-, wring- 253.3.
-, wijze van 247.8.
Beproefde ketting 90.3
Beschrijven, de teekening 231.5.
Bessemerijzer 213.2.
Beugel, boor- 182.8.
-, borg- 116.9.
-, pijp- 109.7.
- van een katrol 93.5.
Bevestigen met bouten 18.4.
- met schroeven 18.5.
Bevestigingsbout 13.4.
Beweegbare as 33.11.
Beweeglijke koppeling 58.3.
Bewegende snaar 86.5.
Beweging 234.7.
-, duur van de 236.6.
-, eenparige 235.1.
-, eenparig versnelde 235.11.   [236.1.
-, eenparig vertraagde
-, gedwongen 238.3.
-, kromlijnige 236.7.
-, leer der 234.8.
-, niet eenparige 235.5.
-, rechtlijnige 234.9.
-, schuif- 127.6.
Bezem, pijp- 110.9.
Bikhamer 163.4.
Binnenkant van een riem 77.1.
-liggend lager 47.8.
-metaal 47.8.
-passer 206.9.
-vertanding 67.7.
Binnenvertanding, rad met- 70.2.
Binnenwijdte, maat voor het bepalen van 205.7.
Blaasbalg 167.2.
Blad, schaar- 157.9.
- teekenpapier 220.3.
- van den teekenhaak 219.7.
-, zaag- 185.5.
Blauw-druk 234.3.
-potlood 233.6.
Blik 216.7.
-, plaat- 216.3.
-schaar 157.9.
- -, puntig gebogen 159.1.
-, ijzer- 215.11.

Blinde flens 105.3.
- schroefgang 10.9.
Blok, aanbeeld- 158.5.
-, bovenste 94.2.
-, draag- 44.7.
-, hangend 94.1.
-, kolomconsole-47.4,5.
-, kussen- 40.1, 43.4.
-, onderste 94.3.
-, plummer- 41.5.
-rem 96.2.
-, rem- 96.4.
-schaaf 192.7.
-, schaaf- 191.11.
-schaaf met enkelen beitel 193.1.
- schets- 220.5.
-, strijk- 193.2.
-, takel- 93.8.
-, vast 93.9.
-, zaag- 190.7.
-, zaal- 160.2.
Bluschhaak 166.8.
Blijvende lengteverandering 249.5
Bocht, knie- 36.10, 107.4.
-, scherpe knie- 107.5.
-stuk 105.6.
Bodem, cilinder-130.8.
Bolhamer 162.7.
Bolle ingenieurshamer 162.2.
- riemschijf 82.2.
Bolstaak 159.8.
Boog, ingrijp- 64.3.
-, dril- 182.4.
-, graad- 229.4.
-, omspannings- 76.3.
-passer 207.4.
- van ingrijping 64.3.
- zaag- 189.4.
Boomzaag 188.4.
Boor 178.4.
-beugel 182.8.
-, bus- 182.3.
-, center- 180.4.
-, dril- 182.2.
-gat 179.1.
-gereedschap 182.1.
-, grond- 181.6.
-, hand- 179.6.
-houder, klembus van den 178.5.
-, hout- 180.8.
-, kruk- 179.7.
-, langgat- 181.5.
-, lepel- 181.3.
-machine 183.1.
- -, cilinder- 131.6.
- -, spil van de 178.6.
- met één snede 180.1.
- - twee sneden 180.2.
-omslag 182.5.
-, polijst- 179.4.

Boor, ratel- 182.9.
-, schroef- 181.1.
-, schroeffrees- 20.8.
-, spiraal- 180.6.
-, spits- 180.3.
-staal 182.6.
-, steen- 181.7.
-, stift- 178.1.
-, tap- 179.8.
-, frees- 180.7.
-, voorsnijtand van een 180.5.
Bord, teeken- 219.4.
Boren 179.2.
-, door- 179.2.
-, het 179.5.
-, na- 179.3.
-, uit- 179.3.
Borgbeugel 116.9.
Borg eener klep 123.5.
Borgen van een bout, het 13.3.
Boring 69.6.
- van den cilinder 130.3.
- - het kussenblok 40.3.
Borst 37.7.
Borstelkoppeling 61.3.
Borsthoogte 37.8.
Bout 11.2.
-, aanzet- 13.7.
-, afstand- 14.6.
-, bevestigings- 13.4.
-, deksel- 130.6.
- der pakkingbus 133.3.
-, diameter van een 11.8.
-, doorsnede van een 11.8.
-, een - afdraaien 19.8.
-, - - aanzetten 19.6.
-, - - losdraaien 19.4.
-, - - nazetten 19.7.
-, - - pasmaken 14.1.
-, - - vastspieën 14.9.
Bouten, deksel- 130.7.
Boutenkoppelbus 57.2.
Bouten, met - bevestigen 18.4.
Bout, flens- 99.3.
-, fundatie- 15.7, 44.3.
-gat 11.7.
-, grond- 15.7.
-, het borgen van een 13.3.
-, ingelaten- 14.4.
-, ketting- 91.2.
-, klem- 15.1.
-, kop- 13.9.
-, koppel- 57.4.
-, kop van een 11.4.
-, kruiskop- 146.7.
-met kop en moer 11.9.
- - opsluitspie 14.8.

Bout met veelvoudigen schroefdraad 16.3.
–, naaf- 150.3.
–, oog- 14.2. .
–, pasgemaakte- 13.10.
–, pen van een 11.3.
–, schacht van een 11.3
–, scharnier- 14.3, 62.1.
–, – schroef 14.3.
–, scheer- 14.8.
–, schroef- 11.2.
–, soldeer- 201.6.
–, spie- 14.8.
–, steen- 15.6.
–, stel- 13.6.
–, steun- 14.5.
–, tap- 13.8.
– van den voet 43.8.
– – een kussenblok 43.6.
– – het klepkastdeksel 112.4.
– – – zuigerdeksel 139.6.
– velg- 150.2.
–, verzonken 14.4.
Bouwen, een machine 253.8.
Bouw, machine- 253.9.
Bovenste blok 94.2.

Bovenijzer 192.9.
Bovenzaal 164.6.
Brander, soldeer- 201.10.
Breedte der riemschijf 81.10.
–, riem- 76.8.
–, spie- 22.9.
– van de schroefgang 8.2.
Breuk, as- 34.9.
–belasting, uitrekking bij 249.3.
–doorsnede 28.4.
–, pijp- 110.4.
– van den krans 150.6.
Brons 217.6.
–, phosphor- 217.7.
Buigbelasting 251.5.
Buigen, recht- 208.6.
–, vastheid tegen 231.7.
Buiging 147.5, 251.3.
–, door- 76.2, 147.5, 252.1.
–, een lichaam wordt op – belast 247.6.
Buigmoment 251.6.
–spanning 251.7.
–veer 147.3.
–zame as 36.3.

Buis, sok- 101.3.
–, soldeer- 203.1.
–vormig 97.5.
–, vuur- 108.2.
Buitenkant van een riem 77.2.
–liggend lager 48.1.
–metaal 48.1.
–omtrek van een tandrad 63.6.
–passer 206.8.
Buizennet 109.4.
Bureau, teeken- 218.4.
Bus 132.8.
–, afstand- 14.7.
–boor 182.3.
–, gelei- 146.2.
– (koppel-) 57.1, 3.
– naaf- 83.9.
– pakking- 132.5.
– werk- 132.5.
Bijl 190.8, 191.6.
–, hand- 191.3, 7.
–, keuken- 191.7.
–, steek- 191.5.
–steel 191.2.
–, timmermans- 191.4.
Bijslijpen, de trekpen 230.1.

C

Calque 233.8.
Calqueeren 233.7.
Calquer-linnen 233.16.
–papier 233.9.
Cementeerstaal 214.2.
Cementstaal 214.2.
Center 168.5.
–boor 180.4.
Centeren 168.6.
Centerpons 168.4.
Centraal smeertoestel 50.3.
Centrale smering 50.2.
Centrifugaal-kracht 237.4.
–regulateur 151.5.
–rem 97.3.
–smering 54.9.
Cilinder 130.1.
–, amaril- 198.4.
–bekleeding 131.2.
–bodem 130.8.
–boormachine 131.6.
–, boring van den 130.3.
–, de – wordt door middel van een pakkingbus afgesloten 135.1.
–deksel 130.5.
–diameter 130.3.
–, druk- 132.4.

Cilinder, dubbelwerkende 132.1.
–, een – nadraaien 131.4.
–, – – uitboren 131.5.
–, – – uitdraaien 131.3.
–, enkelwerkende 131.8.
–, hart van den 130.2.
–mantel 130.4.
–olie 51.6.
–omkasting 131.2.
–, pomp- 132.3.
–pakkingbus 131.1.
–werkbus 131.1.
Cilindrische schroefveer 148.3.
Cilindersmering 131.7.
–speermaat 205.4.
–, stoom- 132.2.
–tapeinden 130.6.
–wand 130.4.
–werkbus 131.1.
–vormig wrijvingsrad 73.6.
Cilindrische pen 39.2.
Cirkel, binnen – van een tandrad 63.7.
–, grond- 67.2.
–, kop- 63.6.
– over het midden der boutgaten 99.4.

Cirkel, rol- 67.3.
–schraper 207.8.
–, steek- 63.5.
–, voet- 63.7.
–zaag 190.4.
Coëfficiënt, afschuivings- 252.9.
–, uitzettings- 249.1.
–, wrijvings- 245.8.
Componente 242.1.
– der snelheid 240.2.
– – versnelling 240.2.
Conische kamradvertanding 70.8.
– klep 116.5.
– opruimer 177.9.
– pen 39.3.
– plug 128.3.
– schroefveer 148.4.
– slinger 239.4.
– zitting der klep 116.6.
Conisch rad 71.4.
– wiel 71.2.
Consistentvet 50.6.
Consoleblok, kolom- 47.4.
–, in de lengte opgehangen 47.5.
Console, muur- 46.5.
Constructeur 222.3.
Constructie 222.4.
–fout 222.5.
Construeeren 222.2.

Contractie 248.8.
Contra-flens 100.2.
−moer 13.2.
−spie 24.7.

Conuskoppeling 61.1
Cijfer, maat- 225.6.
Cycloïde 66.9.
Cycloïde epi- 66.8.

Cycloïde, hypo- 66.10.
−, peri- 67.1.
− slinger 239.5.
− vertanding 66.7.

D

Dam 90.2.
−ketting 90.1.
Decimeter, dubbele- 221.2.
Dekplaat van den zuiger 139.5.
Deksel-bout 130.6.
−bouten 130.7.
−, cilinder- 130.5.
−, klepkast- 112.3.
−, schuifkast- 125.3.
−, zuiger- 139.5.
Dekstuk van een kussenblok 43.5. .
Deltametaal 217.11.
Demontage eener machine 255.5.
Demonteeren, een machine 255.4.
Detailteekening 223.5.
Diagram van het lichten van een klep 115.8.
Diameter, cilinder- 130.3.
−, flens- 99.1.
−, inwendige − van de pijp 97.6
−, − − van den schroefdraad 8.3.
−, uitwendige − van den schroefdraad 8.4.
− van een bout 11.8.
− −het kussenblok 40.3.
−, zuiger- 136.2.
Dichtdraaien, de klep- 115.3.
−, de kraan- 128.2.
Dichte sleutel 17.5.
Dicht hangend •lager 46.8.
− klinkverband 28.2.
− lager 41.8.
−schroeven 18.5, 19.1.
−zijn (de pakkingbus is dicht) 134.7.
Diepte der pakkingkamer 101.7.
−maat 205.6.
− van de ingrijping 75.3.
− − den schroefdraad 8.1.
− − een mof 101.6.
Dierlijke olie 51.2.
Differentiaalrem 97.2.
−schijf 94.5.
−takel 94.4.

Dikte der pakking 133.2.
−, flens- 99.2.
−meter 206.7.
−, riem- 76.9.
−, tand- 65.6.
−, velg- 81.9.
−, wand- 98.1.
Direct gekoppeld met 62.7.
Dissel 191.8.
Disselen, af 191.9.
Doen ineengrijpen 64.5
Dompelaar 140.4.
Doode punt 141.1
− −, stand in het 140.9.
− schroefgang 10.9.
Doorblaasklep 122.5.
−boorde zaag 186.7.
−boren 179.2.
−buiging 76.2, 147.5, 252.1.
−laat 112.6.
−laatdoorsnede 113.2.
−laatopening 113.1.
−lekken (de pakkingbus lekt door) 134.6.
Doorslag 168.7.
−, bank- 169.3.
−, hand- 169.2.
Doorsnede, breuk-28.4.
−, doorlaat- 113.2.
−, druk op de eenheid van 40.7.   .
−, dwars- 225.1.
−, een machinedeel inteekenen 224.8.
−, inwendige − van den schroefdraad 8.3.
−, langs- 224.9.
−, uitwendige − van den schroefdraad8.4.
− − afschuiving 28.4.
− − een bout 11.8.
− − het kussenblok 40.3.
− volgens x-y 225.2.
Doos, passer- 226.7.
−, verf- 232.1.
Dopper 31.8.
Dop, sluit- 105.1.
Draad, asbest- 135.6.
−, gas- 10.6.
−, hennep- 135.4.
−klink 206.3, 6.
−, metaal- 86.7.
−, moer- 10.5.
−nagel 196.4.

Draad, passer 207.2.
−schroef- 7.7.
−snijden 19.9.
−snijmachine 21.5.
−snijtang 155.10.
−snijtap 21.3.
−, staal- 86.7, 8.
−stop 13.5.
−tang 155.9.
− tappen 21.4.
−, trapeziumvormige 10.4.
−vlechterstang 155.9.
−, ijzer- 86.7.
Draag-blok 44.7.
−lager 41.5.
−pen 38.4.
−pot 33.4.
−vlak 40.5.
− − van een spie 23.2.
Draaibank, assen-35.1. .
−beitel, schroefdraad snijden met een20.4.
−ende smeerpot 54.8.
Draaien, een kruk- 142.9.
−, om een pen- 39.8.
Draaierij, assen- 35.2.
Draaiing 240.6.
Draaiings-as 34.5, 241.1.
−hoek 241.2, 253.5.
Draaipunt, moment van kracht P ten opzichte van −O 243.2.
−, − van kracht P ten opzichte van − O 243.1.
Draaischuif 126.8.
−sleutel 17.2.
−tap 39.7.
−zaag, groote 190.1.
Drainklep 122.6.
Drevel 168.7.
−hamer 161.8, 163.3.
Driehoek 219.8.
Driehoekige dichte haak 93.1.
− tand 186.4.
Driehoek met graadboog 229.5.
−, krachten- 242.2.
Driekante beitel 195.2.
− schraapstaal 176.6.
− vijl 174.2.
− schroefdraad 9.5.
−voudige schroefdraad 9.3.

Drieweg-kraan 128.9.
–sklep 118.1.
–spijp 106.7.
Drilboog 182.4.
Drilboor 182.2.
Druipring 52.7.
Druipsmeerpot 54.6.
Druk 250.7.
–, as- 33.7.
–belasting 250.9.
–cilinder 132.4.
–, een lichaam wordt op – belast 247.6.
–kracht 251.1.
– op de as 33.7.
– – den ashals 37.9.
– – de eenheid van doorsnede 40.7.
– – – geleibaan 145.9.
– – de oppervlakte 40.7.
– – – pen 37.9.
– – het excentriek 144.3.
– – – kussenblok 40.6.
–stuk 132.6.
– –, kraan met pakkingbus en 128.6.
– –, rand van het 132.7.
–spanning 251.2.
Druk, specifieke tand- 66.4.

Druk, tand- 66.3.
–vastheid 250.8.
–, wrijvings- 73.5.
–, zuiger- 136.5.
Druppelaar 54.7.
–, smeerpot met 54.6.
Drijfas 36.4.
–hamer 163.1.
–ketting 91.6.
–rad 68.7.
–raderen 68.5.
– – voor krachtoverbrenging 68.4.
–rad, wrijvings- met sponning en groef 74.7.
–riem 76.5, 80.5.
–stang 144.7.
– –, kop van de 144.9. 145.1, 145.2.
– –lichaam 144.8.
– –, vork eener 145.3.
–vijl 175.2.
–werkkabel 87.5.
Drijfwerk met belastingsspanning 78.1.
– – verschillende schijven 84.8.
–, riem- 77.3.
Drijfwerk voor riembeweging 77.3.

Drijfwerk, wrijvings- 74.6.
Dubbele decimeter 221.2.
– haak 92.6.
– halfronde vijl 174.8.
– klinknagelrij 29.6.
– moersleutel 17.1.
– mof 105.5.
– nippel 107.3.
– puntvertanding 67.5.
– riem 80.2.
– ringklep 118.4.
– schaafbeitel 192.8.
– schroefdraad 9.2.
– spie 24.6.
– striplasch 29.2.
– trekpen 229.8.
– zethamer 163.5.
– zitting, klep met- 118.7.
Dubbel T-ijzer 215.7.
–werkende cilinder 132.1.
Duimstok 221.3.
–, opvouwbare 221.3.
Duur, val- 236.4.
– van de beweging 236.6.
Dwarsdoorsnede 225.1
Dwarsspie 22.6.

E

Eenheid van doorsnede, druk op de – 40.7.
Eenparige beweging 235.1.
Eenparig versnelde beweging 235.11.
– vertraagde beweging 236.1.
Eénwegsklep 117.8.
Eerste kapping 170.7.
Effect, nuttig- 246.8.
Eind-kruk 141.8.
–lager 41.6.
–metaal 41.6.
–pen 38.6.
–snelheid 235.9.
–stoel 47.6.
Elasticiteit 249.6.
–sgrens 249.7.
–smodulus 249.2.
Elastische koppeling 58.5.
Electromagnetische koppeling 61.5.
Elleboog 105.6.

Elleboog, in een – ombuigen 37.1.
–, ronde- 105.7.
–smeerpot 55.9.
Engelsche maat 220.10
– schaal 221.8.
– schroefsleutel 18.2.
– sleutel 18.2.
Enkele klinknagelrij 29.5.
Enkelvoudige kapping 170.4.
– ringklep 118.3.
– schroefdraad 9.1.
Enkelwerkende cilinder 131.8.
Epicycloïde 66.8.
Equatoriaal traagheidsmoment 243.8.
Erts, ijzer- 210.2.
Evenwicht 244.6.
–, de krachten zijn in – 242.9.
–, labiel- 244.9.
–, onstandvastig 244.9.

Evenwicht, onverschillig 244.10.
–, stabiel 244.8.
–, standvastig 244.8.
–stoestand van een lichaam 244.7.
Evolvente 67.9.
– vertanding 67.8.
Excentriciteit 143.5.
Excentriek 143.4.
–, druk op het 144.3.
–ring- 144.1.
–schijf 143.6.
– – uit één stuk 143.7.
– – – twee deelen 143.8.
–stang 144.2.
–wrijving 144.4.
Excentrisch 144.6.
–e aanzetbeweging 144.5.
Expansiekoppeling 58.4.
–pijp 104.1, 2.

F

Fabriek, machine- 254.1.

Fabrikant, machine- 254.2.

Figuurzaag 189.5.
Filter, olie- 53.1.

Flank, tand- 64.10.
- en, tandrad met
  rechte- 67.6.
Flens 98.10.
-, afsluiting der 99.6.
-, blinde- 105.3.
-bout 99.3.
-, contra- 100.2.
-diameter 99.1.
-dikte 99.2.
-, geschroefde 100.9.
-, gesoldeerde 100.8.
-, haaksche 100.3.
-koppelbus 57.5.
- (koppelschijf) 57.6.
-kraag 100.6.
-, losse 100.5.
-, mannetjes- en
  vrouwtjes- 100.1.
- met ingelaten rand
  99.8.
-, opgeklonken 100.7.
-pakking 99.6.
-pijp 108.10.

Flens, pijp- 98 10.
-sleutel 101.1.
-, vaste 100.4.
-verbinding 29.4, 98.7.
Flesch, lens- 108 6.
- zuig- 108.6.
Fornuis, soldeer- 202.3.
Fout, constructie-
  222.5.
-, lasch- 165.4.
Frees 183.2.
-, achtergedraaide-
  183.6.
- boor 180.7.
- - schroef- 20.8.
-, gleuf- 183.7.
-, hoek- 184.2.
-machine 185.2.
-, mantel- 184.1.
- met ingezette tanden
  183.4.
- - onveranderlijk
  profiel 183.5.
-, profiel- 184.8.

Frees, pijp 184.7.
-, machinerad- 73.2.
-, schijf- 183.6.
-, stift- 184.3.
-tand 183.3.
-, tandrad- 184.5.
-, vlakke- 184.4.
- voor wormwielen
  184.6.
Freezen 184.9.
-, groeven- 23.7.
-, het- 185.1.
-, uit- 184.9.
Fundatie-bout 15.7,
  44.3.
-plaat 16.2, 43.9.
Fijne schroefdraad
  10.7.
Fijn staal 214.3.
-e zoetvijl 172.7.
-heid van den schroef-
  draad 10.8.
- - - - slijpsteen
  197.2.

G

Gaffelvormige tap 39.5.
Gallsche ketting 91.3.
Gang, in - zijn 255.7.
-, schroef 7.4.
Gangen, schroefdraad
  met meerdere- 9.4.
Gas-branderstang
  156.7.
-draad 10.6.
-kraan 129.6.
-leiding 110.1.
-pijp 107.8.
-schuif 126.5.
-soldeerbout 201.9.
-tang 110.7, 155.7.
Gat, boor- 179.1.
-, bout- 11.7.
-, klinknagel- 26.7.
-, nagel- 196.2.
-, olie- 44.4, 52.5.
-, spie- 23.1.
-, spijker- 196.2.
Gebogen as, haaks
  36.9.
- -, tweemaal haaks
  37.2.
- haalmes 195.5.
- lijnen, trekpen voor-
  229.7.
- schaar 157.1.
- trekzaag 188.6.
Gedekte winkelhaak
  208.2.
Gedwongen beweging
  238.3.
Geelkoper 217.5.
-en pijp 103.7.

Gefreesde tand 66.2.
Gegolfd plaatijzer
  216.6.
-e pijp 104.3.
Gegoten smeedijzer
  212. 4.
- tand, ruw- 65.9.
- ijzeren riemschijf
  82.7.
Gehamerden kop,
  nagel met 27.2.
Gehard gietijzer 212.2.
Geklonken kop 26.5.
- pijp 102.3.
Gekoppeld 62.6.
-e as 34.1.
-, direct - met 62.7.
-, rechtstreeks - met
  62.7.
Gekroonde moer 12.6.
Gekruiste riem 77.6.
Gelaschte ketting 89.5.
- pijp 102.4.
- - met overlap 102.6.
- - - stuiknaad 102.5.
Geleibaan 143.2, 145.7.
-, druk op de 145.9.
-, wrijving der 145.10.
Geleibus 146.2.
Geleide klep 120.8.
Geleiding 145.5.
- der klepstang 117.7.
- door middel van een
  stift 117.5.
- - - - pootjes 117.1.
- eener klep 116.10.

Geleiding, klep- 116.9.
-, rand der 126.1.
-smoer 126.2.
-spootje 117.4.
-sstift 117.6.
-, stang- 146.1.
- van den kruiskop
  146.4.
- - de schuif 125.8.
- - - zuigerstang
  136.8.
Geleioog 146.2.
-slof 143.3, 145.6,
  146.6.
Geleistang 146.3.
-vlak 145.8.
Gelijmde riem 80.9.
Gemiddelde snelheid
  235.10.
Genaaide riem 81.1.
Gerande moer 12.10.
Gereedschap 256.4.
-, boor- 182.1.
-, hand- 256.5.
-skist 256.3.
-, smids- 166.5.
-sstaal 214.7.
Geribde moer 12.10.
- pijp 104.5.
Geruit plaatwerk
  216.5.
Geschaafde tand 66.1.
Geschrankte tand
  186.8.
Geschroefde flens
  100.9.
Geschutmetaal 217.8.

Geslepen opruimer 177.5.
– zuiger 140.1.
Gesloten kabel 85.7.
– kisten, het harden in 200.1.
– kop van de drijfstang 145.1.
– krachtenveelhoek 242.8.
– lager 41.8.
Gesmeed ijzeren riemschijf 82.8.
Gesnapten kop, nagel met 27.1.
Gesneden tand 66.1.
Gesoldeerde flens 100.8.
– pijp 102.8.
– tandheugel 70.7.
Getande stang 70.7.
– – met tandwiel 70.6.
Getand kettingrad 91.4.
– vliegwiel 150.4.
Getrokken deel van een riem 76.1.
– pijp 103.4.
Gevorkte tap 39.5.
Gewalste pijp 103.1.
Geweld staal 213.6.
– ijzer 212.6.
Gewichten der klepbelasting 119.8.
–, met – beladen klep 119.2.
Gewichtsbelasting, klep met 119.2.
–, veiligheidsklep met 119.7.

Gewichtsregulateur 151.9.
Gewicht van een regulateur 151.1.
Gewone ketting 88.8.
Gewricht, kogel- 62.4.
Gezuiverde olie 53.2.
Gieting, open zand- 211. 4.
Gietlepel 203.4.
Gietsel, staal- 212.3.
Gietwerk in droog zand 211.7.
– – kasten 211.5.
– – leemen vormen˙ 212.1.
– – vormaarde 211.8.
– – zand 211.6.
Gietijzer 211.3.
–en pijp 101.9.
–, gehard- 212.2.
–, smeedbaar 212.4.
Glashardheid 199.7.
Glas, olie- 53.9.
Gleuffrees 183.7.
Gleuf, spie- 23.3, 75.1
– en leispie 25.3.
Gleuven hakken 23.4.
–, machine voor het hakken van 23.6.
Glijdingsmodulus 253.1.
Gomelastiek 230.8.
Goud 217.2.
Graadboog 229.4.
–, driehoek met 229.5.
Graad, hardheids- 199.9.
–, ongelijkvormigheids- 149.8.

Graad, vloeibaarheids- – van het smeermiddel 50.7.
Grauw ruwijzer 210.5.
Grens, elasticiteits- 249.7.
Grens, proportionaliteits- 249.8.
–, vloei- 250.1.
Groef der touwschijf 87.2.
–, olie- 44.5, 52.6.
–schaaf 193.6.
–spie 23.10.
–vijl 176.1.
Groepsteek 30.3.
Groeven freezen 23.7.
– hakken 23.4.
–, machine voor het hakken van 23.6.
Grondboor 181.6.
–bout 15.7.
–bus 133.4.
–cirkel 67.2.
–kegel 70.9.
–plaat 16.2, 43.9.
– – van een taatspot 40.9.
–ring 133.5.
–voering 133.4.
Groote draaizaag 190.1.
– spanzaag 189.7.
Grove vijl 173.3.
Grijpen, in elkaar- 63.8.
Gummi, inkt- 230.10.
–, potlood- 230.9.
–, radeer- 230.8.
Guts 195.1.

H

Haak 92.1.
–, bek van een 92.2.
–, blusch- 166.8.
–, driehoekige dichte 93.1.
–, dubbele 92.6.
–, hals van een 92.4.
–, ketting- 92.8.
–, klem- 194.2.
–, kruis- 208.3.
–, onderdeelen van een 92.9.
–, pijp- 109.8.
–, schacht van een 92.3.
–sche flens 100.3.
–sche vertakking 106.2.
–s gebogen as 36.9.
–sleutel 17.7.
–, slot- 17.7.
–, speer- 159.2.
–, teeken- 219.5.

Haak, touw- 92.7.
–, verstek- 208.4.
–, winkel- 208.1.
Haalmes 195.3.
–, gebogen 195.5.
–, recht 195.4.
Haard, smids- 166.2.
Hakbeitel 23.5, 194.7.
Hakenketting 90.4.
Hakken 168.2.
–, af- 168 3. 194.5.
–, gleuven- 23.4.
–, groeven- 23.4.
–, machine voor het – van gleuven 23.6.
–, – – – – van groeven 23.6.
–, zaagtanden 187.2.
Halfgekruiste riem 77.7.
–ronde vijl 174.5.

Halfgekruist ruwijzer 210.6.
–verzonken kop, nagel met 26.9.
–zoetvijl 172.6.
Hals, as- 33.3, 35.7, 37.6.
–lager 41.7.
–metaal 41.7.
–tap 38.5.
– van een haak 92.4.
Hamer 160.3.
–, bank- 161.5.
Hamer, bankwerkers- 160.9.
–, bik- 163.4.
–, bol- 162.7.
–, bolle ingenieurs- 162.2.
–, drevel- 161.8, 163.3.
–, drijf- 163.1.

Hamer, dubbele zet- 163.5.
–en 160.7.
–en, koud- 160.8.
–, hand- 161.4.
–, hoef- 162.3.
–, houten- 163.6.
–, ingenieurs- 162.1.
–, ketelsteen- 161.9.
–, klauw- 196.3.
–, klauw·van een 160.5.
–, klink- 32.1.
–, klop- 163.2.
–kop 12.4.
–, koperen- 163.8.
–, metalen- 163.7.
– met gekruisten klauw 162.1.
–, plet- 161.2.
–, ronde zet- 162.6.
–, schulp- 32.2.
–, smee- 161.1.
–, smids- 161.1.
–steel 160.6.
–, vlak- 162.5.
–, – van een 160.4.
–, voor- 161.3.
–vormige soldeerbout 201.7.
–, vijlen- 170.11.
–, zet- 162.4.
–, zij- 161.6.
Hand-aanbeeld 158.7.
–beitel 167.9.
–boor 179.6.
–bijl 191.3, 7.
–doorslag 169.2.
Handel van een windas 142.3.
Hand-gereedschap 256.5.
–hamer 161.4.
–klauw 154.7.
–rad 113.8.
–schaaf 193.3.
–schaar 157.7.
–schroef 154.6.
– – met spitse bekken 154.8.
– –, parallel- 155.1.
– –, stift- 155.1.
–slagenteller 209.4.
–vat 142.4.
–vijl 172.2.
–wiel 113.8.
–zaag 188.1, 7.
Hangend blok 94.1.
– lager 46.6.
– –, dicht 46.8.
– –, open 46.9, 47.1.
Harceeren 226.5.
Harceering 226.6.
Harden 198.9.
–, het 199.1.

Harden, het – in gesloten kisten 200.1.
–, – – van vijlen 171.5
–, vijlen- 171.4.
Hardheid 199.5.
–, glas- 199.7.
–, natuurlijke 199.6.
–sgraad 199.9.
–sschaal 199.8.
Harding door afkoeling 200.2.
– – slaan 200.3.
– in olie 200.4.
– – water 200.5.
–spoeder 199.10.
Hard soldeer 202.7.
– –, soldeeren met 201.3.
Harp 92.5.
Harsachtig, de smeerolie wordt- 50.10.
– worden van olie 51.1
Hartlijn 225.3.
Hart van den cilinder 130.2.
– – een schroef 8.5.
–, – – tot – 225.7.
Hechter, riem- 81.6.
Heen-en terugslag van den zuiger 137.8.
Heengaande slag van den zuiger 137.9.
Hefboom der klep 119.9.
–, ontkoppelings- 59.2.
–, regulateur- 151.3.
–, riem- 84.3.
–sarm van kracht P ten opzichte van draaipunt O 243.2.
–schaar 157.2.
–, tas met 32.6.
– van een remblok 96.5.
Heft, vijlen- 169.8.
Hellend vlak 239.6.
– vlak, hellingshoek van het 239.7.
Helling 7.3.
Hellingshoek 7.2.
– van het hellend vlak 239.8.
Hennepdraad 135.4.
–pakking 135.3.
– –, zuiger met 138.4.
–touw 86.9.
– –schijf 87.4.
Herleidingsschaal 221. 5.
Hoefhamer 162.3.
Hoek, afschuinings- 186.1.
–booromslag 182.7.
–, draaiings- 241.2, 253.5.

Hoekfrees 184.2.
–, hellings- 7.2.
–, – – van het hellend vlak 239.7.
–, inzinkings- 26.6.
–kraan 128.8.
–, slinger- 239.1.
–overbrenging 77.8.
–snelheid 241.3.
–, snij- 185.9.
–tand 70.4.
–tanden, rad met 70.3.
– van de spiegleuf 75.2.
– van de zaagtanden 185.8.
– – 180°, krukken onder een 142.1.
–versnelling 241.4.
–, werp- 237.6.
–, wig- 21.9.
–, wrijvings- 245.9.
Hoekijzer 215.6.
Holbeitel 20.5.
Holle as 35.9.
– moer 13.1.
– spie 24.4.
– vijl 175.6.
Holpijp 169.4.
–tang 169.5.
Hol schraapstaal 176.5
Holte, tand- 65.7.
Hol van een schaaf 192.1.
Hoofdaslager 47.7.
–maten 225.8.
Hoogte, borst- 37.8.
–, kop- 65.2.
–, spie- 22.8.
–, stijg- 236.5.
–, tand- 65.5.
–, val- 236.3.
–, werp- 237.8.
–, zuiger- 136.3.
Hoorn 159.1.
–, aanbeeld met 158.9.
Horizontale riem 78.4.
– worp 238.1.
Houder, zaagblad- 185.6.
Houtboor 180.8.
Houten hamer 163.6.
– keg 22.2.
– riemschijf 83.1.
– spie 22.2.
– tand 72.3.
– wiel, tand (kam) van een 72.2.
– wig 22.2.
Hout, kruis- 207.9.
– op ijzer, vertanding van 72.5.
– polijst- 198.1.
–schroef 16.4.
–zaag 187.10.

Huis van een kraan 127.10.
Hulpklep 116.1.

Huls, regulateur-151.1.
Hijschkabel 87.7, 87.8.

Hijschtouw 87.7.
Hyperbolisch wiel 71.9.
Hypocycloïde 66.10.

I

In de lengte opgehangen consoleblok 47.5.
India-rubber klep 123.4.
- -rubberpakking 135.7.
Indicateurolie 51.7.
Indrijven, den nagel 30.7.
Ineengrijpen,doen64.5.
-, het - doen ophouden 64.6.
In een elleboog ombuigen 37.1.
- elkaar grijpen 63.8.
- gang zijn 255.7.
Ingelaschte pen 39.6.
Ingelaten bout 14.4.
- rand, flens met - 99.8.
Ingeloopen tap 38.3.
Ingenieurshamer 162.1
-, bolle 162.2.
Ingenieur, werktuigkundig 254.3.
Ingevreten tap 38.3.
Ingrijpboog 64.3,
- lijn 64.1.

Ingrijpboog tijd 64.4.
- weg 64.2.
Ingrijpend raderwerk, rechthoekig 71.3.
Ingrijpen van tanden 63.9, 72.6.
Ingrijping, boog van 64.3.
-, diepte van de - 75.3.
-, lijn van 64.1.
-, tijd van 64.4.
-, weg van 64.2.
Inkoppelen 84.2.
Inkorten,den riem79.4.
Inktgummi 230.10.
-houder 231.9.
-, in - zetten 231.2.
-, Oost-Indische 231.3.
Inlaten, den nagel30.6.
Inpikken 84.2.
Inrichting om uit de hand te smeren 49.5.
-, pal- 95.4.
-, rem- 96.1.
-, smeer- 53.3.
-, slijp-197.6.
Inschakelen, de koppeling 59.5.

Inschroeven 18.8.
Inslaan, een spie- 25.8.
Instellen, de belasting der klep zuiver120.4.
Intanding 63.9.
Inwendige breedte van een schakel 89.1.
- diameter van de pijp 97.6.
- - - den schroefdraad 8.3.
- doorsnede van den schroefdraad 8.3.
- lengte van een schakel 88.10.
- middellijn 112.5.
- van de pijp 97.6.
- vertanding 67.7.
- -, rad met - 70.1.
- -, tandrado verbrenging met - 70.1.
Inwendig schroefstaal 20.7.
Inzetten, tanden in een wiel - 72.7.
Inzinkingshoek 26.6.
I-ijzer 215.7.

K

Kabel, aandrijvende 87.6.
-, den - afwikkelen 88.4.
-, den- opwinden 88.3.
-, drijfwerk- 87.5.
-, gesloten 85.7.
-, hijsch- 87.7, 87.8.
-koppeling 86.1.
-touw 88.1.
-, windas- 88.2.
Kaliber, bek- 205.5.
-, kern- 205.8.
-, schroefdraad- 206.1.
-, standaard: 206.5.
-, toleranz- 206.4.
Kalibreerstaf 204.4.
Kamer, lichtdruk- 234.6.
-, olie- 55.4.
-, pakking- 101.5, 133.1.
-, teeken- 218.4.
Kam-lager 41.4.
-rad 72.1.
- -vertanding, conische 70.8.
-spil 38.9.

Kam van een houten wiel 72.2.
-wielen, overbrenging door middel van rechte 68.6.
-wiel, recht 69.1.
Kan, olie- 51.9.
-, - met klepje 51.10.
-, -spuit 52.1.
Kant, opstaande 44.1.
-vijl 174.6.
Kappen, vijlen 170.8.
Kapper, vijl - 170.9.
Kapping, basterd- 170.2.
-, eerste 170.7.
-, enkelvoudige 170.4.
-, kruis- 170.5.
-,.tweede- 170.6.
-, vijlen- 170.1.
-, zoet- 170.3.
Kap, sluit- 105.2.
Kasten, gietwerk in 211.5.
Kast, klep- 112.2
-,muur- 47.3.
-, schuif- 125.2.
Katoenen snaar 86.10.

Katoentje, het - is in de war 54.4.
-s, oliebak met 54.2.
-s, smering met 54.1.
- voor smering 54.3.
Katrol 93.2.
-, as van een 93.6.
-, beugel van een 93.5.
-, losse 93.4.
-, vaste 93.3, 4.
Keerklep 121.4.
Keg 21.6.
Kegel, grond- 70.9.
-, klem- 58.2.
-rad 71.2.
- -, wrijvings- 74.1.
-regulateur 151.7.
-rem 96.8.
-rol 71.1.
-schijf 83.4.
-schijven, overbrenging door 78.3
-, wrijvings- 74.5.
Keg, houten- 22.2.
-, stalen- 22.4.
-, ijzeren- 22.3.
Kern 85.3.
-kaliber 205.8.

Ketelaanbeeld 159.9.
-plaat 216.4.
-pijp 107.10.
-steenhamer 161.9.
Ketting 88.6.
- anker. 91.9.
-as 91.5.
-, beproefde 90.3.
-bout 91.2.
-, dam 90.1.
-, drijf- 91.6.
-, Gallsche 91.3.
-, gelaschte 89.5.
-, gewone 88.8.
-haak 92.8.
-, haken- 90.4.
-, kraan- 91.8.
-lasch 90.9.
- last 91.7.
-, leibeugel van een
    90.7.
-loop 91.10.
- met korte schakels
    89.8.
- met lange schakels
    89.9.
-naad 30.2.
-overbrenging 88.5.
-rad 90.6.
- -, getand- 91.4.
-riem 80.6.
-rol 90.8.
-, schakel- 88.8, 90.9.
-slot 89.4.
-steek 30.2.
-takel 94.7.
-trommel 95.3.
-wiel 88.7, 90.5.
-wrijving 89.3.
-ijzer 89.2.
- zonder einde 91.11.
Keukenbijl 191.7.
Kist, gereedschaps-
    256.3.
Klauw 60.3.
-hamer 196.3.
-, hamer met gekruis-
    ten 162.1.
-, hand- 154.7.
-koppeling 60.2.
- -, uitschakeling van
    een 60.4.
- van een hamer 160.5.
Klem, bank- 154.5.
-bout 15.1.
-bus van den boor-
    houder 178.5.
-haak 194.2.
-kegel 58.2.
-koppelbus 56.8.
Klemmen (de klep
    klemt) 114.7.
-de pakkingbus klemt)
    134.5.

Klem, pijp- 154.3.
-, span- 155.2.
-tang 156.4.
Klep 112.1.
-, afblaas- 122.4.
-, aftap- 122.6.
-, afvoer- 122.3, 124.5.
-belasting 119.3.
- -, gewichten der
    119.8.
- -, veer der 120.2.
-, de belasting der -
    zuiver instellen 120.4.
-, borg eener 123.5.
-, conische 116.5.
-, - zitting der 116.6.
-, de - belasten 120.3.
-, - - blijft hangen
    114.8.
-, de - dichtdraaien
    115.3.
-, - - klemt 114.7.
-, - - openen 115.2.
-, - - opendraaien
    115.2.
-, - - op haar zitting
    opschuren 113.6.
-, - - ontlasten 115.9.
-, - - overbelasten
    120.5.
-, - - slaat 114.9.
-, - - sluiten 115.3.
-, - - trilt 115.1.
-, diagram van het
    lichten van een 115.8.
-, doorblaas- 122.5.
-, draïn- 122.6.
-, driewegs- 118.1.
-, dubbele ring- 118.4.
- eener scharnierklep
    123.2.
-, éénwegs- 117.8.
-, enkelvoudige ring-
    118.3.
-, geleide- 120.8.
-geleiding 120.9.
-, geleiding eener
    116.10.
-, hefboom der 119.9.
-, het lichten eener
    115.7.
-, hulp- 116.1.
-, india-rubber- 123.4.
-kast 112.2.
- -deksel 112.3.
- - -, bout van het
    112.4.
-, keer- 121.4.
-, klokvormige 119.1.
-, kogel- 116.7.
-kogel 116.8.
-, kraan- 123.4.
-lichaam 113.3.
-, lichtende 116.2.

Klep, lichthoogte der
    114.1.
-, lucht- 121.8.
-, meervoudige ring-
    118.5.
- met dubbele zitting
    118.7.
-, - gewichten beladen
    119.2.
- - gewichtsbelasting
    119.2.
- - naar beneden ge-
    richte pootjes 117.3.
- - - boven gerichte
    pootjes 117.2.
- - veerbelasting
    119.4.
-, non-return- 121.3.
-, ontlast- 116.1.
-, ontlasting van een
    115.10.
-opening 115.6.
-overdruk 114.4.
-, pers- 121.7, 124.3.
-, proef- 122.8.
-, reduceer- 121.5.
-, ring- 118.2.
-, scharnier- 123.1.
-, schijf- 116.3.
-schijf 116.4.
-sleutel 17.8.
-sluiting 115.5.
-, smoor- 124.1, 124.6.
-, speling van de 115.4.
-, snuif- 122.1.
-stang 113.7.
- -, geleiding der
    117.7.
- -, slagnok der 114.3.
-, spui- 122.9.
-, terugslag- 121.3,
    123.7.
-, toevoer-   122.2,
    124.4.
-, traagheid der 114.5.
-, trapsgewijze- 118.6.
-, tweewegs- 117.9.
-veer 119.5.
-, veiligheids- 110.5,
    119.6, 123.6.
-, -met gewichtsbelas-
    ting 119.7.
-, - -veerbelasting
    120.1.
-, versnelling der 114.6
-, voeding- 122.7.
-, voet- 120.6.
-, wissel- 118.1.
-, zelfwerkende 120.7.
-zitting 113.4.
- -, oppervlak der
    113.5.
-, zuig- 121.6, 124,2.
Kleur, aanloop- 199.4.
-potlood 233.4.

Kleverigheid van de smeerolie 50.9.
Klink 60.6, 95.7.
Klinken 30.5.
–, het 27.4.
–, koud- 27.9.
–, los- 31.3.
–, machinaal- 31.6.
–, warm- 27.8.
–, uit de hand- 31.5.
Klinkhamer 32.1.
–koppeling 60.5.
–machine 31.7.
–naad 27.5.
– –, zigzag- 30.1.
–nagel 26.1.
– –gat 26.7.
– –kop afhakken, den 31.4.
– –, kop van een 26.3.
– –rij, dubbele 29.6.
– – –, enkele- 29.5.
– – –, meervoudige 29.7.
– –, schacht van een 26.2.
– –smidse 32.9.
– –s stukslaan 31.3.
– –tang 32.7, 32.8.
– –verdeeling 27.6.
– –, voorloopig geplaatste 27.3.
– –vuur 33.1.
–rand kooken 31.1.
–schroef 32.4.
–staak 159.7.
–verband 27.4.
– –, dicht- 28.2.
– – met één plaats van afschuiving 28.3.
Klinkverband met meerdere plaatsen van afschuiving 28.6.
– – – twee plaatsen van afschuiving 28.5
– –, sterk- 28.1.
–verbinding 27.4.
–werk 27.4.
Klokmetaal 217.9.
–vormige klep 119.1.
Klophamer 163.2.
Knevel 189.8.
–schroef 15.3.
Kniebocht 36.10,107.4.
–, scherpe 107.5.
Kniestuk 107.4.
–, afgerond- 107.7.
Knik 252.2.
–belasting 252.4.
–vastheid 252.3.
Kniptang 156.1.
Koelslang 104.7.

Kogel 45.4.
–baan 237.9.
–klep 116.7.
–, klep- 116.8.
–beweging, staand kussenblok, met 45.1.
–gewricht 62.4.
–lager 45.3.
– –metaal 45.7.
–s, taatspot met 41.3.
–tap 39.4.
– –lager 45.6.
Kolomconsoleblok 47.4.
–, water- 111.7.
Kookbeitel 31.2.
Kooken, klinkrand- 31.1.
Kopcirkel van een tandrad 63.6.
Koper 216.8.
Koperen hamer 163.8.
– pijp 103.6.
Koper, geel- 217.5.
Koppel, as van het 243.5.
–bout 57.4.
–bus 57.3.
– –, bouten- 57.2.
– –, flens- 57.5.
– –, klem- 56.8.
Koppelen 62.5.
–, aaneen- 62.5.
–in- 84.2.
–ont- 84.2
Koppel, moment van het 243.4.
–schijf 57.6.
–stang 145.4.
–, torsie- 253.4.
– van krachten 243.3.
Koppeling 56.1.
–, as- 56.2.
–, band- 61.6.
–, beweeglijke 58.3.
–, borstel- 61.3.
–, conus- 61.1.
–, de – inschakelen 59.5.
–, – – uitschakelen 59.6, 63.1.
–, elastische 58.5.
–, electromagnetische 61.5.
–, expansie- 58.4.
–, kabel- 86.1.
–, klauw- 60.2.
–, klink- 60.5.
–, kruisscharnier- 62.2.
–, leder- 61.4.
–, losneembare 58.6.
–, mof- 56.4.
–, pal- 60.5.
⁄, riem- 61.6.

Koppeling, scharnier- 61.8.
–, schroef- 11.1, 56.6
–, schroef – met flenzen 98.8.
–, schijf- 57.5.
–, Sellers- 58.1.
–, staaf- 61.7.
–, tand- 60.2.
–, tapsche wrijvings- 61.1.
–, universeel- 62.2.
–, vaste 56.3.
–. wrijvings- 60.7.
Kop-bout 13.9.
–cirkel 63.6.
–, gehamerde 27.2.
–, geklonken 26.5.
–, gesnapte 27.1.
–, halfverzonken 26.9.
–, hamer- 12.4.
–hoogte 65.2.
–, kraan- 127.9.
–lasch 89.6.
–, nagel- 26.3.
–, – met gehamerden 27.2.
–, – – gesnapten 27.1.
–, – – halfverzonken 26.9.
–, – – verzonken 26.8.
–, ronde 12.2.
–spie 23.8.
–, tand- 65.1.
– van de drijfstang 144.9.
– – – –, gesloten 145.1.
– – – –, open 145.2.
– – – lasch 91.1.
– – den teekenhaak 219.6.
– – een bout 11.4.
– – – klinknagel 26.3.
– – – passer 227.2.
– – – spie 23.9.
–, verzonken 12.3.
–, vierkante 12.1.
–, zeskante 11.10.
–, zet- 26.4.
Korf, zuig- 108.6.
Kornagel 168.4.
Korter maken, den riem 79.4.
Koudbeitel 165.10, 168.1.
Koud hameren 160.8.
–klinken 27.9.
– smeden 164.1.
–zaag 187.7.
–zagen 187.5.
Kraag 103.9.
–, as- 36.7.
–, een – aan een pijp maken 103.10

Kraag, flens- 100.6.
- van de kussenblok-
  voering 43.3.
- - een as 36.7.
Kraan 127.7.
-, afblaas- 129.7.
-, afsluit- 129.4.
-, aftap- 129.2, 8.
-, de - dichtdraaien
  128.2.
-, de - opendraaien
  128.1
-, - - openen 128.1.
-, - - sluiten 128.2.
-, drieweg- 128.9.
-, gas- 129.6.
-, hoek- 128.8.
-, huis van een 127.10.
-ketting 91.8.
-klep 128.4.
-kop 127.9.
-, meng- 129.3.
- met pakkingbus en
  drukstuk 128.6.
-, peilglas- 111.5.
-plug 127.8.
-, proef- 129.1
-, rechte 128.7.
-, schroef- 128.5.
-, smeer- 53.6.
-sleutel 17.6.
-touw 87.9.
-, vierweg- 129.1.
-, voeding- 129.9.
-, water- 129.5.
Kracht 241.5.
-, aangrijpingspunt
  der 241.7.
-, centrifugaal- 237.4.
-, druk- 251.1.
-en, de - zijn in even-
  wicht 242.9.
-endriehoek 242.2.
-en, koppel van 243.3.
Krachten, parallelo-
  gram van 241.8.
-enveelhoek 242.3
- -, gesloten 242.8.
-, levende 245.4.

Krachten, moment van
- P ten opzichte van
  draaipunt O 243.1.
Kracht, hefboomsarm
  van - P ten opzichte
  van draaipunt O
  243.2.
-, middelpuntzoekende
  237.3.
-overbrenging, drijfra-
  deren voor 68.4.
-, paarde- 245.3.
-regulateur 152.5.
-, rem- 96.6.
-richting 241.6.
-, samenstellende
  242.1.
-, tangentieele- 237.2.
-, trek- 250.5.
-swerktuig 256.7.
- veer- 249.6.
-, zwaarte- 244.3.
Krans, aangebrachte
  69.8.
-, breuk van den 150.6.
-, ribbe van den 69.3.
-, tand- 69.2.
-van een schijf 81.8.
- - - vliegwiel 149.5.
Krasser, parallel-207.7.
Krimpmaat 221.9.
Kringslinger 238.8.
Kroezenstaal 214.4.
Kromlijnige beweging
  236.7.
Kromme, ballistische
  237.10
- voegpasser 207.1.
Krooncirkel 63.6.
Kruis-haak 208.3.
-hout 207.9.
-kapping 170.5.
-kop 146.5.
- -bout 146.7.
- -, geleiding van den
  146.4.
- -, spie van den 147.1.
-scharnierkoppeling
  62.2.

Kruis, steun 62.3.
-stuk 106.5.
Kruk 141.2.
- -, kussenblok der
  141.5.
-boor 179.7.
-, een - draaien 142.9.
-, eind- 141.8.
-ken onder een hoek
  van 180° 142.1.
-lichaam 141.3.
- met sponning 143.1.
-overbrenging 140.8.
Krukpen 141.6.
-penlager 141.7.
-schijf 142.2.
-, slag van een 142.8.
-, veiligheids- 142.7.
Kussen, snij- 21.2.
Kussenblok 40.1, 43.4.
-, as- 33.4.
-, boring van het 40.3.
-, bout van een 43.6.
-, dekstuk van een
  43.5.
- der krukas 141.5.
-, diameter van het
  40.3.
-, doorsnede van het
  40.3.
-, druk op het 40.6.
-, lengte van het 40.2.
-, - - den voet van
  het 40.4.
-lichaam 43.4.
-metaal 42.4.
- met ringsmering 45.2.
-, schuin- 44.8.
-, staand- 42.3.
-, - - met kogelbewe-
  ging 45.1.
-, verstelbaar 42.5.
-voering, kraag van de
  43.3.
-, voering van een 42.6
-, voet van een 43.7.

L

Laag, olie- 48.8.
- smeersel 48.8.
Labiel evenwicht 244.9.
Labyrinthpakking,
  zuiger met 139.8.
Lade, tafel- 218.8.
Lager, as- 33.4.
-, balk- 46.7.
-, binnenliggend 47.8.
-, buitenliggend 48.1.
-, dicht- 48.8.
-, dicht hangend 46.8.
-, draag- 41.5.

Lager, eind- 41.6.
-, gesloten 41.8.
-, hals- 41.7.
-, hangend 46.6.
-, het - loopt 48.4.
-, - - smeren 48.7.
-, - - stellen 48.6.
-, - - van een ma-
  chine loopt warm
  48.2..
-, - - vreet in 48.5.
-, hoofdas- 47.7.
-, kam- 41.4.

Lager, kogel- 45.3.
-, kogeltap- 45.6.
-, krukpen- 141.7.
-, met witmetaal vol-
  gieten, een 43.2.
-, muur- 46.4.
-, open hangend 46.9,
  47.1.
-, rol- 45.8.
-schaal 42.1.
-, snede- 46.1.
-stoel 47.2.
-, Sellers- 45.1.

— L —

Lager verbussen, het 42.2.
- voeren, een 43.1.
-, wand- 46.4.
-, warmloopen van een 48.3.
Lampenschaar 158.2.
Lamp, soldeer- 202.1.
Langgatboor 181.5.
Langs-doorsnede 224.9
-spie 22.7.
Lantaarnradvertanding 67.4.
Lasch 165.2.
-, dubbele strip- 29.2.
- eener zuigerveer 139.2.
-fout 165.4.
-, ketting- 90.9
-, kop 89.6.
-, - van de 91.1.
-oven 165.5.
-plaat 29.3.
-plaats 165.2.
-riem 81.3.
-, strip- 29.1.
-temperatuur 165.3.
-, zij 89.7.
Lasschen 164.9, 164.11
-, het 164.10
-, samen- 165.1.
Lastketting 91.7.
Lat, strook- 220.1.
Lawaai, de wielen maken- 72.8.
Leder, een zuiger met - verpakken 138.6.
-en pakkingring 134.1.
-koppeling 61.4.
-lijm 80.11.
-, manchet van 134.1.
-pakking, zuiger met 138.5.
-, riem- 80.4.
Leer der beweging 234.8.
-, riem- 80.4.
-, vastheids- 247.2.
Leibaan 145.7.
Leibeugel van een ketting 90.7.
Leiding, as- 35.11.
-, gas- 110.1.
-, pers- 108.9.
-, pijp- 109.1.
-, stoom- 109.9.
-, water- 109.10.
-, zuig- 108.7.

Lei-rol 77.9.
-schijf 77.9.
- - van de snaar 84.7.
-spie 25.4.
-, gleuf en 25.3.
Lekbak 44.6, 52.9.
Lekken (de pakkingbus lekt) 134.6.
Lengte, nuttige 98.2.
-over alles 113.9
-, spie- 22.10.
-, tand- 65,8.
- van den voet van het kussenblok 40.4.
- - het kussenblok 40.2.
-verandering, blijvende 249.5.
Lensflesch 108.6.
Lepel-boor 181.3.
-, giet- 203.4.
Levende kracht 245.4.
Lichaam, een - wordt op buiging belast 247.6.
-, - - - - druk belast 247.6.
-, - - - - trek belast 247.6.
-, evenwichtstoestand van een 244.7.
-, drijfstang- 144.8.
-, klep- 113.3.
-, kruk- 141.3.
-, kussenblok- 43.4.
-, schuif- 125.5.
-, zuiger- 139.4.
Lichtdruk 234.1.
-kamer 234.6.
-papier 234.2.
-toestel 234.5.
Lichtende klep 116.2.
Lichthoogte der klep 114.1.
-, uiterste grens der 114.2.
Liggende as 36.1.
- riem 78.4.
Liggend gegoten pijp 102.1.
Liniaal 219.9.
-, reken- 222.1.
Linksche schroefdraad 8.8.
Linksloopend 8.9.
Linnen, calqueer- 233.10.

Linnen, schuur-197.10.
Lintmaat 221.4.
-zaag 190.3.
Lood 217.1.
-, punt- 209.2.
-, schiet- 209.2.
Looper 17.7.
Loop, ketting- 91.10.
-, olie- 44.5, 52.6.
-ring 45.5.
-vlak 38.2.
Losdraaien, een bout 19.4.
-, - schroef- 19.4.
Losgaan 19.5.
Losklinken 31.3.
Losmaken, soldeersel- 200.9.
Losneembare koppeling 58.6.
- -, aandrijving door middel van een 58.7.
Losschroeven 19.3.
Losse flens 100.5.
- katrol 93.4.
- riemschijf 83.8.
Losspieën 25.7.
Luchtklep 121.8.
Lijm 196.8.
-en 196.6.
-en, 'den riem- 80.10
-en, vast 196.7.
-knecht 196.9.
-, leder- 80.11.
-tang 154.4.
Lijn, ingrijp 64.1.
-en, stippel – trekken 226.3.
-en, streep – trekken 226.2.
-en, streeppunt – trekken 226.4.
-en, trekpen voor gebogen 229.7.
-, hart- 225.3.
-, ingrijp 64.1.
-, maat- 225.4.
- over de onderzijde der tanden 186.3.
- - - punten der tanden 186.2.
-, schroef- 7.1.
-, sluit- 242.7.
- van ingrijping 64.1.
-, water- 111.6.

M

Maat 220.8.
-cijfer 225.6.
-, diepte 205.6.
-, Engelsche 220.10.

Maat, krimp- 221.9.
-, lint- 221.4.
-lijn 225.4.
-, metrieke- 220.9.

Maatpijl 225.5.
-, rol- 221.4.
-schets 223.8.
-, schuif- 204.6.

Maat, speer- 204.3, 205.2.
–, spherische 205.3.
–staf 221.1.
– –, transversaal- 221.6.
–, standaard- 220.11.
– voor het bepalen van binnenwijdte 205.7.
Machinaal klinken 31.6.
Machine 253.6.
–, amarilslijp- 198.7.
–, arbeids- 256.6
–bankwerker 254.6.
–, boor- 183.1.
–bouw 253.9.
–, cilinderboor- 131.6.
– deel, een – in aanzicht teekenen 224.1.
–deel, een – in doorsnede teekenen 224.8.
–, demontage eener 255.5.
–, draadsnij- 21.5.
–, een- afzetten 255.8.
–, – – bouwen 253.8.
–, – – demonteeren 255.4.
–, – – in bedrijf zetten 255.6.
–, – –monteeren 254.7.
–, – – opstellen 254.7.
–, – – te werk stellen 255.6.
–, – – uit elkaar nemen 255.4.
–fabriek 254.1.
–fabrikant 254.2.
–, frees- 185.2.
–, klink- 31.7.
–, montage eener255.1.
–olie 51.5.
– om raderen te vormen 73.1.
–, onderdeelen eener 253.7.
–, opstelling eener 255.1.
–, radfrees- 73.2.
–, radvorm- 73.1.
–ruimer 178.2.
–, schaaf- 194.3.
–schaar 157.8.
–teekenen 222.6.
–teekening 222.7.
–, touwslag- 85.5.
– voor het hakken van gleuven 23.6.
– – – – – groeven 23.6.
–, werktuig- 256.8.
–, zaag- 190.2.
Maken, tanden in een wiel- 72.7.

Mal, 204.3,
–, teeken- 219.10.
Manchet van leder 134.1.
Mannetjes- en vrouwtjesflens 100.1.
Mantel, cilinder- 130.4.
–frees 184.1.
–, trommel- 94.9
Martinstaal 214.1.
Martinijzer 213.4.
Massa 244.5.
Massieve as 35.8.
Maten aanbrengen 225.9.
–, het aanbrengen van 225.10.
–, hoofd- 225.8.
Matrijs 169.1.
Meervoudige klinknagelrij 29.7.
– ringklep 118.5.
Meesterknecht 254.5.
Mengkraan 129.3.
Mes, haal- 195.3.
–, radeer- 231.1.
Messing 217.5.
Mesvijl 175.1.
Metaal, antifrictie- 217.10.
–, as- 33.4.
–, babbits- 217.10.
–, binnen- 47.8.
–, buiten- 48.1.
–, delta- 217.11.
–draad 86.7.
–, eind- 41.6.
–, geschut- 217.8.
–, hals- 41.7.
–, klok- 217.9.
–, kogellager- 45.7.
–, kussenblok- 42.4.
–, thrust- 41.4.
–, wit- 217.10.
–zaag 187.9.
–zaagboog 189.3.
Metalen hamer 163.7.
Metallieke pakking 135.8.
– –, zuiger met-138.7.
– pakkingbus 134.2.
Meten 207.2.
–, het zuiver 204.2.
–, zuiver 204.1.
Meter, dikte- 206.7.
–, micro- 204.5.
–, spoed- 206.2.
Metrieke maat 220.9.
– schaal 221.7.
Met ronden draad10.3.
Metselen, ankers – in 18.6.
Micrometer 204.5.
–schroef 15.5.

Middelen, smeer- 50.4.
Middellijn, inwendige 112.5.
–, – – van de pijp97.6.
Middelpuntzoekende kracht 237.3.
– versnelling der – 236.9.
Mineraalolie 51.4.
Modulus, elasticiteits- 249.2.
–, glijdings- 253.1.
Moer 11.5.
–, contra- 13.2.
–draad 10.5.
–, geleidings 126.2.
–, gerande 12.10.
–, geribde 12.10.
–, gekroonde 12.6.
–, holle 13.1.
–, rand- 12.8.
Moersleutel 16.5.
–, dubbele 17.1.
– met één bek 16.8.
– met twee bekken 17.1.
–, zuiger- 137.1.
Moer, stel- 12.9.
–, vleugel- 12.7.
–, zeskante 12.5.
–, zuiger- 136.9.
Mof 56.5.
–, afstand- 14.7.
–, diepte van een- 101.6.
–, dubbele- 105.5.
–koppeling 56.4.
– met schroefdraad 56.4, 106.9.
–, ontkoppelbare 59.1.
–, pijp- 101.4.
–verbinding 56.4, 101.2.
Moker 161.7.
Moment, buig- 251.6.
–, statisch 243.6.
–, traagheids- 243.7.
– van het koppel 243.4
– – kracht P ten opzichte van draaipunt O 243.1.
–, weerstands- 251.8.
Montage eener machine 255.1.
–werkplaats 255.3.
Monteeren, een machine 254.7.
Monteur 255.2.
M-tand 186.6.
Muurconsole 46.5.
–kast 47.3.
–lager 46.4.
–stoel 46.5.

N

Naad, ketting- 30.2.
-, klink- 27.5.
-looze pijp 102.9.
-, overlap- 28.7.
-, soldeer- 201.4.
Naaf 69.4.
-bout 150.3.
-bus 83.9.
-, ribbe der 69.5.
- van een vliegwiel 149.7.
Naaien, den riem- 81.2.
Naairiem 81.3.
Naald 227.7.
-, afschrijf 207.6.
-houder 227.6.
-, pointeer- 229.1.
-smeerpot 54.5.
Naaldvijl 175.5.
Naboren 179.3.
Nadraaien, een cilinder ·131.4.
Nagel, afstand van het hart van den – tot de plaat 30.4.
-, draad- 196.4.
-gat 196.2.
- indrijven, den 30.7.
- inlaten, den 30.6.

Nagel, klink- 26.1.
-s, klink – stukslaan 31.3.
-kop 26.3.
- -, den klink – afhakken 31.4.
- met gehamerden kop 27.2.
- met gesnapten kop 27.1.
- met halfverzonken kop 26.9.
- - verzonken kop 26.8.
-rij, dubbele klink- 29.6.
-rij, enkele klink- 29.5.
-rij, meervoudige klink- 29.7.
-smidse 32.9.
-tang 32.7, 32.8, 156.3.
-trekker 156.3.
-verdeeling, klink- 27.6.
- verzinken, den 30.6, 30.7.
-ijzer 196.5.

Naschrapen 177.3.
Natrekken 233.7.
Natuurlijke hardheid 199.6.
Nazetten, een bout- 19.7.
-, – schroef- 19.7.
Neergaande slag van den zuiger 138.2.
Niet eenparige beweging 235.5.
Nikkel 216.11.
-staal 214.5.
Nippel 107.2.
-, dubbele- 107.3.
Non-return-klep 121.3.
Normaal, spanning in de richting van de – 247 4.
Normaal, versnelling in de richting van de — 236.9.
-, weerstand in de richting van de – 238.5.
Nullenpasser 228.4.
Nuttige arbeid 246.7.
Nuttig effect 246.8.
-e lengte 98.2.
Nijptang 156.2.

O

Olieaftap 55.5.
- aftappen 55.6.
-bad 55.3.
-bak 53.5, 55.3.
-bak met katoentjes 54.2.
-, cilinder- 51.6.
-, de smeer- wordt harsachtig 50.10.
-, dierlijke 51.2.
-filter 53.1.
-gat 44.4, 52.5.
-, gezuiverde 53.2.
-glas 53.9.
-groef 44.5, 52.6.
-, harding in 200.4.
-, harsachtig worden van 51.1.
-, indicateur- 51.7.
-kamer 55.4.
-kan 51.9.
- - met klepje 51.10.
-, kleverigheid van de smeer- 50.9.
-laag 48.8.
-loop 44.5, 52.6.
-, machine- 51.5.
-, mineraal- 51.4.
-, plantaardige 51.3.
-pomp 55.7.
-pot 44.6, 52.9, 53.8.
-pijpje 53.4.

Olieaftapreiniger 53.1.
-reservoir 51.8.
-ruimte 55.4.
-, schoongemaakte 53.2.
-, smeer- 50.5, 8.
-smering 52.4.
-spuit 52.2.
-spuitkan 52.1.
-steen 197.4.
-tank 51.8.
-toevoer 52.3.
-, viscositeit van de smeer- 50.9.
Ombuigen, in een elleboog 37.1.
Om een pen draaien 39.8.
Omgekraagde pijp met losse flens 103.8.
Omhulsel van het waterpeilglastoestel 111.3.
Omkasting, cilinder- 131.2.
Omkragen 103.10.
Omslag, boor- 182.5.
-, hoekboor- 182.7.
Omspanningsboog 76.3.
Omtrek 224.7.
Omzetas 37.5.

Onderbroken smering 49.3.
Onderdeelen eener machine 253.7.
- van een haak 92.9.
Onderlegplaatje 11.6.
Onderste blok 94.3.
Onderzaal 164.5.
Ongekoppelde as 34.2.
Ongelijkvormigheidsgraad 149.8.
Onstandvastig evenwicht 244.9.
Ontkoppelen 63.1, 84.2
Ontkoppelbare mof 59.1.
- verbinding 58.6.
Ontkoppeling 59.7.
-, automatische ,60.1.
-sas 36.6, 59.4.
-shefboom 59.2.
-stoestel 58.8.
-svork 59.3.
-, zelfwerkende 60.1.
Ontlasten, de klep- 115.9.
Ontlasting van een klep 115.10.
Ontlastklep 116.1.
Ontlaste schuif 127.5.
Onverschillig evenwicht 244.10.

Ontwerp 223.2.
-en 223.1.
-, schets- 223.3.
Oogbout 14.2.
Oog 191.1.
Oog, gelei- 146.2.
- (van een haak)92.10.
- van een veer 147.8.
Oost-Indische inkt.
231.3.
Oost-Indischen inkt,
wasschen met
231.10.
Openen, de klep-115.2.
-, de kraan 128.1.
Opendraaien, de klep-
115.2.
-, de kraan 128.1.
Opening, klep- 115.6.
Open riem 77.5.
- hangend lager 46.9,
47.1.
- - -, door stangen
vastgehouden 47.1.
- kop van de drijf-
stang 145.2.
- zandgieting 211.4.
Opening, doorlaat-
113.1.
Opgaande slag van den
zuiger 138.1.
Opgeklonken flens
100.7.

Ophouden, het ineen-
grijpen doen- 64.6.
Oplegger, riem- 79.6.
Oploopend deel van
den riem 76.6.
Oppervlak der klep-
zitting 113.5.
Oppervlakte, druk op
de 40.7.
Oprondingsvijl 174.7.
Opruimen 178.3.
Opruimer 177.4.
-, conische 177.9.
-, geslepen 177.5.
- met rechte groeven
177.8.
-, tapsche 177.9.
-, tweebeenige 177.6.
Opschuren, de klep op
haar zitting 113.6.
Opstuiken 164.7.·
Opsluiting, spie- 25.5.
Opsluitring 36.8.
Opsluitspie 16.1, 24.9.
-, bout met 14.8.
Opsluitwig 16.1, 24.9.
Opspieën 25.6.
Opstaande kant 44.1.
Opstellen, een ma-
chine 254.7.
Opstelling, algemeene
223.4.

Opstelling eener ma-
chine 255.1.
Orillonpasser 228.4.
Opvouwbare duimstok
221.3.
Opwinden, den kabel
88.3.
Ovenkrabber 166.9.
Oven, lasch- 165.5.
Overbelasten, de klep
120.5.
Overbrenging, as- 35.4.
- door kegelschijven
78.3.
- door middel van
rechte kamwielen
68.6.
- door wrijvings-
raderen 73.3.
- - - -schijven 74.2.
-, hoek- 77.8.
-, ketting- 88.5.
-, kruk- 140.8.
-, snaar- 84.5.
-sverhouding bij tan-
draderen 68.8.
-, tandrad- 68.1.
-, touw- 84.5.
-, worm- 71.5.
Overdruk, klep- 114.4.
Overlap, gelaschte pijp
met 102.6.
-naad 28.7.

P

Paardekracht 245.3.
Pakking 132.9.
-, asbest- 135.5.
-bus 132.5.
- -, bout der 133.3
- -, cilinder- 131.1.
- -, de - aanzetten
134.4.
- -, - - is dicht 134.7.
- -, - - klemt 134.5.
- -, - - lekt 134.6.
- -, - -lekt door134.6.
- -, - - sluit af 134.7.
- - -, kraan met - en
drukstuk 128.6.
- -, metallieke 134.2.
- -metlederen pakking
133.8.
- -, pijp met-104.4.
- -, stoom- 133.7.
- -, wrijving eener-
134.3.
- -, zuigerstang- 137.2.
-, dikte der 133.2.
-, flens- 99.6.
-, hennep- 135.3.
-, india-rubber 135.7.

Pakking kamer 101.5,
133.1
- -, diepte der- 101.7.
-ring, lederen- 134.1.
-, metallieke- 135.8.
-rand 99.5.
-ring 99.7, 125.7.
-ruimte 133.1.
-, zuiger- 138.3.
Pal 60.6.
-inrichting 95.4.
-koppeling 60.5.
Palwerk 95.4.
- met tanden 95.5.
-. wrijvings- 95.8.
Pal, wrijvings- 95.9.
Papier, calqueer-233.9
-, lichtdruk- 234.2.
-, schets- 220.4.
-, schuur- 197.9.
-, teeken- 220.2.
-, vloei- 232.9.
Parallel-bankschroef
154.2.
- -handschroef 155.1.
-krasser 207.7.

Parallelogram van
krachten 241.8.
- - snelheden 239.8.
- - versnellingen
239.8.
Parallelschaar 157.5.
Pasgemaakte bout.
13.10.
Pasmaken, een bout
14.1.
Passer 226.8.
-, been van een 226.9.
-, binnen- 206.9.
-, boog- 207.4.
-, buiten- 206.8.
- doos 226.7.
-, draad- 207.2.
-, kop van een 227.2.
-, kromme voeg-
207.1.
- met verlengstukken
227.3.
-, nullen- 228.4.
-, orillon- 228.4.
-, potlood- 228.1.
-punt 227.1.
- -, schijfje onder de-
2 28.7.

4**

Passer, reductie- 228.5.
-, ronde- 207.3.
-, schuif- 204.6.
-sleuteltje 227.9.
-, steek- 228.2.
-, stok- 228.6.
-, veer- 228.3.
-, verlengstuk van een 227.8.
-, voetjes- 206.9.
-, voet van een 226.10.
Peilglaskraan 111.5.
-, water- 111.4.
Pen 37.6.
-, cilindrische 39.2.
-, conische 39.3.
-, draag- 38.4.
-, druk op de 37.9.
-, eind- 38.6.
-, ingelaschte 39.6.
-, kruk- 141.6.
-, om een – draaien 39.8.
-, rondschrijf 231.8.
-seel 232.5.
-, split- 24.10.
-, stel- 24.11.
-, tapsche 39.3.
-, teeken- 231.4.
-, trek- 229.6.
– van een bout 11.3.
Pericycloïde 67.1.
Persklep 121.7, 124.3.
Persleiding 108.9.
Perspijp 108.8.
Phosphorbrons 217.7.
Pincet 156.8.
PK 245.3.
Plaat, afstand van het hart van den nagel tot de 30.4.
-, anker- 15.8.
-blik 216.3.
-, fundatie- 16.2, 43.9.
-, grond- 16.2, 43.9.
-, ketel- 216.4.
-, lasch- 29.3.
Plaat, slof- 43.9.
-, snij- 20.2.
-, taats- 40.9.
-, vlak- 160.1, 208.7.
-werk, geruit- 216.5.
Plaatje, onderleg-11.6.
Plaatijzer 216.1.
-, gegolfd- 216.6.
Plaatijzer, smids- 216.2.
Plaats, lasch- 165,2.
– van afschuiving, klinkverband met één 28.3.
Plaatsen van afschuiving, klinkverband met meerdere 28.6.
– – -, – – twee 28.5.

Plan, pijpen- 109.5.
Plantaardige olie 51.3.
Platen, span- 154.1.
Plattegrond 224.6.
Platten draad, met 10.1.
Platte schroefdraad 9.7.
– spie 24.3.
– spitse vijl 173.7.
– stompe vijl 174.1.
– tang 155.5.
– veer 147.4.
– vijl 173.4.
Platina 217.4.
Plat ijzer 215.3.
Plethamer 161.2.
Plug, conische 128.3.
-, kraan- 127.8.
-, tapsche- 128.3.
Plummerblok 41.5.
Plunger 140.4.
Poeder, amaril- 198.8.
-, hardings- 199.10.
Pointeer-naald 229.1.
– wieltje 229.2.
Polair traagheids- moment 244.1.
Polijstboor 179.4.
Polijsthout 198.1.
Polijstschijf 197.7.
Polijstvijl 173.1.
Polygoon, stangen- 242.6.
Pompcilinder 132.3.
-, olie- 55.7.
-zuiger 140.6.
Ponsen 169.6.
Pook 166.7.
Pool 242.4.
-afstand 242.5.
Portefeuillerek 219.3.
Portefeuille, teeken- 219.2.
Pot, draag- 33.4.
Potlood, blauw- 233.6.
-, een teekening in – teekenen 226.1.
-gummi 230.9.
-, het – punten 230.3.
-, het – slijpen 230.3.
-houder 227.4.
-, kleur- 233.4.
-kokertje 229.3.
-passer 228.1.
-, rood- 233.5.
-slijper 230.4, 5.
-, teeken- 230.2.
-vijl 230.6.
Pot, olie- 44.6, 52.9, 53.8.
-, smeer- 53.7, 8.
-, spil- 40.8.8.

Pot, taats- 40.8.
-, – met kogels 41.3.
-, – – ring 41.1.
-, vet- 53.7.
Proef, as- 34.8.
Proefklep 122.8.
-kraan 129.10.
-, soldeer- 203.3.
Profielfrees 184.8.
Profiel, frees met on- veranderlijk- 183.5.
-schaaf 193.8.
Projectie, verticale- 224.4.
Proportionaliteitsgrens 249.8.
Prop, sluit- 105.1.
Puddel-staal 213.7.
-ijzer 212.7.
Pulseerende belasting 248.2.
Punaise 220.6.
Punten, het potlood- 230.3.
Puntig aseinde 39.1.
-e soldeerbout 201.8.
Punt-lood 209.2.
-, passer- 227.1.
-schaaf 193.4.
-, zwaarte- 244.2.
Pijl, maat- 225.5.
– tand 70.4.
Pijp 97.4.
-afsluiting 104.9.
-, aftakkende- 106.4.
-, afvoer- 109.3.
-bekleeding 98.4.
-bezem 110.9.
-beugel 109.7.
-breuk 110.4.
-; de – aanbrengen 109.6.
-, de – heeft een in- wendige middellijn van x mM 97.7.
-, de – met lood vol- gieten 101.8.
-, driewegs- 106.7.
-, een kraag aan een – maken 103.10.
-klem 154.3.
-enplan 109.5.
-en trekken 103.5.
-, expansie- 104.1, 2.
-flens 98.10.
-, flens- 108.10.
-frees 184.7.
-, gas- 107.8.
-, geelkoperen 103.7.
-, gegolfde 104.3.
-, geklonken 102.3.
-, gelaschte 102.4.
-, – – met overlap 102.6.

Pijp, gelaschte - met stuiknaad 102.5.
Pijp, geribde 104.5.
-, gesoldeerde 102.8.
-, getrokken 103.4.
-, gewalste 103.1.
-, gietijzeren 101.9.
-haak 109.8.
-, inwendige diameter van de 97.6.
-, - middellijn van de 97.6.
-je, olie- 53.4.
-, ketel- 107.10.
-, koperen- 103.6.
-leiding 109.1.
-, liggend gegoten 102.1.

Pijp met flenzen 98.9.
- - mof 101.3.
- - pakkingbus 104.4.
-mof 101.4.
-, naadlooze- 102.9.
-, omgekraagde - met losse flens 103.8.
-, pers- 108.8.
-sleutel 110.6.
-, spiraalvormig gelaschte 102.7.
-schraper 111.1.
-en, schroefverbinding van 98.6.
-, slangvormige 104.6.
-, smeedijzeren 102.2.
-snijder 110.8.

Pijp, staand gegoten 101.10
-tang 110.7.
-, toevoer- 109.2.
-, U- 105.8.
-verbinding 98.5.
-, verbindings- 105.4.
-verf 98.3.
-vertakking 106.1.
-, vierwegs- 106.8.
-, vlam- 108.1.
-, verwarmings- 108.4.
-wals 103.2.
- -werk 103.3.
-wand 97.8.
-, water- 107.9, 108.3.
-, zuig- 108.5.

R

Radas 34.6.
-, conisch- 71.4.
-, drijf- 68.7.
Radeeren 230.7.
Radeergummi 230.8.
-mes 231.1.
Raderen, drijf- 68.5.
-, - - voor krachtoverbrenging 68.4.
-, machineom - te vormen 73.1.
-, overbrenging door wrijvings- 73.3.
-, reserve- 68.3.
Raderwerk, rechthoekig ingrijpend 71.3.
Radfreesmachine 73.2.
Rad, -hand- 113.8.
-, kam- 72.1.
-, kegel- 71.2.
-, ketting- 90.6.
- met binnen-of inwendige vertanding 70.2.
- - hoektanden 70.3.
-, schakel- 95.6.
-, tand- 63.3.
-, uit twee of meer deelen bestaande 69.9.
-vormmachine 73.1.
-, wrijvings- 73.4.
-, wrijvingskegel- 74.1.
Rammelen, de wielen- 72 8.
Rand, afstand tot den 27.7.
- der geleiding 126.1.
-, klink- kooken 31.1.
-, pakking- 99.5.
-moer 12.8.
-, schijf- 81.8.

Rand van het drukstuk 132.7.
-voeg 150.1.
Rasp 176.2.
Ratelboor 182.9.
Rechtbuigen 208.6.
Recht haalmes 195.4.
-e flanken, tandrad met- 67.6.
-hoekig ingrijpend raderwerk 71.3.
- kamwiel 69.1.
-e kraan 128.7.
-lijnige beweging 234.9.
-sche schroefdraad 8.6.
-sloopend 8.7.
-streeks gekoppeld met 62.7.
Reduceerklep 121.5.
Reductiepasser 228.5.
Regelen 152.6.
Regulateur 150.7.
-as 150.8.
-, as- 151.8.
-bal 150.9.
-, centrifugaal- 151.5.
-, gewichts- 151.9.
-, gewicht van een 152.1.
-hefboom 151.3.
-huls 151.1.
-huls, slag van den 151.2.
-, kegel- 151.7.
-, kracht- 152.5.
-, slinger- 151.6.
-, snelheids- 152.4.
-, stelinrichting van den 151.4.
-, veer- 152.2.
-, veer van een 152.3.
Reguleeren 152.6.
Reiniger, olie- 53.1.
Rekenliniaal 222.1

Rekstaak 159.4.
Rem 96.1.
-, band- 96.9.
-band 97.1.
-, blok- 96.2.
-blok 96.4.
-, centrifugaal- 97.3.
-, differentiaal- 97.2.
-blok, hefboom van een 96.5.
-inrichting 96.1.
-, kegel- 96.8.
-kracht 96.6
-schijf 96.3.
-wiel, wrijvings- met sponning 96.7.
Rendement 246.8.
Reserveraderen 68.3.
Reservezuiger 140.7.
Reservoir, olie- 51.8.
Resultante 241.9.
- van snelheden 240.4.
- - versnellingen 240.4.
Ribbe der naaf 69.5.
- van den krans 69.3.
Richting, kracht- 241.6.
Riemaandrijving 75.5, 77.4.
Riem, afloopend deel van den 76.7.
-beweging, drijfwerk voor- 77.3.
-, binnenkant van een 77.1.
-breedte 76.8.
-, buitenkant van een 77.2.
-, de - klimt 79.2.
-, de - ligt op de as 80.1.
-, de - loopt van de schijf af 79.5.

Riem, den – inkorten 79.4.
-, den – korter maken 79.4.
-, den – lijmen 80.10.
-, – – naaien 81.2.
-, – – spannen 79.3.
-, – – slaat 78.8.
-, – – slipt 79.1.
-dikte 76.9.
-, drijf- 76.5, 80.5.
-drijfwerk 77.3.
-, dubbele 80.2.
-, een – om de schijf leggen 79.7.
-, – – van de losse schijf op de vaste schijf overgooien 84.1.
-, – – – – schijf gooien 79.8.
-, genaaide 81.1.
-, gekruiste 77.6.
-, gelijmde 80.9.
-, getrokken deel van een 76.1.
-, halfgekruiste 77.7.
-hechter 81.6.
-hefboom 84.3.
-, horizontale 78.4.
-, ketting- 80.6.
-koppeling 61.6.
-, lasch- 81.3.
-leer 80.4.
-leder 80.4.
-, liggende 78.4.
-, naai- 81.3.
-, open 77.5.
-oplegger 79.6.
-, oploopend deel van den 76.6.
-, schuine – van beneden links naar boven rechts 78.6.
-, schuine – van beneden rechts naar boven links 78.7.
-schijf 81.7, 93.2.

Riemschijf, aandrijvende 75.6.
– –, aangedreven 75.7.
– –, bolle 82.2.
– –, breedte der 81.10.
– –, gegoten ijzeren 82.7.
– –, gesmeed ijzeren 82.8.
– –, houten 83.1.
– –, losse 83.8.
– –met gebogen spaken 82.5.
– – – rechte spaken 82.4.
– – uit één stuk 83.2.
– – – twee[meer]deelen 83.3.
– –, vaste 83.7, 93.3.
– –, vlakke 82.1.
-spanner 80.8.
-spanning 75.8.
-spanschroef 81.5.
-, staande- 78.5.
-, trekkend deel van een 75.10.
-, uit meerdere lagen 80.3.
-verbinder 81.4.
-verbinding 80.7.
-, verticale 78.5.
-vork 84.4.
Rimpelen, de teekening rimpelt 233.3.
Ring, amaril- 198.3.
-, druip- 52.7.
-, excentriek- 144.1.
-, grond- 133.5.
-klep 118.2.
– –, dubbele 118.4.
– –, enkelvoudige 118.3.
– –, meervoudige 118.5.
-, lederen pakking- 134.1.
-, loop- 45.5.
-, opsluit- 36.8.
-, pakking- 99.7, 125.7.
-, sluit- 11.6.

Ring, smeer- 52.8, 55.2, 133.6.
-smering 55.1.
–, kussenblok met 45.2.
Ringsnijijzer 20.9.
-spie 25.2.
-, taats- 41.2.
-, taatspot met- 41.1.
-tap 38.8.
Ritsbeitel 167.6.
Ritsen 167.7.
Rolcirkel 67.3.
– kegel 71.1.
-, ketting- 90.8.
-lager 45.8.
-maat 221.4.
-, lei- 77.9.
-, span- 78.2.
Rollende wrijving 246.4.
Ronde doorsnede, veer van 148.6.
– elleboog 105.7.
– kop 12.2.
-n draad, met 10.3.
– passer 207.3.
– schroefdraad 10.2.
– schuif 126.7.
– spie 24.2.
– tang 155.6.
– vijl 174.4.
– zethamer 162.6.
Rondschrift 231.6.
-schrijfpen 231.8.
-ijzer 214.9.
Roodpotlood 233.5.
Rug van de zaag 188.9.
-, wig- 21.8.
Ruimer, machine- 178.2.
-, spiraal- 177.7
Ruimte, olie- 55.4.
Ruw gegoten tand 65.9.
– ijzer 210.3.
Ruwijzer, grauw 210.5
-, half- 210.6.
-, wit 210.4.
Rijtuigveer 147.6.

S

Samen-drukken, een veer- 148.8.
-drukking der veer 148.7.
-lasschen 165.1.
-schroeven 19.2.
-stellende kracht 242.1
Schaaf 191.10.
-bank 193.9.
– –, voortang der 194.1.
-beitel, dubbele 192.8.
-blok 191.11.
-, blok- 192.7.

Schaaf, – –met enkelen beitel 193.1.
-, groef- 193.6.
-, hand- 193.3.
-, hol van een 192.1.
-machine 194.3.
-, profiel- 193.8.
-, punt- 193.4.
-, schrob- 192.10.
-spanen 192.6.
-, sponning- 193.5.
-, toog- 193.7.
-ijzer 191.12.
Schaal 221.1.

Schaal, Engelsche- 221.8.
-, hardheids- 199.8.
-, herleidings- 221.5.
-, lager- 42.1.
-, metrieke- 221.7.
-, op – teekenen 218.3.
Schaar 156.9.
-blad 156.10.
-, blik- 157.9.
-, gebogen- 157.1.
-, hand- 157.7.
-, hefboom- 157.2.

Schaar, lampen- 158.2.
–, machine- 157.8.
–, parallel- 157.5.
–, puntig gebogen blik-
158.1.
–, span- 157.6.
–, stok- 157.3.
–, tafel- 157.4.
Schacht van een bout
11.3.
– – – haak 92.3.
– – – klinknagel 26.2.
Schakel 88.9.
–, inwendige breedte
van een 89.1.
–, – lengte van een
88.10.
-ketting 88.8, 90.9.
-rad 95.6.
-s, ketting met korte-
89.8.
–, – – lange- 89.9.
Scharnier 61.9.
-bout 14.3, 62.1.
-klep 123.1.
– –, klep eener- 123.2.
– – met leder 123.3.
-koppeling 61.8.
-schroefbout 14.3.
-vijl 175.3.
Schaven 192.2.
–, af- 192.4.
–, het 192.5.
–, vlak- 192.3.
Scheerbout 14.8.
Scherpe kniebocht
107.5.
-n draad, met 9.6.
-hoekige vertakking
106.3.
– schroefdraad 9.5.
Scherp verloopknie-
stuk 107.6.
Schets 222.9.
-blok 220.5.
-en 222.8.
–, maat- 223.8.
-ontwerp 223.3.
-papier 220.4.
Schietlood 209.2.
Schoongemaakte olie
53.2.
Schoorsteen, smids-
166.3.
Schotwijdte 237.7.
Schraapstaal 176.3.
–, driekant 176.6.
–, hol 176.5.
Schraapstaal, vlak
176.4.
Schrapen 177.1.
–, af- 177.2.
–, na- 177.3.
Schraper 176.7.
–, cirkel- 207.8.

Schraper, pijp- 111.1.
Schrappen, af- 207.5.
Schrift, rond- 231.6.
–, steil- 231.7.
Schrob-schaaf 192.10.
-zaag 188.10.
Schroef, aanzet- 13.7.
-avegaar 181.4.
–, bank- 153.2.
-boor 181.1.
-bout 11.2.
– –, scharnier- 14.3.
–, de – heeft x gangen
per duim 7.6.
-draad 7.7.
– –, diepte van den 8.1.
– –, driekante 9.5.
– –, drievoudige 9.3.
– –, dubbele- 9.2.
– –, enkelvoudige 9.1.
– –, fijne- 10.7.
– –, fijnheid van den
10.8.
– –, inwendige dia-
meter van den 8.3.
– –, – doorsnede van
den 8.3.
– –, -kaliber 206.1.
– –, linksche 8.8.
– – met meerdere gan-
gen 9.4.
–, met platten- 10.1.
–, met ronden- 10 3.
–, met scherpen- 9.6.
– –, mof met 56.7,
106.9.
– – opnieuw snijden
20.1.
– –, platte- 9.7.
– –, rechtsche- 8.6.
– –, ronde- 10.2.
– –, scherpe- 9.5.
– – snijden 19.9.
– – snijden met een
draaibeitel 20.4.
– – – – – snijijzer
20.3.
– traperium- vormige-
10.4.
– – uit de hand snij-
den 19.10.
– –, uitwendige dia-
meter van den 8.4.
– –, uitwendige door-
snede van den 8.4.
– –, veelvoudige 9.4,
16 3.
– –, V.-vormige –
– –, vierkante 9.7.
Schroef, een – aan-
zetten 19.6.
–, een – afdraaien 19.8.
–, een – losdraaien 19.4.
–, een – nazetten 19.7.
-freesboor 20.8.

Schroefgang, 7.5.
– –, blinde- 10.9.
– –, breedte van de 8.2.
– – doode 10.9.
–, hand- 154.6.
–, hart van een 8.5.
–, hout 16.4.
–, klink- 32.4.
–, knevel- 15.3.
-koppeling 11.1, 56.6.
– – met flenzen 98.8.
-kopvijl 175.4.
-kraan 128.5.
-lijn 7.1.
–, micrometer- 15.5.
-sleutel, Engelsche-
18.2.
– –, verstelbare 18.1.
–, spoed der 7.8.
-staal 20.6.
– –, inwendig 20.6.
– –, uitwendig 20.7.
–, stel- 13.6, 15.1.
-veer, cilindrische
148.3.
– –, conische 148.4.
-verbinding van pijpen
98.6.
-vlak 7.4.
–, vleugel 15.4.
–, werk- 153.1.
–, wiel 71.8.
– zonder einde 71.7.
Schroevedraaier 18.3.
Schroeven, aan- 18.7.
–, dicht- 18.5, 19.1.
–, in- 18.8.
–, los- 19.3.
–, met – bevestigen
18.5.
–, samen- 19.2.
–, vast- 18.9.
Schrootbeitel 165.8.
– voor smidsaanbeeld
165.7.
Schuif 118.8, 125.1.
–, bak- 127.2.
-beweging 127.6.
–, draai- 126.8.
–, gas- 126.5.
–, geleiding van de
125.8.
-kast 125.2.
– -deksel 125.3.
-lichaam 125.5.
-maat 204.6.
–, ontlaste 127.5.
-passer 204.6.
–, ronde- 126.7.
–, smoor- 126.3.
-spanning 252.8.
-spiegel 125.6.
-stang 45.4, 127.3.
–, stoomsmoor- 126.6.
-tang 155.8.

— LVIII —

Schuif, zuiger- 127.4.
-, vlakke- 127.1
-, verdeel- 126.9.
-, water- 126.4.
Schuine riem van beneden links naar boven rechts 78.6.
Schuine riem van beneden rechts naar boven links 78.9.
- worp 237.5.
Schuinkussenblok44.8.
Schuinte van den tand 70.5.
Schulphamer 32.2.
Schulpzaag 188.4.
Schuren 198.6.
Schuurlinnen 197.10.
- papier 197.9.
- steen 198.5.
Schijf, amaril- 198.2.
-, de riem loopt van de - af 79.5.
-, differentiaal- 94.5.
-, een riem om de - leggen 79.7.
-, - - van de - gooien 79.8.
-, excentriek- 143.6.
-frees 183.6.
-, henneptouw- 87.4.
-, kegel- 83.4.
-klep 116.3.
-, klep- 116.4.
-, koppel- 57.6.
-koppeling 57.5.
-, krans van een 81.8.
-, kruk- 142.2.
-, lei- 77.9.
- met twee rijen spaken 82.6.
-je onder de passerpunt 228.7.
-, polijst- 197.7.
-rand 81.8.
-, rem- 96.3.
-, riem- 81.7, 93.2.
-, slijp- 197.7.
-, staaldraad- 87.3.
-, touw- 87.1.
-, trap- 83.5.
-, vaste en losse- 83.6.
-, wrijvings- 61.2, 74.3.
-, zuiger- 140.3.
Sellerskoppeling 58.1.
-lager 45.1.
Serpentijn 104.6.
Siemens-Martinstaal 214.1.
Slaan, harding door 200.3.
- touw- 85.4.
Slagenteller 209.3.
-, hand- 209.4.

Slag, heengaande - van den zuiger137.9.
-, neergaande - van den zuiger 138.2.
-nok der klepstang 114.3.
-, opgaande - van den zuiger 138.1.
-, teruggaande - van den zuiger 137.10.
- van de regulateurhuls 151.2.
- - een kruk 142.8.
-, water- 110.3.
-, zuiger- 137.7.
Slang, koel- 104.7.
-, verwarming- 104.8.
- vormige pijp 104.6.
Slappe zaag 188.3.
Slepende wrijving 246.3.
Sleutelbek 16.6.
Sleutel, dichte 17.5.
-, draai- 17.2.
-, Engelsche 18.2.
-, flens- 101.1.
-, haak- 17.7.
-, klep- 17.8.
-, kraan- 17.6.
-, moer- 16.5.
-, moer - dubbele 17.1.
-, moer - met één bek 16.8.
-, moer - met twee bekken 17.1.
-, pijp- 110.6.
-, sok- 17.4.
-, stelschroef- 17.3.
-, steek- 17.4.
-tje, passer- 227.9.
-, verstelbare schroef- 18.1.
-, vork- 17.8.
-wijdte 16.7.
-, zuigermoer- 137.1.
Slinger 238.7.
-, conische 239.4.
-, cycloïde 239.5.
Slinger-hoek 239.1.
-ing van den slinger 239.2.
-, kring- 238.8.
-regulateur 151.6.
-, slingering van den 239.2.
-tijd 239.3.
-wijdte 238.9.
Slof, gelei- 143.3, 145.6, 146.6.
-plaat 43.9.
Slothaak 17.7.
Slot, ketting- 89.4.
Sluitdop 105.1.
Sluiten, de klep - 115.3.
-, de kraan - 128.2.

Sluiting, klep- 115.5.
Sluit-kap 105.2.
-lijn 242.7.
-prop 105.1.
-ring 11.6.
-spie 24.9.
Slijpen 197.5.
-, een zuiger 140.2.
-, het potlood 230.3.
Slijper, potlood- 230.4,5.
Slijp-inrichting 197.6.
-machine, amaril- 198.7.
-schijf 197.7.
-steen 196.10.
- -bak 197.1.
- -, fijnheid van den 197.2.
Smeden 163.9.
-, koud- 164.1.
-, met zalen 164.3.
-, warm 164.2.
Smeedbaar gietijzer 212.4.
Smeedtang 166.10.
Smeedijzer 212.5.
-, gegoten 212.4.
-en pijp 102.2.
Smeehamer 161.1.
Smeer 50.4.
-inrichting 53.3.
-kraan 53.6.
-middelen 50.4.
-middel, vloeibaarheidsgraad van het 50.7.
-olie 50.5, 8.
- -, de - wordt harsachtig 50.10.
- -, kleverigheid van de 50.9.
- -, viscositeit van de 50.9.
-pot 53.7, 8.
- -, draaiende 54.8.
- -, druip- 54.6.
- - elleboog- 55.3.
- - met druppelaar 54.6.
- -, naald- 54.5.
- - van Stauffer 55.8.
-ring 52.8, 55.2, 133.6.
-sel, laag 48.8.
-, touw- 86.4.
-toestel 53.3.
- -, afzonderlijk 50.1.
- -, centraal 50.3.
- -, zelfwerkend 49.7.
Smeren, het lager 48.7.
-, inrichting om uit de hand te 49.5.
Smering 49.1.
-, afzonderlijke 49.8.
-, automatische 49.6.

Smering, centrale 50.2.
-, centrifugaal- 54.9.
-, cilinder- 131.7.
-, katoentje voor-54.3.
- met katoentjes 54.1.
-, olie- 52.4
-, onderbroken 49.3.
-, ring- 55.1.
-, uit de hand 49.4.
-, voortdurende 49.2.
-, zelfwerkende 49.6.
-, zuiger- 137.3.
Smidsaanbeeld 158.6.
-, schrootbeitel voor-
165.7.
Smidse 166.1.
-, klinknagel- 32.9.
-, nagel- 32.9.
-, veld- 167.3.
-gereedschap 166.5.
-haard 166.2.
-hamer 161.1.
Smidsplaatijzer
216.2.
-schoorsteen 166.3.
-ventilator 167.1.
-vuur 166.4.
-zaal 164.4.
Smoorklep 124.1, 6.
-schuif 126.3.
- -, stoom- 126.6.
Smoren 124.7.
Snaar 85.1.
-, bewegende 86.5.
-, katoenen 86.10.
-, leischijf van de 84.7.
-overbrenging 84.5.
-spanning 84.6.
-, stilstaande 86.6.
-, stramheid der 86.3.
-wrijving 86.2.
Snapper 31.8. 32.2.
Snede 46.2, 190.9.
-lager 46.1.
-, zaag- 185.4.
Snelheden, eenige - in
haar resultante sa-
menstellen 240.3.
-, parallelogram van
239.8.
-, resultante van 240.4.
Snelheid 235.3.
-, begin- 235.8.
-, componente der
240.2.
-, een - uit haar com-
ponenten samenstel-
len 240.1.
-, eind- 235.9.
-, gemiddelde 235.10.
-, hoek- 241.3.
-sregulateur 152.4.
-, zuiger- 137.4.
Snuifklep 122.1.

Snijden, draad- 19.9.
-, schroefdraad- 19.9.
-, - - met een draai-
beitel 20.4.
-, - - met een snij-
ijzer 20.3.
-, - opnieuw 20.1.
-, - uit de hand 19.10.
Snijder, pijp- 110.8.
Snij-hoek 185.9.
-kussen 21.2.
-plaat 20.2.
-tap, draad- 21.3.
-ijzer 21.1.
- -, ring- 20.9.
- -, schroefdraad snij-
den met een 20.3.
Sokbuis 101.3.
-sleutel 17.4.
-, verloop- 107.1.
Soldeer 202.4.
-bout 201.6.
- -, gas- 201.9.
- -, hamervormige
201.7.
- -, puntige 201.8.
-brander 201.10.
-buis 203.1.
Soldeeren 200.6.
-, aaneen- 200.8.
-, het 200.10, 201.1.
- met hard soldeer
201.3.
- met zacht soldeer
201.2.
-, verbinden door-
200.8.
Soldeerfornuis 202.3.
Soldeer, hard- 202.7.
-lamp 202.1.
-naad 201.4.
-plaats 201.5.
-proef 203.3.
-sel losmaken 200.9.
-, soldeeren met hard-
201.3.
-, - - zacht- 201.2.
Soldeertang 156.6,
203.2.
-, tin- 202.5.
-vlam 202.2.
-water 202.8.
-, zacht- 202.6.
-zuur 202.9.
Spaak 69.7.
- van een vliegwiel
149.6.
Spaken, riemschijf met
gebogen 82.5.
-, riemschijf met
rechte 82.4.
-, schijf met twee
rijen 82.6.
Spanen, schaaf- 192.6.
Spanklem 155.2.

Spannen, den riem 79.3.
-, een werkstuk tus-
schen een bank-
schroef 153.3.
Spanner, riem- 80.8.
Spanning 247.3.
-, buig- 251.7.
-, druk- 251.2.
-, in de richting van de
normaal 247.4.
-, riem- 75.8.
-, schuif- 252.8.
-, snaar- 84.6.
-, trek- 250.6.
Span-platen 154.1.
-rol 78.2.
-schaar 157.6.
-schroef, riem- 81.5.
-veer 139.7.
-zaag 189.2, 9.
-zaag- 190.5.
-zaag, groote 189.7.
Specifieke tanddruk
66.4.
Speer-haak 159.2.
-maat 205.2.
-, cilinder- 205.4.
Speling, de - van de
klep 115.4.
- van den zuiger 136.4.
Spherische maat 205.3.
Spie 21.6.
-bout 14.8.
-breedte 22.9.
-, draagvlak van een
23.2.
-, dubbele 24.6.
-, dwars- 22.6.
-, contra- 24.7.
-, een - inslaan 25.8.
- - vastslaan 25.9.
Spieën, los- 25.7.
-, op- 25.6.
-, vast- 22.5.
Spiegat 23.1.
Spiegel, schuif- 125.6.
Spiegelijzer 211.1.
Spiegleuf 23.3. 75.1.
-, hoek van de 75.2.
Spie, groef- 23.10.
-, holle 24.4.
-hoogte 22.8.
-, houten 22.2.
-, kop- 23.8.
-, kop van een 23.9.
-, langs- 22.7.
-, lei- 25.4.
-lengte 22.10.
-, opsluit- 16.1, 24.9.
-opsluiting 25.5.
-, platte 24.3.
-, ring- 25.2.
-, ronde- 24.2.
-, sluit- 24.9.

Spie, stalen 22.4.
–, stel- 25.1, 44.2.
–, tangentieele 24.5.
–, tegen- 24.7.
– van den kruiskop 147.1.
–, verstelbare 25.1, 44.2.
–, vierkante 24.1.
–vlak 21.7.
Spie, ijzeren 22.3.
–zekering 25.5.
Spil, as- 33.3.
–, kam- 38.9.
–pot 40.8.
– van de boormachine 178.6.
Spiraal-boor 180.6.
–ruimer 177.7.
–touw 85.6.
–veer 148.1.
–vormig gelaschte pijp 102.7.
Spitsboor 180.3.
Spitse vijl 173.6.
Splitpen 24.10.
Splits 85.10.
Splitsen, het touw 85.9.
Spoed der schroef 7.8.
–meter 206.2.
Sponning 143.2.
–, kruk met 143.1.
–schaaf 193.5.
Spons 233.2.
Sprong van den tand 70.5
Spuiklep 122.9.
Spuitkan, olie- 52.1.
Spuit, olie- 52.2.
Spijker 195.6.
Spijkeren 195.7.
–, vast- 196.1.
Spijkergat 196.2.
Staafkoppeling 61.7.
Staak, bol- 159.8.
–, klink- 159.7.
–, rek- 159.4.
Staal 213.5.
–, barst in 199.11.
–, boor- 182.6.
–, cement- 214.2.
–, cementeer- 214.2.
–draad 86.7, 8.
– –schijf 87.3.
Staal, fijn 214.3.
–, gereedschaps- 214.7.
–, geweld- 213.6.
–gietsel 212.3.
–, kroezen- 214.4.
–, Martin- 214.1.
–, nikkel- 214.5.
–, puddel- 213.7.
–, schraap- 176.3.
–, schroef- 20.6.

Staal, schroef- inwendig 20.6.
–, – uitwendig 20.7.
–, Siemens-Martin- 214.1.
–, Thomas- 213.9.
–, vloei- 213.8.
–, Wolfram- 214.6.
Staande as 36.2.
– riem 78.5.
Staand gegoten pijp 101.10.
– kussenblok 42.3.
– – met kogelbeweging 45.1.
Staart 159.3.
Stabiel evenwicht 244.8.
Staf, kalibreer- 204.4.
Stafijzer 214.8.
Stalen keg 22.4.
– spie 22.4.
– wig 22.4.
Standaardkaliber 206.5.
–maat 220.11.
Standschroef met spitse bekken 154.8.
Standvastige belasting 248.1.
Standvastig evenwicht 244.8.
–e wrijving 246.2.
Stang, drijf- 144.7.
–enpolygoon 242.6.
–, excentriek- 144.2.
–, gelei- 146.3.
–geleiding 146.1.
–, getande 70.7.
–, – –met tandwiel 70.6.
–, klep- 113.7.
–, koppel- 145.4.
–, schuif- 125.4, 127.3.
–, zuiger- 136.6, 146.8.
Statisch moment 243.6
Stauffer, smeerpot van 55.8.
Steek 27.6.
–beitel 194.6.
–bijl 191.5.
–cirkel 63.5.
–, groep- 30.3.
–, ketting- 30.2.
–passer 228.2.
–sleutel 17.4.
–, tand- 63.4.
–vlam 202.2.
Steel, bijl- 191.2.
–, hamer- 160.6.
Steen-beitel 167.8.
–boor 181.7.
–bout 15.6.
–, olie- 197.4.
–, schuur- 198.5.
–, slijp- 196.10.

Steen, wet- 197.3.
Steilschrift 231.7.
Stelbout 13.6.
–inrichting van den regulateur 151.4.
–len, het lager 48.6.
–moer 12.9.
–pen 24.11.
–schroef 13.6, 15.1.
– –sleutel 17.3.
–spie 25.1, 44.2.
– tandraderen, een – 68.2.
Sterk klinkverband 28.1.
Steunbout 14.5.
Steun, kruis- 62.3.
Stift-boor 178.1.
–frees 184.3.
–handschroef 155.1.
–tap 15.2.
Stilstaande snaar 86.6.
Stippelaar 229.9.
Stippelen 226.3.
Stippellijnen trekken 226.3.
Stippeltrekpen 229.9.
Stoel, eind- 47.6.
–, lager- 47.2.
–, muur- 46.5.
–, veer- 147.9.
Stok-passer 228.6.
Stokschaar 157.3.
Stookijzer 166.6.
Stoomafsluiter 121.2.
–cilinder 132.2.
–leiding 109.9.
–pakkingbus 133.7.
–smoorschuif 126.6.
–zuiger 140.5.
Stop, draad- 13.5.
Straalijzer, wit- 211.2.
Stramheid der snaar 86.3.
Streeplijnen trekken 226.2.
Streeppuntlijnen trekken 226.4.
Streng 85.2.
Striplasch 29.1.
–, dubbele 29.2.
Strooklat 220.1.
Stroovijl 173.2.
Strijkblok 193.2.
Stuiken 164.7.
–, het 164.8.
Stuiknaad, gelaschte pijp met 102.5.
Stukjes verf 232.2.
Stuk-lijst 223.7.
–slaan, klinknagels- 31.3.
Stuuras 34.4.
Stijghoogte 236.5.

T

Taats 38.7.
-plaat 40.9.
-pot 40.8.
- -, grondplaat van
. een 40.9.
- - met kogels 41.3.
- - - ring 41.1.
-ring 41.2.
Tafellade 218.8.
- schaar 157.4.
-, teeken- 218.7.
Takel 93.7.
-blok 93.8.
-, differentiaal- 94.4.
-, ketting- 94.7.
-, touw- 94.6.
Tand 60.3, 64.8.
-dikte 65.6.
-, driehoekige 186.4.
-druk 66.3.
- -, specifieke- 66.4.
-flank 64.10.
-, frees met ingezette
183.4.
-, frees- 183.3.
-, gefreesde 66.2.
-, geschaafde 66.1.
-, geschrankte 186.8.
-. gesneden 66.1.
-heugel 70.7.
-, hoek- 70.4.
-holte 65.7.
-hoogte 65.5.
-, houten 72.3.
Tanden in een wiel in-
zetten [maken] 72.7.
-, ingrijpen van 63.8,
72.6.
-, ingrijping van 63.9.
Tandkop 65.1.
- -, baan van den
64.7.
-, kophoogte van den
65.2.
-koppeling 60.2.
-krans 69.2.
-lengte 65.8.
-, M- 186.6.
-palwerk met 95.5
- -pijl- 70.4.
-rad 63.3.
- -, kopcirkel van een
63.6.
- -, voetcirkel van een
63.7.
-, voethoogte van een-
65.4.
Tandraderen, een stel-
68.2.
- -, overbrengings-
verhouding bij 68.8.

Tandradfrees 184.5.
- - met rechte flanken
67.6.
- -overbrenging 68.1.
- - - met inwendige
vertanding 70.1.
- - - rechte 68.6.
-reep (heugel) 70.7.
-, ruw gegoten 65.9.
-schuinte van den 70.5.
-, sprong van den-
70.5.
- van een houten wiel
(kam) 72.2.
-steek 63.4.
-voet 65.3.
-voethoogte van een
65.4.
-vorm 64.9.
-vormmachine 73.1.
- -, getande stang
met 70.6.
-, wolfs- 186.5.
-wrijving 66.5.
- - sarbeid 66.6.
-, zaag- 185.7.
Tang 155.3.
-, bek van een 155.4.
-, draad- 155.9.
-, draadsnij- 155.10.
-, draadvlechters-
155.9.
Tangentieele kracht
237.2.
- spie 24.5.
- versnelling 236.8.
-weerstand 238.6.
Tang, gas- 110.7,
155.7.
-, gasbranders- 156.7.
-, holpijp- 169.5.
-, klem- 156.4.
-, klinknagel- 32.7,
32.5.
-, knip- 156.1.
-, lijm- 154.4.
-, nagel- 32.7, 32.8,
156.3.
-, nijp- 156.2.
-, platte 155.5.
-, pijp- 110.7.
-, ronde 155.6.
-, schuif- 155.8.
-, smeed- 166.10.
-, soldeer-156.6, 203.2.
-, trek- 156.5.
-, veer- 156.8.
Tank, olie- 51.8.
-, as- 33.5, 35.6.
- boor 179.8.
-bout 13.8.
-, draadsnij- 21.3.

Tap, draai- 39.7.
-eind 13.8.
Tapeind, cilinder-
130.6.
-; gaffelvormige 39.5.
-, gevorkte 39.5.
-, hals- 38.5.
-, ingeloopen 38.3.
-, ingevreten 38.3.
-, kogel- 39.4.
Tappen, draad- 21.4.
Tap, ring- 38.8.
Tapsche opruimer
177.9.
- pen 39.3.
- plug 128.3.
- wrijvingskoppeling
61.1.
Tapschheid van een
wig 22.1.
Tap, snij- 21.3,7.
- stift- 15.2.
-wrijving 38.1.
Tas 159.5.
- met hefboom 32.6.
Teekenaar 218.5.
Teekenbord 219.4.
-bureau 218.4.
Teekenen 218.1.
-, een machinedeel in
aanzicht- 224.1.
-, - - - doorsnede-
224.8.
-, een teekening in
potlood- 226.1.
-, machine- 222.6.
-, op schaal- 218.3.
-, - ware grootte-
218.2.
Teekenhaak 219.5.
-, blad van den 219.7.
-, kop van den 219.6.
Teekening 218.6.
-, de - beschrijven
231.5.
-, de - met een spons
afwasschen 233.1.
-, de - rimpelt 233.3.
-, detail- 223.5.
-, een - in potlood
teekenen 226.1.
-, machine- 222.7.
- uit de hand 222.10.
-, werk- 223.6.
Teeken-kamer 218.4.
-pen 231.4.
-mal 219.10.
-papier 220.2.
- -, blad- 220.3.
-portefeuille 219.2.
-potlood 230.2.
-tafel 218.7.
- -, verstelbare 219.1.

Tegenhouder 30.8, 32.3, 32.5.
–spie 24.7.
–wig 24.8.
Temperatuur, lasch- 165.3.
Teruggaande slag van den zuiger 137.10.
Terugslagklep 121.3, 123.7.
Thomas-staal 213.9.
–ijzer 213.3.
Thrust-as 38.9.
–metaal 41.4.
Timmermansbijl 191.4.
Tin 216.10.
–soldeer 202.5.
Toestel, afzonderlijk smeer- 50.1.
–, centraal smeer- 50.3.
–, lichtdruk- 234.5.
–, ontkoppelings- 58.8.
–, smeer- 53.3.
–, waterpeilglas- 111.2.
–, zelfwerkend smeer- 49.7.
Toevoerklep 122.2, 124.4.
Toevoer, olie- 52.3.
–pijp 109.2.
Toffelzaag 188.8.
Toleranzkaliber 206.4.
Toogschaaf 193.7.
Torsiekoppel 253.4.
Totale arbeid 246.6.
– versnelling 237.1.
Touw 85.1.
–haak 92.7.

Touw, hennep- 86.9.
–, het – splitsen 85.9.
–, hijsch- 87.7.
–, kabel- 88.1.
–, kraan- 87.9.
–overbrenging 84.5.
–schijf 87.1.
– –, groef der 87.2.
– –, hennep- 87.4.
–slaan 85.4.
–slagmachine 85.5.
–smeer 86.4.
–, spiraal- 85.6.
–takel 94.6.
–trommel 95.2.
–verbinding 85.8.
Traagheid der klep 114.5.
–smoment 243.7.
– –, equatoriaal- 243.8.
– –, polair- 244.1.
Transporteur 229.4.
Transversaalmaatstaf 221.6.
Trapeziumvormige draad 10.4.
Trapschijf 83.5.
Trapsgewijze klep 118. 6.
Trek 250.2.
Trekken, pijpen- 103.5.
–belasting 250.4.
–, een lichaam wordt op – belast 247.6.
Trekkend deel van een riem 75.10.

Trekker, nagel- 156.3.
Trekkracht 250.5.
Trekpen 229.6.
–, de — bijslijpen 230.1.
–, dubbele 229.8.
–houder 227.5.
–, stippel- 229.9.
– voor gebogen lijnen 229.7.
Trek-spanning 250.6.
–tang 156.5.
–vastheid 250.3.
–, werkelijke- 75.9.
–zaag 188.5.
– –, gebogen 188.6.
Trommel 94.8.
–as 95.1.
–, ketting- 95.3.
–mantel 94.9.
–, touw- 95.2.
T-stuk 106.6.
Tube verf 232.4.
Tusschenas 36.5.
Tusschendrijfwerk, wrijvings- 75.4.
Tweebeenige opruimer 177.6.
Tweede kapping 170.6.
Tweemaal haaks omgebogen as 37.2.
Tweewegsklep 117.9.
Tijd 35.1.
–ingrijp- 64.4.
–, slinger- 239.3.
– van ingrijping 64.4.
T-ijzer 215.8.

U

Uitboren 179.3.
–, een cilinder 131.5.
Uit de hand, inrichting om – te smeren 49.5.
– – – klinken 31.5.
– – – schroefdraad snijden 19.10.
– – –, smering 49.4.
– – –, teekening 222.10.
Uitdraaien, een cilinder 131.3.
Uiterste grens der lichthoogte 114.2.
Uitfreezen 184.9.

Uitmiddelpuntig 144.6.
–heid 143.5.
Uitpikken 84.2.
Uitrekken, een veer- 148.9.
Uitrekking bij breukbelasting 249.3.
Uitrekking, veerkrachtige 249.4.
Uitschakelen, de koppeling 59.6, 63.1.
Uitschakeling van een klauwkoppeling 60.4.
Uitsmeden 163.9.

Uitwendige diameter van den schroefdraad 8.4.
Uitwendige doorsnede van den schroefdraad 8.4.
Uitwendig schroefstaal 20.7.
Uitzetting 248.9.
–scoëfficient 249.1.
Universeelkoppeling 62.2.
U-pijp 105.8.
U-ijzer 215.9.

V

Valduur 236.4.
Valhoogte 236.3.
Val, vrije- 236.2.
Varieerende belasting 248.3.
Vast blok 93.9.

Vaste as 33.10.
– en losse schijf 83.6.
– flens 100.4.
– katrol 93.3.
– koppeling 56.3.
– riemschijf 83.7,93.3.

Vastheid 247.1.
–, druk- 250.8.
–, knik- 252.3.
–sleer 247.2.
– tegen buigen 251.4.
–, trek- 250.3.

Vast-lijmen 196.7.
–schroeven 18.9.
–slaan, een spie- 25.9.
–spieën 22.5.
– –, een bout- 14.9.
– –, het 22.5.
–spijkeren 196.1.
Veelhoek, krachten- 242.3.
Veelvoudige schroef- draad 9.4.
–n schroefdraad, bout met 16.3.
Veer 147.2.
–, aantal windingen eener 149.2.
–belasting, klep met 119.4.
– –, veiligheidsklep met 120.1.
–band 147.7.
–, buig- 147.3.
–, cilindrische schroef- 148.3.
–, conische schroef- 148.4.
– der klepbelasting 120.2.
–, een – samendrukken 148.8.
–, – – uitrekken 148.9.
–en (werkwoord) 149.3.
–, klep- 119.5.
–kracht 249.6.
–krachtige uitrekking 249.4.
– – vormverandering 248.5.
–, oog van een 147.8.
–passer 228.3.
–, platte 147.4.
–regulateur 152.2.
–, rijtuig- 147.6.
–, samendrukking der 148.7.
–, span- 139,7.
–, spiraal- 148.1.
–stoel 147.9.
–tang 156.8.
– van een regulateur 152.3.
– – ronde doorsnede 148.6.
– – vierkante door- snede 148.5.
–, wagon- 147.6.
–, wring- 148.2.
–winding 149.1.
–, zuiger- 139.1.
Veiligheidsklep 110.5, 119.6, 120.1.
– met gewichtsbelas- ting 119.7.

Veiligheidsklep met veerbelasting 120.1.
Veiligheidskruk 142.7.
Veldsmidse 167.3.
Velgbout 150.2.
– dikte 81.9.
Ventilator, smids- 167.1.
Verandering, vorm- 248.4.
Verankeren 18.6.
Verband, klink- 27.4.
Verbinden door sol- deeren 200.8.
Verbinder, riem- 81.4.
Verbinding, flens- 29.4, 98.7.
–, klink- 27.4.
–, mof- 56.4, 101.2.
–, ontkoppelbare 58.6.
–, pijp- 98.5.
Verbinding, riem-80.7:
–, schroef – van pijpen 98.6.
–spijp 105.4.
–, touw 85.8.
Verbussen, het lager 42.2.
Verdeelschuif 126.9.
Verdeeling, klinknagel- 27.6.
Verf aanroeren 232.7.
– aanwrijven 232.8.
–doos 232.1.
–potje 232.6.
–, pijp- 98.3.
–, stukjes- 232.2.
–, tube- 232.4.
–, water- 232.3.
Verhouding, over- brengings-bij tand- raderen 68.8.
Verkappen, vijlen 171.2.
Verkapte vijlen 171.3.
Verlenging 248.7.
Verlengstukken, pas- ser met 227.3.
Verlengstuk van een passer 227.8.
Verloopkniestuk, scherp- 107.6.
Verloopsok 107.1.
Verloopstuk 105.9.
Vermogen 245.2.
–, arbeids- 245.4.
Vermoorbeitel 194.4.
Vernauwing 124.8, 248.8.

Verpakken 135.2.
Verschuifbare as 34.3.
Verschuiving 240.5.
Versnelling 235.6.
–, componente der 240.2.
– der klep 114.6.
– – middelpuntzoeken- de kracht 236.9.
–, een – uit haar com- ponenten samenstel- len 240.1.
–en, eenige- in haar resultante samen- stellen 240.3.
–en, parallelogram van 239.8.
–en, resultante van 240.4.
–, hoek- 241.4.
–, in de richting van de normaal 236.9.
–, tangentieele 236.8.
–, totale 237.1.
– van de zwaarte- kracht 244.4.
–, zuiger- 137.5.
Verstekhaak 208.4.
–, verstelbare 208.5.
Verstelbaar kussen- blok 42.5.
Verstelbare schroef- sleutel 18.1.
– spie 25.1, 44.2.
– teekentafel 219.1.
– verstekhaak 208.5.
Vertakking, haaksche 106.2.
–, pijp- 106.1.
–, scherphoekige 106.3.
Vertanding 63.2.
–, binnen- 67.7.
–, conische kamrad- 70.8.
–, cycloïde 66.7.
–, dubbele punt- 67.5.
–, epicycloïde 66,8.
–, evolvente- 67.8.
–, inwendige 67.7.
–, lantaarnrad- 67.4.
–, pennenrand- 67.4.
–, rad met binnen- of inwendige 70.2.
–, tandradoverbren- ging met inwen- dige 70.1.
– van hout op ijzer 72.5.
– – ijzer op ijzer 72.4.
Verticale projectie 224.4.

Verticale riem 78.5.
- worp 238.2.
Vertraging 235.7.
Verwarmingspijp 108.4.
-slang 104.8.
Verwisselen, een as 34.10.
-, het - van een as 34.11.
Verzinken, den nagel 30.6, 30.7.
Verzonken bout 14.4.
- kop 12.3.
- -, nagel met 26.8.
Vet, consistent- 50.6.
-pot 53.7.
Vierkante as 35.10.
- doorsnede, veer van 148.5.
- kop 12.1.
- schroefdraad 9.7.
- spie 24.1.
- vijl 173.5, 174.3.
Vierkant ijzer 215.1.
Vierweg-kraan 129.1.
-spijp 106.8.
Viscositeit van de smeerolie 50.9.
Vlakbeitel 167.5.
Vlak, draag- 40.5.
Vlakke frees 184.4.
Vlak, gelei- 145.8.
-hamer 162.5.
-, hellend 239.6.
-, loop- 38.2.
-plaat 160.1, 208.7.
Vlakke riemschijf 82.1.
Vlak-schaven 192.3.
- schraapstaal 176.4.
-, schroef- 7.4.
Vlakke schuif 127.1.
Vlak, spie- 21.7.
- van een hamer 160.4.
-, wrijvings- 246.1.
Vlampijp 108.1.
Vlam, soldeer- 202.2.
-, steek- 202.2.
Vleugel-moer 12.7.
-schroef 15.4.
Vliegwiel 149.4.
-, getand 150.4.
-, het uit elkaar slaan van een 150.5.
-, krans van een 149.5.
-, naaf van een 149.7.
-, spaak van een 149.6.
- uit twee deelen 149.9.

Vloeibaarheidsgraad van het smeermiddel 50.7.
-grens 250.1.
-papier 232.9.
-staal 213.8.
-ijzer 213.1.
Voedingklep 122.7.
-kraan 129.9.
Voegpasser, kromme- 207.1.
-, rand- 150.1.
Voelertjes 206.7.
Voeren, een lager- 43.1
Voering, grond- 133.4.
- van een kussenblok 42.6.
Voet, bout van den 43.8.
-cirkel 63.7.
Voethoogte van een tand 65.4.
Voetjespasser 206.9.
Voetklep 120.6.
Voet, tand- 65.3.
Voet van de zuigerstang 136.7.
- van een kussenblok 43.7.
- van een passer 226.10.
- - - tand 65.3.
- - het kussenblok, lengte van den 40.4.
Volgieten, een lager met witmetaal 43.2.
-, een pijp met lood- 101.8.
Vooraanzicht 224.2.
Vooras 34.4.
Voorhamer 161.3.
Voorloopig geplaatste klinknagel 27.3.
Voorsnijtand van een boor 180.5.
Voortang der schaafbank 194.1.
Voortdurende smering 49.2.
Vork eener drijfstang 145.3.
-, riem- 84.4.
-, ontkoppelings- 59.3.
-sleutel 17.8.
Vormaarde, gietwerk in 211.8.
Vormen, gietwerk in leemen 212.1.
Vormmachine rad- 73.1.
Vorm, tand- 64.9.
-verandering 248.4.

Vorm - sarbeid 248.6.
- -, veerkrachtige 248.5.
Vrije val 236.2.
Vuurbuis 108.2.
Vuur, klinknagel- 33.1.
-, smids- 166.4.
V-vormige schroefdraad 9.5.
Vijl 169.7.
-, arm- 172.3.
-bank 172.1.
-, basterd- 172.4.
-, driekante 174.2.
-, drijf- 175.2.
-, dubbele halfronde- 174.8.
Vijlen 171.6.
-, aanbeeld voor- 171.1.
Vijlen-beitel 170.10.
-hamer 170.11.
- harden 171.4.
-heft 169.8.
-, het harden van 171.5.
- kappen 170.8.
-kapping 170.1.
- verkappen 171.2.
-, verkapte 171.3.
Vijl, fijne zoet- 172.7.
-, groef- 176.1.
Vijl, grove 173.3.
-, halfronde 174.5.
-, halfzoet- 172.6.
-, hand- 172.2.
-, holle 175.6.
-, kant- 174.6.
-kapper 170.9.
-klos 159.6.
-, mes- 175.1.
-, platte 173.4.
Vijl, platte spitse 173.7.
-, platte stompe 174.1
-, naald- 175.5.
-, oprondings- 174.7.
-, polijst- 173.1.
-, potlood- 230.6.
-, ronde- 174.4.
-, scharnier- 175.3.
-, schroefkop- 175.4.
Vijlsel 171.8.
Vijl, spitse 173.6.
-stofjes 171.9.
-streek 171.9.
-, stroo- 173.2.
-, vierkante 173.5, 174.3.
-, zaag- 175.7.
-zaag 189.1.
-, zoet- 172.5.

W

Waarlooze zuiger 140.7.
Wagonveer 147.6.
Wals, pijp- 103.2.
–. pijp-werk 103.3.
–, wrijvings- 74.4.
-ijzer 215.5.
Wand-arm 46.5.
–, cilinder- 130.4.
-dikte 98.1.
-lager 46.4.
–, pijp- 97.8.
Ware grootte, op – teekenen 218.2.
Warm-beitel 165.9.
– –, afhakken met een 165.6.
-klinken 27.8.
-loopen van een lager, het 48.3.
– smeden 164.2.
-zaag 187.8.
-zagen 187.6.
Wasschen met Oost-Indischen inkt 231.10.
Water, harding in 200.5.
-kolom 111.7.
-kraan 129.5.
-leiding 109.10.
-lijn 111.6.
-pas 208.8.
-pasbel 209.1.
-peilglas 111.4.
-peilglastoestel 111.2.
-peilglastoestel, omhulsel van het 111.3.
-pijp 107.9, 108.3.
-schuif 126.4.
-slag 110.3.
–, soldeer- 202.8.
-verf 232.3.
-zak 110.2.
Weerstand, in de richting v. d. normaal 238.5.
-smoment 251.8.
–, tangentieele- 238.6.
– tegen afschuiving 252.6.
–, weg- 238.4.
–, wrijvings- 245.7.
Weg 235.2.
–, ingrijp- 64.2.
– van ingrijping 64.2.
-weerstand 238.4.
Welving 82.3.
Wenteling, as- 34.7.
Wentelas 37.4.
Werkbank 256.2.

Werkbus 132.5.
–, cilinder- 131.1.
Werkelijke trek 75.9.
Werk, klink- 27.4.
-meester 254.4.
– pal- 95.4.
– –, met tanden 95.5.
– –, wrijvings- 95.8.
-plaats 256.1.
– –, montage- 255.3.
-schroef 153.1.
-teekening 223.6.
Werktuig-kundig ingenieur 254.3.
–, krachts- 256.7.
-machine 256.8.
Werp-afstand 237.7.
-hoek 237.6.
-hoogte 237.8.
Wetsteen 197.3.
Wet van het behoud van Arbeidsvermogen 245.5.
Wiel, conisch- 71.2.
Wielen, de – rammelen (maken lawaai) 72.8.
Wiel, hand- 113.8.
–, ketting- 88.7, 90.5.
– hyperbolisch- 71.9.
–, kam-, recht 69.1.
– kegel 71.4.
–, tanden in een – inzetten (maken) 72.7.
–, tand (kam) van een houten 72.2.
– met hoek- of pijltanden 70.3.
– met inwendige- of binnenvertanding 70.2.
Wieltje, pointeer- 229.2.
–, schroef- 71.8.
Wiel, vlieg- 149.4.
–, worm- 71.6.
Wig 21.6.
-hoek 21.9.
–, houten 22.2.
–, opsluit- 16.1, 24.9.
-rug 21.8.
–, stalen- 22.4.
–, tapschheid van een 22.1.
–, tegen- 24.8.
–, ijzeren- 22.3.
Windas, handel van een 142.3.
-kabel 88.2.
– voor één man 142.5.
– – twee mannen 142.6.

Windingen, aantal – eener veer 149.2.
Winding, veer- 149.1.
Winkelhaak 208.1.
–, gedekte 208.2.
Wisselklep 118.1.
Wisselraderen 68.3.
Wit-druk 234.4.
-metaal 217.10.
– –, een lager met – volgieten 43.2.
– ruwijzer 210.4.
– straalijzer 211.2.
Wolframstaal 214.6.
Wolfstand 186.5.
Worm 71.7.
-overbrenging 71.5.
-wiel 71.6.
-wielen, frees voor 184.6.
Worp, horizontale 238.1.
–, schuine 237.5.
–, verticale 238.2.
Wring-belasting 253.3.
-ing 253.2.
Wring-veer 148.2.
-ijzer 21.1.
Wrijving 245.6.
–, as- 33.8.
– der geleibaan 145.10.
– eener pakkingbus 134.3.
–, excentriek- 144.4.
– ketting- 89.3.
–, rollende 246.4.
-sarbeid 246.5.
– -tand- 66.6.
-scoëfficient 245.8.
-sdruk 73.5.
-sdrijfwerk 74.6.
-sdrijfrad met sponning en groef 74.7.
-shoek 245.9.
-skegel 74.5.
-skegelrad 74.1.
-skoppeling 60.7.
-skoppeling, tapsche 61.1.
-spal 95.9.
-spalwerk 95.8.
-srad 73.4.
Wrijvingsrad, cilindervormig- 73.6.
-sraderen, overbrenging door- 73.3.
-sremwiel met sponning 96.7.
-sschijf 61.2, 74.3.

Wrijvingsschijven,
  overbrenging door-
  74.2.
-, slepende 246.3.
-, snaar- 86.2.
-, standvastige 246.2.
-stusschendrijfwerk
  75.4.

Wrijvingsvlak 246.1.
-swals 74.4.
-sweerstand 245.7.
-, tand- 66.5.
-, tap- 38.1.
- van den ashals
  33.9.

Wrijving, zuiger-
  137.6.
Wijdte, schot- 237.7.
-, sleutel- 16.7.
-, slinger- 238.9.
Wijze van belasting
  247.8.

IJ

IJzer 210.1.
-, band- 215.4.
-, Bessemer- 213.2.
-, blik- 215.11.
-, boven- 192.9.
-draad 86.8.
-erts 210.2.
-, gegolfd plaat- 216.6.
-,gegoten smeed-212.4.
-, geweld 212.6.
-, giet- 211.3.
-, grauw ruw- 210.5.
-, half ruw- 210.6.
-, hoek- 215.6.
-, I - 215.7.
-, ketting- 89.2.
-en keg 22.3.

IJzer, Martin- 213.4.
-, nagel- 196.5.
- op ijzer, vertanding
  van 72.4.
-, plaat- 216.1.
-, plat- 215.3.
-, puddel- 212.7.
-, ringsnij- 20.9.
-, rond- 214.9.
-, ruw- 210.3.
-, schaaf- 191.12.
-, smeed- 212.5.
-, smeedbaar giet-
  212.4.
-, smidsplaat- 216.2.
-, snij- 21.1
-en spie 22.3.

IJzer, spiegel- 211.1.
-, staf- 214.8.
-, stook- 166.6.
-, T- 215.8.
-, Thomas- 213.3.
-, U- 215.9.
-, vierkant 215.1.
-, vloei- 213.1.
-, wals- 215.5.
-en wig 22.3.
-, wit ruw- 210.4.
-, wit straal- 211.2.
-, wring- 21.1.
-, Z- 215.10.
-zaag 189.1.
-, zeskant 215.2.

Z

Zaag 185.3.
-blad 185.5.
- blok 190.7.
- -houder 185.6.
-blok 160.2, 190.7.
Zaag-boog 189.4.
-, metaal- 189.3.
-, boom- 188.4.
-, cirkel- 190.4.
-, doorboorde 186.7.
-, figuur- 189.5.
-, gebogen trek-
  188.6.
-, groote draai- 190.1.
-, groote span- 189.7.
-, hand- 188.1,7.
-, hout- 187.10.
-, kloof- 189.6.
-, koud- 187.7.
-, lint- 190.3.
-machine 190.2.
-, metaal- 187.9.
-, raam- 190 6.
-, rug van de 188.9.
-, schrob- 188.10.
-, schulp- 188.4.
-sel 187.4.
-, slappe- 188.3.
Zaagsnede 185.4.
-, span- 189.2, 9.
-span 190.5.

Zaagtand 185.7.
-tanden, hoek van de
  185.8.
- - hakken 187.2.
-, toffel- 188.8.
-, trek- 188.5.
-vijl 175.7.
-, vijl- 189.1.
- voor twee man 188.2.
-, warm- 187.8.
-, ijzer- 189.1.
-zetter 186.9.
Zaalaanbeeld 160.2.
Zaal, boven- 164.6.
-, onder- 164.5.
-, smids- 164.4.
Zacht soldeer 202.6.
- -, soldeeren met
  201.2.
Zagen 187.3.
-, koud- 187.5.
-, warm- 187.6.
Zalen, met - smeden
  164.3.
Zandgieting, open-
  211.4.
Zand, gietwerk in
  211.6.
-, - - droog- 211.7.
Zekering, spie- 25.5.
Zelfspannende zuiger-
  veer 139.3.

Zelfwerkende klep
  120.7.
- ontkoppeling 60.1.
- smering 49.6.
Zelfwerkend smeer-
  toestel 49.7.
Zeskante kop 11.10.
- moer 12.5.
Zeskant ijzer 215.2.
Zethamer 162.4.
-, dubbele 163.5.
-, ronde 162.6.
Zetkop 26.4.
Zetten 187.1.
Zetter, zaag- 186.9.
Zigzagklinknaad 30.1.
Zilver 217.3.
Zink 216.9.
Zitting 46.3.
-, klep- 113.4.
-, conische - der klep
  116.6.
Zoeten 172.8.
Zoet-kapping 170.3.
-vijl 172.5.
Zuiger 136.1.
-, dekplaat van den
  139.5.
-deksel 139.5.
- -, bout van het
  139.6.
-diameter 136.2.
-druk 136.5.

Zuiger, een – met leder verpakken 138.6.
–, – – slijpen 140.2.
–, geslepen 140.1.
–, heen en terugslag van den 137.8.
–, heengaande slag van den 137.9.
–hoogte 136.3.
–lichaam 139.4.
– met henneppakking 138.4.
– – labyrinthpakking 139.8.
– – lederpakking 138.5.
– met metallieke pakking 138.7.
–moer 136.9.
–moersleutel 137.1.
–, neergaande slag van den 138.2.

Zuiger, opgaande slag van den 138.1.
–pakking 138.3.
–, pomp- 140.6.
–, reserve- 140.7.
–schuif 127.4.
–schijf 140.3.
Zuigerslag 137.7.
–smering 137.3.
–snelheid 137.4.
–, speling van den 136.4.
–stang 136.6, 146.4.
– –, geleiding van de 136.8.
– –, voet van de 136.7.
– –pakkingbus 137.2.
–, stoom- 140.5.
– teruggaande slag van den 137.10.
–veer 139.1.

Zuigerveer, lasch eener 139.2.
– –, zelfspannende 139.3.
–versnelling 137.5.
–, waarlooze- 140.7.
–wrijving 137.6.
Zuig-flesch 108.6.
–klep 121.6, 124.2.
–korf 108.6.
–leiding 108.7.
–pijp 108.5.
Zuiver meten 204.1.
– –, het 204.2.
Zuur, soldeer- 202.9.
Zwaartekracht 244.3.
–, versnelling van de 244.4.
Zwaartepunt 244.2.
Zijaanzicht 224.3, 5.
Zijhamer 161.6.
Zijlasch 89.7.
Z-IJzer 215.10.

Zur Einführung.

Der vorliegende Band eröffnet eine Reihe gleichartiger Fachwörterbücher, die dem Ingenieur für das Verständnis der technischen Bezeichnungen in den wichtigsten Kultursprachen ein unerläßliches Hilfsmittel sein sollen. An der Sammlung technischer Ausdrücke in den einzelnen Sprachen ist bisher trotz der Internationalität der Technik wenig gearbeitet worden. Die bisher vorhandenen technologischen Wörterbücher behandeln in weiten Zügen das gesamte Gebiet der Technik. Sie weisen deswegen naturgemäß einen großen Mangel an solchen Ausdrücken auf, die dem Fachingenieur für sein engeres Arbeitsfeld von Wichtigkeit sind. Diesem Mangel, der in allen Fachkreisen lebhaft empfunden wird, sollen meine Wörterbücher abhelfen.

Bei der Verfolgung dieses Zweckes habe ich mich einer Methode der Bearbeitung technischer Wörterbücher bedient, die von der bisherigen Bearbeitungsweise lexikalischen Stoffes grundsätzliche Abweichungen verzeichnet und die sich kurz charakterisiert als »Fachgruppenbearbeitung mit gleichzeitiger Einführung der Skizze in das technische Wörterbuch«.

Diese Fachgruppenbearbeitung wird von Fachingenieuren derart vorgenommen, daß das betreffende Fach mit seinen allgemeinen, theoretisch und praktisch wichtigen Ausdrücken in systematisch logischem Aufbau zusammengestellt wird, wobei sich der Stoff innerhalb des Fachs in einzelne Kapitel zergliedert.

Ein wesentlicher Vorzug dieser Einteilung nach Fachgruppen liegt darin begründet, daß sie meinem Wörterbuche neben dem des Nachschlagewerks bis zu einem gewissen Grade den Charakter als Lehrbuch verleiht. Namentlich die Fachkollegen, die ins Aus-

1

land gehen und die Studierenden der Technischen Hochschulen, an denen neuere Sprachen zum Prüfungsgegenstande gemacht sind, dürften es freudig begrüßen, die Materie in systematischem Zusammenhange dargestellt zu erhalten.

Die markanteste Abweichung von den bisherigen erhalten meine Wörterbücher insbesondere durch die Zuhilfenahme der überall verstandenen Zeichensprache, der Skizze, der Formel, des Symbols bei der Ermittlung der entsprechenden fremdsprachlichen Ausdrücke, und die Beibehaltung derselben in dem Texte. Auf Grund dieser Universalsprache des Ingenieurs wurden die Übersetzungen direkt in den Werkstätten und Bureaux des betreffenden Landes angefertigt und erheben den Anspruch auf große Genauigkeit. In keinem Falle wurden die termini lediglich technischen Wörterbüchern, Katalogen, Preislisten etc. entlehnt; eine große Anzahl derselben ist von mir zum erstenmal gesammelt und festgehalten worden, wodurch meiner Arbeit ein grundlegender Wert beizumessen sein dürfte. Da die technische Terminologie in den einzelnen Ländern noch keineswegs feststeht, so ist es einleuchtend, daß ich hierbei außerordentlichen Schwierigkeiten begegnet bin. Ich habe mich indes bemüht und werde dies in Zukunft in gleichem Maße tun, durch Heranziehung von Autoritäten eine Terminologie zu schaffen, die Anspruch auf allgemeine Beachtung machen kann.

Mit der Aufnahme der Skizze in den Text bezwecke ich sowohl den Ausdrücken ihre schärfste Erklärung zu geben, als auch den Charakter als Lehr- und Memorierbuch zu betonen, da bekanntermaßen die Ausdrücke am leichtesten im Gedächtnis haften, mit denen man eine Vorstellung verbindet.

Ein Blick in meine Wörterbücher zeigt ihre Dreiteilung in

1. Inhaltsübersicht,
2. systematischen Aufbau des Wortschatzes,
3. durchlaufendes alphabetisches Verzeichnis.

Schon mit Hilfe der vorangestellten Inhaltsübersicht dürfte sich der mit seinem Fache vertraute Ingenieur unschwer in dem nach Fachgruppen zergliederten Hauptteile zurechtfinden und ohne weiteres aus der Muttersprache in eine fremde übersetzen können. Um aber meine Wörterbücher auch für das Übersetzen aus der fremden in die Muttersprache, sowie einer fremden in eine andere fremde geeignet zu machen, gebe ich am Schlusse jedes Bandes eine

alphabetische Zusammenstellung des Wortschatzes, und
zwar der fünf Sprachen Deutsch, Englisch, Französisch,
Italienisch und Spanisch in einem einzigen durch-
laufenden Alphabete, zu welchem dann das Russische,
das sich aus leicht ersichtlichen Gründen dieser Anordnung nicht einfügen läßt, in gesonderter alpha-
betischer Reihe tritt.

Von der Zweckmäßigkeit und Nützlichkeit dieser
Anordnung dürfte sich jeder bald überzeugen; der
Vorteil tritt um so klarer hervor, als es ersichtlich ist,
daß jedes nach meiner Methode bearbeitete Wörterbuch 30 zweisprachige ersetzt. Dieses in fünf Sprachen
durchlaufende Alphabet hat vor dem getrennt bearbei-
teten den Vorzug, daß man jedes Wort der fünf Sprachen
in ein und derselben alphabetischen Reihe findet und
sich somit wesentlich rascher orientieren kann.

Da die technische Ausdrucksweise in den einzelnen
Landstrichen eines Staates nicht immer die gleiche ist,
sind nur solche Ausdrücke aufgenommen, mit denen
man in allen Landesteilen ein und denselben Gegen-
stand bezeichnet.

Ebenso wurde die Verschiedenheit der Terminologie
in Großbritannien und Nordamerika berücksichtigt.
Solche Ausdrücke, die nur oder mit Vorliebe in den Ver-
einigten Staaten von Nordamerika gebraucht werden,
sind durch ein angefügtes (A) gekennzeichnet.

Meine Wörterbücher, die in dem Rahmen von
Taschenwörterbüchern gehalten sind, sollen den Ingenieur, den technischen Kaufmann, den Studierenden
auf Reisen, in die Werkstätten, in die Bibliotheken,
in das Kolleg etc. begleiten. Ausdrücke, die sich auf
nicht mehr zeitgemäße Konstruktionen beziehen,
oder die nur noch einen historischen Wert haben,
sind weggelassen worden. Der vorliegende Band enthält »Die Maschinenelemente und die gebräuchlichsten
Werkzeuge für Metall- und Holzbearbeitung« nebst
einem Anhang, in dem einige für technische Bureaux
wertvolle Ausdrücke, betreffend »Technisches Zeichnen«
und »Allgemeines«, aufgenommen sind. Von den Werk-
zeugen sind in diesem Bande nur solche aufgeführt,
die sich in jeder Maschinenwerkstatt vorfinden, die
daher an dieser Stelle als unbedingt zu den Maschinen-
elementen gehörig zu betrachten sind. Die Werkzeuge
und Werkzeugmaschinen als Fach für sich bleiben
einem besonderen Bande vorbehalten.

Ich bin mir wohl bewußt, daß meine Arbeit noch
Mängel enthält. Ich bitte dies mit den großen Schwierigkeiten zu entschuldigen, die gerade dem Beginn,

meines Unternehmens, gerade der Bearbeitung des
ersten Bandes entgegenstanden. Ich gebe mich der
Hoffnung hin, daß diese Mängel durch die tatkräftige
Mitarbeit aller derer, die den Kern meines Werkes
für gut erkannt haben, aus den folgenden Bänden
und den Neubearbeitungen des ersten mehr und mehr
verschwinden werden.

Ich übergebe nunmehr meine Arbeit der Öffent-
lichkeit in der Hoffnung, weiten Kreisen mit ihr zu
dienen. Ich sage meinen zahlreichen Mitarbeitern,
insbesondere denen, die in meinem Auftrage die
Reisen ins Ausland unternommen haben, meinen auf-
richtigsten Dank, ebenso den Herren Professoren und
Ingenieuren, den technischen Betrieben und technischen
Körperschaften, die durch Beiträge oder sonstwie
mein Unternehmen in entgegenkommender Weise ge-
fördert haben.

Ferner möchte ich auch an dieser Stelle Herrn
Dipl.-Jng. Paul Stülpnagel, Duisburg a. Rh., meinen
herzlichsten Dank aussprechen für die wertvolle Mitarbeit, die er mir durch die Zusammenstellung des
ersten Bandes geleistet hat. Der Verlagsbuchhandlung
R. Oldenbourg, München-Berlin, die mit dem Verlag
dieses Werkes große Opfer und Mühen in den Dienst
der Technik gestellt hat, dürfte der Dank aller Fach-
genossen gewiß sein.

Ich schließe meine Vorrede mit dem Wunsche,
daß dieser Band mir das bisher entgegengebrachte
Interesse erhalten und mir in meinem Bestreben, der
auch in ihrer Terminologie rastlos fortschreitenden
Technik ein elastisches Sprachwerk zu schaffen, neue
Förderer meiner Arbeiten zuführen möge.

Der Herausgeber.

Geleitwort
zur unveränderten 2. Auflage.

Seit dem Waffenstillstand hat sich der Absatz der Wörterbücher derart gesteigert, daß die Bestände des I. Bandes wesentlich früher vergriffen waren, als vorauszusehen war. Infolgedessen richtete mein Verleger an mich die Bitte, so schnell als möglich eine Neuauflage des ersten Bandes der I. T. W. zu bearbeiten. Diesem Wunsche konnte ich leider nicht nachkommen. Der Dienst im Feldheer hat mich fast 5 Jahre voll in Anspruch genommen, so daß meine persönliche Anteilnahme an den Wörterbucharbeiten ausgeschaltet war. Die mir nach Wiederaufnahme meiner Ingenieurtätigkeit verbleibende Zeit muß ich zunächst der Vollendung der in Bearbeitung befindlichen Bände 15—18 der I. T. W. über die Faserstofftechnik und den Bergbau widmen, abgesehen davon, daß die mir zurzeit verfügbaren Geldmittel für die Umgestaltung und Vervollständigung der ersten Auflagen der einzelnen Bände infolge der Valutaverhältnisse nicht ausreichen. Ich bedaure deswegen außerordentlich, daß ich die zahlreichen an mich ergangenen Wünsche nach vollständiger Umarbeitung des ersten Bandes zurzeit noch nicht erfüllen kann und mir aus den gleichen Gründen eine der mir gestellten Frist eine Ausmerzung von Fehlern nicht möglich war; da meine Beziehungen zu den ausländischen Mitarbeitern bis jetzt nur zum kleinen Teil wiederhergestellt sind.

Ich verspreche aber den Freunden meiner Wörterbücher, alle Vorbereitungen für eine gänzliche Umgestaltung des ersten Bandes zu treffen, damit nach Absatz der zweiten Auflage die dritte sich allen berechtigten Wünschen anpaßt.

Im Dezember 1919.

Der Herausgeber.

Mitarbeiter:

Ingenieur Cyril Alexander, Barcelona.
      »   G. Richard, Paris.
      »   Jules Kahn, Zoppot.
      »   Otis A. Kenyon, New York.
      »   Eduardo Kirchner, Barcelona.
      »   Professor Alvaro Llatas, Barcelona.
      »   Piero Oldrini, Mailand.
      »   G. O. Lehmann, Berlin.
      »   Richard Schulze, Charlottenburg.
      »   J. Storey, Manchester.
      »   Alfred Thimm, Mannheim.
      »   Alexander Trettler, St. Petersburg.
      »   Federico de la Fuente, Madrid.

Ferner folgende Firmen ·

Alexander Hermanos, Barcelona.
Allgemeine Elektrizitäts-Gesellschaft, Berlin.
Berlin - Anhaltische Maschinenbau - Aktien - Gesellschaft, Berlin Dessau.
Gerberei und Leder-Treibriemen - Fabrik Johann Biertz, Viersen (Rheinpreußen).
Maschinenfabrik Eßlingen, Eßlingen.
De´ Fries & Co., Aktien-Gesellschaft, Werkzeugmaschinen-Fabrik, Düsseldorf.
Deutsch-Amerikanische Fabrik für Präzisions-Maschinen, Flesch & Stein, Frankfurt a. M.
C. L. P. Fleck Söhne, Maschinenfabrik, Berlin-Reinickendorf.
Paul Johs. Illing, Maschinen und Werkzeuge, Kiel.
La Maquinista Terrestre y Maritima, Barcelona.
Maschinenbau-Anstalt, Eisengießerei und Dampfkessel - Fabrik Aktien-Gesellschaft H. Paucksch, Landsberg a. W.
Petry-Dereux, G. m. b. H., Dampfkessel-Fabrik, Düren (Rheinland)
J. E. Reinecker, Werkzeugfabrik, Chemnitz-Gablenz.
Schuchardt & Schütte, Maschinen- und Maschinenbau - Artikel, Berlin-St. Petersburg.
Etablissements Sculfort-Malliar & Meurice à Maubeuge (Nord), Sculfort & Fockedey, Successeurs.
M. Selig jr. & Co., Maschinenbau-Bedarfsartikel, Berlin.
L. & C. Steinmüller, Röhrendampfkessel-Fabrik, Gummersbach (Rheinland).
Friedrich Stolzenberg & Co., G. m. b. H., Spezialfabrikation für Präzisions-Zahnräder, Berlin-Reinickendorf.
Maschinenbau-Aktien-Gesellschaft vorm. Ph. Swiderski, Leipzig.
Franco Tosi, Legnano.
R. Wöste & Co., Düsseldorf.
Eisenwerk Wülfel, Hannover, usw.

Schraubenlinie (f), Schneckenlinie (f) helical line hélice (f)		винтовая линія (f) elica (f) hélice (f) — *1*
Steigungswinkel (m), Neigungswinkel (m) angle of inclination angle (m) d'inclinaison	α	уголъ (m) подъема, (уклона) angolo(m)d'inclinazione ángulo (m) de inclinación — *2*
Steigung (f) pitch pas (m)	tg α	подъемъ (m) passo (m), inclinazione (f) inclinación (f) — *3*
Schraubenfläche (f) helicoidal surface surface (f) hélicoïdale		винтовая поверхность (f) superficie (f) elicoidale superficie (f) helicoidal — *4*
Schraubengang (m), Schraubenwindung (f) thread of screw spire (f) de vis	A—B	ходъ (m) винта spira (f) d'una vite espira (f) del tornillo — *5*
die Schraube hat x Gänge auf einen Zoll the screw has x threads per inch la vis a x pas au pouce		на дюймъ винта приходится x нарѣзокъ la vite a x passi per pollice el tornillo tiene x pasos por pulgada — *6*
Schraubengewinde (n) screw-thread filet (m) d'une vis		винтовая нарѣзка (f) filetto (m) d'una vite, verme (m) d'una vite filete (m) de un tornillo — *7*
Ganghöhe (f) der Schraube pitch of a screw pas (m) d'une vis	a	высота (f) хода passo (m) d'una vite paso (m) de un tornillo — *8*

1	Gangtiefe (f) der Schraube depth of thread profondeur (f) du filet	b	глубина (f) нарѣзки profondità (f) del filetto profundidad (f) del filete
2	Gangbreite (f) der Schraube width of thread largeur (f) du filet, largeur (f) de la spire	c	ширина (f) нарѣзки altezza (f) del filetto ancho (m) del filete
3	Kerndurchmesser (m), innerer Gewinde-durchmesser (m) diameter at bottom of thread diamètre (m) du noyau, diamètre (m) in-térieur du filet	d	діаметръ (m) стержня винта, внутрен-нiй дiаметръ (m) нарѣзки diametro (m) interno del filetto diámetro (m) en el fondo del perno
4	äußerer Gewinde-durchmesser (m) diameter of screw diamètre (m) extérieur du filet	e	внѣшнiй дiа-метръ (m) нарѣзки diametro (m) esterno del filetto diámetro (m) exterior del perno
5	Kern (m), Schrauben-kern (m) body of a screw noyau (m) de la vis	f	стержень (m) винта anima (f) della vite núcleo (m)
6	Rechtsgewinde (n) right-handed thread filet (m) à droite		правая винтовая нарѣзка (f) impantura (f) destrorsa filete (m) á la derecha
7	rechtsgängig right hand, right-handed [avec pas (m)] à droite		[винтъ (m)] съ пра-вымъ ходомъ [vite (f)] a pane de-strorsa, [vite (f)] a pane destro de paso derecho
8	Linksgewinde (n) left-handed thread filet (m) renversé, filet (m) à gauche		лѣвая винтовая нарѣзка (f) impanatura (f) sini-strorsa filete (m) á la izquierda
9	linksgängig left hand, left-handed [avec pas (m)] à gauche		[винтъ (m)] съ лѣ-вымъ ходомъ [vite (f)] a pane sini-strorsa, [vite (f)] a pane sinistro de paso izquierdo

einfaches Gewinde (n), eingängiges Gewinde (n) single thread pas (m) simple, vis (f) à pas simple		однооборотная (одноходовая) нарѣзка (f) passo (m) semplice, vite (f) a passo semplice filete (m) de un paso	*1*
doppeltes Gewinde (n), zweigängiges Gewinde (n) double thread double pas (m), vis (f) à double pas		двухоборотная (двухходовая) нарѣзка (f) impanatura (f) doppia, vite (f) a verme doppio filete (m) doble	*2*
dreigängiges Gewinde (n) triple thread triple pas (m), vis (f) à triple pas		трехоборотная (трехходовая) нарѣзка (f) impanatura (f) tripla vite (f) a verme triplo filete (m) triple	*3*
mehrgängiges Gewinde (n) multiplex thread pas (m) multiple, vis (f) à pas multiple		многооборотная (многоходовая) нарѣзка (f) impanatura (f) multipla filete (m) múltiple	*4*
scharfes Gewinde (n), dreieckiges Gewinde (n), Dreiecksgewinde (n) triangular thread, angular thread, ⋁-thread filet (m) triangulaire, filet (m) pointu, filet (m) tranchant		остроугольная (треугольная) нарѣзка (f) impanatura (f) triangolare filete (m) triangular	*5*
scharfgängig triangular threaded, ⋁-threaded a filet (m) triangulaire		[винтъ (m)] съ острымъ ходомъ a verme (m) triangolare, a pane (m) triangolare á paso (m) triangular	*6*
flaches Gewinde (n), viereckiges Gewinde (n), Flachgewinde (n) square thread filet (m) plat, filet (m) rectangulaire, filet (m) carré		прямоугольная нарѣзка (f) impanatura (f) quadrangolare filete (m) cuadrado	*7*

1 flachgängig
square threaded
à filet plat

[винтъ (m)] съ пря-
моугольной на-
рѣзкой
a verme (m) quadrango-
lare, a pane (m)
quadrangolare
á paso (m) cuadrado

2 rundes Gewinde (n)
round thread
filet (m) rond

круглая нарѣзка (f)
impanatura (f) tonda
filete (m) redondo

3 rundgängig
round threaded,
rounded
à filet (m) rond

[винтъ (m)] съ кру-
глымъ ходомъ
a verme (m) tondo,
a pane (m) tondo
á paso (m) retondo

4 Trapezgewinde (n)
buttress thread
filet (m) trapézoïdal

трапецевидная
нарѣзка (f)
impanatura (f) trapezia
filete (m) trapezoïdal

5 Muttergewinde (n),
Hohlgewinde (n)
female thread
filet (m) femelle

нарѣзка (f) гайки,
винтовыя впа-
дины (f pl.) полаго
цилиндра
madrevite (f)
filete (m) matriz

6 Gasgewinde (n)
gaspipe-thread
filet (m) des tuyaux à
gaz

нарѣзка (f) газовыхъ
трубъ
filettatura (f) per tubi
da gas
filete (m) para tubos de
gas

7 Feingewinde (n)
fine thread
filet (m) fin

мелкая нарѣзка (f)
filettatura (f) fina, im-
panatura (f) fina
filete (m) fino

8 Feinheit (f) des Ge-
windes
fineness of the screw
nature (f) du filet

степень (f) тонкости
нарѣзки
finezza (f) del filetto
finura (m) del filete

9 toter Gang (m), leerer
Gang (m)
back-lash
jeu (m) inutile

мертвый ходъ (m)
giuoco (m) inutile
holgura (f) inútil, espacio
(m) hueco de la rosca

10 Selbstsperrung (f)
automatic locking, self
stopping, self
catching
arrêt (m) automatique

самоторможеніе (n)
serramento (m) auto-
matico
cierre (m) automático

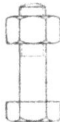

Verschraubung (f), Ver- bolzung (f) bolted joint (A) vissage (m), boulon- nage (m)		скрѣпленіе(n)(стяги- ваніе (n)) болтами accoppiamento (m) a vite, collegamento (m) a vite, giunzione (m) a vite acoplamiento (m) por tornillo _1_
Schraube (f), Schraubenbolzen (m) screw, screw-bolt, through bolt vis (f), boulon (m) à vis		винтъ (m), болтъ (m) vite (f), bullone (m) tornillo (m) _2_
Schaft (m) bolt, body or shank corps (m)	a	стержень (m) gambo (m) perno (m) _3_
Kopf (m) head tête (f)	b	головка (f) testa (f) cabeza (f) _4_
Mutter (f), Schrauben- mutter (f) nut, screw-nut écrou (m)	c	гайка (f) dado (m) tuerca (f) _5_
Unterlagscheibe (f) washer rondelle (f)	d	шайба (f) ranella (f), rosetta (f), piastra (f) arandela(f), ovalillo (m) _6_
Schraubenloch (n) bolt-hole trou (m) de boulon	e	отверстіе (n) для винта (болта) foro (m) della vite, foro (m) del bullone agujero (m) _7_
Bolzendurchmesser (m) diameter of bolt diamètre (m) du boulon	f	діаметръ (m) болта diametro (m) del bul- lone diámetro (m) del tor- nillo _8_
Mutterschraube (f), Bolzen (m) mit Kopf und Mutter bolt with head and nut boulon (m) à tête et écrou		болтъ (m) съ го- ловкой и гайкой bullone (m) con testa e dado tuerca (f) y tornillo (m), tornillo (m) con ca- beza (f) y tuerca (f) _9_
Sechskantkopf (m), Sechskant (m) hexagon head tête (f) à six pans		шестигранная головка (f) testa (f) esagonale cabeza (f) hexagonal _10_

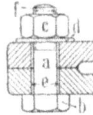

1	Vierkantkopf (m), Vierkant (m square-head tête (f) carree		четырехгранная головка (f) testa (f) quadra cabeza (f) cuadrada
2	runder Kopf (m) cheese-head, fillister head tête (f) ronde		круглая головка (f) testa (f) tonda cabeza (f) redonda
3	versenkter Kopf (m) counter-sunk head, machine screw (A) tête (f) noyée		потайная головка (f) testa (f) incassata cabeza (f) embutida
4	Hammerkopf (m) T head tête (f) à T		тавровая головка (f) testa (f) ad ancora, testa (f) a T cabeza (f) de martillo
5	Sechskantmutter (f) hexagon nut écrou (m) à six pans		шестигранная гайка (f) dado (m) esagonale tuerca (f) hexagonal
6	Kronenmutter (f) castellated nut écrou (m) à entailles, écrou (m) crénelé		тычковая гайка (f) dado (m) ad intagli tuerca (f) hexagonal con entallas
7	Flügelmutter (f) thumb-nut, fly nut, winged nut écrou (m) à oreilles		барашекъ (m), крылатая гайка (f), крылатка (f), гайка (f) съ ушками dado (m) ad alette tuerca (f) de oreja
8	Bundmutter (f) flange nut, collar nut écrou (m) à collet		соединительная гайка (f) dado (m) a colletto, dado (m) lavorato tuerca (f) con basa
9	Stellmutter (f), Lochmutter (f) adjusting-nut, circular nut écrou (m) à trous, écrou (m) de fixage		регулировочная (установочная) гайка (f) dado (m) a fori, dado (m) di fissamento tuerca (f) de presión
10	gerändelte Mutter (f), gerippte Mutter (f) milled nut, knurled nut écrou (m) moleté		гайка (f) съ накаткой dado (m) rotondo tuerca (f) redonda rayada

Überwurfmutter (f) cap nut, screw-cap écrou (m) à chapeau, écrou (m) creux, écrou (m) à raccord	гаечный затворъ (m), кожуха (f) tappo (m) a vite tuerca (f) tapón con rosca	*1*
Gegenmutter (f) lock-nut, jam-nut, check-nut contre-écrou (m)	контръ-гайка (f), закрѣпная гайка(f), подгаешникъ (m) contro-dado (m) contra-tuerca (f), tuer-ca (f) de seguridad	*2*
Schraubensicherung (f) screw-locking-device arrêt (m) de sûreté de vis	приспособленіе (n), противъ отвинчи-ванія arresto (m) di sicurezza della vite aparato (m) de seguridad del tornillo	*3*
Befestigungsschraube f) fixing screw, set screw, fastening screw boulon (m) de fixa-tion, vis (f) de fixa-tion	установочный винтъ (m), закрѣ-пляющій винтъ(m) vite (f) d'attacco, vite (f) di collegamento tornillo (m) de sujeción	*4*
Verschlußschraube (f) screw plug boulon (m) de ferme-ture, vis (f) de ferme-ture	скрѣпляющій винтъ (m) vite (f) di chiusura tornillo (m) de cierre	*5*
Bewegungsschraube (f) adjusting screw vis (f) de mouvement	винтъ (m), пере-дающій движеніе vite (f) di aggiustamento tornillo (m) de movi-miento	*6*
Preßschraube (f), Druckschraube (f) forcing screw, thrust screw vis (f) de pression	прессующій винтъ (m), прес-совый винтъ (m) vite (f) di pressione tornillo (m) de presión	*7*
Stiftschraube (f) stud, stud-bolt goujon (m), prisonnier (m)	шпилька (f) vite (f) prigioniera espárrago (m)	*8*
Kopfschraube (f) tap bolt, set screw, cap screw (A) vis (f) à tête	винтъ (m) съ голов-кою vite (f) mordente tornillo (m) central	*9*
Paßschraube (f), einge-paßte Schraube (f) tight fitting screw, rea-med bolt (A) boulon (m) ajusté	пригнанный винтъ (m) vite (f) passante tornillo (m) con fiador embutido	*10*

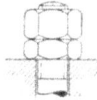

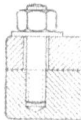

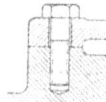

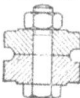

1	eine Schraube (f) ein- passen to fit a screw tight ajuster un boulon	пригнать ⎤ винтъ пригонять ⎦ (m) infilare un bullone ajustar un tornillo
2	Osenschraube (f) eye-screw, eye-bolt vis (f) à œil, piton (m) à tige taraudée	винтъ (m) съ петлей vite (f) ad occhio hembrilla (f) terrajada
3	Klappschraube (f), Gelenkschraube (f) swing-bolt boulon (m) articulé	шарнирный болтъ (m), пере- кидной зажимный болтъ (m) bullone (m) a snodo tornillo (m) con cabeza articulada
4	versenkte Schraube (f), eingelassene Schrau- be (f) counter sunk screw, counter-sunk-head and nut boulon (m) noyé, fraisé	винтъ (m) съ по- тайкой головкой vite (f) a testa e dado incassati tornillo (m) embutido, tornillo (m) con ca- beza y tuerca empo- tradas
5	Stehbolzen (m) pillar-bolt, stay bolt entretoise (f)	распорный болтъ (m) tirantino (m) tirante (m)
6	Distanzbolzen (m) distance-sink-bolt boulon (m) d'entre- toisement	болтовая связь (f) tirante (m) tornillo (m) arriostrado
7	Distanzhülse (f) distance-sink-tube douille (f) d'entre- toisement	распорная труба (f) viera (f) del tirante tubo (m) arriostrado
8	Schließbolzen (m), Bolzen (m) mit Vor- steckkeil, Bolzen (m) mit Splint cotter bolt, eye bolt and key, joint bolt boulon (m) à clavette	болтъ (m) съ чекою bullone (m) a chiavella tornillo (m) con sujeción por chaveta
9	einen Bolzen ver- splinten to cottar a bolt goupiller un boulon	закрѣпить ⎤ болтъ закрѣплять ⎦ чекою calettare un bullone chavetear un perno

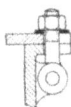

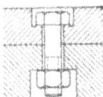

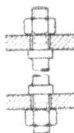

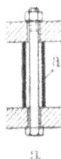

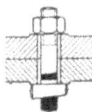

Klemmschraube (f), Stellschraube (f) clamping-screw, setscrew vis (f) d'arrêt, vis (f) de réglage, vis (f) de serrage		нажимной винтъ (m) vite (f) d'arresto, vite (f) di pressione **1** tornillo (m) de presión, tornillo (m) ajuste
Schnittschraube (f), Gewindestift (m) grub screw, headless screw cheville (f) taraudée		винтъ (m) съ прорѣзомъ caviglia (f) a vite pri- **2** gioniera tornillo (m) prisionero
Knebelschraube (f) tommy-screw vis (f) a clef		верстачный винтъ (m); тисковый винтъ (m) **3** vite (f) con testa a spinetta tornillo (m) de muletilla
Flügelschraube (f), Daumenschraube (f), Lappenschraube (f) thumb-screw, wing screw vis (f) à ailettes		винтъ (m) съ лапками; барашка (f); барашковый **4** винтъ (m) vite (f) ad alette tornillo (m) de oreja, rosca (f) con mariposa
Mikrometerschraube (f) milled edge thumb screw; micrometerscrew vis (f) micrométrique		микрометрическій винтъ (m) vite (f) micrometrica **5** tornillo (m) micrométrice
Steinschraube (f) rag-bolt, stone bolt, fang bolt boulon (m) de scellement		анкерный болтъ (m) bullone (m) a mazzetta, chiavarda (f) da mu- **6** rare tornillo (m) para empotrar en piedra ó fábrica
Grundschraube (f), Fundamentschraube (f), Fundamentanker (m), Fundamentbolzen (m) cotter bolt; foundationbolt boulon (m) de fondation, boulon (m) à ancre		фундаментный болтъ (m) bullone (m) di fondazione, bullone (m) ad **7** ancora tornillo (m) para sujeción ó fundación
Ankerplatte (f) anchor plate, back stay, foundation washer contreplaque (f)		анкерная доска (f); анкерная плита (f); **8** rosetta (f) plato (m) de sujeción

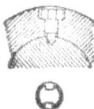

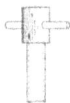

1
Vorsteckkeil (m), Splint (m)
forelock-key, cotter, split pin
clavette (f) d'arrêt

b

чека (f)
chiavetta (f)
chaveta (f)

2
Grundplatte (f), Fundamentplatte (f)
foundation-plate, baseplate
plaque (f) de fondation

c

фундаментная плита (f)
piastra (f) di fondamento, piastra (f) di fondazione
placa (f) de fundación

3
mehrgängige Schraube (f)
multiple thread screw, screw with many threads
vis (f) à plusieurs filets

многооборотный винтъ (m)
многоходовой винтъ (m)
vite (f) a più pani, vite (f) a più filetti
tornillo (m) de varios filetes

4
Holzschraube (f)
wood-screw
vis (f) à bois

шурупъ (m)
vite (f) da legno
tornillo (m) de rosca de madera

5
Schraubenschlüssel (m), Mutterschlüssel (m)
spanner, wrench (A)
clef (f)

a

винтовой ⎫ ключъ
гаечный ⎬ (m)
chiave (f)
llave (f) para tuercas

6
Maul (n) des Schraubenschlüssels
jaw of spanner, opening of wrench (A)
mâchoires (f. pl.) de la clef

a

зѣвъ (m) ключа
guancie (f pl.) della chiave, bocca (f) della chiave
boca (f) de la llave

7
Schlüsselweite (f), Maulweite (f)
size of jaw, span of jaw
ouverture (f) de la clef

b

величина (f) (отверстіе (n)) ключа
apertura (f) della chiave
abertura (f) de la llave

8
einfacher Schraubenschlüssel (m)
single ended spanner, single ended wrench (A)
clef (f) simple

одинарный (односторонній) ключъ (m)
chiave (f) semplice
llave (f) sencilla, llave (f) simple

Doppelschlüssel (m),
  doppelmäuliger
  Schlüssel (m)
double ended spanner,
  double ended wrench
  (A)
clef (f) double
		двойной (двусто-
		  ронній) ключъ (m)
		chiave (f) doppia
		llave (f) de dos bocas,
		  llave (f) doble *1*

Wendeschlüssel (m)
bent spanner, bent
  wrench
clef (f) coudée
		прикладный
		  ключъ (m)
		chiave (f) obliqua
		llave (f) con mango cur-
		  vado, llave (f) con
		  mango de ángulo,
		  llave (f) acodada *2*

Stellschrauben-
  schlüssel (m)
set screw-spanner or
  wrench
clef (f) à vis d'arrêt
		ключъ (m) для под-
		  винчиванія,
		ключъ (m) для под-
		  тягиванія *3*
		chiave (f) a vite d'ar-
		  resto
		llave (f) del tornillo de
		  presión

Steckschlüssel (m),
  Aufsatzschlüssel (m)
socket-wrench
clef (f) à douille
		торцовый ключъ (m)
		chiave (f) femmina
		llave (f) tubular, llave (f) *4*
		  de vaso, llave (f) de
		  muletilla

Hülsenschlüssel (m)
cap key, box-wrench (A)
clef (f) fermée
		ключъ (m) съ зам-
		  кнутымъ зѣвомъ;
		накладной ключъ *5*
		  (m)
		chiave (f) a collare
		llave (f) cerrada, llave (f)
		  de grifos

Hahnschlüssel (m)
cock-spanner, cock-
  wrench
clef (f) de robinets
		ключъ (m) отъ крана
		chiave (f) da rubinetto *6*
		llave (f) para espita,
		  llave (f) espitera

Hakenschlüssel (m)
hook-spanner
clef (f) à crochet, clef (f)
  à téton
		ключъ (m) для кру
		  глыхъ головокъ
		chiave (f) a gancio *7*
		llave (f) para tuercas
		  circulares, llave (f)
		  de gancho

Gabel[schrauben]-
  schlüssel (m)
fork spanner, pin span-
  ner
clef (f) à griffes
		циркульный ключъ
		  (m); вилочный
		  ключъ (m) *8*
		chiave (f) a forchetta
		llave (f) de horquilla,
		  llave (f) tenedor

2

1
verstellbarer Schrau-
   benschlüssel (m)
adjustable spanner or
   wrench
clef (f) à ouverture ré-
   glable

раздвижной
   ключъ (m)
chiave (f) ad apertura
   regolabile
llave (f) de abertura va-
   riable, llave (f) semifija

2
englischer Schrauben-
   schlüssel (m), Franzo-
   se (m), Engländer (m)
coach-wrench, shifting-
   spanner, monkey-
   wrench (A)
clef (f) anglaise

англійскій (Фран-
   цузскій) гаечный
   ключъ (m)
chiave (f) inglese
llave (f) inglesa

3
Schraubenzieher (m)
screw-driver, turn-screw
tournevis (m)

отвертка (f)
cacciavite (m)
destornillador (m)

4
verbolzen
to bolt
boulonner

скрѣпить   } болтами
скрѣплять }
collegare con bulloni
empernar

5
verschrauben
to screw
visser

свинтить
   свинчивать
collegare a vite, avvitare
atornillar

6
verankern
to tie
ancrer

скрѣпить связями
   (анкерными
   болтами)
fissare con tiranti
arriostrar

7
anschrauben
to screw, to screw on
serrer la vis

привинтить, при-
   винчивать
collegare a vite, avvitare
afianzar con tornillos

8
einschrauben
to screw in
visser

ввинтить, ввинчи-
   вать
avvitare
atornillar

9
festschrauben
to fasten with screws,
   to secure by screws
fixer par boulons

свинтить свинчи-
   вать
fissare a vite
fijar con tornillos

zuschrauben to screw or to bolt up fermer par boulons	завинтить, завинчи- вать chiudere a vite *1* cerrar con tornillos, asse- gurar con tornillos
zusammenschrauben to screw together, to fasten with screws assembler par boulons	свинтить свинчи· вать unire a vite *2* unir con tornillos
abschrauben, losschrau- ben, lösen to screw off, to unscrew dévisser	отвинтить, отвинчи- вать svitare *3* destornillar
eine Schraube lockern to loosen a screw, to slacken a screw déserrer	отпустить } винтъ отпускать } (m) allentare una vite *4* aflojar
locker werden to get loose se déserrer	отвинтиться, от- винчиваться; винтъ (m) сдаеть *5* allentarsi (delle viti) aflojarse
eine Schraube anziehen to screw up serrer	притянуть (притяги- вать) винтъ (m) stringere una vite *6* apretar

eine Schraube nach-
   spannen, eine
   Schraube nachziehen
to tighten a screw
reserrer
	подтянуть (подтяги-
	вать) винтъ (m)
	serrare a fondo, riserrare *7*
	apretar de nuevo, repa-
	sar los tornillos

eine Schraube über-
   drehen
to strip the thread of a
   screw
déformer la vis
	сорвать }
	срывать,} рѣзьбу
	strappare il verme ad *8*
	   una vite
	torcer el tornillo

Schrauben (f. pl.) schnei-
   den, Gewinde (n)
   schneiden
to cut screws, to thread
   a screw
fileter, tarauder
	нарѣзать (нарѣзáть)
	   болты; рѣзьбу
	filettare *9*
	filetear

Schrauben (f. pl.) aus
   freier Hand schnei-
   den
to cut screws by hand
tarauder à la volée (f)
	нарѣзать } винты
	нарѣзáть } отъ руки *10*
	filettare a mano
	filetear á mano

1	Schrauben (f pl.) nach- schneiden, Gewin- de (n) nachschneiden to chase a screw-thread fileter au peigne (m)	подрѣзать ⎱ рѣзьбу подрѣза́ть ⎰ товъ ripassare il filetto repasar un tornillo
2	Schneideisen (n), Ge- windeeisen (n) screw-plate, die-plate filière (f) simple	винтовая ⎱ доска винтовальная ⎰ (f) filiera (f) semplice, tra- fila (f) terraja (f)
3	Schrauben (f.pl.) mit Ge- windeeisen schnei- den to cut screws with a die fileter à la filière (f)	нарѣзать (нарѣза́ть) винты доскою filettare alla filiera (f) cortar los tornillos con terraja
4	Schrauben (f.pl) mit dem Drehstahl schneiden to cut screws with a chaser fileter au tour (m)	нарѣзать (нарѣза́ть) винты на токар- номъ станкѣ filettare col pettine, filettare coll' ugnetto filetear con plantilla
5	Schraubstahl (m), Ge- windestahl (m), Ge- windestrehler (m) chaser, chasing-tool peigne (m)	гребенка (f) pettine (m), ugnetto (m) plantilla (f) para filetear, peine (m)
6	inwendiger Schraub- stahl (m), Innen- strehler (m) inside chaser, inside chasing-tool peigne (m) femelle	гребенка (f) для на- рѣзки гаекъ pettine (m) femmina plantilla (f) interior para filetear, peine (m) de interiores
7	auswendiger Schraub- stahl (m), Außen- strehler (m) outside chaser peigne (m) mâle	гребенка (f) для на- рѣзки винтовъ pettine (m) maschio plantilla (f) exterior para filetear, peine (m) de exteriores
8	Gewindefräser (m) thread-milling-cutter fraise (f) à fileter	шарошка (f) для на- рѣзокъ impanatrice (f), fresa (f) per filettare fresa (f) para filetear
9	Wendeisen (n), Wind- eisen (n) stocks and dies tourne-à-gauche (m)	малый клуппъ (m) съ кольцомъ воротокъ (m) filiera (f) ad anello, tra- fila (f) ad anello terraja (f) de cojinete

Schneidkluppe (f),
  Kluppe (f)
screw-stock, die stock
filière (f)
		клуппъ (m)
		filiera (f) a cuscinetti,
		  trafila (f) a cuscinetti
		terraja (f) de anillo *1*

Schneidbacken (f. pl.) dies, screw-dies coussinets (m. pl.)		плашка (f), лисичка (f) cuscinetti (m. pl.) cojinetes (m pl.) *2*

Gewindebohrer (m),
  Schraubenbohrer (m)
tap, screw-tap
taraud (m)
		метчикъ (m)
		mastio (m), maschio (m) *3*
		  creatore
		macho (m) de aterrajar

Gewinde bohren to tap tarauder		нарѣзать (нарѣзáть) рѣзьбу метчикомъ maschiettare *4* terrajar

Schraubenschneid-
  maschine (f)
screw-cutting-machine
machine (f) à fileter,
  machine (f) à tarauder
		болторѣзный ста-
		  нокъ (m)
		macchina (f) da filet- *5*
		  tare, impanatrice (f)
		máquina (f) de roscar

II.

Keil (m) wedge coin (m)		клинъ (m) cuneo (m) *6* cuña (f), chaveta (f)
Keilfläche (f) wedge-surface pente (f), face (f) de coin		щека (f) клина superficie (f) del cuneo *7* cara (f) de la cuña
	ABCD	
Keilrücken (m) back of the wedge dos (m) de coin	ABEF	основаніе (n) (голов- ка f) клина testa (f) del cuneo *8* cabeza (f) de la cuña
Keilwinkel (m) angle of wedge angle (m) du coin	*α*	уголъ (m) клина angolo (m) d'inclina- *9* zione ángulo (m) de la cuña

№			
1	Anzug (m) des Keils, Steigung (f) des Keils taper of wedge serrage (m) du coin	$tg\ \alpha$	натягъ (m) клина, уклонъ (m) клина inclinazione (f) del cuneo inclinación (f) de la cuña
2	Holzkeil (m) wooden wedge coin (m) en bois		деревянный клинъ (m) cuneo (m) di legno cuña (f) de madera
3	Eisenkeil (m) iron wedge coin (m) en fer		желѣзный клинъ (m) cuneo (m) di ferro chaveta (f) [de hierro]
4	Stahlkeil (m) steel wedge coin (m) en acier		стальной клинъ (m) cuneo (m) d'acciaio chaveta (f) de acero
5	Keilverbindung (f), Verkeilung (f) keying, cottering calage (m), coinçage (m)		клиновое соединеніе (n) calettamento (m) a chiavella, calettatura (f) a bietta unión (f) por chaveta
6	Querkeil (m) cotter, key clavette (f) transversale		поперечный клинъ (m) chiavella (f) trasversale, bietta (f) trasversale chaveta (f) transversal
7	Längskeil (m) key clavette (f) longitudinale		шпонка (f) chiavella (f), bietta (f) longitudinale chaveta (f) de torsión
8	Keilhöhe (f) thickness of a key, depth of a cotter hauteur (f) de clavette	a	высота (f) клина altezza (f) della chiavella altura (f) de la chaveta
9	Keilbreite (f), Keilstärke (f) width of a key, thickness of a cotter largeur (f) de clavette	b	ширина (f) клина larghezza (f) della chiavella, spessore (m) della chiavella ancho (m) de la chaveta
10	Keillänge (f) length of a cotter or key longueur (f) de clavette	c	длина (f) клина lunghezza (f) della chiavella longitud (f) de la chaveta

Keilloch (n) slot for cotter or key trou (m) de clavette		отверстіе (n) для клина, клиновое отверстіе (n) apertura (f) della chiavella agujero (m) para chaveta	1
Keilauflager (n) bearing surface of cotter or key surface (f) d'appui de clavette		опорная плоскость (f) клина piano (m) d'appoggio del cuneo superficie (f) de la chaveta, lecho (m) de la chaveta	2
Keilnut (f) groove, key-way, slot rainure (f)		пазъ (m), сквозной прорѣзъ (m) scanalatura (f), incasso (m) ranura (f) de la chaveta, caja (f)	3
Nuten (f. pl.) stoßen to slot, to cut a key-way faire des rainures (f. pl.)		долбить, желобить scanalare abrir ranuras, cajear	4
Nuteisen (n) cold-chisel, groove-cutting-chisel, plough-bit (only for wood) bec d'âne (m)	a	долбёжное зубило (n) ferro (m) per scanalare buril (m)	5
Nutenstoßmaschine (f) slotting machine machine (f) à faire des rainures (f. pl.)		долбёжная машина (f) stozzatrice (f), macchina (f) per scanalare máquina (f) de escoplar ranuras	6
Nuten (f. pl.) fräsen to cut grooves, to mill grooves fraiser des rainures (f.pl.)		нарѣзать ⎫ пазы, нарѣзать ⎰ желоба scanalare alla fresa (f) fresar ranuras	7
Nasenkeil (m) key, gibheaded key, gib clavette (f) à talon		клинъ (m) съ выступомъ chiavella (f) a nasello chaveta (f) de cabeza	8
Nase (f) head talon (m)	a	выступъ (m) клина nasello (m) cabeza (f)	9
Nutenkeil (m) sunk key clavette (f) à rainure		шпунтовый клинъ (m), шпонка (f) chiavella (f) incastrata chaveta (f) encastrada	10

1	Quadratkeil (m) square key clavette (f) carrée	квадратный клинъ (m) chiavella (f) quadra chaveta (f) cuadrada
2	Rundkeil (m) round key clavette (f) ronde	круглая шпонка (f) chiavella (f) rotonda chaveta (f) redonda
3	Flachkeil (m) flat key, key on flat clavette (f) sur méplat, clavette (f) plate	шпонка (f) на лыскѣ chiavella (f) piatta chaveta (f) plana
4	Hohlkeil (m), Schluß- keil (m) hollow key, saddle key clavette (f) creuse	фрикціонная шпонка (f) chiavella (f) concava chaveta (f) cóncava
5	Tangentialkeil (m) tangent wedge clavette (f) tangentielle	тангенціальная (косая) шпонка (f) chiavella (f) tangenziale chaveta (f) tangencial
6	Doppelkeil (m) fox wedges or keys double-clavetage (m)	шпонка (f) съ контръ-клиномъ chiavella (f) doppia chaveta (f) doble
7	Gegenkeil (m) cotter, tightening-key contre-clavette (f)	контръ-клинъ (m) chiavella (f) chaveta (f)
8	Keilbeilage (f) gib and cotter contre-clavette (f)	причека (f) contro-chiavella (f) contra-chaveta (f)
9	Vorsteckkeil (m), Schließe (f) cotter clavette (f)	чека (f) chiavella (f) chaveta (f)
10	Splint (m) split-pin goupille (f)	шплинтъ (m) spillo (m) pasador (m) de aletas
11	Anzugsstift (m), Stell- stift (m) taper-pin cheville (f)	штифтъ (m), spina (f) pasador (m)

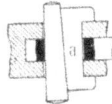

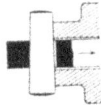

Stellkeil (m), Nachstellkeil (m) tightening-key, wedgebolt, cotter with screw end clavette (f) de serrage, clavette (f) de réglage		натяжная чека (f), установительный клинъ (m) cuneo (m) per aggiustamento cuña (f) de ajuste, cuña (f) de presión	*1*
Ringkeil (m) taper-washer douille (f) conique		кольцевая чека (f) chiavella (f) anulare chaveta (f) anillo	*2*
Nut (f) und Feder (f) slot and key rainure (f) et languette (f)		дорожка (f) и шпонка (f) scanalatura (f) e linguetta ranura (f) y lengüeta	*3*
Feder (f), Federkeil (m) joint-tongue, feather languette (f)	a	шпонка (f) linguetta (f) lengüeta (f)	*4*
Keilsicherung (f) key-securing-device arrêt (m) de sûreté des clavettes		замокъ (m) клина arresto (m) di sicurezza della chiavella fijador (m) de la chaveta	*5*
aufkeilen to key on claveter, caler		заклинить (заклинивать) calettare, collegare entrar, enmangar	*6*
loskeilen to knock the key out déclaveter		расклинить (расклинивать) disgiungere quitar, sacar, desmangar	*7*
einen Keil (m) eintreiben to drive in a cotter serrer une clavette (f)		вогнать (вгонять) загнать (загонять) клинъ serrare una chiavella encuñar	*8*
einen Keil (m) antreiben, einen Keil (m) anziehen to tighten up a cotter reserrer une clavette (f)		подтянуть (подтягивать) клинъ riserrare una chiavella calar	*9*

III.

1	Niete (f) rivet, pin, clinch rivet (m)		заклёпка (f) chiodo (m) remache (m)
2	Nietschaft (m) shank of a rivet corps (m) de rivet, tige (f) de rivet	a	стержень (m) за- клёпки gambo (m) del chiodo cuerpo (m) del remache
3	Nietkopf (m) rivet-head tête (f) de rivet	b	головка (f) заклёпки testa (f) del chiodo, capocchia (f) cabeza (f) del remache
4	Setzkopf (m) swage-head, die-head tête (f) de pose, pre- mière tête (f)	b₁	начальная (за- кладная)головка(f) заклёпки testa (f) di posa cabeza (f) estampa
5	Schließkopf (m) rivet-point,closing-head tête (f) fermante, seconde tête (f)	b₂	замыкающая го- ловка (f) заклёпки testa (f) ribadita cabeza (f) de cierre
6	Versenkungswinkel (m) angle of counter- sinking angle (m) du fraisage de rivet	a	уголъ(m) зинкованія отверстій angolo (m) di svasatura ángulo (m) de rebaja- miento
7	Nietloch (n) rivet hole trou (m) de rivet	c	заклёпочная дыра(f), заклёпочное от- верстіе (n) foro (m) del chiodo agujero de remache (m)
8	Niete (f) mit versenktem Kopf, versenkte Niete (f) flush rivet, rivet with countersunk head rivet (m) à tête noyée, rivet (m) noyé		заклёпка (f) съ по- тайной (утоплен- ной) головкой capocchia (f) incassata, capocchia (f) rasata remache (m) à cabeza hundida
9	Niete (f) mit halbver- senktem Kopf, halb- versenkte Niete (f) rivet with half counter- sunk head rivet (m) à tête saillante		заклёпка (f) съ полу- потайнойголовкой capocchia (f) semirasata remache (m) á cabeza semi-hundida

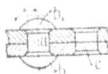

Niete (f) mit geschelltem Kopf rivet with cup head, rivet with snap head rivet (m) à tête bombée rivet (m) à tête bouterollée		заклёпка (f) съ головкой подъ обжимку capocchia (f) emisferica remache (m) á cabeza de casquete, de gota (f) de sebo	*1*
Niete (f) mit gehämmertem Kopf rivet with hand-made head rivet (m) à tête martellée		заклёпка (f) съ головкой подъ молотокъ chiodo (m) a testa ribadita remache (m) á cabeza martillada, de diamante	*2*
Heftniete (f) binding rivet, dummy rivet rivet (m) [posé d'avance]		временная заклёпка (f) chiodo (m) (per collegamenti provisori) remache (m) de costura	*3*
Vernietung (f), Nietung (f) riveting, riveted joint (A) rivure (f)		склёпка (f), клёпка (f) chiodatura (f) roblonado (m), remachado (m)	*4*
Nietnaht (f) row of rivets trace (f) de rivets, ligne (f) de rivets, rang (m) de rivets	A B	заклёпочный шовъ (m) fila (f) di chiodi costura (f)	*5*
Nietteilung (f) pitch of rivets écartement (m) des rivets	a	шагъ (m) шва; разстояніе (n) между заклёпками passo (m) dei chiodi paso (m) de remache	*6*
Randabstand (m) distance from edge of plate distance (f) au bord (de la tôle)	b	разстояніе (n) отъ края листа labbro (m) distancia (f) de la orilla	*7*
warme Nietung (f), Warmvernietung (f) hot riveting rivure (f) à chaud		горячая склёпка (f), горячая клёпка (f) chiodatura (f) a caldo remachado (m) en caliente	*8*
kalte Nietung (f) cold riveting rivure (f) à froid		холодная склёпка (f), холодная клёпка (f) chiodatura (f) a freddo remachado (m) en frio	*9*

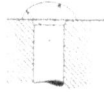

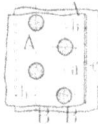

1
feste Nietung (f), Kraft-
nietung (f), Festig-
keitsnietung (f)
strength riveting, rive-
ting of high efficiency
rivure (f) solide

прочная склёпка (f),
прочная клёпка (f)
chiodatura (f) solida
remachado (m) sólido,
remachado (m) de
fuerza

2
dichte Nietung (f), Ge-
fäßnietung (f), Dich-
tungsnietung (f)
tight riveting, riveting
of low efficiency
rivure (f) étanche

плотная склёпка (f),
плотная клёпка (f)
chiodatura (f) ermetica
remachado (m) hermé-
tico, remachado (m)
para recipiente

3
einschnittige Nietung (f)
single shear riveting
rivure (f) [par des rivets]
à une section de ci-
saillement, rivure (f)
à une coupe

заклёпочный
шовъ (m) съ один-
очнымъ перерѣ-
зываніемъ
chiodatura (f) a taglio
semplice
remachado (m) sencillo

4
Abscherungsquer-
schnitt (m)
shearing-section
section (f) de cisaille-
ment

площадь (f) срѣза
sezione (f) di resistenza
al taglio
sección (f) de resistencia
al corte

5
zweischnittige Nietung
(f)
double shear riveting
rivure (f) [par des rivets]
à deux sections de
cisaillement, rivure
(f) à deux coupes

заклёпочный
шовъ (m) съ двой-
нымъ перерѣзы-
ваніемъ
chiodatura (f) a taglio
doppio
remachado (m) doble

6
mehrschnittige Nietung
(f)
multiple shear riveting
rivure [par des rivets]
à sections de cisaille-
ment multiples, ri-
vure (f) à plusieurs
coupes

заклепочный
шовъ (m) съ много-
кратнымъ перерѣ-
зываніемъ
chiodatura (f) a più tagli
remachado (m) múltiple

7
Überlappungsnietung (f)
lap-riveting
rivure (f) droite à plat
joint, rivure (f) à
simple recouvrement

заклёпочное соеди-
неніе (n) въ на-
хлестку (напускъ)
chiodatura (f) a sovrap-
posizione
roblonado (m) por super-
posición, remachado
(m) por superposición

Laschennietung (f)
butt joint with single
  butt strap, single
  cover-plate riveting
rivure (f) à couvre-joint

заклёпочное соеди-
  неніе (n)
  съ одной наклад-
  кой
chiodatura (f) a copri- *1*
  giunto
remachado (m) á eclise,
  remachado (m) de
  cubrejunta

Doppellaschennietung
  (f)
butt joint with double
  butt strap, double
  cover-plate riveting
rivure (f) à couvre-joint
  double

заклёпочное соеди-
  неніе (n)
  съ двумя наклад-
  ками
chiodatura (f) a doppio *2*
  coprigiunto
remachado (m) á doble
  eclise, remachado (m)
  de doble cubrejunta

Lasche (f)
butt strap, cover-plate
couvre-joint (m)

а

накладка (f)
coprigiunto (nf)
eclise (m), brida (f), *3*
  cubrejunta (f)

Bördelnietung (f)
angle seam, flanged
  seam
assemblage (m) à tôle
  emboutie

склёпка (f) бортовъ
chiodatura (f) d'angolo *4*
remachado (m) angular

einreihige Nietung (f)
single riveting
rivure (f) simple

одиночный шовъ
  (m)
chiodatura (f) semplice *5*
remachado (m) en cos-
  tura sencilla

zweireihige Nietung (f)
double riveting
rivure (f) double

двойной шовъ (m)
chiodatura (f) doppia
remachado (m) en cos- *6*
  tura doble

mehrreihige Nietung (f)
multiple riveting
rivure (f) à plusieurs
  rangs

многорядный шовъ
  (m), заклёпочный
  шовъ (m) въ нѣ-
  сколько рядовъ,
  многорядное за- *7*
  клёпочное соеди-
  неніе (n)
chiodatura (f) multipla
remachado (m) en cos-
  tura múltiple

1	Zickzack-Nietung (f), Versatznietung (f) zig-zag-riveting rivure (f) en zig-zag, rivure (f) en échiquier		заклёпочное соединеніе (n) съ шахматнымъ (зигзагообразнымъ) расположеніемъ заклёпокъ chiodatura (f) a zig-zag, chiodatura (f) a file sfalsate remachado (m) alternado, remachado (m) al tresbolillo
2	Kettennietung (f), Parallelnietung (f) chain-riveting rivure (f) à chaine, rivure (f) en carré, rivure (f) parallèle		заклёпочное соединеніе (n) съ параллельнымъ (цѣпнымъ) расположеніемъ заклёпокъ chiodatura (f) parallela remachado (m) de cadena, remachado (m) paralelo
3	verjüngte Nietung (f) riveting in groops rivure (f) convergeante		ступенчатая склепка (f) chiodatura (f) convergente remachado (m) convergente
4	Schenkelabstand (m) distance from rivet center to side of angle distance (f) à l'aile	a	разстояніе (n) отъ полокъ угольника distanza (f) dall' ala distancia (f) de la arista del ángulo
5	nieten, vernieten to rivet river		заклепать, заклёпывать chiodare remachar
6	die Niete (f) einlassen, die Niete (f) versenken to countersink a rivet, to sink in a rivet fraiser le rivet		углубить ⎫ заклёпку углублять ⎭ въ потай inflare il chiodo pasar el roblón
7	die Niete (f) eintreiben, die Niete (f) einziehen to drive in a rivet placer le rivet		вогнать заклёпку, вгонять заклёпку introdurre il chiodo introducir el roblón
8	Nietenzieher (m) riveting-set riveur (m)		зажимъ (m) ribattitore (m) embutidor (m) del roblón

[Nieten (f. pl.)] verstemmen to caulk mater		подчеканить, подчеканивать, зачеканить, зачеканивать accecare, calafatare, presellare afolar, calafatear *1*
Stemmeißel (m), Stemmsetze (f.) caulking-chisel, caulking iron matoir (m)	a	чеканка (f) presello (m), scalpello (m) da accecare cortafrio (m) de afolar, punceta (f) de calafatear *2*
entnieten, Nieten (f pl.) losschlagen to unrivet, to cut out the rivets enlever les rivets		расклепать, расклёпывать schiodare deshacer el roblonado *3*
den Nietkopf (m) auskreuzen to remove the rivet with cross-chisel couper la tête du rivet		вырубить (вырубать) заклёпочную головку tagliare la testa al chiodo rebordear la cabeza del roblón *4*
Handnietung (f) hand-riveting rivure (f) à la main		ручная клёпка (f) chiodatura (f) a mano remachado (m) á mano *5*
Maschinennietung (f) machine-riveting rivure (f) mécanique		машинная клёпка (f) chiodatura (f) a macchina remachado (m) á máquina *6*
Nietmaschine (f) riveting-machine, riveter machine (f) à river, riveuse (f)		клепальная машина (f) chiodatrice (f) remachadora (f) *7*
Schelleisen (n), Döpper (m) riveting-set, cup, snap-tool bouterolle (f), chasse-rivet (m)		обжимъ (m), державка (f), штампа (f) для заклёпокъ, заклёпочное желѣзо (n) stampo (m) per chiodi estampa (f) para roblones, doile (m) *8*

1	Niethammer (m) riveting-hammer marteau (m) à river, rivoir (m)		клепало (n), заклёп- никъ (m), заклё- почный молотъ(m), заклёпный мо- лотъ (m) martello (m) da ribadire martillo (m) de peña
2	Schellhammer (m) cup-shaped-dies bouterolle (f) à œil		кантовалка (f), кан- товка (f) обжимка (f) martello (m) a stampo martillo (m) estampa
3	Vorhalter (m) riveting-knob, holding on tool contre-bouterolle (f)		поддержка (f) для заклёпокъ contro-stampo (m) taco (m) para remachar, sufridera (f) de re- machar
4	Nietwinde (f) shrew-dolly truc (m) à vis		подпорка (f) для заклёпокъ martinetto (m) torno (m) de remachar
5	Nietpfanne (f) dolly contre-bouterolle (f)		поддержка (f) для заклёпокъ cunetta cazoleta (f)
6	Nietwippe (f) lever-dolly contre-bouterolle (f), support (m) à levier de contre-bouterolle		журавъ (m), журав- ликъ (m) punzone (m) del marti- netto báscula(f) para roblonar, palanca (f) para ro- blonar
7	Nietzange (f) riveting-tongs (pl.) pince (f) à rivets		заклёпочныя клещи (f. pl.); клещи (m.pl.) , для заклёпокъ tanaglia (f) da chiodi tenazas (f. pl) para roblones
8	Nietkluppe (f) riveting-tongs (pl.), rive- ting-clamp pince (f) à rivets		клуппъ (m) для заклёпокъ tanaglia (f) mordente per chiodi tenaza (f) para roblones
9	Nietenglühofen (m) rivet-furnace four (m) à rivets		переносное горно (n) fucina (f) per scaldare i chiodi, fucina (f) per arroventare i chiodi fragua (f) para calentar los roblones

Nietfeuer (n) rivet-hearth or forge four (m) à rivets		горнъ (m) для нагрѣ- ванія заклёпокъ fucina (f) da chiodi hornillo (n) para calen- tar los roblones	1

IV.

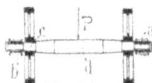

Achse (f) axle essieu (m), axe (m)		ось (f) asse (m) eje (m), árbol (m)	2
Achsschenkel(m), Achs- hals (m) axle-journal, axle-neck fusée (f)	a	осевая шейка (f) perno (m) dell' asse gorrón(m)del eje, cuello (m) del eje	3
Achslager (n) axle-bearing, journal- bearing support (m) de l'essieu	b	шейка (f), поддержи- вающая ось sopporto (m) del perno soporte (m) del eje	4
Achskopf (m) wheel-seat fuseau (m)	c	головка (f) оси testa (f) dell' asse cabeza (f) del eje	5
Achsschaft (m) axle renflement (m)	d	ось (f) corpo (m) dell' asse cuerpo (m) del eje	6
Achsdruck (m), Achs- belastung (f) load on axle charge (f) de l'essieu	Г	нагрузка (f) оси carico (m) dell' asse carga (f) del eje	7
Achsenreibung (f) axle friction frottement (m) de l'essieu		треніе (n) оси attrito (m) dell' asse fricción (f) del eje	8
Achsschenkelreibung (f) journal friction frottement(m) de fuseau		треніе (n) шейки оси attrito (m) del perno fricción (f) del gorrón del eje	9
feste Achse (f) rigid axle, stationary shaft essieu (m) fixe		неподвижная ось (f) asse (m) fisso eje (m) fijo	10
bewegliche Achse (f) turning axle, revolving axle (A) essieu (m) mobile		подвижная ось (f) asse (m) mobile eje (m) móvil	11

gekuppelte Achse (f)
1 coupled axle
essieu (m) accouplé

спаренная ось (f)
asse (m) a giunto, asse
(m) accoppiato
eje (m). acoplado

---

ungekuppelte Achse (f)
2 uncoupled axle
essieu (m) libre

свободная ось (f)
asse (m) libero, asse (m)
senza giunto
eje (m) libre

---

verschiebbare Achse (f)
movable axle, sliding
3 axle (A)
essieu (m) mobile

передвижная ось (f)
asse (m) mobile
eje (m) corredizo

Leitachse (f)
4 leading axle, forward
axle
essieu (m) d'avant

ведущая ось (f)
asse (m) di guida
eje (m) de guia

Drehachse (f), Umdreh-
ungsachse (f)
5 axis of rotation
axe (m) de rotation

ось (f) вращенія
asse (m) di rotazione
eje (m) de rotación

Radachse (f)
6 axle
axe (m) de la roue

ось (f) колеса
asse (m) della ruota
eje (m) de una rueda

Achsenumdrehung (f)
7 rotation of an axle, revolution of an axle
rotation (f) de l'axe

вращеніе (n) оси
rotazione (f) dell' asse
rotación (f) del eje

Achsprobe (f)
8 test of an axle
épreuve (f) de l'axe,
essai (m) de l'essieu

испытаніе (n)
проба (f) оси
prova (f) dell' asse
prueba (f) del eje

Achsbruch (m)
9 axle-fracture
rupture (f) de l'axe,
rupture (f) de l'essieu

поломка (f) оси
rottura (f) dell' asse
rotura (f) del eje

---

eine Achse (f) auswech-
seln
10 to exchange an axle,
to renew an axle
changer d'axe, changer
d'essieu

смѣнить } ось
смѣнять }
cambiare un asse,
mutare un asse
cambiar un eje

Auswechslung (f) einer
Achse
11 renewing of an axle
changement (m) d'un
axe, changement (m)
d'un essieu

смѣна (f) оси
cambiamento (m) di
un asse, mutamento
(m) di un asse
cambio (m) de un eje

Achsendrehbank (f) axle-lathe tour (m) à essieux		токарный ста- нокъ (m) для об- точки осей tornio (m) per assi torno (m) para ejes	*1*

Achsendreherei (f) axle-turning shop atelier (m) des tours (à essieux)		мастерская (f) для обточки осей torneria (f) d'assi torneria (f) de ejes, cuadra (f) de tornear ejes, taller (m) de tornero	*2*

Achsen (f. pl.) abdrehen to turn axles (shafts) tourner des essieux		обточить ⎫ оси обтачивать ⎬ tornire gli assi tornear los ejes	*3*

Wellenleitung (f) shafting transmission (f)		трансмиссія (f) trasmissione (f) ad albero transmisión (f)	*4*

Welle (f) shaft arbre (m)		валъ (m) albero (m) árbol (m) de transmisión	*5*

Wellenzapfen (m) journal tourillon (m)	a	шипъ (m) вала perno (m) d'estremità dell'albero gorrón (m) del árbol	*6*

Wellenhals (m) neck tourillon (m) intermé- diaire, tourillon (m) à collets		шейка (f) вала perno (m) intermedio gorrón (m) intermedio	*7*

volle Welle (f) solid shaft arbre (m) massif		массивный валъ (m) albero (m) pieno, albero (m) massiccio árbol (m) macizo	*8*

hohle Welle (f) hollow shaft arbre (m) creux		полый валъ (m) albero (m) cavo árbol (m) hueco	*9*

Vierkantwelle (f) square shaft arbre (m) carré		квадратный валъ (m) albero (m) quadro árbol (m) cuadrado	*10*

durchgehende Welle (f) continuous line of shaft- ing, shaft in one piece arbre (m) de transmis- sion		сквозной валъ (m) albero (m) di trasmis- sione árbol (m) longitudinal	*11*

3*

1	liegende Welle (f) horizontal shaft arbre (m) horizontal	a	горизонтальный валъ (m) albero (m) orizzontale árbol (m) horizontal
2	stehende Welle (f) vertical shaft arbre (m) vertical	b	вертикальный валъ (m), стоячій валъ (m) albero (m) verticale árbol (m) vertical
3	biegsame Welle (f) flexible shaft arbre (m) flexible		упругій валъ (m) albero (m) flessibile árbol (m) flexible
4	Antriebswelle (f) driving shaft arbre (m) de couche		приводный валъ (m) albero (m) di comando, albero (m) motore árbol (m) de impulsión
5	Vorgelegewelle (f), Zwischenwelle (f) intermediate shaft, jack shaft (A) arbre (m) intermédiaire, arbre (m) de renvoi		промежуточный (передаточный) валъ (m) albero (m) intermedio árbol (m) intermedio
6	Ausrückwelle (f) disengaging shaft arbre (m) de débrayage		разобщающійся валъ (m) albero (m) di disinnesto árbol (m) de desem- brague
7	Wellenbund (m) collar, swell portée (f)		обварка (f) вала anello (m) fisso, collare (m) anillo (m) fijo
8	Stellring (m) adjusting ring, set col- lar, loose collar bague (f) d'arrêt.		установочное коль- цо (n), зажимное кольцо (n) anello (m) d'arresto · anillo (m) móvil apri- sionado
9	gekröpfte Welle (f) [single throw] crank shaft arbre (m) coudé		колѣнчатый валъ (m) albero (m) a gomito árbol (m) cigüeñal, ár- bol (m) de berbiquí
10	Kröpfung (f) crank coude (m)		колѣно (n) gomito (m) cigüeña (f)

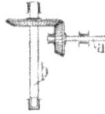

kröpfen
to crank, to make a
　　crank
couder

согнуть ⎫ колѣно
сгибать ⎭
fare il gomito
formar el cigüeñal

1

doppelt gekröpfte
　Welle (f)
double throw crank
　shaft
arbre (m) àcoude double

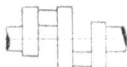

двухколѣнчатый
　валъ (m)
albero (m) a doppio
　gomito
árbol (m) de dos cigüe-
　ñales, árbol (m) de
　doble berbiquí

2

eine Achse, Welle ab-
　stechen
to cut off an axle [a
　shaft]
couper un arbre [un
　essieu]

подрѣзать ⎫ ось,
подрѣзать ⎭ валъ
tagliare un asse [un
　.albero]
cortar un eje [un árbol]

3

Steuerwelle (f)
excentric shaft (A),
　governing shaft, re-
　gulating shaft
arbre (m) d'excentrique

распредѣлительный
　валъ (m)
albero (m) di distri-
　buzione, albero (m)
　di regolazione
árbol (m) de distri-
　bución

4

Umsteuerwelle (f)
reversing shaft
arbre (m) de renverse-
　ment

валъ (m) для пере-
　мѣны хода
albero (m) di rinvio
eje (m) de cambio de
　marcha

5

V.

Zapfen (m)
journal
tourillon (m)

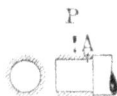

цапфа (f)
perno (m)
gorrón (m), collete (m),
　espiga (f)

6

Anpaß (m)
shoulder
embase (m)

пригонъ (m) плечо (n)
spalla (f), bordo (m)
rebajo (m)

7

Schulterhöhe (f)
height of shoulder
hauteur (f) d'épaule-
　ment

A

высота (f) заплечика
altezza (f) del bordo
cota (f) de rebajo

8

Zapfendruck (m)
journal pressure
pression (f) sur le tou-
　rillon

P

давленіе (n) на цапфы
carico (m) sul perno
presión (f) en el muñón,
　carga (f) en el muñón

9

1	Zapfenreibung (f) friction of journal frottement (m) du tou- rillon	треніе (n) цапфъ attrito (m) del perno fricción (f) del gorrón
2	Laufflāche (f) surface of contact surface (f) de frottement	трущаяся поверх- ность (f) superficie (f) di contatto, superficie (f) di scorri- mento superficie (f) de contacto
3	eingelaufener Zapfen (m) journal which has settled in its place, worn-in journal (A) tourillon (m) rodé	приработавшаяся цапфа (f) perno (m) logorato, perno (m) che si è adattato nei suoi cuscini gorrón (m) desgastado
4	Tragzapfen (m) journal in middle of shaft, neck- journal (A) tourillon (m) d'appui	шейка (f) perno (m) portante, perno (m) d'appoggio collete (m)
5	Halszapfen (m) journal with collars, neck-collar-jour- nal (A) tourillon (m) intermédi- aire, tourillon (m) à collets	шейка (f) perno (m) a colletto, perno (m) intermedio collete (m) intermedio
6	Stirnzapfen (m) journal on end of shaft, end-journal (A) tourillon (m) frontal	концевая папфа (f) корневой шипъ (m) perno (m) frontale, perno (m) d'estremità collete (m) extremo
7	Spurzapfen (m), Stütz- zapfen (m) vertical journal, pivot- journal (A) pivot (m)	пята (f) cardine (m), perno (m) di spinta, perno (m) di base gorrón (m) de grapal- dina
8	Ringzapfen (m) hollow-pivot, ring- pivot (A) pivot (m) annulaire	кольцевая пята (f) perno (m) di spinta ad anello, cardine (m) ad anello grapaldina (f), gorrón (m) de anillo
9	Kammzapfen (m) thrust journal, journal with (three, four . . .) collars, journal to go in a thrust-block, collar journal (A) tourillon (m) à canne- lures	гребенчатая шейка (f) perno (m) multiplo ad anelli perno (m) con anillos, vástago (m) con anillos

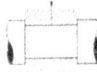

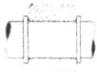

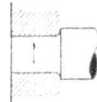

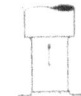

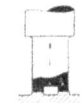

Spitzzapfen (m) pointed journal, conical pivot (A) tourillon (m) à pointe		центръ (m) perno (m) a punta perno (m) apuntado *1*

cylindrischer Zapfen (m)
cylindrical journal
tourillon (m) cylin-
   drique
		цилиндрическій
		   шипъ (m); цилин-
		   дрическая цапфа (f) *2*
		perno (m) cilindrico
		perno (m) cilíndrico,
		   vástago (m) cilín-
		   drico

konischer Zapfen (m)
conical journal
tourillon (m) conique
		коническій шипъ (m)
		   коническая цапфа *3*
		perno (m) conico
		perno (m) cónico,
		   vástago (m) cónico

Kugelzapfen (m)
ball journal, spherical
   journal (A)
tourillon (m) sphérique
		шаровой шипъ (m)
		perno (m) sferico
		perno (m) esférico, *4*
		   vástago (m) esférico

Gabelzapfen (m)
forked journal
tourillon (m) à four-
   chette
		шипъ (m) въ раз-
		   вилку
		perno (m) a forchetta *5*
		gorrón (m) de horquilla

eingesetzter Zapfen (m)
inserted journal (crank
   pin), gudgeon
tourillon (m) rapporté
		палецъ (m)
		perno (m) incastrato
		perno (m) empotrado, *6*
		   vástago (m) empo-
		   trado

Drehzapfen (m)
journal
tourillon (m) de rotation
		вращающаяся
		   цапфа (f)
		perno (m) di rotazione *7*
		vástago (m) de rotación,
		   espárrago (m) de ro-
		   tación

sich auf einem Zapfen
   drehen
to turn on a journal
tourner sur un tourillon
		вращаться на шипѣ
		rotare sopra un perno, *8*
		   girare sopra un perno
		girar sobre un vástago

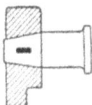

VI.

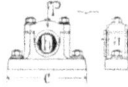

	German	English / French	Symbol	Russian	Italian / Spanish
1	Lager (n)	bearing / palier (m)		подшипникъ (m)	sopporto (m) / soporte (m)
2	Länge (f) des Lagers	length of the bearing / longueur (f) du palier	a	длина (f) вкладыша	lunghezza (f) del sopporto / longitud (f) del soporte
3	Bohrung (f) des Lagers, Durchmesser (m) des Lagers	diameter of the bearing / alésage (m) du palier, diamètre (m) du palier, diamètre (m) de l'alésage du palier	b	отверстіе (n) подшипника, діаметръ (m) вала	diametro (m) del sopporto / diámetro (m) interior del soporte
4	Baulänge (f) des Lagers	length of the base / longueur (f) de construction du palier	c	длина (f) подшипника	lunghezza (f) alla base / longitud (f) de la base del soporte
5	Auflagerfläche (f)	area of bearing surface (f) d'appui	$a \cdot b$	площадь (f) опоры	superficie (f) d'appoggio / superficie (f) de contacto
6	Auflagerdruck (m), Lagerdruck (m)	pressure on bearing / pression (f) d'appui	P	давленіе (n) на подшипникъ	pressione (f) d'appoggio / presión (f) en la base del soporte
7	spezifischer Auflagerdruck (m), Flächenpressung (f)	specific pressure, pressure per unit of area / pression (f) par unité de surface	$\dfrac{P}{a \cdot b}$	давленіе (n) на единицу поверхности	pressione (f) specifica, pressione (f) per unità di area / presión (f) específica del soporte
8	Spurlager (n), Stützlager (n)	step-bearing / crapaudine (f)		подпятникъ (m)	sopporto (m) per perni di base / tejuelo (m), rangua (f)
9	Spurplatte (f), Spurpfanne (f)	bearing disc, step, thrust-bearing / grain (m)	a	вкладышъ (m) подпятника	piastra (f) di base, ralla (f) / quicionera (f)

Ringspurlager (n) collar-step-bearing crapaudine (f) annulaire		кольцевой под- пятникъ (m) sopporto (m) di base ad anello cojinete-anillo (m), rangua (f) anular *1*
Spurring (m) collar step anneau (m) de fond	a	кольцевой (n) вклад- ышъ (m) подпят- ника anello (m) di base anillo (m) de apoyo, corona (f) de asiento *2*
Kugelspurlager (n) ball collar thrust-bear- ing crapaudine (f) à billes		подпятникъ (m) съ шариками sopporto (m) di base a palle cojinete (m) de esferas *3*
Kammlager (n), Druck- lager (n) collar-thrust-bearing palier (m) à cannelures		гребенчатый под- шипникъ (m) cuscinetto (m) di spinta cojinete (m) à presión longitudinal, coji- nete (m) de anillos *4*
Traglager (n) journal-bearing palier (m) d'appui		подшипникъ (m) sopporto (m) intermedio soporte (m) intermedio *5*
Stirnlager (n) end-journal-bearing palier (m)		концевой подшип- никъ (m) sopporto (m) frontale, sopporto (m) d'estre- mità soporte (m) frontal, soporte (m) extremo *6*
Halslager (n) neck-journal-bearing palier (m) à collets		промежуточный подшипникъ (m) sopporto (m) per perni a colletto soporte (m) de extrangu- lamiento, collar (m) *7*
Augenlager (n), eintei- liges Lager (n), ge- schlossenes Lager (n) solid journal-bearing, plain pedestal, solid pedestal, filbore palier (m) fermé		стаканъ (m) sopporto (m) chiuso soporte (m) cerrado *8*

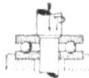

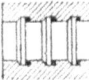

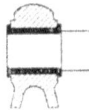

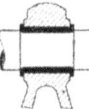

1	Lagerbüchse (f), Lager- hülse (f) bush, bushing, journal box coussinet (m)	a	втулка (f) стакана boccola (f), bossolo (m) dado (m)
2	das Lager ausbüchsen to bush a bearing mettre un coussinet		вставить (вставлять) втулку въ стаканъ mettere una boccola, mettere un bossolo poner un dado
3	Stehlager (n) plummer-block, pedestal, pillow block palier (m) ordinaire		нормальный (обыкновенный) подшипникъ (m) sopporto (m) ordinario, sopporto (m) ritto soporte (m) recto, so- porte (m) de silla

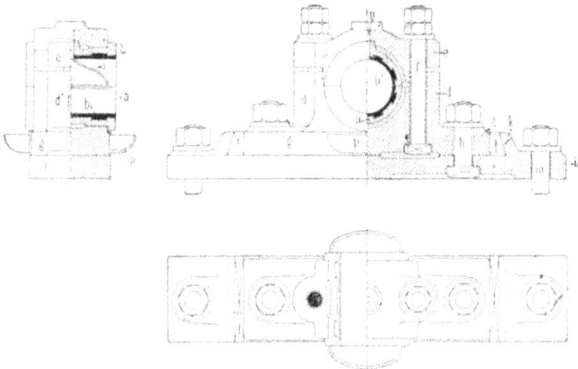

4	Lagerschale (f) bush, brass, pillow coussinet (m), co- quille (f) de coussinet	a	вкладышъ (m) cuscinetto (m) cojinete (m)
5	nachstellbare Lager- schale (f) adjustable brass coussinet (m) réglable		регулируемый вкла- дышъ (m) cuscinetto (m) regola- bile cojinete (m) ajustable
6	Lagerfutter (n) lining of the bearing, the babbit garniture (f), fourrure (f) pour revêtir un coussinet	b	прокладка (f) (фу- теровка f) вкла- дыша guancialetto (m), guar- nitura (f) revestimiento (m)

ein Lager (n) ausfüttern to line a bearing, to babbit garnir un coussinet		набить (набивать) вкладышъ прокладкой guarnire un sopporto rellenar el cojinete	*1*
ein Lager (n) mit Weiß- metall ausgießen to babbit a bearing garnir un coussinet de métal blanc		залить (заливать) вкладышъ бѣлымъ металломъ guarnire un sopporto con metallo bianco revestir un soporte (cojinete) con metal blanco	*2*
Schalenrand (m), Schalenbund (m) flange of the brasses rebord (m) du coussinet	c	бортъ (m) ⎫ вкла- закраина (f) ⎭ дыша orlo (m), bordo (m) borde (m) de cojinete, pestaña (f) del cojinete	*3*
Lagerkörper (m), Lager- rumpf (m) pedestal body corps (m) de palier	d	кузовъ (m) подшипника castello (m) del sopporto, corpo (m) del sopporto cuerpo (m) del soporte	*4*
Lagerdeckel (m) cap, binder chapeau (m) de palier	e	крышка (f) подшипника cappello (m) del sopporto, coperchio (m) del sopporto tapa (f) del soporte	*5*
Deckelschraube (f), Lagerschraube (f) cap-screw, cap-bolt, binder bolt boulon (m) de chapeau	f	болтъ (m) отъ крышки подшипника bullone (m) del coperchio, bullone (m) del sopporto tornillo (m) de la tapa	*6*
Lagerfuß (m), Lager- sohle (f) pedestal base patin (m), semelle (f)	g	основаніе (n) подшипника piede (m) del sopporto pie (m) del soporte	*7*
Lagerfußschraube (f) holding down bolt boulon (m) pour palier	h	болтъ (m) основанія подшипника bullone (m) per il piede del sopporto tornillo (m) del soporte	*8*
Sohlplatte (f), Grund- platte (f), Lager- platte (f) sole-plate plaque (f) de fondation	i	основная плита (f) подшипника piastra (f) di fondazione placa (f) del soporte	*9*

	German / English / French		Russian / Italian / Spanish
1	Nase (f) joggle, lip butoir (m)	k	выступъ (m) плиты tacchetto (m), na- sello (m) taco (m)
2	Stellkeil (m) adjusting key cale (f)	l	установочный клинъ (m), cuneo (m) di aggiusta- mento, chiavetta (f) di calettamento cuña (f) de ajuste
3	Ankerschraube (f), Fun- damentschraube (f) foundation-bolt boulon (m) de fondation	m	фундаментный болтъ (m) bullone (m) di fon- dazione tornillo (m) de asiento
4	Schmierloch (n) oil-hole trou (m) de graissage	n	смазочное отвер- стіе (n) orifizio (m) per oliatura, feritoia (f) della boc- cola agujero (m) para la lubrificación
5	Schmiernut (f) oil-groove patte (f) d'araignée	o	смазочная канавка(f), смазочный ка- налъ (m) canale (m) per la lubri- ficazione pata (f) de araña, ra- nura (f) de engrase
6	Ölfänger (m), Tropfbe- hälter (m), Tropf- schale (f) oil-dish, drip-pan, drip- ping cup cuvette (f) d'huile	p	маслоуловитель (m) raccoglitore (m) d'olio colector (m) de aceite
7	Rumpflager (n) pedestal-bearing, pil- low-block-bearing, plummer-block-bear- ing palier (m) ordinaire		подшипникъ (m) безъ лапокъ sopporto (m) diritto or- dinario soporte (m) recto ordi- nario
8	Schräglager (n) angle-pedestal-bearing, oblique pillow- block-bearing, oblique plummer block-bearing palier (m) oblique		скошенный под- шипникъ (m), ко- сой подшип- никъ (m), наклон- ный подшип- никъ (m) sopporto (m) obliquo soporte (m) oblicuo

Stehlager (n) mit Kugelbewegung, Sellerslager (n) Sellers - bearing, swivel bearing palier (m) Sellers, palier (m) à rotule, palier (m) articulé		подшипникъ (m) Селлерса sopporto (m) Sellers, sopporto (m) a snodo soporte (m) Sellers, Sellers apoyo *1*
Ringschmierlager (n) ring lubricating bearing, self lubricating bearing, oil saving bearing graisseur (m) à bague		подшипникъ (m) съ кольцевою смазкою sopporto (m) con oliatura automatica ad anello soporte (m) de engrase automático con anillos *2*
Kugellager (n) ball-bearing palier (m) à billes		подшипникъ (m) на шарикахъ sopporto (m) a palle soporte (m) á bolas *3*
Laufkugel (f) ball bille (f)	a	шарикъ (m) palla (f) scorrevole bola (f) corredera *4*
Laufring (m), Kugelspur (f) ball-race anneau (m) de fond	b	обойма (f) anello (m) di guida anillo (m) de guia *5*
Kugelzapfenlager (n) ball and socket bearing palier (m) à tourillon sphérique		шаровой подшипникъ (m) sopporto (m) per perno sferico soporte (m) para gorrón esférico *6*
Kugellagerschale (f) spherical bush coussinet (n) sphérique	a	вкладышъ (m) шароваго подшипника cuscinetto (m) per perno sferico cojinete (m) para el soporte esférico *7*
Rollenlager (n), Walzenlager (n) roller-bearing palier (m) à rouleaux		опора (f) на каткѣ sopporto (m) a rulli, appoggio (m) a rulli soporte (m) de rodillos *8*

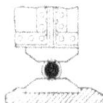

1	Schneidenlager (n) blade-bearing, fulcrum-bearing, knife-edge bearing support (m) à couteau	a	ножевая (призматическая) опора (f) appoggio (m) a coltello soporte (m) de cuña, soporte (m) de fiel
2	Schneide (f) blade, fulcrum, knife-edge couteau (m)	a	опорная призма (f) coltello (m) cuña (f) del soporte, fiel (m) del soporte
3	Pfanne (f) seat grain (m) de couteau	b	подушка (f) призматической опоры base (f) del coltello base (f) de soporte de cuña, apoyo (m) del fiel
4	Wandlager (n), Mauerlager (n) wall bracket-bearing chaise (f) murale	a	подшипникъ (m) на кронштейнѣ sopporto (m) a mensola soporte (m) de pared, soporte (m) de silleta, palomilla (f)
5	Wandkonsole (f), Wandbock (m), Wandlagerstuhl (m) wall-bracket console (f)	a	кронштейнъ (m), mensola (f) soporte (m) de ménsula, soporte (m) de cónsola de pared, soporte (m) de cartela
6	Hängelager (n) drop-hanger-bearing (A) chaise (f)		подшипникъ (m) на подвѣскѣ sopporto (m) pendente soporte (m) de suspensión, silla (m) de suspensión
7	Hängebock (m) drop-hanger-frame (A) chaise (f) suspendue	a	подвѣска (f) cavalletto (m) pendente silleta (f) de soporte de suspensión, colgante (m)
8	geschlossenes Hängelager (n) drop-hanger-frame V-form (A) chaise (f) fermée		двуплечая подвѣска (f) Селлерса sopporto (m) pendente chiuso soporte (m) colgante cerrado
9	offenes Hängelager (n) drop-hanger-frame T-form (A) chaise (f) ouverte		открытая подвѣска (f) Селлерса sopporto (m) pendente aperto soporte (m) colgante abierto

offenes Hängelager (n) mit Stangenschluß drop hanger frame T-form with detach-able links (A) chaise (f) ouverte assem-blée par tige	открытая под-вѣска (f) Селлерса со струною sopporto (m) pendente con traversa di chiusura soporte (m) colgante abierto con travesaño de cierre	*1*
Lagerstuhl (m), Lager-bock (m), Steh-bock (m) floor-stand, floor-frame (A) chevalet (m)	стойка (f) для под-шипниковъ cavalletto (m) caballete (m)	*2*
Mauerkasten (m) wall-box-frame (A) œillard (m)	стѣнная коробка (f) ящикъ (m) cassetta (m) da muro cuadro (m) de pared	*3*
Säulen[konsol]lager (n)-post-bearing (A), post hanger-bearing (A) palier-console (m) à colonne	стѣнной крон-штейнъ (m) Сел-лерса sopporto (m) a mensola per colonne soporte (m) de cónsola para columna	*4*
Längskonsollager (n) longitudinal wall hanger-bearing (A) palier-console (m) fermé	стѣнной крон-штейнъ (m) Сел-лерса для вала нормальнаго къ стѣнѣ sopporto (m) a mensola longitudinale soporte (m) de cónsola longitudinal	*5*
Winkelkonsole (f) angle-bracket, end wall bracket console (f) à équerre	стѣнной угольникъ (m) mensola (f) ad angolo, mensola (f) angolare cónsola (f) en ángulo, cónsola (f) angular	*6*
Hauptlager (n) main bearing, crank bearing (A) palier (m) principal	коренной подшип-никъ (m) sopporto (m) principale soporte (m) principal	*7*
Innenlager (n) **b** inside bearing palier (m) intérieur	внутренній подшип-никъ (m) sopporto (m) interno soporte (m) interior	*8*

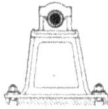

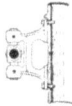

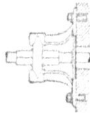

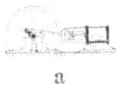

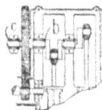

1	Außenlager (n) outside bearing palier (m) extérieur	c

наружный подшип-
никъ (m)
sopporto (m) esterno
soporte (m) exterior

---

2 das Lager (n) einer Ma-
schine läuft sich
warm
the machine has a hot
bearing, box (A), the
engine runs hot
le palier d'une machine
chauffe

подшипникъ (m)
грѣется
il sopporto (m) di una
macchina si riscalda
el soporte (m) de una
máquina se calienta

---

3 Warmlaufen (n) des
Lagers
heating of a bearing,
getting hot of a
bearing
échauffement (m) du
palier

нагрѣваніе (n) под-
шипника
riscaldamento (m) del
sopporto
el calentamiento (m)
del soporte

---

4 das Lager (n) läuft sich
aus
the bearing wears out
le palier se rode

подшипникъ (m)
выплавляется
(изнашивается)
il cuscinetto (m) si lo-
gora
el cojinete (m) se des-
gasta

---

5 das Lager (n) frißt
the bearing seizes
le palier (m) grippe

подшипникъ (m)
заѣдается
il sopporto si ingrana
el cojinete (m) se con-
sume

---

6 das Lager (n) nachstellen
to adjust the bearing
régler les coussinets

подтянуть ⎫
подтяги- ⎬ подшип-
вать ⎭ никъ (m)
regolare il cuscinetto
ajustar el cojinete

---

7 das Lager (n) schmieren
to oil, to grease, to
lubricate
graisser le palier (m)

смазать (смазывать)
подшипникъ, под-
пятникъ
lubrificare il cuscinetto
lubrificar, engrasar

---

8 Schmierschicht (f)
film of oil
couche (f) d'huile

слой (m) смазки
strato (m) di grasso
capa (f) de lubrificante

VII.

Schmierung (f)
oiling, lubrication
graissage (m)

смазка (f)
lubrificazione (f)
lubrificación (f), en- *1*
grase (m)

---

beständige
Schmierung (f)
continuous oiling, con-
tinuous lubrication
graissage (m) continu

непрерывная смазка
(f)
lubrificazione (f) con- *2*
tinua
engrase (m) continuo

---

unterbrochene
Schmierung (f)
intermittant oiling
graissage (m) périodique

періодическая
смазка (f)
lubrificazione (f) perio- *3*
dica
engrase (m) inter-
mitente

Handschmierung (f)
hand oiling
graissage (m) à la main

ручная смазка (f)
lubrificazione (f) a mano *4*
engrase (m) á mano

Handschmier-
vorrichtung (f)
lubricator actuated by
hand
appareil (m) de graissage
à la main

приспособленіе (n)
для ручной смазки *5*
lubrificatore (m) a mano
engrasador (m) á mano

---

selbsttätige
Schmierung (f)
self-oiling, automatic
oiling
graissage (m) auto-
matique

автоматическая
смазка (f)
lubrificazione (f) auto- *6*
matica
engrasado (m) auto-
mático

Selbstöler (m), selbst-
tätige Schmier-
vorrichtung (f)
automatic lubricator,
self-acting lubricator
graisseur (m) auto-
matique

лубрикаторъ (m),
устройство (n) для
автоматической
смазки
lubrificatore (m) auto- *7*
matico
engrasador (m) auto-
mático, disposi-
ción (f) para engra-
sado automático

Einzelschmierung (f)
separate oiling
graissage (m) séparé

мѣстная смазка (f)
lubrificazione (f) sepa- *8*
rata
engrasado (m) por
piezas

1	Einzelöler (m) separate lubricator, separate lubrication graisseur (m) séparé	маслянка (f) для мѣстной смазки oliatore (m) speciale, oliatore (m) separato engrasador (m) aislado
2	Centralschmierung (f) central lubrication graissage (m) central	центральная смазка (f) lubrificazione (f) cen- trale engrase (m) central
3	Centralschmier- vorrichtung (f) oil distributing box appareil (m) de graissage central	устройство (n) для центральной смазки lubrificatore (m) cen- trale disposición (f) de en- grase central
4	Schmiermittel (n), Schmiere (f) oil, grease, lubricant matière (f) lubrifiante, graisse (f)	смазочный мате- ріалъ (m) materia (f) lubrificante, grasso (m) materia (f) lubrificante
5	flüssige Schmiere (f) oil, liquid lubricant matière (f) lubrifiante liquide	жидкая смазка (f) lubrificante (m) liquido engrase (m) liquido
6	Starrschmiere (f) grease, consistent fat matière (f) lubrifiante solide	твердая смазка (f), мазь (f) lubrificante (m) solido grasa (f) consistente, lubrificante (m) sólido
7	Flüssigkeitsgrad (m) der Schmiere degree of consistency degré (m) de fluidité de la graisse	тягучесть (f) смазки grado (m) di fluidità grado (m) de fluidez
8	Schmieröl (n) lubricating oil huile (f) de graissage	смазочное масло (n) olio (m) aceite (m) de engrase
9	Schlüpfrigkeit (f) des Schmieröls lubricity of the oil viscosité (f) de l'huile	вязкость (f) смазоч- наго масла viscosità (f) dell' olio untuosidad (f)
10	das Schmieröl (n) ver- harzt to become resinous, to thicken l'huile se résinifie	смазочное масло (n) густѣетъ l'olio (m) si resinifica el aceite se resinifica

Verharzung (f) des Öls resinification of the oil résinification (f) de l'huile	затвердѣніе (n) масла resinificazione (f) dell'olio· resinificación (f) del aceite	1
Tieröl (n) animal fat huile (f) animale	животное масло (n) olio (m) animale aceite (m) animal	2
Pflanzenöl (n) vegetable fat, vegetable oil huile (f) végétale	растительное масло (n) olio (m) vegetale aceite (m) vegetal	3
Mineralöl (n) mineral oil huile (f) minérale	минеральное масло (n) olio (m) minerale aceite (m) mineral	4
Maschinenöl (n) machine-oil huile (f) de machines	машинное масло (n) olio (m) per macchine aceite (m) para maquinaria	5
Cylinderöl (n) cylinder-oil huile (f) pour cylindres	цилиндровое масло (n) olio (m) per cilindri aceite (m) para cilindros	6
Spindelöl (n) watch-maker's-oil huile (f) fine	веретенное масло (n) olio (m) fino aceite (m) para husos	7
Ölbehälter (m) oil-tank, oil-reservoir récipient (m) pour huile	резервуаръ (m) для масла recipiente (m) per olio depósito (m) para aceite	8
Ölkanne (f), Schmier- kanne (f) oil-can burette (f)	ручная маслёнка (f) oliatore (m), bidone alenza (f), aceitera (f)	9
Ventilölkanne (f) valve-oil-can, oil-can with thumb-button burette (f) à valve	ручная маслёнка (f) съ клапаномъ oliatore (m) a valvola alenza (f) con válvula	10

4*

1	Ölspritzkanne (f) thumb-pressure oil-can, oiler burette (f) à huile		ручная масленка (f) съ пружиннымъ дномъ buretta (f) aceitera (f) de resorte
2	Ölspritze (f), Schmier- spritze (f) syringe for lubricating injecteur (m) à huile		спринцовка (f) для масла siringa (f) lubrificatrice jeringa (f) para engrase
3	Ölzufluß (m) oil-feed, oil-supply conduite (f) d'huile		притокъ (m) масла conduttura (f) d'olio afluencia (f) del aceite
4	Ölschmierung (f) oil-lubrication graissage (m) par huile		смазка (f) масломъ lubrificazione (f) ad olio engrase (m) con aceite
5	Schmierloch (n) oil-hole trou (m) de graissage	a	смазочное отвер- стіе (n) foro (m) per lubrificare agujero (m) de engrase
6	Schmiernute (f), Öl- nute (f) oil-groove patte (f) d'araignée	b	смазочная канавка (f) scanalatura (f) per l'olio ranura (f) de engrase, pata (f) de araña
7	Tropfring (m) drip-ring bague (f) d'égouttage	c	капельный коль- цевой стокъ (m) sgocciolatore (m) anillo (m) metálico para engrasar
8	Spritzring (m) revolving oil dip-ring anneau (m) de graissage	d	смазочное кольцо (n) anello (m) lubrificatore anillo (m) protector
9	Ölfänger (m), Tropf- schale (f) drip cup, oil-cup under bearing, oil-catcher under bearing cuvette (f) d'égouttage, godet (m) à huile	e	маслоловитель (m), чашечка (f) для масла sgocciolatoio (m) colector (m) de aceite, recogedor (m) de aceite

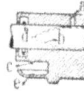

Olreiniger (m), Olrei-
  nigungsvorrichtung(f)
oil-filter
filtre (m) à huile

прибор (m) для
  очистки масла,
аппарат (m) для
  очищенія масла *1*
filtro (m) dell' olio, apparecchio (m) purifi-
  catore dell' olio
purificador(m) de aceite

---

gereinigtes Öl (n)
refined or purified oil,
  refiltered oil
huile (f) filtrée

очищенное масло n)
olio (m) purificato *2*
aceite (m) purificado

Schmiervorrichtung (f)
lubricator
appareil (m) de graissage

смазочный при-
  бор (m)
apparecchio (m) lubri- *3*
  ficatore
lubrificador (m), engra-
  sador (m)

Schmierröhrchen (n)
oil-pipe
tube (f) de graissage

смазочная трубка (f)
canaletto (m) per la *4*
  lubrificazione
tubito (m) de engrase

Schmierbüchse (f)
lubricator box
boite (f) à graisse

маслёнка (смазочная
  коробка (f))
scattola (f) lubrificatrice *5*
engrasador (m), caja (f)
  para el engrase

Schmierhahn (m)
steam oiler grease cup,
  tallow-cup or cock,
  grease-cup with cocks
robinet(m) de graissage,
  robinet-graisseur (m)

маслёнка (f) съ двумя
  кранами
rubinetto (m) lubrifi- *6*
  catore
grifo (m) engrasador,
  llave (f) de paso del
  engrasador

Oler (m), Schmier-
  gefäß (n)
lubricator
godet (m) graisseur

маслёнка (f)
oliatore (m), vaso (m)
  lubrificatore *7*
vasija (f) de engrasador,
  aceitera (f)

Ölvase (f), Schmier-
  vase (f)
oil-cup
godet (m) graisseur

маслёнка (смазочная
  коробка (f))
vaso (m) dell'olio *8*
copa (f) de aceite, engrasador (m) de copa

Ölerglas (n)
glass oil cup
godet (m) graisseur en
  verre

стеклянная мас-
  лёнка (f)
oliatore (m) di vetro *9*
engrasador(m) de vidrio,
  engrasador (m) con
  bombillo de cristal

1	Dochtschmierung (f) wick-oiling graissage (m) à mèche	смазка (f) фитилёмъ lubrificazione (f) a stop- pino engrase (m) por torcida, engrase (m) por me- cha capilar
2	Dochtschmierer (m), Dochtschmier- büchse (f) oil-syphon, wick lubri- cator graisseur (m) à mèche	фитильная мас- ленка (f) lubrificatore (m) a stop- pino engrasador (m) de tor- cida, engrasador (m) de mecha capilar
3	Olerdocht (m) wick for oil-syphon mèche (f) du graisseur	фитиль (m) stoppino mecha (f) capilar
4	der Docht verfilzt the wick is clogged up la mèche se feutre	фитиль (m) свали- вается lo stoppino (m) si scio- glie, lo stoppino (m) si feltra la mecha se obstruye
5	Nadelschmiergefäß (n), Nadelschmierer (m) needle-lubricator graisseur (m) à aiguille	игольчатая мас- ленка (f) lubrificatore (m) ad ago engrasador (m) de aguja
6	Tropfschmiergefäß (n), Tropföler (m) sight feed oiler graisseur (m) compte- gouttes	капельчатая ма- слёнка (f), аппа- ратъ (m) для смазыванія по каплямъ oliatore (m) conta- goccie engrasador (m) cuenta- gotas
7	Tropfdüse (f) sight feed nozzle tube (f) de distribution du graisseur	каплеуказатель (m) tubetto (m) gocciolatore tubo (m) capilar de sa- lida
8	umlaufendes Schmier- gefäß (n) rotating crank lubri- cator graisseur (m) rotatif	круговая мас- лёнка (f) lubrificatore (m) girante engrasador (m) circular
9	Centrifugal- schmierung (f) centrifugal lubrication graisseur (m) centrifuge	центробѣжная смаз- ка (f) lubrificatore (m) centri- fugo engrase (m) centrifugo, engrase (m) de tele- scopio

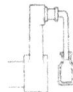

Ringschmierung (f) ring lubrication graissage (m) à bagues		кольцевая смазка (f) lubrificazione (f) ad anello engrase (m) con anillo *1*

Schmierring (m)
revolving ring, oiling
  ring
bague (f) de graissage
	a	смазывающее
		  кольцо (n)
		anello (m) lubrificatore
		anillo (m) de engrase *2*

Ölbad (n) oil-bath bain (m) d'huile	b	масляная ванна (f), масляная баня (f) bagno (m) d'olio baño (m) de aceite *3*

Ölkammer (f)
oil-chamber, oil-con-
  tainer
chambre (f) d'huile
	c	резервуаръ (m) для
		  масла, камера (f)
		  для масла
		camera (f) d'olio
		cámara (f) de aceite *4*

Ölablaß (m) oil-drainer vidange (m) d'huile	d	маслоспускное отверстіе (n) scarico (m) dell' olio tubo (m) de salida *5*

Öl ablassen
to let off the oil, to
  drain the oil
vider l'huile
		выпустить масло,
		  выпускать масло
		scaricare l'olio, lasciar
		  uscire l'olio
		vaciar el aceite *6*

Ölpumpe (f) oil-pump pompe (f) à huile		смазочный прессъ (m) pompa (f) d'olio bomba (f) de aceite *7*
Staufferbüchse (f) Stauffer-lubricator graisseur (m) Stauffer		маслёнка Штауф- фера ingrassatore (m) Stauffer engrasador (m) Stauffer *8*
Winkelschmierbüchse(f) angle-lubricator graisseur (m) à équerre		угловая маслёнка (f) ingrassatore (m) ad an- golo engrasador (m) angular *9*

VIII.

	German / English / French	Russian / Italian / Spanish
1	Kupplung (f) coupling accouplement (m)	сцѣпленіе (n), соединеніе (n), сопряженіе (n), муфта giunto (m) acoplamiento (m)
2	Wellenkupplung (f) shaft-coupling accouplement (m) des arbres	сцѣпленіе (n) соединеніе (n) } валовъ сопряженіе (n) accoppiamento (m) d'alberi acoplamiento (m) axial
3	feste Kupplung (f) fast coupling accouplement (m) fixe	постоянная муфта (f) глу- хое { сцѣпленіе (n) соединеніе (n) сопряженіе (n) giunto (m) fisso acoplamiento (m) fijo
4	Muffenkupplung (f) muff-coupling, box coupling accouplement (m) par manchon	соединеніе (n) муфтою giunto (m) a manicotto acoplamiento (m) de manguito, manguito (m) de unión
5	Muffe (f), Muffenhülse (f) coupling-box manchon (m) d'accouplement	втулка (f) муфты manicotto (m) d'accoppiamento manguito (m)
6	Gewindekupplung (f), Schraubenkupplung (f) screw-coupling, screw-joint accouplement (m) à vis	винтовое соединеніе (n) giunto (m) a vite acoplamiento (m) roscado, acoplamiento (m) de rosca
7	Gewindemuffe (f), Schraubenkupplungsmuffe (f) screw-coupling box manchon (m) à vis	винтовая муфта (f) manicotto (m) filettato, manicotto (m) a vite manguito (m) roscado
8	Hülsenkupplung (f) sleeve-coupling accouplement (m) à douille	муфта (f) съ натяжными кольцами, патронная муфта (f) giunto (m) conico acoplamiento (m) de manguito

Kupplungshülse (f) sleeve douille (f) d'accouplement	a	кожухъ (m) соединительной муфты, кожухъ (m) сцѣпляющей муфты *1* bossolo (m) del giunto manguito (m) de acoplamiento, de unión
Schalenkupplung (f) split-coupling accouplement (m) à coquilles		фланцевая ⎱ муфта тарелочная ⎰ (f) giunto (m) a conchiglia *2* acoplamiento (m) de cojinetes
Kupplungsschale (f) bush coquille (f) d'accouplement	a	фланецъ (m) муфты, тарелка (f) муфты, тазъ (m) муфты *3* conchiglia (f) cojinete (m)
Kupplungsschraube (f) coupling-bolt boulon (m) d'accouplement	b	соединительный болтъ(m), стяжной болтъ(m), скрѣпляющій болтъ (m), винтовая стяж *4* ка (f), винтовая сцѣпка (f) bullone (m) del giunto tornillo (m) del acoplamiento
Scheibenkupplung (f), Flanschenkupplung(f) flange - coupling, plate- coupling accouplement (m) à plateaux	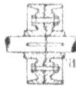	дисковая муфта (f), дисковое соединеніе (n), дисковое сцѣпленіе (n), дис *5* ковое сопряже ніе (n) giunto (m) a dischi acoplamiento (m) de disco, acoplamiento (m) de plato
Kupplungsscheibe (f), Kupplungsflansch(m) flange of coupling plateau (m) d'accouplement	a	стяжная шайба (f), стяжной фланцъ (m) *6* disco (m) d'accoppiamento plato (m) de acoplamiento

#	German	English / French	Russian / Spanish
1	Sellerskupplung(f), Doppelkegelkupplung (f)	Sellers-coupling accouplement (m) Sellers, accouplement (m) à pince, accouplement (m) à double cône	муфта (f) Селлерса, зажимная двухконусная муфта (f) giunto (m) Sellers, giunto (m) a doppio cono acoplamiento (m) de Sellers, acoplamiento(m) de doble cono
2	Klemmkegel (m)	wedge for coupling cône (m) de pression	зажимный конусъ (m) viera (f) conica d'innesto cono (m) de sujeción
3	bewegliche Kupplung (f)	movable coupling accouplement (m) mobile	подвижная муфта (f) innesto (m) mobile acoplamiento (m) móvil
4	Ausdehnungskupplung (f), längsbewegliche Kupplung (f)	expansion-coupling, flexible coupling accouplement (m) à mouvement longitudinal, accouplement (m) extensible	раздвижная муфта (f) giunto (m) d'espansione, innesto (m) a movimento longitudinale acoplamiento (m) graduable
5	elastische Kupplung (f)	elastic-coupling accouplement (m) élastique	упругая муфта (f) giunto (m) elastico acoplamiento (m) elástico
6	Ausrückkupplung (f), Auslösungskupplung (f), lösbare Kupplung (f)	engaging and disengaging gear, clutch accouplement (m) à débrayage	раздвижная соединительная муфта (f) innesto (m) acoplamiento (m) de interrupción, acoplamiento (m) de engranaje
7	Antrieb (m) mittels Ausrückkupplung	driving with clutch commande (f) par accouplement à débrayage	приводъ (m) съ зубчатою муфтою comando (m) ad innesto impulsión (f) por acoplamiento de engranaje
8	Ausrückvorrichtung (f)	disengaging gear appareil (m) à débrayage	разобщительный механизмъ (m) meccanismo (m) di disinnesto juego (m) de granada, juego (m) de embrague

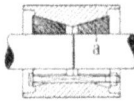

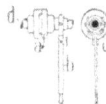

Ausrückmuffe (f), lösbare Kupplungsmuffe (f) disengaging clutch manchon (m) mobile	a	разобщающая муфта (f) manicotto (m) di disinnesto manguito (m) de embrague, manguito (m) de interrupcion	*1*
Kupplungshebel (m), Ausrücker (m) disengaging lever levier (m) de débrayage	b	приводный разъединительный } рычагъ (m) leva (f) d'innesto palanca (f) de interrupción, palanca (f) de embrague	*2*
Ausrückgabel (f) disengaging fork fourche (f) de débrayage	c	вилка (f) приводнаго рычага, вилка (f) разъединительнаго рычага forchetta (f) d'innesto horquilla (f) de la palanca de interrupción	*3*
Ausrückwelle (f) disengaging shaft arbre (m) de débrayage	d	разобщительный валъ (m), разъединительный валъ (m) albero (m) d'innesto eje (m) de interrupción	*4*
die Kupplung (f) einrücken to connect, to put in gear, to throw in the clutch embrayer		сцѣпить муфту, сцѣплять муфту innestare embragar el acoplamiento	*5*
die Kupplung (f) ausrücken, die Kupplung (f) auslösen to disconnect, to throw out of gear, to throw out the clutch débrayer		разобщить разобщать разъединить разъединять } муфту disinnestare desembragar, desacoplar	*6*
Ausrückung (f) throwing out of gear débrayage (m)		разобщеніе (n), разъединеніе (n) disinnesto (m) desembrague (m), interrupción (f), desacoplamiento (m)	*7*

1 selbsttätige Auslösung (f), selbsttätige Ausrückung (f)
automatic disconnecting
débrayage (m) automatique

самодѣйствующее (автоматическое) разобщеніе (n), самодѣйствующее (автоматическое) разъединеніе (n)
disinnesto (m) automatico
desembrague (m) automático, interrupción (f) automática

---

2 Klauenkupplung (f), Zahnkupplung (f)
claw-coupling, clutchcoupling
accouplement (m) à griffes

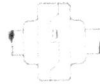

раздвижная зубчатая муфта (f), сцѣпленіе (n) за лапку
innesto (m) a denti
acoplamiento (m) dentado

---

3 Klaue (f), Zahn (f)
claw, clutch
griffe (f)

a

выступъ (m), зубецъ (m), лапка (f)
dente (m)
diente (m)

---

4 Klauenausrückung (f)
disconnecting with a claw-coupling
débrayage (m) à griffes

разобщеніе (n) посредствомъ раздвижной зубчатой муфты
disinnesto (m) a denti'
desacoplamiento (m) de los platos dentados

---

5 Klinkenkupplung (f)
pawl-coupling
accouplement (m) à cliquet

храповая муфта (f)
innesto (m) a nottolino, innesto (m) a scatto
acoplamiento (m) de trinquete

---

6 Klinke (f)
pawl
cliquet (m)

a

собачка (f)
nottolino (m)
gatillo (m) del trinquete

---

7 Reibungskupplung (f)
friction clutch coupling
accouplement (m) à friction

муфта (f) тренія, трущееся сцѣпленіе (n), сцѣпленіе (n) треніемъ
innesto (m) a frizione
acoplamiento (m) de fricción

Konuskupplung (f)
cone coupling
accouplement (m) à
   cône de friction

коническое сцѣпле-
   ніе (n) треніемъ
innesto (m) a cono di *1*
   frizione
acoplamiento (m) cónico

Friktionsscheibe (f)
friction disc
plateau (m) à friction

фрикціонный
   дискъ (m) *2*
disco (m) di frizione
plato (m) de fricción

Bürstenkupplung (f)
brush-coupling
accouplement (m) à
   brosses

щеточная муфта (f)
innesto (m) a spazzola *3*
acoplamiento (m) de
   escobilla

Lederkupplung (f)
leather-coupling
accouplement (m) à cuir

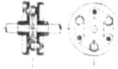

кожаная муфта (1)
innesto (m) a cuoio *4*
acoplamiento (m) de
   cuero

Elektromagnet-
   kupplung (f)
electro-magnetic
   coupling
accouplement (m)
   électro-magnétique

электромагнитное
   сцѣпленіе (n),
   (сопряженіе n),
   электромагнитная
   муфта (f) *5*
innesto (m) elettro-
   magnético
acoplamiento (m)
   electromagnético

Bandkupplung (f)
   Riemenkupplung (f)
band-coupling
accouplement (m)
   à ruban

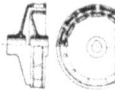

ленточная муфта (f),
   ременная муфта (f)
innesto (m) a nastro, *6*
   innesto (m) a cinghia
acoplamiento (m) de
   correa

Stangenkupplung (f)
rod coupling
accouplement (m) de
   tiges

стержневая
   (штанговая)
   муфта (f) *7*
innesto (m) di aste
acoplamiento (m) de
   vástago

Gelenkkupplung (f)
jointed coupling
accouplement (m) à
   articulation

суставчатая
   муфта (f)
innesto (m) articolato, *8*
   innesto (m) mobile
acoplamiento (m) articu-
   lado

Gelenk (n)
link, eye joint
articulation (f)

суставъ (m)
articolazione (f) *9*
articulación (f)

1	Gelenkzapfen (m) link-pin (m) tourillon d'articulation	a	цапфа (f) сустава perno (m) d'articola- zione pasador (m) de la arti- culación
2	Kreuzgelenkkupp- lung (f), Universal gelenk (n), Cardan- sches Gelenk (n) universal joint, Hooke's joint accouplement (m) arti- culé, joint (m) uni- versel, joint (m) Cardan		шарнирная муфта (f), универсальный шарниръ (m), шар- ниръ (m) Кардана innesto (m) universale, giunto (m) univer- sale, giunto (m) di Cardano acoplamiento (m) de doble articulación, acoplamiento (m) de Cardano, acopla- miento (m) de arti- culación cruciforme
3	Kreuzstutzen (m) cross-piece croisilon (m)	a	двухшарнирный крейцкопфъ (m) appoggio (m) a croce articulación (f) en cruz
4	Kugelgelenk (n) ball and socket joint joint (m) à boulet, joint (m) sphérique		шаровое шарнирное соединение (n) articolazione (f) sferica articulación (f) esférica, articulación (f) de rodilla
5	kuppeln, ankuppeln, zusammenkuppeln to couple up accoupler		сцѣпить, сцѣплять, соединить, соеди- нять innestare acoplar, embragar
6	gekuppelt coupled accouplé		сцѣпленъ (a, o), сое- диненъ (a, o), со- пряженъ (a, o) innestato acoplado, embragado
7	direkt gekuppelt mit . . . coupled direct with . . . accouplé directement avec . .		сцѣпленъ (a, o) [соединенъ (a, o), сопряженъ (a, o)] непосредственно съ . . . innestato direttamente con . acoplado directamente á . .

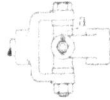

loskuppeln, entkuppeln, die Kupplung lösen to uncouple, to disengage, to throw out of gear débrayer		разобщить, разобщать, разъединить, разъединять disinnestare desacoplar	*1*

IX.

Verzahnung (f) gearing engrenage (m)		зацѣпленіе (n) ingranaggio (m) engranaje (m)	*2*
Zahnrad (n) toothed wheel roue (f) d'engrenage, roue (f) dentée		зубчатое колесо (n) ruota (f) d'ingranaggio, ruota (f) dentata rueda (f) dentada, rueda (f) de engranaje	*3*
Zahnteilung (f) circular pitch pas (m) circulaire	a	шагъ (m) зацѣпленія passo (m) della dentatura paso (m) del engranaje	*4*
Teilkreis (m) pitch-circle, pitch-line cercle (m) primitif	b	начальная (дѣлительная) окружность (f) circolo (m) primitivo circulo (m) primitivo	*5*
Kopfkreis (m), Kronenkreis (m) addendum-circle, addendum-line cercle (m) de couronne, cercle (m) de tête, cercle (m) extérieur	c	головочная окружность (f) кругъ (m) выступовъ circolo (m) di testa circulo (m) de cabeza, periferia	*6*
Fußkreis (m), Wurzelkreis (m) root-circle, root-line, dedendum line cercle (m) de racine, cercle (m) de pied, cercle (m) intérieur	d	корневая окружность (f) кругъ (m) впадинъ circolo (m) di base circulo (m) de pie, circulo (m) interno	*7*
eingreifen to engage engrener		находиться въ зацѣпленіи ingranare engranar	*8*
Eingriff (m) contact engrènement (m)		сцѣпленіе (n), зацѣпленіе (n) ingranaggio (m) engrane (m)	*9*

1	Eingriffslinie (f) line of contact ligne (f) d'engrènement	линія (f) зацѣпленія linea (f) dell'ingranaggio linea (f) de engrane
2	Eingriffsstrecke (f) path of contact étendu (m) de l'en- grènement	сцѣпляющійся отрѣ- зокъ (m), (длина (f) зацѣпленія) linea (f) d'imbocco, curva (f) d'imbocco extensión (f) de engrane, curva (f) de engrane
3	Eingriffsbogen (m) arc of action arc (m) d'engrènement	дуга (f) зацѣпленія arco (m) d'ingranamento arco (m) de engrane
4	Eingriffsdauer (f) period of contact durée (f) d'engrènement	продолжитель- ность (f) зацѣпле- нія durata (f) del contatto duración (f) del engrane
5	in Eingriff bringen to throw into gear, to engage faire engrener, mettre en prise	сцѣпить, сцѣплять fare ingranare engranar
6	außer Eingriff bringen to throw out of gear, to disengage désengrener	разобщить, раз- общать disingranare desengranar
7	Kopfbahn (f) travel of the tooth du- ring contact trajet (m) de la tête de la dent	траекторія (f) [путь (f)] головки зубца (зуба) traiettoria (f) della testa del dente camino (m) recorrido por la cabeza del diente
8	Zahn (m) tooth dent (f)	зубъ (m) зубецъ (m) dente (m) diente (m)
9	Zahnform (f), Zahn- profil (n) tooth-outline, tooth- profile profil (m) de la dent	профиль (f) зубца (зуба) profilo (m) del dente perfil (m) del diente
10	Zahnflanke (f) flank of a tooth, face of tooth (A) flanc (m) de la dent	очертаніе (n) зубца (зуба) fianco (m) del dente fianco (m) del diente

Zahnkopf (m), Zahn-krone (f) face of a tooth, adden-dum of tooth (A) tête (f) de la dent, saillie (f) de la dent	A B C D	головка (f) зубца (зуба) testa (f) del dente cabeza (f) del diente	*1*
Kopfhöhe (f) length outside pitch-line, addendum (A) hauteur (f) de la tête, longueur (f) de la tête	a	высота (f) головки зубца (зуба) altezza (f) della testa del dente altura (f) de la cabeza [del diente]	*2*
Zahnfuß (m), Zahn-wurzel (f) root of the tooth pied (m) de la dent, base (f) de la dent	D C F E	корень (m) зубца, ножка (f) зуба base (f) del dente pie (m) del diente	*3*
Fußhöhe (f) length inside pitch-line, root (A), deden-dum (A) hauteur (f) du pied, longueur (f) du pied	b	высота (f) корня зубца, высота (f) ножки зуба altezza (f) della base altura (f) del pie [del diente]	*4*
Zahnlänge (f) total length, length of tooth, depth of tooth (A) hauteur (f) de la dent, longueur (f) de la dent	c	высота (f) зубца (зуба) altezza (f) del dente longitud (f) del dente	*5*
Zahnstärke (f) thickness at root of tooth épaisseur (f) de la dent	d	толщина (f) зубца (зуба) spessore (m) del dente espesor (m) del diente	*6*
Zahnlücke (f) space of tooth vide (m), creux (m)	e	ширина (f) впадины vano (m) [fra due denti] hueco (m) del diente	7
Zahnbreite (f) breadth of tooth, width of tooth largeur (f) de la dent	f	ширина (f) зубца, длина (f) зуба larghezza (f) del dente ancho (m) del diente	*8*
roh gegossener Zahn (m) rough tooth, cast tooth (A) dent (f) brute de fonte		литой зубецъ (m) [зубъ (m)] dente (m) greggio diente (m) fundido en bruto	*9*

5

1 gehobelter Zahn (m), geschnittener Zahn (m)
cut tooth, planed tooth
dent (f) rabottée

строганный ⎫ зубъ
нарѣзанный ⎭ (m)
dente (m) lavorato,
dente (m) piallato
diente (m) tallado,
diente (m) cepillado

---

2 gefräster Zahn (m)
cut tooth, milled tooth
dent (f) taillée à la fraise

Фрезированный
зубъ (m)
dente (m) fresato
diente (m) fresado

---

3 Zahndruck (m)
pressure at pitch-line
pression (f) sur la dent

давленіе (n) на
зубъ (m)
pressione (f) sul dente
presión (f) sobre el
diente

---

4 spezifischer Zahn-
druck (m)
specific pressure at
pitch-line
pression (f) unitaire sur
la dent

удѣльное давленіе (n
на зубъ
pressione (f) specifica
sul dente
presión (f) por unidad
de superficie del
diente

---

5 Zahnreibung (f)
tooth-friction
frottement (m) des dents

треніе (n) зубьевъ
attrito (m) fra i denti
fricción (f) del diente

---

6 Zahnreibungsarbeit (f)
work done by tooth
friction
travail (m) de frotte-
ment des dents

работа (f) тренія
зубьевъ
lavoro (m) d'attrito fra
i denti
trabajo (m) de fricción
del diente

---

7 Cykloidenverzahnung(f)
cycloidal gear system
denture (f) cycloïdale

циклоидальное за-
цѣпленіе (n)
dentatura (f) cicloidale
engranaje (m) cicloidal

---

8 Epicykloide (f)
epicycloid
épicycloïde (f)

эпициклоида (f)
epicicloide (f)
epicicloide (f)

---

9 gemeine Cykloide (f)
cycloid
cycloïde (f)

циклоида (f)
cicloide (f)
cicloide (f)

---

10 Hypocykloide (f)
hypocycloid
hypocycloïde (f)

гипоциклоида (f)
ipocicloide (f)
hipocicloide (f)

Pericykloide (f) pericycloid péricycloïde (f)	a_1 a_2	перициклоида (f) pericicloide (f) pericicloide (f)	*1*
Grundkreis (m) pitch-circle, base circle cercle (m) primitif	a_1	основной кругъ (m) начальная окружность (f) circolo (m) primitivo círculo (m) primitivo	*2*
Rollkreis (m) rolling circle, generating circle cercle (m) de roulement, cercle (m) roulant	a_2	катящійся кругъ (m) образуюшая окрж- ность (f) epiciclo (m) círculo (m) de rotadura	*3*
Triebstock- verzahnung (f) pin wheel, mangle gear denture (f) à fuseaux		цѣвочное зацѣпле- ніе (n) ingranaggio (m) a lan- terna engranaje (m) de lin- terna de husillos	*4*
Doppelpunkt- verzahnung (f) double pin gearing denture (f) à double point		очертаніе (n) зуб- цовъ по двумъ точкамъ ingranaggio (m) a doppio punto engranaje (m) de doble punto	*5*
Geradflanken- verzahnung (f) rectilineal face toothing denture (f) à flancs droits		прямобочное за- цѣпленіе (n) ingranaggio (m) a pro- filo rettilineo engranaje (m) de flancos rectilíneos	*6*
Innenverzahnung (f) internal gear denture (f) intérieure		внутреннее зацѣпле- ніе (n) dentatura (m) interna engranaje (m) interior	*7*
Evolventen- verzahnung (f) involute system, single curve gear denture (f) à [en] déve- loppante [de cercle]		разверточное за- цѣпленіе (n) ingranaggio (m) a svi- luppante engranaje (m) de evol- ventes	*8*
Evolvente (f) involute développante (f)		развертка (f) sviluppante (f) evolvente (f)	*9*

5*

1
Zahnradgetriebe (n)
toothed gearing
engrenage (m)

зубчатая передача (f)
trasmissione (f) per in-
    granaggi
sistema (m) de
    engranaje,
    transmisión (f) por
    engranaje

2
Zahnradvorgelege (n)
shaft with wheel gearing
renvoi (m) à engrenage

зубчатый переборъ
    (m)
rinvio (m) ad ingranaggi
contramarcha (f) de
    engranaje

3
Satzräder (n. pl.)
interchangeable gear
    wheels, change gears
roues (f. pl.) de série

смѣнныя (гармони-
    ческія) колеса (pl.n.)
ruote (f pl.) d'assorti-
    mento
ruedas (f.pl.) harmónicas,
    surtido (m) de ruedas

4
Krafträder (n. pl.)
heavy duty gears
roues (f. pl.) de force

тяжелыя колеса (n.pl.);
    колеса (pl. n.) съ
    тихимъ ходомъ
ruote (f pl.) di forza
ruedas (f.pl.) de potencia

5
Arbeitsräder (n. pl.)
transmitting gears
roues (f. pl.) de travail,
    roues (f. pl.) de trans-
    mission

легкія колеса (n. pl.);
    колеса (pl. n.) съ
    быстрымъ ходомъ
ruote (f. pl.) di trasmis-
    sione
ruedas (f. pl.) de trabajo

6
Stirnradgetriebe (n)
spur gear system
engrenage (m) cylin-
    drique

цилиндрическая зуб-
    чатая передача (f)
ingranaggio (m) cilin-
    drico
engranaje (m) cilindrico

7
Trieb (m), Treibrad (n),
    Antriebsrad (n),
    Ritzel (n)
pinion, driver
pignon (m)

a

приводное (ведущее)
    колесо (n)
pignone (m),
    rocchetto (m)
piñón (m), rueda (f)
    motriz

8
Übersetzung (f), Über-
    setzungsverhält-
    nis (n)
ratio of gearing
rapport (m) de trans-
    mission

$$\frac{d_1}{d_2}$$

передача (f), переда-
    точное число (n)
rapporto (m) di tras-
    missione
relación (f) de ruedas

Stirnrad (n) spur gear wheel, spur gear (A) roue (f) cylindrique, roue (f) droite		цилиндрическое колесо (n) ruota (f) cilindrica rueda (f) cilíndrica, rueda (f) recta *1*
Zahnkranz (m) rim of gear wheel couronne (f) dentée	a	зубчатый вѣнецъ (m) [ободъ (m)] corona (f) dentata corona (f) dentada de la rueda *2*
Kranzwulst (f) rim collar, rib of the rim nervure (f) de la couronne	b	выступъ (m) обода nervatura (f) della corona engrosamiento (m) de la llanta, aumento(m) de grueso de la llanta, pestaña (f) de refuerzo de la corona *3*
Radnabe (f) nave, boss, hub (A) moyeu (m) de la roue	c	втулка (f) колеса mozzo (m) della ruota cubo (m) de la rueda *4*
Nabenwulst (f) nave collar, rib of the hub collet (m) du moyeu	d	приливъ (m) втулки nervatura (f) del mozzo aumento (m) de grueso del cubo de la rueda, pestaña (f) del cubo de la rueda *5*
Bohrung (f) bore alésage (m)	e	отверстіе (n) втулки foro (m) mandrilado (m) *6*
Radarm (m), Speiche (f) arm of a wheel, spoke bras (m) de la roue	f	спица (f) razza (f) brazo (m) de la rueda, radio (m) de la rueda *7*
aufgesetzter Kranz (m) built up rim couronne (f) rapportée		насаженный ободъ (m) corona (f) riportata corona (f) postiza *8*
geteiltes Rad (n) built up wheel roue (f) partagée		разъемное колесо (n) ruota (f) in più pezzi rueda (f) partida, rueda (f) en dos mitades *9*
gesprengtes Rad (n) split wheel roue (f) en plusieurs pièces		съ разрѣзнымъ ободомъ колесо (n) ruota (f) spaccata rueda (f) quebrada *10*

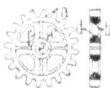

1	Getriebe (n) mit Innenverzahnung internal gear, annular gear and pinion (A) engrenage (m) à denture intérieure	зубчатыя колеса (n. pl.) со внутреннимъ зацѣпленіемъ ingranaggio (m) a dentatura interna engranaje (m) interior
2	Rad (n) mit Innenverzahnung internal tooth wheel roue (f) à denture intérieure	колесо (n) со внутреннимъ зацѣпленіемъ ruota (f) a dentatura interna rueda (f) de engranaje interior
3	Rad (n) mit Winkelzähnen, Pfeilrad (n) double helical spur wheel, herringbone gear (A) roue (f) à denture à chevrons	колесо (n) съ угловыми зубцами (зубьями) ruota (f) a dentatura a cuspide rueda (f) de ángulo
4	Winkelzahn (m) double helical tooth, herringbone tooth dent (f) à chevron, chevron (m)	угловой зубъ (m) dente (m) a cuspide diente (m) angular
5	Sprung (m) angle of advance saut (m), fente (f)	скосъ (m) зуба salto (m) salto (m)
6	Zahnstangengetriebe (n) rack and pinion engrenage (m) à crémaillère	передача (f) зубчатой рейкой ingranaggio (m) a dentiera engranaje (m) de cremallera
7	Zahnstange (f) (gear) rack crémaillère (f)	зубчатая рейка (f) dentiera (f) cremallera (f)
8	Kegelradgetriebe (n) bevil gear system engrenage (m) conique	коническая зубчатая передача (f), коническое зубчатое сцѣпленіе (n) ingranaggio (m) a ruote coniche engranaje (m) cónico
9	Grundkegel (m) pitch-cone cône (m) de base	основной (начальный, дѣлительный) конусъ (m) cono (m) primitivo cono (m) primitivo

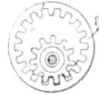

Ergänzungskegel (m) generating-cone cône (m) complémentaire	a d c	дополнительный конусъ (m) cono (m) complementare cono (m) complementario *1*
Kegelrad (n) bevil gear wheel roue (f) coniqne		коническое колесо (n) ruota (f) conica rueda (f) cónica *2*

Winkelgetriebe (n)
mitre wheel gearing,
  right angle bevil gear
  system, mitre gear (A)
engrenage (m) d'angle
		коническая зубчатая
		  передача (f)
		ingranaggio (m) conico *3*
		  ad angolo retto
		engranaje (m) cónico de
		  ángulo recto

Winkelrad (n)
mitre wheel, bevil gear
  wheel
roue (f) d'angle
	a	коническое колесо (n)
		ruota (f) conica ad angolo retto
		rueda (f) cónica para
		  ángulo recto *4*

Schneckengetriebe (n),
  Wurmgetriebe (n)
worm gear, worm and
  wheel
engrenage (m) à vis sans
  fin
		червячная передача (f)
		ingranaggio (m) a vite
		  perpetua, ingranaggio (m) a vite senza *5*
		  fine
		engranaje (m) de tornillo sin fin

Schneckenrad (n) worm wheel roue (f) hélicoïdale	a	червячное колесо (n) ruota (f) elicoidale rueda (f) helizoidal *6*

Schnecke (f), Wurm (m),
  Schraube (f) ohne
  Ende
worm, endless screw
vis (f) sans fin
	b	безконечный
		  винтъ (m) червякъ
		  (m) *7*
		vite (f) perpetua, vite (f)
		  senza fine
		tornillo (m) sin fin

Schraubenrad (n)
worm-wheel, screw-
  wheel, spiral gear (A)
roue (f) cylindrique
  hélicoïdale
		червячное колесо (n),
		  винтовое колесо (n) *8*
		ruota (f) elicoidale
		rueda (f) helizoidal

Hyperboloidrad (n)
hyperbolical wheel,
  skew gear (A)
roue (f) hyperbolique
		гиперболоидальное
		  (гиперболическое) *9*
		  колесо (n)
		ruota (f) iperboloidica
		rueda (f) hiperbólica

1	Kammrad (n)
	mortice wheel, cog-
	    wheel, cogged wheel
	roue (f) à dents de bois
			колесо (n) съ дере-
			   вянными зубьями
			ruota (f) a denti di legno
			rueda (f) con dientes de
			   madera

2	eingesetzter Zahn (m),
	   Kamm (m)
	cog, mortice wheel tooth
	dent (f) rapportée
		a	вставленный
			   зубъ (m),
			dente (m) mobile
			diente (m) empotrado

3	Holzzahn (m) wood tooth, cog dent (f) de bois	a	кулакъ (m), деревян- ный зубъ (m) dente (m) di legno diente (m) de madera

4	Eisen-Eisen-
	   Verzahnung (f)
	iron-gearing
	engrenage (m) en fer sur
	   fer
			зацѣпленіе (n) желѣз-
			   ныхъ зубьевъ съ
			   желѣзными
			ingranaggio (m) ferro
			   con ferro
			engranaje (m) de hierro
			   con hierro

5	Holz-Eisen-
	   Verzahnung (f)
	wood on iron-gearing
	engrenage (m) en bois
	   sur fer
			зацѣпленіе (n) дере-
			   вянныхъ зубьевъ
			   съ желѣзными
			ingranaggio (m) legno
			   con ferro
			engranaje (m) de hierro
			   con madera

6	kämmen
	to engage, to cog (A)
	engrener
			зацѣпить, зацѣ-
			   плять, сцѣпить,
			   сцѣплять
			ingranare
			engranar los dientes de
			   madera

7	aufkämmen
	to mortise cogs into
	   a gear wheel
	mortaiser des dents dans
	   une roue
			вставить (вставлять)
			   зубья въ колесо
			mettere denti di legno
			   ad una ruota
			dentar una rueda [con
			   dientes de madera]

8	die Räder (n. pl) tönen the wheels squeak les roues cognent		колеса (n. pl) гремятъ le ruote (f. pl.) stridono las ruedas (f pl) re- chinan

Räderformmaschine (f)
wheel moulding ma-
chine, gear moulding
machine
machine (f) à mouler
les engrenages

машина (f) для фор-
мовки зубчатыхъ
колесъ
macchina (f) per for-
mare [modellare]
ruote
máquina (f) para formar
[modelar] ruedas

1

Räderschneid-
maschine (f),
Räderfräsmaschine (f)
wheel cutting machine,
gear cutting machine
machine (f) à tailler les
engrenages

станокъ (m) для на-
рѣзки зубчатыхъ
колесъ, зуборѣз-
ная машина (f)
macchina (f) per tagliare
ingranaggi, denta-
trice (f)
máquina (f) de tallar
dientes, máquina (f)
de fresar dientes

2

X.

Reibungsgetriebe (n)
friction drive, friction
gearing
transmission (f) à
friction

Фрикціонная пере-
дача (f)
trasmissione (f) a ruote
di frizione
transmisión (f) por
fricción

3

Reibungsrad (n), Reib-
rad (n)
friction wheel, friction
pulley
roue (f) à friction,
poulie (f) à friction

Фрикціонное ко-
лесо (n), колесо (n)
тренія
ruota (f) di frizione
rueda (f) de fricción

4

Anpressungsdruck (m)
force acting on bearing-
surface
pression (f) de friction

нажатіе (n)
pressione (f) producente
la frizione
presión (f) de fricción

5

cylindrisches Reibungs-
rad (n)
circumferential friction
wheel
roue (f) à friction cylindrique

цилиндрическое
Фрикціонное ко-
лесо (n), цилиндри-
ческое колесо (n)
тренія
ruota (f) di frizione
cilindrica
rueda cilindrica (f) de
fricción

6

1	Reibungskegelrad (n) friction bevil gear roue (f) à friction conique		коническое фрикціонное колесо (n), коническое колесо (n) тренія ruota (f) di frizione conica rueda (f) cónica de fricción
2	Planscheibengetriebe (n), Diskusgetriebe (n) right angle friction wheels, disc friction wheels (A) transmission (f) par plateaux à friction		передача (f) помощью фрикціонныхъ дисковъ trasmissione (f) per dischi di frizione transmisión (f) por disco de fricción
3	Reibungsscheibe (f) friction wheel, disc plateau (m) à friction	a	фрикціонный дискъ (m) disco (m) di frizione, puleggia (f) di frizione disco (m) de fricción
4	Reibungswalze (f) friction roll rouleau (m) galet à friction, cylindre (m) de friction		фрикціонный цилиндръ (m) cilindro (m) a frizione cilindro (m) de fricción
5	Reibungskegel (m) conical roll tambour (m) conique à friction		фрикціонный конусъ (m) конусъ (m) тренія cono (m) a frizione cono (m) de fricción
6	Keilrädergetriebe (n) wedge-friction-gear, multiple V-gear, frictional grooved gearing engrenage (m) à friction, transmission (f) à friction par poulies à gorge		передача (f) помощью клиновыхъ (клинчатыхъ, желобчатыхъ) колесъ trasmissione (f) a frizione con ruote a gola transmisión (f) por ruedas de canal
7	Keilrad (n), Rillenrad (n) wedge friction wheel, grooved friction wheel roue [poulie] (f) à gorge, roue [poulie] (f) à coin	a	клиновое (клинчатое, желобчатое) колесо (n) ruota (f) a gola rueda (f) de canal

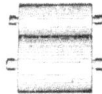

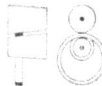

Keilnute (f), Keilrille (f) groove gorge (f)		клиновидный(клинообразный) желобъ (m) gola (f) canal (m), garganta (f) 1
Keilnutenwinkel (m) angle of the groove angle (m) de la gorge	α	уклонъ (m) желоба (m) angolo (m) della gola ángulo (m) de canal 2
Eingriffstiefe (f) depth of engagement profondeur (f) d'engrènement	a	глубина (f) захвата profondità (f) della gola 3 profundidad (f) del canal
Reibungsvorgelege (n) transmitting friction gearing, frictional gearing renvoi (m) à friction		фрикціонная передача (f) rinvio (m) a frizione 4 contra-marcha (f) á friccción

XI.

Riementrieb (m) belt driving, flexible gearing (f) transmission (f) par courroie,		ременная передача (f) trasmissione (f) per cinghia 5 transmisión (f) por correas
Antriebsscheibe (f), treibende Scheibe (f), Treibrolle (f) driving-pulley, driver (A) poulie de commande, poulie (f) motrice ou menante	a	ведущій шкивъ (m) puleggia (f) motrice 6 polea (f) motriz
getriebene Scheibe (f) driven pulley, follower (A) poulie (f) commandée ou menée	b	ведомый шкивъ (m) puleggia (f) mossa polea (f) impulsada, 7 polea (f) dirigida
Riemenspannung (f) belt tension tension (f) de courroie	P_1 , P_2.	натяженіе (n) ремня tensione (f) della cinghia 8 tensión (f) de la correa
übertragene Kraft (f) effective pull force (f) transmise	$P_1 - P_2$	передаваемое усиліе (n) forza (f) trasmessa 9 fuerza (f) transmitida
ziehendes Trum (n) driving side of belt, tight side of belt brin (m) conducteur	A B	ведущая часть (f) ремня tratto (m) conduttore 10 cable (m) tirante

1	gezogenes Trum (n) driven side of belt, slack side of belt, loose side of belt brin (m) conduit	C D

ведомая часть (f) ремня
tratto (m) condotto
cable (m) atirantado, cable (m) flojo

2	Pfeilhöhe (f), Durch-hängung (f) deflection, sag (A) flèche (f)	 *a*

провѣсъ (m)
saetta (f) d'incurva-mento [della fune]
altura (f) de flecha [de la curva del cable]

3	Umschlingungs-winkel (m) angle of contact, arc of contact arc (m) embrassé	*α*

уголъ (m) обхвата
angolo (m) abbracciato
ángulo (m) de contacto, arco (m) abrasado

---

4 eine Welle durch Riemen antreiben
to drive a shaft by belting
commander un arbre par courroie

привести (приво-дить) валъ въ движеніе посред-ствомъ ремня
muovere un' albero con cinghia
mover un eje por correa

5	Riemen (m) belt courroie (f)	*a*

ремень (m)
cinghia (f)
correa (f)

6	auflaufendes Riemen-ende (n) side engaging with pulley brin (m) montant	*b*

набѣгающій конецъ (m) ремня
tratto (m) che viene, tratto (m) ascendente
extremo (m) conductor

7	ablaufendes Riemen-ende (n) side of delivery brin (m) descendant	*c*

сбѣгающій конецъ (m) ремня
tratto (m) che va, tratto (m) discendente
extremo (m) conducido

8	Riemenbreite (f) width of belt largeur (f) de la courroie	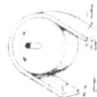 *a*

ширина (f) ремня
larghezza (f) della cinghia
ancho (m) de la correa

9	Riemendicke (f), Riemenstärke (f) thickness of belt épaisseur (f) de la cour-roie	*b*

толщина (f) ремня
spessore (m) della cin-ghia
grueso (m) de la correa

Fleischseite (f) des Riemens flesh-side côté (m) chair de la courroie	c	задняя (рабочая сторона (f)) ремня parte (f) naturale della cinghia lado (m) brillante de la correa	*1*

Haarseite (f) des Riemens hair-side côté (m) poil de la courroie	d	лицевая сторона (f) ремня, гладкая сторона (f) ремня parte (f) conciata della cinghia lado (m) rugoso de la correa	*2*

Riemenvorgelege (n) intermediate belt gearing renvoi (m) à courroie	ременная передача (f) rinvio (m) a cinghia transmisión (f) intermedia por correa	*3*

Riemenantrieb (m) belt drive commande (f) par courroie	ременной привод (m) trasmissione (f) a cinghia impulsión (f) por correa	*4*

offener Riemen (m) open belt courroie (f) ouverte	открытый (неперекрёстный) ремень (m) cinghia (f) aperta correa (f) abierta	*5*

gekreuzter Riemen (m), geschränkter Riemen (m) crossed belt courroie (f) croisée	закрытый перекрёстный, перекрещенный ремень (m) cinghia (f) incrociata correa (f) cruzada	*6*

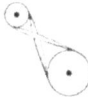

halbgeschränkter Riemen (m), Halbkreuzriemen (m) half-cross belt, quarter turn belt (A) courroie (f) demi-croisée	полуперекрестный (полуперекрещенный) ремень (m) cinghia (f) semi-incrociata correa (f) semi-cruzada	*7*

Winkeltrieb (m) angle drive transmission (f) à angle	передача (f) подъ угломъ trasmissione (f) ad angolo transmisión (f) angular	*8*

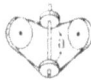

Leitrolle (f), Führungsrolle (f) guide, idler (A) galet (m) [de guide]	a	направляющій роликъ (m) puleggia (m) di guida rodillo (m) guía	*9*

1	Betrieb (m) mit Belastungsspannung drive with weighted belt-tightener transmission (f) par tension provoquée		передача (f) съ натягивающимъ грузомъ trasmissione (f) con tensione a peso impulsión (f) con tensión por peso
2	Spannrolle (f) tension pulley, idler (A), tightener (A) galet (m) tendeur		натяжной роликъ (m) rullo (m) tenditore polea (f) de tensión, rodillo (m) tensor
3	Kegelscheibentrieb (m) cone pulley drive, continuous speed cone (A) transmission (f) par tambours cônes, commande (f) par poulies cônes		передача (f) при помощи коническихъ барабановъ trasmissione (f) a puleggie coniche transmisión (f) por poleas cónicas
4	horizontaler Riemen (m) horizontal belt courroie (f) horizontale		горизонтальный ремень (m) cinghia (f) orizzontale correa (f) horizontal
5	senkrechter Riemen (m) vertical belt courroie (f) verticale		вертикальный ремень (m) cinghia (f) verticale correa (f) vertical
6	schiefer Riemen (m) von links unten nach rechts oben oblique belt, driver below, driven pulley above courroie montante de gauche à droite		наклонный вправо кверху ремень (m) cinghia (f) inclinata da sinistra a destra correa (f) inclinada de izquierda á derecha
7	schiefer Riemen von rechts unten nach links oben oblique belt, driver right, driven left courroie montante de droite à gauche		наклонный вляво книзу ремень (m) cinghia (f) inclinata da destra a sinistra correa (f) inclinada de derecha á izquierda
8	der Riemen (m) schlägt the belt flaps la courroie flotte		ремень (m) бьетъ la cinghia (f) sbatte la correa (f) salta

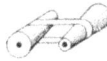

der Riemen (m) gleitet, der Riemen (m) rutscht the belt slips la courroie glisse	ремень (m) скользитъ (буксуетъ) la cinghia (f) scorre, la cinghia (f) slitta la correa (f) resbala *1*
der Riemen (m) klettert the belt creeps, climbs la courroie monte	ремень (m) набѣ-гаетъ la cinghia (f) sormonta la correa (f) trepa *2*
den Riemen (m) nach-spannen to tighten the belt tendre la courroie	подтянуть (подтяги-вать) ремень tendere la cinghia tensar la correa *3*
den Riemen (m) kürzen to take up the belt, to shorten the belt raccourcir la courroie	укоротить (укорачи-вать) ремень accorciare la cinghia acortar la correa, recortar la correa *4*
der Riemen (m) springt von der Scheibe ab the belt runs off the pulley la courroie tombe de la poulie	ремень (m) соскаки-ваетъ со шкива la cinghia salta dalla puleggia la correa (f) salta de la polea *5*
Riemenaufleger (m) belt-shifter monte-courroie (m)	надѣватель (m) ремня, ремненадѣ-ватель (m) monta-cinghia (m) monta (m) correas *6*
einen Riemen (m) auf die Scheibe auflegen to put a belt on a pulley mettre une courroie sur la poulie	надѣть (надѣвать) ремень на шкивъ montare una cinghia sulla puleggia montar una correa, colocar una correa sobre la polea *7*
einen Riemen (m) von der Scheibe ab-werfen to throw a belt off the pulley, to throw off a belt enlever une courroie de la poulie	сбросить (сбрасы-вать) ремень со шкива smontare una cinghia dalla puleggia, to-gliere una cinghia quitar la correa de la polea *8*

1
der Riemen (m) ruht auf der Welle
the belt is lying on the shaft
la courroie pose sur l'arbre
ремень (m) покоится на валѣ
la cinghia posa sull' albero
la correa está colocada sobre el eje de transmisión

2
Doppelriemen (m)
double-belt
courroie (f) double
двойной ремень (m)
cinghia (f) doppia
correa (f) doble

3
mehrfacher Riemen (m)
belt composed of several layers of material, multiple belt
courroie (f) multiple
сложный ремень (m)
cinghia (f) multipla
correa (f) múltiple

4
Riemenleder (n)
belt leather
cuir (m) de courroie
кожа (f) для ремней
cuoio (m) da cinghia
cuero (m) de correa

5
Treibriemen (m)
driving belt
courroie (f) de commande
приводный ремень (m)
cinghia (f) motrice
correa (f) motriz

6
Gliederriemen (m), Kettenriemen
link belt
courroie (f) articulée, courroie (f) à chainons
суставный ремень(m)
cinghia (f) articolata
correa (f) articulada

7
Riemenverbindung (f)
belt joint, belt fastening
attache (f) de courroie
соединеніе (n) ремней
giuntura (f) della cinghia
unión (f) de correas

8
Riemenspanner (m)
belt stretcher
tendeur (m) de courroie
натяжной для ремней приборъ (m)
apparecchio (m) tenditore della cinghia
atesador (m) de correa, tensor (m) de correa

9
geleimter Riemen (m)
cemented belt joint, glued belt joint
courroie (f) collée
клеенный ремень (m)
cinghia (f) incollata
correa (f) encolada

10
den Riemen (m) leimen
to make a belt joint with cement, to glue the belt
coller la courroie
склеить (склеивать) ремень
incollare la cinghia
encolar la correa

11
Lederleim (m)
leather cement, leather glue
colle (f) de cuir
клей (m) для ремней
mastice (m), colla (f) per cuoio
cola (f) para cuero

genähter Riemen (m) laced belt courroie (f) cousue		сшитый ремень (m)- cinghia (f) cucita correa (f) cosida	*1*

den Riemen (m) nähen to lace the belt coudre la courroie		сшить (сшивать) ремень cucire la cinghia coser la correa	*2*

Nähriemen (m), Binde- riemen (m) belt-lace lanière (f) pour attache	a	дратва (f), сшиваю- щій ремешокъ (m) striscia (f) di cuoio per cucire correa (f) de costura	*3*

Riemenschloß (n) belt fastening agrafe (f) de courroie		замокъ (m) для ремней agraffa (f) per cinghia labros (m. pl.) de la cor- rea	*4*

Riemenschraube (f) screw belt fastener vis agrafe (f) de courroie,		винтъ (m) ременной застежки vite (f) per congiungere cinghie tornillo (m) para correa	*5*

Riemenkralle (f) claw, belt fastener (A) agrafe (f) griffe pour courroie		соединитель (m) для ремней grappa (f) per cinghie corchete (m) para correa	*6*

Riemscheibe (f) belt pulley poulie (f)		шкивъ (m) puleggia (f) polea (f)	*7*

Scheibenkranz (m) pulley rim, rim of pulley jante (f) de poulie,	a	ободъ (m) шкива corona (f) della puleggia anillo (m) de la polea, llanta (f) de la polea	*8*

Randstärke (f) thickness of rim épaisseur (f) de la jante	b	толщина (f) края обода spessore (m) della co- rona grueso (m) de la llanta	*9*

Breite (f) der Riem- scheibe breadth of rim, breadth of pulley face (A) largeur (f) de la poulie	c	ширина (f) обода шкива larghezza (f) della pu- leggia ancho (m) de la polea	*10*

6

1	gerade gedrehte Riemscheibe (f) flat face pulley, pulley with flat face poulie (f) cylindrique		цилиндрическій шкивъ (m) puleggia (f) cilindrica polea (f) de llanta plana
2	ballig gedrehte Riemscheibe (f), ballig gewölbte Riemscheibe (f) crowned pulley poulie (f) bombée		выпуклый шкивъ (m) puleggia (f) a corona curvata polea (f) de llanta curvada
3	Wölbung (f) crowning, swell bombage (m), flèche (f) de la poulie	a	выпуклость (f) curvatura (f) curvatura (f) de la llanta
4	Riemscheibe (f) mit geraden Armen straight-armed pulley poulie (f) à rayons droits, poulie (f) à bras rectilignes		шкивъ (m) съ прямыми спицами (ручками) puleggia (f) a razze dritte polea (f) con brazos rectos
5	Riemscheibe (f) mit geschweiften Armen curved armed pulley poulie (f) à rayons courbés		шкивъ (m) съ изогнутыми спицами (ручками) puleggia (f) con razze curve polea (f) con brazos curvos
6	Scheibe (f) mit Doppelarmkreuz pulley with two sets of arms poulie (f) à double bras		шкивъ (m) съ двойнымъ рядомъ прямыхъ спицъ puleggia (f) con doppia corona di razze polea (f) con doble fila de brazos
7	gußeiserne Riemscheibe (f) cast-iron belt pulley poulie (f) en fonte		чугунный шкивъ (m) puleggia (f) di ghisa polea (f) de fundición
8	schmiedeeiserne Riemscheibe (f) wrought-iron belt pulley poulie (f) en fer		желѣзный шкивъ (m) puleggia (f) di ferro polea (f) de hierro forjado

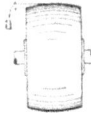

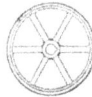

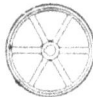

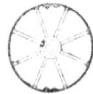

hölzerne Riemscheibe (f) wood belt pulley poulie (f) en bois		деревянный шкивъ (m) puleggia (f) di legno polea (f) de madera *1*

ganze Riemscheibe (f),
  ungeteilte Riem-
  scheibe (f), einteilige
  Riemscheibe (f)
solid belt pulley
poulie (f) en une pièce
		цѣльный шкивъ (m)
		puleggia (f) intera
		polea (f) entera *2*

geteilte Riemscheibe (f)
split belt pulley
poulie (f) à deux [plu-
  sieurs] pièces
		свертный шкивъ (m)
		puleggia (f) divisa
		polea (f) partida, polea
		  (f) en dos mitades (m) *3*

Riemkegel, Kegel- scheibe (f) cone pulley cône (m)		коническій шкивъ (m) puleggia (f) a cono polea (f) cónica *4*

Stufenscheibe (f),
  Stufenrad (n)
step cones, step pulley
cône (m) à gradins
		раздвижной (ступен-
		  чатый) шкивъ (m)
		puleggia (f) multipla
		polea (f) múltiple 5

Fest- und Losscheibe (f)
fast and loose pulley
poulie (f) fixe et poulie (f)
  folle
		рабочій и холостой
		  шкивъ (m)
		puleggia (f) fissa e folle
		polea (f) fija y loca 6

feste Riemscheibe (f), Festscheibe (f) fast pulley, tight pulley poulie (f) fixe	a	рабочій шкивъ (m) puleggia (f) fissa polea (f) fija 7
lose Riemscheibe (f), Losscheibe (f) loose pulley poulie (f) folle	b	холостой шкивъ (m) puleggia (f) folle polea (f) loca *8*

Nabenbüchse (f), Leer-
  laufbüchse (f)
bushing
manchon (m) de la
  poulie folle
	c	втулка (f) ступицы
		foro (m) del mozzo della
		  puleggia folle
		caja (f) de la polea loca,
		  estómago (m) de la
		  polea loca *9*

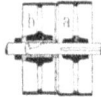

1	einen Riemen (m) von der Losscheibe auf die Festscheibe schieben to shift the belt from loose to fast pulley passer la courroie de la poulie folle à la poulie fixe	передвинуть (передвигать) ремень съ холостаго на рабочій шкивъ fare passare la cinghia dalla puleggia folle sulla fissa pasar la correa de la polea loca á la fija
2	einrücken und ausrücken to throw in and out of gear, to throw in and to throw off embrayer et débrayer	включить и выключить, (включать и выключать) mettere e togliere la cinghia embragar y desembragar
3	Riemenausrücker (m) the belt-shifter appareil (m) de débrayage	разобщительный приводъ (m), разъединительный рычагъ (m) sposta-cinghia (m), svia-cinghia (m) desviador (m) de la correa, cambia-correa (f), disparador (m) de la correa
4	Riemengabel (f) belt guider, belt fork fourchette (f) de débrayage	направляющая вилка (f) forchetta di guida horquilla (f) de la guís, horquilla (f) del disparador
5	Seiltrieb (m) rope drive transmission (f) par câble, commande (f) par câble	канатная передача (f) trasmissione (f) a corda transmisión (f) por cuerdas
6	Seilspannung (f) rope tension tension (f) du câble	натяженіе (n) каната tensione (f) della corda tensión (f) de la cuerda
7	Seilführungsrolle (f), Leitrolle (f) guide pulley of rope, idler (A) galet (m) guide câble	шкивъ (m) направляющій канатъ puleggia (f) di guida della corda polea (f) guia de la cuerda
8	Kreisseiltrieb (m) continuous rope drive system transmission (f) cyclique par câble, transmission (f) à brins multiples	круговая канатная передача (f) trasmissione (f) circolare a corda transmisión (f) circular por cuerda

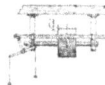

Seil (n) rope câble (m), corde (f)		канатъ (m) corda (f) cuerda (f), cable (m) — **1**
Litze (f), Strähne (f) strand tresse (f) de corde, to- ron (m)	a	жила (f), пастма (f), прядь (f) trefolo (m) — **2** filástica (f)
Seele (f) core âme (f)	b	сердцевина (f) anima (f) — **3** alma (f)
das Seil (n) schlagen, das Seil (n) zu- sammenschlagen to spin the rope, to twist the rope battre la corde		скрутить канатъ, скручивать ка- натъ — **4** intrecciare la corda torcer la cuerda
Seilschlagmaschine (f) rope spinning machine machine (f) à battre les cordes		машина (f) для скру- чиванія каната macchina (f) per in- — **5** trecciare la corda máquina (f) para torcer la cuerda
Spiralseil (n) twisted rope, spiral rope câble (m) à spirale		спиральный канатъ (m) corda (f) a spirale — **6** cuerda (f) á espiral
vollschlächtiges Seil (n), verschlossenesSeil(n) locked cable, locked rope câble (m) fermé		сомкнутый канатъ (m) corda (f) chiusa — **7** cuerda (f) de cable re- vestido
Seilverbindung (f) rope splice joint (m) du câble, épis- sure (f) du câble		канатное соедине- ніе (n) unione (f) di corde — **8** unión (f) de cuerda, em- palme (m) de la cu- erda
das Seil (n) verspleißen to splice a rope épisser le câble		сращивать канатъ (m) piombare la corda — **9** unir los extremos de las cuerdas, empalmar
Spleißstelle (f) joint, splice épissure (f)		мѣсто (n) срощенія punto (m) di piombatura d'una corda — **10** empalme (m), punto (m) de unión

1	Seilschloß (n) joint attache (f) de câbles	замокъ (m) для кана- товъ apparecchio (m) d'at- tacco delle corde cierre (m) de la cuerda, corchete (m) de cable
2	Seilreibung (f) rope friction frottement (m) du câble	треніе (n) каната attrito (m) della corda fricción (f) de la cuerda
3	Seilsteifigkeit (f) strength of rope rigidité (m) du câble	жесткость (f) каната rigidezza (f) della corda rigidez (f) de la cuerda
4	Seilschmiere (f) rope lubricant graisse (f) de câble	смазка (f) для кана- товъ lubrificante (m) della corda engrase (m) de la cuerda
5	laufendes Seil (n) rope in motion, working rope corde (f) mobile	подвижный канатъ (m) corda (f) in moto cuerda (f) en movimi- ento
6	stehendes Seil (n) rope at rest corde (f) fixe	неподвижный канатъ (m) corda (f) ferma cuerda (f) fija
7	Drahtseil (n) wire-rope, cable câble (m) métallique	проволочный канатъ (m) fune (f) metallica cable (m) metálico
8	Stahldrahtseil (n) steel-wire-rope câble (m) en acier	канатъ (m) изъ стальной прово- локи, тросъ (m) fune (f) d'acciaio cable (m) de hilos de acero
9	Hanfseil (n) hemp rope, manila rope câble (m) de chanvre, corde (f) de chanvre	пеньковый канатъ (m) corda (f) di canape, cavo (m) di canape cuerda (f) de cáñamo
10	Baumwollseil (n) cotton rope câble (m) de coton, corde (f) de coton	хлопчатобумажный канатъ (m) corda (f) di cotone cuerda (f) de algodón

Seilrolle (f), Seil-
scheibe (f)
rope pulley, rope sheave
poulie (f) à câble, poulie
(f) à corde

бороздчатый
шкивъ (m) для
канатовъ
puleggia (f) a fune, pu- *1*
leggia (f) a corda
polea (f) para cables,
polea (f) para cuer-
das

Seilrille (f), Seilnute (f)
groove
gorge (f) de la poulie

a

желобокъ (m) шкива,
бороздка (f) шкива *2*
gola (f) della puleggia
garganta (f)

Drahtseilscheibe (f)
wire rope pulley
poulie (f) à câble mé-
tallique

шкивъ (m) для про-
волочнаго каната
puleggia (f) a fune me- *3*
tallica
polea (f) para cables
metálicos

Hanfseilscheibe (f)
rope pulley
poulie (f) à câble de
chanvre, poulie (f) à
corde

шкивъ (m) для пень-
коваго каната
puleggia (f) a fune di *4*
canape
polea (f) para cuerda de
cáñamo

Triebwerksseil (n),
Treibseil (n)
transmission rope
câble (m) de transmis-
sion

приводный
канатъ (m)
corda (f) motrice *5*
cuerda (f) motriz, cable
(m) motor, cable (m)
de transmisión

Antriebsseil (n)
driving rope
câble (m) de commande,
corde (f) de com-
mande

передаточный
канатъ (m)
corda (f) di trasmissione *6*
cuerda (f) de impulsión,
cuerda (f) directora

Förderseil (n)
winding rope, hoisting
cable (A)
câble (m) de levage

канатъ (m) руднич-
наго элеватора *7*
fune (f) di sollevamento
cable (m) de suspensión

Aufzugsseil (n)
elevator cable, elevator
rope
câble (m) de monte-
charges

подъемный
канатъ (m) *8*
cavo (m) da ascensore
cable (m) para ascensor

Kranseil (n)
crane rope
câble (m) de grues

канатъ (m) подъем-
наго крана *9*
fune (f) da gru
cable (m) para grúa

1	Kabelseil (n)
	cable
	câble (m)
			кабельный
			  канатъ (m)
			cavo (m)
			cable-cuerda (m),
			  cable (m)

2	Haspelseil (n) winch rope câble (m) pour cabestans		гаспельный канатъ (m) fune (f) da argano cable (m) de cabrestante
3	das Seil (n) aufwickeln to wind up a rope enrouler un câble		намотать (наматы- вать) канатъ avvolgere una corda arrollar una cuerda
4	das Seil (n) abwickeln to unwind a rope dérouler un câble		размотать (разматы- вать) канатъ svolgere una corda desarrollar una cuerda

XII.

5	Kettentrieb (m)
	chain drive, chain
	  gearing
	transmission (f) par
	  chaînes
			цѣпная передача (f)
			trasmissione (f) a catena
			transmisión (f) de ca-
			  dena

6	Kette (f) chain chaîne (f)	a	цѣпь (f) catena (f) cadena (f)
7	Kettenrad (n) chain wheel roue (f) à chaîne	b	цѣпной блокъ (m) ruota (f) a catena polea (f) de cadena

8	Gliederkette (f),
	  Schakenkette (f)
	open link chain
	chaîne (f) ordinaire
			грузовая (обыкно-
			  венная) цѣпь (f)
			catena (f) a maglie
			cadena (f) de eslabones

9	Schake (f), Ketten-
	  glied (n)
	link of a chain
	anneau de la chaîne,
	  maillon (m)
			звено (n) цѣпи
			maglia (f) della catena
			eslabón (m)

10	Teilung (f), Baulänge (f),
	  lichte Glieder-
	  länge (f)
	inside length
	pas (m) du maillon
		a	длина (f) отверстія
			  звена
			lunghezza (f) interna
			  della maglia
			longitud (f) interior del
			  eslabón

lichte Gliederbreite (f)
inside breadth
largeur (f) intérieure du
    maillon
	b	ширина (f) отверстія
		    звена
		larghezza (f) interna
		    della maglia
		ancho (m) interior del
		    eslabón
			1

Ketteneisen (n)
chain iron (A), link of
    a chain
maillon (m)
	c	кольцо (n)
		ferro (m) per le maglie,
		    maglia (f)
		eslabón (m)
			2

Kettenreibung (f) chain friction frottement (m) de chaînes		треніе (n) цѣпи attrito (m) della catena fricción (f) de la cadena	*3*

Kettenschloß (n)
chain joint
joint (m) de chaîne,
    manille (f)
		соединитель (m),
		    замокъ (m) для
		    цѣпи, соедини-
		    тельное звено
		giunto (m) della catena
		cierre (m) de la cadena
			4

geschweißte Kette (f)
welded chain
chaîne (f) soudée
		сваренная цѣпь (f)
		catena (f) a maglie
		    saldate
		cadena (f) de eslabones
		    soldados
			5

Kopfschweiße (f)
end lap weld
soudure (f) en tête
		сварка (f) въ стыкъ
		maglia (f) saldata in
		    testa
		eslabón (m) soldado por
		    el extremo
			6

Seitenschweiße (f)
side lap weld
soudure (f) latérale,
    soudure (f) sur côté
		сварка (f) въ напускъ
		maglia (f) saldata in
		    fianco
		eslabón (m) soldado por
		    el lado
			7

kurzgliedrige Kette (f)
short-link chain
chaîne (f) à maillons
    courts
		цѣпь (f) съ корот-
		    кими звеньями
		catena (f) a maglia corta
		cadena (f) de eslabón
		    corto
			8

langgliedrige Kette (f)
long-link chain
chaîne (f) à maillons
    longs
		цѣпь (f) съ длин-
		    ными звеньями
		catena (f) a maglia lunga
		cadena (f) de eslabón
		    largo
			9

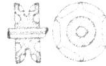

1	Stegkette (f) stud link chain chaîne (f) étançonnée, chaîne (f) à étançons, chaîne (f) entretoisée	цѣпь (f) съ распор- ками catena (f) a maglia rin- forzata, catena (f) a puntelli cadena (f) de eslabón con traversaño
2	Steg (m) stud étançon (m), entre- toise (f)	распорка (f) rinforzo (m), puntello (m), traverso (m) refuerzo (m) de eslabón contrete (m)
3	kalibrirte Kette (f) calibrated chain, tested chain chaîne (f) calibre	калиброванная (точная) цѣпь catena (f) calibrata cadena (f) calibrada
4	Hakenkette (f) hook link chain chaîne (f) à crochets	крючковая цѣпь (f) catena (f) a ganci cadena (f) abierta
5	Kettennuß (f), Ketten- wirbel (m) chain wheel pignon (m) à chaîne	шестерня (f) rocchetto (m) rueda (f) de engrane de cadenas, piñón (m) de cadena
6	Haspelrad (n) chain wheel, chain sheave roue (f) à chaîne	колесо (n) ручнаго ворота ruota (f) d'argano rueda (f) de cabrestante
7	Kettenführungs- bügel (m) chain guard chape (f) guide chaîne	направляющій бю- гель (m) (хомутъ (m)) цѣпной пере- дачи guida (f) della catena guardacadena (f)
8	Kettenrolle (f) chain wheel poulie (f) de [à] chaines	блокъ (m) для цѣпей puleggia (f) per catena polea (f) para cadena
9	Gelenkkette (f), Laschenkette (f) flat link chain, sprocket chain chaîne (f) d'articula- tions, chaîne (f) de maillons	шарнирная цѣпь (f) catena (f) articolata cadena (f) articulada, cadena (f) de gallo
10	Kettenlasche (f) link-plate maille (f) de chaîne	накладка (f) цѣпи piastrella (f) malla (f), eclise (f) de cadena

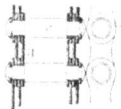

Laschenkopf (m) enlarged end of plate œil (m) de maille, tête (f) de maille	b	головка (f) накладки testa (f) della piastrella cabeza (f) de la malla	*1*
Kettenbolzen (m) link pin tourillon (m)	c	болтъ (m) цѣпи perno (m) della catena articolata tornillo (m) de la cadena articulada	*2*
Gallsche Kette (f) Gall's chain chaine (f) Galle,		цѣпь (f) Галля catena (f) Galle cadena (f) Galle	*3*
verzahntes Ketten- rad (n), Daumen- rad (n), Daumen- rolle (f) sprocket roue (f) à chaîne dentée		звѣздочка (f), зуб- чатый цѣпной блокъ (m) puleggia (f) dentata da catena rueda (f) de cabillas	*4*
Kettenachse (f) chain axle arbre (m) à chaine		цѣпной валикъ (ро- ликъ (m)) albero (m) da catena eje (m) para cadena	*5*
Treibkette (f) driving chain chaîne (f) motrice		приводная цѣпь (f) catena (f) motrice cadena(f) de transmisión	*6*
Lastkette (f) load chain chaîne (f) de charge		подъемная цѣпь (f) catena (f) da pesi cadena (f) para pesos	*7*
Krankette (f) crane-chain chaîne (f) de grue		цѣпь (f) для крановъ catena (f) da gru cadena (f) de grúa, ca- dena (f) de cabre- stante	*8*
Ankerkette (f) anchor chain chaîne (f) d'ancre		якорная цѣпь (f) catena (f) da ancora, ca- tena (f) d'ormeggio cadena (f) de áncora, cadena (f) de aparejo	*9*
Kettenlauf (m) path of a chain course (f) de chaîne		цѣпная передача (f) corsa (f) della catena carrera (f) de la cadena	*10*
Kette (f) ohne Ende, endlose Kette (f) endless chain chaîne (f) sans fin		безконечная цѣпь (f) catena (f) senza fine, catena (f) continua cadena (f) sin fin, cadena (f) cerrada	*11*

1	Haken (m) hook crochet (m)	крюкъ (m) gancio (m) gancho (m)
2	Hakenmaul (n) mouth of hook, jaw (A) ouverture (f) du crochet, bec (m) du crochet	отверстіе (n) крюка apertura (f) del gancio, bocca (f) del gancia, becco (m) del gancio boca (f) del gancho
3	Hakenschaft (m) neck (of hook) tige (f) du crochet	цапфа (f) крюка gambo (m) del gancio cuello (m) del gancho
4	Hakenkehle (f) throat (of hook) coude (m) du crochet	стержень (m) крюка collo (m) del gancio cuerpo (m) del gancho
5	Schekel (n) shackle **a** anneau (m)	душка (f) крюка traversa (f) eslabón (m) giratorio
6	Doppelhaken (m), Widderkopf (m) double hook crochet (m) double	двойной крюкъ (m) gancio (m) doppio gancho (m) doble
7	Seilhaken (m) rope hook crochet (m) à [de] câble	крюкъ (m) для кана- товъ gancio (m) per corda gancho (m) para cuerda
8	Kettenhaken (m) chain hook crochet (m) à [de] chaine	крюкъ (m) для цѣпей gancio (m) per catena gancho (m) para cadena
9	Hakengeschirr (n) hook utensils accessoires (m. pl.) de crochet	принадлежности (f.pl.) къ крюку accessori (m. pl.) del gancio herramientas (f. pl.) de gancho, accesorios (m. pl.) del gancho
10	Ose (f) eye œillet (m)	ушко (n), петля (f) occhiello (m) grillete (m), ojal (m)

Schlaufe (f) loop, triangular lifting eye crochet (m) fermé		замкнутый крюкъ (m) gancio (m) chiuso assa (f), ojuelo (m) *1*

XIII.

Rolle (f) pulley, sheave poulie (f)		блокъ (m) carrucola (f), puleggia (f) *2* polea (f)
feste Rolle (f) fixed pulley poulie (f) fixe		неподвижный (глу- хой) блокъ (m) *3* carrucola (f) fissa polea (f) fija
lose Rolle (f) moveable pulley, loose pulley poulie (f) folle, poulie (f) mobile		холостой (передвиж- ной) блокъ (m) *4* carrucola (f) folle, carru- cola (f) mobile polea (f) móvil
Rollenbügel (m) pulley fork, yoke chape (f) de la poulie	a	обойма (f) блока staffa (f) amarre (f), abrazadera (f), *5* armadura (f) de la polea
Rollenachse (f) pulley axle axe (m) de la poulie	b	ось (f) блока asse (f) della carrucola, perno (m) della carru- *6* cola eje (m) de la polea
Flaschenzug (m), Rollen- zug (m), Talje (f) pulley blocks moufle (f)		полиспастъ (m), сложный (буты- лочный) блокъ (m) *7* paranco (m) aparejo (m), poli- pasto (m)
Rollenkloben (m), Flasche (f) block moufle (f)	a, b	коробка (f) (обойма (f)) блока *8* taglia (f) cepo (m) de polea
este Flasche (f) fixed block moufle (f) fixe	a	неподвижная ко- робка (f) (обойма (f)) *9* taglia (f) fissa juego (m) de poleas fijas

1	lose Flasche (f) moveable block moufle (f) mobile	b

холостая коробка (f) (обойма (f))
 taglia (f) mobile <br> juego (m) de poleas móviles

2	Oberflasche (f) upper block moufle (f) du haut	a

верхній блокъ (m), верхняя коробка (f) (обойма (f))
 taglia (f) superiore <br> aparejo (m) fijo, polea (f) fija

3	Unterflasche (f) lower block moufle (f) du bas	b

нижній блокъ (m), нижняя коробка (f) обойма (f)
 taglia (f) inferiore <br> aparejo (m) móvil, polea (f) móvil

4	Differentialflaschenzug (m), Treibflaschen- zug (m) differential pulley block moufle (f) différentielle	

дифференціальный полиспастъ (m)
 paranco (m) differenziale <br> aparejo (m) diferencial

5	Differentialscheibe (f), Differentialrolle (f) differential pulley, dif- ferential sheave poulie (f) différentielle	a

дифференціальный блокъ (m)
 puleggia (f) differenziale <br> polea (f) diferencial

6	Seilflaschenzug (m), Seilzug (m) rope tackle block moufle (f) à corde	

канатный поли- спастъ (m)
 paranco (m) a corda <br> aparejo (m) de cuerda

7	Kettenflaschenzug (m), Kettenzug (m) chain tackle block palan (m), moufle (f) à chaine	

цѣпной поли- спастъ (m)
 paranco (m) a catena <br> aparejo (m) de cadena

8	Trommel (f) drum tambour (m)	

барабанъ (m)
 tamburo (m)
 tambor (m), plegador (m)

9	Trommelmantel (m) drum-jacket or shell enveloppe (f) du tambour	a

цилиндръ (m) бара- бана <br> involucro (m) del tam- buro <br> envolvente (m) del tambor

Trommelwelle (f)
drum axle
arbre (m) du tambour,
  axe (m) du tambour
	b	валъ (m) барабана
		albero (m) del tamburo,
		  asse (f) del tamburo,
		  perno (m) del tam-
		  buro
		eje (m) del tambor *1*

Seiltrommel (f)
rope drum
tambour (m) à corde
		барабанъ (m) для
		  канатовъ
		tamburo (m) per corda,
		  tamburo (m) per fune *2*
		tambor (m) para cable,
		  tambor (m) para
		  cuerda

Kettentrommel (f) chain drum tambour (m) à chaîne		барабанъ (m) для цѣпей *3* tamburo (m) a catena tambor (m) para cadena

XIV.

Gesperre (n)
lock mechanism,
  locking mechanism
encliquetage (m)
		защелкивающій
		  механизмъ (m)
		arresto (m) *4*
		trinquete (m), gatillo (m)
		  de parada

Zahngesperre (n)
ratchet
rochet (m), enclique-
  tage (m) a dents
		зубчатые осто-
		  новы (m. pl.) *5*
		arresto (m) a denti
		juego (m) de trinquete

Sperrad (n), Schalt-
  rad (n)
ratchet wheel
roue (f) à cliquet,
  roue (f) à rochet
	a	храповое колесо (n),
		  храповикъ (m),
		  тормазное ко-
		  лесо (n) *6*
		ruota (f) d'arresto
		rueda (f) de trinquete

Sperrhaken (m), Schalt-
  klinke (f)
pawl
cliquet (m)
	b	кулачекъ (m), со-
		  бачка (f) *7*
		nottolino (m)
		gatillo (m) de trinquete

Klemmgesperre (n)
friction-ratchet gear
encliquetage (m) à coin
		зажимающіе оста-
		  новы (m. pl.)
		arresto (m) di frizione *8*
		mecanismo (m) de paro
		  por mordiente

Klemmkegel (m)
friction-ratchet
cliquet (m) à friction
	a	зажимающій
		  конусъ (m)
		nottolino (m) eccentrico *9*
		cono (m) mordiente, trin-
		  quete (m) de fricción

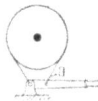

1	Bremse (f), Brems- vorrichtung (f) brake, brake device frein (m)		тормазъ (m), тормаз- ной аппаратъ (m) freno (m) freno(m), mecanismo(m) de freno
2	Backenbremse (f), Klotzbremse (f) shoe-brake frein (m) à sabot		тормазъ (m) съ ко- лодками (нащечи- нами) freno (m) a ceppo freno (m) de zapato
3	Bremsscheibe (f) brake pulley poulie (f) de frein	a	тормозной шкивъ (m), тор- мозное колесо (n) puleggia (f) del freno polea (f) del freno
4	Bremsklotz (m), Brems- backe (f) brake shoe sabot (m) de frein	b	тормозная колодка(f), тормозной баш- макъ (m) ceppo (m) del freno cepo (m) de freno, placa (f) de freno, al- mohadilla, zapata (f) del freno
5	Bremshebel (m) brake lever levier (m) de frein	c	тормозной рычагъ (m) leva (f) del freno palanca (f) del freno
6	Bremskraft (f) brake pressure force (f) du frein		тормозящая сила (f) forza (f) frenatrice fuerza (f) de frenado, frenatriz (f)
7	Keilradbremse (f) V-shaped brake frein (m) à gorge		клиновой тормазъ(m) freno (m) ad incastro freno (m) de ranura
8	Kegelbremse (f) friction clutch frein (m) à cône		коническій тор- мазъ (m), тор- мазъ (m) съ кони- ческимъ колесомъ freno (m) conico freno (m) cónico
9	Bandbremse (f) band brake, strap brake frein (m) à bande		ленточный тор- мазъ (m) freno (m) a nastro freno (m) de cinta

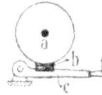

Bremsband (n) band, strap of the brake bande (m) de frein	a	тормозная лента (f) (полоса (f)) nastro (m) del freno cinta (f) del freno	*1*

Differentialbremse (f) differential brake frein (m) différentiel		дифференціальный тормазъ (m) freno (m) differenziale freno (m) diferencial	*2*

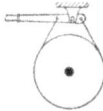

Schleuderbremse (f) centrifugal brake frein (m) centrifuge		центробѣжный тор- мазъ (m) freno (m) centrifugo freno (m) centrifugo	*3*

XV.

Rohr (n) pipe, tube tuyau (m), tube (m)		труба (f) tubo (m) tubo (m)	*4*

---

röhrenförmig
tubular
tubulaire
		трубообразн-ый,
		  -ая, -ое (adj.);
		трубообраз-енъ,
		  -на, -но (adv.)
		tubolare
		tubular
			5

---

lichte Weite (f) des
  Rohres, Rohrweite (f)
inside diameter of pipe,
  bore of pipe
diamètre (m) intérieur
  du tuyau
	a	внутренній діа-
		  метръ (m) трубы
		diametro (m) interno del
		  tubo
		diámetro (m) interior
		  del tubo, luz (f) del
		  tubo
			6

---

das Rohr (n) hat x mm
  lichte Weite, das
  Rohr (n) mißt x mm
  im Lichten
the pipe has a bore of
  x mm
le tuyau a x mm de dia-
  mètre intérieur, c'est
  un tuyau de x mm
		внутренній діа-
		  метръ (m) трубы
		  равенъ x мм
		il tubo ha x mm di dia-
		  metro interno, un tu-
		  bo di x mm
		el tubo (m) tiene x mm
		  de diámetro interior,
		  el tubo (m) tiene
		  x mm de luz
			7

Rohrwand (f)
wall of a pipe, shell of
  a pipe
paroi (f) du tuyau
	b	стѣнка (f) трубы
		parete (f) del tubo
		pared (f) del tubo,
		  casco (m) del tubo
			8

1	Wandstärke (f) thickness of pipe épaisseur (f) de paroi du tuyau	c	толщина (f) стѣнки spessore (m) della parete grueso (m) del casco, espesor (m) de la pared
2	Nutzlänge (f) length over the flanges longueur (f) utile		полезная длина (f) lunghezza (f) utile longitud (f) útil
3	Rohranstrich (m) pipe-paint peinture (f) du tuyau		окраска (f) трубъ vernice (f) del tubo pintura (f) del tubo
4	Rohrbekleidung (f) pipe covering revêtement (m) du tu- yau, enveloppe (f) du tuyau		обмотка (f) трубы rivestimento (m) d'un tubo rivestimiento (m) del tubo
5	Rohrverbindung (f) pipe joint joint (m) de tuyaux, assemblage (m) de tuyaux		трубчатое (трубное) соединеніе (n) giunzione (f) dei tubi, unione (f) dei tubi junta (f) de tubos, unión (f) de tubos
6	Rohrverschraubung (f) screwed-pipe-coupling joint (m) à vis de tuyaux, assemblage (m) à vis de tuyaux		винтовое соедине- ніе (n) трубъ giunzione (f) a vite dei tubi, avvitamento (m) dei tubi roscado (m) de tubos, unión (f) por cas- quillos roscados
7	Flanschenverbindung (f) flange-coupling joint (m) à brides		соединеніе (n) по- мощью флянцовъ unione (f) a flangia, giunto (m) a flangia unión (f) por bridas
8	Flanschenverschrau- bung (f) screw-flange-coupling, bolted flanges joint (m) à brides et à boulons		соединеніе (n) по- мощью флянцовъ и болтовъ giunto (m) a flangie e bulloni unión (f) á tornillo de las bridas
9	Flanschenrohr (n) flanged pipe, flanged tube tuyau (m) à brides		труба (f) съ флян цемъ tubo (m) a flangie tubo (m) con bridas
10	Flansch (m), Rohr- flansch (m) flange bride (f)	a	флянецъ (m), флянцъ (m), фланецъ (m) flangia (f) brida (f)

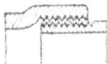

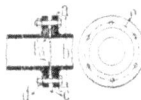

Flanschendurch- messer (m) diameter of flange diamètre (m) de la bride	b	діаметръ (m) флянца diametro (m) della flan- gia diámetro (m) de la bri- da	1
Flanschendicke (f) thickness of flange épaisseur (f) de la bride	c	толщина (f) флянца spessore (m) della flangia grueso (m) de la brida	2
Flanschenschraube (f) bolt of flange boulon (m) de brides	d	болтъ (m) флянца vite (f) delle flangie, bullone (f) delle flangie tornillo (m) de las bri- das	3
Lochkreis (m) bolt circle cercle (m) des trous de boulons	e	окружность (f) цен- тровъ отверстій diametro (m) dei fori dei bulloni circulo (m) de tornillos	4
Dichtungsleiste (f) joint face portée (f) de la bride	f	напускъ (m) флянца orlo (m), superficie (f) di contatto per la tenuta reborde (m) de herme- ticidad, cara (f) de la brida	5
Flanschendichtung (f), Flanschenpackung (f) joint-packing, gasket garniture (f) des brides	g	прокладка (f) между флянцами guarnizione (f) delle flan- gie empaque (m) de bridas	6
Dichtungsring (m), Dichtungsschnur (f) packing ring, gasket- ring anneau (m) [obturateur] de joint		прокладочное (уплотняющее) кольцо (n) anello (m) di guarni- zione disco (m) de empaque, corona (f) de empa- que, anillo (m) de empaquetado	7
Flansch (m) mit Vor- und Rücksprung recessed flanged joint bride (f) à emboîtement		флянцъ (m) съ высту- помъ и уступомъ flangia (f) con orlo sporgente e rien- trante brida (f) de enchufe	8

7*

1	Flansch (m) mit Feder und Nut flange with circular tongue and groove bride (f) à emboîtement	флянецъ съ перомъ (n) и гребнемъ (m) flangia (f) ad incastro brida (f) de pestaña
2	Gegenflansch (m) flanged branch contre-bride (f)	контръ-флянецъ (m) contro-flangia (f) contrabrida (f)
3	Winkelflansch (m) angle flange, collar flange bride (f) à cornière	угловой флянецъ (m) flangia (f) riportata brida (f) de ángulo
4	fester Flansch (m) fixed flange, cast flange bride (f) fixe	глухой флянецъ (m), flangia (f) fissa brida (f) fija
5	loser Flansch (m), Flanschenring (m) loose flange bride (f) rapportée	свободный флянецъ (m) flangia (f) mobile, flangia (f) ad anello brida (f) móvil
6	Lötring (m) flange brazed on bague (f) soudée	припаянное кольцо (n) anello (m) saldato anillo (m) soldado
7	aufgenieteter Flansch (m) riveted flange bride (f) rivée	приклепанный флянецъ (m), flangia (f) chiodata brida (f) remachada
8	aufgelöteter Flansch (m) brazed flange bride (f) soudée	напаянный флянецъ (m) flangia (f) saldata brida (f) soldada
9	aufgeschraubter Flansch (m) screwed flange bride (f) vissée	привинченный флянецъ (m) flangia (f) avvitata brida (f) roscada

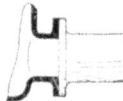

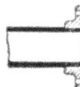

a

b

Flanschenschlüssel (m) flange-wrench, screw-key clef (f) pour brides		ключъ (m) для флян-цевъ chiave (f) per flangie llave (f) de brida	*1*
Muffenverbindung (f) spigot and socket joint joint (m) à manchon, assemblage (m) à manchon	a	соединеніе (n) трубъ муфтами giunto (m) a manicotto, giunto (m) a bicchiere junta (f) de enchufe	*2*
Muffenrohr (n) socket pipe tuyau (m) à manchon, tuyau (m) à emboîte-ment	a	труба (f) съ муфтой tubo (m) a manicotto tubo (m) de enchufe	*3*
Rohrmuffe (f) socket manchon (m) de tuyau		муфта (f) трубы manicotto (m) del tubo enchufe (m)	*4*
Rohrdichtung (f), Rohr-packung (f) pipe packing, packing space garniture (f) de tuyau	a	набивка (f) guarnizione (f) del tubo empaquetadura (f) del tubo	*5*
Muffentiefe (f) depth of socket profondeur (f) du man-chon	b	глубина (f) муфты profondità (f) del ma-nicotto profundidad (f) del en-chufe	*6*
Dichtungstiefe (f) depth of packing profondeur (f) de la gar-niture, longueur (f) de la garniture	c	длина (f) набивки profondità (f) della guar-nizione profundidad (f) de la empaquetadura	*7*
das Rohr (n) mit Blei ausgießen to pour lead in the joint faire un joint de plomb		залить трубу свин-цомъ guarnire con piombo guarnecer con plomo	*8*
gußeisernes Rohr (n) cast iron pipe tuyau (m) en fonte		чугунная труба (f) tubo (m) di ghisa tubo (m) de hierro fun-dido	*9*
stehend gegossenes Rohr (n) tube cast vertically tuyau (m) coulé [fondu] debout		вертикально отли-тая труба (f) tubo (m) fuso vertical-mente tubo (m) fundido ver-ticalmente	*10*

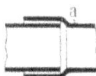

1	liegend gegossenes Rohr (n) tube cast horizontally tuyau (m) coulé [fondu], couché	горизонтально отлитая труба (f) tubo (m) fuso orizzontalmente tubo (m) fundido horizontalmente
2	schmiedeeisernes Rohr (n) wrought iron pipe tuyau (m) en tôle	труба (f) изъ полосоваго желѣза tubo (m) di ferro dolce tubo (m) de hierro dulce
3	genietetes Rohr (n) riveted pipe, riveted tube tuyau (m) rivé	склепанная (клепанная) труба (f) tubo (m) chiodato tubo (m) remachado, tubo (m) cosido
4	geschweißtes Rohr (n) welded pipe, welded tube tuyau (m) soudé	сваренная труба (f) tubo (m) saldato tubo (m) soldado
5	stumpfgeschweißtes Rohr (n) butt welded pipe tuyau (m) soudé à rapprochement	сваренная въ стыкъ труба (f) tubo (m) con pareti saldate a smusso tubo (m) soldado á tope
6	überlappt geschweißtes Rohr (n) lap welded pipe tuyau (m) soudé à recouvrement	сваренная въ напускъ труба (f) tubo (m) con pareti saldate a sovvraposizione tubo (m) soldado á solapa
7	spiral geschweißtes Rohr (n) spiral welded pipe tuyau (m) soudé en spirale	спирально сваренная труба (f) tubo (m) saldato a spirale tubo (m) soldado en espiral
8	gelötetes Rohr (n) soldered pipe tube (m) brasé, tube (m) soudé	спаянная труба (f) tubo (m) saldato tubo (m) soldado
9	nahtloses Rohr (n) seamless pipe, seamless tube tube (m) sans soudure	труба (f) безъ шва tubo (m) senza saldatura tubo (m) sin soldadura

gewalztes Rohr (n)
rolled tube
tuyau (m) laminé
	прокатанная
	  труба (f)
	tubo (m) fatto al lami-
	  natoio, tubo (m) la-
	  minato, tubo (m) ci-
	  lindrato
	tubo (m) cilindrado
		1

Rohrwalzapparat (m)
tube-rolling mill
train (m) de laminoirs
  à tuyaux
	трубопрокатный
	  станокъ (m)
	apparato (m) laminatore
	  per tubi
	aparato (m) para lami-
	  nar tubos
		2

Röhrenwalzwerk (n) tube-rolling works laminoir (m) à tuyaux	трубопрокатный заводъ (m) laminatoio (m) da tubi laminador (m) de tubos	3
gezogenes Rohr (n) drawn tube, solid drawn tube tuyau (m) étiré	тянутая труба (f) tubo (m) stirato tubo (m) estirado	4
Röhren (n. pl) ziehen to draw tubes étirer des tuyaux	тянуть трубы stirare tubi estirar tubos	5
Kupferrohr (n) copper-tube, copper- pipe tuyau (m) en cuivre	мѣдная труба (f) tubo (m) di rame tubo (m) de cobre	6
Messingrohr (n) brass-tube, brass-pipe tuyau (m) en laiton	латунная труба (f) tubo (m) d'ottone tubo (m) de latón	7

umgebördeltes Rohr (n)
  mit losem Flansch
flanged pipe with loose
  back flange
tuyau embouti avec
  bride rapportée
	отогнутая труба (f)
	  со свободнымъ
	  флянцемъ
	tubo (m) con bordo a
	  flangia mobile
	tubo (m) de reborde con
	  brida móvil
		8

Umbördelung (f)
flanging
bord (m) rabattu, em-
  boutissage (m)
	отгибаніе (n) края
	  трубы
	bordo (m), collare (m)
	reborde (m)
		9

das Rohr (n) umbördeln
to flange the tube
emboutir le tuyau, ra-
  battre le collet du
  tuyau
	отогнуть край трубы
	fare il bordo ad un tubo
	doblar el borde de un
	  tubo, rebordear
		10

a

German		Russian / Romance
Ausgleichungsrohr (n), Dehnungsrohr (n) expansion pipe, compensating pipe tuyau (m) compensateur, tuyau (m) extensible	1	компенсаторъ (m) tubo (m) di dilatazione, tubo (m) compensatore tubo (m) de dilatación
Federrohr (n) expansion pipe tuyau (m) élastique	2	пружинящая труба (f) tubo (m) elastico (per compensare la dilatazione) tubo (m) elástico
Wellrohr (n) corrugated pipe, corrugated tube tuyau (m) ondulé	3	волнообразная (волнистая) труба (f) tubo (m) ondulato tubo (m) ondulado
Stopfbüchsenrohr (n) gland expansion joint, stuffing box joint tuyau (m) à presse-étoupe	4	нажимная втулка (f) сальника tubo (m) con scattola a stoppa tubo (m) con prensa-estopas
Rippenrohr (n) ribbed pipe tuyau (m) à ailettes	5	ребристая труба (f) tubo (m) a nervature tubo (m) acostillado, tubo (m) de aletas
Schlangenrohr (n) worm-pipe, coil-pipe serpentin (m)	6	змѣевикъ (m) serpentino (m) tubo (m) de serpentín
Kühlschlange (f) cooling coil, condensing coil serpentin (m) refroidisseur	7	змѣевикъ (m) холодильника tubo (m) refrigerante serpentín (m) refrigerante
Heizschlange (f) heating coil serpentin (m) réchauffeur	8	нагрѣвательный змѣевикъ (m) tubo (m) a serpentino bollitore serpentín (m) de calefacción
Rohrverschluß (m) pipe-closier, blank flange obturateur (m) de tuyau	9	затворъ трубы otturatura (f) del tubo, chiusura (f) del tubo cierre (m) del tubo

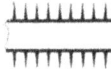

Verschlußpfropfen (m), Verschlußschraube (f), Stopfen (m) screwed plug bouchon (m) à vis		пробка (f) tappo (m) a vite tapón (m) roscado
		1

Verschlußkappe (f) screwed cap chapeau (m) de fermeture		колпакъ (m) otturatore (m) esterno a vite, cappello (m) a vite di chiusura obturador (m) extremo roscado, casquete (m) roscado
		2

Blindflansch(m),Deckelflansch (m) blank-flange, blind-flange bride (f) d'obturation		затворный флянецъ (m) flangia (f) cieca brida (f) ciega, brida (f) tapada
		3

Formstück (n), Paßrohr (n) pipe-fitting raccord (m), tubulure (f)		фасонная труба (f) pezzo(m)d'adattamento tubo (m) de comunicación, casquillo (m) de unión
		4

Überschiebmuffe (f) double-socket manchon (m) double		двойная надвижная муфта manicotto (m) doppio manguito (m) doble
		5

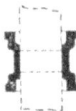

Krümmer (m) elbow coude (m)		колѣно (n), колѣнчатая труба (f) tubo (m) curvo codo (m) curvado, tubo (m) acodado recto
		6

Bogenrohr (n) angle pipe raccord (m) courbé		дуговая(колѣнчатая) труба(f), колѣно(n) tubo (m) ad arco tubo (m) curvo, tubo (m) arqueado, tubo (m) acodado abierto
		7

Doppelbogen (m) U-pipe raccord (m) en U		U-образная труба (f) tubo (m)ad arco doppio, tubo (m) a U, tubo (m) biforcato doble (m) codo, tubo (m) forma U
		8

Übergangsrohr (n) reducing pipe raccord (m) avec réduction de diamètre		труба (f) передаточная tubo (m) di riduzione tubo (m) de paso, tubo (m) cónico, casquillo (m) de reducción
		9

1 Rohrverzweigung (f)
pipe-branch
branchement (m)

развѣтвленіе (n) трубъ
diramazione (f)
embranque (m) de tubo,
ingerto (m) de tubo

2 rechtwinklige Abzweigung (f)
right angled branch
branchement (m) à angle
droit, branchement (m) à T

прямоугольный отводъ (m)
diramazione (f) ad angolo retto
embranque (m) en ángulo recto, ingerto (m) recto

3 spitzwinklige Abzweigung (f)
Y-pipe
branchement (m) à angle aigu

остроугольный отводъ (m)
diramazione (f) ad angolo acuto
embranque (m) en ángulo agudo, ingerto (m) oblicuo

4 Abzweigrohr (n), Zweigrohr (n), Abzweig (m)
branch-pipe
tuyau (m) de branchement

вѣтвь (f) трубы
tubo (m) di diramazione
tubo (m) de embranque,
tubo (m) de ingerto

a

5 Kreuzstück (n)
cross-pipe
tuyau (m) en croix, croix (f)

крестовина (f)
tubo (m) a croce
cruzamiento (m) de tubos, unión (f) de doble T para tubos

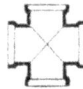

6 T-Stück (n)
T-pipe, tee
joint (m) à T

Т-образная труба (f)
tubo (m) a T
tubo (m) de T

7 Dreiwegestück (n)
three-way-pipe
tuyau (m) à trois voies

тройникъ (m), трехходовая труба (f)
tubo (m) a tre vie
codo (m) de tres pasos

8 Vierwegestück (n)
four-way-pipe
tuyau (m) à quatre voies

четырехходовая труба (f)
tubo (m) a quattro vie
codo (m) de cuatro pasos

9 Gewindemuffe (f)
screwed socket
manchon (m) à vis

муфта (f) съ нарѣзкой, винтовая муфта
manicotto (m) a vite, manicotto (m) filettato
manguito (m) roscado

verjüngte Muffe (f), Absatzmuffe (f)
reducing socket, reducer
manchon (m) de réduction

переходная муфта (f)
manicotto (m) di riduzione
manguito (m) de dos luces

1

Nippel (m)
nipple, close nipple
raccord (m) à vis

ниппель (m)
manicotto (m) interno, raccordo (m) a vite
boquilla (f) roscada del tubo

2

Doppelnippel (m)
double nipple
double raccord (m) à vis, manchon (m) droit

двойной ниппель (m)
manicotto (m) doppio interno, raccordo (m) doppio a vite
tubo (m) con dos bocas roscadas

3

Knierohr (n), Kniestück (n)
elbow
genou (m)

колѣнчатая труба (f), угольникъ (m), колѣно (n),
gomito (m)
tubo (m) acodado

4

scharfes Knierohr (n)
square elbow
genou (m) vif

прямой угольникъ (m)
gomito (m) ad angolo retto
codo (m) de ángulo recto

5

scharfes verjüngtes Knierohr (n)
reducing elbow, angle reducer
genou (m) de réduction

прямой переходный угольникъ (m)
gomito (m) di riduzione
codo (m) de dos luces

6

abgerundetes Knierohr (n)
round elbow
genou (m) arrondi

круглый угольникъ (m)
gomito (m) arrotondato
tubo (m) redondeado

7

Gasrohr (n)
gas-pipe
tuyau (m) à gaz

газовая труба (f)
tubo (m) da gas
tubo (m) de gas

8

Wasserrohr (n)
water-pipe
tuyau (m) à eau

водопроводная труба (f)
tubo (m) per acqua
tubo (m) de agua

9

Kesselrohr (n)
boiler-tube
tube (m) de chaudière

котельная труба (f)
tubo (m) bollitore da caldaia
tubo (m) de caldera

10

1	Flammrohr (n) fire-tube, flue-tube tube (m) à feu		жаровая труба (f) tubo (m) da focolare tubo (m) de llama
2	Feuerrohr (n) furnace-tube tube (m) de retour de flamme		огневая труба (f) tubo (m) da fumo tubo (m) de humo
3	Siederohr (n) water-tube bouilleur (m)		кипятильная труба(f) tubo (m) riscaldatore tubo (m) hervidor
4	Heizrohr (n) heating pipe tuyau (m) de chauffage		дымогарная труба (f) tubo (m) bollitore tubo (m) de calefacción
5	Saugrohr (n) suction-pipe tuyau (m) d'aspiration	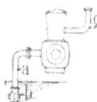	всасывающая труба (f) tubo (m) aspirante tubo (m) aspirante
6	Saugkorb (m) rose-pipe, strainer crépine (f)	b	всасывающая сѣтка (f) staccio (m) aspirante colador (m) aspirante, alcachofa (f)
7	Saugleitung (f) suction-pipe conduite (f) d'aspiration	a	всасывающія трубы (f. pl.) conduttura (f) d'aspira- zione conducción (f) de aspi- ración
8	Druckrohr (n) delivery-pipe tuyau (m) de refoulement	c	нагнетательная труба (f) tubo (m) di pressione tubo (m) de descarga
9	Druckleitung (f) delivery-pipe conduite (f) de refoule- ment		трубопроводъ (m) высокаго давле- нія, система (f) трубъ для провода воды подъ напо- ромъ conduttura (f) di pres- sione conducción (f) de des- carga
10	Rohransatz (m), Rohr- stutzen (m) flanged socket tubulure (f)		натрубокъ (m), ро- жокъ (m), шту- церъ (m) bocchetta (f) tubuladura (f), muñón (m) tubular

Rohrleitung (f) pipe-line, line piping conduite (f) de tuyaux	трубопроводъ (m) tubazione (f), condut- tura (f) conducción (f)	*1*

Zuleitungsrohr (n),
  Zufiußrohr (n)
inlet-pipe
tuyau (m) d'admission,
  tuyau (m) d'arrivée
	впускная труба (f)
	tubo (m) d'ammissione
	tubo (m) de alimenta-
	  ción, tubo (m) de ad-
	  misión
		2

Abfiußrohr (n) waste-pipe, drain pipe tuyau (m) d'échappe- ment	спускная труба (f) tubo (m) di scarica tubo (m) de descarga	*3*

Rohrnetz (n)
pipe-installation
tuyauterie (f)
	трубопроводная
	  сѣть (f)
	rete (f) di tubi
	red (f) tubular, instala-
	  ción (f) de tubos,
	  tubería (f)
		4

Rohrplan (m)
plan of pipe-installation,
  piping plan (A)
plan (m) de tuyauterie
	планъ (m) располо-
	  женія трубъ
	piano (m) della tuba-
	  zione
	plano (m) de la instala-
	  ción de tubos
		5

das Rohr (n) verlegen to lay a pipe poser un tuyau	проложить (прокла- дывать) трубу mettere in opera un tubo colocar un tubo	*6*

Rohrschelle (f)
clip, pipe hanger (A)
étrier (m)
	хомутикъ (m)
	sopporto (m) per tubi,
	  sostegno (m) per tubi,
	  graffa (f)
	brida (f) para tubo
		7

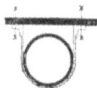

Rohrhaken (m)
wall hook
agrafe (f) pour tubes
	поддерживающій
	  крюкъ (m) для
	  трубопровода
	gancio (m) per tubi
	clavo-gancho (m) para
	  tubería, alcayata (f)
	  para tubería
		8

Dampfleitung (f)
steam-piping
conduite (f) de vapeur
	паропроводъ (m)
	conduttura (f) di vapore
	conducción (f) para va-
	  por, tubería (f) para
	  vapor
		9

Wasserleitung (f) water-piping conduite (f) d'eau	водопроводъ (m) conduttura (f) d'acqua conducción (f) para agua, tubería (f) para agua	*10*

1	Gasleitung (f) gas-pipe line conduite (f) de gaz, conduite (f) à gaz	газопроводъ (m) tubazione (f) del gas, conduttura (f) di gas conduccion (f) para gas, tubería (f) para gas
2	Wassersack (m) water-trap sac (m) d'eau, sac (m) à eau	резервуаръ (m) для воды serbatoio (m) d'acqua sifćn (m)
3	Wasserschlag (m) water hammering coup (m) de bélier	ударъ (m) воды colpo (m) d'ariete, golpe (m) de ariete, choque (m) de agua
4	Rohrbruch (m) pipe burst, pipe explo- sion rupture (f) de tuyau	разрывъ (m) (полом- ка (f)) трубы rottura (f) del tubo rotura (f) del tubo
5	Rohrbruchventil (n) isolating valve, self closing valve valve (f) de sûreté	предохранительный на случай раз- рыва трубы кла- панъ (m) valvola (f) di sicurezza válvula (f) de seguridad para tubos
6	Rohrschlüssel (m) pipe-wrench, alligator wrench clef (f) à tubes	ключъ (m) для трубъ chiave (f) per tubi llave (f) para tubos
7	Rohrzange (f) pipe-tongs pince (f) à tubes	клещи (m. pl.) для трубъ tanaglia (f) per tubi tenazas (f. pl.) para tubos
8	Rohrabschneider (m) pipe-cutter coupe-tubes (m)	труборѣзъ (m) taglia-tubi (m) corta-tubos (m)
9	Rohrwischer (m) tube-brush hérisson (m)	спиральный скре- бокъ (m) (спираль- ная щетка) для трубъ spazza-tubi (m) escobilla (f) para limpiar tubos, sacatrapos (m)

Rohrauskratzer (m) tube-scraper grattoir (m) à tubes		скребокъ (m) ⎫ для банница (f) ⎬ чистки щетка (f) ⎭ трубъ *1* raschiatoio (m) per tubi rascador (m) de tubos

Wasserstandszeiger (m)
water-gauge
indicateur (m) de niveau
  d'eau
	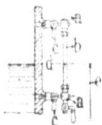	указатель (m) уровня
		  воды, водоуказа-
		  тельный при-
		  боръ (m) *2*
		indicatore (m) di livello
		indicador (m) de nivel
		  de agua

Wasserstands-
  gehäuse (m)
water-gauge-casting
boîte (f) du niveau
  d'eau
	a	футляръ (m) для водо-
		  указателя
		scatola (f) dell' indica- *3*
		  tore di livello
		caja (f) del indicador
		  del nivel de agua

Wasserstandsglas (n)
water-gauge-glass
tube (m) de verre du
  niveau d'eau
	b	водомѣрное
		  стекло (n)
		vetro (m) dell' indica- *4*
		  tore di livello
		cristal (m) del indicador
		  de nivel

Wasserstandshahn (m)
gauge-cock, water-
  gauge-cock
robinet (m) du niveau
  d'eau
	c	водомѣрный
		  кранъ (m)
		robinetto (m) dell' in- *5*
		  dicatore di livello
		grifo (m) del indicador
		  de nivel

Wasserstandslinie (f),
  Wasserstandsmarke (f)
water-line, water-mark
niveau (m) supérieur,
  niveau (m) maximum
	d	линія (f) уровня
		  воды
		linea (f) del livello *6*
		  d'acqua
		linea (f) de nivel del
		  agua

Wassersäule (f) water-column colonne (f) d'eau	e	водяной столбъ (m) colonna (f) d'acqua *7* columna (f) de agua

XVI.

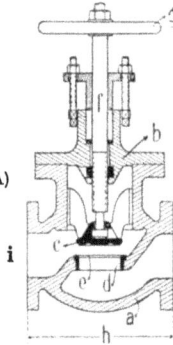

Ventil (n)

1 valve, globe valve (A)

valve (f), soupape (f)

клапанъ (m), вин-
тиль (m)

valvola (f)

válvula (f)

i

Ventilgehäuse (n), Ven-
    tilkammer (f)
valve-box, valve cham-
    ber
2 chapelle (f) de soupape,
    corps (m) de sou-
    pape, lanterne (f) de
    soupape

a

клапанная коробка(f)
camera (f) della valvola
cámara (f) de la vál-
    vula, caja (f) de la
    válvula

Ventildeckel (m), Ven-
    tilgehäusedeckel (m)
3 valve cover, bonnet (A)
couvercle (m) de sou-
    pape

b

крышка (f) клапан-
    ной коробки
coperchio (m) della val-
    vola, cappello (m)
    della valvola
tapa (f) de la válvula

Ventildeckelschraube(f)
bonnet-bolt (A), bolt for
4   the valve cover
boulon (m) du cou-
    vercle de soupape

болтъ (m) съ крышки
    клапана
bullone (m) del coper-
    chio, vite (f) del co-
    perchio
tornillo (m) de la tapa
    de la válvula

---

lichte Weite (f)
internal diameter of in-
5   let
orifice (m) d'entrée, dia-
    mètre (m) intérieur

i

внутренній діа-
    метръ (m) клапана
luce (f) interna, diame-
    tro (m) interno
diámetro (m) interior
    de la válvula

Durchgang (m)
internal diameter of
6   valve seat, passage
passage (m)

проходъ (m)
passaggio (m)
paso (m) de la válvula

Durchgangsöffnung (f) width of passage largeur (f) du passage, ouverture (m) de passage		проходное (пропускное) отверстіе (n) apertura (f) di passaggio, sezione di passaggio luz (f) del paso, diámetro (m) del paso *1*

Durchgangsquerschnitt (m) sectional area of the passage section (f) de passage		поперечное сѣченіе (n) пропускнаго (проходнаго) отверстія *2* area (f) di passaggio sección del paso

Ventilkörper (m) valve disk corps (m) de soupape	c	тѣло (n) клапана corpo (m) della valvola *3* cuerpo (m) de la válvula

Ventilsitz (m) valve seat, seat of the valve siège (m) de la soupape	d	сѣдло (n) клапана sede (f) della valvola *4* asiento (m) de la válvula

Sitzfläche (f) contact surface of the seat, valve seating surface (f) de contact, surface (f) d'obturation	e	площадь (f) соприкосновенія superficie (f) di contatto *5* superficie (f) de contacto, zona (f) de contacto

das Ventil (n) auf den Ventilsitz aufschleifen to grind in the seat, to emery the valve into its seat roder la soupape sur son siège		пришлифовать (пришлифовывать) клапанъ къ своему сѣдлу *6* smerigliare la sede della valvola afinar la válvula

Ventilspindel (f) valve-spindle, valve stem tige (f) de soupape	f	шпиндель (m) клапана stelo (m) della valvola *7* vástago (m) de la válvula

Handrad (n) hand-wheel manette (f)	g	маховичёкъ (m) volantino (m) *8* rueda (f) manubrio

Baulänge (f) length over all longueur (f) totale	h	длина (f) коробки клапана *9* lunghezza (f) totale longitud (f) de la válvula

1	Ventilhub (m) lift of a valve, valve lift course (f) de soupape	a	ходъ (m) клапана alzata (f) della valvola salto (m) de la válvula
2	Hubbegrenzung (f) shoulder on valve stem to limit lift butée (f), butoir (m)	b	упоръ (m) limite (m) d'alzata della valvola límite (m) del salto de la válvula
3	Hubbegrenzungskegel (m) shoulder on valve stem to limit lift taquet (m) limitant la course	c	конусообразный упоръ (m) cono (m) limite dell' al- zata cono (m) alto de la vál- vula
4	Ventilüberdruck (m) pressure on valve face surpression (f) de la soupape		избытокъ (m) давле- нія soprapressione (f) della valvola sobrecarga (f) de la vál- vula
5	Ventilmasse (f) inertia of the valve inertie (f) de la soupape		масса (f) клапана massa (f) della valvola masa (f) de la válvula
6	Ventilbeschleunigung(f) valve acceleration accélération (f) de la soupape		ускореніе(n) клапана accelerazione (f) della valvola aceleración (f) de la válvula
7	das Ventil (n) klemmt sich the valve binds, the valve is too tight la soupape coince		клапанъ (m) заѣ- дается (защемля- ется) la valvola (f) si ingrana la válvula (f) se agarra
8	das Ventil (n) bleibt hängen the valve seizes la soupape se bloque		клапанъ (m) застря- ваетъ la valvola (f) resta so- spesa la válvula (f) queda sus- pensa
9	das Ventil (n) flattert the valve knocks la soupape oscille		клапанъ (m) пры- гаетъ (скачетъ) la valvola (f) oscilla, la valvola (f) vacilla la válvula (f) oscila

das Ventil (n) klappert the valve chatters la soupape cogne	клапанъ (m) стучитъ la valvola (f) butte la válvula canta, la vál- vula traquetea **1**
das ˌVentil (n) öffnen to open the valve ouvrir la soupape	открыть(открывать) клапанъ (m) aprire la valvola abrir la válvula **2**
das Ventil (n) schließen to close the valve fermer la soupape	закрыть (закрывать) клапанъ (m) chiudere la valvola cerrar la válvula **3**
das Spiel (n) des Ventils the play of the valve jeu (m) de la soupape	игра (f) клапана gioco (m) della valvola **4** juego (m) de la válvula
Ventilschluß (m) closing of the valve fermeture (f) de la sou- pape	закрытіе (n) клапана chiusura (f) della valvola **5** cierre (m) de la válvula
Ventileröffnung (f) opening of the valve ouverture (f) de la sou- pape	открытіе (n) кла- пана apertura (f) della valvola **6** abertura (f) de la válvula
Ventilerhebung (f) lifting of the valve levée (f) de la soupape	поднятіе (n) клапана alzata (f) della valvola **7** carrera (f) de la válvula
Ventilerhebungsdia- gramm valve-lift-diagram diagramme (m) de la levée de la soupape	діаграмма (f) подня- тія клапана diagramma (f) dell' al- zata della valvola **8** diagrama (m) de la car- rera de la válvula
das Ventil (n) entlasten to balance the valve équilibrer la soupape	разгрузить (разгру- жать) клапанъ sgravare la valvola, sca- ricare la valvola **9** descargar la válvula
Ventilentlastung (f) balancing of the valve équilibrage (m) de la soupape	разгрузка (f) кла- пана scarica (f) della valvola **10** descarga (f) de la vál- vula

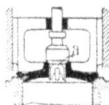

1	Entlastungsventil (n), Hilfsventil (n) bye-pass valve, auxiliary valve (to facilitate opening main valve) soupape (f) auxiliaire pour faciliter l'ouverture de la soupape principale	a	разгрузной (вспомогательный) клапанъ (m) valvola (f) ausiliaria, valvola (f) sussidiaria válvula (f) auxiliar
2	Hubventil (n) lift-valve soupape (f) à course rectiligne		подъемный клапанъ (m) valvola (f) ad alzata válvula (f) de alza
3	Tellerventil (n) disc-valve soupape (f) à siège plan, soupape (f) à plateau		тарельчатый (тарелочный, плоскій) клапанъ (m) valvola (f) a sede piana válvula (f) de disco
4	Ventilteller (m) valve-disc plateau (m) de la soupape	a	тарелка (f) клапана piatto (m) della valvola plato (m) de la válvula
5	Kegelventil (n) conical valve soupape (f) à siège conique, soupape (f) à cône		коническій (конусообразный) клапанъ (m) valvola (f) a sede conica, valvola (f) a cono válvula (f) cónica
6	Ventilkegel (m) cone of valve côné (m) de la soupape	a	конусъ (m) клапана cono (m) della valvola cono (m) de la válvula
7	Kugelventil (n) ball valve soupape (f) à boulet, soupape (f) sphérique	b	шаровой (m) клапанъ valvola (f) a palla, valvola (f) sferica válvula (f) esférica, válvula (f) de contrapeso
8	Ventilkugel (f) ball of valve boulet (m) de la soupape	b	шаръ (m) клапана palla (f) della valvola esfera (f) de la válvula
9	Fangbügel (m) guard chape (f) d'arrêt	a	упорный хомутъ (m) staffa (f) d'arresto brida-tope (f)
10	Ventilführung (f) valve guide guide (f) de soupape, guidage (m) de soupape		направляющія (m.pl.) клапана guida (f) della valvola guía (f) de la válvula

Rippenführung (f), Flügelführung (f)
valve guide wings
guide (f) à ailettes, guide (f) à croisillon

направляющія ребра (m. pl.)
guida (f) ad alette, guida (f) a costole
guía (f) de aletas *1*

Ventil (n) mit oberer Rippenführung (f)
valve wings on top, valve guided above
soupape (f) avec guide à ailettes en haut

клапанъ (m) съ верхними направляющими ребрами
valvola (f) con costole superiori
válvula (f) de guía superior *2*

Ventil (n) mit unterer Rippenführung
valve wings on bottom, valve guided below
soupape (f) avec guide à ailettes en bas

клапанъ (m) съ нижними направляющими ребрами
valvola (f) con costole inferiori
válvula (f) de guía inferior *3*

Führungsrippe (f)
guide
ailette (f)

a

направляющее ребро (n)
aletta (f), costola (f)
aleta-guía (f) *4*

Stiftführung (f)
stem wing, stem guide
guide (f) à cheville

направляющая стержня клапана
guida (f) a caviglia
guía (f) de la espiga *5*

Führungsstift (m)
guide stem, guide pin
cheville (f) de guidage

a

направляющій стержень (m)
caviglia (f) di guida
espiga (f) *6*

Ventilstangenführung (f)
valve-spindle-guide
guidage (m) de la soupape par sa tige

направляющая (f) штангу клапана
guida (f) dello stelo della valvola
guía (f) del vastago de la válvula *7*

Durchgangsventil (n)
through-way valve, globe valve
soupape (f) droite, soupape (f) ordinaire

промежуточная пропускная захлопка (f)
valvola (f) ordinaria
válvula (f) de paso recto *8*

Eckventil (n)
angle valve
soupape (f) d'équerre

угловой клапанъ (m)
valvola (f) ad angolo
válvula (f) de paso de ángulo, válvula (f) de paso angular *9*

1	Wechselventil (n), Drei-wegventil (n) change valve, cross valve, three-way-valve soupape (f) à trois voies		трехходовой кла-панъ (m), кла-панъ (m) о трехъ ходахъ valvola (f) di scambio, valvola (f) a tre vie válvula (f) de efecto al-ternativo, válvula (f) de triple paso
2	Ringventil (n) ring valve soupape (f) à siège an-nulaire		кольцевой кла-панъ (m) valvola (f) a sede an-nulare válvula (f) anular
3	einfaches Ringventil (n) single ring valve soupape (f) à un siège annulaire		простой (обыкновен-ный) кольцевой клапанъ (m) valvola (f) ad una sede annulare, valvola (f) semplice ad anello válvula (f) anular sen-cilla
4	doppeltes Ringventil (n) double ring valve soupape (f) à siège annulaire double		двойной кольцевой клапанъ (m) valvola (f) a due sedi annulari válvula (f) anular doble
5	mehrfaches Ringventil (n) multiple ring valve soupape (f) à sièges annulaires multiples		составной кольцевой клапанъ (m) valvola (f) a più sedi annulari válvula (f) anular múl-tiple
6	Stufenventil (n) step-valve soupape (f) à gradins, soupape (f) à éche-lons		ступенчатый кла-панъ (m) valvola (f) a gradinata válvula (f) escalonada
7	Doppelsitzventil (n) double-seat valve, double-beat valve soupape (f) à double siège		клапанъ (m) съ двой-нымъ сѣдломъ valvola (f) a doppia sede válvula (f) doble golpe
8	Rohrventil (n) pocketed valve, poppet valve (A) vanne (f)		трубный (трубча-тый, сквозной) клапанъ (m) valvola (f) a tubo válvula (f) á tubo

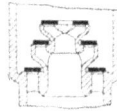

Glockenventil (n), Kronenventil (n) cup valve, bell-shaped valve soupape (f) à cloche, clapet (m) à couronne	чашечный (колокольный, корончатый) клапанъ (m) valvola (f) a campana, valvola (f) a doppia sede válvula (f) de copa, válvula (f) hemisférica	1
Gewichtsventil (n) dead-weight valve, weighted valve soupape (f) à charge directe	грузовой клапанъ (m) valvola (f) a pesi válvula (f) de contrapeso	2
Ventilbelastung (f) load on the valve charge (f) de soupape	нагрузка (f) клапана carico (m) della valvola carga (f) de la válvula	3
Federventil (n) spring loaded valve, spring valve soupape (f) à ressort	пружинный клапанъ (m) valvola (f) a molla válvula (f) de resorte	4
Ventilfeder (f) valve spring ressort (m) de soupape	пружина (f) клапана molla (f) della valvola resorte (m) de la válvula	5
Sicherheitsventil (n) safety valve soupape (f) de sûreté	предохранительный клапанъ (m) valvola (f) di sicurezza válvula (f) de seguridad	6
Sicherheitsventil (n) mit Gewichtsbelastung lever-weighted safety valve soupape (f) de sûreté à contre-poids	предохранительный клапанъ (m) съ нагрузкой valvola (f) di sicurezza con carico a peso válvula (f) de seguridad con contrapeso	7
Belastungsgewicht (n) des Ventils weight on the valve contre-poids (m) de la soupape	нагрузка (f) предохранительнаго клапана peso (m) di carico della valvola contrapeso (m) de la válvula	8
Ventilhebel (m) valve lever levier (m) de la soupape	рычагъ (m) клапана leva (f) della valvola palanca (f) de la válvula	9

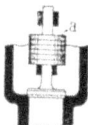

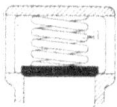

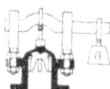

1
Sicherheitsventil (n) mit Federbelastung
spring-loaded safety-valve
soupape (f) de sûreté à ressort

предохранительный клапанъ (m) съ пружинной нагрузкой
valvola (f) di sicurezza a molla
válvula (f) de seguridad con resorte

2
Belastungsfeder (f) des Ventils, Ventilfeder
spring load of the safety-valve
ressort (m) [de charge] de la soupape

нагрузочная пружина (f) клапана
molla (f) della valvola
resorte (m) de la válvula

3
das Ventil (n) belasten
to load the valve
charger la soupape

нагрузить (нагружать) клапанъ
caricare la valvola
cargar la válvula

4
die Belastung (f) des Ventils richtig bemessen
to regulate the load on the valve
régler la charge de la soupape

урегулировать (регулировать) нагрузку клапана
regolare il carico della valvola
regular la carga de la válvula

5
das Ventil (n) überlasten
to overload the valve
surcharger la soupape

перегрузить (перегружать) клапанъ
sopracaricare la valvola
sobrecargar la válvula

6
Fußventil (n), Bodenventil (n)
foot valve
clapet (m) de fond

подовый клапанъ (m)
valvola (f) di fondo
válvula (f) de pie

7
selbsttätiges Ventil (n), ungesteuertes Ventil (n)
self-acting valve
soupape (f) automatique

автоматическій клапанъ (m)
valvola (f) automatica
válvula (f) automatica

8
gesteuertes Ventil (n), Steuerventil (n)
valve actuated by valve gear
soupape (f) commandée

парораспредѣлительный клапанъ (m)
valvola (f) comandata
válvula (f) de distribución

9
Ventilsteuerung (f)
distributing valve motion, valve gear
mécanisme (m) de distribution (f) par valves, distribution (f) à soupapes

клапанное парораспредѣленіе (n)
mecanismo (m) di comando della valvola
distribución (f) por válvula

Absperrventil (n)
shut-off valve, stop-
valve, stopping-
valve (A)
soupape (f) d'arrêt

стопорный (запор-
ный, ручной) кла-
панъ (m)
valvola (f) d'arresto
valvula (f) de cierre,
válvula (f) de cerra-
dura, válvula (f) de
obstrucción *1*

Dampfabsperrventil (n)
steam-stop-valve, check-
valve
soupape (f) d'arrêt de
vapeur

паровой запорный
клапанъ (m)
valvola (f) d'arresto per
vapore
válvula (f) de cerradura
de vapor *2*

Rückschlagventil (n)
non return valve, back
pressure valve
soupape (f) de retenue

возвратный (пріем-
ный, подъемный)
клапанъ (m)
valvola (f) di ritegno
válvula (f) de retención *3*

Rohrbruchventil (n)
steam pipe isolating
valve
soupape (f) de rupture

самодѣйствующій
клапанъ (m) при
поломкѣ трубъ
valvola (f) di sicurezza
per tubi
válvula (f) de seguridad
contra la rotura de
tubos *4*

Reduktionsventil (n),
Reduzierventil (n)
transforming valve, re-
duction valve
soupape (f) de réduction

редукціонный кла-
панъ (m)
valvola (f) di riduzione
válvula (f) de reducción *5*

Saugventil (n)
suction valve
soupape (f) d'aspiration

всасывающій кла-
панъ (m)
valvola (f) di pressione
válvula (f) de descarga *6*

Druckventil (n)
forcing valve, delivery
valve
soupape (f) de refoule-
ment

нагнетательный
клапанъ (m)
valvola (f) premente
válvula (f) de impulsión *7*

Luftventil (n), atmo-
sphärisches Ventil(n)
atmospheric valve
soupape (t) atmosphé-
rique, soupape (f) de
rentrée d'air

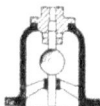

воздушный кла-
панъ (m)
valvola (f) atmosferica
válvula (f) atmosférica *8*

1
Schnüffelventil (n),
Schnarchventil (n)
snifting valve, over-
pressure-valve
soupape (f) reniflante,
renifflard (m)

фыркающій кла-
панъ (m), выдув-
ной клапанъ (m)
valvola (f) di scappa-
mento
válvula (f) de escape

2
Einlaßventil (n)
admission valve
soupape (f) d'admission

паровпускной кла-
панъ (m)
valvola (f) di ammissione
válvula (f) de admisión

3
Auslaßventil (n)
exhaust valve
soupape d'échappement

паровыпускной кла-
панъ (m)
valvola (f) di emissione
válvula (f) de emisión

4
Abblaseventil (n), Aus-
blaseventil (n)
blow off valve, eduction
valve
soupape (f) de vidange,
soupape d'évacuation

выдувательный кла-
панъ (m)
valvola (f) di scarica,
valvola (f) d'evacua-
zione·
válvula (f) de evacua-
ción, válvula (f) de
toma, valvula (f) de
educción

5
Durchblaseventil (n)
blow-through-valve
soupape (f) d'émission

продувательный
клапанъ (m)
valvola (f) di passaggio
válvula (f) de limpieza

6
Ablaßventil (n), Abfluß-
ventil (n)
draining valve
soupape (f) de vidange

спускной (выпуск-
ной) клапанъ (m)
valvola (f) di scarica
válvula (f) de descarga

7
Speiseventil (n)
feed valve
soupape (f) d'alimenta-
tion

питательный (по-
дающій) клапанъ
(m)
valvola (f) d'alimenta-
zione
válvula (f) de alimen-
tación

8
Probierventil (n)
testing valve
soupape (f) à épreuve,
soupape (f) de jauge

пробный (испыта-
тельный) клапанъ
(m)
valvola (f) di prova
válvula (f) de prueba

9
Schlammventil (n),
Schmutzventil (n)
mud-valve
soupape (f) de purge

сточный клапанъ (m)
valvola (f) di spurgo
válvula (f) de purga

Klappenventil (n) clack valve, flap valve soupape (f) à clapet	ствoрный стволчатый откидной заслонный } клапанъ (m) valvola (f) a cerniera válvula (f) de disco, válvula (f) de visagra	*1*
Ventilklappe (i) valve clack, valve flap clapet (m)	a	заслонка (f) disco (m) della valvola disco (m) de la válvula	*2*
Lederklappenventil (n) flap valve faced with leather soupape (f) à clapet en cuir	кожанный створный (створчатый, откидной, заслонный) клапанъ (m) valvola (f) a cerniera di cuoio válvula (f) de disco de cuero	*3*
Gummiklappenventil(n) india-rubber valve soupape (f) à clapet en caoutchouc	резиновый (створный (створчатый, откидной, заслонный) клапанъ (m) valvola (f) a cerniera di gomma válvula (f) de disco de goma	*4*
Ventilfänger (m) catcher, guard garde (f) du clapet	a	ограничитель (m) для тарелки клапана rosetta (f) guarda-gomas (m)	*5*
Sicherheitsklappe (f) safety flap clapet (m) de sûreté	предохранигельная заслонка (f), заслонка (f) предохранительнаго клапана valvola (f) di sicurezza válvula (f) de visagra de seguridad	*6*
Rückschlagklappe (f) reaction-trap, non-return flap clapet (m) de retenue, chapelle (f) d'alimentation	возвратная заслонка (f), заслонка (f) возвратнаго клапана valvola (f) di ritegno válvula (f) de visagra de retención	*7.*

124

1 Absperrklappe (f)
shutting clack or flap
clapet (m) d'arrêt

выпускная заслонка (f), заслонка (f) выпускнаго клапана
valvola (f) d'arresto
válvula (f) de visagra de paro

---

2 Saugklappe (f)
suction clack or flap
clapet (m) d'aspiration

всасывающій клапанъ (m)
valvola (f) d'aspirazione
válvula (f) de visagra aspirante

---

3 Druckklappe (f)
pressure clack, delivery clack or flap
clapet (m) de refoulement

напорный клапанъ (m), нагнетательный клапанъ (m)
valvola (f) premente
válvula (f) de visagra impelente

---

4 Einlaßklappe (f)
inlet clack or flap
clapet (m) d'admission

впускной клапанъ (m)
valvola (f) d'ammissione
válvula (f) de visagra de admisión

---

5 Auslaßklappe (f)
exhaust clack or flap
clapet (m) d'échappement

выпускной клапанъ (m)
valvola (f) di scarico
válvula (f) de visagra de descarga

---

6 Drosselklappe (f)
throttle valve, butterfly valve
papillon (m), soupape (f) à gorge

дроссель (m)
valvola (f) a farfalla
válvula (f) de mariposa

---

7 drosseln
to throttle
étrangler le passage

съузить, съуживать
strozzare, ridurre la sezione di passaggio
ocluir, estrangular

---

8 Drosselung (f)
the throtteling gear
étranglement (m) du passage

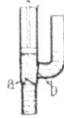

съуживаніе (n)
strozzamento (m) della valvola, riduzione (f) della sezione di passaggio
oclusión (f), estrangulación (f)

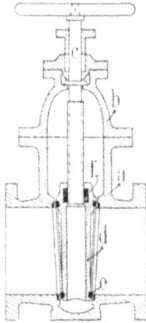

Schieber (m)

double-faced sluice gate valve, slide valve, sliding sluice valve, gate valve (A)

vanne (f)

задвижка (f)

saracinesca (f)

válvula (f) de compuerta, válvula (f) de corredera

1

Schiebergehäuse (n) slide valve case or chamber
chambre (f) de la vanne, cage (m) de la vanne

a

ящикъ (m) (коробка (f)) задвижки
camera (f) della saracinesca
cámara (f) de la válvula

2

Schieberdeckel (m) valve-cap, cover, bonnet
couvercle (m) de la vanne

b

крышка (f) задвижки
coperchio (m) della saracinesca
tapa (f) de la válvula

3

Schieberspindel (f) stem
tige (f) de vanne

c

стержень (f) задвижки
stelo (m) della saracinesca
varilla (f) de la válvula

4

Schieberkörper (m) body of the sluice valve (gate A)
corps (m) de la vanne

d

тѣло (n) задвижки
corpo (m) della saracinesca
cuerpo (m) de la válvula

5

Schieberspiegel (m) valve-face
siège (m) de la vanne, faces (1. pl.) de la vanne

e

запирающая поверхность (f), зеркало (n), лицо (n)
specchio (m) della saracinesca
cara (1) de la válvula

6

Dichtungsring (m) packing-ring
anneau (m) d'obturation

прокладочное кольцо (n)
anello (m) di guarnizione
anillo (m) de la válvula

7

Schieberführung (f) sliding guide
guide-tiroir (m)

направляющая (f) золотника
guida (f) della saracinesca
guía (f) de la válvula

8

1
Führungsleiste (f)
guide-bar
guide-tiroir, liteau (m)
de guidage, barre (f)

направляющая
планка (f)
listello (m) di guida
varilla (f) de corredera

2
Führungsmutter (f)
guiding nut
écrou (m) guide-tiroir

f

направляющая
гайка (f)
madrevite (f) di guida
tope (m) de la varilla

3
Absperrschieber (m)
slide valve, gate valve(A)
vanne (f) d'arrêt

запирающая за-
движка (f)
saracinesca (f) d'arresto
válvula (f) corredera de
retención

4
Wasserschieber (m)
water sluice gate, water
gate valve (A)
vanne (f) à eau

водопроводная за-
движка (f)
saracinesca (f) per acqua
válvula (f) corredera
para agua

5
Gasschieber (m)
gas-valve, gas gate val-
ve (A)
vanne (f) à gaz

газопроводная за-
движка (f)
saracinesca (f) per gas
válvula (f) corredera
para gas

6
Dampfabsperrschieber
(m)
steam-cut-off-valve,
steam gate valve (A)
vanne (f) de vapeur

паропроводная за-
движка (f)
saracinesca (f) d'arresto
per vapore
válvula(f) del cortavapor

7
Rundschieber (m)
corliss valve, oscillating
cylindrical valve
tiroir (m) Corliss, tiroir
(m) oscillant

цилиндрическая за-
движка (f)
valvola (f) cilindrica
válvula (f) cilindrica,
válvula (f) circular

8
Drehschieber (m), Kreis-
schieber (m)
turning slide valve, ro-
tary disk valve
tiroir (m) rotatif

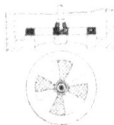

вращающаяся за-
движка (f)
valvola (f) di distribu-
zione rotativa
válvula (f) de distribu-
ción circular

9
Verteilungsschieber (m)
distributing slide valve
tiroir (m) de distribution

золотникъ (m)
cassetto (m) di distribu-
zione
caja (f) de distribución

Flachschieber (m) common slide valve tiroir (m) plat		плоскій скользящій золотникъ (m) cassetto (m) piano valvula (f) corredera plana — *1*
Muschelschieber (m) three-port slide valve, D-slide valve tiroir (m) à coquille		коробчатый золотникъ (m) cassetto (m) a conchiglia valvula (f) corredera de concha — *2*
Schieberstange (f) valve rod or stem tige (f) de tiroir	a	штокъ (m), золотниковая тяга (f) stelo (m) del cassetto vástago (m) del distribuidor — *3*
Kolbenschieber (m) piston valve tiroir-piston (m), tiroir (m) rond		поршневой золотникъ (m) distributore (m) cilindrico, distributore (m) a stantuffo distribuidor (m) cilindrico — *4*
entlasteter Schieber (m) equilibrium slide valve tiroir (m) équilibré		разгруженный золотникъ (m) cassetto (m) equilibrato corredera (f) descargada — *5*
Schiebersteuerung (f) slide valve gear distribution (f) par tiroir		золотниковое парораспредѣленіе (n) distribuzione (l) a cassetto distribución (f) de caja — *6*
Hahn (m) plug cock, cock robinet (m)		кранъ (m) rubinetto (m), robinetto (m) grifo (m), llave (f) de macho — *7*
Hahnkegel (m), Hahnkücken (n), Hahnwirbel (m) plug of cock clef (f) de robinet	a	конусъ (m) крана maschio (m), chiave (f) del rubinetto macho (m) — *8*
Hahnkopf (m) head of cock tête (f) de robinet	c	головка (f) крана testa (f) del rubinetto cabeza (f) del grifo — *9*
Hahngehäuse (n) body of cock boisseau (m)	b	коробка (f) крана bossolo (m) del rubinetto armazón (f) del grifo — *10*

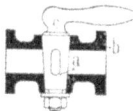

den Hahn (m) aufdrehen
1 to open the cock
ouvrir le robinet

открыть (открывать)
кранъ
aprire il rubinetto
abrir el grifo

---

den Hahn (m) zudrehen
2 to shut the cock
fermer le robinet

закрыть (закрывать)
кранъ
chiudere il rubinetto
cerrar el grifo

Konushahn (m)
3 conical plug
robinet (m) conique

конусообразный
кранъ (m)
rubinetto (m) conico
grifo (m) cónico

Ventilhahn (m)
4 valve cock
robinet-valve (m)

клапанный кранъ (m)
rubinetto (m) à valvola
grifo (m) de válvula

Niederschraubhahn (m)
bibb cock, globe valve
5 with bibb
robinet (m) à vis

кранъ (m) съ винто-
вымъ затворомъ
rubinetto (m) con movi-
mento a vite
grifo (m) de válvula á
tornillo

Packhahn (m), Stopf-
büchsenhahn (m)
stuffing box cock, plug
6 cock with packed
gland
robinet (m) avec presse-
étoupe

кранъ (m) съ саль-
никомъ
rubinetto (m) con guar-
nizione, rubinetto (m)
con premistoppa
grifo (m) con empaque-
tadura, grifo (m) con
prensa estopa

Durchgangshahn (m)
globe cock, straight-way
7 cock
robinet (m) droit, robi-
net (m) ordinaire

проходной кранъ (m)
rubinetto (m) semplice
grifo (m) de paso

Winkelhahn (m)
8 angle cock
robinet (m) d'angle

угольный кранъ (m)
rubinetto (m) ad angolo
grifo (m) de paso angu-
lar

Dreiwegehahn (m)
9 three-way cock
robinet (m) à trois voies

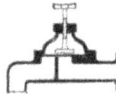

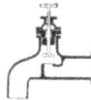

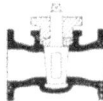

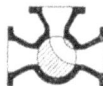

трехходный (трех-
ходовой) кранъ (m)
rubinetto (m) a tre vie
grifo (m) de paso triple,
grifo (m) de tres vias

Vierwegehahn (m) four-way cock robinet (m) à quatre voies		четыреххо́дный (четыреххо́довой) кранъ (m) rubinetto (m) a quattro vie grifo (m) de paso cuádruple, grifo (m) de cuatro vías	*1*
Auslaufhahn (m) bibb cock, draining cock robinet (m) de vidange		спускно́й кранъ (m) rubinetto (m) di scarica llave (f) de descarga	*2*
Mischhahn (m) mixing cock robinet (m) de mélange		смѣси́тельный кранъ (m) rubinetto (m) per miscuglio grifo (m) mezclador	*3*
Absperrhahn (m) cock, shut-off cock robinet (m) d'arrêt		затво́рный кранъ (m) rubinetto (m) d'arresto grifo (m) de cierre, grifo (m) de aislamiento	*4*
Wasserhahn (m) water cock, water faucet (A) robinet (m) d'eau		водоспускно́й кранъ (m) rubinetto (m) d'acqua grifo (m) de agua	*5*
Gashahn (m) gas-cock robinet (m) à gaz		га́зовый кранъ (m) rubinetto (m) da gas grifo (m) para gas	*6*
Abblasehahn (m), Ausblasehahn (m) blow-off cock robinet(m) d'évacuation		продува́тельный кранъ (m) rubinetto (m) d'evacuazione grifo (m) de descarga, grifo (m) de purga	*7*
Ablaßhahn (m), Auslaßhahn (m) discharge-cock robinet (m) de vidange		выпускно́й кранъ (m) rubinetto (m) di scarica grifo (m) de emisión, grifo (m) de evacuación	*8*
Speisehahn (m) feed-cock robinet (m) d'alimentation		пита́тельный кранъ (m) rubinetto (m) d'alimentazione grifo (m) de alimentación	*9*
Probierhahn (m) testing cock robinet (m) de jauge		про́бный кранъ (m) rubinetto (m) di prova grifo (m) de prueba	*10*

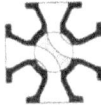

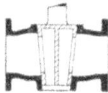

9

XVII.

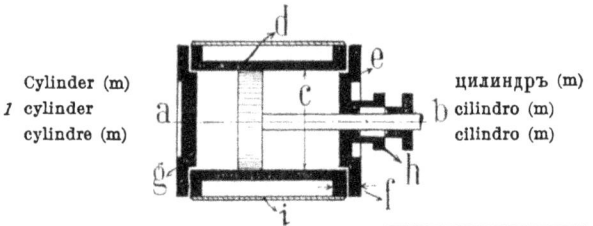

	German	Letter	Russian / Italian
1	Cylinder (m) cylinder cylindre (m)		цилиндръ (m) cilindro (m) cilindro (m)
2	Cylinderachse (f) cylinder axis, center line of cylinder axe (m) du cylindre	a—b	ось (f) цилиндра asse (f) del cilindro eje (m) del cilindro
3	Cylinderbohrung (f), Cylinderdurch- messer (m) cylinder inside dia- meter, cylinder bore diameter diamètre (m) du cylindre	c	діаметръ (m) цилин- дра diametro (m) del cilindro diámetro (m) del cilindro
4	Cylindermantel (m), Cylinderwandung (f) cylinder casing, cylinder jacket paroi (f) du cylindre, chemise (f) du cylindre	d	стѣнка (f) цилиндра camicia (f) del cilindro, parete (f) del cilindro camisa (f) del cilindro, paredes (f. pl.) del cilindro
5	Cylinderdeckel (m) cylinder head couvercle (m) du cy- lindre	e	крышка (f) цилиндра coperchio (m) del ci- lindro tapa (f) del cilindro
6	Deckelschraube (f) cylinder-bolt, cylinder- head bolt (A) boulon (m) du couvercle	f	болтъ (m) крышки цилиндра vite (f) del coperchio, bullone (m) del co- perchio tornillo (m) de la tapa
7	Deckelverschraubung(f) head-bolting boulons (m. pl.) du couvercle		закрѣпленіе (n) бол- тами крышки ци- линдра avvitatura (f) del co- perchio roscado (m) de la tapa
8	Cylinderboden (m) cylinder bottom, cylin- der head, back end fond (m) du cylindre	g	дно (n) цилиндра fondo (m) del cilindro fondo (m) del cilindro

Cylinderstopfbüchse (f) cylinder stuffing box presse-étoupe (m) du cylindre	h	сальникъ (m) цилиндра premistoppa (m) del cilindro prensaestopas (m) del cilindro	*1*

Cylinderverkleidung (f) cylinder clothing, cylinder lagging enveloppe(f) du cylindre	i	обшивка (f) цилиндра rivestimento (m) del cilindro, involucro (m) del cilindro revestimiento (m) del cilindro, envolvente (f) del cilindro	*2*

einen Cylinder (m) ausdrehen to turn out a cylinder creuser un cylindre	выточить цилиндръ tornire un cilindro tornear un cilindro	*3*

einen Cylinder (m) nachdrehen to re bore a cylinder réaléser un cylindre	подтачивать цилиндръ ripassare al tornio un cilindro, ritornire un cilindro retornear un cilindro	*4*

einen Cylinder (m) ausbohren to bore out a cylinder aléser un cylindre	высверлить цилиндръ alesare un cilindro, trapanare un cilindro mandrilar un cilindro	*5*

Cylinderbohrmaschine (f) cylinder boring machine machine (f) à aléser les cylindres	машина (f) для растачиванія цилиндровъ alesatrice (f) per cilindri máquina (f) de mandrilar cilindros	*6*

Cylinderschmierung (f) cylinder oiling, cylinder lubrication graissage (m) des cylindres	смазка (f) цилиндровъ lubrificazione (f) del cilindro lubrificación (f) del cilindro	*7*

einfachwirkender Cylinder (m) single acting cylinder cylindre (m) à simple effet	цилиндръ (m) простого или одиночнаго дѣйствія cilindro (m) a semplice effetto cilindro (m) de simple efecto	*8*

9*

1	doppeltwirkender Cylinder (m) double acting cylinder cylindre (m) à double effet	цилиндръ (m) двойного дѣйствія cilindro (m) a doppio effetto cilindro (m) de doble efecto
2	Dampfcylinder (m) steam-cylinder cylindre (m) à vapeur	паровой цилиндръ (m) cilindro (m) a vapore cilindro (m) de vapor
3	Pumpencylinder (m) pump-cylinder cylindre (m) de pompe	цилиндръ (m) насоса cilindro (m) della pompa, corpo (m) della pompa cilindro (m) de bomba
4	Preßcylinder (m) pressure-cylinder cylindre (m) à pression, cylindre (m) de presse	цилиндръ (m) пресса, прессовый цилиндръ cilindro (m) da torchio cilindro (m) de presión

XVIII.

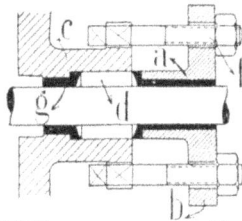

5	Stopfbüchse (f) stuffing box, gland stuffing box presse-étoupe (m), boîte (f) à étoupes		сальникъ (m) scatola (f) a stoppa caja (f) de estopas de relleno
6	Brille (f), Deckel (m) gland, follower chapeau (m), bague (f)	a	втулка (f) premistoppa (m) casquillo (m) del prensaestopas
7	Brillenflansch (m) flange of gland, flangefollower bride (f) de chapeau	b	флянецъ (m) втулки flangia (f) del premistoppa brida (f) del prensaestopas
8	Büchse (f) box boîte (f)	c	букса (f) scatola (f), bossolo (m) caja (f)
9	Packung (f), Dichtung (f) Liderung (f) packing, jointing garniture (f)		набивка (f) guarnizione (f) empaquetadura (f)

Packungsraum (m) stuffing-box, packing space logement (m) de garni- ture, stuffing-box	d	камера (f) для на- бивки spazio (m) della guarni- zione cámara (f) de la esto- pada	*1*
Packungsdicke (f) size of jointing épaisseur (f) de la gar- niture		толщина (f) набивки spessore (m) della guar- nizione espesor (m) de la esto- pada	*2*
Stopfbüchsen- schraube (f) stuffing-box bolt, gland bolt boulon (m) de presse-é- toupe	f	болтъ (m) сальника bullone (m) del premi- stoppa tornillo (m) del prensa- estopas	*3*
Grundbüchse (f) bottom, bush bague (f) de fond	g	грундъ-букса (m) bossolo (m) di fondo caja (f) estopa de fondo	*4*

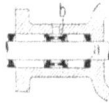

Grundring (m) wedge ring, taper ring, neck ring bague (f) de fond coni- que	a	основное кольцо (n) anello (m) di fondo anillo (m) de la base	*5*
Ölring (m) oil ring bague (f) de graissage	b	маслодержатель (m) anello (m) lubrificatore anillo (m) de lubrifi- cación	*6*
Dampfstopfbüchse (f) steam stuffing-box presse-étoupe (m) à vapeur		сальникъ (m) паро- вого цилиндра scatola (f) a stoppa per vapore caja (f) de estopas á presión de vapor	*7*

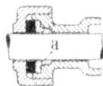

Lederstopfbüchse (f) stuffing-box with lea- ther lining presse-étoupe (m) à gar- niture en cuir		сальникъ (m) съ кожаной набивкой scatola (f) a stoppa a guarnizione di cuoio caja (f) de estopas de cuero, caja (f) de guarnición de cuero, caja (f) de empaque- tadura de cuero	*8*

1	Ledermanschette (f), Lederstulp (m) leather packing ring, leather packing collar garniture (f) en cuir, anneau (m) en cuir embouti	**a**	кожаная манжета (f) guarnizione (f) di cuoio manga (f) de cuero, cuello (m) de cuero

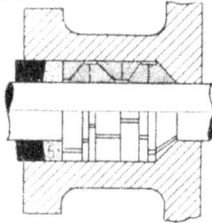

2	Metallstopfbüchse(f) metallic stuffing-box, V-ring metallic gland packing presse-étoupe (m) à garniture métallique	сальникъ съ металлической набивкой scatola (f) di tenuta a guarnizione metallica caja(f) de guarnición metálica, caja (f) de empaquetadura metálica
3	Stopfbüchsenreibung (f) stuffing-box friction frottement(m) de presse-étoupe	треніе (n) въ сальникахъ attrito (m) della scatola a stoppa fricción (f) de la estopada, fricción (f) de la empaquetadura
4	die Stopfbüchse (f) anziehen to readjust the stuffing-box serrer le presse-étoupe	затянуть (затягивать) сальникъ serrare il premistoppa atornillarel prensaestopas, cerrar la estopada
5	die Stopfbüchse (f) klemmt sich, die Stopfbüchse (f) eckt the stuffing-box binds le presse-étoupe coince le presse-étoupe serre de travers	сальникъ (m) защемляется la scatola (f) a stoppa s'ingrana la estopada (f) se enclava, se agarrota
6	die Stopfbüchse (f) ist undicht the stuffing-box leaks le presse-étoupe perd	сальникъ (m) неплотенъ la scatola (f) a stoppa non tiene, la scatola (f) a stoppa non fa tenuta la caja (f) de estopas no cierra
7	die Stopfbüchse (f) dichtet; die Stopfbüchse (f) ist dicht the stuffing-box is made tight le presse-étoupe est étanche	сальникъ (m) плотенъ (m) la scatola a stoppa tiene, la scatola (f) a stoppa fa tenuta la caja (f) de estopas cierra herméticamente

der Cylinder (m) ist durch eine Stopf-büchse abgedichtet the cylinder is kept tight by means of a stuffing-box le cylindre est rendu étanche par un presse-étoupe	цилиндръ (m) уплот-ненъ сальникомъ il cilindro è chiuso a tenuta con una sca-tola a stoppa el cilindro (m) está cer-rado herméticamente con un prensa-estopas *1*
packen, verpacken, lidern to joint, to pack garnir un presse-étoupe	набить (набивать) сальникъ (m) guarnire la scatola a stoppa estopar, empaquetar *2*
Hanfpackung (f), Hanf-dichtung (f), Hanf-liderung (f) hemp-jointing, hemp-packing garniture (f) de chanvre	пеньковая на-бивка (f) guarnizione (f) di canape estopada (f) de cáñamo *3*
Hanfzopf (m) hemp-cord, hemp-rope, hemp-twist tresse (f) de chanvre	пеньковый пле-тень (m) treccia (f) di canape trenza (f) de cáñamo *4*
Asbestpackung (f) asbestos-jointing or packing garniture (f) d'amiante	асбестовая на-бивка (f) guarnizione (f) d'amian-to estopada (f) amianto *5*
Asbestschnur (f) asbestos-cord tresse (f) d'amiante	асбестовая тесьма (f) corda (f) d'amianto cuerda (f) de amianto, trenza (f) de amianto *6*
Gummipackung (f) rubber-jointing or packing garniture (f) en caout-chouc	каучуковая на-бивка (f) guarnizione (f) di gomma estopada (f) goma *7*
Metallpackung (f), me-tallische Packung (f) metal-jointing, metallic-jointing or packing garniture (f) métallique	металлическая на-бивка (f) guarnizione (f) metallica empaquetadura (f) me-tálica *8*

XIX.

1	Kolben (m) piston piston (m)	a	поршень (m) stantuffo (m) émbolo (m)
2	Kolbendurchmesser (m) diameter of the piston diamètre (m) du piston	b	діаметръ (m) поршня diametro (m) dello stan- tuffo diámetro (m) del émbolo
3	Kolbenhöhe (f) depth of the piston épaisseur (f) du piston	c	высота (f) поршня spessore (m) dello stan- tuffo altura (f) del émbolo
4	Kolbenspielraum (m) clearance of the piston jeu (m) du piston		зазоръ (m), про- зоръ (m), вредное пространство (n) gioco (m) dello stantuffo juego (m) del émbolo
5	Kolbenkraft (f) power of piston, piston- power, load on pis- ton (A) force (f) du piston	P	сила (f) поршня forza (f) dello stantuffo fuerza (f) del émbolo
6	Kolbenstange (f) piston rod tige (f) du piston	d	штокъ (m) (стержень (m)) поршня, штан- га (f) stelo (m) dello stantuffo vástago (m) del émbolo
7	Kolbenstangenende (n) piston rod end, tail- piece of the piston rod queue (f) de la tige du piston		конецъ (m) поршне- вого стержня estremità (f) dello stelo dello stantuffo extremo (m) del vástago
8	Kolbenstangenführung (f) piston rod guide guide (m) de la tige du piston	e	направляющія (f. pl) поршневого штока guida (f) dello stelo dello stantuffo guía (f) del vástago
9	Kolbenschraube (f) piston nut vis (f) du piston	f	болтъ (m) поршня vite (f) dello stantuffo rosca (f) del vástago

Kolbenschlüssel (m) piston wrench clef (f) du piston	поршневой ключъ (m) chiave (f) dello stan- tuffo llave (f) del vástago	*1*
Kolbenstopfbüchse (f) piston stuffing box presse-étoupe (m) du piston	сальникъ (m) поршня scatola(f)dello stantuffo prensaestopas (m) del émbolo	*2*
Kolbenschmierung (f) piston lubrication, piston oiling graissage (m) du piston	смазка (f) поршня lubrificazione (f) dello stantuffo engrase (m) del émbolo	*3*
Kolbengeschwindigkeit (f) piston speed vitesse (f) du piston	скорость (f) поршня velocità (f) dello stan- tuffo velocidad (f) del émbolo	*4*
Kolbenbeschleunigung (f) piston acceleration accélération (f) du piston	ускореніе (n) поршня accelerazione (f) dello stantuffo aceleración (f) del ém- bolo	*5*
Kolbenreibung (f) piston friction frottement (m) du piston	треніе (n) поршня attrito (m) dello stan- tuffo fricción (f) del émbolo	*6*

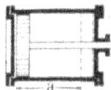
a

Kolbenhub (m), Kolben- weg (m) stroke of piston course (f) du piston	ходъ (m) поршня corsa (f) dello stantuffo carrera (f) del émbolo, golpe (m) del émbolo	*7*
Kolbenspiel (n) travel of piston, double stroke tour (m) du piston, coup (m) double de piston	игра (f) поршня corsa (f) dello stantuffo curso (m) del émbolo	*8*

Kolbenhingang (m) forward stroke of the piston avance (f) du piston, marche (f) en avant du piston	прямой ходъ (m) поршня corsa (f) di andata dello stantuffo carrera (f) de avance del émbolo	*9*

Kolbenrückgang (m) backward stroke of the piston retour (m) du piston, marche (f) en arrière du piston	обратный ходъ (m) поршня corsa (f) di ritorno dello stantuffo carrera (f) atrás, retro- ceso (m) del émbolo	*10*

1	Kolbenaufgang (m) up-stroke of the piston montée (f) du piston	подъемъ (m) поршня, ходъ (m) поршня вверхъ salita (i) dello stantuffo ascenso (m) del émbolo
2	Kolbenniedergang (m) down-stroke of the pis- ton descente (f) du piston	ходъ (m) поршня внизъ discesa (f) dello stan- tuffo descenso (m) del émbolo
3	Kolbendichtung (f), Kol- benliderung (f), Kol- benpackung (f) piston-packing garniture (f) du piston	набивка (f) поршня guarnizione (f) dello stantuffo empaquetadura (f) del émbolo, guarnición (f) del émbolo
4	Kolben (m) mit Hanf- liderung hemp packed piston piston (m) à garniture de chanvre	поршень (m) съ пень- ковой набивкой stantuffo (m) con guar- nizione di canape émbolo (m) con empa- quetadura de cáñamo
5	Kolben (m) mit Leder- liderung piston with leather packing piston (m) à garniture de cuir	поршень (m) съ ко- жаной набивкой stantuffo (m) con guar- nizione di cuoio émbolo (m) con empa- quetadura de cuero
6	einen Kolben (m) be- ledern to pack the piston with leather garnir un piston de cuir	обшить (обшивать) поршень кожей guarnire uno stantuffo con cuoio guarnecer un émbolo con cuero
7	Kolben (m) mit Metall- liderung piston with metallic packing piston (m) à garniture métallique	поршень (m) съ ме- таллической на- бивкой stantuffo (m) a guarni- zione metallica émbolo (m) con empa- quetadura metálica

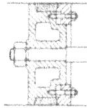

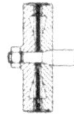

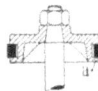

Kolbenring (m) Liderungsring (m) piston ring, packing ring segment (m) de piston, anneau (m) de garniture	a	поршневое (набивочное) кольцо (n) anello (m) di guarnizione anillo (m) del émbolo	*1*
Kolbenringschloß (n) spring ring joint, piston ring lock (A) joint (m) du segment de piston	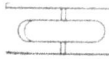	кольцевой замокъ (m) поршня giunto (m) dell' anello dello stantuffo cierre (m) del anillo de guarnición	*2*
selbstspannender Kolbenring (m) spring ring segment (m) de piston élastique		самонажимающее поршневое кольцо (n) anello (m) a tensione automatica anillo (m) de tensión automática	*3*
Kolbenkörper (m) piston-body, body of the piston corps (m) du piston	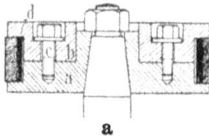 a	тѣло (n) поршня corpo (m) dello stantuffo cuerpo (m) del émbolo	*4*
Kolbendeckel (m), Kolbendecke (f) follower-plate (A), junk ring of the piston plateau (m) du piston, couvercle (m) du piston	b	крышка (f) поршня coperchio (m) dello stantuffo tapa (f) del émbolo	*5*
Kolbendeckelschraube (f) piston-bolt, piston-follower-bolt (A) vis (f) de couvercle du piston	c	болтъ (m) крышки поршня vite (f) del coperchio dello stantuffo tornillo (m) de la tapa del émbolo	*6*
Spannring (m) piston curl, piston spring anneau (m) tendeur	d	обичайка (f) anello (m) tenditore anillo (m) de tensión	*7*
Kolben (m) mit Labyrinthdichtung grooved piston, water grooved piston piston (m) à garniture en cannelures	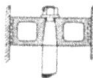	ныряло (n) съ лабиринтомъ stantuffo (m) con scanalature di guarnizione émbolo (m) con ranuras de ajuste	*8*

1	eingeschliffener Kolben (m) ground and polished piston piston (m) rodé	пришлифованный поршень (m) stantuffo (m) senza guarnizione, stantuffo (m) smerigliato émbolo (m) esmerilado
2	einen Kolben (m) einschleifen to grind in a piston roder un piston	пришлифовать поршень (m) smerigliare uno stantuffo pulimentar, esmerilar un émbolo
3	Scheibenkolben (m) disk piston, solid piston piston (m) plein	дисковый поршень (m) stantuffo (m) a disco émbolo (m) de disco
4	Tauchkolben (m), Plungerkolben (m), Plunger (m) plunger piston (m) plongeur	ныряло (n), плунжеръ (m) stantuffo (m) massiccio, stantuffo (m) tuffante émbolo (m) buzo, émbolo (m) sólido
5	Dampfkolben (m) steam piston piston (m) à vapeur	паровой поршень (m) stantuffo (m) a vapore émbolo (m) de vapor
6	Pumpenkolben (m) pump-piston piston (m) de pompe	поршень (m) насоса stantuffo (m) di pompa émbolo (m) para bomba
7	Ersatzkolben (m) spare-piston piston (m) de rechange	запасной (резервный) поршень (m) stantuffo (m) di riserva, stantuffo (m) di cambio émbolo (m) de recambio

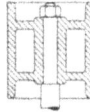

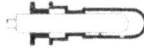

XX.

8	Kurbeltrieb (m), Kurbelgetriebe (n) crank-gear transmission (f) par manivelle	передача (f) кривошипомъ manovellismo (m), trasmissione (f) per manovella impulsión (f) á manivela, transmisión (f) de manivela
9	Totstellung (f), Totlage (f) dead centre position position (f) au point mort	въ положеніи мертвой точки posizione (f) del punot morto posición (f) muerta

Totpunkt (m), toter Punkt (m) dead center point (m) mort	A	мертвая точка (f) punto (m) morto punto (m) muerto	*1*
Kurbel (f) crank manivelle (f)		кривошипъ (m) manovella (f) manivela (f)	*2*
Kurbelkörper (m), Kurbelarm (m) body of the crank, crank web, crank arm (A) corps (m) de manivelle	a	тѣло (n) (плечо (n)) кривошипа braccio (m) della manovella brazo (m) de la manivela	*3*
Kurbelwelle (f) crank shaft arbre (m) de [à] manivelle	b	ось (f) кривошипа albero (m) della manovella eje (m) de la manivela	*4*
Kurbellager (n), Kurbelwellenlager (n) crank shaft bearing palier (m) de l'arbre de [à] manivelle, palier (m) principal, palier (m) de l'arbre de couche	c	подшипникъ (m) кривошипнаго вала sopporto (m) dell'albero della manovella soporte (m) del eje de la manivela	*5*
Kurbelzapfen (m) crank pin bouton (m) de manivelle, manneton (m)	d	цапфа (f) (палецъ (m)) кривошипа perno (m) della manovella clavija (f) de la manivela, botón (m) de la manivela	*6*
Kurbelzapfenlager (n) crank pin steps, crank pin brasses palier (m) de manneton	e	подшипникъ (m) для цапфъ вала sopporto (m) del perno della manovella soporte (m) de la clavija de la manivela	*7*
Stirnkurbel (f) crank manivelle (f) frontale, manivelle (f) en bout		концевой кривошипъ (m) manovella (f) frontale, manovella (f) d'estremità manivela (f) extrema	*8*

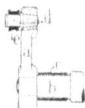

1	Gegenkurbel (f) return-crank contre-manivelle (f)	контръ-криво- шипъ (m) contro-manovella (f) contra-manivela (f)
2	Kurbelscheibe (f) crank-disc plateau (m) manivelle	дискъ (m) кривошипа manovella (f) a disco manivela (t) de disco
3	Handkurbel (f) windlass, winch and crank handle manivelle (f) à main, manivelle (f) à bras	ручной криво- шипъ (m) manovella (f) a mano cigüeñuela (f), mani- vela (f) á mano, cabria (f)
4	Kurbelgriff (m) handle of windlass manche (m) de mani- velle, poignée (f) de manivelle	рукоятка (f) криво- шипа impugnatura (f), manu- brio (m) manubrio (m) de cabria, mango (m) de la mani- vela
5	einmännische Kurbel (f) windlass for a single man manivelle (f) à un homme	ручной криво- шипъ (m) на одного человѣка manovella (f) ad un uomo manivela (f) á dos manos
6	zweimännische Kurbel (f) windlass for two men manivelle (f) à deux hommes	ручной криво- шипъ (m) на двухъ человѣкъ manovella (f) a due uomini manivela (f) á cuatro manos
7	Sicherheitskurbel (f) safety crank manivelle (f) de sûreté	безопасный криво- шипъ (m) manovella (f) di sicu- rezza manivela (f) de seguridad
8	Kurbelschlag (m) knocking in the crank cogne (m) dans la mani- velle	отдача (f) рукоятки colpo (m) della mano- vella golpe (m) de la ma- nivela
9	kurbeln to turn, to work, to wind tourner la manivelle	вращать рукоятку manovrare la mano- vella dar á la manivela, mani- obrar la manivela

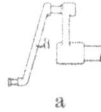

Kurbelschleife (f) slot and crank coulisse-manivelle (f)	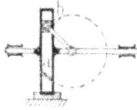	кривошипъ (m) съ кулиссою manovella (f) a glifo manivela (f) de doble codo, guía (f) bastidor *1*
Schleife (f), Kulisse (f) slot, link (A) coulisseau (m)	a	кулисса (f) guida (f) guía (f), culisa (f) *2*
Gleitklotz (m), Kulissen- stein (m) sliding block, link block (A) glisseur (m)	b	скользящій ка- мень (m), камень (m) кулиссы pattino (m) dado (m) de guia *3*
Excenter (m) eccentric excentrique (m)		эксцентрикъ (m) eccentrico (m) excéntrica (f) *4*
Excentrizität (f) degree of eccentricity excentricité (f)		эксцентрицитетъ (m) eccentricità (f) excentricidad (f) *5*
Excenterscheibe (f) eccentric disk, eccen- tric sheave plateau (m)-excentrique	b	эксцентриковый дискъ (m), эксцен- триковая шайба (f) disco (m) dell' eccen- trico disco (m) de la excén- trica *6*
einteilige Excenter- scheibe (f) solid eccentric sheave plateau (m)-excentrique en une pièce		простой эксцентри- ковый дискъ (m), простая эксцен- триковая шайба (f) disco (m) dell' eccen- trico in un pezzo disco (m) de la excén- trica de una pieza *7*
zweiteilige Excenter- scheibe (f) eccentric sheave in two parts plateau (m) excentrique en deux pièces		эксцентриковый дискъ, состоящій изъ двухъ частей, эксцентриковая шайба, состоящая изъ двухъ частей disco (m) dell'eccentrico in due pezzi disco (m) de la eccén- trica de dos piezas *8*

1	Excenterring (m), Excenterbügel (m) eccentric strap, eccentric clip collier (m) d'excentrique	c	хомутъ (m) эксцентрика collare (m) dell' eccentrico collar (m) de la excéntrica
2	Excenterstange (f) eccentric rod tige (f) d'excentrique barre (f) d'excentrique	d	эксцентриковая тяга (f) stelo (m) dell' eccentrico, asta (f) dell' eccentrico varilla (f) de la excéntrica
3	Excenterdruck (m) eccentric pressure pression (f) d'excentrique		давленіе (n) эксцентрика pressione (f) dell' eccentrico presión (m) de la excéntrica
4	Excenterreibung (f) eccentric friction frottement (m) d'excentrique		треніе (n) эксцентрика attrito (m) all' eccentrico fricción (f) de la excéntrica
5	Excenterantrieb (m) eccentric, eccentric motion, eccentric action commande (f) par excentrique		эксцентриковая передача (f) movimento (m) ad eccentrico movimiento (m) por excéntrica
6	excentrisch eccentric excentrique		эксцентрично eccentrico excéntrico
7	Schubstange (f), Pleuelstange (f) connecting rod bielle (f)		шатунъ (m) biella (f) biela (f)
8	Schaft (m) der Schubstange body of the connecting rod corps (m) de bielle	a	стержень (m), стволъ (m) } шатуна stelo (m) della biella, asta (f) della biella, corpo (m) della biella cuerpo (m) de la biela
9	Schubstangenkopf (m), Pleuelkopf cross head end of the connecting rod tête (f) de bielle	b	головка (f) шатуна testa (f) di biella cabeza (f) de la biela

geschlossener Pleuel-kopf (m) solid head tête (f) de bielle fermée		замкнутая головка (f) testa (f) di biella chiusa cabeza (f) cerrada *1*
offener Pleuelkopf (m), Marinekopf (m) marine end tête (f) de bielle type marin		открытая головка (f) testa (f) di marina cabeza (f) abierta tipo marina *2*
Kappenkopf (m) connecting rod fork, strap and key end A, stub-end (A) tête (f) de bielle avec chape		вилкообразная головка (f) testa (f) di biella a staffa cabeza (f) de brida *3*
Kuppelstange (f) coupling-rod, coupling-link bielle (f)· d'accouplement	a	соединительная тяга (f), сцѣпной шатунъ (m), дышло (n) biella (f) d'accoppiamento biela (f) de acoplamiento *4*
Geradführung (f) slide bars, guide-bars glissières (f. pl)		направляющія (f. pl.) прямолинейнаго движенія guida (f) rettilinea guia (f) recta *5*
Gleitstück (n) slide-block, slipper patin (m)	a	скользунъ (m), ползунъ (m) pattino (m) patin (m) *6*
Gleitbahn (f) slide glissière (f)	b	салазки (f pl.) guida (f) del pattino guia (f) del patin, deslizadera (f), paralelas (f. pl.) *7*
Gleitfläche (f) slide-face surface (f) de glissière, surface (f) de glissement		скользящая поверхность (f) superficie (f) di scorrimento superficie (f) de resbalamiento *8*
Bahndruck (m) slide-block pressure pression (f) sur la glissière	P	давленіе (n) на салазки pressione (f) sulla guida presión (f) en las guias *9*
Bahnreibung (f) slide-block friction frottement (m) de la glissière		треніе (n) салазокъ attrito (m) alla guida fricción (f) en las guias *10*

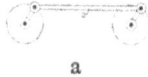

1 Stangenführung (f) rod guide tige-guide (m)	a b	направляющая тяга (f), напра- вляющая штанга(f) guida (f) a stelo guía (f) de la varilla
2 Führungsbüchse (f) guide box, guide bracket boîte de guidage (m)	a	направляющая букса (f) bossolo (m) di guida caja (f) de guía
3 Gleitstange (f) slide rod tige-glissière (f)	b	штокъ (m) asta (f) di guida varilla (f) de la guía
4 Kreuzkopfführung (f) cross-head and slipper guide (m) à crosse, gui- dage (m) à crosse		параллель (f) guida (f) a croce guía (f) por capacete
5 Kreuzkopf (m), Quer- haupt (n) cross-head crosse (f), traverse (f), tête (f) de piston		крейцкопфъ (m), пол- зунъ (m) крестовина (f), кулакъ (m) testa (f) a croce capacete (m), cruceta (f)
6 Gleitschuh (m), Schlit- ten (m) shoe patin (m)	a	салазки (f. pl.) pattino (m) patin (m)
7 Kreuzkopfbolzen (m), Kreuzkopfzapfen (m) cross-head center or pin tourillon (m) de crosse	b	болтъ (m) ⎫ крейц- ципфа (f) ⎬ копфа; кресто- вины; кулака perno (m) della testa a croce tornillo (m) del capacete
8 Kreuzkopfstange (f) piston-rod tige (f) de crosse	c	штанга (f) ⎫ крейц- тяга (f) ⎬ копфа кресто- вины кулака stelo (m) della testa a croce vástago (m) del capacete

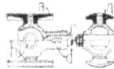

Kreuzkopfkeil (m) cross-head cotter, cross- head key (A) clavette (f) de la crosse	d	клинъ (m) { кресто- вины крейц- копфа кулака *1* chiavella (f) della testa a croce chaveta (f) del capacete

XXI.

Feder (f) spring ressort (m)		рессора (f) molla (f) muelle (m) *2*
Biegungsfeder (f) flexion spring ressort (m) de flexion		изгибающаяся рес- сора (f), рессора (f) на изгибъ *3* molla (f) dritta resorte (m) de flexión, muelle (m) de flexión
Blattfeder (f) plate-spring, plateform- spring ressort (m) à lame, res- sort (m) à feuille		рессорный листъ (m) molla (f) a foglia *4* muelle (m) de hojas
Federung (f), Durch- biegung (f) deflection flèche (f)	a	прогибъ (m) saetta (f) d'inflessione flecha (f) del muelle, *5* flecha (f) de la flexión
Blattfederwerk (n), ge- schichtete Feder (f) laminated plate waggon spring ressort (m) à lames superposées		листовая рессора (f) molla (f) a balestra muelle (m) de ballesta, *6* muelle (f) de lámi- nas múltiplas
Federbund (m) spring shackle, hoop of spring bride (f) de ressort	a	рессорный хо- мутъ (m) *7* staffa (f) della molla brida (f) del muelle
Federauge (n) eye of spring plate oeil (m) de ressort	b	рессорный ва- ликъ (m) *8* occhiello (m) della molla oreja (f) del muelle
Federbock (m) spring-bracket support (m) de ressort	c	рессорная дер- жавка (f) *9* cavalletto (m) della molla apoyo (m) del muelle

10*

1 Spiralfeder (f) spiral spring ressort (m) en spirale	спиральная (витая) рессора (f) molla (f) a spirale muelle (m) espiral
2 Drehungsfeder (f) torsional spring, ribbon spring ressort (m) de torsion	скручивающаяся рессора (f), рес- сора (f) на скру- чиваніе molla (f) di torsione muelle (m) de torsión
3 cylindrische Schrauben- feder (f) cylindrical spiral spring ressort (m) à boudin, res- sort (m) en hélice	цилиндрическая вин- товая рессора (f) molla (f) a spirale ci- lindrica muelle (m) helizoidal cilindrico
4 Kegelfeder (f) volute spring (conical spiral spring) ressort (m) conique	коническая рес- сора (f) molla (f) a spirale conica muelle (m) helizoidal cónico
5 Rechteckfeder (f) square-bar-spiral spring ressort (m) à lame plate, ressort (m) à section rectangulaire	рессора (f) прямоу- гольнаго сѣченія molla (f) a sezione ret- tangolare muelle (m) de sección rectangular
6 Rundfeder (f) round-bar-spiral spring ressort (m) à fil rond, ressort (m) à section circulaire	рессора (f) круглаго сѣченія molla (f) a sezione cir- colare resorte (m) de sección circular, muelle (m) de sección circular
7 Zusammendrückung (f) der Feder compression of the spring compression (f) du res- sort	сжатіе (n) рессоры compressione (f) della molla compresión (f) del re- sorte, compresión (f) del muelle
8 eine Feder (f) zusam- mendrücken to compress a spring comprimer un ressort	сжать (сжимать) рессору comprimere la molla comprimir un muelle
9 eine Feder (f) auseinan- derziehen, eine Feder spannen to put a spring under tension tendre un ressort	растянуть (растяги- вать) рессору tendere una molla distender un muelle, distender un resorte

Federwindung (f)
turn of the spring, one
  coil of the spring
spire (f) de ressort

витокъ (m) рессоры
spira (f) della molla
espira (f) del muelle *1*

Windungszahl (f) der
  Feder
number of coils, number
  of turns
nombre (m) d'enroule-
  ments

число (n) витковъ
numero (m) delle spire
número (m) de espiras *2*

---

federn
to be elastic, to spring
être élastique, être com-
  pressible

пружинить
oscillare
oscilar *3*

XXII.

Schwungrad (n)
fly-wheel
volant (m)

маховикъ (m), махо-
  вое колесо (n)
volano (m), volante (m)
volante (m) *4*

Schwungring (m),
  Schwungradkranz (m)
rim of the fly-wheel,
  ring of the fly-wheel
jante (f) du volant

a

ободъ(m)маховика(f),
  ободъ (m) махо-
  вого колеса
corona (f) del volano
llanta (f) del volante,
  corona (f) del volante *5*

Schwungradarm (m)
arm of the fly-wheel
bras (m) du volant

b

спица(f) маховика (f),
  спица (f) маховаго .
  колеса (f)   . *6*
razza (f) del volano
brazo (m) del volante

Schwungradnabe (f)
boss of the fly-wheel,
  hub (A)
moyeu (m) du volant

c

ступица (f) махо-
  вика (f) (маховаго
  колеса (f))   *7*
mozzo (m) del volano
cubo (m) del volante

Ungleichförmigkeits-
  grad (m)
coefficient of variation
  in speed
coëfficient (m) d'irré-
  gularité

коэффиціентъ (m) не-
  равномѣрности
  движенія   *8*
grado (m) d'irregolarità
grado (m) de desigual-
  dad   .

---

geteiltes Schwungrad (n)
fly-wheel in halves
flolant (m) en deux
  parties

составной махо-
  викъ(m),составное
  маховое колесо (n) *9*
volano (m) diviso
volante (m) de piezas
  armadas

1	Kranzstoß (m) rim joint joint (m) de la jante	a	стыкъ (m) обода giunzione (f) della co- rona junta (f) de la corona
2	Kranzschraube (f) rim joint bolt boulon (m) de jante	b	стыковый болтъ (m) обода bullone (m) della corona tornillo (m) de la corona
3	Nabenschraube (f) boss joint bolt, hub bolt (A) boulon (m) de moyeu	c	стыковый болтъ (m) ступицы bullone (m) del mozzo tornillo (m) del cubo
4	gezahntes Schwung- rad (n) cogged fly-wheel volant (m) denté		зубчатый махо- викъ (m), зубчатое маховое колесо (n) volano (m) dentato volante (m) dentato
5	Schwungradexplo- sion (f) bursting of the fly-wheel explosion (f) du volant		разрывъ (m) махо- вика (маховаго колеса) rottura (f) del volano rotura (f) del volante
6	Kranzbruch (m) breakage of the rim, fracture of the rim rupture (f) de la jante		поломка (f) махо- вика (маховаго колеса) rottura (f) della corona rotura (f) de la corona

XXIII.

7	Regler(m),Regulator(m) governor régulateur (m), modéra- teur (m)		регуляторъ (m) regolatore (m) regulador (m)
8	Regulatorspindel (f), Reglerspindel (f) spindle of the governor arbre (m) du régulateur	a	ось (f) (шпиндель (f)) регулятора albero (m) del regolatore árbol (m) del regulador
9	Schwungmasse (f) Schwungkugel (f) governor balls (pl.) boule (f) du régulateur	b	вращающійся шаръ (m) massa (f) rotante, palla (f) rotante cuerpo (m) girante del regulador, bola (f) girante del regulador, esfera (f) girante del regulador, masa (f) centrifuga del regu- lador

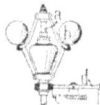

Regulatormuffe (f), Reglermuffe (f) governor-socket manchon (m) du régula- teur	c	муфта (f) регулятора manicotto (m) del re- golatore manguito (m) del re- gulador
		1

Muffenhub (m) des Re-
gulators, des Reglers
lift of the governor-
socket
course (f) du manchon
du régulateur

подъемъ (m) муфты
регулятора
corsa (f) del manicotto
del regolatore
carrera (f) del manguito
del regulador

2

Regulatorhebel (m),
Reglerhebel (m)
standard-lever, regula-
ting lever
levier (m) du regulateur

d

рычагъ (m) регуля-
тора
leva (f) del regolatore
palanca (f) del regulador

3

Stellzeug (n) des Regu-
lators, des Reglers
adjusting gear of the
governor
réglage (m) du régula-
teur

установительный
механизмъ (m) ре-
гулятора
apparato (m) graduatore
del regolatore
aparato (m) graduador
del regulador

4

Fliehkraftregler(m),Cen-
trifugalregulator (m)
centrifugal governor
régulateur (m) à force
centrifuge

центробѣжный ре-
гуляторъ (m)
regolatore (m) a forza
centrifuga
regulador (m) centrífugo

5

Pendelregulator (m),
Pendelregler (m)
pendulum governor
régulateur (m) à pendule

регуляторъ (m) -
маятникъ (m)
regolatore (m) a pendolo
regulador (m) de pén-
dulo

6

Kegelregulator (m),
Kegelregler (m)
cone governor
régulateur (m) à cône

коническій регуля-
торъ (m)
regolatore (m) conico
regulador (m) cónico

7

Achsenregulator (m),
Flachregler (m), Ach-
senregler (m)
shaft governor, fly-wheel
governor
régulateur (m) axial

осевой регуля-
торъ (m)
regolatore (m) assiale
regulador (m) axial

8

Gewichtsregulator (m),
Gewichtsregler (m)
weighted governor,
center-weight gover-
nor
régulateur (m) à poids

грузовой регуля-
торъ (m), регуля-
торъ (m) съ на-
грузкой
regolatore (m) a con-
trappeso
regulador (m) pesante

9

1 Regulatorgewicht (n),
Reglergewicht (n)
governor weight, governor counterpoise
contrepoids (m) de régulateur

a

грузъ (m) (нагрузка (f)) регулятора
contrappeso (m) del regolatore
contrapeso (m) del regulador

---

2 Federregulator (m),
Federregler (m)
spring governor
régulateur (m) à ressort

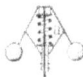

пружинный регуляторъ (m)
regolatore (m) a molla
regulador (m) de resorte

---

3 Regulatorfeder (f),
Reglerfeder (f)
governor spring
ressort (m) du régulateur

a

пружина (f) регулятора
molla (f) del regolatore
resorte (f) del regulador

---

4 Geschwindigkeitsregulator (m), Geschwindigkeitsregler (m)
governor of velocity,
speed governor
régulateur (m) de vitesse

регуляторъ (m) скорости
regolatore (m) della velocità
regulador (m) de velocidad

---

5 Leistungsregulator (m),
Leistungsregler (m)
load governor
régulateur (m) de puissance

регуляторъ (m) работы (производительности) машины
regolatore (m) della potenza
regulador (m) de capacidad

---

6 regeln, reguliren
to govern, to regulate,
to control
régler

урегулировать, регулировать
regolare
regular

XXIV.

Schraubstock (m)
vice, jaw-vice
étau (m)

тиски (m. pl.)
morsa (f)
tornillo (m)

1

Bankschraubstock (m)
bench-vice, bench-
   screw, standing-vice
étau (m) d'établi

верстачные ⎱
стоячіе   ⎰ тиски
стуловые   (m. pl.)
morsa (f) da banco
tornillo (m) de banco

2

---

ein Werkstück (n) in den
   Schraubstock ein-
   spannen
to screw a piece of work
   into the vice
serrer une pièce dans
   l'étau

зажать (зажимать)
   обрабатываемый
   предметъ въ тиски
serrare, stringere un pezzo (m) alla morsa
fijar una pieza en el
   tornillo de banco

3

Schraubstockspindel (f)
spindle
vis (f) d'étau

a

шпиндель (m) ти-
   сковъ
vite (f) per morsa
västago (m) del tornillo,
   husillo (m) del tor-
   nillo

4

Schraubstockbacken
   (f. pl.)
jaws of the vice (pl.),
   bits of the vice (pl.)
mâchoires (f. pl.) d'étau

b

тисочныя губы (f. pl.)
ganascie (f. pl.) della
   morsa
pezuña (f) del tornillo,
   boca (f) del tornillo

5

Backenfutter (n)
vice-jaw
mâchoire (f) d'étau

футеровка (f)
fodera (f) delle ganascie
suplementos (m. pl.) de la
   mordaza de tornillo
   de banco

6

1	Backeneinsatz (m) jaw-socket, false jaws plaque (f) pour étaux	вставочныя ти- сочныя губы (f.pl.) ganascie (f. pl.) addizio- nali piezas (f. pl.) adicionales de mordaza, mordien- tes (m. pl.)
2	Parallel-Schraubstock (m) parallel bench-vice, parallel vice étau (m) parallèle	параллельные тиски (m. pl.) morsa (f) parallela tornillo (m) con movi- miento paralelo, tor- nillo (m) paralelo
3	Gasrohrschraubstock (m) tube-vice, pipe-vice (A) étau (m) pour tubes	тиски (m. pl) (при- жимъ (m)) для газо- выхъ трубъ morsa (f) per tubi tornillo (m) para tubos
4	Schraubzwinge (f) cramp, clamps (pl.), ad- justable clamp serre-joints (m), presse (f) à main	струбцинка (f) sergente (m), strettoio (m) a vite brida (f) de sujeción, prensa (f) de tornillo
5	Bankzwinge (f) bench-clamp presse (f) d'établi	верстачная (при- вертная) струб- цинка (f) strettoio (m) da banco brida (f) de presión de cinta
6	Feilkloben (m), Hand- kloben (m) hand-vice, filing-vice étau (m) à main, étau (m) limeur	ручные тиски (m. pl.) morsa (f) a mano tornillo (m) de mano, entenallas (f. pl.)
7	Reifkloben (m) vice-clamps (pl.), lock- filer's clamps mordache (f) à chan- frein, tenaille (f) à chanfrein	тисочки (m. pl.) morsetto (m) obliquo mordaza (f)
8	Spitzkloben (m) pointed hand-vice étau (m) à main [avec mâchoires étroites]	тисочки (m. pl.) съ барашкомъ morsetto (m) appuntito mordaza (f) de pico apuntado

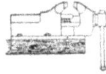

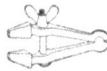

Stiftkloben (m) pin-vice étau (m) à goupilles		тисочки (m. pl.) со штифтомъ morsetto (m) tenditore mordaza (f) de manguito	1

Spannkluppe (f)
hand-vice, vice-clamps
mordache (f), crampon
  (m)
		клупикъ (m)
		morsetto (m) di legno
		garabatillo (m) para
		  tender
			2

XXV.

Zange (f) tongs (pl.), pliers (pl.) tenaille (f)		клещи (f. pl.) tanaglia (f) tenazas (f. pl.)	3
Zangenmaul (n) mouth of the tongs bouche (f) de la tenaille	a	пасть (f) клещей bocca (f) della tanaglia boca (f) de tenazas	4

Flachzange (f), Platt-
  zange (f)
flat pliers (pl.), plat
  pliers (pl.)
tenaille (f) plate, te-
  naille (f) droite
		(кузнечные) плоско-
		  губцы (m. pl.)
		tanaglia (f) piatta, pin-
		  zetta (f)
		tenazas (f. pl.) de pico
		  plano
			5

Rundzange (f)
round pliers (pl.)
tenaille (f) ronde
		(кузнечные) кругло-
		  губцы (m. pl.)
		tanaglia (f), pinzetta (f)
		  a bocca tonda
		tenazas (f. pl.) de pico
		  redondo, tenazas (f.
		  pl.) cañonas
			6

Kugelzange(f), Kappen-
  zange (f)
gas-pliers (pl.), globe
  pliers (pl.), gas pipe
  tongs (A)
tenaille (f) à bouche
  ronde
		клещи (f. pl.) для га-
		  зовыхъ трубъ
		pinzetta (f) a palla
		tenazas (f. pl.) dentada
			7

Schiebzange (f)
pin-tongs, sliding tongs
tenaille (f) à boucle
		клещи (f. pl.) съ
		  хомутикомъ
		tanaglia (f) a sdrucciolo
		tenazas (f.pl.) con fiador,
		  tenazas (f. pl.) con
		  apresadera
			8

Drahtzange (f) plyers, pliers (A) pince (f) américaine		плоскогубцы (f. pl.) tenaglino (m) alicata (f), tenacillas (f. pl) planas	9
Drahtschneider (m) wire-cutter coupe-fils (m)		кусачки (f. pl.), кусцы (m. pl.) tagliafili (m) corta-alambres (m)	10

1	Beißzange (f) cutting-nippers (pl.), nippers (A) pince (f) coupante	острогубцы (m. pl.) tronchese (m), tanaglia (f) tenazas (f. pl.) de corte
2	Kneifzange (f) nippers (pl.), pincers (pl.) pince (f), tenaille (f) à couper	щипцы (m. pl.) tanaglia (f) a taglio, pinza (f) tenazas (f.pl.) de sujeción
3	Nagelzieher (m), Nagel- zange (f) nail-nippers (pl.), nail- puller arrache-clou (m)	гвоздодеръ (m) cava-chiodi (m), tira- -chiodi (m) desclavador (m), tenazas (f. pl.) para clavos
4	Drückzange (f) swage, forming pliers pince (f) à emboutir	давильныя зажимныя } клещи пломбиро- } (f. pl.) вочныя tanaglia (f) premente tenazas (f. pl.) de presión
5	Ziehzange (f) plyer, nippers, dogs pince (f) à tirer	ВОЛОЧИЛЬНЫЯ клещи (f. pl.) tanaglia (f), pinzetta (f) tenazas (f.pl.) de tracción
6	Lötzange (f) forceps, small forceps, soldering tongs (pl.)(A) pince (f) du chalumeau	паяльныя клещи (f. pl.) tanaglia (f) da saldatore tenazas (f. pl.) de sol- dador
7	Brennerzange (f) gas-burner pliers pince (f) à gaz	клещи (f. pl.) для га- зовыхъ горѣлокъ tanaglia (f) per becchi a gas tenazas (f. pl.) de mor- daza para tubos
8	Klappzange (f), Korn- zange (f), Pinzette (f), Federzange (f) pincers (pl), tweezers (pl) pincette (f)	щипчики (m. pl.), пинцетъ (m) pinzetta (f) pinzas (f. pl.)
9	Schere (f) shears (pl.), scissors (pl.) ciseaux (m. pl.)	ножницы (f. pl.) forbice (f) cizallas (f. pl.), tijeras (f. pl.)
10	Scherblatt (n), Scher- backe (f) shear-blade . tranchant (m), lame (f)	челюсть (f) ножницы lama (f) della forbice hoja (f) de las tijeras

Bogenschere (f) arc-shears cisaille (f) à arc	кривоносовыя (фа- сонныя) ножницы (f. pl.), ножницы (f. pl.) съ дугообраз- но выгнутыми лезвіями forbice (f) ad arco tijeras (f. pl.) de arco	*1*

Hebelschere (f) lever-shears (pl.) cisaille (f) à levier	рычажныя ножни- цы (f. pl.) forbice (f) a leva tijeras (f. pl.) de palanca	*2*

Stockschere (f), Bock- schere (f) bench-shears, stock- shears, block-shears cisaille (f) à bras	стуловыя ножницы (f. pl.) cesoia (f) da banco tijeras (f. pl.) de zócalo, tijeras (f. pl.) de banco	*3*

Tafelschere (f) plate-shears fixed on the table cisoir (m)	кровельныя ножни- цы (f. pl.) cesoia (f) per tavola tijeras (f. pl.) de plancha, guillotina (f)	*4*

Parallelschere (f) parallel shears, cutter(A) cisaille (f) parallèle	параллельныя нож- ницы (f. pl.) cesoia (f) parallela tijeras (f. pl.) paralelas	*5*

Rahmenschere (f) frame-shears cisaille (f) à guillotine	рамочныя ножницы (f. pl.) trancia (f) tijeras (f. pl.) de marco	*6*

Handschere (f) hand shears, snips cisailles (f. pl.) à main	ручныя ножницы (f. pl.) forbice (f) a mano tijeras (f. pl.) de mano	*7*

Maschinenschere (f) shearing machine machine (1) à cisailler, cisailleuse (f)	приводныя ножницы (f. pl) forbice (f) a macchina, forbice (f) meccanica tijeras (f. pl) mecánicas	*8*

Blechschere (f), Metall- schere (f) shears, plate-shears, tin- ner's shears or snips cisaille (f) pour ferblan- tiers	ножницы (f. pl.) для рѣзки жести forbicione (m), forbice (f) per lamiera tijeras (f. pl.) de plancha	*9*

1
Lochschere (f)
shears for cutting holes
cisaille (f) perforatrice

пробивныя | клещи
дыропро- | (f. pl.)
бивныя |
traforatrice (f)
tijeras (f. pl.) agujereadora

2
Drahtschere (f)
wire-shears
pince (f) à fil de fer

ножницы (f. pl.) для
рѣзки проволоки
cervia (f), forbice (f) per
fili metallici
escoplo (m), pinzas (f.
pl.) de alambre

XXVI.

3
Amboß (m)
anvil
enclume (f)

наковальня (f)
incudine (m)
yunque (m)

4
Amboßbahn (f)
anvil plate, face of the
anvil
face (f) de l'enclume

a

лицо (n) наковальни
piano (m), area (f)
dell'incudine
cara (f) superior, tabla (f)
del yunque

5
Amboßfutter (n), Am-
boßstock (m), Am-
boßuntersatz (m)
anvil stand, anvil's bed,
anvil's stock
semelle (f) de l'enclume,
socle (m) de l'enclume

b

подставка (f) для
наковаленъ
ceppo (f) dell' incudine
tajo (m) base, cepo (m)

6
Schmiedeamboß (m)
black smith's anvil
enclume (f) [de forge]

кузнечная наковаль-
ня (f)
incudine (m), incudine
(m) da fucina
yunque (m) de forja

7
Handamboss (m)
hand anvil, small anvil
enclumette (f)

ручная наковаль-
ня (f)
incudinella (f), incu-
dine (m) a mano
yunque (m) de mano

8
Bankamboß (m)
bench-anvil, little beak-
iron
petite enclume (f), en-
clumeau (m)

верстачная нако-
вальня (f)
incudine (m) da banco
yunque (m) de banco

9
Hornamboß (m)
beak-iron, anvil with
an arm
enclume (f) à potence

одноносовая, дву-
носовая наковаль-
ня (f)
bicornia (f), incudine (m)
a corno
bigornia (f)

Amboßhorn (n) horn of the anvil beak corne (f) de l'enclume	a	носъ (m) (горнъ (m)) наковальни bicornio (m), corno (m) dell' incudine bicornio (m), cuerno (in) del yunque	*1*
Sperrhorn (n) beak iron, single arm anvil bigorne (f)		шперакъ (m) bicornietto (m) bigorneta (f)	*2*
Angel (f) tongue, spike queue (f)	a	хвостъ (m) шперака codolo (m) cuello (m) de yunque, espiga (f) del yunque	*3*
Bankhorn (n) two-beaked anvil, ris- ing-anvil bigorne (f) d'établi		двуносовой шпе- ракъ (m) bicornia (f) da banco bigornia (f) de banco	*4*
Stöckel (n), Amboß- stöckel (n), Schlag- stöckchen (n) anvil stake, stock anvil tasseau (m), tas (m) à queue		амбусъ (m) tassetto (m) da incudine estampa(f)plana, tás(m) de espiga	*5*
Spitzstöckel (m) filing board, filing block bigorne (f) d'enclume		тассо (m), рогъ (m) для наковаленъ tassetto (m) acuto estampa (f) de punta, tás (m) de punta	*6*
Umschlageisen (n) hatchet stake fer (m) à rabattre, tran- chant (m)		наковальня (f) для загибанія желѣза ferro (m) da piegare suplemento (m) de corte para yunque, hierro (m) de volver pestañas	*7*
Bördeleisen (n) bordering tool, hatchet- stake bordoir (m)		стойка (f), бертел- эйзенъ (m) ferro (m) da ripiegare, ferro (m) da doppiare suplemento (m) rebor- deador, hierro (m) de rebordear	*8*
Bodenamboß (m), Kes- selamboß (m) bottom anvil, round- head stake enclume (f) à former le fond		котельная наковаль- ня (f) incudine (m) da calde- raio suplemento (m) de bola para yunque, hierro (m) de rebatir	*9*

1	Polierplatte (f)
	polishing plate, glazer,
	   polisher
	polissoire (f)
			полировочная пли-
			   та (f)
			piastra (f) da brunire,
			   piastra (f) da pulire
			disco (m) para pulir,
			plano (m) para pulir

2	Gesenkplatte (f),
	   Lochplatte (f)
	swage block, boss,
	   print
	tas-étampe (f)
			сварочная нако-
			   вальня (f)
			stampo (m)
			estampa (f), tás (m)
			   de banco

3	Hammer (m) hammer marteau (m)		молотъ (m), моло- токъ (m) martello (m) martillo (m)

4	Hammerbahn (f)
	hammer face, flat side
	   of a hammer
	face (f) du marteau
		a	лобъ (m) (бой (m))
			   молота (молотка)
			piano (m) del martello
			plano (m) del martillo,
			boca (f) del martillo

5	Finne (f) pane of a hammer panne (f) du marteau	b	лицо (n) молота (молотка) penna (f) del martello corte (m) del martillo, peña (f) del martillo

6	Hammerstiel (m)
	handle of a hammer,
	   shaft of a hammer
	manche (m) du marteau
		c	ручка (f) (рукоятка (f))
			   молота (молотка)
			manico (m)
			mango (m) del martillo

7	hämmern
	to hammer-dress, to
	   forge, to hammer
	marteler
			ковать, обработать
			   молотомъ
			martellare
			martillar

8	kalt hämmern
	to cold-hammer, to cool-
	   hammer, to hammer-
	   harden
	battre à froid, écrouir
			ковать въ холодную
			battere a freddo
			martillar en frio

9	Schlosserhammer (m)
	locksmith's hammer,
	   fitter's hammer
	marteau (m) de serru-
	   rier
			столярный моло-
			   токъ (m)
			martello (m) da calde-
			   raio, martello (m) da
			   fabbro
			martillo (m) de ajustador

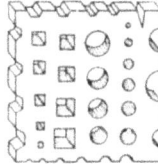

Schmiedhammer (m) forge-hammer, trip-hammer marteau (m) de forge	кузнечный моло- токъ (m) martello (m) da fucina martillo (m) de forja	1
Streckhammer (m) flat hammer, enlarging hammer marteau (m) à dégros- sir, marteau (m) plat	расковочный моло- токъ (m) martello (m) da digros- sare, martello (m) piatto, martello (m) laminatore mallo (m), martillo (m) de rebatir	2
Vorschlaghammer (m), Zuschlaghammer (m) uphand sledge, sledge- hammer, two-handed- hammer marteau (m) de frappeur, marteau (m) à devant	 боевой молотокъ (m) mazzetta (f) martillo (m) á dos manos, macho (m) de fragua con peña invertida	3
Fausthammer (m), Handhammer (m) hand hammer marteau (m) à main	ручной молотокъ (m) martello (m) a mano martillo (m) á mano	4
Bankhammer (m) bench-hammer, lock- smith's hammer marteau (m) d'établi	верстачный моло- токъ (m) martello (m) da banco martillo (m) de banco	5
Kreuzschlaghammer (m) about-sledge hammer, straight-peen sledge marteau (m) à devant avec panne en travers	 боевой молотокъ (m) съ поперечнымъ лицомъ mazza (f) traversa, mar- tello (m) a terzo mallo (m) de corte, macho (m) de fragua, mandarria (f), porra (f)	6
Schlägel (m) mall, sledge massette (f)	камнетесный моло- токъ (m) mazza (f) maceta (f), porrilla (f)	7
Spitzhammer (m) pointed hammer, point- ed-steel-hammer, wedge-ended-ham- mer marteau (m) à pointe	остроконечный мо- лотокъ (m), моло- токъ (m)-пробой- никъ (m) martello (m) appuntito martillo (m) apuntado, punzón (m) de fragua	8
Flachhammer (m) flathammer, flatter, set- hammer marteau (m) plat	рихтовальный мо- лотъ (m) martello (m) piano martillo (m) plano	9

11

1	Hammer (m) mit Kreuz-finne cross pane hammer, riveting hammer marteau (m) à panne de travers		молотокъ (m) съ крестообразнымъ хвостомъ (лицомъ) martello (m) con penna a croce martillo (m) cruzado
2	Hammer (m) mit Kugel-finne ball-pane hammer, half-round hammer marteau (m) à panne sphérique		молотокъ (m) съ шарообразнымъ хвостомъ (лицомъ) martello (m) con penna sferica martillo (m) de bola
3	Hammer (m) mit ge-spaltener Finne claw-hammer marteau (m) à panne fendue		кабинетный молотокъ (m), молотокъ (m) съ раздвоеннымъ хвостомъ, молотокъ (m) для выдергиванія гвоздей martello (m) da carpentiere, martello (m) con penna divisa martillo (m) de carpintero, martillo (m) de orejas
4	Setzhammer (m) square set-hammer, plane set-hammer chasse (f) carrée		гладилка (f), осадочный молотъ (m) spiana (f), registro (m), presella (f) da spianare destajador (m)
5	Schlichthammer (m) planishing hammer, smoothing hammer marteau (m) à planer		плоская обжимка (f), гладильный молотокъ (m) martello (m) a pareggiare martillo (m) pilón, plana (f) de fragua
6	Ballhammer (m) round set-hammer dégorgeoir (m), marteau (m) à balle		набойка (f), молотокъ (m) для круглыхъ предметовъ, молотокъ (m) съ шаровиднымъ боемъ martello (m) a palla martillo (m) formón, degüello (m)
7	Kugelhammer (m) ball hammer marteau (m) rond		молотокъ (m) съ круглымъ боемъ (лицомъ) martello (m) a testa rotonda martillo (m) de bola de dos bocas

Treibhammer (m) chasing hammer marteau (m) à emboutir	разгонный моло- токъ (m) martello (m) da ricalcare martillo (m) de embutir	1
Pinnhammer (m) paning hammer marteau (m) à panne	столярный моло- токъ (m) martello (m) a penna martillo (m) de corte	2

Lochhammer (m)
drift
poinçon (m), chasse (f)
  à percer
	дыропробивный мо-
	   лотокъ (m)
	martello (m) punteruolo
	martillo (m) taladro,
	  punzón (m) cuadrado
		3

Kesselsteinhammer (m),
  Pickhammer
boiler scaling hammer
marteau (m) à piquage
	молотокъ (m) для от-
	   бtваnия накипи
	   въ котлахъ
	martello (m) scrostatore,
	  martello (m) a scro-
	  stare
	martillo (m) para des-
	  incrustar
		4

Gesenkhammer (m),
  Kornsickenhammer
  (m)
top-swage
marteau (m) cannelé en
  sillons
	штамповый молотъ
	   (m)
	martello (m) a stampo
	martillo (m) acanalado
		5

Holzhammer (m)
wooden hammer, round-
  mallet (A)
maillet (m) [en bois]
	деревянный моло-
	   токъ (m), колотиль-
	   ный молотокъ (m)
	mazzetta (f) di legno
	mazo (m)
		6

Zinkhammer (m)
zinc hammer
marteau (m) en métal
  blanc
	молотокъ (m) изъ
	   цинка
	martello (m) di zinco
	martillo (m) de zinc
		7

Kupferhammer (m) copper hammer marteau (m) en cuivre	молотокъ (m) изъ красной мѣди martello (m) di rame martillo (m) de cobre	8

schmieden, ausschmie-
  den
to forge, to hammer
forger
	ковать
	foggiare a martello, fu-
	  cinare
	forjar, fraguar
		9

11*

1	kalt schmieden to cool-hammer battre à froid, écrouir [le fer]	ковать въ холодную foggiare a freddo forjar en frio
2	warm schmieden to forge forger à chaud	ковать въ горячую foggiare a caldo forjar en caliente
3	im Gesenk schmieden to swage étamper	ковать штампов- нымъ молотомъ foggiare entro stampi, marzellare estampar, forjar en es- tampa
4	Gesenk (n) swage, die, boss, shaper, print, mould étampe (f)	штамповный мо- лотъ (m), штампа (f) stampo (m) estampa (f)
5	Untergesenk (n) bottom-swage, bottom- die étampe (f) inférieure	исподникъ (m), нижникъ (m) controstampo (m) estampa (f) de martillo
6	Obergesenk (n) top-swage, top-die étampe (f) supérieure	гладильникъ (m) stampo (m) superiore estampa (f) de yunque
7	stauchen to jolt, to up-set, to jump refouler	расковать, расковы- вать ribattere [il ferro] empujar, recalcar
8	Stauchen (n) upsetting matage (m)	расковка (f) ribattitura (f) recalcadura (f)
9	schweißen to weld souder	сварить, сваривать saldare, bollire soldar
10	Schweißen (n), Schweiße (f) weld (A), welding, pro- cess of welding soudure (f)	сварка (f) свариваніе (f) saldatura (f), bollitura (f) soldadura (f)
11	anschweißen to weld on, to weld to- gether souder	сварить, сваривать saldare, ferruminare soldar, resudar

a

b

zusammenschweißen to weld together souder, unir à chaud	сварить, сваривать saldare, congiungere insieme soldar, juntar con sal- dadura	*1*
Schweißstelle (f) weld soudure (f)	мѣсто (n) сварки saldatura (f) soldadura (f)	*2*
Schweißhitze (f) welding heat blanc (m) soudant	температура (f) сва- риванія caldo (m) saldante calor (m) soldante, calda (f) sudante	*3*
Schweißfehler (m) defect in welding défaut (m) de soudure	ошибка (f) при сва- риваніи errore (m), sbaglio (m) di saldatura defecto (m) de soldadura	*4*
Schweißofen (m) reheating-furnace, weld- ing-furnace four (m) à souder	сварочная печь (f) fornello (m) di ricottura horno (m) de soldar	5
abschroten to clip, to chop off trancher	прорубить, про- рубать tagliare, recidere recortar, separar	6
Abschrot (m) chisel tranche (f) d'enclume	прорубное зубило (n) tagliuolo (m) yunque (m) de cincel, tajadera (f)	7
Schrotmeißel (m), Setz- eisen (n) chisel, anvil-chisel tranche (f) à mange, tranche (f)	зубило (n) для раз- рубанія желѣз- ныхъ полосъ martello (m) a taglio, tagliuolo (m) martillo (m) cincel, taja- dera (f) de astil	8
Warmschrotmeißel (m), Warmmeißel (m) chisel for warm metal, chisel for cutting iron, when heated tranche (f) à chaud	зубило (n) для горя- чаго металла tagliuolo (m) a caldo cincel (m) en caliente, tajadera (f) en caliente	9
Kaltschrotmeißel (m), Kaltmeißel (m) chisel for cold metal tranche (f) à froid, ci- seau (m) à froid	зубило (n) для холод- наго металла tagliuolo (m) a freddo cincel (m) en frio, taja- dera (f) en frio	*10*

1	Schmiede (f) forge, smithy forge (f)		кузница (f) fucina (f) herrería (f), forja (f), fragua (f)
2	Schmiedeherd (m) hearth, fire-place âtre (m) de forge	a	кузнечный горнъ (m) focolare (m) della fucina fogón (m), hogar (m)
3	Schmiedeesse (f) chimney cheminée (f) de forge	b	кузнечный горнъ (m) cammino (m) della fucina chiminea (f) de fragua
4	Schmiedefeuer (n) forge-fire feu (m) de forge	c	кузнечный огонь (m) fuoco (m) della fucina fuego (m) de fragua
5	Herdgeräte (n. pl) smith's tools accessoires (m. pl) de forge		принадлежности (f. pl.) къ горну utensili (m. pl), attrezzi (m. pl), arnesi (m. pl) da fucina herramientas (m. pl) de fragua
6	Löschspieß (m) straight-poker, poker tisonnier (m)		соколъ (m) spegnitoio (m) aguja (f) de forja, espe- tón (m)
7	Herdhaken (m) hook-poker ratissette (f)		кочерга (f) uncino (m), gancio (m) attizzatore gancho (m) de fragua, caidilla (f)
8	Löschhaken (m), Lösch- wedel (m) fire-hook, sprinkle crochet (m) de four, goupillon (m)		швабра (f) для сма- чиванія угля uncino (m), gancio (m), spegnitore gancho (m) de forja, escobillón (m)
9	Herdschaufel (f) shovel, scraper pelle (f) à feu		лопатка (f) (лопата (f)) для очищенія горновъ paletta (f) pala (f) de fogón
10	Schmiedezange (f) forge-tongs (pl.), smith's tongs (pl.) pince (f), tenaille (f) [pour forgerons]		кузнечныя клещи (f. pl.) tanaglia (f) da fucina, tanaglia (f) da fabbro tenazas (f. pl.) de forja

Schmiedegebläse (n)
smith's blowing ma-
chine, forge-bellows
(pl.), blower (A)
soufflerie (f) de forge

кузнечный мѣхъ (m)
macchina (f) soffiante,
soffiatrice (f)
fuelle (m) mecánico

1

Blasebalg (m)
bellows (pl.), pair of
bellows
soufflet (m)

воздуходувный
мѣхъ (m)
mantice (m)
fuelle (m)

2

Feldschmiede (f)
portable forge, field
forge, travelling forge
forge (f) portative, forge
(f) volante, forge (f) de
campagne

переносный
горнъ (m)
fucina (f) da campagna,
fucina (f) portatile
fragua (f) portátil

3

XXVIII.

Meißel (m)
chisel
burin (m), ciseau (m),
tranche (f)

зубило (n), долото (n)
scalpello (m)
escoplo (m)

4

Flachmeißel (m)
flat chisel
burin (m) plat

плоское зубило (n)
scalpello (m) piano
escoplo (m) plano

5

Kreuzmeißel (m)
boltchisel, cross-cutting
chisel, cape chisel
bédane (m), bec d'âne
(m)

крейцмейсель (m),
мечевидное
зубило (n)
unghietta (f)
cincel (m) agudo

6

---

auskreuzen
to chisel out, to chase
buriner avec le bédane

обработать (обра-
батывать) крейц-
мейселемъ
segnare coll'unghietta
acanalar

7

Steinmeißel (m)
stone chisel, chisel for
working in stone
grain (m), ciseau (m)
à pierre

камнетёсное до-
лото (n)
scalpello (m), scalpello
(m) per pietre
cincel (m)

8

Handmeißel (m)
hand cold chisel
ciseau (m) à main

ручное долото (n)
scalpello (m) a mano
escoplo (m) de mano,
cortafrío

9

1	Bankmeißel (m) cold chisel, chisel for cold metal ciseau (m) d'établi		сѣкачъ (m) (рѣ-закъ(m))для холод-наго желѣза scalpello (m) da fabbro, scalpello(m)a freddo, tagliaferro (m) a freddo escoplo (m)

2	meißeln to chisel, to work with a chisel buriner, ciseler		долбить scalpellare escoplear, cincelar, des-barrozar

3	abmeißeln to chisel off enlever avec le burin		обрубить (обрубать) зубиломъ (рѣза-комъ); сгладить (сглаживать) доло-томъ scalpellare via, togliere allo scalpello escoplear, quitar con escoplo, quitar con cortafrio

4	Körner (m), Ankörner (m) center-point, center-punch pointeau (m)		кернеръ (m), тычка(f) punteruolo (m), bulino (m) punzón(m) para marcar, granete (m)

5	Körnermarke (f), Kör-nerpunkt(m) center-mark coup (m) de pointeau	a	тычка (f), центръ (m), кернъ (m) centro (m), punto (m), [segnato col punte-ruolo] punto (m) de punzón

6	ankörnen to mark the center with the center-punch amorcer, centrer		отмѣтить (отмѣчать) тычкою (керне-ромъ) marcare, segnare col punteruolo puntear, marcar con el granete

7	Durchschlag (m) piercer, punch chasse-pointes (m)		пробойникъ (m) punzone (m) punzón (m), taladro (m) contra-punzón (m)

Matrize (f), Lochscheibe (f) matrice, die, bed, bed-die matrice (f), perçoir (m)	b	матрица (f) matrice (f) matriz (f), sufridera (f)	*1*
Handdurchschlag (m) hand-punch chasse-pointes (m) à main		ручной пробойникъ (m) punzone (m) a mano punzón (m), taladro (m) á mano	*2*
Bankdurchschlag (m) punch poinçon (m)		пробойникъ (m) для станковъ punzone (m) a freddo punzón (m)	*3*
Locheisen (n), Aus-schlageisen (n) hollow-punch emporte-pièce (m)		бродокъ (m), вы-сѣчка (f) fustella (f), foratoio (m) punzón (m), sacabo-cados (m)	*4*
Lochzange (f) punching-tongs (pl.) pince (f) à trous, pince (f) à poinçonner		дыропробивныя клещи (f. pl.), клещп (f. pl.) для пробивки дыръ tanaglia (f) a punzone, tanaglia (f) da forare tenazas (f. pl.) punzón	*5*
lochen to punch, to perforate percer, perforer, poin-çonner		пробить (пробивать) дыры forare, bucare taladrar	*6*

XXIX.

Feile (f) file lime (f)		напильникъ (m), напилокъ (m) lima (f) lima (f)	*7*
Feilenheft (n) file-handle manche (m) de lime	a	ручка (f) (черенокъ (m)) напильника (напилка) manico (m) della lima mango (m) de lima, cabo (m) de lima	*8*

1	Feilenhieb (m) cut of the file taille (f) [de lime]	насѣчка (f) напиль- ника (напилка) taglio (m) della lima picadura (f) de la lima
2	Bastardhieb (m) bastard cut taille (f) moyenne, taille (f) bâtarde	крупная насѣчка (f) taglio (m) bastardo picadura (f) de bastarda
3	Schlichthieb (m) smooth cut, fine cut taille (f) douce	мелкая насѣчка (f) taglio (m) dolce picadura (f) fina
4	einfacher Hieb (m) single cut taille (f) simple	простая (обыкновен- ная) насѣчка (f) taglio (m) semplice picadura (f) simple
5	Kreuzhieb (m) second cut, cross-cut taille (f) croisée	перекрестная на- сѣчка (f) taglio (m) a croce picadura (f) en cruz
6	Oberhieb (m) upper cut, second cut seconde taille (f)	вторая ⎫ насѣчка верхняя ⎭ (f) taglio (m) superiore picadura (f) superior
7	Unterhieb (m) first cut, lower cut première taille (f)	первая ⎫ насѣчка нижняя ⎭ (f) taglio (m) inferiore picadura (f) inferior
8	Feilen (f. pl.) hauen to cut files tailler des limes	насѣчь (насѣкать) напильники (на- пилки) tagliare lime picar limas, tajar limas
9	Feilenhauer (m) file-cutter tailleur (m) de limes	машина (f) для на- сѣчки напильни- ковъ tagliatore (m) di lime picador (m) de limas
10	Feilenmeißel (m) file-chisel étoile (f) du tailleur de limes	зубило (n) для на- сѣчки напильни- ковъ (напилковъ) scalpello (m) per lime lima-escoplo (f), cincel (m) para limas
11	Feilenhammer (m) file-hammer marteau (m) à limes	насѣчной молотокъ (m) martello (m) per lime lima-martillo (f), mar- tillo (m) para picar limas

Hauamboß (m) für Feilen, Feilenamboß (m) cutting block, file cutting anvil enclume (f) à limes	насѣчная наковальня (f) incudine (m) per lime yunque (m) para picar limas	1
die Feilen (f. pl.) aufhauen to re-cut files retailler les limes	пересѣчь (пересѣкать) напильники (напилки) ritagliare le lime repicar limas, retajar limas	2
aufgehauene Feile (f) re-cut file lime (f) retaillée	пересѣченный напильникъ (m) (напилокъ (m) lima (f) ritagliata lima (f) repicada	3
Feilen (f. pl.) härten to harden files tremper des limes	закалить закаливать } напильникъ (m), напилокъ (m) temperare lime templar limas	4
Feilenhärtung (f) file-hardening trempe (f) de limes	закалка (f) напильниковъ (напилковъ) tempratura (f) di lime temple (m) de limas	5
feilen, abfeilen, befeilen to file, to file off limer	подпилить, подпиливать limare limar	6
Feilstrich (m) file-stroke, touch coup (m) de lime	слѣдъ (m) штрихъ (m) } отъ напильника, отъ напилка tratto (m) della lima raja (f) de lima, rasgo (m) de la lima	7
Feilspäne (m. pl.), Feilicht (n) filings limaille (f)	стружки (m. pl.) limature (f. pl.) virutas (f. pl.) de lima, limallas (f. pl.)	8
Feilstaub (m) file-dust limature (f)	спилки (m. pl.) polvere (f) di limatura limaduras (f. pl.)	9

1 Feilbank (f) filing table, file-bench banc (m) d'ajusteurs, banc (m) à limer	тиски (m. pl.) banco (m) da limare banco (m) para limar

2 Handfeile (f), Ansatz- feile (f) hand-file, flat file lime (f) plate, carreau (m) plat, plate (f) à main	ручной напильникъ (m) (напилокъ (m)) lima (f) a mano lima (f) á mano, lima (f) carleta bombeada

3 Armfeile (f) arm-file, rubber lime (f) à bras, carreau (m)	брусовка(f), четырех- гранный напиль- никъ (m) съ грубой насѣчкой lima (f) a braccio, lima (f) da digrossare lima (f) al brazo, lima- tón (m) cuadrado
4 Bastardfeile (f), Vor- feile (f) bastard file lime (f) bâtarde	драчевый напи- локъ (m) (напиль- никъ (m)) lima (f) bastarda, lima (f) a taglio bastardo lima (f) bastarda
5 Schlichtfeile (f), Abzieh- feile (f) smooth file lime (f) douce	лицовка (f), мелко- зубка (f), личная пила (f) lima (f) dolce lima (f) dulce [para alisar], lima (f) muza
6 Halbschlichtfeile (f) second-cut-file lime (f) demi-douce	полушлифной на- пильникъ (m) (на- пилокъ (m)) lima (f) semibastarda, lima (f) semidolce, lima (f) a taglio mezzo fino lima (f) semifina
7 Feinschlichtfeile (f), Schlichtschlichtfeile(f) Doppelschlichtfeile (f) super-fine file, dead smooth file lime (f) superfine	тонкій шлифной на- пильникъ (m) (на- пилокъ (m)) lima (f) soprafina, lima (f) a taglio fino lima (f) finísima
8 schlichten to finish, to smooth planer, doucir	шлихтовать spianare, lisciare igualar, alisar, planear

Polierfeile (f)
polishing file
brunissoir (m)

шлифной напиль-
никъ (m) (напи-
локъ (m))
lima (f) dolce da brunire
lima (f) de pulimentar,
lima (f) bruñidor

1

Strohfeile (f), Pack-
feile (f)
straw-file, rough file
lime (f) au paquet

напильникъ (m) (на-
пилокъ (m)) упа-
кованный въ со-
лому
lima (f) da digrossare,
lima (f) germanica,
lima (f) impagliata
lima (f) áspera, lima (f)
basta

2

Grobfeile (f)
coarse file, rough file
lime (f) grosse

грубый напиль-
никъ (m) (напи-
локъ (m))
lima (f) a taglio grosso
lima (f) gruesa, lima (f)
tabla

3

Flachfeile (f)
flat file
lime (f) plate

плоскій напиль-
никъ (m) (напи-
локъ (m))
lima (f) piatta
lima (f) plana

4

Stumpffeile (f)
blunt file
lime (f) obtuse, lime (f)
carrée

тупоносый напиль-
никъ (m) (напи-
локъ (m))
lima (f) ottusa
lima (f) obtusa

5

Spitzfeile (f)
taper-file
lime (f) pointue

остроносый напиль-
никъ (m) (напи-
локъ (m))
lima (f) appuntita
lima (f) fina puntiaguda

6

flachspitze Feile (f)
taper flat file, taper
hand file
lime (f) plate pointue

плоскій остроносый
напильникъ (m)
(напилокъ (m))
lima (f) piatta appuntita
lima (f) plana-apuntada

7

1	flachstumpfe Feile (f) equalling file lime (f) rectangulaire	плоскій тупоносый напильникъ (m) (напилокъ (m)) lima (f) piatta ottusa lima (f) plana-roma
2	dreikantige Feile (f), Dreikantfeile (f) three-square-file, triangular file lime (f) triangulaire	трехгранный напильникъ (m) (напилокъ (m)) lima (f) triangolare, triangolo (m) lima (f) triangular
3	Vierkantfeile (f) square-file lime (f) carrée	четырехгранный напильникъ (m) (напилокъ (m)) lima (f) quadra lima (f) cuadrada
4	Rundfeile (f) round file lime (f) ronde	круглый напильникъ (m) (напилокъ (m)) lima (f) tonda lima (f) redonda
5	Halbrundfeile (f) half-round file lime (f) demi-ronde	полукруглый напильникъ (m) (напилокъ (m)) lima (f) mezzo tonda lima (f) de media caña
6	Barettfeile (f) barette-file, cant file barette (f)	трехгранный напильникъ (m) напилокъ (m)) lima (f) triangolare lima (f) bonete
7	Wälzfeile (f) round-off file, cabinet file lime (f) à arrondir	напильникъ (m) (напилокъ (m)) для закругленія колесныхъ зубцовъ lima (f) cilindrica lima (f) de redondear
8	Vogelzunge (f), Karpfenfeile (f) oval file, cross file, double half-round file lime (f) ovale	овальный напильникъ (m) (напилокъ (m)) lima (f) a foglia di salvia, lima (f) ovale lima (f) oval, lima (f) almendrada

Messerfeile (f) knife-file, hack-file lime (f) à couteaux		ножевка (f), ноже- вочный напиль- никъ (m) (напи- локъ (m)) lima (f) a coltello lima (f) de navaja	*1*
Schwertfeile (f) ensiform-file, feather edge lime (f) à pignon		саблевый напиль- никъ (m) (напи- локъ (m)) lima (f) a spada lima (f) de espada	*2*
Scharnierfeile (f) joint-file, round-edge joint-file lime (f) à charnière, lime (f) coulisses		шарнирный напиль- никъ (m) (напи- локъ (m)) lima (f) a cerniera lima (f) de charnela	*3*
Schraubenkopffeile (f), Einstreichfeile (f) slitting file, feather edged file lime (f) à fendre		напильникъ (m) (на- пилокъ (m)) съ острымъ ребромъ lima (f) a mandorla lima (f) achaflanada	*4*
Nadelfeile (f) needle-file lime (f) à aiguille		проволочный на- пильникъ (m) (на- пилокъ (m)), тер- чужёкъ (m) lima (f) ad ago lima (f) cola de ratón	*5*
Hohlfeile (f) hollowing-file, round- file lime (f) à forer		вогну- напиль- тый никъ (m), желоб- напи- чатый локъ (m) lima (f) da forare lima (f) de canal	*6*
Sägefeile (f) saw-file lime (f) pour [à] scies		напильникъ (m) (на- пилокъ (m)) для точки пилъ lima (f) da sega lima (f) para sierras, lima (f) para afilar sierras	*7*

1
Lochfeile (f)
riffler
lime (f) d'entrée,
rifloir (m), riflurel (m)

рифлуаръ (m), изогнутый напильникъ (m) (напилокъ (m))
lima (f) da fori
lima (f) para agujeros

2
Raspel (f)
rasp, grater, rasping-
file
râpe (f), lime (f) mor-
dante

рашпиль (m), терчугъ (m)
raspa (f)
escofina (f)

XXX.

3
Schaber (m)
scraper
grattoir (m)

шаберъ (m)
raschietto (m)
rascador (m), raspador
(m)

4
Flachschaber (m)
flat scraper
racloir (m), grattoir (m)

плоскій шаберъ (m)
raschietto (m) piatto
rascador (m) plano

5
Hohlschaber (m)
fluted scraper
grattoir (m) cannelé,
racloir (m) cannelé

желобчатый
шаберъ (m)
raschietto (m) scanalato,
raschietto (m) a scanalature
rascador (m) acanalado

6
Dreikantschaber (m)
three-square scraper,
triangular scraper
[shave hook]
racloir (m) triangulaire,
grattoir (m) triangulaire

трехгранный
шаберъ (m)
raschietto (m) triangolare
rascador (m) triangular

7
Herzschaber (m)
heart scraper [shave
hook]
racloir (m) en forme de
cœur

сердцевидный
шаберъ (m)
raschietto (m) curvo,
raschietto (m) a cuore
rascador (m) curvo

schaben to scrape gratter, racler	шабрить raschiare rascar	*1*
aufschaben to scour, to scrape aléser en grattant	пришабрить raschiare rascar	*2*
nachschaben to rescrape creuser en grattant	подшабрить ripassare al raschietto repasar con el raspador	*3*
Reibahle (f) reamer alésoir (m)	рейбалъ (m), раз- вёртка (f) alesatore (m), allar- gatoio (m) escariador (m)	*4*
geschliffene Reibahle (f) ground reamer alésoir (m) aiguisé	шлифованная раз- вёртка (f) alesatore (m), [allarga- toio (m)] affilato escariador (m) afilado	*5*
Winkelreibahle (f) angular reamer, angle drift alésoir (m) rectangulaire	угловая развёртка (f) alesatore (m), [allarga- toio (m)] ad angolo escariador (m) de ángulo	*6*
spiral genutete Reib- ahle (f) spiral fluted reamer, reamer with spiral fluts alésoir (m) à cannelures en spirale	развёртка (f) (рейб- алъ (m)) со спи- ральными желоб- ками alesatore (m), [allarga- toio (m)] con scanel- lature a spirale escariador (m) con estrías en spiral	*7*
geriefelte Reibahle (f), gerade genutete Reib- ahle (f) straight fluted reamer, reamer with straight fluts alésoir (m) cannelé	развёртка (f) (рейб- алъ (m)) съ дорож- ками alesatore (m), [allarga- toio (m)] con sca- nellature diritte escariador (m) con estrías rectas	*8*
konische Reibahle (f) taper reamer alésoir (m) conique	коническая раз- вёртка (f), кони- ческій рейбалъ (m) alesatore (m), [allarga- toio (m)] conico escariador (m) cónico	*9*

12

1 Zapfenreibahle (f)
pivot-reamer
alésoir (m) à pivots

развёртка (f) (рейбалъ (m)) съ цапфами
alesatore (m) per perni
escariador (m) hueco

2 Maschinenreibahle (f)
machine-reamer
alésoir (m) de machines

развёртка (f) вставляющаяся въ шпиндель станка, рейбалъ (m) вставляющійся въ шпиндель станка
alesatore (m) meccanico
escariador (m) mecánico

3 aufreiben
to broach, to enlarge with the reamer, to ream
aléser

развертѣть, развёртывать
alesare
alargar, escariar

XXXI.

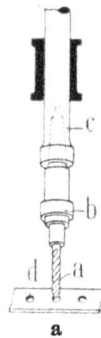

4 Bohrer (m)
borer, drill
foret (m), mèche (f)

сверло (n), перка (f), перковое сверло (n)
trapano (m)
taladro (m), barrena (f), broca (f)

5 Bohrfutter (n)
drill socket
manchon (m) pour foret, manchon (m) pour le faux-bouton

b

патронъ (m) для сверла (перки)
fodera (f) del trapano
mango (m), manguito (m) para la broca

6 Bohrspindel (f)
boring-bar, spindle
arbre (m) porte-foret

c

шпиндель (m) сверла (перки)
albero (m) del trapano
barra (f) del taladro, árbol (m) porta-brocas

Bohrloch (n)
bore-hole, bore
vide (m), creux (m), trou (m)

d

высверленная ды-
ра (f), высверлен-
ное отверстіе (n)   *1*
foro (m) fatto al trapano,
foratura (f)
barreno (m), taladro (m)

---

bohren, durchbohren
to bore, to drill, to perforate
forer, perforer, percer

сверлить, просвер-
лить, просверли-
вать, буравить,
пробуравить,
пробуравливать   *2*
forare, bucare, trapa-
nare
taladrar, barrenar, agu-
jerear

---

nachbohren, ausbohren
to rebore, to bore again,
to widen, to enlarge
refaire [un trou]

высверлить, высвер-
ливать, подчи-
стить сверломъ,
подчищать свер-
ломъ, разбура-
вить, разбуравли-
вать   *3*
ripassare al trapano
taladrar otra vez, repa-
sar con el taladro

Schlichtbohrer (m)
finishing bit
alésoir (m)

красное сверло (n)
trapano (m) fino   *4*
taladro (m) para refinar

Bohren (n)
drilling
forage (m), perçage (m)

сверленіе (n), буре-
ніе (n)
forare (m)   *5*
taladrar (m)

Handbohrer (m)
hand-drill, drill worked
by hand
perceuse (f) à main, per-
foratrice (f) à main

ручное сверло (n),
ручной буравъ (m)
trapano (m) a mano   *6*
barrena (f) de mano, per-
foradora (f) à mano

Nagelbohrer (m)
gimlet
vrille (f)

буравчикъ (m), на-
вёртка (f)
succhiello (m)   *7*
taladrador (m), parau-
so (m)

Zapfenbohrer (m)
pin-drill
tarière (f)

лопатень (m), бо-
чечный буравъ (m)
bucafondi (m) [per
bottai]   *8*
taladrador (m) de vás-
tago, broca (f) de
punto

1	einschneidiger Bohrer (m) single-cutting-drill mèche [foret] à une tranche	сверло (n) съ однимъ лезвіемъ mecchia (m), trapano (m) ad un taglio broca (f) de un corte
2	zweischneidiger Bohrer (m) double cutting drill mèche [foret] à deux tranches	сверло (n) съ двумя лезвіями mecchia (f) a due tagli, trapano (m) a due tagli broca (f) de doble corte
3	Spitzbohrer (m) common bit, pointed- end drill foret (m) à langue d'aspic	навёртное сверло (n) mecchia (f) appuntita, trapano (m) appun- tito broca (f) ordinaria
4	Centrumsbohrer (m) center-bit, cutter foret (m) à centre, foret (m) à trois pointes, mèche (f) à centre	центура (f), центро вая перка (f) mecchia (f) a centro, trapano (m) a centro barrena (f), broca (f) de tres puntas
5	Centrumsspitze (f) nicker, center point pointe (f) de centre	остріе (n) центуры, (центровой перки) punta (f) centrale centro (m) de la bar- rena, punto (m) de la broca
6	Spiralbohrer (m) twist drill foret (m) [mèche] hélicoï- dal	спиральное сверло (n) mecchia (f) spirale, tra- pano (m) a spirale broca (f) salomónica
7	Versenker (m), . Kraus- kopf (m) countersink foret (m) à fraiser	зенковка (f) accecatoio (m) barrena (f) cónica, broca (f) de fresar
8	Holzbohrer (m) auger, wimble, gimlet mèche (f) pour bois	плотничій буравъ (m) mecchia (f), trapano (m) a legno broca (f) para madera

Schneckenbohrer (m) twisted auger, half twist bit tarière (f) hélicoïdale		свитокъ (m), насос- ный буравъ (m), червячная перка (f) trapano (m) a chioc- ciola, succhiello (m) a chiocciola, trivella (f) ad elica taladrador (m) á hélice, barrena (f) de berbiquí	*1*
Öhrbohrer (m) twisted eye bit tarière (f) à douille		червячная перка (f) съ ушкомъ, буравъ (m) съ бо- чечнымъ ушкомъ trapano (m) a due mani, succhiello (m) a due mani barrena (f) de muletilla, taladro (m) de dos manos	*2*
Löffelbohrer (m) auger, shell auger tarière (f) à cuiller		ложечная перка (f) succhiello (m) a sgorbia barrena (f) de pala	*3*
Stangenbohrer (m) long eye auger tarière (f) torse		проходникъ (m), напарье (n) succhiello (m) barrena (f) de cola de marrano	*4*
Langlochbohrer (m) long-borer, slot-borer, slot driller, long auger esseret (m)		сверло (n) для про- дольныхъ дыръ trapano (m) lungo taladro (m) de media caña	*5*
Erdbohrer (m) churn-drill, ground- auger tarière (f) pour le sol, sonde (f)		земляной буравъ (m) trivella (f) a chiocciola per terreno sonda (f)	*6*
Steinbohrer (f) wall-chisel, mill-stone- piercer perce-meule (m), bonnet (m) de prêtre		буръ (m) для камня trapano (m) per pietre barrena (f) para piedra, puntero (m) para piedra	*7*

1 Bohrgerät (n)
boring apparatus, boring-tools (pl.)
outil (m) à forer

буровой инструментъ (m)
utensili (m. pl.) per forare
herramienta (f) para taladrar

2 Drillbohrer (m), Drehbohrer (m)
Archimedian drill, spiral drill, wimble
porte-foret (m), foret (m) à vis d'Archimède

дрель (f)
trapano (m)
berbiqui (m) helizoidal

3 Rollenbohrer (m)
drill with ferrule, bowdrill
foret (m) à l'archet

смычковая дрель (f)
trapano (m) ad archetto
berbiqui (m) de arco, berbiqui (m) de violin

4 Drillbogen (m), Fiedelbogen (m), Bohrbogen (m)
drill-bow
archet (m)

смычекъ (m) дрели
archetto (m)
berbiqui (m) de manubrio, arco (m) de violin

5 Brustbohrer (m), Faustleier (f), Brustleier (f)
breast-drill, bit-brace, hand-brace, belly-brace
vilebrequin (m)

грудной коловоротъ (m)
girabecchino (m)
berbiqui (m) de pecho, berbiqui (m) de mano

6 Bohreisen (n), Bohreinsatz (m)
bore-bit
foret (m), mèche (f)

стержень (m) { сверла, перки, бурава
punta (f) da forare
broca para perforar

7 Winkelbohrer (m), Eckbohrer (m)
angle-brace, corner drill
foret (m) à angle

коловоротъ (m) съ шестерней
trapano (m) ad arco, girabecchino (m) a manovella
berbiqui (m) de manivela

8 Bohrkurbel (f), Kurbel (f)
brace
fût (m) du drill

мотыль (m) (станокъ (m)) коловорота
zanca (f)
manubrio (m) de taladrar

9 Bohrknarre (f), Ratsche (f)
ratchet-brace
cliquet (m), rochet (m)

трещетка (f), рачка (f)
cricchetto (m), trapano (m) a cricco
chicharra (f), carraca (f)

Bohrmaschine (f) drilling-machine, drill-press machine (f) à percer, perceuse (f)	сверлильный ста- нокъ (m) trapanatrice (f) perforadora (f), máquina de taladrar, máquina de barrenar **1**

XXXII.

Fräser (m) milling-cutter, cutter fraise (f)	шарошка (f), Фре- зеръ (m) fresa (f) fresa (f) **2**

Fräserzahn (m) tooth of the cutter dent (f) de fraise	зубецъ (m) шарошки (Фрезера) dente (m) della fresa diente (m) de fresa **3**

Fräser (m) mit eingesetz- ten Zähnen milling cutter with in- serted teeth fraise (f) à dents rapportées	шарошка (f) (Фрезеръ (m)) со вставными зубьями fresa (f) con denti re- golabili, rimessi fresa (f) con dientes postizos **4**

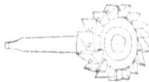

hinterdrehter Fräser (m) backed off cutter fraise (f) avec profil in- variable	заточеная шарошка (f), заточеный Фрезеръ (m) fresa (f) con profilo in- variabile fresa (f) de torneado posterior, fresa (f) de media caña **5**

Scheibenfräser (m) side-milling-cutter fraise (f) à disque, fraise (f) latérale	дисковая шарошка (f), дисковый Фре- зеръ (m) fresa (f) a disco fresa (f) de disco **6**

Nutenfräser (m) slot-cutter, slot- milling-cutter fraise (f) pour rainures, fraise (f) pour canne- lures	шарошка (f) (Фрезеръ (m)) для пазовъ fresa (f) per scanalature, fresa (f) per incastri fresa (f) de muesca, fresa (f) de cajear **7**

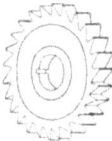

1	Walzenfräser (m) cylindrical cutter, face-mill, facing-cutter fraise (f) cylindrique	цилиндрическая шарошка (f) со спиральными зубьями fresa (f) cilindrica, fresa (f) a rullo fresa (f) cilindrica
2	Schlitzfräser (m) slot-cutter fraise (f) raineuse	прорѣзная шарошка (f) fresa (f) a taglio, fresa (f) per intagliare fresa (f) de ojal
3	Schaftfräser (m) shank-end-mill, end-mill fraise (f) à queue	лобовая шарошка (f) fresa (f) di fronte, fresa (f) a corda, fresa (f) tagliata in fondo fresa (f) de frente
4	Planfräser (m) face-milling-cutter fraise (f) plane, de front	концевая шарошка (f) fresa (f) piana fresa (f) plana
5	Zahnradfräser (m), Räderfräser (m) wheel cutter, cutter for gear wheels, gear cutter fraise (f) pour engrenages	шарошка (f) для зубчатых колёсъ fresa (f) per ruote dentate fresa (f) para ruedas dentadas
6	Schneckenfräser (m) worm hobs fraise (f) hélicoidale	шарошка (f) для червячныхъ колёсъ fresa (f) a vite senza fine fresa (f) espiral
7	Außenfräser (m) hollow mill, [cutting the exterior of tube] fraise (f) extérieure, fraise (f) creuse	шарошка (f) для внѣшняго фрезерованія fresa (f) per smussature esterne fresa (f) para fresar [tubos] al exterior
8	Profilfräser (m) formed cutter, profil-cutter fraise (f) profilée, fraise (f) de forme	профильная шарошка (f) fresa (f) a profilo fresa (f) de perfilar
9	fräsen, ausfräsen to cut, to mill with a cutter fraiser	фрезеровать, шаршевать fresare acepillar, fresar

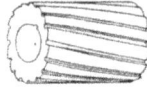

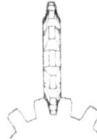

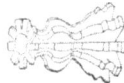

Fräsen (n) milling, cutting fraisage (m)		Фрезерованіе (n), шарошеваніе (n) fresatura (f) fresado (m)	*1*

Fräsmaschine (f)
 milling machine
 machine (f) à fraiser,
    fraiseuse (f)
		Фрезерный (шаро-
		    шечный) станокъ
		    (m)
		 fresatrice (f)
		 máquina (f) de fresar
			2

XXXIII.

Säge (f) saw scie (f)		пила (f) sega (f) sierra (f)	*3*
Sägeschnitt (m) saw-notch, saw-cut trait (m) de scie	a	надрѣзъ (m) пилой tratto (m) della sega corte (m) de sierra	*4*
Sägeblatt(n), Sägeklinge (f), Band (n) der Säge saw-blade, saw-web lame (f) de scie	b	листъ (m) лента (f) } пилы полотно (n) lama (f) della sega hoja (f) de sierra	*5*

Sägeangel (f)
 blade holder
 porte-scie (m), agrafe
    (f) de scie
	c	гнѣздо (n) для укрѣ-
		    пленія пилы
		 manico (m) della sega,
		    portasega (m)
		 mango (m) de la sierra
			6

Sägezahn (m)
 tooth
 dent (f) de scie
	a	зубецъ (m) пилы,
		    пильный зубъ (m),
		    (зубецъ (m))
		 dente (m) della sega
		 diente (m) de sierra
			7

Brustwinkel (m)
 hook, bottom angle
 angle (m) des dents
    [entre elles]
	α	уголъ (m) упора
		 angolo (m) d'appoggio
		 ángulo (m) radical del
		    diente
			8

Schneidwinkel (m) angle at top, cutting angle angle (m) de taille	β	уголъ (m) рѣзца angolo (m) di taglio ángulo (m) de corte	*9*

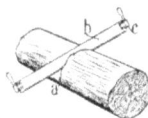

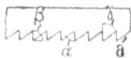

1	Zuschärfungswinkel (m) angle of throat, front rake angle (m) d'une dent	Υ	уголъ (m) заостренія angolo (m) d'affilamento ángulo (m) del filo, oblicuidad del filo
2	Zahnspitzenlinie (f) face line of teeth, top line of teeth ligne (f) des dents	C—D	линія (f) вершинъ (оконечностей) зубьевъ linea (f) delle punte dei denti línea (f) de las puntas de los dientes
3	Sägerandlinie (f) bottom line of teeth ligne (f) supérieure des dents	A—B	линія (f) основанія зубьевъ linea (f) del labbro, dell' orlo, lembo (m) línea (f) de aserrado
4	Dreieckszahn (m) triangular tooth dent (f) triangulaire		треугольный зубецъ (m) dente (m) triangolare diente (m) triangular
5	Wolfszahn (m) briar tooth, gullet-tooth dent-de-loup (f)		волчій зубъ (m) dente (m) di lupo diente (m) de lobo
6	M-Zahn (m), Stockzahn (m) M-tooth dent (f) en M renversé		М-образный зубецъ (m), зубъ (m) въ видѣ буквы М dente (m) a M diente (m) de cola de Milano
7	hinterlochter Zahn (m) célérité tooth (perforated saw) dent (f) percée		зубецъ (m) съ расположенными надъ нимъ отверстіями dente (m) perforato diente (m) ojalado
8	geschränkter Zahn (m) double tooth dent (f), qui a de la voie		разведенный зубецъ (m) dente (m) allicciato, dente (m) licciato diente (m) alaveado, diente (m) abarquillado
9	Schränkeisen (n) saw set fer (m) à contourner, tourne à gauche (m)		разводка (f) licciaiuola (f) calibre (m) para alavear los dientes de sierra. triscador (m)

schränken, aussetzen
to set [the teeth]
donner la voie [aux
   dents d'une scie]

развести (разводить)
   зубцы пилы
alliciare   *1*
alavear, triscar

Sägezähne (m. pl.) hauen
to cut teeth
faire les dents, tailler
   les dents

пробить (пробивать)
   зубцы
tagliare denti   *2*
cortar los dientes de
   sierra, dentar una si-
   erra

sägen
to saw
scier

пилить
segare   *3*
serrar, aserrar

Sägespäne (m. pl.)
saw-dust
sciure (f)

опилки (m. pl.)
segatura (f)
aserraduras (f. pl.), viru-   *4*
   tas de sierra

kaltsägen
to cold saw
scier à froid

пилить ..... въ хо-
   лодномъ видѣ   *5*
segare a freddo
aserrar en frio

warmsägen
to warm saw
scier à chaud

пилить ..... въ на-
   грѣтомъ видѣ   *6*
segare a caldo
aserrar en caliente

Kaltsäge (f)
cold saw
scie (f) à froid

пила (f) для холод-
   ной распиловки
   (холодныхъ метал- *7*
   ловъ)
sega (f) a freddo
sierra (f) en frio

Warmsäge (f)
warm saw
scie (f) à chaud

пила (f) для тёплой
   распиловки
   (нагрѣтыхъ метал- *8*
   ловъ)
sega (f) a caldo
sierra (f) en caliente

Metallsäge (f)
iron cutting saw, metal-
   saw (A)
scie (f) à métaux

пила (f) для метал-
   ловъ
sega (f) da metalli   *9*
sierra (f) para metales

Holzsäge (f)
saw, wood-saw (A)
scie (f) [à bois]

пила (f) для дерева
sega (f) da legno   *10*
sierra (f) para madera

Handsäge (f)
1 hand-saw, arm-saw
scie (f) à main

ручная пила (f)
sega (f) a mano
sierra (f) de mano, ser-
rucho

---

zweimännische Säge (f)
2 saw for two men
scie (f) à deux hommes

двуручная пила (f)
sega (f) a due uomini
sierra (f) de cuatro manos

---

ungespannte Säge (f)
3 unset saw
scie (f) ralentie

ненатянутая лен-
точная пила (f)
sega (f) allentata
sierra (f) floja

Schrotsäge (f), Brett-
säge (f), Baumsäge (f)
4 long saw, pit saw
scie (f) de long, passe-
partout (m)

продольная (махо-
вая, садовниче-
ская) пила (f)
segone (m), sega (f) ver-
ticale
sierra (f) de leñador

Quersäge (f)
5 cross-cut-saw
scie (f) à découper, passe-
partout (m)

поперечка (f), попе-
речная пила (f)
sega (f) trasversale
ғierra (f) para trozar

Bauchsäge (f), Wiegen-
säge (f)
6 felling saw
scie (f) ventrée

выгнутая попе-
речка (f), выгнутая
поперечная пила
(f)
sega (f) ventrata
sierra (f) de hoja de
lomo arqueado

Fuchsschwanz (m)
pad saw, hand saw
7 scie (f) à main, scie (f)
à manche

ножевка (f), фукс-
шванцъ (m)
saracco (m), sega (f) a
mano
serrucho (m)

Rückensäge (f)
8 tenon-saw
scie (f) à dos

ножевка (f) съ обу-
хомъ
saracco (m) a dorso
serrucho (m) de lomo
reforzado, serrucho
(m) de costilla

Sägenrücken (m)
9 back of the saw
dos (m) de la scie

обухъ (m) ножевки
dorso (m) della sega
lomo (m) de la sierra

Stichsäge (f), Lochsäge
(f), Spitzsäge (f)
10 compass-saw, key-hole
saw, piercing saw
scie (f) à guichet

узкая ножевка (f)
gattuccio (m), ladro (m)
serrucho (m) de calar

Einstreichsäge (f),
  Schraubenkopfsäge (f)
slitting saw
scie (f) à métaux à dos
		ножевка (f) для про-
		  рѣзыванія пазовъ
		sega (f) per metallo a
		  dorso
		serrucho (m) de cuchillo
			1

Spannsäge (f), gespannte
  Säge (f)
frame-saw, framed saw,
  span-saw
scie (f) montée, scie (f)
  à châssis, scie (f) à
  monture
		натянутая пила (f)
		sega (f) intelaiata
		sierra (f) de hoja tensa,
		  sierra (f) de bastidor
			2

Bogensäge (f)
bow-saw
scie (f) en archet, scie (f)
  à arc
	a	лучковая пила (f)
		sega (f) ad arco, sega (f)
		  ad archetto
		sierra (f) de arco
			3

Sägenbogen (m)
saw-frame, bow
châssis (m), archet (m),
  cadre (m) de la scie
	a	лучекъ (m) ⎫ пилы
		станокъ (m) ⎰
		arco (m) della sega
		arco (m) de sierra, ar-
		  mazón de sierra
			4

Laubsäge (f) fret-saw, scroll saw (A) scie (f) d'horloger		лобзикъ(m), волосная пила (f) sega (f) da traforo sierra (f) de marquetería	5

Klobsäge (f), Furnier-
  säge (f)
board-saw, frame-saw,
  veneer-saw
scie (f) à placage
		фанерочная ⎫ пила (f)
		фурнирная ⎰
		sega (f) da cantiere, se-
		  gone (m) ad arco
		sierra (f) de aserrador,
		  sierra (f) de dos manos
			6

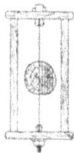

Örtersäge (f)
turning-saw, framed-
  whip-saw, great span-
  saw
scie (f) à débiter
		столярная лучковая
		  пила (f)
		sega (f) da falegname
		sierra (f) de carpintero
			7

Knebel (m)
tongue, gag
garrot (m)
	a	закрутка (f), закру-
		  тень (m), язы-
		  чекъ (m)
		nottola (f)
		taco (m), fiador (m),
		  templador (m)
			8

Schließsäge (f) sash-saw, slash-saw scie (f) allemande		небольшая лучковая пила (f) sega (f) da denti sierra (f) delgada	9

1	Schweifsäge (f) bow-saw, fret-saw scie (f) à chantourner	узенькая столярная лучковая пила (f) seghetto (m), sega (f) da volgere sierra (f) de embutir, sierra (f) de rodear
2	Sägemaschine (f) sawing-machine, saw- bench scie (f) mécanique, ma- chine (f) à scier	пильный станокъ(m), машина (f) для распиловки sega (f) meccanica, sega (f) a macchina aserradora (f) mecánica, máquina (f) de aserrar
3	Bandsäge (f) belt-saw, endless saw, band-saw (A) scie (f) à lame sans fin, scie (f) à ruban	безконечная лен- точная пила (f) sega (f) a nastro, sega senza fine, sega (f) a lama continua sierra (f) de cinta, sierra (f) continua, sierra (f) sin fin
4	Kreissäge (f) circular saw, disk saw scie (f) circulaire	циркульная } пила (f) круглая } sega (f) circolare sierra (f) circular
5	Sägegatter (n) saw-sash, saw-frame, saw-gate châssis (m) de scies	пильная рама (f) telaio (m) d'una sega meccanica bastidor (m) de sierra
6	Gattersäge (f) frame-saw scie (f) à cadre	лѣсопильная рама (f), рамная пила (f) sega (f) a macchina sierra (f) de marquetería
7	Sägeblock (m) saw-block, saw-log billot (m), grume (m)	бревно (n) cavalletto (m) per segare bloque (m) para serrar, caballete (m) para serrar

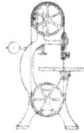

XXXIV.

8	Axt (f) axe hache (f), cognée (f)	топоръ (m) scure f hacha (f)
9	Schneide (f) edge, bit tranchant (m)	лезвіе (n) lama (f), taglio (m) della scure corte (m) de hacha

a

Haube (f), Öhr (n), Haus (n) axe-hole, axe-eye oeil (m) de hache	b	проушина (f) occhio (m) della scure foro (m) della scure ojal (m) para mango de hacha	*1*
Axtstiel (m), Helm (m) axe-handle, shaft of an axe manche (m) de la hache	c	топорище (n), ручка (f) топора manico (m) della scure mango (m) de hacha	*2*
Handaxt (f) hand-axe hache (f) à main		топорикъ (m), ручной топоръ (m) scure (f) a mano hacha (f) de mano	*3*
Bankaxt (f) bench-axe hache (f) de charpentier		плотничій топоръ (m) scure (f) da banco hacha (f) de vaciar	*4*
Stoßaxt (f), Stichaxt (f) mortise axe bisaigue (f), pioche (f)		шиповая шляхта (f) bicciacuto, (m) scalpello (m) ugnato hacha (f) de choque	*5*
Beil (n) hatchet hachette (f)		топоръ (m) accetta (f), ascia (f) hacha (f), destral (m)	*6*
Handbeil (n) hacket, hatchet hachette (f) à poing		топорикъ (m) accetta (f) da falegname hachuela (f)	*7*
Texel (m), Dexel (m), Dechsel (m) adze herminette (f), essette (f)		кирга (f) accetta (f) [da bottaio] azuela (f)	*8*
dechseln, texeln to dub, to adze dresser à l'herminette		зарубить ⎫ зарубать ⎬ киргой tagliare all' accetta sabotear (m), desbastar á la azuela	*9*
Hobel (m) plane rabot (m)		рубанокъ (m), стругъ (m) pialla (f) cepillo (m), garlopa (f)	*10*
Hobelkasten (m) stock, plane-stock, plane-wood fût (m) de rabot	a	колодка (f) ⎰ рубанка, ⎱ струга ceppo (m) della pialla caja (f) del cepillo	*11*
Hobeleisen (n) plane-iron fer (m) de rabot	b	желѣзко (n) ⎰ рубанка, ⎱ струга lama (f) della pialla, ferro (m) da pialla hierro (m) de cepillo	*12*

1	Spannloch(n) des Hobels mouth of the plane lumière (f) du rabot	c

отверстіе (n) для
желѣзокъ
luce (f) della pialla
agujero (m) de la cuña
del cepillo

---

2 hobeln
to plane
raboter, aplanir

строгать
piallare
acepillar, cepillar

---

3 behobeln
to plane smooth
raboter, promener le
rabot

обстругать, обстру·
гивать
ripiallare
labrar con cepillo

---

4 abhobeln
to plane, to shoot off,
to smooth off
donner un coup de rabot
à qch.

состругать, состру·
гивать
piallare
cepillar, pianear

---

5 Hobeln (n)
planing
rabotage (m)

строганіе (n)
piallatura (f)
cepillado (m)

---

6 Hobelspäne (m. pl.)
shavings
copeaux (m. pl.)

стружки (m. pl.)
trucioli (m. pl.)
viruta (f), doladura (f),
acepilladuras (f. pl.)

---

7 Doppelhobel (m)
double iron plane
rabot (m) à double fer,
rabot (m) à contre-fer

двойной руба·
нокъ (m), руба·
нокъ (m) съ двой·
нымъ желѣзкомъ
pialla (f) doppia, pialla
(f) a due ferri
cepillo (m) de dos scu·
tidos

8	Doppeleisen (n) double iron, back-iron fer (m) double de rabot	a

двойное желѣзко (n)
ferro (m) doppio, lama
(f) doppia
cuchillo (m) doble de
cepillo

9	Deckel (m), Kappe (f) top-plane-iron, break iron contre-fer (m), fer (m) de dessus	b

верхнее желѣзко (n)
controlama (f), contro·
ferro (m)
tapa (f) del cepillo

---

10 Schrupphobel (m),
Schürfhobel (m)
jack-plane
riflard (m)

драчковый стругъ
(m), шерхебель (m)
cagnaccia (f), piallone
(m), pialla (f) a sgros·
sare
cepillo (m) de desbastar

Schlichthobel (m) smoothing plane varloppe (f)	Фуганокъ (m) pialletto (m), barlotta (f) garlopa (f), cepillo (m) grande	*1*
Bankhobel (m) bench-plane, cooper jointer rabot (m) d'établi	столярный руба- нокъ (m) pialla (f) da banco cepillo (m) de banco	*2*
Handhobel (m) hand-plane rabot (m) à main	ручной стругъ (m), ручной рубанокъ (m) pialla (f) a mano cepillo (m) de mano	*3*
Simshobel (m), Gesims- hobel (m) side-rebate-plane, side- rabbet-plane guillaume (m)	закройникъ (m), зензубель (m) sponderuola (f) cepillo (m) de molduras, guillame (m)	*4*
Falzhobel (m) fillister feuilleret (m)	фальцовка (f), ка- лёвка (f), фальц- губель (m) incorsatoio (m) cepillo (m) de media madera, junterilla (f)	*5*
Nuthobel (m) tonging and grooving plane rabot (m) à rainures, bouvet (m) à rainures	дорожникъ (m), паз- никъ (m), пазо- викъ (m), шпунт- губель (m) incorsatoio(m) femmina, pialla (f) da intar- siatore cepillo (m) de machi- hembrar, acanalador ı m ı	*6*
Schiffshobel (m) compass-plane rabot(m) rond, rabot (m) cintré	горбачъ (m) sponderuola (f) a barca, sponderuola (f) a ba- stone cepillo (m) de carpintero de ribera	*7*
Profilhobel (m), Façon- hobel (m) moulding plane rabot (m) pour profils, rabot (m) à moulures	фасонный руба- нокъ (m) pialla (f) a profilo cepillo (m) de perfilar	*8*
Hobelbank (f) joiner's bench, carpen- ter's bench établi (m) de menusier	верстакъ (m) banco (m) da falegname banco (m) de carpintero	*9*

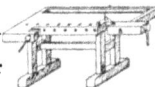

13

1	Zange (f) der Hobelbank press of a joiner's bench presse (f) d'établi de menusier	a	гребенка (f) morsa (f) del banco tornillo (m) de carpin- tero
2	Bankhaken (m), Bank- eisen (n) iron bench stop, hold- fast mentonnet (m), greppe (f) d'établi, valet (m) d'établi	b	клинокъ (m) barletto (m) cavas (f) del carpintero
3	Hobelmaschine (f) planing machine machine (f) à raboter, raboteuse (f)		строгалка (f), стро- гательный ста- нокъ (m) piallatrice (f), macchina (f) a piallare cepilladora (f), garlopa (f), máquina para acepillar
4	Stemmeisen (n), Beitel (m), Holzmeißel (m) chisel ciseau (m)		стамеска (f), долото (n) scalpello (m), incava- toio (m) escoplo (m), cincel (m), formón (m)
5	stemmen to chisel tailler au ciseau		строгать стамеской, долбить долотомъ incavare, scalpellare agujerear con el formón, hacer mortajas
6	Stechbeitel (m) ripping chisel, firmer chisel ciseau (m) fort		прямая стамеска (f) scalpello (m) a taglio escoplo (m) punzón, formón (m) de barri- lete
7	Lochbeitel (m) mortise chisel bédane (m)		долото (n) pedano (m) escoplo (m) para agujeros, escoplo (m) de fijas

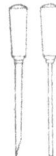

Hohleisen (n)
gouge
gouge (f)

полукруглая ста-
    меска (f)
scalpello (m) a sgorbia   *1*
escoplo (m) hueco, es-
    coplo (ш) de media
    caña, gubia (f)

Geißfuß (m)
corner-chisel, parting
    tool
gouge (f) triangulaire

трехгранное долото
    (n)
sgorbia (f) triangolare   *2*
pico (m) de cabra pie
    (m) de cabra, gubia
    (f, triangular

Ziehmesser (n), Zugmes-
    ser (n), Schnitzmes-
    ser (n)
draw-knife, draw-shave,
    knife with two handles
plane (f), couteau (m) a
    deux manches

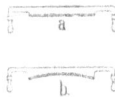

стругъ (m)
coltello (m) a due ma-
    nichi   *3*
cuchillo (m) de dos
    mangos

Geradeisen (n)
planishing knife
plane (f) à lame droite,
    plane (f) droite

стругъ (m) съ пло-
    скимъ желѣзкомъ
coltello (m) a lama di-
    ritta   *4*
cuchillo (m) de dos
    manos

Krummeisen (n)
hollowing knife
plane (f) à lame courbe,
    plane (f) creuse

стругъ (m) съ полу-
    круглымъ же-
    лѣзкомъ   *5*
coltello (m) a lama curva
media luna (f)

Nagel (m)
nail
cheville (f), clou (m)

гвоздь (m)
chiodo   *6*
clavo (m)

nageln
to nail
clouer

пригвоздить, при-
    бить (прибивать)
    гвоздемъ   *7*
chiodare
clavar

13*

1	zusammennageln to nail clouer, attacher par une cheville	сколотить (сколачи- вать) гвоздями inchiodare, unire con chiodi clavar, juntar con clavos
2	Nagelloch (n) pin-hole, nail-hole trou (m) de cheville, œuillet (m) de clou	дыра (f) отъ гвоздя foro (m) del chiodo agujero (m) del clavo
3	Nagelhammer (m) spike-driver marteau (m) à panne fendue	гвоздильный моло- токъ (m) martello (m) da chiodi martillo (m) para clavar
4	Drahtstift (m) wire-tack wire-nail pointe (f) de Paris	шпилька (f), штифтъ (m) puntina (f) punta (f) de Paris, al- filer (m
5	Nageleisen (n) heading tool, bolt- header cloutière (f)	гвоздильня (f), гвоз- дарная оправка (f) chiodaia (f) hierro (m) de clavos
6	leimen to glue coller	клеить incollare encolar, pegar con cola
7	zusammenleimen to glue, to agglutinate coller ensemble	склеить, склеивать unire con colla encolar
8	Leim (m) glue colle (f) forte, colle (f)	клей (m) colla (f) cola (f)
9	Leimknecht (m), Schraubzwinge (f) glue - press, cramp- frame, hold-fast serre-joints (m), sergent (m), presse (f) à main	струбцинка (f) для склейки предме- товъ sergente (m) da fale- gname, morsetta (f) cierra-junta (f)

XXXV.

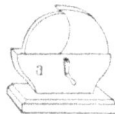

10	Schleifstein (m) grindstone, grinding mill, grinding stone meule (f) à aiguiser	точило (n), точиль- ный камень (m) mola (f) da affilare piedra (f) amoladera, muela (f) amoladera, asperón (m)

Schleiftrog (m), Schleif-
steintrog (m)
chest below the grind-
stone, trough
auget (m) de meule
à aiguiser

a

корыто (n) (коробка
(f)) точила (то-
чильнаго камня)　　1
truogolo (m)
artesón (m) de muelas,
mollejón (m)

Körnung (f) des Schleif-
steines
grain of the grindstone
grain (m) de la meule

сыпь (f) точила (то-
чильнаго камня)　　2
grana (f) della mola
picado (m) de la muela

Abziehstein(m),Brocken
(m)
rubber, slip, whet stone
pierre (f) à adoucir

плоское точило (n)
pietra (f) da affilare　3
piedra (f) de repasar,
piedra (f) de afilar

Ölstein (m)
oil-stone, grinder's oil-
stone
pierre (f) à l'huile

оселокъ (m)
pietra (f) di Candia　　4
piedra (f) aceitada para
afilar

---

schleifen
to sharpen, to grind, to
smooth, to whet, to
rub
aiguiser

точить
affilare　　　　　　5
amolar, afilar, esmerilar

Schleifvorrichtung (f)
grinding machine
machine (f) à aiguiser,
machine (f) à meuler

точильное приспо-
собленіе (n)
macchina (f), apparec-　6
chio (m) per affilare
aparato (m) para afilar,
máquina (f) de afilar

Schleifscheibe(f), Polier-
scheibe (f)
wheel-mill, glazing-
wheel, polishing
wheel
meule (f), polissoir (m)

точильный дискъ (m)
disco (m) per affilare,
disco (m) pulitore　　7
disco (m) esmerilador,
disco (m) pulimen-
tador

Schmirgel (m)
emery
émeri (m)

наждакъ (m)　　　　8
smeriglio (m)
esmeril (m)

Schmirgelpapier (m)
emery-paper
papier (m) à émeri

наждачная бумага (f)
carta (f) smerigliata　9
papel (m) de esmeril,
papel (m) esmerilado

Schmirgelleinen (n),
Schmirgelleinwand (f)
emery-cloth
toile à émeri (f)

наждачное полотно
(n)　　　　　　　10
tela (f) smerigliata
tela (f) de esmeril, tela (f)
esmerilada

1	Schmirgelholz (n) emery-stick polissoir (m)	наждачный брусокъ (m) legno (m) smeriglio esmerilador (m) de madera
2	Schmirgelscheibe (f) emery - wheel, glazer, glazing-wheel meule (f) d'émeri, meule (f) à émeri	наждачный точильный кругъ (m) disco (m) di smeriglio muela (f) de esmeril
3	Schmirgelring (m), Schmirgelrad (n) emery - wheel, emery-cutter, emery-grinder anneau (m) d'émeri, roue (f) d'émeri	наждачное кольцо (n) anello (m) di smeriglio, ruota (f) di smeriglio rueda (f) de esmeril
4	Schmirgelcylinder (m), Schmirgelwalze (f) emery-cylinder tambour (m) d'émeri	наждачный цилиндръ (m) (валикъ (m)) cilindro (m) di smeriglio cilindro (m) de esmerilar
5	Schmirgelstein (m) emery-wheel pierre (f) d'émeri	наждачный камень (m) pietra (f) di smeriglio piedra (f) esmeril
6	schmirgeln to rub, to polish, to grind with emery polir à l'émeri	полировать (шлифовать, точить) наждакомъ smerigliare esmerilar
7	Schmirgelschleifmaschine (f) emery grinding machine machine (f) de meules d'émeri	наждачное точило (n) smerigliatrice (f), macchina (f) da smerigliare máquina (f) de esmerilar
8	Schmirgelstaub (m), Schmirgelpulver (n) emery-dust poudre (f) d'émeri, émeri (m) en poudre	наждачная пыль (f) polvere (f) di smeriglio polvo (m) de esmeril

XXXVI.

9	härten to harden tremper	закаливать temperare templar, endurecer

Härten (n) hardening trempe (f)	закалка (f), закаливаніе (n) tempra (f), tempratura (f) temple (m)	*1*
anlassen, nachlassen to temper adoucir, recuire	отпускать, отжигать ricuocere pavonar, repasar el temple	*2*
Anlassen (n), Nachlassen (n) tempering adoucissement (m), recuit (m)	смягченіе (n) (отпусканіе (n)) стали ricottura (f) pavonar (m), repaso (m) del temple	*3*
Anlaßfarbe (f), Anlauffarbe (f) tempering-colour, annealing colour couleur (f) du recuit	цвѣтъ (m) отпуска tinta (f) della tempra color (m) del temple	*4*
Härte (f) hardness dureté (f)	твердость (f) durezza (f) temple (m)	*5*
Naturhärte (f) natural hardness dureté (f) naturelle	природная твердость (f) tempra (f) naturale temple (m) natural	*6*
Glashärte (f) chilling trempe (f) glacée	крѣпкая закалка (f) tempera (f) indurita temple (m) vitreo, dureza (f) de vidrio	*7*
Härteskala (f) scale of hardness échelle (f) de dureté	скала (f) твёрдости scala (f) delle tempere escala (f) de dureza	*8*
Härtegrad (m) degree of hardness, temper degré (m) de dureté	степень (f) закалки grado (m) della tempera, grado (m) di durezza grado (m) de dureza, grado (m) de temple	*9*
Härtepulver (n) tempering powder poudre (f) à tremper	порошокъ (m) для закалки polvere (f) da temperare polvo (m) de temple	*10*
Härteriß (m), Hartborste (f) crack [in steel], fissure [in steel] taille (f) de trempe, perçure (f) de trempe, crevasse (f) de trempe	трещина (f) (рванина (f)) послѣ закалки frattura (f) per eccesso di tempera fractura (f), grieta (f) por exceso de temple	*11*

Oberflächenhärtung (f)
1 case-hardening
trempe (f) de la surface

закалка (f) поверх-
ности
tempera (f) a cartoccio,
tempera (f) a fassetto
temple (m) superficial

Härtung (f) durch Ab-
kühlung
2 hardening by cooling
trempe (f) au bain

закаливаніе (n) по-
средствомъ охла-
жденія
tempera (f) subitanea,
tempera (f) improv-
visa
temple (m) por enfria-
miento

Härtung (f) durch Häm-
mern
3 hardening by hammer-
ing
trempe (f) par martelage,
trempe (f) par battre

закаливаніе (n) подъ
молотомъ
tempera (f) a martello
temple (m) por forjado

Härtung (f) in Ol
4 oil hardening
trempe (f) à l'huile

закаливаніе (n) въ
маслѣ
tempera (f) all'olio
temple (m) al aceite

Härtung (f) in Wasser
5 water hardening
trempe (f) à l'eau

закаливаніе (n) въ
водѣ
tempera (f) all'acqua
temple (m) al agua

XXXVII.

löten
6 to solder, to braze
souder, braser

паять
saldare
soldar

zusammenlöten
7 to solder together
souder ensemble

спаять, спаивать
saldare insieme
juntar, unir por solda-
dura

anlöten
to join by soldering
8 joindre par soudure,
souder

припаять, припаи-
вать
unire con saldatura
unir por soldadura

loslöten
9 to unsolder
dessouder

отпаять, отпаивать
dissaldare
desoldar

Löten (n)
10 brazing, soldering
soudure (f), brasure (f)

паяніе (n)
saldatura (f)
soldadura (f)

Lötung (f) brazing, soldering soudure (f)	пайка (f), спайка (f) saldatura (f) soldadura (f)	*1*
Weichlöten (n) soft-soldering, tin- soldering soudure (f) tendre	пайка (f) мягкимъ припоемъ saldatura (f) debole, saldatura (f) tenera, saldatura (f) leggera soldadura (f) blanda	*2*
Hartlöten (n) brazing, hard-soldering soudure (f) forte	пайка (f) на крѣп- комъ припоѣ saldatura (f) forte soldadura (f) sólida	*3*
Lötnaht (f) soldering seam, brazing seam soudure (f), brasure (f)	шовъ (m) { пайки, { спайки saldatura (f) soldadura (f), costura (f)	*4*
Lötstelle (f), Lötfuge (f) soldering seam, brazing seam soudure (f), brasure (f), noeud (m)	мѣсто (n) припоя saldatura (f) soldadura (f)	*5*
Lötkolben (m), Löt- eisen (n) soldering copper, copper bolt, copper bit fer (m) à souder, barre (f) à souder	паяльникъ (m) saldatoio (m) soldador (m)	*6*
Hammerkolben (m) copper bit with an edge fer (m) à souder en marteau	молоткообразный паяльникъ (m) saldatoio (m) a martello soldador (m) de corte	*7*
Spitzkolben (m) copper bit with a point fer (m) à souder pointu	остроконечный паяльникъ (m) saldatoio (m) a punta soldador (m) apuntado	*8*
Gaslötkolben (m) gas soldering copper fer (m) à souder au gaz	газовый паяльникъ (m) saldatoio (m) a gas soldador (m) á gas	*9*
Lötbrenner (m) gas-blow-pipe, bellows- blow-pipe chalumeau (m)	паяльная горѣлка (f) becco (m) per saldare, becco (m) da salda- tore mechero (m) para sol- dar	*10*

1	Lötlampe (f) soldering lamp lampe (f) à braser	паяльная лампа (f) lampada (f) per saldare, lampada (f) da salda- tore lámpara (f) para soldar
2	Lötflamme (f), Stich- flamme (f) blow-pipe-flame flamme (f) du chalumeau	паяльное пламя (n) fiamma (f) saldante llama (f) de soldadura
3	Lötofen (m) soldering furnace four (m) à souder	паяльная печь (f) fornella (f) per saldare fornillo (m) de hoja- latero
4	Lot (n) solder matière (f) à souder	припой (m) piombo (m) soldadura (f)
5	Zinnlot (n), Weichlot (n), Weißlot (n) tin-solder, soft solder soudure (f) à l'étain tendre	мягкій припой (m), полуда (f) stagno (m) soldadura (f) de estaño
6	Schnellot (n) soft solder soudure (f) vive	мягкій легкоплавкій припой (m), трет- никъ (m), трет- някъ (m) saldatura (f) rapida soldadura (f) rápida
7	Hartlot (n), Schlaglot (n) hard solder brasure (f), soudure (f) forte	крѣпкій припой (m) saldatura (f) forte soldadura (f) dura
8	Lötwasser (n) soldering water, solder- ing fluid eau (f) à soudure	кислота (f) для пайки (спайки) acqua (f) per saldare agua (f) para soldar
9	Lötsäure (f) soldering acid eau (f) forte	крѣпкая кислота (f) для пайки (спайки) acqua (f) forte ácido (m) para soldar

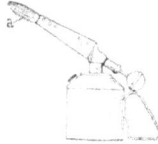

a

Lötrohr (n) blow-pipe chalumeau (m)	паяльная трубка (f), фейфка (f) cannello (m) ferrumina- torio, cannello (m) da saldare soplete (m), tubo (m) sol- dador, soldador (m)	*1*
Lötzange (f) hawkill, hawkill- pliers (pl.), soldering tweezers (pl.) pince (f) à souder	клещи (m) для зах- ватки паяльника tanaglia (f) da saldatore, pinzetta (f) da salda- tore pinzas (f. pl.) de soldador	*2*
Lötprobe (f), Lötver- such (m) blow-pipe-proof, blow- pipe-test essai (m) au chalumeau	пробная { пайка (f) { спайка (f) prova (f) di saldatura prueba (f) de soldadura, soldadura (f) de en- sayo	*3*
Gießlöffel (m) ladle, casting ladle poche (f) à couler	литейный ковшъ (m) cucchiaio (m) da salda- tore cucharilla (f) de solda- dor	*4*

XXXVIII.

1
feinmessen
to measure accurately
mesurer avec précision

измѣрить ⎫ точно
измѣрять ⎭
misurare con precisione
medir con precisión

2
Feinmessen (n)
accurate measuring
[action (f) de mesurer
avec précision] me-
surage (m) précis

точное измѣреніе (n)
misura (f) di precisione
medida (f) de precisión

3
Lehre (f)
gauge
calibre (m) à vis

калибръ (m), лерка (f)
calibro (m)
calibre (m)

4
Schraubenlehre (f)
screw-gauge, caliper
rule (A)
calibre (m) à vis

винтовой калибръ
(m), винтовая
лерка (f)
calibro (m) a vite
calibre (m) de rosca

5
Mikrometerlehre (f)
micrometer gauge
micromètre (m)

микрометрическій
калибръ(m), микро-
метрическая лерка
(f)
micrometro (m)
calibre (m) micro-
métrico

6
Schublehre (f),
Schieblehre (f)
sliding caliper,
slide-gauge, ver-
nier caliper
pied (m) à coulisse

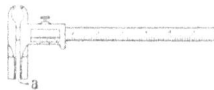

раз(вы-)движной
калибръ (m),
(штангенцир-
куль (m))
calibro (m) a corsoio
piés (m. pl.) de rey

Schnabel (m) jaw pied (m)	a	раздвижная часть (f) штангенциркуля, ползунъ (m) калибра becco (m) pico (m) del calibre, boca (f) del calibre	*1*
Stichmaß (n) template, gauge, pattern pige (f)		калибръ (m) съ остріями calibro (m) regla (f) de calibre	*2*
sphärisches Endmaß (n) end measuring rods, end gauge calibre (m) de hauteurs		нормальный стержневой калибръ (m) calibro (m) normale calibro (m) normal, calibre (m) esférico	*3*
Cylinderstichmaß (n), Cylindermaß (n) caliper-gauge, inside micrometer-gauge jauge (m) à coulisses		нутромѣръ (m) для измѣренія цилиндровъ calibro (m) per tubi calibre (m) para tubos, Palmer	*4*
Tasterlehre (f), Rachenlehre (f) internal and external gauge, caliper-gauge, snap-gauge (A) calibre (m)		необработанный калибръ (m) calibro (m) calibre (m) de compás	*5*
Tiefenlehre (f) depth gauge pied (m) à profondeur		калибръ (m) для измѣренія глубины calibro (m) per profondità calibre (m) para huecos, calibre (m) para alturas	*6*
Lochlehre (f) hole gauge calibre (m) pour diamètre		дыромѣръ (m) calibro (m) per fori, calibro (m) per diametri calibre (m) para agujeros	*7*
Lehrdorn (m), Lochlehre (f) internal cylindrical gauge, plug gauge (A) calibre (m) de perçage		калибръ (m) цилиндрическій calibro (m) cilindrico calibre (m) cilindrico	*8*

1	Gewindelehre (f) thread gauge calibre (m) pour pas de vis	калибръ (m) винто- вой нарѣзки calibro (m) per impa- nature calibre (m) para rosca
2	Gewindeschablone (f) screw pitch gauge calibre (m) de taraudage	шаблонъ (m) винто- вой нарѣзки calibro (m) per viti juego (m) de plantillas para rosca
3	Blechlehre (f) standard gauge for steel plates, plate-gauge jauge (m) pour les tôles	калиберная дощечка (f), дощечка (f) для измѣренія листовъ calibro (m) per lastre metalliche calibre (m) para plancha
4	Grenzlehre (f), Toleranz- lehre (f) limit gauge calibre (m) de tolérance, calibre (m) limite	предѣльный калибръ (m) для проволоки calibro (m) limite plantilla (f) limite
5	Normallehre (f) standard gauge calibre (m) normal, calibre (m) étalon	нормальный калибръ (m) calibro (m) normale plantilla (f) normal
6	Drahtlehre (f) wire gauge jauge (m) pour fils de fer	калиберная дощечка (f) calibro (m) per fili di ferro calibrador (m) de alam- bres
7	Taster (m) calipers (pl.) compas (m)	кронциркуль (m) compasso (m) compás (m) de puntas secas
8	Außentaster(m) outside calipers compas (m) d'épaisseur	кронциркуль (m) compasso (m) di spessore compás (m) de gruesos
9	Lochtaster (m), Innen- taster (m) inside calipers compas (m) d'extérieur	нутромѣръ (m) compasso (m) d'interiore compás (m) de huecos, compás (m) de patas, maestro (m) de baile

Federtaster (m) spring calipers compas (m) à ressort	пружинный крон- циркуль (m) compasso (m) a molla compás (m) con muelle	*1*
Gewindetaster (m) thread calipers compas (m) d'épaisseur à vis	пружинный крон- циркуль (m) для винтовой нарѣзки compasso (m) per im- panature compás (m) para roscas	*2*
Kugeltaster (m) globe calipers compas (m) d'épaisseur pour billes	кольцеобразный кронциркуль (m) compasso (m) per spes- sore ad arco compás (m) para esferas	*3*
Spitzzirkel (m) compasses (pl.), divi- ders (pl.) compas (m) diviseur	остроконечный цир- куль (m) compasso (m) diritto ad arco compás (m) de puntas secas	*4*
anreißen to mark out, to trace tracer, marquer	начертить, чертить segnare, marcare marcar, trazar	*5*
Reißnadel (f), Anreiß- nadel (f), Vor- reißer (m) marking tool, mark scraper, drop-point pointe (f) à tracer	чертилка (f) punta (f) da segnare aguja (f) de marcar, rayador (m), punta (f) de trazar	*6*
Parallelreißer (m) surface gauge trusquin (m)	параллельная чер- тилка (f) truschino (m), traccia- -parallele (m) marcador (m) paralelo, gramil (m) de mármol	*7*
Kreisreißer (m), Paral- lelzirkel (m) scribing-compasses compas (m) à pointe ré- glable	параллельный цир- куль (m) compasso (m) a punte regolabili marcador (m) de círcu- los, gramil (m) para circulos	*8*
Streichmaß (n) shifting gauge, marking gauge trusquin (m)	ресмусъ (m) truschino (m) a mano calibrador (m), gramil (m)	*9*

1	Winkel (m) square, try square équerre (f) [en fer]	угольникъ (m) squadra (f) [di ferro] escuadra (f)

2	Anschlagwinkel (m)
	 back square
	 équerre (f) épaulée,
	    équerre (f) à chapeau
		аншлажный уголь-
		 никъ (m)
		 squadra (f) con spalla
		 escuadra (f) con
		    espaldón

3	Kreuzwinkel (m)
	 T-square
	 équerre (f) à T,
	    équerre (f) double
		перекрёстный уголь-
		 никъ (m)
		 squadra (f) a T,
		    squadra (f) doppia
		 escuadra (f) de T

4	Sechskantwinkel (m) hexagonal angle équerre (f) à six pans	шестиугольникъ (m) angolo (m) esagonale falsa (f) escuadra

5	Schmiege (f)
	 bevel protractor
	 fausse équerre (f),
	    équerre mobile (f)
		малка (f)
		 squadra (f) falsa, calan-
		    drino (m)
		 saltaregla (m), pantó-
		    metro (m), senta-
		    nilla (f), falsa escua-
		    dra (f) de tornillo

6	richten, gerade richten, ausrichten to dress, to straighten dresser, redresser	вывѣрить, вывѣрять eguagliare enderezar

7	Richtplatte (f)
	 surface plate
	 planomètre (m),
	    plaque (f) à dresser,
	    marbre (m) [d'ajus-
	    teur]
		вывѣрочная плита (f)
		 tavola (f) per egua-
		    gliare, superficie (f)
		    piana
		 plancha (f) á enderezar
		 mármol

8	Wasserwage (f),
	    Libelle (f)
	 water-level, spirit-level,
	    air-level
	 niveau (m) à bulle d'air
		ватерпасъ (m), уро-
		 вень (m)
		 livello (m) a bolla d'aria
		 nivel (m) de aire

Dosenlibelle (m) round spirit level niveau (m) sphérique		уровень (m) въ круглой оправѣ livello (m) sferico nivel (m) de aire de caja	*1*
Senklot (n) plummet, plumb-line, plumb-bob fil (m) à plomb		отвѣсъ (m) piombino (m) plomada (f)	*2*

Hubzähler (m)
counter, stroke-counter
compteur (m) de courses
		тахометръ (m),
		  счетчикъ (m) хода,
		  измѣритель (m)
		  скорости хода
		contatore (m) alterna-
		  tivo
		contador (m) de carreras
			3

Umlaufzähler (m)
tachometer, speed indi-
  cator (A)
compteur (m) de tours,
  tachimètre (m)
		счетчикъ (m) числа
		  оборотовъ, тахо-
		  скопъ (m)
		contagiri (m)
		contador (m) de revolu-
		  ciones
			4

14

XXXIX.

1 Eisen (n)
iron
fer (m)

Fe

желѣзо (n)
ferro (m)
hierro (m)

---

2 Eisenerz (n)
iron-ore, iron-stone
mineral (m) de fer

желѣзная руда (f)
minerale (m) di ferro
mineral (m) de hierro

---

3 Roheisen (n)
pig, pig-iron
fonte (f), fonte (f) crue,
   fonte (f) brute

чугунъ (m)
ghisa (f)
hierro (m) bruto,
   hierro (m) colado

---

4 weißes Roheisen (n)
white pig-iron, forge-
   pick
fonte (f) blanche,
   fonte (f) d'affinage

бѣлый передѣлоч-
   ный чугунъ (m)
ghisa (f) bianca
hierro (m) colado blanco

---

5 graues Roheisen (n)
grey pig-iron, foundry-
   pick
fonte (f) grise, fonte (f)
   tendre, fonte (f) de
   moulage

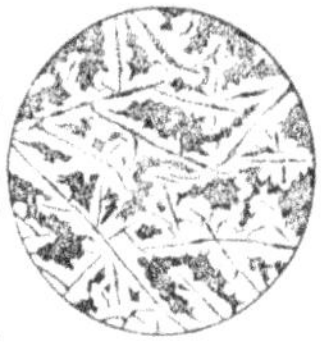

литейный чугунъ (m)
ghisa (f) grigia
hierro (m) colado gris

---

6 halbiertes Roheisen (n)
mottled iron
fonte (f) truitée

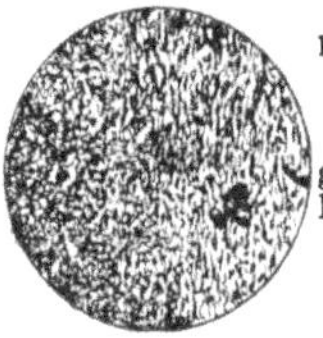

половинчатый (трет-
   ной пестрый) чу-
   гунъ (m)
ghisa (f) trotata
hierro (m) colado man-
   chando, mezclado,
   atruchado

Spiegeleisen (n) spiegel-iron, specular-iron fonte (f) spiegel	зеркальный чугунъ (m) ferro (f) specolare hierro (m) especular	1

Weißstrahleisen (n) manganese-cast-iron fonte (f) manganésée,	бѣлый лучистый чугунъ (m) ferro-manganese (m), ferro (f) manganesato hierro (m) manganisado	2

Gußeisen (n) cast-iron fonte (f) moulée	чугунъ (m) ferraccio (m), ghisa (f) hierro (m) fundido	3

Herdguß (m) open sand-castings (pl.) fonte (f) coulée à découvert	отливка (f) въ открытой песочной формѣ getto (m) [in forme scoperte] fundición (f) hecha [en moldes abiertas]	4

Kastenguß (m) box-casting, casting moulded in the flask coulage (m) en châssis, coulé (m) en châssis	отливка (f) въ опокахъ, опочная отливка (f) getto (m) in staffe fundición (f) en cajas	5

Sandguß (m) sand-casting, casting in sand coulage (m) en sable, coulé (m) en sable	отливка (f) въ песочныя формы getto (m) in forme di sabbia fundición (f) en arena	6

Guß (m) in trockenem Sand dry-sand-casting coulage (m) en sable sec, coulé (m) en sable sec	отливка (f) въ сухомъ пескѣ, отливка (f) въ массу getto (m) in forme di sabbia secca [asciutta] fundición (f) en arena seca, fundición (f) en tierra	7

Guß (m) in grünem Sand green-sand-casting coulage (m) en sable vert, coulé (m) en sable vert	отливка (f) въ зеленомъ пескѣ getto (m) in forme di sabbia verde fundición (f) en tierra verde	8

1 Lehmguß (m)
loam-casting, iron-cast
in a loam-mould
moulage (m) en terre

отливка (f) въ глинѣ,
глиняная отливка(f)
getto (m) in forme d'ar-
gilla
fundición (f) hecha en
moldes de arcilla

2 Hartguß (m)
case-hardening, chill
casting
fonte (f) en coquille

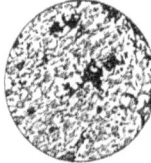

отливка (f) съ жест-
кою корою
ghisa (f) indurita
hierro (m) fundido en-
durecido, fundición
(f) dura

3 Stahlguß (m)
steel-castings (pl.)
acier (m) coulé

сталеватый чугунъ
(m)
acciaio (m) fuso
acero (m) colado,
fundición (f) de acero

4 schmiedbarer Guß (m)
Temperguß (m)
malleable cast-iron
fonte (f) malléable

ковкій чугунъ (m),
обжигаемая от-
ливка (f)
getto (m) malleabile
hierro (m) fundido male-
able

5 Schmiedeeisen (n)
wrought-iron, malleable
iron
fer (m) forgé

полосовое желѣзо (n)
ferro (m) battuto,
ferro (m) malleabile
hierro (m) forjado,
hierro (m) dulce

6 Schweißeisen (n)
wrought-iron
fer (m) soudé

сварочное желѣзо (n)
ferro (m) fucinato
hierro (m) dulce

7 Puddeleisen (n)
puddled iron
fer (m) puddlé

пудлинговое же-
лѣзо (n)
ferro (m) pudellato
hierro (m) pudelado

Flußeisen (n)
ingot-iron
fer (m) homogène

литое желѣзо (n)
ferro (m) fuso
hierro (m) dulce de fusión

1

Bessemereisen (n),
Bessemerroheisen (n)
Bessemer iron,
Bessemer pig
fer (m) Bessemer

бессемеровское желѣзо (n)
ferro (m) Bessemer
hierro (m) Bessemer

2

Thomaseisen (n),
Thomasroheisen (n)
Thomas iron, Thomas pig
fer (m) Thomas

томасовское желѣзо (n)
ferro (m) Thomas
hierro (m) Thomas

3

Martineisen (n)
open hearth iron
fer (m) Martin

мартеновское желѣзо (n)
ferro (m) Martin
hierro (m) Martin

4

Stahl (m)
steel
acier (m)

сталь (f)
acciaio (m)
acero (m)

5

Schweißstahl (m)
weld-steel
acier (m) soudé

сварочная сталь (f)
acciaio (m) fucinato
acero (m) soldado

6

Puddelstahl (m)
puddled steel
acier (m) puddlé

пудлинговая сталь (f)
acciaio (m) puddellato
acero (m) pudelado

7

Flußstahl (m)
steel, ingot-steel
acier (m) fondu

литая сталь (f)
acciaio (m) fuso
acero (m) de fusión,
acero (m) de fundido

8

Bessemerstahl (m)
Bessemer steel
acier (m) Bessemer

бессемеровская сталь (f)
acciaio (m) Bessemer
acero (m) Bessemer

9

Thomasstahl (m)
Thomas steel
acier (m) Thomas

томасовская сталь (f)
acciaio (m) Thomas
acero (m) Thomas

10

1	Martinstahl (m), Sie-mens-Martinstahl(m) open hearth steel acier (m) Martin, acier (m) Siemens-Martin	мартеновская сталь (f) acciaio (m) Martin, ac-ciaio (m) Siemens-Martin acero (m) Martin, acero (m) Siemens-Martin
2	Cementstahl(m), Blasen-stahl (m) cemented steel, blister steel acier (m) cimenté	цементная сталь (f), томленка (f) acciaio (m) di cementa-zione acero (m) cementado
3	Gerbstahl (m) shear-steel, refined-steel acier (m) raffiné	складочная (рафини-рованная свароч-ная) сталь (f) acciaio (m) affinato acero (m) afinado
4	Tiegelstahl (m), Tiegel-flußstahl (m) crucible steel acier (m) au creuset, acier (m) fondu	тигельная сталь (f) acciaio (m) fuso in cro-giuoli acero (m) crisol
5	Nickelstahl (m) nickel-steel acier (m) au nickel	никкелевая сталь (f) acciaio (m) al nickel acero (m) niqueloso
6	Wolframstahl (m) Wolfram-steel, tungstic-steel acier (m) au tungstène	вольфрамистая сталь (f) acciaio (m) Wolfram acero (m) tungstenoso, acero (m) tungste-nado
7	Werkzeugstahl (m) tool-steel acier (m) pour outils	инструментальная сталь (f) acciaio (m) per utensili acero (m) para útiles, acero (m) para herra-mientas
8	Stabeisen (n) bar-iron, iron-bar fer (m) en barres	полосовое желѣзо (n) ferro (m) in barre, ferro (m) in verghe barra (f) de hierro, hierro (m) en barras
9	Rundeisen (n) round bar-iron, round iron, round bar fer (m) rond	круглое (прутковое, болтовое) желѣзо (n) ferro (m) tondo hierro (m) redondo

Quadrateisen (n), Vierkanteisen (n) square-iron, square bar fer (m) carré		квадратное (брусковое) желѣзо (n) ferro (m) quadro hierro (m) cuadrado	1
Sechskanteisen (n) hexagon iron, hexagon bar fer (m) hexagonal		шестигранное желѣзо (n) ferro (m) esagonale hierro (m) exagonal	2
Flacheisen (n) flat bar iron, flat bar fer (m) plat		плоское (узкополосое) желѣзо (n) ferro (m) piatto hierro (m) plano	3
Bandeisen (n) hoop-iron, hoops (pl.), band-iron fer (m) en rubans, feuillard (m)		обручное (шинное, кринолинное) желѣзо (n) reggia (f) di ferro hierro (m) llanta, hierro (m) pasamanos	4
Walzeisen (n) rolled iron, drawn-out iron fer (m) laminé		прокатное (вальцованное, фасонное) желѣзо (n) ferro (m) laminato hierro (m) cilindrado, hierro (m) calibrado	5
Winkeleisen (n) angle-iron, angle bar cornière (f) en fer, fer (m) cornière		угловое желѣзо (n) ferro (m) ad angolo hierro (m) angular	6
T-Eisen (n), T-Träger (m) T-iron, T-bar fer (m) à T		тавровое желѣзо (n) ferro (m) a T hierro (m) T, viga (f) de hierro T	7
Doppel-T-Eisen (n), Doppel-T-Träger (m), I-Eisen (n) H-iron, double T-iron, I-beam (A) fer (m) à double T		двутавровое желѣзо (n) ferro (m) a doppio T, ferro (m) a I hierro (m) I, hierro (m) doble T	8
U-Eisen (n) U-iron, channel (A) fer (m) en U		желобчатое желѣзо (n), ⌷-образное желѣзо (n) ferro (m) a U hierro (m) U	9
Z-Eisen (n) Z-iron, Z bar (A) fer (m) en Z		Z-образное желѣзо (n) ferro (m) a Z hierro (m) Z	10
Eisenblech (n) iron-plate fer (m) en feuilles, tôle (f) de fer		листовое желѣзо (n) lamiera (f) di ferro palastro (m) de hierro, plancha (f) de hierro, chapa (f) de hierro	11

1	Blechtafel (f) sheet-iron feuille (f) de tôle		листъ (m) жести foglio (f) di lamiera lámina (f) de palastro, plancha (f) de palastro
2	Schwarzblech (n) black sheet-iron, black iron-plate tôle (f), fer (m) noir, tôle (f) russe		черная жесть (f) lamiera (f) nera palastro (m)
3	Feinblech (n) thin-plate feuille (f) de tôle		тонкое листовое же- лѣзо (n) lamiera (f) fina chapa (f)
4	Grobblech (n), Kessel- blech (n) boiler plate tôle (f) à chaudière, tôle (f) forte, tôle (f) de chaudronnerie		толстое листовое (котельное)желѣзо (n) lamiera (f) da caldaie plancha (f) desbastada, plancha (f) para cal- deras
5	Riffelblech (n) channeled plate tôle (f) striée		гофрированный же- лѣзный листъ (m) lamiera (f) striata chapa (f) escamada
6	Wellblech (n) undulated sheet-iron, corrugated sheet- iron (A) tôle (f) ondulée		волнистое листовое желѣзо (n) lamiera (f) ondulata chapa (f) ondulada
7	Weißblech (n) tinned sheet-iron, tin- plate fer blanc (m)		бѣлая жесть (f), лу- женое листовое желѣзо (n) latta (f) hoja (f) de lata
8	Kupfer (n) copper cuivre (m)	Cu	мѣдь (f) rame (m) cobre (m)
9	Zink (n) zink, spelter zinc (m)	Zn	цинкъ (m) zinco (m) zinc (m)
10	Zinn (n) tin étain (m)	Sn	олово (n) stagno (m) estaño (m)
11	Nickel (n) nickel nickel (m)	Ni	никкель (m) nichelio (m), nickel (m) niquel (m)

Blei (n) lead plomb (m)	Pb	свинецъ (m) piombo (m) plomo (m)	_1_
Gold (n) gold or (m)	Au	золото (n) oro (m) oro (m)	_2_
Silber (n) silver argent (m)	Ag	серебро (n) argento (m) plata (f)	_3_
Platin (n) platina, platinum platine (m)	Pt	платина (f) platino (m) platino (m)	_4_

Messing (n), Gelbguß (m)
yellow-brass, brass, yel-
  low-copper
laiton (m), cuivre jaune
  (m)
	$Cu + Zn$	латунь (f), желтая
		  мѣдь (f)
		ottone (m)
		latón
			5

Bronze (f) bronze, brass bronze (m)	$Cu + Sn$	бронза (f) bronzo (m) bronce (m)	6

Phosphorbronze (f)
phosphor-bronze
bronze (m) phosphoreux
	$Cu + Sn + P$	фосфористая бронза
		  (f)
		bronzo (m) fosforoso
		bronce (m) fosforoso,
		  bronce (m) fosforado
			7

Geschützbronze (f), Ka-
  nonenmetall (n)
gun-metal
bronze (m) à canons
	$Cu + Sn$	пушечная бронза (f),
		  пушечный ме-
		  таллъ (m), (сплавъ
		  (m))
		bronzo (m) da cannoni
		bronce (m) de cañón
			8

Glockenmetall (n)
bell-metal
bronze (m) à cloches,
  métal (m) de cloches
	$Cu + Sb$	колокольная бронза
		  (f), колокольный
		  металлъ (m),
		  (сплавъ (m))
		bronzo (m) da campane
		metal (m) para campa-
		  nas, aleación (f) para
		  campanas
			9

Weißmetall (n), Weiß-
  guß (m)
white-metal, Babbitt-
  metal, antifriction-
  metal
métal (m) blanc
	$Cu + Sb + Sn$	бѣлый }металлъ (m),
		       } сплавъ (m)
		metallo (m) bianco
		metal (m) blanco
			10

Delta-Metall (n) delta metal métal (m) delta	$Cu + Zn + Fe$	дельта-металлъ (m) metallo (m) delta aleación (f) delta, me- tal (m) delta	11

XL.

1	zeichnen to draw dessiner, tracer	чертить disegnare dibujar
2	in natürlicher Größe (f) zeichnen, in natür- lichem Maßstabe (m) zeichnen to draw to full size dessiner en vraie gran- deur	чертить въ нату- ральную величину disegnare in grandezza naturale dibujar en tamaño na- tural
3	maßstäblich zeichnen, in verjüngtem Maß- stabe (m) zeichnen to draw to scale dessiner à l'échelle	чертить въ умень шенномъ мас- штабѣ disegnare in scala dibujar en escala
4	Zeichenbureau (n), Kon- struktionsbureau (n) drawing office bureau (m) de dessins	чертежное бюро (n) ufficio (m) di disegno, studio (m) di disegno oficina (f) de construc- ción
5	Zeichner (m) draughtsman dessinateur (m)	чертежникъ (m) disegnatore (m) dibujante (m)
6	Zeichnung (f) drawing, plan dessin (m)	чертежъ (m) disegno (m) dibujo (m)
7	Zeichentisch (m) drawing desk or table table (f) à dessin	чертежный столъ (m) tavola (f) da disegno tablero (m) de dibujo
8	Tischkasten (m), Schub- kasten (m) drawer tiroir (m)	ящикъ (m) стола cassetto (m) cajón

a

verstellbarer Zeichen- tisch (m) adjustable drawing table table (f) à dessin aju- stable		передвижной (пере- ставной) чертеж- ный столъ (m) tavola (f) da disegno regolabile tablero (m) de dibujo ajustable *1*
Zeichenmappe (f), Zeich- nungsmappe (f) portfolio carton (m) à dessin		папка (f) для чер- тежей cartella (f) per disegni cartera (m) *2*
Mappenständer (m) portfolio-rack casier (m)		стойка (f) для папокъ porta-cartella (m) porta-cartera (m) *3*
Reißbrett (n) drawing board planche (f) à dessin	a	чертежная доска (f) tavoletta (f) di disegno tablero (m) de dibujo *4*
Reißschiene (f) T-square T (m)	b	рейсшина (f), чер- тильная линейка(f) riga (f) a T gramil (m), doble es- cuadra (f) *5*
Kopf (m) der Reiß- schiene head of T-square tête (f) du T	c	головка(f) рейсшины, головка (f) чер- тильной линейки testa (f) della riga a T escuadra (f) del gramil *6*
Zunge (f) der Reiß- schiene leg of T-square, blade of T-square jambe (f) du T	d	линейка(f) рейсшины riga (f) regla (f) del gramil *7*
Winkel (m), Dreieck (n) triangular set square équerre (f)	e	треугольникъ (m), угольникъ (m) squadra (f) escuadra (f) *8*
Lineal (n) ruler règle (f) [plate]		линейка (f) lineale (m), regolo (m) regla (f) *9*
Kurvenschiene (f), Kur- venlineal (n) curves, irregular curves pistolet (m), règle (f) courbe		лекало (n) curvilineo (m), lineale (m) curvo plantilla (f) de curvas *10* múltiples, pistoletas (m)

	Kurvenstab (m), Latte (f)	гибкая планка (f)
1	flexible curve	riga (f) flessibile
	règle (f) flexible	plantilla (f) flexibile

	Zeichenpapier (n)	чертежная бумага (f),
2	drawing paper	бумага (f) для чер-
	papier (m) à dessin	тежей
		carta (f) da disegno
		papel (m) de dibujo

	Zeichenbogen (m)	листъ (m) чертежной
3	drawing sheet	бумаги
	feuille (f) de papier à	foglio (m) di carta da
	dessin	disegno
		hoja (f) de papel de di-
		bujo

	Skizzierpapier (n)	бумага (f) для эски-
4	sketching paper	зовъ (набросковъ)
	papier (m) à croquis	carta (f) per schizzi
		papel (m) para croquis

	Skizzierblock (m)	блокъ (m) для эски-
5	sketching pad	зовъ (набросковъ)
	carnet (m) à croquis	block (m) per schizzi
		bloque (m) de papel pa-
		ra croquis

	Reißzwecke (f), Reiß-	кнопка (f), чер-
	nagel (m) Heftzwecke	токъ (m)
	(f)	puntina (f)
6	thumb pin, drawing pin,	chinche (m)
	thumb tack (A)	
	punaise (f)	

	messen	измѣрить, измѣрять,
7	to measure	мѣрить
	mesurer	misurare
		medir

	Maß (n)	мѣра (f)
8	measure, dimension	misura (f)
	mesure (f), dimension (f)	medida (f)

	Metermaß (n)	метрическая мѣра (f)
9	metric measure	misura (f) metrica
	mesure (f) métrique	medida (f) métrica

	Zollmaß (n)	дюймовая мѣра (f)
10	foot measure	misura (f) in pollici
	mesure (f) en pouce	medida (f) en pulgadas

	Normalmaß (n)	нормальная мѣра (f)
11	standard measure	misura (f) normale
	mesure (f) étalon	medida (f) normal

Maßstab (m) measure, rule échelle (f)		масштабъ (m) scala (f), misura (f) escala (f)	*1*

Anlegemaßstab (m) scale double décimètre (m)		масштабная ли- нейка (f) doppio (m) decimetro regla (f) graduada	*2*

Gliedermaßstab (m), Faltmaßstab (m), Zollstock (m) folding pocket measure, folding pocket rule mètre (m)		складной мас- штабъ (m) metro (m) snodato medida (f) plegable, me- tro (m) de bolsillo	*3*

Bandmaß (n) tape-measure mètre (m) à ruban		рулетка (f) misura (f) a nastro metro (m) de quincha, metro (m) de cinta	*4*

verjüngter Maßstab (m) reduced scale règle (f) à échelle de réduction		уменьшенный мас- штабъ (m) scala (f). di riduzione medida (f) de escala de reducción	*5*

Transversalmaßstab (m) transverse scale échelle (f) des dimen- sions transversales	масштабъ (m) раз- дѣленный по діа- гоналѣ, попереч- ный масштабъ (m) tavola (f) pitagorica escala (f) universal	*6*

Metermaßstab (m) metric scale échelle (f) métrique	масштабъ (m) въ метрахъ scala (f) metrica escala (f) métrica	*7*

Zollstock (m), Zoll- stab (m) foot rule règle (f) graduée en pouces	футштокъ (m), штокъ (m) passetto (m) diviso in pollici regla (f) en pulgadas	*8*

Schwindmaß (n) shrinkage rule mesure (f) de contrac- tion	мѣра (f) усадки (сжатія) misura (f) di contrazione escala (f) de contracción	*9*

1
Rechenschieber (m),
   Rechenstab (m)
slide rule
règle (f) à calcul

счетная линейка (f)
regolo (m) calcolatore
regla (f) de cálculo

2
konstruieren
to design
construire

построить, строить
costruire
construir

3
Konstrukteur (m)
designer
constructeur (m)

конструкторъ (m)
costruttore (m)
constructor (m)

4
Konstruktion (f), Bauart
   (f)
design
construction (f)

конструкція (f)
costruzione (f)
construcción (f)

5
Konstruktionsfehler (m)
fault in design .
faute (f) de construction,
   défaut (m) de con-
   struction

конструкціонная
   ошибка (f)
errore (m) di costru-
   zione
error (m) en la con-
   strucción

6
Maschinenzeichnen (n)
machine drawing, me-
   chanical drawing
dessinage (m) de ma-
   chines

машинное чер-
   ченіе (n)
disegno (m) di macchine
dibujo (m) de máquinas

7
Maschinenzeichnung (f)
drawing of a machine,
   plan of a machine
dessin (m) de machines

чертежъ (m) машины
disegno (m) di una
   macchina
dibujo (m) de una
   máquina

8
skizzieren
to sketch
esquisser

набросить ⎫
набросать ⎬эскизъ
schizzare, abbozzare
hacer un croquis, cro-
   quizar

9
Skizze (f) .
sketch
croquis (m)

эскизъ (m), набро-
   сокъ (m)
schizzo (m), abbozzo (m)
croquis (m)

10
Handzeichnung (f)
free hand sketch
dessin (m) à main levée

чертежъ (m) отъ руки
disegno (m) a mano
   libera
dibujo (m) á mano al-
   zada, dibujo (m) á
   pulso

entwerfen to project projeter	проектировать studiare, progettare proyectar *1*
Entwurf (m), Zeich- nungsentwurf (m) project projet (m)	проектъ (m) studio (m), progetto (m), piano (m) proyecto (m), plano (m) *2*
Entwurfsskizze (f) rough plan croquis (m) de projet, étude (m), esquisse (f)	эскизъ (m) проекта schizzo (m) croquis (m) de proyecto *3*

Gesamtanordnung (f)
general plan
plan (m) d'ensemble,
  disposition (f) géné-
  rale
	общее расположе-
	  ніе (n) (распредѣ-
	  леніе (n))
	disposizione (f) generale *4*
	disposición (f) completa,
	  plano (m) general

Detailzeichnung (f)
detail drawing
dessin (m) de détail
	детальный (подроб-
	  ный) чертежъ (m)
	disegno (m) in partico-
	  lare, disegno (m) di *5*
	  dettaglio
	dibujo (m) en detalle

Werkzeichnung (f)
working drawing
dessin (m) d'atelier,
  dessin (m) d'exé-
  cution
	рабочій чертежъ (m)
	disegno (m) costruttivo,
	  disegno (m) per offi-
	  cina *6*
	dibujo (m) detallado
	  para taller

Stückliste (f)
list of details
légende (f), liste (f) de
  pièces, nomenclature
  (f)
	списокъ (m) (опись (f))
	предметовъ
	lista (f) dei pezzi, lista *7*
	  (f) dei dettagli
	lista (f) de las partes

Maßskizze (f)
dimensioned sketch
croquis (m) cotés
	эскизъ (m) (набро-
	  сокъ (m)) съ соблю-
	  деніемъ размѣ-
	  ровъ *8*
	schizzo (m) con misure
	croquis (m) acotado

_1_	einen Maschinenteil (m) in Ansicht darstellen to draw views of a machine part dessiner un détail de machine en vue extérieure	представить (представлять) деталь машины въ перспективѣ disegnare un pezzo di macchina in prospetto dibujar un detalle de una máquina en elevación
_2_	Stirnansicht (f) front view, front elevation vue (f) de face a	видъ (m) спереди vista (f) frontale alzado (m) de frente, elevación (f) de frente
_3_	Seitenansicht (f) side view, side elevation vue (f) de côté b	видъ (m) сбоку vista (f) di profilo, vista (f) laterale elevación (f) lateral, alzado (m) lateral
_4_	Aufriß (m) elevation élévation (f)	вертикальный видъ (m) vista (f) di fianco, vista (f) di profilo elevación (f), alzado (m)
_5_	Längenaufriß (m) longitudinal view vue (f) longitudinale	продольный видъ (m) vista (f) longitudinale elevación (f) longitudinal, alzado (m) longitudinal
_6_	Grundriß (m) plan plan (m) c	планъ (m) pianta (f) planta (f), proyección (f) horizontal
_7_	Umriß (m) form contour (m)	контуръ (m) contorno (m) perfil (m), contorno (m)
_8_	einen Maschinenteil (m) im Schnitt darstellen to draw a part of a machine in section dessiner un détail de machine en coupe	представить (представлять) деталь машины въ разрѣзѣ disegnare un pezzo di macchina in sezione dibujar un detalle de una máquina en sección
_9_	Längsschnitt (m) longitudinal section coupe (f) longitudinale a	продольный разрѣзъ (m) sezione (f) longitudinale sección (f) longitudinal

Querschnitt (m) cross section coupe (f) transversale	b	поперечное сѣче- ніе (n) sezione (f) trasversale sección (f) transversal	*1*
Schnitt (m) [nach] x—y section through x—y coupe (f) x—y	c	разрѣзъ (m) по x—y sezione (f) x—y sección (f) x—y	*2*
Mittellinie (f) center line axe (m)		ось (f) mezzaria (f), asse (f) eje (m)	*3*
Maßlinie (f) dimension line ligne (f) de cote	b	размѣрная линія (f) linea (f) [indicatrice] di misura linea (f) de cota	*4*
Maßpfeil (m) arrow head flèche (f) de la cote	c	размѣрная стрѣлка (f) freccia (f) della linea di misura flecha (f) de la linea de cota	*5*
Maßzahl (f) dimension figure cote (f)	d	(цифровый) раз- мѣръ (m) misura (f), dimensione (f) cota (f)	*6*
von Mitte'(f) zu Mitte distance between centre-lines d'axe en axe		отъ оси до оси da mezzaria (f) a mez- zaria de eje (m) á eje, de centro (m) á centro	*7*
Hauptmaße (n. pl.) principal dimensions cotes (f. pl.) principales		главные раз- мѣры (m. pl.) misure (f. pl.) principali, dimensioni (f. pl.) prin- cipali dimensiones (f. pl.) prin- cipales	*8*
Maße (n. pl.) eintragen to dimension, to figure, to fill in the figures coter		внести (вносить) размѣры mettere le misure acotar	*9*
Maßeintragung (f) figuring inscription (f) des cotes		внесеніе (n) размѣ- ровъ iscrizione (f) delle misure acotación (f)	*10*

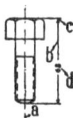

1	eine Zeichnung (f) in Blei anfertigen to draw in lead tracer au crayon, dessiner au crayon		изготовить (изготовлять) чертежъ въ карандашѣ fare un disegno a matita hacer un dibujo en lápiz

---

| *2* | stricheln
to draw dash line
faire du pointillé droit | |– – – – | намѣтить, намѣчать штрижами (черточками)
tratteggiare
trazár, hacer líneas de trazos |

| *3* | punktieren
to draw dotted line
pointiller | | пунктировать, нанести (наносить) пунктиръ
punteggiare
puntear |

| *4* | strichpunktieren
to draw dot and dash-line
faire du trait mixte | – – – – – | нанести (наносить) смѣшанный пунктиръ
tratteggiare e punteggiare
trazar y puntear |

| *5* | schraffieren
to hatch
hacher | | шраффировать, штриховать
ombreggiare
rayar |

| *6* | Schraffierung (f)
hatching
hachure (f) | | шраффировка (f)
ombreggiatura (f)
sombreado (m) |

| *7* | Reißzeug (n)
set of drawing instruments
boîte (f) à compas | | готовальня (f)
scatola (f) di compassi, astuccio (m) di compassi
estuche (m) de compases |

| *8* | Zirkel (m)
pair of compasses
compas (m) | | циркуль (m)
compasso (m)
compás (m) |

| *9* | Zirkelschenkel (m), Zirkelbein (m)
leg of compasses
jambe (f) de compas | a | ножка (f) циркуля, циркульная ножка
gamba (f) del compasso
brazo (m) del compás |

| *10* | Zirkelfuß (m)
foot of compasses
pied (m) de compas | b | нижняя часть (f) циркульной ножки
piede (m) del compasso
pie (m) del compás |

Zirkelspitze (f) point of compasses pointe (f) du compas	c	остріе (n) циркуля punta (f) del compasso *1* punta (f) del compás
Zirkelkopf (m) handle of compasses tête (f) du compas	d	головка (f) циркуля testa (f) del compasso *2* cabeza (f) del compás
Einsatzzirkel (m), Stück- zirkel (m) compass with detach- able legs compas (m) à rallonges	a	циркуль (m) съ вы- емными ножками, циркуль (m) со вставными нож- ками *3* compasso (m) di ri- cambio compás (m) de puntas móviles
Bleieinsatz (m) pencil-point crayon (m) du compas	b	вставка (f) съ каран- дашемъ matita (m) di ricambio *4* pieza (f) para lápiz, porta-lápiz (m) del compás
Ziehfedereinsatz (m), Tinteneinsatz (m), Tuscheinsatz (m) pen-point tire-ligne (m) du compas	c	вставка (f) съ чер- тежнымъ перомъ, вставка (f) для чер- нилъ, (туши) *5* tira-linee (m) di ricambio tiralíneas (m) del com- pás, pieza (f) para tinta
Nadeleinsatz (m) needle-point pointe (f) sèche du compas	d	вставочная игла (i) punta (f) di ricambio *6* porta-aguja (m) del compás
Nadelspitze (f), Nadel- fuß (m) needle pointe (f) de compas	e	остріе (n) иглы punta (f) *7* aguja-punta (f)
Zirkelverlängerung (f), Verlängerungsstange (f) lengthening bar rallonge (f)	f	удлиненіе (n) цир- кульной ножки *8* allunga (m) pieza (f) de prolongación
Zirkelschlüssel (m) compass wrench, com- pass key clef (f) de compas	g	циркульный ключъ (m) *9* chiave (f) del compasso llave (f) del compás

15*

1	Bleistiftzirkel (m) lead compass compas (m) à crayon	карандашный цир- куль (m) compasso (m) a matita compás (m) de lápiz
2	Handzirkel (m), Stech- zirkel (m) dividers (pl.), com- passes (pl.) compas (m) de mesure, compas (m) à pointes sèches	измѣрительный цир- куль (m) compasso (m) a punta fissa compás (m) de puntas secas pequeño
3	Federzirkel (m), Teil- zirkel (m) spring bow dividers compas (m) à ressort	дѣлительный (пру- жинный циркуль (m), (волосковый) циркуль (m) compasso (m) di pre- cisione a molla compás (m) de muelle, compás (m) de pre- cisión
4	Nullenzirkel (m) bow compasses, spring bow compasses compas (m) à pompe	кронциркуль (m) balaustrino (m) compás (m) de círculos
5	Reduktionszirkel (m) reducing compasses, proportional com- passes or dividers compas(m)de réduction, compas (m) de. pro- portion	редукціонный (пропорціонный) циркуль (m) compasso (m) di ridu- zione compás (m) de propor- ciones, compás (m) de reducción
6	Stangenzirkel (m) beam-compasses, tram- mels compas (m) à verge	рычажный цир- куль (m), штанген- циркуль (m), чер- тильная линейка(f) compasso (m) a verga compás (m) de varas
7	Zentrumscheibe (f), Zentrumstift (m) center, horn center centre (m) à compas	центрикъ (m) centrino (m) centro (m)

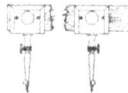

Punktiernadel (f) dotting needle aiguille (f) à pointer		пунктирная игла (f) punta (f) da segnare aguja (f) para marcar *1*

Punktierrädchen (m)
dotting wheel
roue (f) à pointillé
		пунктирное (пункти-
		  ровальное) колё-
		  сико (n)
		ruota (f) da punteggiare
		rueda (f) para hacer
		  líneas de puntos *2*

Bleibüchse (f) lead box, pencil box porte-mine (m)		футлярчикъ (m) для карандашей astuccio (m) per matite caja (f) de lápices *3*
Transporteur (m) protractor rapporteur (m)		транспортиръ (m) goniometro (m) goniómetro (m), trans- portador (m) *4*

Winkeltransporteur (m)
protractor set square
rapporteur (m) à équerre
		транспортиръ (m) съ
		  угольникомъ,
		  угольный транс-
		  портиръ (m)
		goniometro (m) ad an-
		  golo
		goniómetro (m) angular,
		  transportador (m) an-
		  gular *5*

Ziehfeder (f), Reiß-
  feder (f)
drawing pen
tire-ligne (m)
		рейсфедеръ (m), чер-
		  тежное перо (n)
		tira-linee (m)
		tiralíneas (m) *6*

Kurvenziehfeder (f) swivel pen tire-curviligne (m)		перо (n) для вычерчи- ванія кривыхъ tira-curvelinee (m) tiralíneas (m) curvo *7*

Doppelziehfeder (f)
parallel line pen
tire-ligne (m) double
		двойной рейс-
		  федеръ (m), двойное
		  чертежное перо (n)
		tira-linee (m) doppio
		tiralíneas (m) doble,
		  tiralíneas (m) de ca-
		  minos *8*

Punktierfeder (f)
dotting pen
tire-ligne (m) à pointillé
		пунктирное (пункти-
		  ровальное) перо
		  (n)
		apparecchio (m) per
		  punteggiare
		máquina (f) para trazar
		  puntos *9*

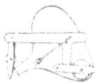

1	die Ziehfeder (f) an- schleifen to sharpen a drawing pen aiguiser le tire-ligne	наточить (точить) рейсфедеръ, (чер- тежное перо (n)) affilare il tira-linee afilar el tiralineas
2	Zeichenstift (m), Blei- stift (m) drawing pencil crayon (m)	карандашъ (m) matita (f), lapis (m) lápiz (m)
3	den Bleistift (m) an- spitzen to sharpen the pencil tailler le crayon	очинить } каран- чинить } дашъ (m) temperare la matita hacer punta al lápiz
4	Bleistiftspitzer (m) pencil sharpener taille-crayons (m)	машинка (f) для очинки каранда- шей apparecchio (m) da tem- perare matite, tem- pera-matite (m) cortador (m) de lápiz, corta-lápiz (m)
5	Bleistiftschärfer (m) pencil sharpener planchette (f) à aiguiser les crayons	оселокъ (m) для точки карандашей carta (f) vetrata per matite raspador (m) de lápices
6	Bleistiftfeile (f) file for sharpening pencil lime (f) à crayons	напильникъ (m) для точки карандашей lima (f) per matite lima (f) para el lápiz
7	radieren to erase, to rub out gommer, effacer, gratter	стереть } резиной стирать } cancellare, raschiare borrar
8	Radiergummi (m) eraser, rubber gomme (f) à gratter	резина (f), резинка (f) gomma (f) goma (f) para borrar
9	Bleigummi (m) lead eraser, lead rubber gomme (f) [à crayon]	резина (f) (резинка (f)) для карандаша gomma (f) per matite goma (f) para lápiz
10	Tintengummi (m) ink eraser gomme (f) à encre	резина (f) (резинка (f)) для чернилъ gomma (f) per inchiostro goma (f) para tinta

Radiermesser (n)
erasing knife
grattoir (m)

ножичекъ (m) для
   подчистки черте-
   жей
raschino (m)
cuchillo (m) raspador

1

---

ausziehen
to ink in
passer à l'encre

обвести (обводить)
   тушью
passare a penna
pasar en tinta

2

Ausziehtusche (f),
   flüssige Tusche (f)
ink, Indian ink
encre (m) de Chine

тушь (f), китайская
   тушь (f), жидкая
   тушь (f)
inchiostro (m) di China
tinta (f) China

3

Zeichenfeder (f)
lettering pen
plume (f) à dessin

чертежное (рисо-
   вальное) перышко
   (n)
pennina (f) da disegnare
pluma (f) de dibujo

4

---

die Zeichnung (f) be-
   schreiben
to letter a drawing
écrire la légende

надписать (надпи-
   сывать) чертежъ
fare le indicazioni sul
   disegno, déscrivere
   il disegno
rotular un dibujo

5

Rundschrift (f)
roundhand writing
écriture (f) ronde

круглый шрифтъ (m)
rotondo (m)
redondilla (f)

6

Steilschrift (f)
vertical writing
écriture (f) droite

прямой шрифтъ (m)
scrittura (f) verticale
escritura (f) vertical

7

Rundschriftfeder (f)
roundhand pen
plume (f) de ronde

перо (n) для круг-
   лаго шрифта
   (письма)
pennina (f) di rotondo
pluma (f) para redon-
   dilla

8

Überfeder (f)
ink holder
porte-encre (m)

собачка (f)
pennina (f) porta-
   inchiostro
pluma-tintero (f)

9

---

austuschen, anlegen
to tint, to colour
colorer, teinter

затушевать, туше-
   вать
colorare
pintar, pasar los colores

10

1	Tuschkasten (m), Farbenkasten (m) box of water-colours boîte (f) à couleurs	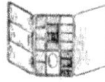

ящикъ (m) съ тушью,
  ящикъ (m) съ кра-
   сками
scatola (f) di colori
caja (f) de colores

2 Stückfarben (f.pl.)
tablets of colours
couleurs (f. pl.) en mor-
  ceaux

краски (f. pl.) въ
  плиткахъ
colori (m. pl.) in pezzi
colores (m. pl.) en pa-
  stilla

3 Feuchtwasserfarbe (f)
water-colour
couleur (f) d'aquarelles

акварельная
  краска (f)
colori (m.pl.) ad acqua-
  rello
colores (m. pl.) para
  acuarela

4	Farbentube (f) colour tube tube (m) de couleur	

трубка (f) съ кра-
  скою
tubetto (m) di colore
tubo (m) de colores

5 Pinsel (m), Tusch-
  pinsel (m)
colouring or tinting
  brush
pinceau (m)

кисть (f) (кисточка (f))
  для туши
pennello (m)
pincel (m)

6	Tuschnapf (m), Tusch-
	  schale (f)
	tinting or colouring
	  saucer
	godet (m)	

чашечка (f) (блюд-
  це (n)) для разведе-
  нія туши
ciotoletta(f), piattino(m)
platillo

7 Tusche (f) anrühren,
  Farbe (f) anrühren
to mix the colour
faire la couleur

развести } тушь
разводить } краску
mescolare un colore
mezclar un color

8 Tusche (f) anreiben,
  Farbe (f) anreiben
to grind the colour
broyer la couleur

растереть } тушь
растирать } краску
stemperare un colore
desleir un color

9 Fließpapier (n)
blotting-paper
papier (m) buvard

пропускная бумага (f)
carta (f) asciugante,
  carta (f) assorbente
papel (m) chupón

die Zeichnung (f) mit
    dem Schwamm ab-
    waschen
to sponge off a drawing
éponger le dessin

смыть (смывать) чер-
    тежъ губкою
lavare il disegno colla
    spugna
lavar un dibujo con la
    esponja
1

Schwamm (m)
sponge
éponge (f)

губка (f)
spugna (f)
esponja (f)
2

---

die Zeichnung (f) ver-
    zieht sich
the drawing is shrinking
le dessin se plisse

чертежъ (m) коробит-
    ся
la carta di disegno si
    restringe
el dibujo (m) se deforma,
    el dibujo (m) se estira
    disigualmente
3

Farbstift (m)
coloured pencil
crayon (m) de couleur,
    pastel (m)

цвѣтной каран-
    дашъ (m)
matita (f) a colore
lápiz (m) de color
4

Rotstift (m)
red pencil
crayon (m) rouge

красный каран-
    дашъ (m)
matita (f) rossa
lápiz (m) rojo
5

Blaustift (m)
blue pencil
crayon (m) bleu

синій карандашъ (m)
matita (f) bleu, matita (f)
    azzurra
lápiz (f) azul
6

---

pausen, durchpausen
to trace
calquer

калькировать, чер-
    тить (вычертить,
    вычерчивать) на
    калькѣ
dilucidare, ricalcare
calcar
7

Pause (f), Paus-
    zeichnung (f)
tracing
calque (m)

чертежъ (m) на
    калькѣ
lucido (m)
calco (m)
8

Pauspapier (n)
tracing paper
papier(m) calque, papier
    (m) à calquer

восковая бумага (f)
carta (f) da dilucidare
papel (m) para calcar
9

Pausleinwand (f)
tracing cloth
toile (f) à calquer

калька (f)
tela (f) da dilucidare
tela (f) de calcar
10

1	Lichtpause (f)
	print
	héliographie (f),
	    dessin (m) tiré, photo-
	    calque (m)
		копія (f) на свѣто-
		    чувствительной
		    бумагѣ
		cianografia (f)
		calca (f) al sol, calca (f)
		    heliográfica, ma-
		    rión (m)

2	Lichtpauspapier (n)
	printing paper
	papier (m) héliogra-
	    phique, papier (m)
	    photocalque
		свѣточувствитель-
		    ная бумага (f)
		carta (f) cianografica
		papel (m) heliográfico,
		    papel (m) Marión

3	Blaupause (f) blue print bleu (m)	синяя копія (f) cianografia (f) azzurra foto-calco (m) azul, Marión (m) azul
4	Weißpause (f) white print dessin (m) tiré blanc	бѣлая копія (f) cianografia (f) bianca foto-calco (m) blanco, Marión (m) blanco

5	Lichtpausapparat (m)
	printing frame
	châssis (m) pour bleus
		аппаратъ (m) для
		    свѣтопечатанія
		torchietto (m) per ciano-
		    grafia
		cuadro (m) para mariones

6	Lichtpausatelier (n)
	printing gallery or
	    room, blue printing
	    room
	atelier (m) pour bleus
		свѣтопечатня (f)
		laboratorio (m) ciano-
		    grafico
		taller (m) de calcado,
		    taller (m) heliográfico

XLI.

7	Bewegung (f) movement, motion mouvement (m)	движеніе (n) moto (m), movimento (m) movimiento (m)
8	Bewegungslehre (f), Zwanglauflehre (f) kinematics cinématique (f)	кинематика (f) cinematica (f) cinemática (f)

9	geradlinige Bewegung (f)
	rectilinear motion
	mouvement (m) recti-
	    ligne
		прямолинейное дви-
		    женіе (n)
		movimento (m) retti-
		    lineo
		movimiento (m) recti-
		    lineo

gleichförmige Bewegung (f) uniform motion mouvement (m) uniforme	$c = \dfrac{s}{t} = \text{const.}$	равномѣрное движеніе (n) movimento (m) uniforme movimiento (m) uniforme	*1*
Weg (m) space espace (m) parcouru	s	путь (m) traiettoria (f) camino (m) recorrido, carrera (f)	*2*
Geschwindigkeit (f) velocity, speed vitesse (f)	c	скорость (f) velocità (f) velocidad (f)	*3*
Zeit (f) time temps (m)	t	врмея (n) tempo (m) tiempo (m)	*4*
ungleichförmige Bewegung (f) variable motion mouvement (m) varié		неравномѣрное движеніе (n) movimento (m) variabile, movimento (m) vario movimiento (m) variable	*5*
Beschleunigung (f) acceleration accélération (f)	$p = \dfrac{dc}{dt} = \dfrac{d^2 s}{dt^2}$	ускореніе (n) accelerazione (f) aceleración	*6*
Verzögerung (f) retardation ralentissement (m), accélération (f) négative		замедленіе (n) ritardo (m), accelerazione (f) negativa retardo (m)	*7*
Anfangsgeschwindigkeit (f) initial velocity vitesse (f) initiale		начальная скорость (f) velocità (f) iniziale velocidad (f) inicial	*8*
Endgeschwindigkeit (f) final velocity, terminal velocity vitesse (f) finale		конечная скорость (f) velocità (f) finale velocidad (f) final	*9*
mittlere Geschwindigkeit (f) mean velocity, average velocity vitesse (f) moyenne		средняя скорость (f) velocità (f) media velocidad (f) media	*10*
gleichförmig beschleunigte Bewegung (f) uniformly accelerated motion mouvement (m) uniformément accéléré		равномѣрно ускоренное движеніе (n) movimento (m) uniformemente accelerato movimiento (m) uniformemente acelerado	*11* .

1
gleichförmig verzögerte
Bewegung (f)
uniformly retarded
motion
mouvement (m) unifor-
mément retardé

равномѣрно замед-
ленное движеніе(n)
movimento (m) unifor-
memente ritardato
movimiento (m) unifor-
memente retardado

2
freier Fall (m)
fall, descent, free fall
chute (f)

$$v = \sqrt{2gh}$$

свободное паденіе (n)
caduta (f) libera
caida (f) libre

3
Fallhöhe (f), Geschwin-
digkeitshöhe (f)
height of fall, distance,
through which a body
falls
hauteur (f) de chute

$$h$$

высота (f) паденія
altezza (f) della caduta
altura (f) de caida

4
Falldauer (f)
time of fall
durée (f) de chute

продолжитель-
ность (f) паденія
durata (f) della caduta
duración (f) de la caida

5
Steighöhe (f)
height of ascent
hauteur (f) du tir

высота (f) подъема
altezza (f) del tiro,
ascendenza (f)
altura (f) alcanzada

6
Wurfdauer (f)
time of passage
durée (f) du tir

продолжитель-
ность (f) подъема
durata (f) del tiro
duración (f) del impulso

7
krummlinige Be-
wegung (f)
curvilinear motion
mouvement (m) curvi-
ligne

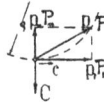

криволинейное дви-
женіе (n)
moto (m) curvilineo
movimiento (m) curvi-
lineo

8
Tangentialbeschleuni-
gung (f)
tangential acceleration
accélération (f) tangen-
tielle

$$p_t = \frac{dc}{dt}$$

ускореніе (n) каса-
тельной, касатель-
ное (тангентіаль-
ное) ускореніе (n)
accelerazione (f) tangen-
ziale
aceleración (f) tangen-
cial

9
Normalbeschleuni-
gung (f), Centripetal-
beschleunigung (f)
normal acceleration
accélération (f) normale

$$p_n = \frac{c^2}{\varrho}$$

нормальное (центро-
стремительное)
ускореніе (n), уско-
реніе (n) по нор-
мали
accelerazione (f) nor-
male, accelerazione(f)
centripeta
aceleración (f) normal,
aceleración (f) centri-
peta

Totalbeschleunigung (f) total acceleration accélération (f) totale	p	полное ускореніе (n) accelerazione (f) totale aceleración (f) total	*1*
Tangentialkraft (f) tangential force force (f) tangentielle	$P_t = m \cdot \dfrac{dc}{dt}$	касательная сила (f) forza (f) tangenziale fuerza (f) tangencial	*2*
Normalkraft (f), Centri- petalkraft (f) centripetal force force (f) normale, force (f) centripète	$P_n = m \cdot \dfrac{c^2}{\varrho}$	нормальная (центро- стремительная) сила (f) forza (f) normale, forza (f) centripeta fuerza (f) normal, fuerza (f) centripeta	*3*
Centrifugalkraft (f), Fliehkraft (f) centrifugal force force (f) centrifuge	$C = -P_n$	центробѣжная сила (f) forza (f) centrifuga fuerza (f) centrifuga	*4*
schiefer Wurf (m) inclined projection tir (m) parabolique		полетъ (m) наклонно къ горизонту tiro (m) parabolico, tiro (m) inclinato impulso (m) oblicuo	*5*
Wurfwinkel (m) angle of projection angle (m) du tir	α	уголъ (m) полета ampiezza (f) del tiro, angolo (m) del tiro ángulo (m) de impulsión	*6*
Wurfweite (f) horizontal range portée (f) du tir	S	дальность (f) полета amplitudine (f) del tiro, distanza (f) del tiro amplitud (f) de impul- sión, alcance (m)	*7*
Wurfhöhe (f) height of projection, height of ascent hauteur (f) du tir	h	высота (f) полета altezza (f) del tiro altura (f) de impulsión	*8*
Wurfbahn (f), Flug- bahn (f) trajectory, path of pro- jectile trajectoire (f)	$\overparen{A\,B\,C}$	траекторія (f) полета traiettoria (f) trayectoria (f)	*9*
Wurfgeschwindigkeit (f) velocity of projection vitesse (f) du tir		скорость (f) полета velocità (f) del proiettile velocidad (f) de im- pulsión	*10*
ballistische Kurve (f) ballistical curve courbe (f) balistique		балистическая кри- вая (f) curva (f) balistica curva (f) balística, trayectoria (f)	*11*

1 wagrechter Wurf (m) horizontal projection jet (m) horizontal	полетъ (m) парал- лельно къ гори- зонту tiro (m) orizzontale impulsión (m) horizontal
2 senkrechter Wurf (m) vertical projection jet (m) vertical	полетъ (m) верти- кально вверхъ tiro (m) verticale impulso (m) vertical
3 unfreie Bewegung (f) restricted motion, re- stricted movement mouvement (m) sollicité	несвободное движе- ніе (n) movimento (m) vinco- lato, movimento (m) forzato movimiento (m) obli- gado, movimiento (m) forzado
4 Bahnwiderstand (m) reaction on body résistance (f) de voie, réaction (f) sur un corps	сопротивленіе (n) движенію въ пути resistenza (f) della traiet- toria resistencia (f) de la car- rera
5 Normalwiderstand (m), Stützkraft (f) supporting or bearing force, supporting or bearing resistance résistance (f) normale, résistance (f) d'appui	нормальное сопро- тивленіе (n) resistenza (f) normale resistencia (f) normal
6 Tangentialwider- stand (m) tangential resistance résistance (f) tangen- tielle	сопротивленіе (n) по касательной resistenza (f) tangenziale resistencia (f) tangencial
7 Pendel (n) pendulum pendule (m)	маятникъ (m) pendolo (m) péndulo (m)
8 Kreispendel (n) circular pendulum pendule (m) circulaire	круговой маят- никъ (m) pendolo (m) circolare péndulo (m) circular
9 Pendelausschlag (m) amplitude amplitude (f) de l'oscil- lation du pendule	размахъ (m) маят- ника, амплитуда (f) качанія маятника amplitudine (f) del pen- dolo desviación (f) del pén- dulo, carrera (f) del péndulo

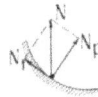

Ausschlagwinkel (m) angle of oscillation, angle of displacement angle (m) d'amplitude	α	уголъ (m) отклоненія angolo (m) d'amplitudine ángulo (m) de desviación **1**
Pendelschwingung (f) oscillation of the pendulum oscillation (f) du pendule		колебаніе (n) (качаніе (n)) маятника oscillazione (f) del pendolo oscilación (f) del péndulo **2**
Schwingungsdauer (f) time of oscillation, duration of oscillation, period durée (f) d'oscillation		продолжительность (f) качанія (колебанія) маятника durata (f) dell' oscillazione duración (f) de la oscilación **3**
Kegelpendel (n), Zentrifugalpendel (n) conical pendulum pendule (m) conique		коническій (центробѣжный) маятникъ (m) pendolo (m) conico péndulo (m) centrífugo **4**
Cykloidenpendel (n) cycloidal pendulum pendule (m) cycloidal		циклоидальный маятникъ (m) pendolo (m) cicloidale péndulo (m) cicloidal **5**
schiefe Ebene (f) inclined plane plan (m) incliné, pente (f)		наклонная плоскость (f) piano (m) inclinato plano (m) inclinado **6**
Neigungswinkel (m) der schiefen Ebene angle of inclination angle (m) d'inclinaison	α	уголъ (m) наклона (наклоненія) angolo (m) d'inclinazione ángulo (m) de inclinación **7**
Parallelogramm (n) der Geschwindigkeiten [Beschleunigungen], Geschwindigkeitsparallelogramm (n) [Beschleunigungsparallelogramm (n)] parallelogram of velocities [accelerations] parallélogramme (f) des vitesses [accélérations]		параллелограммъ (m) скоростей (ускореній) parallelogramma (f) delle velocità [accelerazioni] paralelogramo (m) de velocidades [aceleraciones] **8**

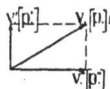

240

1	eine Geschwindigkeit (f) [Beschleunigung (f)] in ihre Komponenten zerlegen to resolve a velocity [acceleration] into its components décomposer une vitesse [accélération] en ses composantes		разложить (разлагать) скорость (ускореніе) на составляющія (слагающія) scomporre una velocità [accelerazione] nei suoi componenti . descomponer una velocidad [aceleración] en sus componentes
2	Komponente (f) der Geschwindigkeit [Beschleunigung], Geschwindigkeits-komponente (f) [Beschleunigungskomponente (f)] component of velocity, [acceleration] composante (f) de la vitesse [accélération]	v', v'' $[p', p'']$	составляющая (f) (слагающая (f)) скорости (ускоренія) componente (f) della velocità [accelerazione] componente (f) de velocidad [aceleración]
3	mehrere Geschwindigkeiten (f. pl.) [Beschleunigungen(f.pl.)] zu ihrer Resultierenden zusammensetzen to compound several component velocities [accelerations] into a single resultant velocity (acceleration). to find the resultant of several velocities [accelerations] réunir plusieurs vitesses [accélérations] en leur résultante		замѣнить (замѣнять) нѣсколько скоростей (ускореній) ихъ равнодѣйствующей comporre (sommare) più velocità [accelerazioni) in una risultante componer varias velocidades [aceleraciones] en una resultante
4	resultierende Geschwindigkeit (f) [Beschleunigung (f)] resultant velocity [acceleration] résultante(f) de la vitesse [accélération]	$v[p]$	равнодѣйствующая (f) скорости (ускоренія) velocità (f) [accelerazione] risultante velocidad [aceleración] (f) resultante
5	Schiebung (f) motion of translation translation (f)		сдвиженіе (n) traslazione (f) traslación (f)
6	Drehung (f) motion of rotation rotation (f)	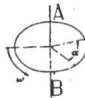	вращеніе (n) rotazione (f) giro (m)

Drehachse (f) axis of rotation axe (m) de rotation	A B	ось (f) вращенія asse (f) di rotazione eje (m) de torsión, eje (m) de giro	*1*

Drehwinkel (m)
angle of rotation, angle
   through which the
   rotating body has
   turned
angle (m) de rotation
	α	уголъ (m) вращенія
		angolo (m) di rotazione
		ángulo (m) de torsión,
		ángulo (m) de giro
			2

Winkelgeschwindig-
   keit (f), Winkel-
   schnelle (f)
angular velocity
vitesse (f) angulaire
	$w = \dfrac{d\alpha}{dt}$	угловая скорость (f)
		velocità (f) angolare
		velocidad (f) angular
			3

Winkelbeschleunigung
   (f)
angular acceleration
accélération (f) angu-
   laire
	$\varepsilon = \dfrac{dw}{dt} = \dfrac{d^2\alpha}{dt^2}$	угловое ускореніе (n)
		accelerazione (f) ango-
		   lare
		aceleración (f) angular
			4

Kraft (f) force force (f)		сила (f) forza (f) fuerza (f)	*5*

Kraftrichtung (f)
direction of force, direc-
   tion in which force
   acts
direction (f) de la force
	u—v	направленіе (n) силы
		direzione (f) della forza
		dirección (f) de la fuerza
			6

Angriffspunkt (m) der
   Kraft
point at which the force
   acts, origin of force
point (m) d'application
de la force, point (m)
   d'attaque de la force
	A	точка (f) приложенія
		   силы
		punto (m) d'applicazione
		   delle forze
		punto (m) de aplicación
		   de la fuerza
			7

Parallelogramm (n) der
   Kräfte
parallelogram of forces
parallélogramme (f) des
   forces
		параллелограммъ (m)
		   силъ
		parallelogramma (f)
		   delle forze
		paralelogramo (m) de
		   las fuerzas
			8

Mittelkraft (f), Resul-
   tierende (f)
resultant force, resul-
   tant
force (f) résultante
	R	равнодѣйствующая
		   сила (f)
		forza (f) media, forza (f)
		   risultante
		resultante (f), fuerza (f)
		   resultante
			9

16

1	Seitenkraft (f), Kompo-nente (f) component composante (f) d'une force	P_1, P_2	слагающая сила (f) componente (f) componente (f)

| 2 | Kräftedreieck (n)
triangle of forces
triangle (m) de forces | | треугольникъ (m) силъ
triangolo (m) delle forze
triángulo (m) de las fuerzas |

| 3 | Kräftezug (m), Kräfteplan (m), Kräfte-polygon (m)
polygon of forces
polygone (m) de forces | $x—y$ | многоуголь-никъ (m) силъ
poligono (m) delle forze
poligono (m) de las fuerzas |

| 4 | Pol (m)
pole
pôle (m) | O | полюсъ (m)
polo (m)
polo (m) |

| 5 | Polabstand (m)
polar distance
distance (f) polaire | a | разстояніе (n) по-люса
distanza (f) dal polo
distancia (f) polar |

| 6 | Seilplan (m), Seilpoly-gon (n)
polygon of forces funiculaire (m), poly-gone (m) funiculaire | $u—v$ | веревочный много-угольникъ (m)
poligono (m) funicolare
poligono (m) funicular |

| 7 | Schlußlinie (f)
abutment-line, closing line
ligne (f) de fermeture | $A—B$ | замыкающая сто-рона (f)
linea (f) di chiusa, retta (f) di chiusa
línea (f) de cierre |

| 8 | geschlossener Kräfte-plan (m)
equilibrium polygon, stability polygon
polygon (m) fermé | | замкнутый много-угольникъ (m) силъ
poligono (m) delle forze chiuso
poligono (m) de fuerzas cerrado |

| 9 | die Kräfte (f. pl.) befinden sich im Gleichgewicht
the forces are balanced
les forces sont en équi-libre | | силы (f. pl.) нахо-дятся въ равно-вѣсіи
le forze (f. pl.) si trovano in equilibrio
las fuerzas (f. pl.) están equilibradas |

Moment (n) der Kraft P in bezug auf den Drehpunkt O moment of the force P with reference to the centre of motion O moment (m) de la force P pour le centre de rotation O	 P. a	моментъ (m) силы P относительно точки вращенія O momento (m) della forza P rispetto al centro di rotazione O [rispetto al Polo] momento (m) de la fuerza con relación al punto de giro O	*1*
Hebelarm (m) der Kraft P in bezug auf den Drehpunkt O arm of lever of the force P with reference to the centre of motion O bras de levier (m) de la force P pour le centre de rotatiou O	a	рычагъ (m) силы P относительно точки вращенія O braccio (m) della forza P rispetto al punto di rotazione O [rispetto al polo O] brazo (m) de palanca de la fuerza P con relación al punto de giro O [al polo O]	*2*
Kräftepaar (n) couple of forces couple (m) de forces	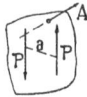	пара (f) силъ coppia (f) par (m) de fuerzas	*3*
Moment (n) des Kräftepaares moment of the couple moment (m) du couple	P. a	моментъ (m) пары силъ momento (m) della coppia momento (m) del par de fuerzas	*4*
Achse (f) des Kräftepaares axis of the couple axe (m) du couple	A	ось (f) пары силъ asse (f) della coppia eje (m) del par de fuerzas	*5*
statisches Moment (n) static moment moment (m) statique	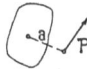 P. a	статическій моментъ (m) momento (m) statico momento (m) estático	*6*
Trägheitsmoment (n) moment of inertia moment (m) d'inertie		моментъ (m) инерціи momento (m) d'inerzia momento (m) de inercia	*7*
äquatoriales Trägheitsmoment (n) equatorial moment of inertia moment (m) d'inertie par rapport à un axe	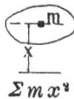 $\Sigma m x^2$	экваторіальный моментъ (m) инерціи momento (m) d'inerzia rispetto ad un asse [neutro] momento (m) de inercia ecuatorial	*8*

16*

1	polares Trägheits-moment (n) polar moment of inertia moment (m) d'inertie par rapport à un point	 $\Sigma\, m\, x^2$	полярный момент (m) инерціи momento (m) d'inerzia rispetto ad un punto momento (m) de inercia polar
2	Schwerpunkt (m), Massenmittelpunkt (m) center of gravity centre (m) de gravité	 G.m.g A	центръ (m) тяжести baricentro (m), centro (m) di gravità centro (m) de gravedad
3	Schwerkraft (f), Schwere (f) gravity poids (m), gravité (f)	G.	сила (f) тяжести gravità (f) gravedad (f)
4	Erdbeschleunigung (f) force of gravity accélération (f) de gravité	g	земное притяженіе (n), натяженіе (n) (ускореніе (n)) силы тяжести accelerazione (f) della gravità [della terra] aceleración (f) de la gravedad
5	Masse (f) mass masse (f)	m	масса (f) massa (f) masa (f)
6	Gleichgewicht (n) equilibrium équilibre (m)		равновѣсіе (n) equilibrio (m) equilibrio (m)
7	Gleichgewichtslage (f) eines Körpers condition of equilibrium équilibre (m) d'un corps au repos		положеніе (n) тѣла въ равновѣсіи equilibrio (m) d'un corpo in riposo posición (f) de equilibrio de un cuerpo
8	stabiles Gleichgewicht (n) stable equilibrium équilibre (m) stable		устойчивое равновѣсіе (n) equilibrio (m) stabile equilibrio (m) estable
9	labiles Gleichgewicht (n) unstable equilibrium équilibre (m) instable		неустойчивое равновѣсіе (n) equilibrio (m) instabile [labile] equilibrio (m) inestable
10	indifferentes Gleichgewicht (n). indifferent equilibrium équilibre (m) indifférent		безразличное равновѣсіе (n) equilibrio (m) indifferente equilibrio (m) indiferente

Arbeit (f) work travail (m)	$P = \dfrac{v}{s-\!-\!}$ $P.s$	работа (f), механическая работа (f) lavoro (m) trabajo (m)	1
Leistung (f) capacity [of an engine], power puissance (f)	$\dfrac{P.s}{t} = P.v$	величина (f) работы, мощность (f), производительность (f), эффектъ (m) potenza (f) efecto (m)	2
Pferdestärke (f) horse-power cheval-vapeur (m) [chevaux]	HP	лошадинная сила (f) forza (f) d'un cavallo, cavallo (m) a vapore caballo (m) de fuerza	3
Arbeitsvermögen (n), lebendige Kraft (f), kinetische Energie (f) kinetic energy force (f) vive, énergie (f) cinéte	$\dfrac{m v^2}{2}$	живая сила (f), кинетическая энергія(f) forza (f) viva, energia (f) cinetica fuerza (f) viva, energía (f) cinética	4
Prinzip (n) der Erhaltung der Kraft law of the conservation of energy principe (m) de la conservation de l'énergie		принципъ (m) (законъ (m)) сохраненія энергіи principio (m) di conservazione dell'energia principio (m) de la conservación de la fuerza viva	5
Reibung (f) friction frottement (m)	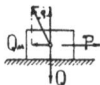	треніе (n) attrito (m) rozamiento (m), fricción (f)	6
Reibungswiderstand (m) force of friction, frictional resistance résistance (f) du frottement	$Q.\mu$	сопротивленіе (n) отъ тренія resistenza (f) dovuta all' attrito resistencia (f) de rozamiento	7
Reibungskoeffizient (m) coefficient of friction coëfficient (m) de frottement	μ	коэффиціентъ (m) тренія coefficiente (m) d'attrito coeficiente (m) de rozamiento	8
Reibungswinkel (m) angle of friction, angle of repose angle (m) de frottement	ρ	уголъ (m) тренія angolo (m) d'attrito ángulo (m) de rozamiento	9

1	Reibungsfläche (f) rubbing surfaces, surfaces in contact surface (f) de frottement		поверхность (f) тренія superficie (f) di contatto superficie (f) de rozamiento
2	Reibung (f) der Ruhe, ruhende Reibung (f) friction of rest, statical friction frottement (m) au départ, frottement (m) statique		треніе (n) въ покоѣ, опорное треніе (n) attrito (m) di primo distacco, attrito (m) all' inizio, attrito (m) allo spunto rozamiento (m) de adherencia
3	gleitende Reibung (f) sliding friction, friction of motion frottement (m) de glissement (m)		скользящее треніе (n), треніе (n) перваго рода attrito (m) radente, attrito (m) di scorrimento rozamiento (m) de resbalamiento
4	rollende Reibung (f), wälzende Reibung (f) rolling friction, friction of motion frottement (m) de roulement (m)		треніе (n) при катаніи, треніе (n) тѣлъ катящихся, треніе (n) второго рода attrito (m) volvente rozamiento (m) de rotación
5	Reibungsarbeit (f) work of friction travail (m) de frottement	$A_r = A_o - A$	работа (f) тренія lavoro (m) d'attrito trabajo (m) de rozamiento
6	Gesamtarbeit (f) total work travail (m) total	A_o	общая израсходованная работа (f) lavoro (m) totale trabajo (m) total
7	Nutzarbeit (f) useful effect, effective power, duty, mechanical power travail (m) utile	A	полезная работа (f) lavoro (m) utile efecto (m) útil
8	Wirkungsgrad (m) efficiency coëfficient (m) de rendement	$\eta = \dfrac{A}{A_o}$	степень (f) полезнаго дѣйствія rendimento (m), coefficiente (m) di rendimento rendimiento (m)

Festigkeit (f) resistance résistance (f)		сопротивленіе (n) [матеріаловъ] resistenza (f) solidez (f), resistencia (f)	*1*

Festigkeitslehre (f)
science of strength of materials
science (f) de la résistance des matériaux

ученіе (n) о сопротивленіи
teoria (f) della resistenza dei materiali
tratado (m) de resistencia de materiales   *2*

Spannung (f)
tension
tension (f)

напряженіе (n), натяженіе (n)
tensione (f)
tensión (f)   *3*

Normalspannung (f)
normal tension
tension (f) normale

σ

нормальное напряженіе (n) (натяженіе (n))
tensione (f) normale
tensión (f) normal   *4*

Beanspruchung (f)
strain
charge (f), fatigue (f), effort (m)

подверженіе (n) дѣйствію силы
sollecitazione (f)
esfuerzo (m), carga (f), sujeción (f) á un esfuerzo   *5*

ein Körper ist auf Zug, Druck, Biegung beansprucht
a body is under strain of tension, pressure, flexure or bending
un corps est soumis à un effort de traction, de compression, de flexion

тѣло (n) подвержено растяженію, сжатію, изгибу
un corpo (m) è sollecitato per tensione, compressione, flessione
el cuerpo (m) está sujeto á esfuerzo de tracción, presión, flexión   *6*

zulässige Beanspruchung (f), zulässige Anstrengung (f)
safe load
charge (f) admissible, limite (f) admissible

допускаемое напряженіе (n)
limite (m) di sollecitamento
esfuerzo (m) requerido, esfuerzo (m) tolerable, esfuerzo (m) de trabajo   *7*

Belastungsweise (f)
form of load
mode (m) de chargement

способъ (m) нагрузки
modo (m) di caricamento
modo (m) de actuar la carga   *8*

1	ruhende Belastung (f) steady or dead load charge (f) constante	$P = \text{const.}$	спокойная нагрузка (f) carico (m) costante carga (f) estática, carga (f) constante, carga (f) en reposo
2	pulsierende Belastung(f) oscillatory load, oscillating load charge (f) variable [de 0 à + ∞]	$P = 0 \ldots \infty$	нагрузка (f), мѣняющаяся въ предѣлахъ отъ 0 до ∞, повторная нагрузка (f) въ предѣлахъ отъ 0 до ∞. carico (m) variabile. carico (m) intermittente carga (f) intermitente
3	wechselnde Belastung (f) varying load, live load charge (f) variable [de + ∞ à − ∞]	$P = +\infty \ldots -\infty$	нагрузка, поперемѣнно мѣняющаяся въ предѣлахъ отъ — ∞ до + ∞ carico (m) variabile carga (f) variable
4	Formänderung (f) deformation déformation (f)		деформація (f) deformazione (f) deformación (f)
5	elastische Formänderung (f) elastic deformation déformation (f) élastique		измѣненіе (n) формы deformazione (f) elastica deformación (f) elástica
6	Formänderungsarbeit(f) resilience work of deformation travail (m) de déformation		упругое измѣненіе(n) формы lavoro (m) di deformazione trabajo (m) de deformación
7	Längenänderung (f) elongation allongement (m)		продольное измѣненіе (n) allungamento (m) alteración (f) de longitud
8	Einschnürung (f) lateral contraction retrécissement (m), striction (f)	a	съуженіе (n) restringimento (m) contracción (f)
9	Dehnung (f) relative elongation extension (f), allongement (m) relatif	$\varepsilon = \dfrac{\lambda}{l}$	удлиненіе (n) espansione (f), dilatazione (f) dilatación (f)

Dehnungskoeffizient(m) modulus of elasticity for tension coëfficient (m) d'allon- gement	$\alpha = \dfrac{\varepsilon}{\sigma}$	коэффиціентъ (m) удлиненія coefficiente (m) d'espan- sione, coefficiente(m) di dilatazione coeficiente (m) de dila- tación — 1
Elastizitätsmodul (n) modulus of elasticity module (m) d'élasticité	$\varepsilon = \dfrac{1}{\alpha}$	модуль(m)упручости modulo (m) d'elasticità módulo (m) de elastici- dad — 2
Bruchdehnung (f) stress of ultimate tena- city, elongation at rupture allongement (m) de rup- ture		удлиненіе (n) отъ разрыва allungamento (m) di rottura dilatación (f) de rotura — 3
elastische Dehnung (f), Federung (f) elasticity of flexure or bending allongement (m) élas- tique		упругое удлине- ніе (n), пружине- ніе (n) allungamento (m) ela- stico dilatación (f) elástica — 4
bleibende Längenände- rung (f), Dehnungs- rest (m) permanent elastic de- formation, set déformation (f) perma- nente, reste (m) d'al- longement		остающееся (оста- точное) удлине- ніе (n) deformazione (f) perma- nente dilatación (f) remanente — 5
elastische Nachwirkung (f) elasticity déformation (f) élastique [action (f) consécutive d'élasticité]		упругое послѣдѣй- ствіе (n) reazione (f) elastica reacción (f) elástica — 6
Elastizitätsgrenze (f) elastic limit limite (f) d'élasticité	A	предѣлъ (m) упруго- сти limite (m) d'elasticità limite (m) de elasticidad — 7
Proportionalitätsgren'ze (f) limit of proportionality limite (f) de proportio- nalité	B	предѣлъ (m) про- порціональности limite (m) di proporzio- nalità limite (m) de proportio- nalidad — 8

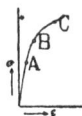

1	Streckgrenze (f), Fließgrenze (f) limit of stretching strain limite (f) d'écoulement, limite (f) d'étirage	C	предѣлъ (m) вытягиванія, (вытеканія) limite (m) di duttilità límite (m) de estiraje
2	Zug (m) extension, stress, pull traction (f)		растяженіе (n) trazione (f) tracción (f)
3	Zugfestigkeit (f) tensile strength, resistance to tensile strain, strength for extension résistance (f) à la traction		сопротивленіе (n) растяженію resistenza (f) alla trazione resistencia (f) á la tracción
4	Zugbeanspruchung (f) tensile strain effort (m) de traction		напряженіе (n) при растяженіи sollecitamento (m) alla trazione esfuerzo (m) de tracción
5	Zugkraft (f) tensile or tensive force force (f) de traction	P	растягивающая сила (f), растягивающее усиліе (n) forza (f) di trazione fuerza (f) de tracción, intensidad (f) de la tracción
6	Zugspannung (f) tensive strain traction (f) unitaire, tension (f) de traction	$k_z = \dfrac{P}{F}$	напряженіе (n) при растяженіи tensione (f), coefficiente (m) di tensione tensión (f) de la tracción
7	Druck (m) pressure, compression compression (f)		давленіе (n), сжатіе (n) pressione (f) presión (f)
8	Druckfestigkeit (f) compressive strength, elasticity of compression, resistance to compressive strain résistance (f) à la compression		сопротивленіе (n) сжатію resistenza (f) alla pressione resistencia (f) á la presión
9	Druckbeanspruchung (f) compressive strain effort (m) de compression		напряженіе (n) при сжатіи carico (m) di pressione, sforzo (m) di pressione, cimentazione (f) alla compressione esfuerzo (m) de presión

Druckkraft (f) force of pressure, force of compression force (f) de compression	P	сжимающая сила (f), сжимающее уси- ліе (n), сила (f) сжатія forza (f) di pressione fuerza (f) de presión, intensidad (f) de pre- sión	*1*
Druckspannung (f) compressive strain compression (f) unitaire	$k_d = \dfrac{P}{F}$	напряженіе (n) при сжатіи pressione(f), coefficiente della compressione sem- plice tensión (f) de la presión	*2*
Biegung (f) flexure, bending flexion (f), courbage (m)		изгибъ (m) piegamento (m), fles- sione (f) flexión (f)	*3*
Biegungsfestigkeit (f) transverse strength, strength of flexure, resistance to bending strain résistance (f) à la flexion		сопротивленіе (n) при сжатіи resistenza (f) alla fles- sione resistencia (f) á la fle- xión	*4*
Biegungsbeanspru- chung (f) strain of flexure effort (m) de flexion		напряженіе (n) на сжатіе sollecitazione (f) alla flessione esfuerzo (m) activo á la flexión, carga (m) á la flexión	*5*
Biegungsmoment (n) bending moment, mo- ment of flexure moment (m) de flexion, moment (m) fléchis- sant	$P.\,a$	моментъ (m) изгиба, изгибающій мо- ментъ (m) momento (m) di flessione momento (m) de flexión	*6*
Biegungsspannung (f) transverse strain flexion (f) unitaire, ten- sion (f) de flexion	$k_b = \dfrac{P.\,a}{W}$	напряженіе (n) при изгибаніи flessione (f), coefficiente (m) di sollecitamento alla flessione tensión (f) de flexión	*7*
Widerstandsmoment (n) moment of resistance moment (m) de résis- tance	W	моментъ (m) сопро- тивленія momento (m) di resi- stenza, momento (m) resistente momento (m) de resi- stencia	*8*

1	Durchbiegung (f) deflection flèche (f), flexion (f) transversale	b	прогибъ (m) flessione (f), freccia (f) d'incurvamento flecha (f)
2	Knickung (f) breaking, break flexion (f) de pièces chargées debout, flexion (f) axiale par compression		выгибъ (m), выгибаніе (n), продольный изгибъ (m) rottura (f) per flessione quiebro (m) por flexión, rotura (f) por flexión
3	Knickfestigkeit (f) resistance to breaking strain résistance (f) à la flexion axiale par compression		сопротивленіе (n) изгибу resistenza (f) alla rottura resistencia (f) á la rotura por flexión
4	Knickbeanspruchung (f) breaking strain effort (m) de flexion		изгибающее усиліе (n) sollecitamento (m) alla flessione esfuerzo (m) de rotura por flexión
5	Schub (m) shearing cisaillement (m)		сдвигъ (m) taglio (m), rescissione empuje (m)
6	Schubfestigkeit (f) shearing strength, resistance to shearing strain résistance (f) au cisaillement		сопротивленіе (n) сдвигу resistenza (f) alla rescissione resistencia (f) al empuje
7	Schubbeanspruchung (f) shear effort (m) de cisaillement		сдвигающее усиліе (n) sollecitamento (m) alla rescissione esfuerzo (m) de empuje
8	Schubspannung (f) shearing stress cisaillement (m) unitaire, tension (f) de cisaillement	$\tau = \dfrac{P}{F}$	напряженіе (n) сдвига, напряженіе (n) при сдвигѣ forza (f) tagliante tensión (f) de empuje
9	Schubkoeffizient (m) modulus of shearing coëfficient (m) d'arrachement		коэффиціентъ (m) сдвига coefficiente (m) di rescissione coeficiente (m) de empuje

Gleitmodul (n) transverse modulus of elasticity, modulus of rigidity, modulus of sliding movement coëfficient (m) de glissement		модуль (m) скольженія modulo (m) di scorrimento módulo (m) de resbalamiento **1**
Drehung (f) torsion, twist torsion (f)		кручение (n) torsione (f) **2** torsión (f)
Drehungsbeanspruchung (f) torsional stress, torsional strain effort (m) de torsion		крутящее усиліе (n) sollecitamento (m) alla torsione **3** esfuerzo (m) de torsión
Drehmoment (n) moment of torsion moment (m) de torsion	P. a	моментъ (m) крученія, крутящій моментъ (m) **4** momento (m) di torsione momento (m) de torsión
Drehungswinkel (m) angle of torsion, torsion angle angle (m) de torsion	α	уголъ (m) крученія angolo (m) di torsione **5** ángulo (m) de torsión
Maschine (f) machine, engine machine (f)		машина (f) macchina (f) **6** máquina (f)
Maschinenteile (m. pl.) machine-parts organes (m. pl.) de machine		машинная часть (f), часть (f) машины organi (m. pl.) di macchina, pezzi (m. pl.) **7** di macchina, parti (f. pl.) di macchina piezas (f. pl.) de maquinaria
eine Maschine (f) bauen to build a machine, to construct a machine, to make a machine construire une machine		построить ⎱ машину строить ⎰ **8** costruire una macchina construir una máquina
Maschinenbau (m) mechanical engineering, construction of machines, engine-building construction (f) de machines		машиностроеніе (n) costruzione (f) di macchine **9** construcción (f) de máquinas

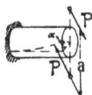

1	Maschinenfabrik (f), Maschinenbau- werkstätte (f) workshop for construct- ing machines, shops for constructing ma- chines, engine-works, machine-works atelier (m) de construc- tion de machines, atelier (m) de con- structions mécani- ques	машиностроитель- ный заводъ (m) officina (f) meccanica fábrica (f) de maqui- naria, taller (m) de maquinaria
2	Maschinenfabrikant (m) manufacturer, maker of machinery constructeur (m) de ma- chines	машинозавод- чикъ (m) costruttore (m) di mac- chine constructor (m) de má- quinas
3	Maschineningenieur (m) mechanical engineer ingénieur (m) mécani- cien	инженеръ-меха- никъ (m), инже- неръ-машино- строитель (m) ingegnere (m) mecca- nico ingeniero (m), mecá- nico (m)
4	Werkführer (m) head-foreman chef (m) d'atelier	завѣдующій (m) ма- стерскими capo-officina (m) primer (m) oficial, mae- stro (m), jefe (m) de taller
5	Meister (m) foreman maître (m), contre- maître (m)	мастеръ (m) capo-tecnico (m) maestro (m), contra- maestro (m)
6	Maschinenbauer (m), Maschinenschlos- ser (m) fitter, machinist mécanicien (m), con- structeur (m) méca- nicien	машинострои- тель (m), заводскій слесарь (m) meccanico (m) montador (m), ajusta- dor (m)
7	eine Maschine (f) mon- tieren, eine Ma- schine (f) aufstellen to erect a machine, to fit up a machine monter une machine, ajuster une machine	собрать (собирать) машину, монтиро- вать (установить, (устанавливать) машину montare una macchina montar una máquina, ajustar una máquina

Montage (f), Aufstellung (f) einer Maschine erection of a machine, assembling of a machine, fitting up of a machine montage (m), ajustage (m)	монтажъ (m), сборка (f), установка (f) *1* montatura (f) montaje (m)
Monteur (m), Richtmeister (m) machine-fitter, engine-fitter, erecting machinist monteur (m)	монтеръ (m), сборщикъ (m) машинъ, установщикъ (m) *2* montatore (m) montador (m)
Montierungswerkstätte (f) erecting shop atelier (m) de montage, atelier (m) d'ajustage	сборная мастерская (f) officina (f) di montatura *3* talleres (m. pl.) de montaje, departamento (m) de montura
eine Maschine (f) demontieren, abbauen to break off, to take down a machine démonter une machine	разобрать (разбирать) машину *4* smontare una macchina desmontar una máquina
Demontage (f), Abbau (m) einer Maschine breaking off a machine démontage (m) d'une machine	разборка (f) машины smontatura (f) d'una macchina *5* desmontaje (m) de una máquina
eine Maschine (f) in Betrieb setzen, eine Maschine (f) in Gang setzen to start, to set a machine going mettre une machine en marche, mettre une machine en train	пустить (пускать) въ ходъ машину mettere in movimento una macchina *6* poner en función una máquina, poner en marcha una máquina
im Gang (m) sein, im Betrieb (m) sein to work, to be in action, to be at work, to be in gear être en marche, fonctionner	находиться въ дѣйствіи essere in movimento, funzionare *7* estar en función, estar en marcha, marchar, funcionar
eine Maschine (f) abstellen to stop a machine, to shut down an engine stopper, arrêter une machine	остановить (останавливать) машину, выключить (выключать) машину *8* arrestare, fermare una macchina parar una máquina

1	Werkstätte (f) workshops (pl.), work-room, shops (pl.) atelier (m)	мастерская (f) officina (f) taller (m), obrador (m)
2	Arbeitstisch (m), Werk-bank (f) work bench, vice-bench, bench établi (m)	верстакъ (m) banco (m) da lavoro banco (m)
3	Werkzeugkasten (m) tool box, tool chest coffre (m) d'outils, boite (f) à outils	ящикъ (m) для ин-струмента, ин-струментальный ящикъ (m) cassetta (f) degli uten-sili, armadio (m) degli utensili caja (f) de herramientas
4	Werkzeug (n), Gerät (n) tools (pl.), implements (pl.) outil (m)	инструментъ (m) utensile (m) herramienta (f)
5	Handwerkzeug (n) hand-tools (pl.), tools (pl.) outillage (m)	ручной инстру-ментъ (m) utensile (m) a mano herramientas (f. pl.) utensilios (m. pl.)
6	Arbeitsmaschine (f) working machine machine (f) à travailler	рабочая машина (f) macchina (f) operatrice máquina (f) útil, má-quina (f) operadora
7	Kraftmaschine (f) motor engine moteur (m), machine-motrice (m)	двигатель (m), дви-житель (m), мо-торъ (m) motore (m) máquina (f) motriz, motor
8	Werkzeugmaschine (f) machine-tool machine-outil (f)	станокъ (m) macchina (f) utensile máquina (f) herramienta

A.

Abbau einer Ma-
schine 255.5
Abbauen, eine Ma-
schine 255.4
Abblasehahn . . 129.7
— ventil 122.4
Abbozzare . . . 222.8
Abbozzo 222.9
Abdrehen, Achsen 35.3
Abertura de la
llave 16.7
— de la válvula 115.6
Abfeilen 171.6
Abflußrohr . . . 109.3
— ventil 122.6
Abgerundetes Knie-
rohr 107.7
Abhobeln 192.4
Ablaßhahn . . . 129.8
— ventil 122.6
Ablaufendes Rie-
menende . . . 76.7
Abmeißeln . . . 168.3
About-sledge ham-
mer 161.6
Abrazadera (polea) 93.5
Abrir ranuras . . 23.4
— el grifo . . . 128.1
— la válvula . . 115.2
Absatzmuffe . . 107.1
Abscherungsquer-
schnitt 28.4
Abschneider, Rohr- 110.8
Abschrauben . . 19.3
Abschrot 165.7
Abschroten . . . 165.6
Absperrhahn . . 129.4
— klappe . . . 124.1
— schieber . . . 126.3
— ventil 121.1
Abspringen, der
Riemen springt
von der Scheibe
ab 79.5
Abstechen, eine
Achse 37.3

Abutment-line . . 242.7
Abwaschen, die
Zeichnung mit
dem Schwamm . 233.1
Abwerfen, einen
Riemen von der
Scheibe . . . 79.8
Abwickeln, das Seil 88.4
Abziehfeile . . . 172.5
— stein 197.3
Abzweig-(Rohr) . 106.4
— rohr 106.4
Abzweigung, spitz-
winkelige . . . 106.3
Acanalador . . . 193.6
Acanalar 167.7
Accecare 31.1
Accecatoio . . . 180.7
Acceleration . . 235.6
—, angular . . 241.4
—, normal . . . 236.9
—, parallelogramm
of 239.8
—, piston . . . 137.5
—, to resolve an —
in its compo-
nents 240 1
—, tangential . 236.8
—, total 237.1
—, valve 114.6
Accélération . . 235.6
— angulaire . . 241.4
—, décomposer
une — en ses
composantes . . 240.1
— de gravité . . 244.4
— négative . . . 235.7
— normale . . . 236.9
— du piston . . 137.5
— de la soupape . 114.6
— tangentielle . 236.8
— totale . . . 237.1
—s, parallélogram-
me des 239.8
Accelerazione . . 235.6
— angolare . . . 241.4

Accelerazione cen-
tripeta 236.9
— della gravità . 244.4
— negativa . . . 235.7
— normale . . . 236.9
— risultante . . 240.4
— tangenziale . . 236.8
— totale 237.1
— della valvola . 114.6
Accessoires de
crochet 92.9
— de forge . . . 166.5
Accesori del gancio 92.9
Accesorios del gan-
cho 92.9
Accetta 191.6
— da bottaio . . 191.8
— da falegname . 191.7
—, tagliare all' . 191.9
Acciaio 213.5
— di cementazione 214.2
— Bessemer . . . 213.9
— fucinato . . . 213.6
— fuso 213.8
— fuso in crogiuoli 214.4
— Martin 214.1
— al nickel . . . 214.5
— puddellato . . 213.7
— Siemens Martin 214.1
— Thomas . . 213.10
— per utensili . . 214.7
— Wolfram . . . 214.6
Accoppiamento d'al-
beri 56.2
—, disco d' . . . 57.6
— a vite 11.1
Accorciare la cin-
ghia 79.4
Accouplé 62.6
— directement avec 62.7
Accouplement . . 56.1
— des arbres . . 56.2
— à articulation . 61.8
— articulé . . . 62.2
—, boulon d' . . 57.4

17

Accouplement à
brosses 61.3
— à cliquet . . . 60.5
— à cône de fric-
tion 61.1
—, coquille d'. . 57.8
— à coquilles . . 57.2
— à cuir 61.4
— à débrayage . 58.6
— à double cône 58.1
—, douille d' . . 57.1
— à douille . . 56.8
— élastique . . . 58.5
— électro-magnéti-
que 61.5
— extensible . . 58.4
— fixe 56.3
— à friction . . . 60.7
— à griffes . . . 60.2
— par manchon . 56.4
— mobile 58.3
— à mouvement
longitudinal . . 58.4
-- à pince . . . 58.1
—, plateau d' . . 57.6
— à plateaux . . 57.5
— à ruban . . . 61.8
— Sellers 58.1
— de tiges . . . 61.7
— à vis 56.6
Accoupler . . . 62.5
Aceite, afluencia
del 52.3
— animal 51.2
—, baño de . . . 55.3
—, bomba de . . 55.7
—, cámara de . . 55.4
— para cilindros . 51.6
—, depósito para . 51.8
— de engrase . . 50.8
—, engrase con . 52.4
— para husos . . 51.7
— para maquinaria 51.5
— mineral . . . 51.4
— purificado . . . 53.2
—, purificador de . 53.1
—, recogedor de . 52.9
—, el — se resini-
fica 50.10
—, resinificación del 51.1
—, untuosidad del 50.8
—, vaciar el . . . 55.6
— vegetal 51 8
Aceitera 53.7
— de resorte . . 52.1
Aceleración . . . 235.6
— angular . . . 2414
— centrípeta . . . 236.9
— de la gravedad 244.4
— normal . . . 236.9
— resultante . . 240.4
— tangencial . . 236.8
— total 237.1
— de la válvula . 114.6

Acepilladuras . . 192.6
Acepillar 184.9
Acero 213.5
— afinado 214 8
— Bessemer . . . 213.9
— cementado . . 214.2
— colado 212.8
— crisol 214.4
— fundido . . . 213.8
— de fusión . . 213.8
— para herramien-
tas 214.7
— niqueloso . . . 214.5
— pudelado . . . 213.7
— soldado . . . 213.6
— Thomas . . 213.10
— tungstenado . . 214.6
— tungstenoso . . 214.6
— para útiles . . 214.7
Achsbelastung . . 33.7
— bruch 34.9
— druck 33.7
— hals 33.3
— kopf 33.5
— lager 33.4
— probe 34.8
— schaft 33.6
— schenkel . . . 33.8
— schenkelreibung 33.9
Achse 33.2
—, eine — abstechen 37.8
—, eine — aus-
wechseln . . . 34.10
—, Auswechslung
einer. 34.11
—, bewegliche . . 33.11
—, Zylinder- . . 130.2
—, Dreh- 34.5
—, Dreh- (Drehung) 241.1
—, feste 33.10
—, gekuppelte . . 34.1
—, Ketten- . . . 91.5
— des Kräftepaa-
res 243.5
—, Leit- 34.4
—, Rad- 34.6
—, Rollen- . . . 93.6
—, Umdrehungs- . 34.5
—, ungekuppelte . 34.2
—, verschiebbare . 34.3
Achsen abdrehen . 35.3
— drehbank . . . 35.1
— dreherei . . . 35.2
— regulator . . . 151.8
— reibung . . . 33.8
— umdrehung . . 34.7
Acid, soldering- . 202.9
Acido para soldar 202.9
Acier 213.5
— Bessemer . . . 213.9
— cimenté . . . 214.2
— coulé 212.3
— au creuset . . 214.4
— fondu 213.8

Acier Martin . . 214.1
— au nickel . . 214.5
— pour outils . . 214.7
— puddlé 213.7
— raffiné 214.8
— Siemens-Martin 214.1
— soudé 213.6
— Thomas . . 213.10
— au tungstène . 214.6
Acoplado 62.6
— directamente à 62.7
Acoplamiento . . 56.1
— de doble articu-
lación 62.2
— de articulación
cruciforme . . 62.2
— articulado . . 61.8
— axial 56.2
— de Cardano . . 62.2
—, cojinete del . 57.8
— de cojinetes . 57.2
— de doble cono . 58.1
— cónico 61.1
— de correa . . 61.6
— de cuero . . . 61.4
— dentado . . . 60.2
— de disco . . . 57 5
— elástico . . . 58.5
— electromagnético 61.5
— de engranaje . 58.6
— de escobilla . . 61.8
— fijo 56.8
— de fricción . . 60.7
— graduable . . 58.4
— de interrupción 58.6
— de manguito . 56.8
—, manguito de . 57.1
— móvil 58.3
— de plato . . . 57.5
—, plato de . . . 57.6
— de rosca . . . 56.6
— roscado . . . 56.6
— de Sellers . . 58.1
— por tornillo . . 11.1
—, tornillo del . . 57.4
— de trinquete . 60.5
— de vástago . . 61.7
Acoplar 62.5
Acortar la correa 79.4
Acotación . . . 225.10
Acotar 225.9
Acqua, conduttura
d' 109.10
— forte (saldare) . 202.9
—, rubinetto d' . 129.5
— per saldare . . 202.8
Action, to be in . 255.7
—, eccentric . . 144.5
Addendum . . . 65.2
— circle 63.6
— line 63.6
— of a tooth . . 65.1
Adjust, to — the
bearing . . . 48.6

Adjustable brass . 42.5
— clamp 154.4
— drawing table .219.1
— spanner . . . 18.1
— wrench . . . 18.1
Adjusting gear of
the governor. .151.4
— key (bearing) . 44.2
— -nut 12.9
— ring. . . . 36.8
— screw . . . 13.6
Admission valve .122.2
Adoucir 199.2
Adoucissement .199.3
Adze 191.8
—, to 191.9
Afianzar con tor-
nillos . . . 18.7
Afilare 197.5
— il tira-linee . .230.1
Afilar 197.5
— el tiralíneas . .230.1
Afinar la válvula .113.6
Aflojar 19.4
Aflojarse . . . 19.5
Afluencia del aceite 52.3
Afolar 31.1
Agglutinate, to. .196.7
Agrafe de courroie 81.4
— griffe pour cour-
roie 81.6
— de scie. . . .185.6
— pour tubes . .109.8
Agraffa per cinghia 81.4
Agua, conducción
para 109.10
—, grifo de . . .129.5
— para soldar . .202.8
Aguja de forja . .166.8
— de marcar . .207.6
— para marcar .229.1
— punta 227.7
Agujerear . . .179.2
— con el formón .194.5
Agujero para cha-
veta 23.1
— del clavo . .196.2
— de engrase . . 52.5
— para la lubrifi-
cación (soporte) 44.4
— del remache . 26.7
— del tornillo . . 11.7
Ahle, Reib- . . .177.4
Aiguille, graisseur à 54,5
—, lime à . . .175.5
— à pointer . . .229.1
Aiguiser 197.5
—, machine à . .197.6
— le tire-ligne . .230.1
Ailette (soupape) .117.4
—s, tuyau à . .104.5
Air-level 208.8
Ajustador . . .254.6
Ajustage 255.1

Ajustar el cojinete 48.6
— una máquina 254.7
— un tornillo . .´14.1
Ajuster un boulon 14.1
— une machine .254.7
Ajusteur, banc
d'—s 172.1
Alargar 178.3
Alavear 187.1
Albero 35.5
— da catena . . 91.5
— cavo 35.9
— di comando . 36.4
— di disinnesto . 36.6
— di distribuzione 37.4
— flessibile . . . 36.3
— a gomito . . . 36.9
— a doppio gomito 37.2
— d' innesto . . 59.4
— intermedio . . 36.5
— massiccio. . . 35.8
— motore . . . 36.4
—, muovere un' —
con cinghia . . 76.4
— orizzontale . . 36.1
—, perno d'estre-
mità dell' . . 35.6
— pieno 35.8
— quadro . . . 35.10
— di regolazione . 37.4
— di rinvio . . . 37.5
—, tagliare un . . 37.3
— di trasmissione 35.11
— trasmissione ad 35.4
— verticale . . . 36.2
Alcachota . . .108.6
Alcance 237.7
Alcayata para tu-
bería 109.8
— para campanas 217.9
Alenza. 51.9
— con válvula . 51.10
Alésage 69.6
—, diamètre de l' —
du palier . . 40.3
— du palier . . 40.3
Alesare 178.3
— un cilindro . .131.5
Alesatore 177.4
— affilato . . .177.5
— ad angolo . .177.6
— conico 177.9
— meccanico . .178.2
— per perni . .178.1
— con scanella-
ture diritte . .177.8
— con scanellature
a spirale . . .177.7
Alesatrice per cilin-
dri 131.6
Aléser 178.3
— un cylindre . .131.5
— en grattant . .177.2

Aléser, machine
à — les cylindres 131.6
Alésoir. 177.4
— (foret) 179.4
— aiguisé . . .177 5
— cannelé . . .177.8
— à cannelures en
spirale 177.7
— conique . . .177.9
— de machines .178.2
— à pivots . . .178.1
— rectangulaire .177.6
Aleta-guía(válvula) 117.4
Aletta (valvola) .117.4
Alfiler 196.4
Alicata 155.9
Alimentation, ro-
binet d' . . .129.9
Alisar 172.8
Allargatoio . . .177.4
Allentare una vite 19.4
Allentarsi . . . 19.5
Alliciare 187.1
Alligator wrench .110.6
Allongement . .248.7
—, coëfficient d' .249.1
— élastique . . .249.4
— relatif 248.9
—, reste d' . . .249.5
— de rupture . .249.3
Allunga 227.3
Allungamento . .248.7
— elastico . . .249.4
— di rottura . .249.3
Alma (cuerda) . . 85.3
Almohadilla(freno) 96.4
Alteración de lon-
gitud 248.7
— della base del
dente 65.4
Altezza del bordo
(perno) . . . 37.8
— della caduta .236.3
— della chiavella . 22.8
— del dente . . 65.5
— del filetto . . 8.2
— della testa del
dente 65.2
— del tiro . . .237.8
Altura alcanzada .236.5
— de la cabeza del
diente 65.2
— de caída . . .236.3
— de la chaveta . 22.8
— de flecha (cable) 76.2
— de impulsión .237.8
— del pie del diente 65.4
Alzado 224.4
— de frente . .224.2
— lateral . . .224.3
— longitudinal .224.5
Alzata della val-
vola 114.1
—, cono limite dell' 114.3

Alzata, diagramma
dell' 115.8
—, limite d' . .114.2
Amarre (polea) . 93.5
Amboß. 158.8
-- bahn 158.4
—, Bank-. . . .158.8
—, Boden- . . .159.9
—, Feilen- . . .171.1
— futter 158.5
—, Hand- . . .158.7
—, Hau- für Feilen 171.1
—, Horn-. . . .158.9
— horn 159.1
—, Kessel- . . .159.9
—, Schmiede- . .158.6
— stock 158.5
— stöckel . . .159.5
— untersatz . . .158.5
Ame 85.8
Amiante, garniture
d' 135.5
—, tresse d' . .135.6
Amianto, corda d'—135.6
—, cuerda de . .135.6
Amoladera . . 196.10
Amolar 197.5
Ampiezza del tiro 237.6
Amplitud de im-
pulsión . . .237.7
Amplitude ! . . .238.9
— angle d' . . .239.1
— de l'oscillation
du pendule . .238.9
Amplitudine del
tiro 237.7
— del pendolo . .238.9
— angolo d' . .239.1
Ancho de la cha-
veta 22.9
— de la correa . 76.8
— del diente . . 65.8
— del filete . . 8.2
— de la polea . . 81.10
Anchor chain . . 91.9
— plate 15.8
Ancre, boulon à . 15.7
—, chaine d'- . . 91.9
Ancrer. 18.6
Anello d'arresto . 36.8
— di base (sop-
porto) 41.2
— fisso 36.7
— di fondo . . .133.5
— di guarnizione. 99.7
— di guarnizione
(saracinesca) . .125.5
— di guida (soppor-
to). 45.5
— lubrificatore (lu-
brificazione ad
anello). . . . 55.2
— saldato (flangia) 100.6
-- di smeriglio . .198.8

Anello a tensione
automatica . .139.8
Anfangsgeschwin-
digkeit 235.8
Angel, (Sperrhorn) 159.8
—, Säge- 185.6
Angle of advance
(double helical
tooth) 70.5
— d'amplitude . .239.1
— bar 215.6
— brace 182.7
— bracket . . . 47.6
— cock 128.8
— du coin . . . 21.9
— of contact (belt) 76.8
— of countersink-
ing (rivet). . . 26.6
— d'une dent . .186.1
— des dents . . .185.8
— of displacement 239.1
— drift 177.6
— drive (belt) . . 77.8
— flange 100.8
— du fraisage de
rivet. 26.6
— of friction . . .245.9
— de frottement . 245.9
— de la gorge (trans-
mission à friction) 75.2
— of the groove
(friction gearing) 75.2
—, hexagonal . .208.4
— d'inclinaison . 7.2
— of inclination . 7.2
-- iron 215.6
— lubricator . . 55.9
— of oscillation . 239.1
— pedestal bea-
ring 44.8
— pipe 105.7
— of projection .237.6
— reducer . . .107.6
— of repose . .245.9
— de rotation . .241.2
— of rotation . .241.8
— seam 29.4
— of throat . . .186.1
— through which
the rotating body
has turned . .241 2
— at top 185.9
—, transmission à
(par courroie) . 77.8
— du tir 237.6
— de torsion . .253.5
— of torsion . .253.5
—, torsion- . . .253.5
— valve 117.9
— of wedge . . 21.9
Angolo abbracciato
(fune) 76.8
— d'affilamento
(sega) 186.1

Angolo d'appoggio
(sega) 185.8
— d'attrito . . .245.9
— esagonale . .208.4
— della gola . . 75.2
— d'inclinazione
(elica) 7.2
— d'inclinazione
(cuneo). . . . 21.9
— d'inclinazione
(piano) 239.7
— di rotazione .241.2
— di svasatura 26.6
— di taglio (sega) 185.9
— del tiro . . .237.6
— di torsione . .253.5
Angrifispunkt der
Kraft. 241.7
Angular accele-
ration 241.4
— reamer . . .177.6
— thread 9.5
— velocity . . .241.8
Angulo de canal . 75.2
— de contacto
(cable) 76.8
— de corte (sierra) 185.9
— de la cuña . . 21.9
— del filo (sierra) 186.1
— de impulsión . 237.6
— de inclinación
(hélice) 7.2
— de inclinación
(plano) 239.7
— radical del dien-
te (sierra) . . .185.8
— de rebajamiento 26.6
— de rozamiento . 245.9
— de torsión . .253.5
Anillo de apoyo
(cojinete) . . . 41.2
— de la base . .133.5
— de empaquetado 99.7
— de engrase . . 55.2
— fijo 36.7
— de guia (soporte) 45.5
— de lubrificación 133.6
— metálico para
engrasar . . . 52.7
— móvil apriprisio-
nado. 36.8
— de la polea . . 81.8
— protector . . 52.8
— soldado . . .100.6
— de tensión auto-
mática 139.3
Anima (corda) . 85.8
— della vite . . 8.5
Animal fat . . 51.2
Animale, huile . 51.2
Anker, Fundament- 15.7
— kette 91.9
— platte 15.8
— schraube (Lager) 44.8

Ankörnen. . . . 168.6
Ankörner 168.4
Ankuppeln . . . 62,5
Anlassen 199.8
— (verb.) 199.2
Anlaßfarbe . . . 199.4
Anlauffarbe . . . 199.4
Anlegen (Zeich-
nung) . . . 231.10
Anlegemaßstab . 221.2
Anlöten 200.8
Annealing colour. 199.4
Anneau 92.5
— de la chaîne . 88.9
— en cuir embouti
(presse-étoupe) . 134.1
— d'émeri . . . 198.8
— de fond . . . 41.2
— de fond (palier) 45.5
— de garniture . 139.1
— de graissage . 52.8
— de joint . . . 99.7
— d'obturation . 125.7
— tendeur . . . 139.7
Annular gear and
pinion 70.1
Anpaß 37.7
Anpressungsdruck
(Reibungsgetriebe) 73.5
Anreißen . . . 207.5
Anreißnadel . . . 207.6
Ansatzfeile . . . 172.2
Anschlagwinkel . 208.2
Anschleifen, die
Ziehfeder . . . 230.1
Anschrauben . . 18.7
Anschweißen . 164.11
Ansicht, einen Ma-
schinenteil in —
darstellen . . . 224.1
—, Seiten- . . . 224.8
—, Stirn- . . . 224.2
Anspitzen, den Blei-
stift 230.8
Anstrengung, zu-
lässige . . . 247.7
Anstrich, Rohr- . 98.8
Antifriction-metal 217.10
Antreiben, einen
Keil 25.9
—, eine Welle durch
Riemen . . . 76.4
Antrieb mittels Aus-
rückkupplung . 58.7
—, Exzenter- . . 144.5
— rad 68.7
— riemen . . . 77.4
— scheibe . . . 75.6
— seil 87.6
— welle 86.4
Anvil 158.8
— with an arm . 158.9
— s bed . . . 158.5
—, bench . . . 158.8

Anvil, blacksmith's 158.6
—, bottom . . . 159.9
— chisel 165.8
—, face of the . 158.4
—, file cutting . 171.1
—, hand . . . 158.7
—, horn of the —
beak 159.1
— plate 158.4
—, rising . . . 159.4
—, single arm . 159.2
—, small . . . 158.7
— stake 159.6
— stand . . . 158.5
—'s stock . . . 158.5
—, stock . . . 159.5
—, two-beaked . 159.4
Anziehen, ein. Keil 25.9
—, eine Schraube. 19.6
—, die Stopfbüchse 134.4
Anzug des Keils . 22.1
— stift 24.11
Aparato para afilar 197.6
— para laminar
tubos 103.2
— de seguridad del
tornillo 13.8
Aparejo 93.7
— de cadena . . 94.7
— de cuerda . . 94.6
— diferencial . . 94.4
— fijo 94.2
— móvil 94.8
Apertura della chi-
ave 16.7
— della chiavella. 23.1
— della valvola . 115.6
Aplanir. . . . 192.2
Apoyo del fiel . . 46.8
Apparato lamina-
tore per tubi. . 103.2
Apparecchio per af-
filare 197.6
— d'attacco delle
corde 86.1
— lubrificatore. . 53.8
— per punteggiare 229.9
— purificatore dell'
olio 53.1
— da temperare ma-
tite 230.4
— tenditore della
cinghia . . . 80.8
Appareil à débray-
age 58.8
— de débrayage . 84.8
— de graissage . 53.3
— de graissage cen-
tral 50.8
— de graissage à la
main 49.5
Appoggio a coltello 46.1
— a croce (innesto) 62.8
— a rulli 45.8

Apretar de nuevo. 19.7
— un tornillo . . 19.6
Aprire il rubinetto 128.1
— la valvola . . 115.2
Aquarelles, couleur
d' 232.8
Äquatoriales Träg-
heitsmoment. . 245.8
Arandela [tornillo] 11.9
Arbeit 245.1
—, Formänderungs- 248.6
—, Gesamt- . . 246.6
— smaschine . . 256.6
—, Nutz- . . . 246.7
— sräder . . . 68.5
—, Reibungs- . 246.5
— stisch . . . 256.2
— svermögen . 245.4
Arbol 33.2
— de berbiquí . 36.9
— de doble berbiquí 37.2
— cigüeñal . . 36,9
— de dos cigüe-
ñales . . . 37.2
—, cortar un . . 37.8
— cuadrado . . 35.10
— de desembrague 36.6
— de distribución 37.4
— flexible . . 36.8
—, gorrón del . 35.6
— horizontal . 36.1
— hueco . . . 35.9
— de impulsión . 36.4
— intermedio . 36.5
— longitudinal . 35.11
— macizo . . . 35.8
— porta-brocas . 178.6
— de transmisión 35.5
— vertical . . . 36.2
Arbre 35.5
— s, accouplement
des 56.2
— carré . . . 35.10
— à chaîne . . 91.5
—, commander un
— par courroie . 76.4
— de couche . 36.4
— coudé . . . 36.9
— à coude double 37.2
—, couper un . . 37.8
—, la courroie pose
sur l' . . . 80.1
— creux . . . 35.9
— de débrayage . 36.6
— d'excentrique . 37.4
— flexible . . 36.8
— horizontal . 36.1
— intermédiaire . 36.5
— de manivelle . 141.4
— massif . . . 35.8
—, palier de l' —
de couche . . 141.5
— porte-foret . 178.6
— du régulateur . 150.8

Arbre de renver-
sement 37.5
— de renvoi . . 36.5
— du tambour . . 95.1
— de transmission 35.11
— vertical . . . 36.2
Arc of action . . 64.3
— embrassé (cour-
roie) 76.3
— of contact (belt) 76.3
— d'engrènement 64.1
— -shears. . . . 157.8
Archet 182.4
Archet de la scie 189.4
Archetto 182.4
Archimedian drill 182.2
Arco abrasado . . 76.3
— de engrane . . 64.3
— d'ingranamento 64.3
— della sega . . 189.4
— de violin . . . 182.4
Area of bearing . 40.5
Argano, ruota d' . 90.6
Argent 217.3
Armadura de la po-
lea 93.5
Argento 217.3
Armazón del grifo 127.10
— de sierra . . . 189.4
Armfeile 172.3
— -file 172.3
— of the fly-wheel 149.6
—, Rad- 69.7
— of lever of the
force P with refe-
rence to the cen-
tre of motion O .243.2
— -saw 188.1
— of a wheel . . 69.7
Arnesi da fucina . 166.5
Arrache-clou . . 156.3
Arrachement,
coëfficient d' . .252.9
Arrestare una mac-
china 255.8
Arresto. 95.4
— a denti . . . 95.5
— di frizione . . 95.8
—, ruota d' . . 95.6
— di sicurezza della
chiavella . . . 25.5
— di sicurezza della
vite 13.3
Arrêt automatique 10.10
(vis)
—, robinet d' . .129.4
— de sûreté des
clavettes . . . 25.5
— de sûreté de vis 13.3
Arrêter une ma-
chine 255.8
Arriostrar . . . 18.6
Arrollar una cuerda 88.3
Arrow head . . .225.5

Artesón de muelas 197.1
Articulación. . . 61.9
— en cruz (aco-
pJamiento) . . 62.8
— esférica . . . 62.5
—, pasador de la. 62.1
— de rodilla . . 62.4
Articulation (ac-
couplement). . 61.9
—s, chaine d' . . 90 9
—, tourillon d' . 62.1
Articolazione . . 61.9
—, perno d'. . . 62.1
— sferica 62.4
Asbestos-cord. . .135.6
— -jointing . . .135.5
Asbestpackung. . .135.5
— schnur 135.6
Ascendenza . . .236.5
Ascent 236.5
—, height of . .237.8
Ascia 191.6
Asegurar con tor-
nillos 19.1
Aserraduras de si-
erra 187.4
Aserrar. 187.3
— en caliente . .187.6
— en frio. . . .187.5
Aserradora mecá-
nica 190.2
Asperón . . .196.10
Aspiration, con-
duite d' . . .108.7
—, tuyau d'. . .108.5
Assa. 93.1
Asse. 33.2
— accoppiato . . 34.1
—, attrito dell' . 33.8
—, cambiamento di
un 34.11
—, cambiare un . 34.10
—, carico dell' . 33.7
— del cilindro . .130.2
— della coppia . 243.5
—, corpo dell' . . 33.6
— fisso. . . . 33.10
— senza giunto . 34.2
— a giunto . . . 34.1
— di giuda . . . 34.4
— libero 34.2
— mobile. . . 33.11
—,mutamento di un 34.11
—, mutare un . 34.10
—, perno dell' . . 33.3
—, prova dell' . 34.8
— di rotazione . 34.5
— di rotazione (ro-
tazione). . . .241.1
—, rotazione dell' 34.7
—, rottura dell' . 34.9
— della ruota . . 34.6
—, tagliare un . 37.3
—, testa dell' . . 33.5

Assi, torneria d' . 35.2
—, tornire gli . . 35.3
—, tornio per . . 35.1
Assemblage à man-
chon 101.2
— à tôle emboutie
(rivure) . . . 29,4
— de tuyaux . . 98.5
— à vis de tuyaux 98.6
Assembler par bou-
lons 19.2
Assembling of a
machine . . .255.1
Astuccio di com-
passi 226.7
— per matite . 229.3
Atelier 256.1
— d'ajustage . .255.3
— pour bleus . .234.6
—, chef d' . . .254.4
— de construction
de machines . .254.1
— de constructions
mécaniques . .254.1
— à essieux . . 35.2
— de montage . .255.3
— des tours . . 35.2
Atesador de correa 80.3
Atmospheric valve 121.8
Atornillar . . .18.5
Atre de forge . .166.2
Attache de câbles 86.1
— de courroie . 80.7
—, lanière pour . 81.3
Attacher par une
cheville . . .196.1
Attrezzi da fucina 166.5
Attrito 245.6
— dell'asse . . . 33.8
— della catena . 89.3
— della corda . 86.2
— fra i denti . 66.5
— all'inizio . . 246.2
— di primo di-
stacco 246.2
— del perno . . 38.1
— del perno . . 33.9
— radente . . .246.3
— di scorrimento 246.3
— allo spunto . .246.2
— volvente . . .246.4
Aufdrehen, d.Hahn 128.1
Aufgehauene Feile 171.3
Aufgelöteter
Flansch. . . .100.8
Aufgenieteter
Flansch . . .100.7
Aufgeschraubter
Flansch 100.9
Aufgesetzter Kranz 69.8
Aufhauen, d. Feilen 171.2
Auflagerdruck
(Lager) 40.6
—, spezifischer . 40.7

Auflagerfläche
(Lager) 40.5
Auflager, Keil .. 23.2
Auflaufendes Rie-
menende ... 76.6
Auflegen, einen
Riemen auf die
Scheibe.... 79.7
Aufkämmen
(Kammrad) .. 72.7
Aufkeilen.... 25.6
Aufreiben 178.3
Aufriß 224.4
—, Längen- ... 224.5
Aufruhen, der Rie-
men ruht auf der
Welle auf ... 80.1
Aufsatzschlüssel . 17.4
Aufschaben 177.2
Aufstellen, eine
Maschine 254.7
Aufstellung einer
Maschine 255.1
Aufwickeln, d. Seil 88.8
Aufzugsseil 87.8
Augenlager ... 41.8
Auger 180.8
—, ground 181.6
—, long .. .181.5
—, long eye. . . .181.4
—, twisted 181.1
Auget de meule
à aiguiser .. .197.1
Aumento de grueso
del cubo de la
rueda 69.5
— de la llanta . . 69.3
Ausblasehahn . .129.7
— ventil 122.4
Ausbohren 179.3
—, einen Zylinder. 131.5
Ausbüchsen, das
Lager 42.2
Ausdehnungs-
kupplung ... 58.4
Ausdrehen, einen
Zylinder .. .131.8
Auseinanderziehen,
eine Feder .. 148.9
Ausfräsen .. .184.9
Ausfüttern, ein La-
ger 43.1
Ausgießen, ein La-
ger m.Weißmetall 43.2
—, das Rohr m. Blei 101.8
Ausgleichungsrohr 104.1
Auskreuzen 167.7
—, den Nietkopf . 190.8
Auslaßhahn 129.8
— klappe 124.5
— ventil 122.8
Auslaufen, das La-
ger läuft sich aus 48.4
Auslaufhahn . .129.2

Auslösen, d. Kupp-
lung 59.6
Auslösung, selbst-
tätige(Kupplung) 60.1
Auslösungskupp-
lung 58.6
Ausrichten .. .208.6
Ausrücken (Rie-
men) 84.2
—, die Kupplung . 59.6
Ausrücker ... 59.2
—, Riemen- ... 84.3
Ausrückgabel .. 59.3
— kupplung .. 58.6
—, Antrieb mittels 58.7
— muffe 59.1
— vorrichtung. . 58.8
— welle 36.6
Ausrückung ... 59.7
—, Klauen- ... 60.4
—, selbsttätige
(Kupplung) .. 60.1
Ausschlageisen. .169.4
— winkel (Pendel) 239.1
Ausschmieden . .163.9
Außenfräser.. .184.7
— lager 48.1
— strehler ... 20.7
— taster 206.8
Äußerer Gewinde-
durchmesser .. 8.4
Aussetzen (schrän-
ken) 187.1
Austuschen .. 231.10
Auswechseln, eine
Achse 34.10
Auswechslung
einer Achse . 34.11
Auswendiger
Schraubstahl . . 20.7
Ausziehen (Zeich-
nung) ... 231.2
Ausziehtusche . .231.8
Automatic discon-
necting(coupling) 60.1
— locking (screw) 10.10
— lubricator .. 49.7
— oiling ... 49.6
Auxiliary valve .116.1
Avance du piston .137.9
Average velocity 235.10
Avvitamento dei
tubi 99.6
Avvitare .. 18.5; 18.8
Avvitatura del co-
perchio del ci-
lindro 130.7
Avvolgere una
corda 88.8
Axe 33.2
Axe 225.8
Axe (tool) .. .190.8
—, changement
d'un 34.11

Axe, changer d' . 34.10
— du couple . .243.5
— du cylindre.. 130.2
—, d' — en ... 225.7
—, épreuve de l' . 34.8
— eye 191.1
—, hand- 191.8
— handle.... 191.2
— -hole 191.1
—, moment d'iner-
tie par rapport
à un 243.8
—, mortise . .191.5
— de la poulie . 93.6
— de rotation . 34.5
— de rotation .. 241.1
—, rotation de l' . 34.7
—, rupture de l' . 34.9
— du tambour. . 95.1
Axiale par com-
pression 252.8
Axis of the couple 243.5
—, cylinder ... 130.2
— of rotation .. 34.5
— of rotation .. 241.1
Axle 33.2
— (of the wheel). 34.6
— -bearing ... 33.4
—, chain ... 91.5
—, coupled ... 34.1
—, to cut off an . 37.8
—, drum ... 95.1
—, to exchange
an 34.10
—, forward .. 34.4
— -fracture ... 34.9
—, friction ... 33.8
— -journal ... 33.3
— -lathe 35.1
—, leading .. 34.4
—, load on .. 33.7
—, movable .. 34.8
— -neck 33.8
—, pulley ... 93.6
—, to renew an . 34.10
—, renewing of an 34.11
—, revolving . 33.11
—, revolution of an 34.7
—, rigid ... 33.10
—, rotation of an 34.7
—, sliding .. 34.8
—, test of an . 34.8
—, to turn —s . . 35.8
—, -turning - shop 35.2
—, uncoupled . 34.2
Axt 190.8
—, Bank- 191.4
—, Hand- 191.8
—, Stich-.... 191.5
— stiel 191.2
—, Stoß- 191.5
Azuela 191.8
—, desbastar á la 191.9

B.

Babbit 42.6
—, to 43.1
— -metal . . . 217.10
—, to — a bearing 43.2
Back end (cylinder) 130.8
— flange, flanged
pipe with loose . 103.8
— -iron 192.8
—-lash(of the screw) 10.9
— pressure valve . 121.8
— of the saw . . 188.9
— square 208.2
— stay 15.8
— of the wedge . 21.8
Backed off cutter . 183.5
Backe, Scher- . 156.10
Backenbremse . . 96.2
— einsatz 154.1
— futter 153.6
—, Schraubstock- . 153.5
Backward stroke of
the piston . . 137.10
Bagno d'olio . . 55.8
Bague (presse-
étoupe) 132.6
— d'arrêt 36.8
— d'égouttage . . 52.7
— de fond (presse-
étoupe) 133.4
— de fond conique 133.5
— de graissage . 55.2
— de graissage
(presse-étoupe) . 133.6
— soudée . . . 100.6
Bahn, Hammer- . 160.4
— druck (Gleit-
bahn) 145.9
— reibung (Gleit-
bahn) . . . 145.10
— widerstand . . 238.4
Bain d'huile . . . 55.8
Balance, to — the
valve 115.9
Balancing of the
valve 115.10
Balaustrino . . 228.4
Ball (bearing) . . 45.4
— -bearing . . . 45.8
— collar thrust-
bearing 41.8
— hammer . . 162.6
— -hammer . . . 162.7
— journal . . . 39.4
— -pane hammer . 162.2
— -race (bearing) . 45.5
— and socket
bearing 45.6
— and socket joint 62.4
— of valve . . . 116.8
— valve . . . 116.7
Ballig gedrehte
Riemscheibe . . 82.2

Ballig gewölbte
Riemscheibe . . 82.2
Ballistische Kurve 237.11
Ballistical curve 237.11
Banc d'ajusteur . 172.1
— à limer . . 172.1
Banco 256.2
— de carpintero . 193.9
— da falegname . 193.9
— da lavoro . . 256.2
— da limare . 172.1
— para limar . 172.1
Band (of the brake) 97.1
— brake . . . 96.9
— bremse . . . 96.9
— -coupling . . . 61.6
— eisen 215.4
— -iron 215.4
— kupplung . . 61.6
— maß 221.4
— der Säge . . 185.5
— säge . . . 190.8
— -saw . . . 190.8
Bande de frein . 97.1
Bankaxt . . . 191.4
— durchschlag . 169.8
— eisen . . . 194.2
— hammer . . 161.5
— haken . . . 194.2
— hobel . . . 193.2
— meißel . . . 168.1
— schraubstock . 153.2
— zwinge . . . 154.5
Baño de aceite . 55.8
Bar, angle . . 215.6
—, boring- . . . 178.6
—, flat 215.8
—, hexagon . . . 215.2
—, iron 214.8
—, round 214.9
—, square . . . 215.1
—, T- 215.7
—, Z- . . . 215.10
— iron . . . 214.8
—, flat . . . 215.8
—, round . . . 214.9
Barette (lime) . 174.6
— -file . . . 174.6
Barettfeile . . . 174.6
Baricentro . . 244.2
Barletto . . . 194.2
Barlotta . . . 193.1
Barra de hierro . 214.8
Barre à souder . 201.6
— d'excentrique . 144.2
Barrena . . . 180.4
— de berbiqui . 181.1
—, centro de la . 180.5
— de cola de mar-
rano 181.4
— cónica . . . 180.7
— de mano . . 179.6

Barrena de mule-
tilla 181.2
— de pala . . . 181.8
— para piedra . . 181.7
Barrenar . . . 179.2
Barreno 179.1
Barrilete . . . 194.6
Báscula para roblo-
nar 32.6
Base circle (tooth) 67.2
— del coltello
(appoggio) . . . 46.8
— de la dent. . . 65.8
— del dente . . 65.8
— -plate 16.2
— de soporte de
cuña 46.3
Bastard cut (file) . 170.2
— feile 172.4
— file 172.4
— hieb (Feile) . . 170.2
Bastidor de sierra 190.5
Bâtard, lime . . 172.4
Battere a freddo . 160.8
Battre la corde . 85.4
— à froid . . . 160.8
Bauart 222.4
Bauchsäge . . . 188.6
Bauen, eine Ma-
schine . . . 253.8
Baulänge (d. Kette) 88.10
— des Lagers . . 40.4
— (Ventil) . . . 113.9
Baumsäge . . . 188.4
— wollseil . . . 86.10
Beak, horn of the
anvil 159.1
— -iron . . . 158.9
—, little 158.8
Beam-compasses . 228.6
Beanspruchen, ein
Körper ist aufBie-
gung beansprucht 247.6
—, ein Körper ist
auf Druck bean-
sprucht . . . 247.6
—, ein Körper ist auf
Zug beansprucht 247.6
Beanspruchung . 247.5
—, Biegungs- . . 251.5
—, Drehungs- . . 253.8
—, Druck- . . . 250.9
—, Knick- . . . 252.4
—, Schub· . . . 252.7
—, Zug- 250.4
—, zulässige . . 247.7
Bearing . . . 40.1
—-, to adjust the . 48.6
—, angle-pedestal- 44.8
—, area of . . . 40.5
—, axle- 33.4
—, to babbit a . 43.2

Bearing, ball . . 45.3
—, ball and socket 45.6
—, ball collar thrust- 41.3
—, blade- . . . 46.1
—, to bush a . . 42.2
—, collar-step- . 41.1
—, collar-thrust- . 41.4
—, crank 47.7
—, crank shaft . 141.5
—, diameter of the 40.8
— disc 40.9
—, drop-hanger- . 46.6
—, end-journal- . 41.6
— force . . . 238.5
—, fulcrum- . . 46.1
—, getting hot of a 48.3
—, to grease the . 48.7
—, heating of a . 48.8
—, inside . . . 47.8
—, journal- . . . 33.4
—, knife-edge . . 46.1
—, length of the . 40.2
—, to line a . . 43.1
—, lining of the . 42.6
—, longitudinal
   wall hanger- . 47.5
—, to lubricate the 48.7
—, the machine
   has a hot. . . 48.2
—, main 47.7
—, neck-journal- . 41.7
—, oblique pillow-
   block- 44,8
—, oblique plum-
   mer-block- . . 44.8
—, oil catcher
   under 52.9
—, oil-cup under 52.9
—, oil-saving . . 45.2
—, to oil the . . 48.7
—, outside . . . 48.1
—, pedestal . . . 44.7
—, pillow-block- . 44.7
—, plummer-block- 44.7
—, post- 47.4
—, post-hanger- . 47.4
—, pressure on . 40.6
— resistance . 238.5
—, ringlubricating 45.2
—, roller- 45.8
—, the — seizes . 48.5
—, self lubricating 45.2
—, Sellers- . . . 45.1
—, solid journal- 41.8
—, step- . . . 40.8
— surface of cotter 23.2
— surface of key 23.2
—, swivel. . . . 45.1
—, wall-bracket- . 46.4
—, the — wears out 48.5
Bec d'âne. . . . 23.5
— du crochet . . 92.2
Becco per saldare 201.10
— da saldatore . 201.10

Bed 169.1
—, anvil's . . . 158.5
— -die 169.1
Bédane. 167.6
— 194.7
—, buriner avec le 167.7
Befeilen 171.6
Befestigungs-
   schraube . . . 13.4
Behälter, Öl- . . 51.8
Behobeln 192.3
Beil 191.6
—, Hand-. . . . 191.7
Beißzange . . . 156.1
Beitel 194.4
—, Loch- 194.7
—, Stech-. . . . 194.6
Bekleidung, Rohr- 98.4
Belasten, das Ventil 120.3
Belastungsfeder d.
   Ventils 120.2
—sgewicht (Ventil) 119.8
—, pulsierende . 248.2
—, ruhende . . . 248.1
—sspannung, Be-
   trieb mit . . . 78.1
—, die — des Ventils
   richtig bemessen 120.4
—sweise 247.8
—, wechselnde . . 248.8
Bélier, coup de . 110.3
Bell-chaped valve 119.1
— -metal 217.9
Bellows 167.2
— -blow-pipe . 201.10
—, forge- 167.1
—, pair of . . . 167.2
Belly-brace . . . 182.5
Belt 76.5
—, breadth of . . 76.8
—, cemented—joint 80.9
— composed of se-
   veral layers of
   material . . . 80.3
— the — creeps . 79.2
—, crossed . . . 77.6
—, double . . . 80.2
—, drive 77.4
—, driven side of 76.1
—, driving . . . 80.5
— driving 75.5
—, driving side of 75.10
— fastener . . . 81.6
— fastening . . . 81.4
—, the — flaps . 78.8
— fork 84.4
—, glued — joint 80.9
—, to glue the . 80.10
— guider 84.4
—, half-cross . . 77.7
—, horizontal . . 78.4
—, intermediate —
   gearing 77.3
— joint 80.7

Belt-lace 81.3
—, to lace the . . 81.2
—, laced 81.1
— leather. . . . 80.4
—, link 80.6
—, loose side of . 76.1
—, the — is lying on
   the shaft . . . 80.1
—, multiple . . . 80.3
—, oblique —, dri-
   ver below, driven
   pulley above . .
—, oblique —, dri-
   ver right, driven
   left 78.7
—, open 77.5
— pulley 81.7
— cast-iron—pulley 82.7
— -pulley, solid . 83.2
— -pulley, split . 83.3
— -pulley, wood . 83.1
— -pulley, wrought-
   iron 82.8
—, to put a — on
   a pulley . . . 79.7
—, quarter turn . 77.7
—, the — runs off
   the pulley . . . 79.5
— -saw 190.3
— -shifter . . . 84.8
—, to shift the —
   from loose to fast
   pulley 84.1
—, to shorten the 79.4
—, slack side of . 76.1
—, the — slips . 79.1
— stretcher . . . 80.8
—, to take up the 79.4
— tension . . . 75.8
—, thickness of . 76.9
—, to throw off a 79.8
—, to throw a —
   off the pulley . 79.8
—, tight side of . 75.10
—, to tighten the 79.3
— -tightener, drive
   with weighted . 78.1
—, vertical . . . 78.5
Belting, to drive a
   shaft by . . . 76.4
— system, continu-
   ous rope . . . 84.8
Bench 256.2
— -anvil 158.8
— -axe 191.4
—, carpenter's . 193.9
— -clamp 154.5
— -hammer . . . 161.5
— joiner's . . . 193.9
— -plane 193.2
— press of a joi-
   ner's 194.1
— -screw 153.2
— -shears . . . 157.3

Bench-vice 153.2
— -vice, parallel . 154.2
—, vice- 256.2
—, work 256.2
Bending 251.3
— moment . . . 251.6
Bent spanner . . 17.2
— wrench . . . 17.2
Berbiquí de arco .182.3
— helizoidal . .182.2
— de manivela .182.7
— de mano . . .182.5
— de manubrio .182.4
— de pecho . . .182.5
— de violin . . .182.3
Beschleunigung . 235.6
—, Centripetal- . 236.9
—, Erd- 244.4
—, Kolben- . . .137.5
— Komponente der 240.2
—skomponente . 240.2
—, eine — in ihre
Komponenten
zerlegen . . . 240.1
—, Normal- . . . 236.9
—sparallelogramm 239.8
—, Parallelogramm
der —en . . . 239.8
—, resultierende . 240.4
— mehrere —en zu
ihrer Resultieren-
den zusammen-
setzen 240.3
—, Tangential- . 236.8
—, Total- 237.1
—, Ventil- . . .114.6
—, Winkel- . . . 241.4
Beschreiben, die
Zeichnung . 231.5
Bessemer, acier . 213.9
— eisen 213.2
—, fer 213.2
— iron 213.2
— pig 213.2
— roheisen . . . 213.2
— stahl 213.9
— steel 213.9
Beständige Schmie-
rung 49.2
Betrieb mit Be-
lastungsspannung 78.1
—, eine Maschine
in — setzen . . 255.6
—, im — sein . . 255.7
Bevel protractor . 208.5
Bevil gear, friction 74.1
— system 70.8
—, right angle —
system 71.3
— wheel . . . 71.2
Bewegliche Achse 33.11
— Kupplung . . 58.3
Bewegung . . .234.7
—, gleichförmige . 235.1

Bewegung, gleich-
förmig beschleu-
nigte 235.11
—, gleichförmig
verzögerte . . . 236.1
—, gradlinige . . 234.9
—, krummlinige . 236.7
—slehre 234.8
—sschraube . . . 13.6
—, unfreie . . . 238.3
—,ungleichförmige 235.5
Bibb cock . . . 128.5
Bicciacuto . . .191.5
Bicornia 158.9
— da banco . . .159.4
Bicornietto . . . 159.2
—, codolo del . . 159.3
Bidone 51.9
Biegsame Welle . 36.8
Biegung 251.3
—sbeanspruchung 251.5
—, Durch- . . . 252.1
—sfeder 147.3
—sfestigkeit . . 251.4
—, ein Körper ist auf
— beansprucht . 247.6
—smoment . . . 251.6
—sspannung . . 251.7
Biela 144.7
—, cabeza de la . 144.9
—, cabeza abierta
tipo marina . . 145.2
—, cabeza de brida 145.3
—, cabeza cerrada . 145.1
— de acoplamiento 145.4
—, cuerpo de la . 144.8
Biella 144.7
— d'accoppiamento 145.4
—, asta della . . 144.8
—, corpo della . . 144.8
—, stelo della . . 144.8
—, testa di . . .144.9
—, testa di - chiusa 145.1
—, testa di marina 145.2
—, testa di biella
a staffa 145.3
Bielle 144.7
— d'accouplement 145.4
—, corps de . .144.8
—, tête de . . .144.9
—, tête de — avec
chape 145.3
—, tête de—fermée 145.1
—, tête de — type
marine 145.2
Bietta longitudi-
nale 22.7
— trasversale . . 22.6
Bigorne 159.2
— d'enclume . .159.6
Bigorneta . . .159.2
Bigornia de banco 158.9
—, bicornio de la 159.1
Bille (palier) . . 45.4

Billot 190.7
Bind, to —, the stuf-
fing-box binds 134.5
Binder 43.5
— bolt 43.6
Binderiemen . . 81.8
Binding rivet . . 27.3
Bisaigue 191.5
Bit (axe) 190.9
— -brace 182.5
—, center . . .180.4
—, common . . .180.8
—, finishing . .179.4
—, half twist . .181.1
—, twisted eye . 181.2
—s of the vice . 153.5
Black iron-plate . 216.2
— sheet-iron . . 216.2
— smith's anvil . 158.6
Blade (bearing) . 46.2
— -bearing . . . 46.1
— holder . . .185.6
—, shear- . . 156.10
— of T-square . . 219.7
Blanc soudant . 165.3
Blank-flange . .105.3
Blasenstahl . . . 214.2
Blattfeder . . .147.4
— federwerk . .147.6
—, Scher- . . 156.10
Blaupause . . .234.3
— stift 233.6
Blech, Eisen- . 215.11
—, Fein- . . . 216.3
—, Grob- . . . 216.4
—, Kessel- . . . 216.4
— lehre . . . 206.3
—, Riffel- . . . 216.5
— schere . . . 157.9
— Schwarz- . . 216.2
— tafel . . . 216.1
—, Weiß- . . . 216.7
—, Well- . . . 216.6
Blei 217.1
—, das Rohr mit
— ausgießen . 101.8
— büchse . . . 229.3
— einsatz (Zirkel) 227.4
— gummi . . . 230.9
— stift 230.2
— feile . . . 230.6
— schärfer . . 230.5
— spitzer . . . 230.4
— zirkel . . . 228.1
Bleu 234.8
Blind-flange . .105.3
— flansch . . . 105.3
Blister steel . . 214.2
Block 93.8
— chain tackle . 94.7
—, cutting (file) . 171.1
— differential
pulley 94.4
—, filing 159.6

Block, fixed . . 93.9
—, link 143.8
—, lower . . . 49.8
—, moveable . . 94.1
—, pillow . . . 42.8
—, plummer . . 42.8
—, rope tackle . 94.6
— per schizzi . . 220.5
— -shears . . . 157.8
—, sliding (slot) . 143.8
—, swage . . . 160.2
—, upper . . . 94.2
Bloque de papel
para croquis . 220.5
— para serrar . . 190.7
Blotting-paper . . 232.9
Blow-off cock . . 122.4
— -off valve . . . 122.4
— -pipe 203.1
— printing room . 234.6
— -pipe-flame . . 202.2
— -pipe-proof . . 203.8
— -pipe-test . . 203.8
— -trough-valve . 122.5
Blower (forge) . . . 167.1
Blowing machine,
smith's . . . 167.1
Blue pencil . . . 233.6
— print 234.8
— printing room . 234.6
Blunt file 173.5
Board, filing . . . 159.6
— -saw 189 6
Boca del calibre . 205.2
— de la llave . . 16.6
— del martillo . . 160.4
Bocca della chiave 16.6
Bocchetta . . . 108.10
Boccola (sopporto) 42.1
—, mettere una . 42.2
Bock, Hänge- . . 46.7
—, Lager- . . . 47.2
— schere . . . 157.8
—, Steh- 47.2
—, Wand- 46.5
Bodenamboß . . 159.9
— ventil . . ᐧ . 120.6
Body 11.8
— of the connect·
ing rod . . . 144.8
— of the crank . 141.8
—, pedestal . . 43.4
— of the piston . 139.4
— of a screw . . 8.5
— of the sluice valve 125.6
Bogenrohr . . . 105.7
— säge 189.8
— schere . . . 157.1
Bohrbogen . . . 182.4
— einsatz . . . 182.6
— eisen 182.6
— futter . . . 178.5
— gerät 182.1
— knarre . . . 182.9

Bohrkurbel . . . 182.8
— loch 179.1
— maschine . . . 183.1
— maschine, Cy-
linder- 131.6
— spindel . . . 178.6
Bohren 179.5
— (verb) 179.2
—, Gewinde . . 21.4
Bohrer 178.4
—, Brust- 182.5
—, Centrums- . . 180.4
—, Dreh- 182.2
—, Drill- 182.2
—, Eck- 182.7
—, einschneidiger 180.1
—, Erd- 181.6
—, Gewinde- . . 21.3
—, Hand- 179.6
—, Holz- 180.8
—, Langloch- . . 181.5
—, Löffel- 181.8
—, Nagel- . . . 179.7
—, Rollen- . . . 182.8
—, Schlicht- . . . 179.4
—, Schrauben- . . 21.3
—, Spiral- 180.6
—, Spitz- 180.8
—, Stangen- . . . 181.4
—, Stein- 181.7
—, Winkel- . . . 182.7
—, Zapfen- . . . 179.8
—, zweischneidiger 180.2
Bohrung (Stirnrad) 69.6
—, Cylinder- . . . 130.8
— des Lagers . . 40.8
Boiler plate . . . 216.4
— scaling hammer 163.4
— tube ᐧ . . 107.10
Boisseau . . . 127.10
Boîte 132.8
— à compas . . 226.7
— à couleurs . . 232.1
— à étoupes . . 132.5
— à graisse . . 53.5
— du niveau d'eau 111.8
— à outils . . . 256.8
Bola corredera
(soporte) . . . 45.4
Bollire 164.9
Bollitura . . . 164.10
Bolt (screw) . . . 11.8
—, binder . . . 43.6
—, bonnet-(valve) 112.4
—, boss joint . . 150.8
— cap 43.6
— chisel . . . 167.6
— circle . . . 99.4
—, copper . . . 201.6
—, cotter . . . 15.7
—, coupling- . . 57.4
—, cotter 14.8
—, to cottar a . 14.9
—, cylinder- . 130.6

Bolt, diameter of . 11.8
—, distance-sink- . 14.6
—, eye — 14.2
—, eye — and key 14.8
—, fang 15.6
— of flange . . . 99.8
—, foundation- . 15.7
—, foundation-
(bearing) . . . 44.8
—, gland 133.8
— with head and nut 11.9
— -header . . . 196.5
—, holding down
(bearing) . . . 43.8
— -hole 11.7
—, joint 14.8
—, pillar 14.5
—, piston 136.9
—, piston-follower- 139.6
—, rag- 15.6
—, reamed . . . 13 10
—, rim joint . . . 150.2
—, screw- 11.2
—, stay 14.5
—, stone 25.6
—, stud- 13.8
—, stuffing-box . 133.8
—, swing- 14.8
—, tap 13.9
—, through . . . 11.2
— for the valve
cover. 112.4
—, wedge- . . . 25.1
—, to 18.4
—, to — up . . . 19.1
Bolted flanges . . 98.8
Bolzen, Distanz- . 14.6
— durchmesser . 11.8
—, Fundament- . 15.7
— Ketten- . . . 91.2
— mit Kopf und
Mutter . . . 11.9
—, Kreuzkopf- . 146.7
—, Schließ- . . . 14.8
—, Schrauben- . . 11.2
— mit Splint . . 14.8
—, Steh- 14.5
—, einen — ver-
splinten . . . 14.9
— mit Vorsteckkeil 14.8
Bomba de aceite . 55.7
Bombage 82.8
Bonnet 125.8
— (valve) 112.8
— -bolt (valve) . . 112.4
— de prêtre . . . 181.7
Boquilla roscada
del tubo . . . 107.2
Bord rabattu . . . 103.9
Borde de cojinete 43.8
—, doblar el — de
un tubo . . 103.10
Bördeleisen . . . 159.8
— nietung . . . 29.4

Bordering tool . .159.8
Bordo 103.9
— (cuscinetto) . . 43.3
— (perno) . . . 37.7
—, fare il — ad un
  tubo 103.10
Bordoir 159.8
Bore 69.6
— -bit 182.6
— -hole 179.1
— of pipe . . . 97.7
—, the pipe has a —
  ·of x mm . . . 97.7
—, to 179.2
—, to — again . .179.3
— out, to — a cy-
  linder 131.5
Borer 178.4
—, long 181.5
—, slot 181.5
Boring apparatus .182.1
— -bar 178.6
— machine, cylin-
  dre 131.6
— -tools 182.1
Borrar 230.7
Boss. 69.4
— of the fly-wheel 149.7
— joint bolt. . .150.3
Bossolo 132.8
— (sopporto) . . 42.1
— di fondo . . .133.4
— del giunto . . 57.1
—, mettere un . . 42.2
— del rubinetto 127.10
Bottom anvil . .159.9
— die 164.5
— line of teeth .186.3
— -swage . . . 164.5
— (stuffing-box) .133.4
Bouche de la te-
  naille 155.4
—, tenaille à —
  ronde 155.7
Bouchon à vis
  (tuyau) 105.1
Boucle, tenaille à155.8
Bouilleur . . .108.3
Boule du régulateur150.9
Boulet de la sou-
  pape 116.8
Boulon (à vis) . . 11.2
— d'accouplement 57.4
— ajusté 13.10
—, ajuster un . . 14.1
— à ancre . . . 15.7
— articulé . . . 14.3
—, assembler par --s 19.2
— de brides. . . 99.3
—s, cercle des trous
  de 99.4
— de chapeau (pa-
  lier) 43.6
— à clavette . . 14.8

Boulon du couvercle
  (cylindre) 130.6
— s du couvercle
  (cylindre) 130.7
— du couvercle de
  soupape. 112.4
—, diamètre du . 11.8
— d'entretoisement 14.6
—, fermer par —s 19.1
— de fermeture . 13.5
— de fixation . . 13.4
—s, fixer par . . 18.9
— de fondation . 15.7
— de fondation
  (palier) 44.8
— fraisé 14.4
— goupiller un . 14.9
— de jante . . .150.2
—s, joint à brides
  et à 98.8
— de moyeu . .150.3
— noyé 14.4
— pour palier . . 43.8
— de presse étoupe 133.3
— de scellement . 15.6
— à tête et écrou 11.9
—, trou de . . . 11.7
Boulonnage . . . 11.1
Boulonner . . . 18.4
Bouterolle . . . 31.8
— à œil 32.2
Bouton de mani-
  velle 141.6
Bouvet à rainures 193.6
Bow 189.4
— compasses . .228.4
— -drill 182.3
— -saw 189.3
Box 132.8
— -casting . . .211.5
— coupling . . . 56.4
—, guide 146.2
—, journal . . . 42.1
—, the machine has
  a hot. 48.2
—, oil distributing 50.3
—, valve 112.2
— of water-colours 232.1
— -wrench . 17.4, 17.5
Braccio della forza
  P rispetto al pun-
  to di rotazione O 243.2
Brace 182.8
—, angle-. . . .182.7
—, belly-. . . .182.5
—, hand-. . . .182.5
Bracket, angle- . 47.6
—, end wall . . . 47.6
—, guide 146.2
—, spring- . . .147.9
—, wall- 46.5
Brake 96.1
—, band 96.9
—, centrifugal . . 97.3

Brake device . . 96.1
—, differential . . 97.2
:— lever 96.5
— pressure . . . 96.6
— pulley 96.8
—, shoe- 96.2
— shoe 96.4
—, strap 96.9
—, strap of the . 97.1
—, V-shaped . . 96.7
Branch, pipe- . .106.1
— -pipe 106.4
—, right angled
  (pipe) 106.2
Branchement
  (tuyau) 106.1
— à angle aigu
  (tuyau) 106.3
— à angle droit
  (tuyau) 106.2
— à T (tuyau) . .106.2
—, tuyau de . .106.4
Bras, cisaille à .157.3
— de levier de la
  force P pour le
  centre de rota-
  tion O 243.2
— de la roue . . 69.7
— du volant . .149.6
Braser 200.6
—, lampe à . . .202.1
—, tube 102.8
Brass 217.5
— (bearing) . . . 42.4
—, adjustable . . 42.5
—, crank pin —es 141.7
—, flange of the —es 43.8
— -pipe 103.7
— -tube 103.7
—, yellow- . . .217.5
Brasure 200.10
— 201.5
— forte 202.7
Braze, to 200.6
Brazed flange . .100.8
Brazing 200.10
— 201.1
— seam 201.5
Brazo de palanca
  de la fuerza P con
  relación al punto
  de giro O . . .243.2
— de la rueda. . 69.7
Breadth of belt . 76.8
— of pulley face . 81.10
— of rim 81.10
— of tooth . . . 65.8
Break 252.2
— iron (plane) . .192.1
— off, to — a ma-
  chine 255.4
Breakage of the rim 150.6
Breaking 252.2
— off a machine .255.5

Breaking strain . 252.4
Breast-drill . . . 182.5
Breite der Riem-
scheibe 81.10
Bremsbacke . . . 96.4
— band 97.1
— hebel 96.5
— klotz 96.4
— kraft 96.6
— scheibe . . . 96.8
— vorrichtung . . 96.1
Bremse 96.1
—, Backen- . . . 96.2
—, Band- . . . 96.9
—, Differential- . 97.2
—, Kegel- . . . 96.8
—, Keilrad- . . . 96.7
—, Klotz- . . . 96.2
—, Schleuder- . . 97.8
Brennerzange . .156.7
Brettsäge 188.4
Briar tooth . . .186.5
Brida 29.8
— 98.10
— 217.4
— de ángulo . .100.8
—, cara de la . . 99.5
— ciega 105.8
—, diámetro de la 99.1
—s, empaque de . 99.8
— de enchufe . . 99.8
— fija 100.4
—, grueso de la . 99.2
— móvil 100.5
— de pestaña . .100.1
— del prensaesto-
pas 132.7
— remachada . .100.7
— roscada . . .100.9
— soldada . . .100.8
— de sujeción . .154.4
— tapada 105.8
— -tope de la vál-
vula 116.9
— para tubo . .109.7
—s, tornillo de las 99.8
Bride 98.10
—, boulon de . . 99.8
— de chapeau
(presse-étoupe) .132.7
—s, clef pour . .101.1
—, contre 100.2
— à cornière . .100.8
—, diamètre de la 99.1
— à emboîtement 99.8
—, épaisseur de la 99.2
— fixe 100.4
—s, garniture des 99.8
—s, joint à . . . 98.7
—. joint à —s et à
boulons 98.8
— d'obturation . .105.8
—, portée de la . 99.5
— rapportée . . .100.5

Bride de ressort . 147.7
— rivée 100.7
-- souéde. . . .100.8
—, tuyau à —s . 98.9
—, tuyau embouti
avec — rapportée 103.8
— vissée 100.9
Brille(Stopfbüchse) 132.6
—nflansch (Stopf-
büchse) 132.7
Brin conducteur . 75.10
— conduit . . . 76.1
— descendant . . 76.7
— montant . . -. 76.6
Broach, to . . .178.8
Broca 178.4
— de doble corte .180.2
— de un corte. .180.1
— de fresar . . .180.7
— para madera .180.8
—, manguito para
la 178.5
— con ojo . . .181.2
— ordinaria . . .180.8
— para perforar .182.6
— de tres puntas .180.4
— de punto . . .179.8
— salomónica . .180.6
Brocken 197.8
Bronce 217.6
— de cañón. . .217.8
— fosforado . . .217.7
— fosforoso . . .217.7
Bronze 217.6
— à canons . . .217.8
— à cloches . . .217.9
—, Geschütz- . .217.8
—, Phosphor- . .217.7
— phosphoreux . .217.7
Bronzo 217.6
— da campane . .217.9
— da cannoni . .217.8
— fosforoso . . .217.7
Brosse, accouple-
ment à 61.8
Broyer la couleur 232.8
Bruchdehnung . .249.8
—, Rohr- 110.4
Brunissoir . . .173.1
Brustbohrer . . .182.5
—bohrerleier . . .182.5
—winkel 185.8
Brush-coupling . . 61.8
—, tinting 232.5
—, tube- 110.9
Bucafondi 179.8
Bucare. 179.2
Büchse 132.8
—, Führungs- . .146.2
—, Grund- (Stopf-
büchse) 133.4
—, Lager-. . . . 42.1
—, Leerlauf- . . 83.9
—, Naben- . . . 83.9

Büchse, Schmier- 53.5
— Stauffer- 55.8
Bügel, Kettenfüh-
rungs- 90.7
Built up rim . . 69.8
— wheel 69.9
Bulino 168.4
Bullone 11.2
— ad ancora . . 15.7
—, calettare un . 14.9
— del coperchio
(sopporto) . . . 43.6
—, diametro del . 11.8
— della flangie . 99.8
— di fondazione . 15.7
— — (sopporto) . 44.8
— del giunto . . 57.4
—, infllare un . . 14.1
— a linguetta . . 14.8
— a mazzetta . . 15.6
— a snodo . . . 14.8
— per il piede del
sopporto . . . 43.8
— del sopporto . 43.6
— con testa e dado 11.9
Bundmutter. . . 12.8
Bureau de des-
sins 218.4
—, Konstruktions- 218.4
—, Zeichen- . . .218.4
Buretta 52.1
Burette 51.9
— à huile . . . 52.1
— à valve . . . 51.10
Buril 28.5
Burin 167.4
—, enlever acec le 168.8
-- plat 167.5
Buriner 168.2
— avec le bédane 167.7
Burst, pipe . . .110.4
Bursting of the fly-
wheel 150.5
Bürstenkupplung . 61.8
Bush (bearing) . . 42.1
— (coupling) . . 57.8
— (stuffing box) .133.4
—, to — a bearing 42.2
—, spherical (bea-
• ring) 45.7
Bushing 83.9
— (bearing) . . . 42.1
Butée (soupape) .114.2
Butoir (palier) . . 44.1
— (soupape) . . .114.2
Butterfly valve . .124.6
Butt joint with dou-
ble butt strap . 29.2
— joint with single
butt strap . . 29.1
— strap (rivet) . . 29.8
— welded pipe . .102.5
Buttress thread . 10.4
Bye-pass valve . .116.1

C.

Caballete 47.2
— para serrar . . 190.7
Caballo de fuerza 245.3
Cabestan, cable
pour 88.2
Cabeza (chaveta) . 23.9
— (tornillo) . . . 11.4
— de cierre . . . 26.5
— cuadrada (tor-
nillo) 12.1
— de la cuña . . 21.8
— del diente . . 65.1
— —, altura de la 65.2
— del eje . . . 33.5
— embutida (tor-
nillo) 12.3
— estampa . . . 26.4
— hexagonal (tor-
nillo) 11.10
— de martillo (tor-
nillo) 12.4
— redonda (tor-
nillo) 12.2
— del remache . 26.3
Cabinet file . . . 174.7
Cable 85.1
— 88.1
—, altura de flecha
de la curva del 76.2
— para ascensor . 87.8
— atirantado . . 76.1
— de cabrestante 88.2
—, corchete de . 86.1
— -cuerda . . . 88.1
—, elevator . . . 87.8
—, flojo 76.1
— para grúa . . 87.9
— de hilos de
acero 86.8
—, locked . . . 85.7
— metálico . . . 86.7
— motor 87.5
— de suspensión 87.7
— tirante . . . 75.10
— de transmisión 87.5
Câble 88.1
— en acier . . . 86.8
—, attache de —s. 86.1
— pour cabestans 88.2
— de chanvre . . 86.9
—, commande par 84.5
— de commande . 87.6
— de coton . . . 86.10
—, dérouler un . 88.4
—, enrouler un . 88.3
—, épisser le . . 85.9
—, épissure du . 85.8
— fermé 85.7
—, frottement du 86.2
—, galet guide . 84.7
—, graisse de . . 86.4
— de grues . . . 87.9

Câble, joint du . 85.8
— de levage . . 87.7
— métallique . . 86.7
— de monte-char-
ges 87.8
—, poulie à . . 87.1
—, rigidité du . 86.3
— à spirale . . . 85.6
—, tension du . . 84.6
—, transmission par 84.5
—, transmission
cyclique par . 84.8
— de transmission 87.5
Cabrestante, rueda
de 90.6
Cabria 142.3
—, manubrio de . 142.4
Cacciavite . . . 18.3
Cadena 88.6
— abierta . . . 90.4
— de áncora . . 91.9
— de aparejo . . 91.9
— articulada . . 90.9
— —, tornillo de la 91.2
— de cabrestante 91.8
— calibrada . . 90.3
—, carrera de la . 91.10
— cerrada . . . 91.11
—, cierre de la . 89.4
—, eclise de . . 90.10
—, eje para . . 91.5
— de eslabones . 88.8
— de eslabón corto 89.8
— de eslabón largo 89.9
— de eslabones
soldados . . . 89.5
— de eslabón con
traversaño . . 90.1
— sin fin . . . 91.11
—, fricción de la 89.3
— Galle 91.8
— de gallo . . . 90.9
— de grúa . . . 91.8
— para pesos . . 91.7
—, piñón de . . 90.5
—, polea para . . 90.8
— de transmisión 91.6
Cadre de la scie . 189.4
Caduta, altezza
della 236.3
—, durata della . 236.4
— libera . . . 236.2
Cage de la vanne 125.2
Cagnaccia . . . 192.10
Caja 132.8
— (chaveta) . . 23.3
— de colores . . 232.1
— de distribución 126.9
— de empaqueta-
dura de cuero . 133.8
— de empaqueta-
dura metálica . 134.2

Caja para el engrase 53.5
— de estopas, la —
no cierra . . . 134.6
— —, la — cierra
herméticamente 134.7
— — de cuero . 133.8
— — á presión de
vapor 133.7
— de relleno . . 132.5
— estopa de fondo 133.4
— de guarnición
de cuero . . . 133.8
— — metálica . 134.2
— de herramientas 256.8
— de lápices . . 229.8
— de la polea loca 83.9
Cajear 23.4
Caída, altura de . 236.8
—, duración de la 236.4
— libre 236.2
Caidilla 166.7
Cajón 218.8
Calafatare . . . 31.1
Calafatear . . . 31.1
Calage . . ., . . 22.5
Calandrino . . . 208.5
Calar (chaveta) . 25.9
Calca heliográfica. 234.1
— al sol 234.1
Calcar 233.7
Calco 233.8
Calda sudante . . 165.8
Caldo saldante . . 165.8
Cale (palier). . . 44.2
Calentamiento del
soporte 48.8
Caler 25.6
Calettamento a
chiavetta . . . 22.5
Calettare 25.6
— un bullone . . 14.9
Calettatura a bietta 22.5
Calibrador . . . 207.9
— de alambres . 206.6
Calibrated chain . 90.8
Calibre 205.5
— pour diamètre . 205.7
— étalon 206.5
— de hauteurs . . 205.8
— limite 206.4
— normal . . . 206.4
— pour pas de vis 206.1
— de perçage . . 205.8
— de taraudage . 206.2
— de tolérance . . 206.4
— à vis 204.4
Calibre 204.3
— para agujeros . 205.7
— para alavear los
dientes de sierra 186.9
— para alturas . 205.6
— cilíndrico . . . 205.8

Calibre de compás . 205.5	Cáñamo, trenza de 135.4	Carico della val-
— esférico . . . 205.8	Canape, treccia di 135.4	vola 119.8
— para huecos . 205.6	Cancellare . . . 280.7	— —, regolare il . 120.4
— micrométrico . 204.5	Cannello ferrumina-	— variabile . . 248.8
— normal . . . 205.8	torio 203.1	Carnet à croquis . 220.5
—, pico del . . . 205.1	— da saldare . . 203.1	Carpenter's bench 193.9
— para plancha . 206.8	Cant file 174.6	Carraca 182.9
—, regla de . . . 205.2	Caoutchouc, garni-	Carreau 172.8
— de rosca . . . 204.4	ture de 135.7	— plat 172.2
— para rosca . 206.1	Cap (bearing) . . 43.5	Carrera. 235.2
— para tubos . 205.4	— -bolt (bearing) . 43.6	— atrás del émbolo 137.10
Calibro 204.8	— key 17.5	— de avance del
— cilíndrico . 205.8	— nut 13.1	émbolo 137.9
— a corsoio . . 204.6	— -screw 13.9	— de la cadena . 91.10
— — becco del . 205.1	— -screw (bearing) 43.6	— del émbolo . 137.7
— per diametri . 205.7	—, screwed (pipe) 105.2	— del péndulo . . 238.9
— per fili di ferro 206.6	Capa de lubrifi-	— de la válvula . 115.7
— per fori . . . 205.7	cante 48.8	— —, diagrama de la 115.8
— per impanature 206.1	Capacete 146.5	Carrucola 93.2
— per lastre metal-	—, chaveta del . 147.1	—, asse della . . 93.6
liche 206.8	—, patin del . 146.6	— fissa 93.8
— limite . . . 206.4	—, tornillo del. . 146.7	— folle 93.4
— normale . . . 206.5	—, vástago del . 146.8	— mobile . . . 93.4
— per profondità . 205.6	Capacity (of an	—, perno della . . 93.6
— per tubi . . 205.4	engine) 245.2	Carta asciugante . 232.9
— a vite . . . 204.4	Cape chisel . . . 167.6	— assorbente \. . 232.9
— per viti . . 206.2	Capo-officina . . 254.4	— cianografica . 234.2
Caliper-gauge . . 205.4	— -tecnico . . . 234.5	— da diluciadare . 233.9
—, sliding . . 204.6	Capocchia . . . 26.8	— da disegno . . 220.2
—, globe . . . 207.8	— emisferica . . 27.1	— per schizzi . . 220.4
— rule. . . . 204.4	— incassata . . . 26.8	— smerigliata . 197.9
Calipers . . . 206.7	— rasata . . . 26.8	— vetrata per ma-
—, outside . . 206.8	— semirasata . . 26.9	tite 230.5
—, spring . . 207.1	Cappello del sop-	Cartella per disegni 219.2
—, thread . . 207.2	porto 43.5	Cartera 219.2
Calor soldante . 165.8	— a vite di chiu-	Carton à dessin . 219.2
Calque 233.8	sura 105.2	Casco del tubo . . 97.9
Calquer . . . 233.7	Cara de la cuña . 21.7	— —, grueso del . 98.1
Cámara de aceite 55.4	— de la brida . . 99.5	Case-hardening . . 200.1
— de la válvula . 112.2	Cardan, joint . . 62.2	Casier 219.8
Cambia-correa . 84.8	— sches Gelenk . 62.2	Casing, cylinder . 130.4
Cambiamento di	Cardano, acopla-	Casquete roscado . 105.2
un asse 34.11	miento de . . . 62.2	Casquillo del pren-
Cambiar un eje . 34.10	—, giunto di . . 62.2	saestopas . . . 132.6
Cambiare un asse 34.10	Cardine 38.7	— de reducción . 105.9
Cambio de un eje 34.11	— ad anello . . . 38.8	— de unión . . . 105.4
Camera d'olio . . 55.4	Carga 247.5	Cassetta da muro . 47.8
— della valvola . 112.2	— constante . . . 248.1	— degli utensili . 256.8
Camicia del cilin-	— del eje 33.7	Cassetto (tavola) . 218.8
dro 130.4	— estática . . . 248.1	— a conchiglia . . 127.2
Camino recorrido . 235.2	— á la flexión . . 251.5	— di distribuzione 126.9
— — por la cabeza	— intermitente . 248.2	— equilibrato . . 127.5
del diente . .\ . 64.7	— en el muñón . 37.9	— piano 127.1
Camisa del cilindro 130.4	— en reposo . 248.1	—, stelo del . . 127.8
Cammino della fu-,	— de la válvula . 119.8	Cast flange . . . 100.4
cina 166.8	— —, regular la . 120.4	Cast-iron 211.8
Can, oil 51.9	— variable . . 248.8	— belt pulley . . 82.7
Canal 75.1	Cargar la válvula 120.8	—, malleable . . 212.4
—, ángulo de . . 75.2	Caricare la valvola 120.8	—, manganese . . 211.2
—, profundidad del 75.8	Carico dell'asse . 33.7	— pipe 101.9
Canale per la lubri-	— costante . . . 248.1	Cast tooth . . . 65.9
ficazione (sopporto) 44.5	— intermittente . 248.2	Castellated nut . 12.6
Canaletto per la	— sul perno . . 37.9	Castello del sop-
lubrificazione . 53.4	— di pressione . 250.9	porto 43.4

Casting, box- . . 211.5
—, chill- 212.2
—, dry-sand- . . 211.7
—, green-sand- . 211.8
— ladle 203.4
—, loam- 212.1
— moulded in the
 flask 211.5
—, sand- 211.6
— in sand . . . 211.6
—s, open sand . 211.4
—s, steel- . . . 212.3
—, water-gauge- . 111.3
Catcher 123.5
Catena 88.6
—, albero a . . . 91.5
— da ancora . . 91.9
— articolata . . 90.9
— —, perno della 91.2
—, attrito della . 89.3
— calibrata . . . 90.3
— continua . . . 91.11
—, corsa della . . 91.10
— Galle 91.3
— a ganci . . . 90.4
—, giurto della . 89.4
— da gru . . . 91.8
—, guida della . 90.7
— a maglia corta 89.8
— — lunga . . . 89.9
— — rinforzata . 90.1
— a maglie . . . 88.8
— — saldate . . 89.5
— motrice . . . 91.6
— d'ormeggio . . 91.9
— da pèsi . . . 91.7
—, puleggia per . 90.8
—, puleggia den-
 tata da 91.4
-- a puntelli . . 90.1
— senza fine . . 91.11
Caulk, to (rivets) . 31.1
Caulking-chisel . 31.2
— -iron 31.2
Cava-chiodi . . . 156.3
Cavalletto . . . 47.2
— pendente . . . 46.7
— per segare . 190.7
Cavallo a vapore . 245.3
Cavas del carpin-
 tero 194.2
Caviglia di guida . 117.6
— a vite prigioniera 15.2
Cavo 88.1
— di canape . . 86.9
— da ascensore . 87.8
Cazoleta (torno de
 remachar) . . 32.5
Célérité tooth . 186.7
Cement, leather . 80.11
—, to make a belt
 joint with . . 80.10
Cemented belt joint 80.9
— steel 214.2

Center-bit . . . 180.4
—, dead (crank) . 141.1
— of gravity . . 244.2
— line 225.3
— line of cylinder 130.2
— weight governor 151.9
— -mark 168.5
— -point 168.4
— 180.5
— -punch 168.4
— —, to mark the
 center with the . 168.6
Central lubrication 50.2
Centre 228.7
— à compas . . 228.7
— de gravité . . 244.2
Centrifugal brake 97.8
— force 237.4
— governor . . . 151.5
— lubrication . . 54.9
— regulator . . . 151.5
— schmierung . . 54.9
Centrino . . . 228.7
Centripetal-
 beschleunigung 236.9
— kraft 237.3
Centro 228.7
— (punteruolo) . 168.5
—, de — á . . . 225.7
— de gravedad . 244.2
— di gravità . . 244.2
Centrumsbohrer . 180.4
— spitze 180.5
Cepillado . . . 192.5
Cepilladora . . . 194.8
Cepillar 192.2
Cepillo 191.10
—, agujero de la
 cuña del . . . 192.1
— de banco . . 193.2
—, caja del . . 191.11
— de carpintero de
 ribera 193.7
—, cuchillo doble
 de 192.8
— de desbastar 192.10
— grande . . . 193.1
—, hierro de . 191.12
— de machihem-
 brar 193.6
— de mano . . 193.3
— de media madera 193.5
— de molduras . 193.4
— de perfilar . 193.8
— de dos scutidos 192.7
—, tapa del . . 192.9
Cepo 158.5
— de freno . . 96.4
— de polea . . 93.8
Ceppo del freno . 96.4
Cercle de couronne 63.6
— extérieur . . 63.6
— intérieur . . 63.7
— de pied . . 63.7

Cercle primitif . . 63.5
— primitif (dent) . 67.2
— de racine . . 63.7
— roulant (dent) . 67.3
— de roulement
 (dent) 67.3
— de tête . . . 63.6
— des trous de
 boulons 99.4
Cerrar el grifo . 128.2
— con tornillos . 19.1
— la válvula . . 115.3
Cervia 158.2
Cesoia da banco . 157.8
— parallela . . . 157.5
— per tavolo . . 157.4
Chain 88.6
—, anchor . . . 91.9
— axle 91.5
—, calibrated . . 90.3
—, crane 91.8
— drive 88.5
—, driving . . . 91.6
— drum 95.3
—, endless . . . 91.11
—, flat link . . . 90.9
— friction . . . 89.8
—, Gall's 91.8
— gearing . . . 88.5
— guard 90.7
— hook 92.8
—, hook link . . 90.4
—, inside length
 of the 88.10
— joint 89.4
— iron 89.2
—, link of a . . 88.9
—, load 91.7
—, long-link . . 89.9
—, open link . . 88.8
—, path of . . . 91.10
— riveting . . . 30.2
— sheave 90.6
—, short-link . . 89.8
—, sprocket . . . 90.9
—, stud link . . 90.1
— tackle block . 94.7
—, tested 90.8
—, welded . . . 89.5
— wheel 88.7
— wheel 90.8
Chaîne 88.6
— d'ancre . . . 91.9
—, anneau de la . 88.9
—, arbre à . . . 91.5
—, d'articulations : 90.9
—, chape guide . 90.7
— de charge . . 91.7
— crochet à (de) . 92.8
— à crochets . . 90.4
—, course de . . 91.10
— étançonnée . . 90.1
— à étançons . 90.1
— entretoisée . . 90.1

Chaîne sans fin . 91.11
—s, frottement de 89.8
— Galle 91.3
— de grue . . . 91.8
—, joint de . . . 89.4
—, maille de . . 90.10
— de maillons . . 90.9
— à maillons courts 89.8
— à maillons longs 89.9
— motrice . . . 91.6
— ordinaire . . . 88.8
—, pignon à . . 90.5
—s, poulie de (à). 90.8
—, roue à . . . 88.7
— roue à. . . . 90.6
— dentée, roue à . 91.4
— soudée . . . 89.5
—, tambour à . . 95.3
—s, transmission
par 88.5
Chaînons, courroie
à 80.6
Chaise 46.6
— fermée 46.8
— murale 46.4
— ouverte . . . 46.9
— — assemblée par
tipe 47.1
— suspendue . . 46.7
Chalumeau . . . 201.10
—, essai au . . . 203.3
Chambre d'huile . 55.4
— de la vanne. . 125.2
Chanfrein, mor-
dache à . . . 154.7
—, tenaille à . . 154.7
Change gears . . 68.3
— valve 118.1
Changement d'un
axe 34.11
— d'un essieu . . 34.11
Changer d'axe . . 34.10
— d'essieu . . . 34.10
Channel 215.9
Channeled plate . 216.5
Chanvre, câble de 86.9
—, corde de . . . 86.9
—, garniture de . 135.3
—, piston à garni-
ture de 138.4
—, tresse de . . . 135.4
Chapa 216.3
— escamada . . . 216.5
— de hierro . . 215.11
— ondulada . . . 216.6
Chape d'arrêt (sou-
pape à boulet) . 116.9
— guide chaîne . 80.7
Chapeau (presse-
étoupe) 132.6
—, boulon de (pa-
lier) 43.6
—, bride de (presse-
étoupe) . . . 132.7

Chapeau de ferme-
ture (tuyau) . . 105.2
— de palier . . . 43.5
Chapelle d'alimen-
tation 123.7
— de soupape . . 112.2
Charge 247.5
— admissible . . 247.7
—, chaîne de . . 91.7
— constante . . . 248.1
— de l'essieu . . 33.7
— de soupape . . 119.3
— variable (de 0
à +∞) 248.2
— variable (de +∞
à —∞) 248.3
Chargement, mode
de 247.8
Charger la soupape 120.3
Charnière, lime à 175.3
Chase, to 167.7
—, to — a screw-
thread 20.1
Chaser 20.5
—, to cut screws
with a 20.4
—, inside 20.6
—, outside . . . 20.7
Chasing hammer 163.1
— -tool 20.5
— —, inside . . . 20.6
Chasse carrée . . 162.4
— à percer . . . 163.3
— -pointes . . . 168.7
— — à main . . 169.2
— -rivet 31.8
Châssis pour bleus 234.5
— de la scie . . . 189.4
— de scies . . . 190.5
Chaudière, tube de 107.10
Chauffage, tuyau de 108.4
Chauffer, le palier
d'une machine
chauffe 48.2
Chaveta 24.7
— de acero . . . 22.4
—, agujero para . 23.1
—, altura de la . 22.8
—, ancho de la . 22.9
— anillo 25.2
— de cabeza . . 23.8
— cóncava . . . 24.4
— cuadrada . . . 24.1
— doble 24.6
— encastrada . . 23.10
— (de hierro) . . 22.3
—, lecho de la . 23.2
—, longitud de la 22.10
— plana 24.3
— redonda . . . 24.2
—, superficie de la 23.2
— tangencial . . 24.5
— (tornillo para
fundación) . . 16.1

Chaveta de torsión 22.7
— transversal . . 22.6
Chavetear un
perno 14.9
Check-nut . . . 13.2
— -valve 121.2
Cheese-head
(screw) 12.2
Chef d'atelier . . 254.4
Cheminée de forge 166.3
Chemise du cylin-
dre 130.4
Chest below the
grindstone . . 197.1
—, valve 112.2
Cheval-vapeur
(chevaux-) . . 245.8
Chevalet 47.2
Cheville 24.11
— de guidage . . 117.6
— taraudée . . . 15.2
—, trou de . . . 196.2
Chevron 70.4
—, dent à . . . 70.4
—s, roue à den-
ture à 70.3
Chiavarda da mu-
rare 15.6
Chiave 16.5
—, apertura della 16.7
— ad apertura
regolabile . . . 18.1
—, bocca della . 16.6
— a collare . . . 17.5
— doppia 17.1
— femmina . . . 17.4
— per flangie . . 101.1
— a forchetta . . 17.8
— a gancio . . . 17.7
— inglese . . . 18.2
— obliqua . . . 17.2
— da rubinetto . 17.6
— semplice . . . 16.8
— per tubi . . . 110.6
— a vite d'arresto 17.3
Chiavella 24.7
—, altezza della . 22.8
— anulare . . . 25.2
—, apertura della 23.1
—, arresto di sicu-
rezza della . . 25.5
— di calettamento
(sopporto) . . 44.2
— concava . . . 24.4
— doppia . . . 24.6
— incastrata . . 23.10
—, larghezza della 22.9
—, lunghezza della 22.10
— a nasello . . . 23.8
— piatta 24.3
— quadra . . . 24.1
—, riserrare una . 25.9
— rotonda . . . 24.2
—, serrare una . . 25.8

Chiavella, spessore
della 22.9
— tangenziale . . 24.5
— trasversale . . 22.6
Chiavetta (bullone
di fundazione) . 16.1
Chicharra . . . 182.9
Chill casting . . 212.2
Chilling 199.7
Chiminea de fragua 166.3
Chimney (forge) . 166.3
Chinche 220.6
Chiodaia 196.5
Chiodare . . . 30.5
— 195.7
Chiodatrice . . . 31.7
Chiodatura . . . 27.4
— d'angolo . . . 29.4
— a caldo . . . 27.8
— convergente . 30.3
— a coprigiunto . 29.1
— doppia . . . 29.6
— a doppio copri-
giunto 29.2
— ermetica . . . 28.2
— a file sfalsate . 30.1
— a freddo . . . 27.9
— a macchina . . 31.6
— a mano . . . 31.5
— multipla . . . 29.7
— parallela . . . 30.2
— a più tagli . . 28.6
— semplice . . . 29.5
— solida 28.1
— a sovrapposi-
zione. 28.7
— a taglio doppio 28.5
— — semplice . 28.3
— a zig-zag . . . 30.1
Chiodo 26.1
— 195.6
— per collegamenti
provisori . . . 27.3
—, foro del . . . 26.7
—, foro del . . 196.2
—, gambo del . . 26.2
—, infilare il . . 30.6
—, introdurre il . 30.7
—, tagliare la testa
al . . . . /. 31.4
—, testa del . . 26.3
—, testa di posa del 26.4
— a testa ribadita 27.2
—, testa ribadita del 26.5
Chiodi, fila di . . 27.5
—, fucina per arro-
ventare i . . . 32.9
— fucina per scal-
dare i 32.9
—, fuoco per . . 33.1
—, passo dei . . 27.6
—, stampo per . 31.8
—, tanaglia da . 32.7
Chipping-chisel . 23.5

Chisel 165.7
— 167.4
— 194.4
—, anvil- . . . 165.8
—, bolt 167.6
—, cape 167.6
—, caulking- . . 31.2
—, cold- 23.5
—, cold 168.1
— for cold metal 165.10
—, corner- . . . 195.2
--, cross-cutting . 167.6
— for cutting iron,
when heated . . 165.9
—, file- 170.10
—, firmer 194.6
—, flat 167.5
—, hand cold . . 167.9
—, groove cutting 23.5
—, mortise . . . 194.7
—, ripping . . . 194.6
—, stone 167.8
—, wall- 181.7
-- for warm metal 165.9
—, to work with a 168.2
— for working in
stone 167.8
—, to 194.5
—, to 168.2
—, to — off . . 168.3
—, to — out . . 167.7
Chiudere il rubi-
netto. . . . 128.2
— la valvola . 115.3
— a vite . . . 19.1
Chiusura del tubo 104.9
— della valvola . 115.5
Chop off, to . . 165.6
Choque de agua . 110.3
Churn-drill . . 181.6
Chute 236.2
Cianografia . . 234.1
— azzurra . . 234.3
— bianca . . . 234.4
Cicloide . . . 66.9
Cierra-junta . . 196.9
Cierre del anillo de
guarnición . . 139.2
— automático (ro-
sca) 10.10
— de la cadena . 89.4
— de la cuerda . 86.1
— del tubo . . 104.9
— de la válvula . 115.5
Cigüeña 36.10
Cigüeñal, formar el 37.1
Cigüeñuela . . . 142.3
Cilindro 130.1
—, alesar un . . 131.5
—, alesatrice per
cilindri 131.6
—, asse del . . . 130.2
—, camicia del . 130.4

Cilindro, il – è chiu-
so a tenuta con
una scatola a
stoppa 135.1
—, coperchio del . 130,5
—, diametro del . 130.3
— a doppio effetto 132.1
—, fondo del . . 130.8
— a frizione . . 74.4
—, involucro del . 131.2
—, lubrificazione
del 131.7
—, olio per cilindri 51.6
—, parete del . . 130.4
— della pompa . 132.3
—, premistoppa del 131.1
—, ritornire un . 131.4
—, rivestimento del 131.2
— a semplice effetto 131.8
— di smeriglio . . 198.4
— da torchio . . 132.4
—, tornire un . . 131.3
— a vapore . . 132.2
Cilindro 130.1
—, aceite para. . 51.6
— de bomba . . 132.3
—, camisa del . . 130.4
—, el — está cerrado
herméticamente
con un prensa-
estopas 135.1
—, diámetro del . 130.3
— de doble efecto 132.1
—, eje del . . . 130.2
— de esmerilar . 198.4
—, fondo del . . 130.8
— de fricción . . 74.4
—, lubricación del 131.7
— mandrilar un . 131.5
—s, máquina de
mandrilar . . 131.6
—, paredes del . 130.4
—, prensaestopas
del 131.1
— de presión . . 132.4
—, retornear un . 131.4
—, revestimiento
del 131.2
— de simple efecto 131.8
—, tapa del . . . 130.3
--, tornear un . . 131.3
— de vapor . . 132.2
Cimentación alla
pressione . . . 250.9
Cincel 167.8
— agudo . . . 167.6
— en caliente . . 165.9
— en frío . . . 165.10
— para limas . 170.10
Cincelar 168.2
Cinematica . . . 234.2
Cinemática . . . 234.8
Cinématique . . 234.8
Cinghia 76.5

Cinghia, accorciare
la 79.4
—, agraffa per . . 81.4
—, apparecchio
tenditore della . 80.8
— aperta 77.5
— articolata . . 80.6
—, cucire la . . 81.2
— cucita 81.1
—, cuoio da . . 80.4
— doppia. . . . 80.2
—, giuntura della 80.7
—, grappa per cin-
ghie 81.6
— inclinata da
destra a sinistra 78.7
— inclinata da si-
nistra a destra . 78.6
—·, incollare la . 80.10
— incollata . . . 80.9
— incrociata . . 77.6
—, larghezza della 76.8
—, monta- . . . 79.6
—, montar una —
sulla puleggia . 79.7
— motrice . . . 80.5
— multipla . . . 80.3
— orizzontale . . 78.4
—, parte conciata
della 77.2
—, parte naturale
della 77.1
—, fare passare la
— dalla puleggia
folle sulla fissa . 84.1
—, la — posa sull'
albero 80.1
—, la — salta dalla
puleggia . . . 79.5
—·, la — sbatte . 78.8
—, la — scorre . 79.1
— semi-incrociata 77.6
—, la — slitta . 79.1
—, smontare una —
dalla puleggia . 79.8
—, la — sormonta 79.2
—, spessore della. 76.9
—, tendere la . . 79.3
—, tensione della 75.8
— verticale . . . 78.5
—, vite per giun-
gere cinghie . . 81.5
Cinta del freno . 97.1
Ciotoletta . . . 232.6
Circle, addendum- 67.2
—, base (tooth) . 67.2
—, generating
(tooth) 67.3
—, pitch-. . . . 63.5
—, pitch- (tooth) . 63.6
—, rolling (tooth) 67.3
—, root- 63.7
Circolo di base (in-
granaggio) . . . 63.7

Circolo primitivo
(pericicloide). . 67.2
— primitivo (ingra-
naggio) 63.5
— di testa (ingra-
naggio) 63.6
Circular nut . . . 12.9
— pendulum . . 238.8
— pitch 63.4
— saw 190.4
— tongue and
groove, flange
with 100.1
Círculo de cabeza
(engranaje) . . 63.6
— interno (engra-
naje). 63.7
— de pie (engra-
naje) 63.7
— primitivo (engra-
naje) 63.5
— primitivo (peri-
cicloide) . . . 67.2
— de rotadura . . 67.3
— ·de tornillos . 99.4
Circumferential
friction wheel . 73.6
Cisaille à arc . . 157.1
— à bras 157.3
— à guillotine . . 157.6
— à levier . . . 157.2
—·s à main . . . 157.7
— parallèle . . . 157.5
— perforatrice . . 158.1
Cisaillement . . . 252.5
—·, effort de . . . 252.7
—, résistance au . 252.6
—, section de . . 28.4
—, tension de . . 252.8
— unitaire . . . 252.8
Cisailler, machine à 157.8
Cisailleuse . . . 157.8
Ciseau 194.4
— d'établi . . . 168.1
— fort 194.6
— à froid . . . 165.10
— à main . . . 167.9
— à pierre . . . 167.8
—, tailler un . . 194.5
Ciseaux 156.9
Ciseler 168.2
Cisoir 157.4
Cizallas 156.9
Clack, delivery . 124.3
—, exhaust . . . 124.5
—, inlet 124.4
—, pressure . . . 124.3
—, shutting . . . 124.1
—, suction . . . 124.2
—, valve 123.2
— valve 123.1
Clamping-screw . 15.1
Clamp, adjustable 154.4
Clamps (pl.) . . . 154.4

Clamps, bench . . 154.5
—, lockfiler's . . 154.7
—, vice- 154,7
Clapet 123.2
— d'admission . . 124.4
— d'arrêt 124.1
— d'aspiration . . 124.2
— à couronne . . 119.1
— d'échappement 124.5
— de fond . . . 120.6
—, garde du . . 123.5
— de refoulement 124.8
— de retenue . . 123.7
— de sûreté. . . 123.6
Clavar 195.7
Clavetage, double- 24.6
Claveter 25.6
Clavette 24.9
— d'arrêt 16.1
—s, arrêt de sûreté
des 25.5
—·, boulon à . . 14.8
—, carrée 24.1
—, contre- . . . 24.8
—, creuse . . . 24.4
— de la crosse . 147.1
—, hauteur de . . 22.8
—, largeur de . . 22.9
—, longitudinale . 22·7
—, longueur de . 22.10
—, sur méplat . . 24.3
— plate 24.3
— à rainure . . . 23.10
— de réglage . . 25.1
—, reserrer une . 25.9
— ronde 24.2
— de serrage . . 25.1
—, serrer une . . 25.8
—, surface d'appui
de 23.2
— à talon . . . 23.8
— tangentielle . . 24.5
— transversale . . 22.6
—, trou de . . . 23.1
Clavo 195.6
— agujero del . . 196.2
— -gancho para
tubería 109.8
Claw (belt) . . . 81.6
— (coupling) . . 60.3
— -coupling . . 60.2
——, disconnecting
with a 60.4
— -hammer . . . 162.3
Clearance of the
piston 136.4
Clef 16.5
— anglaise . . . 18.2
— pour brides . . 101.1
— de compas . . 227.9
— coudée. . . . 17.2
— à crochet. . . 17.7
— double. . . . 17.1
— à douille . . . 17.4

18*

Clef fermée . . . 17.5
— à griffes . . . 17.8
—, mâchoires de la 16.6
—, ouverture de la 16.7
— à ouverture ré-
glable 18.1
— du piston. . . 137.1
— de robinet . . 127.8
— de robinets . . 17.6
— simple 16.8
— à téton . . . 17.7
— à tubes . . . 110.6
—, vis à 15.3
—, à vis d'arrêt . 17.3
Clinch 26.1
Clip (pipe) . . . 109.7
—, eccentric. . . 144.1
—, to 165.6
Cliquet. 95.7
— (accouplement) 60.6
—, accouplement à 60.5
— à friction. . . 95.9
—, roue à . . . 95.6
Clog,to —, the wick
is clogged up . 54.4
Close nipple . . 107.2
Closing-head (rivet) 26.5
— line 242.7
— of the valve . . 115.5
Clothing, cylinder 131.2
Clou 195.6
—, oeuillet de . 196.2
Clouer 195.7
Cloutière . . . 196.5
Clutch 60.8
— -coupling . . 60.2
— disengaging . 59,1
—, driving with . 58.7
—, friction . . . 96.8
—, to throw in the 59.5
—, to throw out
the 59.6
Coach-wrench . . 18.2
Coarse file . . . 173.3
Cobre 216.8
Cock 127.7
—, (globe) . . . 128.7
—, angle . . . 128.8
—, bibb . . . 128.5
—, blow-off . . 129.7
—, body of . . 127.10
—, discharge- . . 129.8
—, draining . . 129.2
—, feed- . . . 129.9
—, four-way . . 129.1
—, gas- 129.6
—, gauge- . . . 111.5
—, grease- . . . 53.6
—, head of . . 127.9
—, mixing . . 129.3
—, to open the . 128.1
—, plug — with
packed gland . 128.6
—, plug of . . . 127.8

Cock, shut-off . . 129.4
—, to shut the. . 128.2
— -spanner . . . 17.6
—, straight-way . 128.7
—, stuffing box . 128.6
—, tallow . . . 53.6
—, testing . . 129.10
—, three-way . . 128.9
—, valve . . . 128.4
—, water . . . 129.5
—, water-gauge- . 111.5
— -wrench . . . 17.6
Codo de ángulo
recto 107.5
— de cuatro pasos 106.8
— curvado . . . 105.6
— de dos luces . 107.6
— de tres pasos . 106.7
Coëfficient d'allon-
gement 249.1
— d'arrachement . 252.9
— of friction . . 245.8
— de frottement . 245.8
— de glissement . 253.1
— d'irrégularité
(volant). . . . 149.8
— de rendement . 246.8
— of variation in
speed (fly wheel) 149.8
Coefficiente d'at-
trito 245.8
— della compres-
sione semplice . 251.2
— di dilatazione . 249.1
— d'espansione . 249.1
— del rendimento 246.8
— di rescissione . 252.9
— di sollecitamento
alla flessione . . 251.7
— di tensione . . 250.6
Coeficiente de
dilatación . . 249.1
— de empuje . . 252.9
— de rozamiento . 245.8
Coffre d'outils . . 256.3
Cog 72.2
— to mortise —s
into a gear wheel 72.7
—, pluck . . . 127.7
— -wheel . . . 72.1
—, to 72.6
Cogged fly-wheel . 150.4
— wheel . . . 72.1
Cogne dans la ma-
nivelle 142.8
Cognée 190.8
Cojinete 42.4
— (acoplamiento) . 57.3
—s (terraja) . . 21.2
— ajustable . . 42.5
—, ajustar el . . 48.6
— -anillo . . . 41.1
— de anillos . . 41.4
—, borde de . . 43.3

Cojinete, el — con-
sume 48.5
—, el — se des-
gasta 48.4
— de esferas . . 41.3
—, lubrificar el . 48.7
— á presión longi-
tudinal 41.4
—, rellenar el . . 43.1
— para el soporte
esférico 45.7
Coil, condensating 104.7
—, cooling . . . 104.7
—, heating . . . 104.8
—s, number of. . 149.2
— -pipe 104.6
Coin 21.6
— en acier . . . 22.4
—, angle du . . . 21.9
— en bois . . . 22.2
—, dos de . . . 21.8
—, face de . . . 21.7
— en fer . . . 22.3
—, pente de. . . 21.7
—, poulie à . . . 74.7
—, roue à . . . 74.7
—, serrage du . . 22.1
Coinçage 22.5
Coincer, le presse-
étoupe coince . 134.5
Cola 196.8
— para cuero . 80.11
Colador aspirante 108.6
Cold-chisel . . . 23.5
— -hammer, to . 160.8
— riveting . . . 27.9
— saw 187.7
—, to 187.5
Colector de aceite 52.9
Colgante 46.7
Colla 196.8
— per cuoio . . 80.11
Collar (shaft) . . 36.7
— flange . . . 100.8
— journal . . . 38.9
—s, journal with . 38.5
—s, journal with
(three, four . . .) 38.9
—, leather packing 134.1
—, loose 36.8
—, nave 69.5
—, neck- — journal 38.5
— nut 12.8
—, rim 69.8
—, set 36.8
— step 41.2
— — -bearing . . 40.1
— -thrust-bearing. 41.4
Collare 36.7
Colle 196.8
— de cuir . . . 80.11
— forte 196.8
Collegamento a vite 11.1

Collegare chia-
vella). 25.6
— con bulloni . . 18.4
— a vite 18.5
Coller 196.6
— la courroie . . 80.10
— ensemble . . . 196.7
Collet du moyeu . 69.5
—, rabattre le —
du tuyau . . 103.10
Collete. 38.4
— extremo . . . 38.6
— intermedio . . 38.5
Collier d'excentri-
que 144.1
Colocar una correa
sobre la polea . 79.7
Colonna d'acqua . 111.7
Colonne d'eau . . 111.7
Color del temple . 199.4
Colorare . . . 231.10
Colorer. . . . 231.10
Colores para acua-
rela 232.3
— en pastilla . . 232.2
Colori ad acqua-
rello 232.3
— in pezzi . . . 232.2
Colour, to grind the 232.3
—, to mix the . . 232.7
— tube 232.4
—, to 231.10
Coloured pencil . 233.4
Colouring brush . 232.5
Colpo d'ariete . . 110.3
Coltello (appoggio) 46.2
— a lama curva . 195.5
— a lama diritta . 195.4
— a due manichi 195.3
Columna de agua. 111.7
Comando ad innesto 58.7
— della valvola,
mecanismo di . 120.9
Commande par ac-
couplement à dé-
brayage. . . . 58.7
— par câble . . 84.5
— — courroie . . 77.4
— — excentrique. 144.5
— — poulies cônes 78.3
Commander un arbre
par courroie . . 76.4
Common bit. . . 180.3
— slide valve . . 127.1
Compas . . . 206.7
—. 226.8
—, boîte à . . . 226.7
—, clef de . . . 227.9
— à crayon . . 228.1
— diviseur . . . 207.4
— d'épaisseur . 206.8
— — pour billes . 207.3
— à vis . . . 207.2
— d'extérieur . 206.9

Compas, jambe de 226.9
— de mesure . . 228.2
—, pied de . . 226.10
— à pointe réglable 207.8
—, pointe sèche du 227.6
— à pointes sèches 228.2
— à pompe . . 228.4
— de proportion . 228.5
— à rallonges . . 227.3
— de réduction . 228.5
— à ressort . . 207.1
— — 228.3
—, tête du . . . 227.2
—, tire-ligne du . 227.5
— à verge . . . 228.6
Compás . . . 226.8
—, brazo del . . 226.9
—, cabeza del . . 227.2
— de círculos . . 228.4
— para esferas . 207.3
— de gruesos . . 206.8
— de huecos . . 206.9
— de lápiz . . . 228.1
—, llave del . . 227.9
— de muelle . . 228.3
— con muelle . . 207.1
— de patas . . . 206.9
—, pie del . . 226.10
—, pieza para tinta 227.5
—, porta-lápiz del 227.4
— de precisión . 228.3
— de proporciones 228.5
—, punta del . . 227.1
— de puntas
móviles . . . 227.3
— de puntas secas 206.7
— — pequeño . 228.2
— de reducción . 228.5
— para roscas . . 207.2
—, tiralíneas del . 227.5
— de varas . . 228.6
Compass with
detachable legs 227.3
— key 227.9
— -plane . . . 193.7
— -saw . . . 188.10
— wrench . . . 227.9
Compasses . . . 228.2
—, beam- . . . 228.6
—, bow 228.4
—, foot of . . 226.10
—, handle of . . 227.2
—, lead 228.1
—, leg of . . . 226.9
—, pair of . . 226.8
—, point of . . 227.1
—, proportional . 228.5
—, reducing . . 228.5
—, scribing . . 207.8
—, set of . . . 227.7
—, spring bow . 228.4
Compasso. . . . 206.7
— 226.8
—, chiave del . 227.9

Compasso diritto
ad arco. . . . 207.4
—, gamba del . . 226.9
— per impanature 207.2
— d'interiore . . 206.9
— a matita . . . 228.1
— a molla . . . 207.1
—, piede del . 226.10
— di precisione a
molla 228.3
—, punta del . 227.1
— a punta fissa . 228.2
— a punte regolabili 207.8
— di ricambio . . 227.3
— di riduzione . 228.5
— di spessore . . 206.8
— per spessore ad
arco 207.3
—, testa del . . 227.2
— a verga . . . 228.6
Compensateur,
tuyau 104.1
Compensating pipe 104.1
Component . . . 242.1
—s, to resolve an
acceleration in
its. 240.1
—, to resolve a
velocity in its . 240.1
— of velocity . . 240.2
Componente. . . 242.1
— de aceleración . 240.2
— de velocidad . 240.2
Componenti della
accelerazione . 240.2
— della velocità . 240.2
Componer varias
aceleraciones en
una resultante . 240.3
— varias velocida-
des en una resul-
tante 240.3
Comporre più acce-
lerazioni in una
risultante . . . 240.3
— più velocità in
una risultante . 240.3
Composante d'une
force 242.1
— de la vitesse . 240.2
Composantes, dé-
composer une ac-
célération en ses 240.1
—, décomposer
une vitesse en ses 240.1
Compresión del
muelle 148.7
Compress, to — a
spring 148.8
Compressible, être 149.3
Compression . . 250.7
—, un corps est
soumis à un ef-
fort de 247.6

Compression, effort
de 250.9
—, elasticity of . 250.8
—, force de . . . 251.1
—, force of . . . 251.1
—, résistance à la 250.8
— du ressort . . 148.7
— of the spring . 148.7
— unitaire . . . 251.2
Compressione della
molla 148.7
Compressive strain 251.2
— strength . . . 250.8
Comprimer un res-
sort 148.8
Comprimere la
molla . . .•. . 148.8
Comprimir un mu-
elle 148.8
Compteur de
courses 209.3
— de tours . . . 209.4
Conchiglia (giunto) 57.3
Condensating coil 104.7
Condition of equi-
librium 244.7
Conducción . . . 109.1
— para agua . 109.10
— de aspiración . 108.7
— de descarga . . 108.9
— para gas . . . 110.1
— para vapor . . 109.9
Conduite d'aspira-
tion 108.7
— d'eau . . . 109.10
— à gaz . . . 110.1
— d'huile . . . 52.8
— de refoulement 108.9
— de tuyaux . . 109.1
— de vapeur . 109.9
Conduttura . . . 109.1
— d'acqua . . . 109.10
— d'aspirazione . 108.7
— di gas . . . 110.1
— d'olio 52.8
— pressione . . 108.9
— di vapore . . 109.9
Cone, continuous
speed 78.3
— coupling . . . 61.1
—, generating- (be-
vil gear wheel) . 71.1
— governor . . . 151.7
— pulley 83.4
— — drive . . . 78.3
— of valve . . . 116.6
Cône 83.4
—, accouplement à
— de friction . 61.1
— de base (roue
conique) . . . 70.9
—s commande par
poulies 78.3

Cône complémen-
taire (roue coni-
que) 71.1
— à gradins . . . 83.5
— de pression . . 58.2
— de la soupape . 116.6
—s, transmission
par tambours . 78.3
Congiungere in-
sieme 165.1
Conical journal . 39.3
— pendulum . . 239.4
— pivot 39.1
— plug 128.3
— roll 74.5
— valve 116.5
Connecting rod . 144.7
—, body of the . 144.8
—, cross head end
of the 144.9
— fork 145.3
Cono complemen-
tare 71.1
— complementario 71.1
— de fricción . . 74.5
— a frizione . . 74.5
— limite dell' al-
zata 114.3
— mordiente . . 95.9
— primitivo . . . 70.9
— de sujeción
(acoplamiento) . 58.2
Consistency, de-
gree of . . . 50.7
Consistent fat . . 50.6
Cónsola angular . 47.6
— en ángulo . . 47.6
— de pared . . . 46.5
Console 46.5
— à équerre . . 47.6
Construcción . . 222.4
— de máquinas . 253.9
Construct, to — a
machine . . . 253.8
Constructeur . . 222.3
— de machines . 254.2
— mécanicien . . 254.6
Construction . . 222.4
—, défaut de . . 222.5
—, faute de . . . 222.5
— de machines . 253.9
— of machines . 253.9
Constructor . . . 222.3
— de máquinas . 254.2
Construir . . . 222.2
— una máquina . 253.8
Construire . . . 222.2
— une machine . 253.8
Contact 63.9
—, angle of (belt) 76.3
—, arc of (belt) . 76.3
—, line of . . . 64.1
—, path of . . . 64.2

Contact, surface
de (soupape) . . 113.5
— surface of the
seat (valve) . . 113.5
Contador de car-
reras 209.3
— de revoluciones 209.4
Contagiri 209.4
Contatore alter-
nativo 209.3
Continu, graissage 49.2
Continuous line of
shafting . . . 35.1
— lubrication . . 49.2
— oiling 49.2
—rope drive system 84.8
— speed cone . . 78.3
Contorno . . . 224.7
Contour 224.7
Contra-brida . . 100.2
Contra-chaveta . . 24.8
Contramaestro . . 254.5
Contramarcha de
engranaje . . . 68.2
Contra-marcha á
friccion 75.4
Contra-punzón . . 168.7
Contra-tuerca . . 13.2
Contracción . . . 248.8
Contraction, lateral 248.8
Contre-bouterolle . 32.3
— -bride 100.2
— -clavette . . . 24.7
— -écrou 13.2
— -fer (rabot) . . 192.9
— -maître . . . 254.5
— -manivelle . . 142.1
Contreplaque . . 15.8
Contrepoids de ré-
gulateur . . . 152.1
Contrete (cadena) . 90.2
Contro-chiavella . 24.8
— -dado 13.2
Contro-flangia . . 100.2
— -manovella . . 142.1
Controstampo . . 32.3
— 164.5
Control, to . . . 152.6
Cool-hammer, to . 160.8
Cooling coil . . . 104.7
Cooper jointer . . 193.2
Copa de aceite . . 53.8
Copeaux 192.6
Coperchio del ci-
lindro 130.5
— —, avvitatura
del 130.7
— —, bullone del . 130.6
— —, vite del . . 130.6
— del sopporto . 43.5
— della valvola . 112.3
— —, bullone del 112.4
Copper 216.8
— bit 201.6

Copper bit with an
  edge 201.7
— — with a point 201.8
— bolt 201.6
— hammer . . . 163.8
— -pipe 103.6
— -tube 103.6
—, yellow- . . . 217.5
Coppia 243.8
—, asse della . . 243.5
—, momento della 243.4
Coprigiunto . . . 29.3
Coquille de cous-
  sinet 42.4
—, accouplement
  à —s 57,2
— d'accouplement 57.3
Corchete de cable 86.1
— para correa . . 81.6
Corda 85.1
— d'amianto . . 135.6
—, attrito della . 86.2
—, avvolgere una 88.8
— di canape ·. . 86.9
— chiusa 85.7
— di cotone . . 86.10
— ferma 86.6
—-, intrecciare la . 85.4
—, lubrificante della 86.4
— in moto . . . 86.5
— motrice . . . 87.5
—, piombare la . 85.9
—, puleggia di
  guida della . . 84.7
—, punto di piom-
  batura d'una . . 85.10
—, rigidezza della 86.8
— a spirale . . . 85.6
—, svolgere una . 88.4
—, tensione della . 86.4
— di trasmissione 87.6
Corde 85.1
—, apparecchio
  d'attacco delle . 86.1
—-, battre la . . . 85.4
— de chanvre . . 86.9
— de commande . 87.6
— de coton . . 86.10
— fixe 86.6
— mobile 86.5
—, machine à battre
  les —s 85.5
—, poulie à . . . 87.1
—, tambour à . . 95.2
—, tresse de . . 85.2
—, unione di . . 85.8
Core 85.3
Corliss, tiroir . . 126.7
— valve . . . 126.7
Corne de l'en-
  clume 159.1
Corner-chisel . 195.2
— -chisel drill . 182.7
Cornière en fer . 215.6

Corona de asiento
  (cojinete) . . 41.2
— dentada (rueda) 69.2
— dentata (ruota) 69.2
— de empaque . . 99.7
— postiza (rueda) 69.8
— della puleggia . 81.8
— riportata (ruota) 69.8
Corpo dell' asse . 33.6
— della pompa . 132.8
— del sopporto . 43.4
Corps (vis) . . . 11.8
— de bielle . . . 144.8
— de manivelle . 141.3
— de palier . . . 43.4
— du piston . 139.4
— de rivet . . . 26.2
— de soupape . . 113.3
— de la vanne . 125.5
Correa 76.5
— abierta 77.5
—, acortar la . . 79.4
—, ancho de la . 76.8
— articulada . . 80.6
—, atesador de . 80.8
—, la — está co-
  locada sobre el
  eje de transmi-
  sión 80.1
—, corchete para . 81.6
— cosida 81.1
—, coser la . . . 81.2
— de costura . . 81.3
— cruzada . . . 77.6
—-, cuero de . . 80.4
—, desviador de la 84.3
— doble 80.2
— encolada . . . 80.9
—, encolar la . . 80.10
—, estirar la . . 79.3
—-, grueso de la . 76.9
— horizontal . . 78.4
— inclinada de de-
  recha á izquierda 78.7
— inclinada de iz-
  quierda á derecha 78.6
—-, labros de la . 81.4
—, lado brillante
  de la 77.1
—-, lado rugoso de
  la 77.2
—s, monta . . . 79.6
—, montar una —
  sobre la polea . 79.7
— motriz 80.5
— múltiple . . . 80.3
—, pasar la — de la
  polea loca á la
  fija 84.1
—, quitar la — de
  la polea . . . 79.8
Correa, recortar la 79.4
—, la — resbala . 79.1
—, la — salta . . 78.8

Correa, la — salta
  de la polea . . 79.5
—, semi-cruzada . 77.7
—, tensión de la . 75.8
—, tornillo para . 81.5
—, la — trepa . . 79.2
—s, unión de . . 80.7
— vertical . . . 78.5
Corredera descar-
  gada 127.5
Corrugated pipe . 104.8
— tube 104.8
— sheet iron . . 216.6
Corsa di andata
  dello stantuffo . 137.9
— della catena . 91.10
— di ritorno dello
  stantuffo . . 137.10
— dello stantuffo . 137.7
Corta-alambres . 155.10
Corta-frío 167.9
— de afolar . . . 31.2
Corta-lápiz . . . 230.4
Corta-tubos . . . 110.8
Cortador de lápiz 230.4
Cortar los dientes
  de sierra . . . 187.2
— un eje 37.3
— los tornillos con
  terraja 20.8
Corte de sierra . 185.4
Coser la correa . 81.2
Costola (valvola) . 117.4
Costruire 222.2
— una macchina . 253.8
Costruttore . . . 222.8
— di macchine . 254.2
Costruzione . . . 222.4
— di macchine . 253.9
Costura (rema-
  chado) 27.5
Cota 225.6
— de rebajo (gor-
  rón) 37.8
Cote 225.6
Côté chair de la
  courroie . . . 77.1
— poil de la cour-
  roie 77.2
Coter 225.9
Cotes principales . 225.8
Coton, câble de . 86.10
—, corde de . . 86.10
Cottar, to — a bolt 14.9
Cotter . . 16.1; 24.9
—, bearing surface
  of 23.2
— bolt . . . 14.8; 15.7
—, depth of a . . 22.8
—, to drive in a . 25.8
—, gib and . . . 24.8
—, length of a . . 22.10
— with screw end 25.1
—, slot for . . . 23.1

Cotter, thickness
of a 22.9
—, to tighten up a 25.9
Cottering 22.5
Cotton rope . . . 86.10
Couche d'huile . 48.8
Couché, tuyau . . 102.1
Coude (arbre) . . 36.10
— (tuyau) . . . 105.6
—, arbre à — double 37.2
— du crochet . . 92.4
Couder. 37.1
Coudre la courroie 81.2
Coulage en châssis 211.5
— en sable . . . 211.6
— — — sec . . 211.7
— — — vert . 211.8
Coulé en châssis . 211.5
— en sable . . . 211.6
— — — sec . . 211.7
— — — vert . 211.8
Couleur d'aqua-
relles 232.8
—, broyer la . . 232.8
—, faire la . . 232.7
—s en morceaux . 232.2
— du recuit. . . 199.4
Coulisse, jauge à
—s 205.4
—, pied à . . . 204.6
— -manivelle . . 143.1
Coulisseau (mani-
velle). 143.2
Counter . . . 209.8
Counterpoise, go-
vernor . . . 152.1
Countersink . . 180.7
—, to — a rivet . 30.6
Counter-sunk head 12.8
— — head and nut 14.4
— — screw . . 14.4
Coup de bélier. . 110.3
— double du piston 137.8
— de lime . . . 171.7
— de pointeau . 168.5
Coupe, dessiner un
détail de machine
en 224.8
— -fils . . . 155.10
— longitudinale . 224.9
— transversale . 225.1
— -tubes . . . 110.8
— x—y . . . 225.2
Couper un arbre . 37.8
—, tenaille à . . 156.2
— la tête du rivet 31.4
Couple de forces . 243.8
— of forces . . 243.8
—, moment du . 243.4
—, moment of the 243.4
—, to — up . . 62.5
Coupled . . . 62.6
— axle. 34.1
— direct with . 62.7

Coupling 56.1
—, band- 61.6
— -bolt . . . 57.4
— -box 56.5
—, box 56.4
—, brush- . . . 61.8
—, claw- . . . 60.2
—, cone 61.1
—, to connect the 59.5
—, to disconnect
the 59.6
--, elastic . . . 58.5
—, electro-magne-
tic. 61.5
—, expansion- . . 58.4
—, fast. 56.8
—, flange . . . 98.7
—, flange of. . . 57.6
—, flexible . . . 58.4
—, friction clutch 60.7
—, jointed . . . 61.8
—, leather- . . 61.4*
— link . . . 145.4
—, movable . . . 58.8
—, muff- 56.4
—, pawl- . . . 60.5
—, plate- . . . 57.5
—, rod- 61.7
— -rod . . . 145.4
—, screw . . . 56.6
—, screw- — box 56.7
—, screw-flange- . 98.8
—, screwed-pipe- . 98.6
—, Sellers- . . 58.1
—, shaft- . . . 56.2
—, sleeve- . . . 56.8
—, split- . . . 57.2
—, wedge for . . 58.2
Courbage . . . 251.8
Courbe ballistique 237.11
Couronne, cercle de 63.6
— dentée. . . . 69.2
—, nervure de la . 69.8
— rapportée. . . 69.8
Courroie 76.5
—, agrafe de . . 81.4
—, agrafe griffe pour 81.6
—, articulée . . 80.6
—, attache de . . 80.7
— à chaînons . . 80.6
—, collée . . . 80.9
—, coller la . . 80.10
— de commande . 80.5
—, commande par 77.4
—, commander un
arbre par . . . 76.4
—, côté chair de la 77.1
—, côté poil de la 77.2
—, coudre la . . 81.2
— cousue. . . . 81.1
—, croisée . . . 77.6
—, cuir de . . . 80.4
— demi croisée . 77.7
— double. . . . 80.2

Courroie, enlever
une – de la poulie 79.8
—, épaisseur de la 76.9
—, la — flotte . . 78.8
—, la — glisse. . 79.1
— horizontale . . 78.4
—, largeur de la . 76.8
—, mettre une —
sur la poulie. . 79.7
— montante de
droite à gauche 78.7
— montante de
gauche à droite 78.6
—, monte- . . . 79.6
—, la — monte . 79.2
— multiple . . . 80.8
— ouverte . . . 77.5
—, passer la — de
la poulie folle à
la poulie fixe . 84.1
—, la — pose sur
l'arbre . . . 80.1
—, raccourcir la . 79.4
—, renvoi à . . . 77.8
—, tendeur de . 80.8
—, tendre la . . 79.8
—, tension de . 75.8
—, la — tombe de
la poulie . . . 79.5
—, transmission
par 75.5
— verticale . . . 78.5
—, vis agrafe de . 81.5
Course de chaîne . 91.10
—s, compteur de . 209.8
— du manchon du
régulateur . . . 151.2
— du piston . . 137.7
— de soupape . 114.1
—, taquet limitant
la 114.8
Coussinet 42.1
—s 21.2
—, coquille de . 42.4
—, fourrure pour
revêtir un . . 42.6
—, garnir un . 43.1
—, garnir un — de
métal blanc . . 43.2
—, garniture pour
revêtir un . . 42.6
—, mettre un . 42.2
— sphérique (bea-
ring) 45.7
—, rebord du . 43.8
— réglable . . . 42.5
—s, régler les . 48.6
Couteau (palier) . 46.2
—, lime à —x . 175.1
— à deux manches 195.8
Couvercle, boulon
du 130.6
— du cylindre . 130.5
— du piston . 139.5

Couvercle — 281 — Cuoio

Couvercle du
  piston, vis de . 139.6
— de soupape . .112.3
— —, boulon du . 112.4
— de la vanne. .125.3
Couvre-joint (rivet) 29.3
Cover-plate (rivet). 29.3
—, valve 112.8
Covering, pipe . . 98.4
Crack (in steel) 199.11
Cramp 154.4
— -frame 196.9
Crampon 155.2
Crane-chain . . . 91.8
— rope 87.9
Crank 141.2
—, to make a . . 37.1
— (shaft) 36.10
— arm 141.8
— bearing . . . 47.7
—, body of the . 141.8
— -disk 142.2
—, double throw —
  shaft 37.2
— -gear 140.8
— knocking in the 142.8
— pin 141.6
— pin brasses . . 141.7
—, return- . . . 142.1
—, safety- . . . 142.7
— shaft 141.4
— — bearing . . 141.5
—, slot and . . .143.1
— steps 141.7
—, to 37.1
— web. 141.8
—, winch and —
  handle 142.8
Crapaudine . . . 40.8
— annulaire . . . 41.1
— à billes . . . 41.8
Crayon 230.2
— bleu 233.6
— du compas . .227.4
— de couleur . .233.4
—s, lime à . . .230.6
— rouge 233.5
— tailler le . . .230.3
Creep, to, the belt
  creeps . . . 79.2
Crémaillère . . . 70.7
—, engrenage à . 70.6
Cremallera . . . 70.7
Crépine 108.6
Creuser un cylindre 131.8
— en grattant . .177.3
Creux 65.7
— 179.1
Crevasse de trempe 199.11
Cricchetto . . .182.9
Crochet 92.1
—, accessoires de 92.9
—, bec du . . . 92.2
— à (de) câble . 92.7

Crochet à (de)
  chaîne 92.8
—, coude du . . 92.4
— double . . . 92.6
— fermé 93.1
— de four . . .166.8
—, ouverture du . 92.2
—, tige du . . . 92.3
Croisillon 62.3
Croix (tuyau) . .106.5
Croquis 222.9
— acotado . . .223.8
—, carnet à . . .220.5
— cotés 223.8
—, papier.à . . .220.4
— de projet . . .223.3
— de proyecto . .223.3
Croquizar 222.8
Cross-cut 170.5
— — -saw 188.5
— -cutting chisel 167.6
— file 174.8
— -head 146.5
— — center . . .146.7
— — cotter . . .147.1
— — end of the
  connecting rod .144.9
— — and slipper .146.4
— pane hammer .162.1
— -piece 62.8
— -pipe 106.5
— section . . .225.1
— valve 118.1
Crosse 146.5
—, clavette de la 147.1
—, tige de . . .146.8
—, tourillon de .146.7
Crossed belt . . . 77.6
Crowned pulley . 82.2
Crowning (pulley) 82.8
Cruceta 146.5
Crucible steel . .214.4
Cruzamiento de
  tubos 106.5
Cuadra de tornear
  ejes 35.2
Cuadro para mari-
  ones 234.5
— de pared . . . 47.3
Cubo de la rueda. 69.4
— —, aumento de
  grueso del . . 69.5
Cubrejunta . . . 29.3
Cucchiaio da salda-
  tore 203.4
Cucharilla de sol-
  dador 203.4
Cuchillo 195.8
— de dos mangos 195.8
— de dos manos .195.4
— raspador . . .231.1
Cucire la cinghia. 81.2
Cuello de cuero .134.1
— del eje . . . 33.3

Cuerda. 85.1
— de algodón . . 86.10
— de amianto . .135.6
—, arrollar una . 88.3
— de cable revestido 85.7
— de cáñamo . . 86.9
—, cierre de la . 86.1
—, desarrollar una 88.4
— directora . . . 87.6
—, empalme de la 85.10
—,engrase de la . 86.4
— á espiral . . . 85.6
— fija 86.6
—, fricción de la . 86.2
—, guía de la . . 84.7
— de impulsión . 87.6
— motriz 87.5
— en movimiento . 86.5
—, rigidez de la . 86.8
—, tensión de la . 84.6
—, torcer la . . 85.4
—, unión de . . 85.8
Cuerno del yunque 159.1
Cuero de correa . 80.4
Cuerpo del eje . . 33.6
— del remache . 26.2
— del soporte . . 43.4
Cuir, colle de . . 80.11
— de courroie . . 80.4
—, garnir un pi-
  ston de 138.6
—, piston à garni-
  ture de 138.5
Cuivre 216.8
— jaune 217.5
—, marteau en . .163.8
—, tuyau en . .103.6
Culisse (manivela) .143.2
Cuña 21.6
— de ajuste . . . 25.1
— de ajuste (so-
  porte) 44.2
←, cabeza de la . 21.8
—, cara de la . . 21.7
—, inclinación de la 22.1
— de madera . . 22.2
— de presión . . 25.1
— del soporte . . 46.2
Cuneo 21.6
— d'acciaio . . . 22.4
— di aggiustamento
  (sopporto) . . . 44.2
— per aggiusta-
  mento 25.1
—, piano d' appog-
  gio del 23.2
— di ferro . . . 22.3
—, inclinazione del 22.1
— di legno . . . 22.2
—, superficie del . 21.7
—, testa del . . . 21.8
Cunetta (marti-
  netto) 32.5
Cuoio da cinghia . 80.4

Cup 31.8
— -chaped-dies . 32.2
—, drip 52.9
— -valve 119.1
Curl, piston . . . 139.7
Curso del émbolo 137.8
Curva balística 237.11
— balistica . . 237.11
— de engrane . . 64.2
— d'imbocco . . 64.2
Curvatura (corona
della puleggia) . 82.3
— de la llanta
(polea) . . . 82.3
Curve, ballistical 237.11
—, flexible . . . 220.1
Curved armed
pulley 82.5
Curves. . . . 219.10
—, irregular . . 219.10
Curvilinear motion 236.7
Curvilineo . . 219.10
Cuscinetti (filiera) . 21.2
Cuscinetto . . . 42.4
—, il — si logora . 48.4
—, lubrificare il . 48.7
— per perno sferico 45.7
— regolabile . . 42.5
—, regolare il . . 48.6
— di spinta . . . 41.4
Cut, bastard (file) .170.2
—, cross- (file) . .170.5
— of the file . .170.1
—, fine (file) . .170.3
—, first (file) . .170.7
—, lower (file) . .170.7
—, second (file) .170.5
—, single (file) . .170.4
—, smooth (file) .170.3
— tooth 66.1
—, upper (file) . .170.6
—, to 184.9
—, to — -files . .170.8
—, to — grooves . 23.7
—, to — a key-way 23.4
—, to — off an axle 37.3
—, to — off a shaft 37.3
—, to — screws
with a chaser . 20.4
—, to — screws
with a die. . . 20.3
—, to — screws by
hand 19.10
—, to — teeth . .187.2
Cutter 183.2
— (A) 157.5
— (center-bit) . .180.4
—, backed off . .183.5
—, cylindrical . .184.1
—, face-milling .184.4
—, formed . . .184.8
— for gear wheels 184.5

Cutter, milling- . .183.2
—, pipe- 110.8
—, profil 184.8
—, screw-milling-. 20.8
—, side-milling .183.6
—, slot- 183.7
—, slot- 184.2
—, tooth of the .183.3
—, wheel 184.5
Cutting 185.1
— angle 185.9
— block (file) . .171.1
— machine, wheel 73.2
— -nippers . . .156.1
Cuvette d'égout-
tage 52.9
— d'huile (palier) 44.6
Cycloid 66.9
Cycloidal gear
system 66.7
— pendulum . .239.5
Cycloïde 66.9
Cykloide, Epi- . . 66.8
—, gemeine . . 66.9
—, Hypo-. . . . 66.10
—npendel. . . .239.5
—, Peri- 67.1
—nverzahnung . . 66.7
Cylinder 130.1
— achse 130.2
—, einen — aus-
bohren 131.5
—, einen — aus-
drehen 131.8
— axis 130.2
— boden 130.8
— bohrmaschine .131.6
— bohrung . . .130.8
— -bolt 130.6
— bore diameter .130.3
—, to bore out a .131.5
— boring machine 131.6
— bottom . . .130.8
— casing 130.4
— center line of .130.2
— clothing . . .131.2
— Dampf- . . .131.2
— deckel. . . .130.5
—, doppelt wirken-
der 132.1
—, double acting .132.1
— durchmesser .130.3
—, einfach wir-
kend 131.8
— head 130.5
— — bolt . . .130.6
— jacket 130.4
— inside diameter 130.3
— lagging . . .131.2
— mantel . . .130.4
— maß. 205.4

Cylinder, einen —
nachdrehen . .131.4
—, -oil 51.6
— oiling 131.7
— öl 51.6
—, Preß-. . . .132.4
—, pressure . .132.4
—, pump-. . . .132.8
—, Pumpen-. . .132.8
—, to re-bore a .131.4
— schmierung . .131.7
—, single acting .131.8
—, steam-. . . .132.2
— stichmaß . . .205.4
— stopfbüchse . .131.1
— der — ist durch
eine Stopfbüchse
abgedichtet . .135.1
-- stuffing box. .131.1
—, the — is kept
tight by means
of a stuffing-
box 135.1
—, to turn out a .131.8
— verkleidung . .131.2
— wandung . . .130.4
Cylindre 130.1
—, aléser un . .131.5
—, axe du . . .130.2
—, boulons du . .130.7
—, chemise du . .130.4
— couvercle du .130.5
—, creuser un . .131.8
—, diamètre du .130.3
— à double effet .132.1
—, enveloppe du .131.2
—, fond du . . .130.8
— de friction . . 74.4
—s, graissage des.131.7
—s, huile pour. . 51.6
— lubrication . .131.7
—s, machine à
aléser les . . .131.6
—, paroi du . . ' 130.4
— de pompe . .132.3
— de presse. . .132.4
—,presse-étoupe du 131.1
—, le — est rendu
étanche par un
presse-étoupe .135.1
— à pression . .132.4
—, réaléser un . .131.4
— à simple effet .131.8
— à vapeur . . .132.2
Cylindrical cutter. 184.1
— journal . . . 39.2
— spiral spring .148.3
Cylindrisches Rei-
bungsrad . . 73.6
Cylindrische
Schraubenfeder .148.3
Cylindrisch. Zapfen 39.2

D.

D-slide valve . . 127.2
Dado (soporte) . . 42.1
— (vite) 11.5
— ad alette . . . 12.7
— a colletto . . . 12.8
— esagonale (vite) 12.5
— di fissamento . 12.9
— a fori 12.9
— de guía (mani-
vela) 143.8
— ad intagli . . 12.6
— lavorato . . . 12.8
—·, poner un . . 42.2
— rotondo . . . 12.10
Dampfabsperr-
schieber . . . 126.6
— absperrventil . 121.2
— cylinder . . . 132.2
— kolben . . . 140.5
— leitung . . . 109.9
— stopfbüchse . . 133.7
Daumenrad . . . 91.4
— rolle 91.4
— schraube . . . 15.4
Dead center (crank) 141.1
— — position
(crank) 140.9
— smooth file . . 172.7
— weight valve . 119.2
Débrayage . . . 59.7
—, accouplement à 58.6
—, appareil à . . 58.8
—, appareil de . . 84.8
—, arbre de . . . 59.4
— automatique . . 60.1
—, commande par
accouplement à 58.7
—, fourche de . . 59.8
—, fourchette de . 84.4
— à griffes . . . 60.4
—, levier de . . 59.2
Débrayer (accou-
plement) . . . 59.6
—, embrayer et . 84.2
Dechsel 191.8
Dechseln 191.9
—, Cylinder- . . 130.5
Deckel (Hobel) . 192.9
— (Stopfbüchse) . 132.6
— flansch 105.8
—, Kolben- . . . 139.5
—, Lager- . . . 43 5
—, Ventil- . . . 112.8
—, Ventilgehäuse- 112.8
Deckelschraube
(Cylinder) . . . 130.6
—, Kolben- . . . 139.6
— (Lager) . . . 43.6
Deckelverschrau-
bung (Cylinder) . 130.7
Déclaveter . . . 25.7
Dedendum . . . 65.4

Dedendum line . 63.7
Défaut de construc-
tion 222.5
— de soudure . . 165.4
Defect in welding 165.4
Deflection . . . 252.1
— (belt) 67.2
— (spring) . . . 147.5
Deformación . 248.4
— elástica . . . 248.5
Deformation . . 248.4
—, elastic . . . 248.5
—, permanent ela-
stic 249.5
—, resilience work
of 248.6
Déformation. . . 248.4
— élastique . . . 248.5
— élastique (action
consécutive d'é-
lasticité . . . 249.6
— permanente . . 249.5
—, travail de . . 248.6
Deformazione . . 248.4
— elastica . . . 248.5
— permanente . 249.5
Déformer la vis . 19.8
Dégorgeoir . . . 162.6
Degré de duretè . 199.9
— de fluidité de la
graisse 50.7
Degree of consi-
stency 50.7
— of eccentricity . 143.5
— of hardness . . 199.9
Degüello 162.6
Dehnung . . . 248.8
—, Bruch- . . . 249.8
—, elastische . . 249.4
—skoefficient . . 249.1
—srest 249.5
—srohr 104.1
Delivery clack . . 124.3
— pipe 108.8
— valve 121.7
Delta-Metall. . . 217.11
— metal 217.11
Démontage d'une
machine . . . 255.5
Demontage einer
Maschine . . . 255.5
Démonter une ma-
chine 255.4
Demontieren, eine
Maschine . . . 255.4
Dent 64.8
—s, angle des . . 185.8
—, angle d'une . 186.1
—, base de la . . 65.8
— de bois . . . 72.8
— —, roue à . . 72.1
— brute de fonte . 65.9

Dent à chevron . 70.4
—, donner la voie
(aux —s d'une
scie) 187.1
—, épaisseur de la 65.6
—, faire les —s . 187.2
—, flanc de la . . 64.10
— de fraise . . . 183.8
—, frottement des
—s 66.5
—, hauteur de la . 65.5
—, largeur de la . 65.8
—, ligne des —s 186.2
—, ligne supérieure
des —s 186.8
—, longueur de la 65.5
— -de-loup . . . 186.5
—, mortaiser des
—s dans une roue 72.7
— en M renversé . 186.6
— percée 186.7
—, pied de la . . 65.8
—, profil de la . . 64.9
—, pression sur la 66.8
—, pression uni-
taire sur la . . 66.4
— rabottée . . . 66.1
— rapportée . . 72.2
—, saillie de la . 65.1
— de scie . . . 185.7
— taillée à la fraise 66.2
—, tailler les —s . 187.2
—, tête de la . . 65.1
—, trajet de la tête
de la 64.7
—, travail de frotte-
ment des —s . 66.6
— triangulaire . 186.4
—, qui a de la voie 186.8
Dentar una rueda
con dientes de
madera . . . 72.7
-- una sierra . . 187.2
Dentatrice . . . 73.2
Dentatura cicloi-
dale 66.7
— interna . . . 67.7
—, passo della . 63.4
Dente (ingranaggio) 64.8
— (innesto) . . . 60.3
— allicciato . . . 186.8
—, altezza del . . 65.5
—, altezza della
base del . . . 65.4
—, base del . . . 65.8
— a cuspide . . 70.4
—, fianco del . . 64.10
— fresato. . . . 66.2
— greggio . . . 65.9
—, larghezza del . 65.8
— lavorato . . . 66.1
— di legno . . . 72.8

Dente licciato . . 186.8
— di lupo . . . 186.5
— a M. 186.6
— mobile. . . . 72.2
— perforato . . . 186.7
— piallato . . . 66.1
—, pressione sul . 66.8
—, pressione speci-
fica di regime
sul 66.4
—, profilo del . . 64.9
Dente della sega . 185.7
—, angolo d'affila-
mento 186.1
—, angolo d'ap-
poggio 185.8
—, angolo di taglio 185.9
— —, linea del
labbro 186.8
—, linea dell'orlo 186.8
—, linea delle punte
dei denti . . . 186.2
Dente, spessore de 65.6
—, testa del . . 65.1
— triangolare . . 186.4
Denti, attrito fra i 66.5
—, lavoro d'attrito
fra i 66.6
—, vano fra due . 65.7
Dentiera . . . 70.7
Denture à chev-
rons, roue à . . 70.8
— cycloïdale . . 66.7
— à (en) dévelop-
pante (de cercle) 67.8
— à double points 67.5
—, engrenage à —
intérfeure . . . 70.1
— à fancs droits . 67.6
— à fuseaux . . 67.4
— intérieure . . 67.7
— —, roue à . . 70.2
Departamento de
montura . . . 255.8
Depósito para
aceite 51.8
Depth of a cotter. 22.8
— of engagement 75.8
— gauge . . . 205.6
— of packing . . 101.7
— of the piston . 136.8
— of socket. . . 101.6
— of thoot . . . 65.5
— of thread. . . 8.1
— (wedge friction
gear) 75.8
Dérouler un câble 88.4
Desacoplamiento . 59.7
— de los platos
dentados . . . 60.4
Desacoplar . . . 63.1
Desarrollar una
cuerda 88.4
Desbarrozar . . . 168.2

Desbastar á la
azuela 191.9
Descarga de la vál-
vula 115.10
Descargar la vál-
vula 115.9
Descent 236.2
Descente du piston 138.2
Desclavador . . . 156.8
Descomponer una
aceleración en
sus componentes 240.1
— una velocidad
en sus compo-
nentes 240.1
Descrivere il di-
segno 231.5
Desembragar . . 59.6
Desembrague . . 59.7
— automático . . 60.1
Desengranar . . 64.6
Désengrener. . . 64.6
Déserrer 19.4
—, se 19.5
Deshacer el roblo-
nado 31.8
Design 222.4
—, fault in . . . 222.5
—, to 222.2
Designer 222.8
Desleir un color . 232.8
Deslizadera . . . 145.7
Desmangar (cha-
veta) 25.7
Desmontaje de una
máquina . . . 255.5
Desmontar una má-
quina 255.4
Desoldar 200.9
Dessin 218.6
— d'atelier . . . 223.6
— de détail . . . 223.5
— d'exécution . . 223.6
— de machines . 222.7
— à main levée . 222.1
—, papier à . . . 220.2
—, le — se plisse 233.8
—, table à . . . 218.7
— tiré 234.1
— tiré blanc . . 234.4
Dessinage de ma-
chines 222.6
Dessinateur . . . 218.5
Dessiner 218.1
— au crayon . . 226.1
— un détail de ma-
chine en coupe . 224.8
— — en vue exté-
rieure 224.1
— à l'échelle . . 218.8
— en vraie gran-
deur 218.2
Dessouder . . . 200.9
Destornillador . . 18.8

Destornillar . . . 19.8
Destral 191.6
Desviación del pén-
dulo 238.9
— —, ángulo de . 239.1
Desviador de la
correa 84.8
Detail drawing . . 223.5
— zeichnung . . 223.5
Développante . . 67.9
— (de cercle), den-
ture à 67.8
Dévisser 19.8
Dexel 191.8
Diagram, valve-lift- 115.8
Diagramm, Ventil-
erhebungs- . . 115.8
Diagramme de la
levée de la sou-
pape 115.8
Diameter of the
bearing 40.8
— of bolt . . . 11.8
— at bottom of
thread 8.8
—, cylinder inside 130.8
— of flange . . 99.1
—, inside — of pipe 97.6
— of the piston . 136.2
— of screw . . . 8.4
Diamètre de l'alé-
sage du palier . 40.8
— du boulon . . 11.8
— de la bride . . 99.1
— du cylindre . . 130.8
— extérieur du filet 8.4
— intérieur (sou-
pape) 112.5
— — du filet . . 8.8
— — du tuyau . 97.6
— —, le tuyau a
x mm de . . . 97.7
— du noyau . . 8.8
— du palier . . 40.8
— du piston . . 136.2
Diametro del bul-
lone 11.8
— del cilindro . . 130.8
— esterno del fi-
letto 8.4
— interno del fi-
letto 8.8
— del sopporto . 40.8
Diámetro del cilin-
dro 130.8
— exterior del per-
no 8.4
— en el fondo del
perno 8.8
— interior del so-
porte 40.8
— — del tubo . . 97.6
— del tornillo . . 11.8

Dibujante . . . 218.5
Dibujar 218.1
— un detalle de
una máquina en
elevación . . . 224.1
— — — en sección 224.8
— en escala. . . 218.8
— en tamaño natu-
ral 218.2
Dibujo 218.6
—, el — se deforma 233.8
— detallado para
taller 223.6
— en detalle . . 223.5
—, el — se estira
disigualmente . 233.8
—, lavar un — con
la esponja. . . 233.1
— á mano alzada 222.10
— de una máquina 222.7
— á pulso . . 222.10
—, rotular un . . 231.5
Dicht, die Stopf-
büchse ist. . . 134.7
Dichte Nietung . 28.2
Dichten, die Stopf-
büchse dichtet . 134.7
Dichtung (Stopf-
büchse) 132.9
Dichtung, Flan-
schen- 99.6
—, Hanf- 135.8
—, Kolben- . . . 138.8
—, Rohr- 101.5
Dichtungsleiste
(Rohr) 99.5
— nietung . . . 28.2
— ring 99.7
— ring (Schieber) . 125.7
— schnur 99.7
— tiefe 101.7
Die 164.4
—s 21.2
—, bed- 169.1
—, bottom . . . 164.5
—s, cup-shaped- . 32.2
—, to cut screws
with a 20.8
— head (rivet) . . 26.4
— -plate 20.2
—s, screw- . . . 21.2
—stock 21.1
—s, stocks and . 20.9
—, top 164.6
Diente (acopla-
miento) 60.8
— (engranaje) . . 64.8
— abarquillado . 186.8
— alaveado . . . 186.8
—, altura del pie del 65.4
—, ancho del . . 65.8
— angular . . . 70.4
—, cabeza del . . 65.1
— cepillado . . . 66.1

Diente de cola de
Milano 186.6
— empotrado . . 72.2
—, espesor del . . 65.6
—, flanco del . . 64.10
— fresado . . . 66.2
—, fricción del . . 66.5
— fundido en bruto 65.9
—, hueco del . . 65.7
— de lobo . : . 186.5
—, longitud del . 65.5
— de madera . . 72.8
— ojalado . . . 186.7
—, perfil del . . 64.9
—, pie del . . . 65.8
—, presión por uni-
dad de superficie
del 66.4
—, presión sobre el 66.8
Diente de sierra . 185.7
—, ángulo de corte 185.9
—, ángulo del filo 186.1
—, ángulo radical
del 185.8
—, línea de aser-
rado 186.8
—, línea de las
puntas de los
dientes 186.2
—, oblicuidad del
filo 186.1
Diente tallado . . 66.1
—, trabajo de fric-
ción del . . . 66.9
— triangular . 186.4
Differential brake. 97.2
— bremse . . . 97.2
— flaschenzug . . 94.4
— pulley 94.5
— — block . . . 94.4
— rolle 94.5
— scheibe . . . 94.5
— sheave 94.5
Dilatación . . . 248.9
—, coeficiente de 249.1
— elástica . . . 249.4
— remanente . . 249.5
— de rotura . . 249.8
Dilatazione . . . 248.9
—, coefficiente di 249.1
Dilucidare . . . 233.7
Dimension . . . 220.8
— figure 225.6
— line 225.4
—s, principal . . 225.8
—, to 225.9
Dimensione . . . 225.6
—s principali . . 225.8
Dimensioned
sketch 223.8
Dimensioni princi-
pali . · . . . 225.8
Diramazione (tubo) 106.1
— ad angolo acuto 106.8

Diramazione ad an-
golo retto. . . 106.2
Direction de la
force 241.6
— of force . . . 241.6
— in which force
acts 241.6
Direkt gekuppelt
mit 62.7
Disc 74.8
— friction wheels 74.2
Discharge cock . 129.8
Disco d'accoppia-
mento 57.6
— per affilare . 197.7
— de empaque. . 99.7
— esmerilador . . 197.7
— de fricción . . 74.8
— di frizione . . 74.8
— — (innesto). . 61.2
— pulimentador . 197.7
— para pulir . . 160.1
— pulitore . . . 197.7
— di smeriglio . . 198.2
— della valvola . 123.2
— de la válvula . 123.2
Disconnecting, au-
tomatic (coup-
ling) 60.1
— with a claw-
coupling . . . 60.4
Disegnare . . . 218.1
— in grandezza na-
turale 218.2
— un pezzo di mac-
china in pro-
spetto 224.1
— — in sezione . 224.8
— in scala . . . 218.8
Disegnatore . . . 218.5
Disegno 218.6
—, la carta di —
si restringe . . 233.8
— costruttivo . . 223.6
—, descrivere il . 231.5
— di dettaglio . . 223 5
—, lavare il —
colla spugna . . 233.1
— di macchina . 222.6
— a mano libera 222.10
— per officina . . 223.6
— in particolare . 223.5
Disengage, to . . 63.1
Disengaging clutch 59.7
— fork. 59.8
— gear. 58.8
— lever 59.2
— shaft 36.6
Disgiungere (chia-
vella) 25.7
Disingranare. . . 64.6
Disinnestare . . . 59.6
Disinnesto . . . 59.7
—, albero di . . 36.6

Disinnesto auto-
matico 60.1
— a denti . . . 60.4
—, manicotto di . 59.1
Disk, crank- . . . 142.2
—, eccentric . . 143.6
— piston 140.3
— saw 190.4
— -valve 116.3
Diskusgetriebe . . 74.2
Disparador de la
correa 84.3
Disposición com-
pleta. 223.4
— para engrasado
automático . . 49.7
— de engrase cen-
tral 50.3
Disposition géné-
rale 223.4
Disposizione gene-
rale 223.4
Dissaldare . . . 200.9
Distance à l'aile . 30.4
— between center-
lines 225.7
— from rivet center
to side of angle 30.4
— polaire. . . . 242.5
— sink-bolt. . . 14.6
— sink-tube . . . 14.7
—, through which
a body falls . . 236.3
Distancia de la
arista del ángulo
(remachado) . . 30.4
— de la orilla
(remachado) . . 27.7
— polar 242.5
Distanzbolzen . . 14.6
— hülse 14.7
Distanza dall'ala
(chiodatura) . . 30.4
— dal polo . . . 242.5
Distender un
muelle 148.9
Distribución de
caja 127.6
— por válvula . . 120.9
Distribuidor cilín-
drico 127.4
—, vástago del . 127.3
Distributing slide
valve 126.9
Distribution, tiroir
de 126.9
— par tiroir . . 127.6
Distributore cilin-
drico 127.4
— a stantuffo . . 127.4
Distribuzione a
cassetto . . . 127.6
Dividers 207.4
— 228.2

Doble codo . . . 105.8
— escuadra . . . 219.5
Docht, Öler- . . . 54.3
— schmierbüchse . 54.2
— schmierer . . . 54.2
— schmierung . . 54.1
—, der — verfilzt 54.4
Dogs 156.5
Doile 31.8
Doladura 192.6
Dolly 32.5
—, lever- 32.6
—, shrew- . . . 32.4
Doppelbogen
(Rohr) . . . 105.8
— eisen 192.8
— haken 92 6
— hobel 192.7
— kegelkupplung. 58.1
— keil 24.6
— laschennietung 29.2
— mäuliger
Schlüssel . . . 17.1
— nippel 107.3
— punktverzah-
nung 67.5
— riemen . . . 80.2
— schlichtfeile . 172.7
— schlüssel . . 17.1
— sitzventil . . 118.7
— -T-Eisen . . 215.8
— ziehfeder . . 229.8
Doppelt gekröpfte
Welle 37.2
-- wirkender Cylin-
der 132.1
Doppeltes Gewinde 9.2
Döpper 31.8
Doppio decimetro 221.2
Dorn, Lehr- . . 205.8
Dos de coin . . . 21.8
— de la scie . . 189.9
Dosenlibelle . . 209.1
Dotting needle . 229.1
— pen 229.9
— wheel . . . 229.2
Double acting
cylinder . . . 132.1
— -beat valve . 118.7
— -belt 80.2
— -clavetage . . 24.6
— cover-plate rive-
ting 29.2
— décimètre . . 221.2
— ended spanner 17.1
— ended wrench. 17.1
— -faced sluice gate
valve 125.1
— half round file 174.8
— helical spur
wheel 70.3
— helical tooth . 70.4
— hook 92.6
— iron 192.8

Double nipple . . 107.3
— pas 9.2
— pin gearing . . 67.5
— plane 192.7
— raccord à vis . 107.3
— riveting . . . 29.6
— seat valve . . 118.7
— shear riveting . 28.5
— -socket 105.5
— stroke 137.8
— thread 9.2
— throw crank
shaft 37.2
— T-iron 215.8
— tooth 186.8
Doucir (lime) . . 172.8
Douille, accouple-
ment à 56.8
— d'accouplement 57.1
— conique . . . 25.2
— d'entretoisement 14.7
Down-stroke of the
piston 138.2
Drahtlehre . . . 206.6
— schere 158.2
— schneider . 155.10
— seil 86.7
— seil, Stahl- . . 86.8
— seilscheibe . . 87.3
— stift 196.4
— zange 155.9
Drain pipe . . . 109.8
Draining cock . . 129.2
— valve 122.6
Draughtsman . . 218.5
Draw, to 218.1
—, to — dash line 226.2
—, to — dotted line 226.8
—, to — dot and
dash line . . . 226.4
— -knife 195.3
—, to — in lead . 226.1
— -shave 195.3
—, to — to full size 218.2
—, to — to scale . 218.3
—, to — tubes . . 103.5
—, to — views of
a machine part. 224.1
Drawer 218.8
Drawing 218.6
— board 219.4
— desk 218.7
—, detail 223.5
— instruments . . 226.7
—, to letter a . . 231.5
—, machine . . . 222.6
— of a machine . 222.7
—, mechanical . . 222.6
— office 218.4
— paper 220.2
— pen 229.6
-- pen, to sharpen
a 230.1
— pencil 230.2

Drawing pin . . .220.6
— sheet 220.8
—, the — is shrink-
ing 233.8
—, to sponge off a 233.1
— table, adjustable 219.1
—, working . . .223.6
Drawn-out iron . 215.5
— tube 103.4
— —, solid . . .103.4
Drehachse . . . 34.5
— 241.1
— bank, Achsen-. 35.1
— bohrer. 182.2
— moment . . .253.4
— punkt, Moment
der Kraft P in
bezug auf — O .243.1
— schieber . . .126.8
— stahl, Schrauben
mit dem —
schneiden . . . 20.4
— zapfen . . . 39.7
Dreherei, Achsen-. 35.2
Drehung 240.6
— 253.2
—sbeanspruchung. 253.8
—sfeder 148.2
—swinkel. . . .253.5
Dreieck 219.8
—, Kräfte- . . .242.2
Dreieckiges Ge-
winde 9.5
Dreiecksgewinde . 9.5
—zahn 186.4
Dreigäng. Gewinde 9.3
Dreikantige Feile .174.2
Dreikantschaber .176.6
Dreiwegehahn . .128.9
Dreiwegestück
(Rohr) 106.7
— ventil 118.1
Dress, to 208.6
Dresser. 208.6
— à l'herminette .191.9
Drift. 163.8
—, angle 177.6
Drill. 178.4
—, Archimedian .182.2
— bogen 182.4
— bohrer 182.2
—, bow- 182.4
—, breast- . . .182.5
—, churn- . . .181.6
—, corner . . .182.7
—, double cutting 180.2
— with ferrule . .182.8
—, hand- 179.6
—, pin- 179.8
—, pointed end .180.8
— -press 183.1
—, single-cutting- 180.1

Drill socket 178.5
—, spiral 182.2
—, twist 180.6
— worked by hand 179.6
—, to 179.2
Driller, slot . . .181.5
Drilling 179.5
— -machine . . .183.1
Drip cup 52.9
— -pan (bearing) . 44.6
— ring 52.7
Dripping cup
(bearing) . . . 44.0
Drive, angle (belt) 77.8
—, belt 77.4
— with weighted
belt-tightener . 78.1
—, chain 88.5
—, cone pulley . 78.3
—, friction . . . 73.8
—, rope 84.5
—, to — in a cotter 25.8
—, to — in a rivet 30.7
—, to — a shaft by
belting 76.4
Driven pulley . . 75.7
— side of belt . . 76.1
Driver (flexible
gearing) . . . 75.6
— (gearing) . . . 68.7
Driving belt . . . 80.5
—, belt 75.5
— chain 91.6
— with clutch . . 58.7
— pulley 75.6
— rope 87.6
— shaft 36.4
— side of belt . . 75.10
Droite, avec pas à 8.7
—, filet à 8.6
Drop-hanger- bear-
ing 46.6
Drop-hanger-
frame 46.7
— T-form . . . 46.9
— T-form with de-
tachable links . 47.1
— V-form . . . 46.8
Drop-point . . .207.6
Drosselklappe . .124.6
Drosseln 124.7
Drosselung . . .124.8
Druck 250.7
— beanspruchung 250.9
—, Exzenter- . .144.8
— festigkeit . . .250.8
— klappe 124.8
—, ein Körper ist
auf — bean-
sprucht 247.6
— kraft 251.1
— lager 41.4
— leitung . . .108.9

Druckrohr . . .108.8
— schraube . . . 13.7
— spannung . .251.2
— ventil 121.7
Drückzange . . .156.4
Drum 94.8
—, axle 95.1
—, chain 95.8
— -jacket. . . . 94.9
—, rope 95.2
— -shell 94.9
Dry-sand-casting ·211.7
Dub, to 191.9
Dummy rivet . . 27.8
Duración de la
caída 236.4
— del engrane . . 64.4
— del impulso . .236.6
Durata della caduta 236.4
— del contatto (in-
granaggio) . . 64.4
— del tiro . . .236.6
Duration of oscil-
lation 239.8
Durchbiegung . .252.1
— — (Feder) . .147.5
Durchblaseventil .122.5
Durchbohren . .179.2
Durchgang . . .112.6
— shahn 128.7
— söffnung (Ven-
til) 113.1
— squerschnitt
(Ventil) 113.2
— sventil 117.8
Durchgehende
Welle 35.11
Durchhängung
(Riemen) . . . 76.2
Durchmesser, Cy-
linder- 130.2
—, Flanschen- . . 99.1
— Kolben 136.2
— des Lagers . . 40.8
Durchpausen . .233.7
Durchschlag. . .168.7
—, Bank-. . . .169.8
—, Hand- . . .169.2
Durée de chute .236.4
— d'engrènement. 64.4
— d'oscillation . .239.8
— du tir 236.6
Dureté 199.5
—, degré de . . .199.6
— naturelle . . .199.6
Dureza, escala de. 199.8
—, grado de. . .199.9
— de vidrio . . .199.7
Durezza 199.5
—, grado di . . .199.9
Düse, Tropf . . . 54.7
Dust, file- . . .171.9
Duty 246.7

E.

Eau, colonne d' . 111.7
—, conduite d' 109.10
— forte 202.9
—, robinet d' . . 129.5
—, sac d' (à) . . 110.2
— à soudure . . 202.8
Ebene, Neigungs-
winkel der schie-
fen 239.7
—, schiefe . . : . 239.6
Ecartement des ri-
vets 27.6
Eccentric 143.4
— 144.5
— action 144.5
— clip 144.1
— disk 143.6
— friction . . . 144.4
— motion . . . 144.5
— pressure . . . 144.3
— rod 144.2
— shaft 37.4
Eccentric sheave . 143.6
— —, solid . . . 143.7
— — in two parts 143.8
Eccentric strap . 144.1
Eccéntrica, disco
de la — de dos
piezas 143.8
Eccentricità . . . 143.5
Eccentrico 143.4
— (adj.) 144.6
—, asta dell' . . 144.2
—, attrito all' . . 144.4
—, collare dell' . 144.1
—, disco dell' . . 143.8
—, disco dell' — in
due pezzi . . . 143.8
—, disco dell' — in
un pezzo . . . 143.7
—, movimento ad 144.5
—, pressione dell' 144.8
— stelo dell' . . 144.2
Echauffement du
palier 48.8
Echelle 221.1
—, dessiner à l' . 218.8
— des dimensions
transversales . . 221.6
— de dureté . . 199.8
— métrique . . . 221.7
Eckbohrer . . . 182.7
— ventil . . . 117.9
Ecken, die Stopf-
büchse eckt . . 134.5
Eclise 29.8
— de cadena . . 90.10
Ecoulement, limite
d' 250.1
Ecrire la légende . 231.5
Ecriture droite . 231.7
— ronde . . . 231.6

Ecrou 11.5
—, boulon à tête et 11.9
— à chapeau . . 13.1
— à collet . . . 12.8
—, contre- . . . 13.2
— crénelé . . . 12.6
— creux 13.1
— à entailles . . 12.6
— de fixage . . . 12.9
— guide-tiroir . . 126.2
— moleté . . . 12.10
— à oreilles . . . 12.7
— à raccord . . 13.1
— à six pans (vis) 12.5
— à trous . . . 12.9
Ecrouir (le fer) . 164.1
Edge (axe) . . . 190.9
—, feather . . . 175.2
Eduction valve . 122.4
Efecto 245.2
— útil (rozamiento) 246.7
Effacer 230.7
Effect, useful . . 246.7
Effective power . 246.7
— pull (belt driving) 75.9
Efficiency . . . 246.8
Effort 247.5
— de cisaillement 252.7
— de compression 250.9
— de flexion . . 251.5
— de torsion . . 253.8
— de traction . . 250.4
Egouttage, cuvette
d' 52.9
—, bague d' . . 52.7
Eguagliare . . . 208.6
Eje 33.2
— 225.8
— acoplado . . . 34.1
—, cabeza del . . 33.5
— para cadena . 91.5
—, cambiar un . 34.10
—, cambio de un 34.11
— de cambio de
marcha 37.5
—, carga del . . 33.7
— del cilindro . 130.2
—, corredizo . . 34.8
—, cortar un . . 37.8
—s, cuadra de tor-
near 35.2
—, cuello del . . 33.8
—, cuerpo del . . 33.6
— de — á . . 225.7
— fijo . . . 33.10
—, fricción del . 33.8
— del par de fuer-
zas 243.8
—, gorrón del . . 33.8
— de guía . . . 34.4
— de interrupción 59.4
— libre . . . 34.2

Eje, mover un —
por correa. . . 76.4
— móvil 33.11
—, prueba del . . 34.8
—, rotación del . 34.7
— de rotación . . 34.5
—, rotura del . . 34.9
— de una rueda . 34.6
—, soporte del . . 33.4
—s, tornear los . 35.8
—s, torneria de . 35.2
—s, torno para . 35.1
— de torsión . . 241.1
Einfach wirkender
Cylinder . . . 131.8
Einfacher Hieb . 170.4
— Schrauben-
schlüssel . . . 16.8
Einfaches Gewinde 9.1
Eingängiges Ge-
winde 9.1
Eingelassene
Schraube . . . 14.4
Eingelaufener
Zapfen 38.8
Eingepaßte
Schraube . . . 13.10
Eingeschliffener
Kolben 140.1
Eingesetzter Zahn 72.2
— Zapfen. . . . 39.6
Eingreifen . . . 63.8
Eingriff 63.9
—, außer—bringen 64.6
—, in — bringen . 64.5
Eingriffsbogen . . 64.8
— dauer . . . 64.4
— linie 64.1
— strecke 64.2
— tiefe (Reibungs-
getriebe) . . . 75.8
Einlaßklappe . . 124.4
— ventil . . . 122.2
Einmännische
Kurbel . . . 142.5
Einpassen, eine
Schraube . . . 14.1
Einreihige Nietung 29.5
—, die Kupplung . 59.5
Einsatzzirkel . . 227.8
Einschleifen, einen
Kolben 140.2
Einschnittige
Nietung. . . . 28.8
Einschnürung . 248.8
Einschrauben . . 18.8
Einspannen, ein
Werkstück in den
Schraubstock . 153.8
Einstreichfeile . . 175.4
— säge 189.1

Einteilige Ex-
centerscheibe . 143.7
— Riemscheibe . 83.2
Einteiliges Lager . 41.8
Eintragen, Maße . 225.9
Eintreiben, einen
Keil 25.8
—, die Niete . . 30.7
Einzelöler . . . 50.1
— schmierung . . 49.8
Einziehen, d. Niete 30.7
Eisen 210.1
—, Band- 215.4
—, Bessemer- . . 213.2
— blech . . . 215.11
—-Eisenverzahnung 72.4
— erz 210.2
—, Flach-. . . . 215.3
—, Fluß- 213.1
—, Guß- 211.8
— keil 22.8
—, Martin- . . . 213.4
—, Puddel- . . . 212.7
—, Quadrat- . . . 215.1
—, Roh- 210.8
—, Rund- 214.9
—, Schmiede- . . 212.5
—, Schweiß- . . 212.6
—, Sechskant- . . 215 2
—, Spiegel- . . . 211.1
—, Stab- 214.8
—, T- 215.7
—, Thomas- . . . 213.8
—, U- 215.9
—, Vierkant- . . 215.1
—, Walz- 215.5
—, Weißstrahl- . 211.2
—, Winkel- . . . 215.6
—, Z- 215.10
Elastic, to be . . 149.8
— coupling . . . 58.5
— limit 249.7
Elasticité, limite d' 249.7
—, module d' . 249.2
Elasticity 249.6
— of compression 250.8
— of flexure . . 249.4
—, modulus of . 249.2
—, modulus of —
for tension . . 249.1
Elastique, être . . 149.8
—, tuyau . . . 104.2
Elastische Dehnung 249.4
— Kupplung . . 58.5
— Nachwirkung . 249.6
Elastizitätsgrenze . 249.7
— modul . . . 249.2
Elbow (pipe) . . 105.6
—, reducing . . . 107.6
—, round . . . 107.7
—, square . . . 107.5
Elektromagnet-
kupplung . . . 61.5

Electro-magnetic
coupling . . . 61.5
Electro-magnétique,
accouplement . 61.5
Elevación . . . 224.4
— de frente . . . 224.2
— lateral 224.8
— longitudinal . 224.5
Elevation 224.4
—, front 224.2
—, side 224.8
Elevator cable . . 87.8
— rope 87.8
Elica 7.1
Elicoidale, super-
ficie 7.4
Elongation . . . 248.7
—, relative . . . 248.9
— at rupture . . 249.8
Embase 37.7
Emboîtement, bride
à 100.1
—, tuyau à . . . 101.8
Embolo 136.1
—, aceleración del 137.5
—, altura del . . 136.8
—, anillo del . . 139.1
—, anillo de tensión 139.7
—, ascenso del . 138.1
— para bomba . . 140.6
— buzo 140.4
—, carrera del . 137.7
—, carrera atrás del 137.10
—, carrera de
avance del . . 137.9
—, cuerpo del . 139.4
—, descenso del . 138.2
—, diámetro del . 136.2
— de disco . . . 140.8
—, empaquetadura
del 138.8
— con empaqueta-
dura de cáñamo 138.4
— con empaqueta-
dura de cuero . 138.5
— con empaqueta-
dura metálica . 138.7
—, engrase del . 137.8
— esmerilado . . 140.1
—, esmerilar un . 140.2
—, fricción del . 137.6
—, fuerza del . 136.5
—, golpe del . . 137.7
—, guarnecer un —
con cuero . . . 138.6
—, guarnición del 138.3
—, juego del . . 136.4
—, prensaestopas
del 137.2
— pulimentar un 140.2
— con ranuras de
ajuste 139.8
— de recambio . 140.7
—, retroceso del 137.10

Embolo sólido . . 140.4
—, tapa del . . . 139.5
—, tornillo de la
tapa del . . . 139.6
— de vapor . . . 140.5
—, vástago del . 136.8
—, velocidad del . 137.4
Embouti, tuyau —
avec bride rap-
portée 103.8
Emboutir, marteau
à 163.1
—, pince à . . . 156.4
— le tuyau . . 103.10
Emboutissage . . 103.9
Embragado . . . 62.6
Embragar 62.5
— el acoplamiento 59.5
— y desembragar 84.2
Embrague, man-
guito de . . . 59.1
—, palanca de . 59.2
Embranque en án-
gulo agudo . . 106.8
— recto . . . 106.2
— de tubo . . 106.1
Embrayer 59.5
— et débrayer . . 84.2
Embutidor del ro-
blón 30.8
Emeri 197.8
— en poudre . 198.8
—, toile à . . . 197.10
Emery 197.8
— -cloth . . . 197.10
— -cutter . . . 198.8
— -cylinder . . 198.4
— -dust . . . 198.8
— -grinder . . 198.8
— grinding ma-
chine 198.7
— -paper . . . 197.9
— -stick . . . 198.1
— -wheel . . . 198.5
Empalmar . . . 85.9
Empalme (cuerda) 85.10
— de la cuerda . 85.8
Empaque, disco
de 99.7
— de bridas . . 99.6
Empaquetadura . 132.9
—, fricción de la . 134.8
— metálica . . . 135.8
—, profundidad de
la 101.7
— del tubo . . . 101.5
Empaquetar (pren-
saestopas) . . . 135.2
Empernar . . . 18.4
Emporte-pièce . . 169.4
Empujar 164.7
Empuje 252.5
Enchufe 101.4

Enchufe, profundi-
dad del. . . . 101.6
Encliquetage . . 95.4
— à coin 95.8
— à dents . . . 95.5
Enclume 158.3
— (de forge) . . 158.6
—, bigorne d' . . 159.6
—, corne de l' . . 159.1
—, face de l' . . 158.4
— à former le fond 159.9
— à limes . . . 171.1
— petite 158.8
— à potence . . 158.9
—, semelle de l' . 158.5
—, soile de l' . . 158.5
—, tranche d' . . 165.7
Enclumeau . . . 158.8
Enclumette . . . 158.7
Encolar 196.6
— la correa . . . 80.10
Encre de Chine . 231.3
Encuñar 25.8
End gauge . . . 205.3
Endgeschwindig-
keit 235.9
End-journal . . . 38.6
— — -bearing . . 41.6
End lap weld (of the
links of chain) . 89.6
Endmaß, sphäri-
sches . . . 205.3
End measuring
rods 205.3
End-mill 184.3
End wall bracket . 47.6
Enderezar . . . 208.6
Endless chain . . 91.11
— saw 190.3
— screw 71.7
Endlose Kette . . 91.11
Endurecer . . . 198.9
Energía cinética . 245.4
Energie cinète . . 245.4
—, kinetische . . 245.4
—, principe de la
conservation de l' 245.5
Energy, kinetic . 245.4
—, law of the con-
servation of . . 245.5
Engage, to . . 63,8
— (cog wheel) . . 72.6
Engaging and dis-
engaging gear . 58.6
Engine. 253.6
— -building . . . 253.9
— -fitter 255.2
—, motor. . . . 256.7
—, to shut down
an 255.8
—, to stop an . . 255.8
— -works 254.1
Engineer, mecha-
nical 254.3

Engineering, me-
chanical . . . 253.9
Engländer 18.2
Englischer Schrau-
benschlüssel. . 18.2
Engranaje . . . 63.2
— cicloidal . . . 66.7
— cilíndrico. . . 68.6
— cónico 70.8
— cónico de ángulo
recto 71.3
— de cremallera . 70.6
— de doble punto 67.5
— de evolventes . 67.8
— de flancos recti-
líneos 67.6
— interior . . . 70.1
— de hierro con
hierro 72.4
— de linterna de
husillos. . . . 67.4
— de madera con
hierro 72.5
—, paso del. . . 63.4
—, rueda de . . 63.3
— de tornillo sin fin 71.5
Engranar 64.5
— los dientes de
madera 72.6
Engrane 63.9
—, arco de . . . 64.3
—, curva de . . 64.2
—, duración del . 64.4
—, línea de . . . 64.1
Engrasado automá-
tico 49.6
— —, disposición
para 49.7
Engrasado por pie-
zas 49.8
Engrasador . . . 53.3
— angular . . . 55.9
— de aguja . . . 54.5
— aislado . . . 50.1
— automático . . 49.7
— con bombillo de
cristal 53.9
— circular . . . 54.8
— de copa . . . 53.8
— cuentagotas . . 54.6
— á mano . . . 49.5
— de mecha capi-
lar 54.2
— Stauffer . . . 55.8
— de torcida . . 54.2
— de vidrio . . . 53.9
Engrasar el coji-
nete 48.7
Engrase 49.1
— con aceite . . 52.4
—, agujero de . . 52.5
— con anillo . . 55.1
—, caja para el . 53.5
— central . . . 50.2

Engrase centrífugo 54.9
— continuo . . . 49.2
— de la cuerda . 86.4
— intermitente . 49.3
— líquido . . . 50.5
— á mano . . . 49.4
— por mecha cu-
pilar 54.1
—, ranura de . . 52.6
— de telescopio . 54.9
— por torcida . . 54.1
—, tubito de . . 53.4
Engrenage . . . 63.2
— d'angle . . . 71.3
— en bois sur fer 72.5
— conique . . . 70.8
— à crémaillère . 70.6
— cylindrique . . 68.6
— à denture inté-
rieure 70.1
— en fer sur fer . 72.4
—s, fraise pour . 184.5
— à friction . . . 74.6
—s, machine à
mouler les . . 73.1
—s, machine à tail-
ler les 73.2
—, renvoi à . . . 68.2
—, roue d' . . . 63.3
— à vis sans fin . 71.5
Engrènement . . 63.9
—, étendu de l' . 64.2
—, ligne d' . . . 64.1
Engrener 63.8
— 72.6
—, faire 64.5
Engrosamiento de
la llanta . . . 69.3
Enlarge, to . . . 179.3
Enlarged end of
plate 91.1
Enlarging hammer 161.2
Enlever avec le
burin. 168.3
— une courroie de
la poulie . . . 79.8
— les rivets . . . 31.3
Enmangar (cha-
veta). 25.6
Enroulements,
nombre d' . . . 149.2
Enrouler un câble 88.3
Ensiform-file . . 175.2
Entenallas . . . 154.6
Entkuppeln . . . 63.1
Entlastung, Ventil- 115.10
— sventil . . . 116.1
Entnieten 31.8
Entrar (chaveta) . 25.6
Entretoise . . . 14.5
— (chaîne) . . . 90.2
Entwerfen . . . 223.1
Entwurf 223.2
— -sskizze . . . 223.3

Enveloppe du cy-
lindre 131.2
— du tambour. . 94.9
— du tuyau . . 98.4
Envolvente del
cilindro . . . 131.2
Epaisseur de la
bride. 99.2
— de la courroie . 76.9
— de la dent . . 65.6
— de la garniture
(presse-étoupe) .133.2
— de la jante . . 81.9
— de paroi du
tuyau 98.1
— du piston . . 136.3
Epiciclo (perici-
cloide) 67.3
Epicycloid . . . 66.8
Epicycloïde . . . 66.8
Epicykloide . . . 66.8
Episser le câble . 85.9
Epissure 85.10
— du câble . . . 85.8
Eponge 233.2
Eponger le dessin 233.1
Epreuve de l'axe . 34.8
Equalling file . . 174.1
Equatorial moment
of inertia . . . 243.8
Equerre 219.8
— (en fer) . . . 208.1
— 219.8
— à chapeau . . 208.2
— double. . . . 208.3
— épaulée . . . 208.2
—, fausse . . . 208.5
— mobile. . . . 208.5
— à six pans . . 208.4
— à T 208.3
Equilibrage de la
soupape . . . 115.10
Equilibre . . . 244.6
— d'un corps au
repos 244.7
— indifférent . 244.10
— instable . . . 244.9
— stable 244.8
Equilibrer la sou-
pape 115.9
Equilibrio . . . 244.6
— d'un corpo in
riposo 244.7
— estable . . . 244.8
— indiferente . 244.10
— indifferente . 244.10
— inestable . . 244.9
— stabile . . . 244.8
Equilibrium . . . 244.6
—, condition of . 244.7
— indifferent . 244.10
— polygon . . . 242.8
— slide valve . . 127.5
—, stable. . . . 244.8

Equilibrium, un-
stable 244.9
Erase, to 230.7
Eraser 230.8
—, ink 230.10
—, lead 230.9
Erasing knife . . 231.1
Erdbeschleuni-
gung 244.4
Erdbohrer . . . 181.6
Erect, to — a ma-
chine 254.7
Erecting of a ma-
chine 255.1
— machinist . . 255.2
— shop 255.3
Ergänzungskegel
(Kegelrad) . . . 71.1
Error en la con-
strucción . . 222.5
Errore di costru-
zione 222.5
Ersatzkolben . . 140.7
Erz, Eisen- . . . 210.2
Escala 221.1
— de contracción . 221.9
— de dureza . . 199.8
— métrica . . . 221.7
— universal . . 221.6
Escariador . . . 177.4
— afilado . . . 177.5
— de ángulo . . 177.6
— con estrías rec-
tas 177.8
— con estrias en
spiral 177.7
— cónico . . . 177.9
— hueco . . . 178.1
— mecánico. . . 178.2
Escariar 178.3
Escobilla para lim-
piar tubos. . . 110.9
Escobillón . . . 166.8
Escofina 176.2
Escoplear. . . . 168.2
Escoplo 167.4
— para agujeros . 194.7
— de fijas . . . 194.7
— hueco . . . 195.1
—, lima-. . . . 170.10
— de mano . . . 167.9
— de media caña. 195.1
— plano 167.5
— punzón . . . 194.6
—, quitar con . . 168.3
Escritura vertical. 231.7
Escuadra 208.1
— 219.8
— con espaldón . 208.2
—, falsa 208.4
— del gramil . . 219.6
Esfuerzo 247.5
— activo á la fle-
xión 251.5

Esfuerzo de em-
puje 252.7
— de presión . . 250.9
— requerido. . . 247.7
— de rotura por
flexión 252.4
— de T 208.8
— de torsión . . 253.8
— de trabajo . . 247.7
— de tracción . . 250.4
— tolerable . . . 247.7
Eslabón 88.9
—, ancho interior
del 89.1
— giratorio . . . 92.5
—, longitud inte-
rior del. . . . 88.10
— soldado por el
extremo . . . 89.6
— soldado por el
lado 89.7
Esmeril 197.4
Esmerilador de ma-
dera 198.1
Esmerilar 198.6
Espace parcouru . 235.2
Espacio hueco de
la rosca 10.9
Espansione . . . 248.9
Espárrago . . . 13.8
— de rotación . . 39.7
Espesor del diente 65.8
— de la pared . . 98.1
Espetón 166.6
Espiga 37.6
— (válvula) . . . 117.6
— del yunque . . 159.8
Espira del muelle 149.1
— —, número de
espiras 149.2
— del tornillo . . 7.5
Esponja 233.2
Esquisse 223.3
Esquisser 222.8
Essai de l'essieu . 34.8
Esse, Schmiede- . 166.3
Esseret 181.5
Essette. 191.8
Essieu 33.2
— accouplé . . . 34.1
—x, atelier à . . 35.2
— d'avant . . . 34.4
—, changement
d'un 34.11
—, changer d' . . 34.10
—, charge de l' . 33.7
—, couper un . . 37.8
—, essai de l' . . 34.8
— -fixe 33.10
—, frottement de l' 33.8
— libre 34.2
— mobile . . . 33.11
—, rupture de l' . 34.9
—, support de l' . 33.4

Essieux, tour à . . 35.1
—, tourner des . . 35.8
Estampa 164.4
— de martillo . .164.5
— plana 159.5
— de punta . . .159.6
— para roblones . 31.8
— de yunque . .164.6
Estampar 164.8
Estaño 216.10
Estirar tubos . . 103.5
Estómago de la po-
lea loca. . . . 83.9
Estopada amianto 135.5
—, cámara de la .133.1
— de cáñamo . .135.8
—, cerrar la. . . 134.4
—, la — se enclava 134.5
—, espesor de la .133.2
—, fricción de la .134.8
— goma 135.7
Estopar (prensa-
estopas 135.2
Estrangulación . .124.8
Estrangular . . .124.7
Estuche de com-
pases. 226.7
Etabli 256.2
— de menuisier .193.9
Etain 216.10
Etampe 164.4
— inférieure . ˙.164.5
— supérieure . .164.6
—, tas- 160.2
Etamper 164.8
Etanche, le presse-
étoupe est . .134.7
Etançon (chaîne) . 90.2
Etau 153.1
— d'établi . . .153.2
— à goupilles . .155.1
— limeur . . .154.6
—, mâchoire d' .153.6
— à main . . .154.6
— — (avec mâ-
choires étroites) 154.8

Etau parallèle . .154.2
—x, plaque pour .154.1
—, serrer une pièce
dans l' 153.3
— pour tubes . .154.3
—, vis d' 153.4
Etendu de l'en-
grènement . . 64.2
Etirage, limite d' .250.1
Etirer des tuyaux .103.5
Etoile du tailleur
de limes . . 170.10
Etoupe, boîte à —s 132.5
—, presse- . . .132.5
Etranglement du
passage. . . .124.8
Etrangler le pas-
sage 124.7
Etrier (tuyau) . .109.7
Etude 223.8
Evacuation, robi-
net d' 129.7
Evolvente . . . 67.9
—nverzahnung . . 67.8
Excenter 143.4
— antrieb . . .144.5
— bügel 144.1
— druck 144.3
— reibung . . .144.4
— ring 144.1
Excenterscheibe . 143.6
—, einteilige . .143.7
—, zweiteilige . .143.8
Excenterstange . 144.2
Excéntrica . . .143.4
—, collar de la .144.1
—, disco de la . .143.6
—, disco de la —
de una pieza . 143.7
—, fricción de la .144.4
—, movimiento por 144.5
—, presión de la .144.3
—, varilla de la .144.2
Excentricidad . .143.5
Excentricity, de-
gree of 143.5

Excentricité. . .143.5
Excéntrico . . . 144.6
Excentrique . . .143.4
— (adj.) 144.6
—, collier d' . . .144.1
—, commande par 144.5
—, barre d' . . .144.2
—, frottement d' .144.4
—, plateau- . . .144.6
—, plateau — en
deux pièces . .143.8
—, plateau — en
une pièce . . .143.7
—, pression d' . .144.3
—, tige d' . . .144.2
Excentrisch . . .144.6
Excentrizität . .143.5
Exchange, to — an
axle 34.10
Exhaust clack . .124.5
— valve 122.8
Expansion-coup-
ling 58.4
—, gland — joint 104.4
— pipe 104.2
Explosion, pipe .110.4
—, Schwungrad- .150.5
— du volant . .150.5
Extensible, tuyau 104.1
Extension . . . 250.2
—, strength for . 250.3
Extensión de en-
grane 64.2
Extremo conduci-
do (correa) . . 76.7
— conductor (cor-
rea) 76.6
Eye 92.10
— -bolt 14.2
— bolt and key . 14.8
— joint (coup-
ling) 61.9
—, triangular lifting 93.1
— -screw . . . 14.2
— of spring
plate 147.8

F.

Fábrica de maqui-
naria. 254.1
Fabrik, Maschinen- 254.1
Fabrikant, Maschi-
nen- 254.2
Face of the anvil. 158.4
— de coin . . . 21.7
— de l'enclume . 158.4
—, hammer . . .160.4
— line of teeth .186.2
— du marteau . .160.4
— -mill 184.1
— -milling-cutter .184.4
— of a tooth . . 65.1

Faces de la vanne 125.6
Facing cutter . .184.1
Façonhobel . . .193.8
Faire engrener . . 64.5
— un joint de
plomb 101.8
— du pointillé
droit 226.2
— des rainures . 23.4
— du trait mixte 226.4
Fall 236.2
— dauer 236.4
—, freier 236.2
— höhe 236.8

False jaws . . .154.1
Faltmaßstab. . .221.8
Falzhobel . . .193.5
Fang bolt . . . 15.6
Fangbügel (Kugel-
ventil 116.9
Farbstift 233.4
—tube 232.4
Farbe anreiben. .232.8
— anrühren . .232.7
Farbenkasten . .232.1
Fare un disegno a
matita 226.1
— il gomito. . . 37.1

Fare le indicazioni
sul disegno . . 231.5
— ingranare . . 64.5
Fast coupling . . 56.3
— and loose pulley 83.6
Fasten, to — with
screws · 18.9
Fastener, belt . . 81.6
—, screw belt . . 81.5
Fastening, belt . 80.7
— screw 13.4
Fat, animal . . . 51.2
—, consistent . . 50.6
—, vegetable . . 51.3
Fatigue 247.5
Faucet, water . . 129.5
Fault in design . 222.5
Fausse équerre . 208.5
Fausthammer . . 161.4
— leier 182.5
Faute de construc-
tion 222.5
Feather 25.4
— edge 175.2
— edged file . . 175.4
Feder (Keil) . . . 25.4
— 147.2
— auge 147.8
—, eine — ausein-
anderziehen . .148.9
— belastung, Sicher-
heitsventil mit .120.1
—, Biegungs- . . 147.3
—, Blatt 147.4
—·, Blatt—werk . 147.6
— bock 147.9
— bund 147.7
—, cylindrische
Schrauben- . .148.3
—, Drehungs- .· .148.2
—, Flansch mit —
und Nut . . . 100.1
—, Kegel- . . .148.4
— keil 25.4
—, Nut und . . . 25.3
—, Rechteck- . .148.5
—, Regulator- . .152.8
— regulator . . .152.2
— rohr 104.2
—, Rund- 148.6
—, Schicht- . . .147.6
—, eine — spannen 148.9
—, Spiral- . . .148.1
— taster 207.1
— ventil 119.4
— windung . . .149.1
—, Windungszahl
der 149.2
— zange 155.3
— zirkel 228.3
—, Zusammen-
drücken der . .148.7
—, eine — zusam-
mendrücken . .148.8

Federn 149.3
Federung (Durch-
biegung) . . .147.5
— 249.4
Feed-cock . . .129.9
—, oil 52.3
— valve 122.7
Fehler, Schweiß- .165.4
Feilbank 172.1
— kloben 154.6
— späne 171.8
— staub 171.9
— strich 171.7
Feile 169.7
—, Abzieh- . . .172.5
— namboß . . .171.1
—, Ansatz- . . .172.2
—, Arm- 172.3
—, aufgehauene .171.3
—, die —n auf-
hauen 171.2
—, Barett- . . .174.6
—, Bastard- . . .172.4
—, Bleistift- . . .230.6
—, dreikantige . .174.2
—, Einstreich- . .175.4
—, Feinschlicht- .172.7
—, Flach- 173.4
—, flachspitze . .173.7
—, flachstumpfe .174.1
—, Grob- 173.3
—, Halbrund- . .174.5
—, Halbschlicht- .172.6
— nhammer . . 170.11
—, Hand- 172.2
— nhärten 171.4
— nhärtung . . .171.5
—n, Hauamboß für 171.1
—n hauen 170.8
—nhauer 170.9
— nheft 169.8
— nhieb 170.1
—, Hohl- 175.6
—, Karpfen- . . .174.8
—, Loch- 176.1
— nmeißel . . 170.10
—, Messer- . . .175.1
—, Nadel- . . .175.5
—, Pack- 173.2
—, Polier- . . .173.1
—, Rund- 174.4
—, Säge- 175.7
—, Scharnier- . .175.8
—, Schlicht- . . .172.5
—, Schlichtschlicht-172.1
—, Schraubenkopf-175.4
—, Schwert- . . .175.2
—, Spitz- 173.6
—, Stroh- 173.2
—, Stumpf- . . .173.5
—, Vierkant- . . .174.3
—, Vor- 172.4
—, Wälz- 174.7
Fellen (verb) . . .171.6

Feilicht 171.8
Feinblech . . .216.3
— gewinde . . . 10.7
Feinheit des Ge-
windes 10.8
Feinmessen . . .204.2
— (verb) 204.1
Feinschlichtfeile .172.7
Feldschmiede . .167.8
Felling saw . . .188.6
Female thread . . 10.5
Fendre, lime à .175.4
Fente (chevron) . 70.5
Fer 210.1
— en barres . .214.8
— Bessemer . . .213.2
— blanc 216.7
— carré 215.1
— à contourner .186.9
— cornière . . .215.6
— de dessus (rabot) 192.9
— double de rabot 192.8
— à double T . .215.8
— en feuilles . 215.11
— forgé 212.5
— hexagonal . .215.2
— homogène . .213.1
— laminé 215.5
— Martin 213.4
—, mineral de . .210.2
— noir 216.2
— plat 215.3
— puddlé 212.7
— à rabbattre . .159.7
— de rabot . . .191.12
— rond 214.9
— en rubans . .215.4
— soudé 212.6
— à souder . . .201.6
— à souder au gaz 201.9
— — en marteau .201.7
— — pointu . . .201.8
— à T 215.7
— Thomas . . .213.3
— en U 215.9
— en Z 215.10
Feritoia della boc-
cola (supporto) . 44.4
Fermer par boulons 19.1
Fermeture de la
soupape 115.5
—, chapeau de —
(tuyau) 105.2
Ferraccio 211.3
Ferro 210.1
— ad angolo . .215.6
— in barre . . .214.8
— battuto . . .212.5
— Bessemer . . .213.2
— da doppiare . .159.8
— doppio (pialla) .192.8
— a doppio T . .215.8
— esagonale . .215.2
— fucinato . . .212.6

Ferro fuso . . . 213.1
— laminato . . . 215.5
— malleabile . . 212.5
— -manganese . . 211.2
— manganesato . 211.2
— Martin . . . 213.4
—, minerale di . 210.2
— piatto . . . 215.3
-- da piegare . . 159.7
— pudellato . . 212.7
— quadro . . . 215.1
-- da ripiegare . 159.8
— per scanalare . 23.5
— specolare . . 211.1
— a T . . . 215.7
— a I . . . 215.8
— Thomas . . . 213.3
-- tondo . . . 214.9
-- a U . . . 215.9
— in verghe . . 214.8
— a Z 215.10
Ferruminare . 164.11
Festscheibe . . . 83.7
—, einen Riemen
  von der Los-
  scheibe auf die
  -- schieben . . 84.1
Fest- und Los-
  scheibe . . . 83.6
Festschrauben . . 18.9
Feste Achse . . . 33.10
—r Flansch . . . 100.4
— Flasche . . . 93.9
— Kupplung . . 56.8
— Nietung . . 28.1
— Riemscheibe . 83.7
— Rolle 93.3
Festigkeit . . . 247.1
—, Biegungs- . . 251.4
—, Druck- . . . 250.8
—, Knick- . . . 252.3
—slehre . . . 247.2
—snietung . . . 28.1
—, Schub- . . . 252.6
—, Zug- 250.3
Feu de forge . 166.4
Feuchtwasserfarbe 232.3
Feuer, Niet- . . 33.1
— rohr 108.2
—, Schmiede- . . 166.4
Feuillard 215.4
Feuille de papier
  à dessin . . 220.3
— de tôle . . . 216.1
Feuilleret . . . 193.5
Feutrer, la mèche
  se feutre . . . 54.4
Fiamma saldante . 202.2
Fianco del dente . 64.10
Fiedelbogen . . 182.4
Fiel del soporte . 46.2
Field forge . . 167.3
Figure, to . . . 225.9
—s, to fill in the . 225.9

Figuring . . . 225.10
Fijador de la cha-
  veta 25.5
Fijar una pieza en
  el tornillo de
  banco 153.3
— con tornillos . 18.9
Fil, pinceà — de fer 158.2
— à plomb . . . 209.2
Fila di chiodi . . 27.5
Filástica (cuerda) . 85.2
Filbore 41.8
File 169.7
—, arm- . . . 172.8
—, barette- . . . 174.6
—, bastard . . . 172.4
— -bench . . . 172.1
—, blunt . . . 173.5
—, cabinet . . . 174.7
—, cant . . . 174.6
— -chisel . . 170.10
—, coarse . . . 173.3
--, cross . . . 174.8
— cut of the . 170.1
—s, to cut . . 170.8
— -cutter . . . 170.9
— cutting anvil . 171.1
--, dead smooth . 172.7
— -dust . . . 171.9
—, ensiform- . . 175.2
—, equalling . . 174.1
—, feather edged . 175.4
—, flat 172.2
--, hack- . . . 175.1
—, half-round . 174.5
— -hammer . . 170.11
—, hand- . . . 172.2
— -handle . . . 169.8
—s, to harden . . 171.4
—, -hardening . . 171.5
—, hollowing . 175.6
—, joint- . . . 175.3
—, knife- . . . 175.1
—, needle- . . 175.5
—, oval . . . 174.8
—, polishing . 173.1
—, rasping- . . . 176.2
—, rough . . . 173.2
—, round . . . 174.4
—. round-edge
  joint- . . . 175.8
—, round-off . 174.7
—s, to re-cut . 171.2
—, re-cut . . . 171.3
—, saw- . . . 175.7
—, second-cut- . 172.6
— for sharpening
  pencil . . . 230.6
—, slitting . . 175.4
—, smooth . . 172.5
—, square- . . 174.3
—, straw- . . . 173.2
— -stroke . . . 171.7
—, super-fine . 172.7

File, taper- . . . 173.6
—, taper flat . 173.7
—, taper hand . 173.7
—, three-square- . 174.2
—, triangular . . 174.2
—, to 171.6
— off, to 171.6
Filet carré . . . 9.7
—, diamètre exté-
  rieur du . . . 8.4
—, diamètre in-
  térieur du . . . 8.3
— à droite . . . 8.5
— femelle . . . 10.6
— fin 10.7
— à gauche . . 8.8
—, largeur du . . 8.2
—, nature du . . 10.8
— plat 9.7
—, à — plat . . 10.1
— pointu . . . 9.5
—, profondeur du 8.1
— rectangulaire . 9.7
— renversé . . . 8.8
— rond 10.2
—, à — rond . . 10.8
— tranchant . . 9.5
— trapézoïdal . . 10.4
— triangulaire . 9.5
—, à — triangulaire 9.6
— des tuyaux à gaz 10.6
— d'une vis . . . 7.7
Filete, ancho del . 8.2
— cuadrado . . 9.7
— à la derecha . 8.6
— doble 9.2
— fino 10.7
—, finura del . . 10.8
— à la izquierda . 8.8
— matriz . . . 10.5
— múltiple . . 9.4
— de un paso . 9.1
—, profundidad del 8.1
— redondo . . 10.2
— del tornillo . . 7.7
— trapezoïdal . 10.4
— triangular . 9.5
— triple . . . 9.8
— para tubos de
  gas 10.6
Filetear 19.9
— á mano . . .19.10
— con plantilla . 20.4
Fileter 19.9
— à la filière . . 20.8
—, fraise à . . . 20.8
—, machine à . . 21.5
— au peigne (vis) 20.1
— au tour . . . 20.4
Filettare 19.9
— alla filiera . . 20.8
— a mano . . .19.10
— col pettine . . 20.4
— coll' ugnetto . 20.4

Filettatura fina . 10.7
— per tubi da gas 10.6
Filetto, altezza del 8.2
—, diametro ester-
no del 8.4
—, diametro in-
terno del . . . 8.3
— giuoco inutile . 10.9
—, natura del . . 10.8
—, profondità del 8.1
—, serraggio auto-
matico del . . 10.10
— d'una vite . . 7.7
Filiera ad anello . 20.9
— a cuscinetti . . 21.1
— semplice . . . 20.2
Filière 21.1
—, fileter à la . 20.3
— simple . . . 20.2
Filing block . . .159.6
— board 159.6
— vice 154.6
— table 172.1
Filings 171.8
Fill in, to — the
figures 225.9
Fillister 193.5
— head 12.2
Film of oil . . . 49.8
Filter, oil- . . . 53.1
Filtre à huile . . 53.1
Filtro dell' olio . 53.1
Final velocity . .285.9
Fine cut 170.8
— thread . . . 10.7
Fineness of the
screw 10.8
Finezza del filetto 10.8
Finishing bit . .179.4
Finne (Hammer) . 160.5
—, Hammer mit
gespaltener . .162.3
—, Hammer mit
Kreuz- 162.1
—, Hammer mit
Kugel- 162.2
Finura del filete . 10.8
Fire-hook 166.8
— -place (forge) .166.2
— -tube 108.1
Firmer chisel . .194.6
First cut 170.7
Fissare con tiranti 18.6
— a vite 18.6
Fissure (in steel) 199.19
Fit, to — up a
machine . . .254.7
—, to — a screw
tight 14.1
Fitter 254.6
— 's hammer . .160.9
Fitting up of a
machine . . .255.1
—, pipe- 105.4

Fixed block . . . 93.9
— flange 100.4
— pulley 93.3
Fixer par boulons 18.9
Fixing screw . . 13.4
Flacheisen . . .215.3
— feile 173.4
— gängig 10.1
— gewinde . . . 9.7
— hammer . . .161.9
— keil 24.3
— meißel 167.5
— regler 151.8
— schaber . . .176.4
— schieber . . .127.1
— spitze Feile . .173.7
— stumpfe Feile .174.1
— zange 155.5
Flächenpressung
(Lager) 40.7
Flaches Gewinde . 9.7
Flamme du chalu-
meau 202.2
Flammrohr . . .108.1
Flanc de la dent . 64.10
—s droits, denture à 67.6
Flanco del diente 64.10
Flange 98.10
—, angle 100.3
—, blank- 105.3
—, blind- 105.3
—, bolt of . . . 99.3
—s, bolted . . . 98.8
— of the brasses . 43.3
—, brazed on . .100.6
—, brazed , . .100.8
—, cast 100.4
— with circular
tongue and
groove 100.1
—, collar 100.3
—, -coupling . . 57.5
— — 98.7
— of coupling . 57.6
—, diameter of . 99.1
—, fixed 100.4
—, flanged pipe
with loose back 103.8
— -follower (stuffing
box) 132.7
—s, length over
the 98.2
—, loose 100.5
— nut 12.8
—, riveted . . .100.7
—, screwed . . .100.9
—, thickness of . 99.2
— -wrench . . .101.1
—, to — the tube 103.10
Flanged branch .100.2
— pipe 98.9
— pipe with loose
back flange . .103.8
— seam (rivet) . 29.4

Flanged socket . 108.10
— tube 98.9
Flangia 98.10
— ad anello . .100.5
— avvitata . . .100.9
— chiodata . . .100.7
— cieca 105.3
—, diametro della 99.1
— fissa 100.4
—, guarnizione
delle flangie . . 99.6
— mobile 100.5
— ad incastro . .100.1
— con orlo spor-
gente e rientrante 99.8
— del premistoppa 132.7
— riportata . . .100.3
— saldata 100.8
—, spessore della . 99.2
—, vite delle flangie 99.3
Flanging 103.9
Flank of a tooth . 64.10
Flansch 98.10
—, angenieteter .100.7
—, aufgelöteter .100.8
—, aufgeschraubter 100.9
—, Blind- 105.3
—, Brillen- . . .132.7
—, Deckel- . . .105.3
— mit Feder und
Nut 100.1
—, fester 100.4
—, Gegen- . . .100.2
—, Kupplungs- . 57.6
—, loser 100.5
—, umgebördeltes
Rohr mit losem 103.8
— mit Vor- und
Rücksprung . . 99.3
—, Winkel- . . .100.3
Flanschendichtung 99.6
—dicke 99.2
—durchmesser . 99.1
—kupplung . . . 57.5
—packung . . . 99.6
—ring 100.5
—rohr 98.9
—schlüssel . . .101.1
—schraube . . . 99.3
—verbindung . . 98.7
—verschraubung . 98.8
Flap, non-return .123.7
—, safety 123.6
—, valve 123.2
— valve 123.1
— — faced with
leather 123.3
—, to —, the belt
flaps 78.8
Flasche 93.8
—, feste 93.9
—, lose 94.1
—, Ober- 42.2
—, Unter- . . . 94.3

Flaschenzug . . . 93.7
—, Differential- . 94.4
—, Ketten- . . . 94.7
—, Seil- 94.6
—, Treib- 94.4
Flat bar 215.8
— bar iron . . . 215.8
— chisel 167.5
— face pulley . . 82.1
— file 173.4
— hammer . . . 161.2
— — 161.9
— key 24.8
— link chain . . 90.9
— pliers 155.5
— scraper . . . 176.4
— side of a ham-
   mer 160.4
Flatter 161.9
Flecha 252.1
— de la flexión . 147.5
— de la línea de
   cota 225.5
— del muelle . . 147.5
Flèche 252.1
— (courroie) . . 76.2
— (ressort) . . . 147.5
— de la cote . . 225.5
— de la poulie . 82.3
Fleischseite des
   Riemens . . . 77.1
Flesh side (of belt) 77.1
Flessione 252.1
Flexible coupling 58.4
— curve 220.1
— gearing . . . 75.5
— shaft 36.8
Flexion 251.8
— axiale par com-
   pression . . . 252.2
—, effort de . . 251.5
—, effort de . . 252.4
—, un corps est
   soumis à un ef-
   fort de 247.6
—, moment de . 251.6
— de pièces char-
   gées debout . . 252.2
—, résistance à la 251.4
—, résistance à la 252.3
— spring 147.8
—, tension de . 251.7
— transversale . 252.1
— unitaire . . . 251.7
Flexure 251.8
—, a body is under
   strain of . . . 247.6
—, elasticity of . 249.4
—, moment of . 251.6
—, strain of . . 251.5
—, strength of . 251.4
Fliehkraft . . . 237.4
— -regler . . . 151.5
Fließgrenze . . . 250.1

Fließpapier . . . 232.9
Floor-frame . . . 47.2
— -stand 47.2
Flotter, la courroie
   flotte 78.8
Flue tube 108.1
Flugbahn 237.9
Flügelführung (Ven-
   til) 117.1
— mutter 12.7
— schraube . . . 15.4
Fluidité, degré de
— de la graisse 50.7
Flush rivet . . . 26.8
Flußeisen 213.1
Flüssige Schmiere 50.5
— Tusche . . . 231.8
Flüssigkeitsgrad
   der Schmiere . 50.7
Flußstahl 213.8
—, Tiegel . . . 214.4
Fluted scraper . . 176.5
Fly-nut 12.7
Fly-wheel 149.4
—, arm of the . 149.6
—, boss of the . 149.7
—, bursting of the 150.5
—, cogged . . . 150.4
—, in halves . . 149.9
— governor . . . 151.8
—, rim of the . 149.5
—, ring of the . 149.5
Focolare della fu-
   cina 166.2
Foggiare a caldo . 164.2
— a freddo . . . 164.1
— a martello . . 163.9
— entro stampi . 164.3
Foglio di carta da
   disegno 220.8
— di lamiera . . 216.1
Fogón 166.2
Folding   pocket
   measure . . . 221.8
— pocket rule . . 221.8
Follower (flexible
   gearing) . . . 75.7
— (stuffing box) . 132.6
—, flange- — (stuf-
   fing box) . . . 132.7
— -plate (piston) . 139.5
Fonctionner . . . 255.7
Fond du cylindre 130.8
—, enclume à
   former le . . . 159.9
Fondation, plaque
   de 16.2
Fondo del cilindro 130.8
Fonte 210.8
— d'affinage . . 210.4
— blanche . . . 210.4
— brute 210.3
— en coquille . . 212.2

Fonte coulée à dé-
   couvert 211.4
— crue 210.8
— grise 210.5
— malléable . . 212.4
— manganésée . 211.2
— de moulage . 210.5
— moulée . . . 211.8
— tendre . . . 210.5
— truitée 210.6
—, tuyau en . . 101.9
Foot of compasses 226.10
— measure . . 220.10
— rule 221.8
— valve 120.6
Forage 179.5
Forare 179.2
— 179.5
Foratoio 169.4
Forbice 156.9
— ad arco . . . 157.1
— per fili metal-
   lici 158.2
—, lama della . 156.10
— per lamiera . 157.0
— a leva . . . 157.2
— a macchina . 157.8
— a mano . . . 157.7
— meccanica . . 157.8
Forbicione . . . 157.9
Force 241.5
— acting on
   bearing surface . 73.5
—, the —s are ba-
   lanced 242.9
—, bearing . . . 238.5
—, centrifugal . 237.4
— centrifuge . . 237.4
—, composante
   d'une 242.1
— de compression 251.1
— of compression 251.1
—s, couple de . 243.8
—s, couple of . 243.8
—, direction de
   la 241.6
—, direction of . 241.6
—, les —s sont en
   équilibre . . . 242.9
— du frein . . . 96.6
— of friction . . 245.7
— of gravity . . 244.4
—, moment de la
   — P pour le centre
   de rotation O . 243.1
—, moment of the
   — P with reference
   to the centre of
   motion O . . . 243.1
—, origin of . . 241.7
—s, parallelogram
   of 241.8
—s, parallélogramme
   des 241.8

Force, point d'appli-
cation de la . . . 241.7
—, point d'attaque
de la 241.7
—, point at which
the — acts . . 241.7
—s, polygon of . 242.6
—s, — 242.3
—s, polygone de . 242.3
— of pressure . . 251.1
—, résultante . . 241.9
— résultante . . 241.9
—, supporting . . 238.5
— tangentielle . . 237.2
— de traction . . 250.5
— transmise (par
courroie) . . . 75.9
—s, triangle de . 242.2
—s, triangle of . 242.2
— vive 245.4
Forceps 156.6
—, small 156.6
Forchetta di guida
(sposta-cinti) . . 84.4
— d'innesto . . . 59.3
Forcing screw . . 13.7
— valve 121.7
Fördersell . . . 87.7
Forelock-key . . 16.1
Foreman 254.5
—, head- 254.4
Forer 179.2
—, lime à . . . 175.6
Foret 178.4
— à angle . . . 182.7
— à l'archet . . 182.3
— à centre . . . 180.4
— à fraiser . . . 180.7
— hélicoïdal . . 180.6
— à langue d'aspic 180.5
—, manchon pour 178.5
—, porte- 182.2
— à trois pointes 180.4
— à vis d'Archi-
mède. 182.2
Forge 166.1
—, accessoires de 166.5
—, âtre de . . . 166.2
— -bellows . . . 167.1
— de campagne . 167.3
—, cheminée de . 166.3
—, feu de . . . 166.4
—, field 166.1
— fire 166.4
— -hammer . . . 161.1
—, marteau de . . 161.1
— -pick 210.4
—, portable . . . 167.3
— portative . . . 167.3
—, rivet- 33.1
—, smith's . . . 166.3
—, smith's . . . 166.4
—, soufflerie de . 167.1
— -tongs . . . 166.10

Forge, travelling . 167.3
— volante . . . 167.3
—, to 160.7
—, to 163.9
Forger 163.9
— à chaud . . . 164.2
Forja 166.1
—, aguja de . . 166.6
—, gancho de . . 166.8
—, tenaza de . 166.10
Forjar 163.9
— en caliente . . 164.2
— en estampa . . 164.3
— en frío . . . 164.1
Fork, belt . . . 84.4
—, connecting rod 145.3
— spanner . . . 17.8
Forked journal . . 39.5
Form 224.7
— of load . . . 247.8
— maschine, Räder- 73.1
— stück (Rohr) . 105.4
Formänderung . . 248.4
— arbeit 248.6
—, elastische . . 248.5
Formar el cigüeñal 37.1
Formed cutter . . 184.8
Forming pliers . . 156.4
Formón 194.4
— de barrilete . . 194.6
Fornello per saldare 202.3
Fornello di ricot-
tura 165.5
Fornillo de hoja-
latero 202.3
Foro (ruota) . . . 69.6
— del bullone . . 11.7
— del chiodo . . 26.7
— — 196.2
— per lubrificare . 52.5
— del mozzo della
puleggia folle . 83.9
— della vite . . 11.7
Forward axle . . 34.4
— stroke of piston 137.9
Forza 241.5
— d'un cavallo . 245.3
— centrifuga . . 237.4
— centripeta . . 237.3
—, direzione della 241.6
— frenatrice . . 96.6
— media . . . 241.9
— normale . . . 237.3
— di pressione . 251.1
— risultante . . 241.9
— tagliante . . . 252.8
— tangenziale . . 237.2
(trasmissione per
cinghia) . . . 75.9
— di trazione . . 250.5
— viva 245.4
Foto-calco azul . 234.3
— — blanco . . 234.4

Foundation-bolt . 15.7
— — (bearing) . . 44.3
Foundation-plate . 16.2
— washer. . . . 15.8
Foundry-pick . . 210.5
Four, crochet de . 166.8
— à rivets . . . 32.9
— à souder . . . 202.3
Four-way cock . . 129.1
— — pipe . . . 106.8
Fourche de dé-
brayage 59.3
Fourchette de dé-
brayage. . . . 84.4
—, tourillon à . . 39.5
Fourrure pour revê-
tir un coussinet 42.6
Fox wedges . . . 24.6
Fractura por ex-
ceso de temple 199.11
Fracture of the rim 150.6
Fragua 166.1
— para calentar los
roblones . . . 32.9
—, chiminea de . 166.3
—, fuego de . . 166.4
—, gancho de . . 166.7
—, herramientas de 166.5
— portátil . . . 167.3
Fraguar 163.9
Fraisage 185.1
Fraise 183.2
— pour cannelures 183.7
— creuse 184.7
— cylindrique . . 184.1
—, dent de . . . 183.3
— à dents rappor-
tées 183.4
— à disque . . . 183.6
— pour engrenages 184.5
— extérieure . . 184.7
— à fileter . . . 20.8
— de forme . . . 184.8
— de front . . . 184.4
— hélicoïdale . . 184.6
— latérale . . . 183.6
— plane 184.4
— profilée . . . 184.8
— avec profil in-
variable . . . 183.5
— à queue . . . 184.3
— pour rainures 183.7
— raineuse . . . 184.2
Fraiser 184.9
—, machine à . . 185.2
— des rainures . 23.7
— le rivet . . . 30.6
Fraiseuse 185.2
Frame-saw . . . 189.2
— — 190.6
— -shears . . . 157.6
Framed saw . . . 189.2
— -wip-shaw . . 189.7
Franzose 18.2

Fräsen 185.1
— 184.9
—, Nuten . . . 23.7
Fräser 183.2
—, Außen- . . . 184.7
-- mit eingesetzten
Zähnen 183.4
—, Gewinde- . . 20.8
—, hinterdrehter . 183.5
—, Nuten- . . . 183.7
—, Plan- 184.4
—, Profil- 184.8
—, Räder- . . . 184.5
—, Schaft- . . . 184.3
—, Schlitz- . . . 184.2
—, Schnecken- . . 184.6
—, Walzen- . . . 184.1
--, zahn 183.3
—, Zahnrad- . . . 184.5
Fräsmaschine . . 185.2
—, Räder- . . . 73.2
Frattura per ecces-
so di tempera 199.11
Freccia della linea
di misura . . . 225.5
— d'incurvamento 252.1
Free fall 236.2
— hand sketch 222.10
Freier Fall . . . 236.2
Frein 96.1
—, bande de . . 97.1
— à bande . . . 96.9
— centrifuge . . 97.8
— à cône . . . 96.8
-- différentiel . . 97.2
--, force du . . 96.6
— à gorge . . . 96.7
—, levier de . . 96.5
—, poulie de . . 96.3
—, sabot de . . 96.4
— à sabot . . . 96.2
Frenatriz 96.6
Freno 96.1
— centrifugo . . 97.8
— centrifugo . . 97.8
—, cepo de . . . 96.4
— a ceppo . . . 96.2
—, ceppo del . . 96.4
—, cinta del . . 97.1
— de cinta . . 96.9
— cónico. . . . 96.8
— conico. . . . 96.8
— diferencial . . .97.2
— differenziale. . 97.2
— ad incastro . . 96.7
—, leva del . . . 96.5
--, nastro del . . 97.1
— a nastro . . . 96.9
--, palanca del . 96.5
—, polea del . . 96.3
—, puleggia del . 96.3
— de ranura . . 96.7
— de zapato . . 96.2
—, zapata del . . 96.4

Fresa 183.2
— de cajear. . . 183.7
Fresa cilindrica . 184.1
— cilindrica. . . 184.1
— a corda . . . 184.3
—, dente della. . 183.3
— con denti rego-
labili 183.4
—, diente de . . 183.3
— con dientes po-
stizos 183.4
— de disco . . . 183.6
— espiral. . . . 184.6
— para filetear . 20.8
— per filettare . . 20.8
— de frente . . . 184.8
— para fresar al
exterior. . . . 184.7
— di fronte . . . 184.3
— per incastri . . 183.7
— per intagliare . 184.2
— de media caña . 183.5
— de muesca . . 183.7
— de ojal . . . 184.2
— de perfilar . . 184.8
— piana 184.4
— plana 184.4
— a profilo . . . 184.8
— con profilo in-
variabile . . . 183.5
— para ruedas den-
tadas. 184.5
— a rullo . . . 184.1
— per ruote dentate 184.5
— per scanalature 183.7
— per smussature
esterne 184.7
— tagliata in fondo 184.3
— a taglio . . . 184.2
— de torneado po-
sterior 183.5
— a vite senza fine . 184.6
Fresado 185.1
Fresar 184.9
—, máquina de . 185.2
— ranuras . . . 23.7
Fresare. 184.9
Fresatrice. . . . 185.2
Fresatura 185.1
Fressen, das Lager
frißt 48.5
Fret saw 189.5
Fricción 245.6
— de la cuerda . 86.2
— del diente . . 66.5
— del eje. . . . 33.8
— del gorrón . . 38.1
— — del eje . . 33.9
Friction 245.6
—, accouplement à 60.7
—, angle of . . . 245.9
—, axle 33.8
— bevil gear . . 74.1
—, chain 89.3

Friction clutch . 96.8
— — coupling . . 60.7
—, coefficient of . 245.8
—, cylindre de . 74.4
—, disc 61.2
— drive 73.3
—, eccentric . . 144.4
—, engrenage à . 74.6
—, force of . . . 245.7
— -gear, wedge . 74.6
— gearing . . . 73.3
—, journal . . . 33.9
— of journal . . 38.1
— of motion . . 246.3
—, piston. . . . 137.6
—, plateau à . . 74.3
—, poulie à . . . 73.4
—, pression de. . 73.5
—, pulley . . . 73.4
— -ratchet . . . 95.6
— — gear . . . 95.8
—, renvoi à . . . 75.4
— of rest. . . . 246.2
—, rolling . . . 246.4
—, rope 86.2
—, roue à . . . 73.4
—, roue à — co-
nique 74.1
—, roue à — cylin-
drique 73.6
—, rouleau galet à 74.4
—, sliding . . . 246.3
—, stuffing-box . 134.8
—, tambour coni-
que à 74.5
—, transmission à 73.8
—, transmission
à — par poulie
à gorge 74.6
—, transmission par
plateaux à . . 74.2
—, transmitting —
gearing 75.4
— wheel 74.8
— —, circumferen-
tial 73.6
— —, grooved . . 74.7
— —, right angle 74.2
— —, wedge . . 74.7
—, work of . . . 246.5
Frictional gearing 75.4
— grooved gearing 74.6
Friktionsscheibe . 61.2
Froid, battre à . . 160.8
Front elevation . 224.2
— rake 186.1
— view 224.2
Frottement . . . 245.6
— du câble . . . 86.2
— de chaînes . . 89.8
—, coëfficient de . 245.8
— des dents . . 66.5
— —, travail de . 66.8
— au départ . . 246.2

Frottement de
l'essieu 33.8
— d'excentrique .144.4
— de fuseau . . 33.9
— de glissement .246.3
— de la glissière 145.10
— du piston . .137.6
— de presse-étoupe 134.3
—, résistance du .245.7
— de roulement .246.4
— statique . . .246.2
—, surface de . .246.1
— du tourillon . 38.1
—, travail de . .246.5
Fuchsschwanz . .188.7
Fucina 166.1
— per arroventare
  i chiodi . . . 32.9
—, cammino della 166.3
— da campagna .167.3
— da chiodi. . . 33.1
—, focolare della .166.2
—, fuoco della .166.4
— portatile . . .167.3
— per scaldare i
  chiodi 32.9
—, tanaglia da. 166.10
—, utensili da . .166.5
Fucinare 163.9
Fuego de fragua .166.4
Fuelle 167.2
— mecánico. . .167.1
Fuerza 241.5
— centrifuga . .237.4

Fuerza centrípeta. 237.3
—, dirección de la 241.6
— de frenado . . 96.6
— normal . . .237.3
— de presión . .251.1
— resultante . .241.9
— tangencial . .237.2
— de tracción . .250.5
— transmitida . 75.9
— viva 245.4
Führung, Schieber- 125.8
Führungsbüchse .146.2
—leiste 126.1
—mutter 126.2
—rippe 117.4
—rolle 77.9
—stift 117.6
Fulcrum (bearing) 46.2
— -bearing . . . 46.1
Función, estar en 255.7
Funcionar . . .255.7
Fundamentanker . 15.7
— bolzen. . . . 15.7
— platte 16.2
— schrauben . . 15.7
— — (Lager) . . 44.3
Fundición de ace-
  ro 212.3
— en arena . . .211.6
— en arena seca .211.7
— en cajas . . .211.5
— dura 212.2
—hecha(en moldes
  abiertas) . . .211.4

Fundición hecha
  en moldes de
  arcilla 212.1
— en tierra . . .211.7
— — verde . .211.8
Fune d'acciaio . . 86.8
— da argano . . 88.2
— da ascensore . 87.8
— da gru. . . . 87.9
— metallica . . . 86.7
—, saetta d'incur-
  vamento della . 76.2
— di sollevamento 87.7
Funiculaire . . .242.6
Funzionare . . .255.7
— della fucina. .166.4
Furnace, rehea-
  ting 165.5
—, soldering . .202.8
— -tube 108.2
—, welding- . . .165.5
Furniersäge . . .189.6
Fuseau (axe) . . 33.5
—x, denture à . . 67.4
Fusée (axe) . . . 33.8
Fußhöhe (Zahnrad) 65.4
— kreis 63.7
—, Lager- . . . 43.7
— ventil 120.6
Fustella 169.4
Fût du drill . . .182.8
— de rabot . . 191.11
Futter, Bohr- . .178.5
—, Lager- . . . 42.6

G.

Gabel, Riemen- . 84.4
— (schrauben)
  schlüssel . . . 17.8
— zapfen 39.5
Gag 189.8
Galet (de guide)
  (transmission par
  courroie) . . . 77.9
— guide câble . . 84.7
— tendeur . . . 78.2
Galle, chaîne . . 91.3
Gall's chain. . . 91.3
Gallsche Kette. . 91.3
Gambo (vite) . . 11.3
— del chiodo . . 26.2
Ganascie addizio-
  nali 154.1
— della morsa. .153.5
— —, fodera delle 153.6
Gancho 92.1
—, boca del. . . 92.2
— para cadena. . 92.8
Gancho, cuello del 92.3
— para cuerda. . 92.7

Gancho, cuerpo
  del 92.4
— doble 92.6
— de fragua. . .166.7
—, herramientas de 92.9
Gancio. 92.1
—, accessori del . 92.9
—, apertura del . 92.2
— attizzatore . .166.7
—, becco del . . 92.2
—, bocca del . . 92.2
— per catena . . 92.8
— chiuso 93.1
—, collo del. . . 92.4
— per corda. . . 92.7
— doppio 92.6
—, gambo del . . 92.3
— per tubi . . .109.8
Gang, leerer
  (Schraube) . . .10.9
—, im — sein 255.7
—, eine Maschine
  in — setzen . .255.6
—, toter (Schraube) 10.9

Gangbreite der
  Schraube . . . 8.2
— höhe der
  Schraube . . . 7.8
— tiefe der
  Schraube . . . 8.1
Ganze Riemscheibe 83.2
Garabatillo para
  tender 155.2
Garde du clapet .124.4
Garganta . . . 75.1
— de la polea . . 87.2
Garlopa . . . 191.10
Garnir un cous-
  sinet 43.1
— — de métal
  blanc 43.2
— un piston de
  cuir 138.6
— un presse-étoupe 135.2
Garniture (presse-
  étoupe 132.9
— d'amiante . .135.5
—, anneau de . .139.1

Garniture des bri-
des 99.6
— en caoutchouc . 135.7
‚— de chanvre . . 135.3
— en cuir (presse-
étoupe) 134.1
—, épaisseur de la
(presse-étoupe) . 133.2
—, logement de
(presse-étoupe) . 133.1
—, longueur de la 101.7
— métallique . . 135.8
— —, piston à . . 138.7
—-, piston à — en
cannelures . . 139.8
—, piston à — de
chanvre. . . . 138.4
—, piston à — de
cuir 138.5
— du piston . . 138.3
—, presse-étoupe à
— en cuir. . . 133.8
—, presse-étoupe à
— métallique . 134.2
—, profondeur de la 101.7
— pour revêtir un
coussinet . . . 42.6
— de tuyau . . . 101.5
Garrot (scie). . . 189.8
Gas-blow-pipe . 201.10
— -burner pliers . 156.7
— -cock 129.6
—, conducción para 110.1
— gewinde . . . 10.6
—, grifo para . . 129.6
— hahn 129.6
— leitung . . . 110.1
— lötkolben . . . 201.9
— -pipe 107.8
— — line . . . 110.1
— — thread . . . 10.6
— — tongs . . 155.7
— pliers 155.7
— rohr. 107.8
— rohrschraub-
stock 154.3
—, rubinetto da . 129.6
— schieber . . . 126.5
— soldering copper 201.9
—, tubazione del . 110.1
— -valve 126.5
Gasket 99 6
— ring. 99.7
Gate, gas. . . . 126.5
— valve 125.1
—, water 126.4
Gatillo de parada. 95.4
— de trinquete . 95.7
Gatter, Säge- . . 190.5
— säge. 190.6
Gattuccio . . 188.10
Gauche (avec pas) à 8.9
Gauge 204.3
—, caliper- . . . 205.4

Gauge-cock . . . 111.5
— -cock depth- . 205.6
—, end 205.3
—, hole 205.7
—, inside micro-
meter- 205.4
—, internal cylin-
drical 205.8
—, internal and ex-
ternal 205.5
—, limit 206.4
—, marking . . . 207.9
—-, micrometer . 204.5
—, screw pitch . 206.2
—, shifting . . . 207.9
—, slide- 204.6
—, standard . . . 206.5
—-, standard — for
steel plates . . 206.3
—, surface . . . 207.7
—, thread . . . 206.1
—, water- . . . 111.2
—, wire 206.6
Gaz, conduite de (à) 111.1
—, fer à souder au 201.9
—, filet des tuyaux à 10.6
—, robinet à . . 129.6
—, tuyau à . . . 107.8
Gear, annular —
and pinion . . 70.1
—, to be in . . 255.7
—, bevil — system 70.8
—, bevil — wheel 71.2
—, bevil — wheel 71.4
—, change . . . 68.3
—, crank- . . . 140.8
— cutter . . . 184.5
— cutting machine 73.2
—, disengaging . 58.8
—, engaging and
disengaging . . 58.6
—, friction bevil . 74.1
—, friction -ratchet- 95.8
—s, heavy duty . 68.4
—, herringbone . 70.3
— wheels, inter-
changeable . . 68.3
—, internal . . . 67.7
—, mangle . . . 67.4
—, mitre 71.3
—, moulding ma-
chine 73.1
—, multiple V- . 74.6
—, to put in . . 59.5
—, right angle be-
vil — system . 71.3
—, single curve . 67.8
—, skew 71.9
—, slide valve . 127.6
—, spiral 71.8
—, spur — system 68.6
—, spur — wheel . 69.1
— system, cycloi-
dal 66.7

Gear, throtteling . 124.8
—, to throw in . 84.2
—, to throw into . 64.5
—, to throw out of 64.6
—, throwing out of 59.7
—s, transmitting . 68.5
—, wedge-friction- 74.6
--wheel, to mortice
cogs into a . . 72.7
—, wheel, rim of . 69.2
—, worm 71.5
Gearing 63.2
—, chain 88.5
—, double pin . . 67.5
—, flexible . . . 75.5
—, friction . . . 73.3
—, frictional . . 75.4
—, intermediate
belt 77.3
—, iron- 72.4
—, mitre wheel . 71.8
—, ratio of . . . 68.8
—, shaft with wheel 68.2
—, toothed . . . 68.1
—, transmitting
friction 75.4
—, wood on iron- 72.5
Gebläse, Schmiede- 167.1
Gefäßnietung . . 28.2
Gefräster Zahn . . 66.2
Gegenflansch . . 100.2
— keil 24.7
— kurbel . . . 142.1
— mutter . . . 13.2
Gehäuse, Wasser-
stands- 111.3
—, Ventil- . . . 112.2
Gehobelter Zahn . 66.1
Geißfuß 195.2
Gekreuzter Riemen 77.6
Gekröpfte Welle . 36.9
Gekuppelt . . . 62.6
— e Achse . . . 34.1
—, direkt — mit . 62.7
Gekröpft, doppelt
—e Welle . . . 37.2
Gelbguß 217.5
Geleimter Riemen 80.9
Gelenk (Kupplung) 61.9
—, Cardansches . 62.2
— kette 90.9
—, Kugel- . . . 62.4
— kupplung. . . 61.8
— schraube . . . 14.3
—, Universal- . . 62.2
— zapfen . . . 62.1
Gelötetes Rohr. . 102.8
Gemeine Cykloide 66.9
Genähter Riemen 81.1
General plan . . 223.4
Generating circle
(tooth) 67.8
— cone (bevil gear
wheel) 71.1

Genietetes Rohr . 102.3
Genou (tuyau) . . 107.5
— arrondi . . .107.7
— de réduction . 107.6
— vif 107.5
Geradeisen . . .195.4
— flankenverzah-
nung. 67.6
Gerade gedrehte
Riemscheibe . . 82.1
— richten . . .208.6
Gerändelte Mutter 12.10
Gerät 256.4
—, Herd- 166.5
Gerbstahl . . .214.2
Gerippte Mutter . 12.10
Gesamtanordnung 223.4
— arbeit 246.6
Geschirr, Haken- 92.9
Geschlossener
Kräfteplan . .242.8
— Pleuelkopf . .145.1
Geschlossenes
Hängelager . . 46.8
— Lager 41.8
Geschnittener
Zahn 66.1
Geschränkter Rie-
men 77.6
— Zahn 186.8
Geschützbronze . 217.8
Geschweißte Kette 89.5
Geschweißtes Rohr 102.4
— —, stumpf . .102.5
— —, überlappt . 102.6
Geschwindigkeit .235.5
—shöhe 236.8
—, Kolben- . . .137.4
—,Komponente der 240.2
—skomponente .240.2
—, eine — in ihre
Komponenten
zerlegen . . .240.1
—, mittlere . . 235.10
—en, Parallelo-
gramm der . .239.8
—sparallelogramm 239.8
—sregulator . .152.4
—, resultierende .240.4
—en, mehrere — zu
ihrer Resultieren-
den zusammen-
setzen 240.3
—, Winkel- . . .241.3
—, Wurf- . . .237.10
Gesenk 164.4
— hammer . . .163.5
—, Ober- . . .164.6
— platte 160.2
—, im—schmieden 164.3
—, Unter- . . .164.5
Gesimshobel . .193.4
Gespannte Säge .189.2
Gesperre 95.4

Gesperre, Klemm- 95.8
—, Zahn- 95.5
Gesprengtes Rad . 69.10
Get, to — loose . 19.5
Geteilte. Riem-
scheibe 83.3
Geteiltes Rad . . 69.9
— Schwungrad . .149.9
Getriebe, Diskus- 74.2
— mit Innenver-
zahnung . . . 70.1
—, Kegelrad- . . 70.8
—, Keilräder- . . 74.6
—, Kurbel- . . .140.8
—, Planscheiben-. 74.2
—, Reibungs- . . 73.3
—, Schnecken- . . 71.5
—, Stirnrad- . . . 68.6
—, Winkel- . . . 71.3
—, Wurm- . . . 71.5
—, Zahnrad- . . 68.1
—, Zahnstangen-. 70.6
Getriebene Scheibe 75.7
Getting hot of a
bearing 48.3
Getto (in forme
scoperte) . . .211.4
— malleabile . .212.4
— in forme d'ar-
gilla 212.1
— in forme di sab-
bia 211.6
— in forme di sab-
bia secca . . .211.7
— — — verde . .211.8
— in staffe . . .211.5
Gewalztes Rohr .103.1
Gewichtsbelastung,
Sicherheitsventil
mit 119.7
Gewichtsregulator 151.9
— ventil 119.2
Gewinde bohren : 21.4
— bohrer . . . 21.3
—, dreieckiges . . 9.5
—, Dreiecks . . . 9.5
—, dreigängiges . 9.3
—, doppeltes- . . 9.2
—, durchmesser,
äußerer 8.4
— —, innerer . . 8.3
—, einfaches . . . 9.1
—, eingängiges . 9.1
— eisen 20.2
— —, Schrauben
mit — schneiden 20.3
—s, Feinheit des . 10.8
—, Flach- 9.7
—, flaches 9.7
— fräser . . . 20.8
—, Gas- 10.6
—, Hohl- 10.5
— kupplung . . 56.6
— lehre 206.1

Gewinde, Links- . 8.8
—, mehrgängiges . 9.4
— muffe 106.9
—, Mutter- . . . 10.5
— nachschneiden 20.1
—, Rechts- . . . 8.6
—, rundes . . . 10.2
— schablone . .206.2
—, scharfes . . . 9.5
— schneiden . . 19.9
—, Schrauben . . 7.7
— stahl 20.5
— stift 15.2
— strehler . . . 20.5
— taster 207.2
—, Trapez- . . . 10.4
—, viereckiges . . 9.7
—-, zweigängiges . 9.2
Gezahntes Schwung-
rad 150.4
Gezogenes Rohr .103.4
— Trum 76.1
Ghisa 210.3
— bianca 210.4
— grigia 210.5
— indurita . . .212.2
— trotata . . .210.6
Gib 24.8
— and cotter . . 24.8
— headed key . 23.8
Gießlöffel . . .203.4
Gimlet 179.7
Gioco della valvola 115.4
Girabecchino . .182.5
— a manovella .182.7
Girar sobre un
vástago 39.8
Girare sopra un
perno 39.8
Giro 240.6
—, ángulo de . .241.2
—, eje de 241.1
Giunto 56.1
— dell'anello dello
stantuffo . . .139.2
— a bicchiere . .101.2
—, bossolo del . . 57.1
—, bullone del . . 57.4
— di calzara . . 62.2
— della catena . 89.4
—, conchiglia del 57.3
— a conchiglia . 57.2
— conico 56.8
— a dischi . . . 57.5
— a doppio cono . 58.1
— elastico . . . 58.5
— d'espansione . 58.4
— fisso 56.3
— a flangia . . . 98.7
— a flangie e bul-
loni 98.8
— a manicotto . 56.4
— — — 101.2

Giunto Sellers . . 58.1
— universale . . 62.2
— a vite 56.6
Giuntura della cinghia 80.7
Giunzione dei tubi 98.5
— a vite 11.1
— — dei tubi . . 98.6
Giuoco inutile (filetto) . . . 10.9
Gland 132.6
— (stuffing box) . 132.6
— bolt 133.8
— expansion joint 104.4
—, flange of . . 132.7
— stuffing box . 132.5
—, V-ring metallic — packing . . 134.2
Glashärte 199.7
—, Wasserstands- . 111.4
Glass oil-cup . . 53.9
—, water-gauge- 111.4
Glazer 198.2
Glazing-wheel . . 197.7
Gleichförmig beschleunigte Bewegung . . . 235.11
—e Bewegung . . 235.1
— verzögerte Bewegung . . . 236.1
Gleichgewicht . . 244.6
—, indifferentes 244.10
—, die Kräfte befinden sich im . 242.9
—, labiles . . . 244.9
—slage eines Körpers 244.7
—, stabiles . . 244.8
Gleitbahn 145.7
— fläche 145.8
— klotz (Kulisse) . 143.8
— modul . . . 253.1
— schuh 146.6
— stange 146.8
— stück 145.6
Gleiten, der Riemen gleitet . . 79.1
Gleitende Reibung 246.8
Gliederbreite, lichte — (der Kettenglieder) 89.1
— kette 88.8
— länge, lichte — der Kette . . 88.10
— maßstab . . 221.8
— riemen . . 80.6
Glissement, coëfficient de . . 253.1
—, surface de . . 145.8
Glisser, la courroie glisse . . . 79.1
Glisseur (coulisseau) . . . 143.8

Glissière 145.7
—, —s 145.5
—, frottement de la 145.10
—, pression sur la 145.9
— surface de . . 145.8
Globe calipers . . 207.8
— pliers 155.7
— valve 112.1
Glockenmetall . . 217.9
— ventil . . . 119.1
Glue 196.8
—, leather . . . 80.11
— -press . . . 196.9
—, to 196.6
—, to — the belt . 80.10
Glued belt joint . 80.9
Glühofen, Nieten- . 32.9
Godet 232.6
— graisseur . . 53.7
— — en verre . 53.9
— à huile . . . 52.9
Gola 75.1
—, angolo della . 75,2
—, profondità della 75.3
— della puleggia . 87,2
Gold 217.2
Golpe de ariete . 110.3
— del émbolo . . 137.7
Goma para borrar 230.8
— para lápiz . . 230.9
— para tinta . . 230.10
Gomito 36.10
— 107.4
— ad angolo retto 107.5
— arrotondato . 107.7
—, fare il . . . 37.1
— di riduzione . 107.6
Gomma 230.8
— per inchiostro 230.10
— per matita . . 230.9
Gomme (à crayon) 230.9
— à encre . . . 230.10
— à gratter . . . 230.8
Gommer 230.7
Goniometro . . . 229.4
— ad angolo . . 229.5
Goniómetro . . . 229.4
— angular . . 229.5
Gorge (transmission à friction) 75.1
—, angle de la (transmission à friction) . . . 75.2
—, poulies à . . 74.7
—, de la poulie . 87,2
—, roue à . . . 74.7
—, transmission à friction par poulies à . . . 74.6
Gorrón 37.6
— de anillo . . . 38.8
— del árbol . . 35.6
— desgastado . . 38.3
— del eje . . . 33.3

Gorrón del eje, fricción del . . 33.9
—, fricción del . 38.1
— de grapaldina . 38.7
— de horquilla . 39.5
— intermedio . . 35.7
Gouge 195.1
— triangulaire . 195.2
Goujon 13.8
Goupille 24.10
—, étau à . . . 155.1
Goupiller un boulon 14.9
Goupillon 166.8
Govern, to . . . 152.6
Governor 150.7
—, adjusting gear of the . 151.4
— balls 150.9
— center weight . 151.9
—, centrifugal . . 151.5
—, cone 151.7
—, fly wheel . . 151.8
— counterpoise . 152.1
—, load 152.5
—, pendulum . . 151.6
—, shaft . . . 151.8
— -socket . . 151.1
—, lift of the . 151.2
—, speed . . . 152.4
—, spindle of the 150.8
—, spring . . . 152.2
— spring . . . 152.3
— of velocity . . 152.4
—, weighted . . 151.9
— weight . . 152.1
Gradführung . . 145.5
Grado di fluidez . 50.7
— di fluidità . . 50.7
— de temple . . 199.9
Graffa (tubo) . . 109.7
Grain 167.8
— (palier) . . . 40.9
— de couteau (palier) 46.8
— of the grindstone 197.2
— de la meule . . 197.2
Graissage . . . 49.1
—, anneau de . . 52.8
—, appareil de 53.8
—, appareil de — central . . . 50.8
— automatique . 49.6
— à bagues . . 55.1
—, bague de . . 55.2
—, bague de (presse-étoupe) . . . 133.8
— central . . . 50.2
— continu . . . 49.2
— des cylindres . 131.7
—, huile de . . 50.8
— par huile . . 52.4
— à la main . . 49.4
— —, appareil de 49.5

Graissage à mèche 54.1
— périodique . . 49.3
— du piston . . 137.3
—, robinet de . . 53.6
— séparé 49.8
—, trou de . . . 52.5
—, tube de . . . 53.4
Graisse. 50.4
—, boîte à . . . 53.5
— de câble . . . 86.4
—, degré de fluidité
de la 50.7
Graisser le palier . 48.7
Graisseur à aiguille 54.5
— automatique . 49.7
— à bague . . . 45.2
— centrifuge . . 54.9
— comptegouttes . 54.6
— à équerre . . . 55.9
—, godet 53.8
— à mèche . . . 54.2
—, robinet . . . 53.6
— rotatif 54.8
— séparé 50.1
— Stauffer . . . 55.8
—, tube de distri-
bution du . . . 54.7
Gramil 207.9
— para círculos . 207.8
— de mármol . . 207.7
Grana della mola . 197.2
Granete 168.4
—, marcar con el 168.6
—, puntear con el 168.6
Grapaldina . . . 38.8
Grappa per cinghie 81.8
Grasa consistente 50.6
Grasso 50.4
Grater 176.2
Gratter. 177.1
— 230.7
Grattoir 176.3
— 231.1
— cannelé . . . 176.5
— triangulaire . 176.6
— à tubes . . . 111.1
Graues Roheisen . 210.5
Gravedad 244.3
Gravità 244.3
Gravité 244.3
—, centre de . . 244.2
Gravity 244.8
—, center of . . 244.2
—, force of . . . 244.4
Grease 50.6
— -cock 53.6
— -cup with cocks 53.6
—, to — the bea-
ring 48.7
Great span saw . 189.7
Green-sand-casting 211.8
Grenzlehre . . . 206.4
Greppe d'établi . 194.2
Grey pig-iron . . 210.5

Grieta por exceso
de temple . . . 199.11
Griff, Kurbel- . . 142.4
Griffe (accouple-
ment) 60.3
—s, débrayage à . 60.4
Grifo 127.7
—, abrir el . . . 128.1
— de agua . . . 129.5
— de aislamiento . 129.4
— de alimentación 129.9
—, armazón del 127.10
—, cabeza del . . 127.9
—, cerrar el . . . 128.2
— de cierre . . . 129.4
— cónico 128.8
— de cuatro vias . 129.1
— de descarga . 129.7
— de emisión . . 129.8
— con empaqueta-
dura 128.6
— engrasador . . 53.6
— de evacuación . 129.8
— para gas . . . 129.6
—, macho del . . 127.8
— mezclador . . 129.3
— de paso . . . 128.7
— — angular . . 128.8
— — cuadruple . 129.1
— — triple . . . 128.9
— con prensa
estopa 128.6
— de prueba . . 129.10
— de purga . . . 129.7
— de tres vias . 128.9
— de válvula . . 128.4
— — á tornillo . 128.5
Grillete 92.10
Grind, to 197.5
—, to — with emery 198.6
—, to — in a piston 140.2
Griudstone . . . 196.10
—, chest below the 197.1
—, grain of the . 197.2
Grinder's oilstone . 197.4
Grinding machine 197.6
— mill 196.10
— stone 196.10
Gripper, le palier
grippe 48.5
Grobblech 216.4
— feile. 173.8
Groove 23.3
— (friction gearing) 75.1
—, angle of the
(friction gearing) 75.2
—s, to cut . . . 23.7
— cutting chisel . 23.5
—s, to mill . . . 23.7
—, oil 52.6
Grooved friction
wheel 74.7
— piston 139.8

Ground-auger . . 181.6
— and polished
piston 140.1
— reamer . . . 177.5
Grub screw . . . 15.2
Grue, câble de —s 87.9
—, chaîne de . . 91.8
Grueso de la llanta
(polea) 81.9
— de la correa . 76.9
Grume 190.7
Grundbüchse (Stopf-
büchse) 133.4
— kegel (Kegelrad) 70.9
— kreis (Zahnrad) 67.2
— platte 16.2
— ring 133.5
— riß 224.6
— schraube . . . 15.7
Guancialetto . . 42.6
Guancie della
chiave 16.6
Guard (ball valve) 116.9
—, chain 90.7
Guardacadena . . 90.7
Guarnecer con
plomo (tubo) .101.8
Guarnire con
piombo (tubo) .101.8
— la scatola a
stoppa 135.2
— un sopporto . 43.1
— — con metallo
bianco 43.2
Guarnitura (cusci-
netto) 42.6
Guarnizione (sca-
tola a stoppa) . 132.9
— d'amianto . . 135.5
—, anello di . . 99.7
—, anello di. . . 139.1
— di cauape . . 135.8
— di cuoio . . . 134.1
— delle flangie . 99.6
— di gomma . . 135.7
— metallica . . . 135.8
—, spazio della .133.1
—, spessore della 133.2
— del tubo . . . 101.5
— —, profondità
della 101.7
Gubia 195.1
— triangular . 195.2
Gudgeon, inserted 39.6
Guía (manivela) . 143.2
— bastidor . . . 143.1
— por capacete .146.4
— de la cuerda . 84.7
— del patin, fric-
ción en las guías 145.10
— —, presión en
las guías . . . 145.9
— recta 145.5
— —, patin . . 145.6

Guía de la válvula 116.4
— de la varilla . 146.1
— —, caja de . . 146.2
— —, varilla de la 146.3
Guida (manovella) 143.2
— della catena . 90.7
— a caviglia . . 117.5
— —, pattino . . 145.6
— a croce . . . 146.4
— del pattino . . 145.7
— —, attrito alla 145.10
— —, pressione
sulla 145.9
— rettilinea . . . 145.5
— a stelo 146.1
— —, asta di . . 146.3
— —, bossolo di . 146.2
— della valvola 116.10
Guidage à crosse . 146.4
— de soupape . 116.10
— de la soupape
par sa tige . . 117.7
Guide (belt driving) 77.9

Guide à ailettes . 117.1
— -bar 126.1
— bars 145.5
— box 146.2
— bracket . . . 146.2
— à cheville . . 117.5
— à croisillon . . 117.1
— à crosse . . . 146.4
— pin 117.6
— pulley of rope . 84.7
— de soupape . 116.10
— stem 117.6
— de la tige du
piston 136.8
— -tiroir 125.8
Guide (valve) . . 117.4
Guider, belt . . . 84.4
Guiding nut . . . 126.2
Guillame 193.4
Guillaume 193.4
Guillotina. . . . 157.4
Gullet-tooth . . . 186.5
Gummi, Blei- . . 230.9

Gummiklappen-
ventil 123.4
— packung . . . 135.7
—, Radier- . . 230.8
—, Tinten- . . 230.10
Gun-metal . . . 217.8
Guß, Gelb- . . . 217.5
— in grünem Sand 211.8
—, Hart- 212.2
—, Herd- . . . 211.4
—, Kasten- . . 211.5
—, Lehm- . . . 212.1
—, Sand- . . . 211.6
—, schmiedbarer . 212.4
—, Stahl- . . . 212.3
—, Temper- . . 212.4
— in trockenem
Sand 211.7
—, Weiß- . . . 217.10
Gußeisen 211.3
Gußeiserne Riem-
scheibe 82.7
Gußeisernes Rohr . 101.9

H.

Haarseite des
Riemens . . 77.2
Hacer un dibujo
en lápiz . . 226.1
— mortajas . . 194.5
— punta al lápiz . 230.3
Hacha 190.8
— de choque . 191.5
—, corte de . . 190.9
—, mango de . 191.2
— de mano . . . 191.3
—, ojal para mango
de 191.1
— de vaciar . . 191.4
Hache 190.8
— de charpentier 191.4
— à main . . . 191.3
—, œil de . . . 191.1
Hacher 226.5
Hachette 191.6
— à poing . . . 191.7
Hachuela 191.7
Hachure 226.6
Hacket 191.7
Hack-file 175.1
Hahn 127.7
—, Abblase- . . 129.7
—, Ablaß- . . . 129.8
—, Absperr- . . 129.4
—, den — auf-
drehen 128.1
—, Ausblase- . . 129.7
—, Auslaß- . . 129.8
—, Auslauf- . 129.2 [?]

Hähn, Dreiwege- . 128.9
—, Durchgangs- . 128.7
—, Gas- . . . 129.6
— gehäuse . . 127.10
— kegel . . . 127.8
—, Konus- . . 128.3
— kopf . . . 127.9
— küken . . . 127.8
—, Misch- . . 129.3
—, Niederschraub- 128.5
—, Pack- . . . 128.6
—, Probier- . . 129.10
— schlüssel . . 17.6
—, Schmier- . 53.6
—, Speise- . . 129.9
—, Stopfbüchsen- . 128.6
—, Ventil- . . 128.4
—, Vierweg- . 129.1
—, Wasser- . . 129.5
—, Wasserstands- . 111.5
—, Winkel- . . 128.8
— wirbel . . 127.8
—, den — zudrehen 128.2
Hair-side (of belt) 77.2
Haken 92.1
—, Doppel- . . 92.6
— geschirr . . 92.9
— kehle . . . 92.4
—, Ketten- . . 92.8
— kette . . · 90.4
— maul . . . 92.2
—, Rohr- . . . 109.8
— schaft . . . 92.3
— schlüssel . . 17.7

Haken, Seil- . . 92.7
Halbiertes Roh-
eisen 210.6
Halbgeschränkter
Riemen . . . 77.7
Halbkreuzriemen . 77.7
Halbrundfeile . . 174.5
Halbschlichtfeile . 172.6
Halb versenkte
Niete 26.9
Half-cross belt . . 77.7
— -round file . . 174.5
— -round hammer 162.2
— twist bit . . 181.1
Halslager . . . 41.7
—, Wellen- . . 35.7
— zapfen . . . 38.5
Hammer 160.8
—, about-sledge . 161.6
— bahn 160.4
—, Ball- . . . 162.6
—, ball- . . . 162.7
—, ball-pane . . 162.2
—, Bank- . . . 161.5
—, bench- . . . 161.5
—, boiler scaling . 163.4
—, chasing . . 163.1
—, claw- . . . 162.5
—, copper . . 163.8
—, cross pane . 162.1
—, -dress, to . . 160.7
—, enlarging . 161.2
— face 160.4
—, Faust- . . . 161.4

Hammer, Feilen- 170.11
—, file- . . . 170.11
—, fitter's . . .160.9
—, Flach- 161.9
—, flat- 161.2
—, flat side of a .160.4
—, forge- 161.1
—, Gesenk- . . .163.5
— mit gespaltener
Finne 162.3
—, halfround . .162.2
—, Hand-. . . .161.4
—, hand 161.4
—, handle of a .160.6
—, to — -harden 160.8
—, Holz- 163.6
—, Kesselstein- .163.4
— kolben. . . .201.7
— kopf (Schraube) 12.4
—, Kornsicken- .163.5
— mit Kreuzfinne .162.1
—, Kreuzschlag- .161.6
—, Kugel- . . .162.7
— mit Kugelfinne .162.2
—, Kupfer- . . .163.8
—, Loch- 163.3
—, locksmith's . 160.9
—, Nagel-. . . .196.3
—, Niet- 37.1
—, pane of a . .160.5
—, paning . . .163.2
—, Pick- 163.4
—, Pinn- 163.2
—, planishing . .162.5
—, pointed . . .161.8
—, pointed steel- .161.8
—, riveting- . . . 32.1
—, round set- . .162.6
—, Schell- . . . 32.2
—, Schlicht- . . .162.5
—, Schlosser- . .160.9
—, Schmied- . . .161.1
—, set- 161.9
—, Setz- 162.4
—, sledge- . . .161.3
—, smoothing . .162.5
—, Spitz- 161.8
—, square set- . .162.4
—, stiel. 160.6
—, Streck- . . .161.2
—, Treib- 163.1
—, trip- 161.1
—, two-handed .161.3
—, Vorschlag- . .161.3
—, wedge-ended- .161.8
—, wooden . . .163.6
—, zinc 163.7
—, Zink- 163.7
—, Zuschlag- . .161.3
—, to 160.7
—, to 163.9
—, to cold- . . .160.8
—, to cool- . . .160.8
—, to cool- . . .164.1

Hammering, water 110.3
Hämmern. . . .160.7
—, kalt 160.8
Handamboß. . .158.7
— anvil 158.7
— -axe. 191.8
— axt 191.8
— beil 191.7
— bohrer 179.6
— -brace 182.5
— cold chisel . .167.9
— -drill 179.6
— durchschlag . .169.2
— feile 172.2
— -file 172.2
— hammer . . .161.4
— hobel 193.8
— kloben 154.6
— kurbel . . .142.8
— meißel 167.9
— nietung . . . 31.5
— oiling 49.4
— plane 193.8
— -punch 169.2
— rad 113.8
— -riveting . . . 31.5
— säge 188.1
— -saw 188.1
— saw 188.7
— schere 157.7
— schmierung . . 49.4
— schmiervorrich-
tung 49.5
— -shears. . . .157.7
— -tools 256.5
— -vice 154.6
— -vice, pointed .154.8
— werkzeug . . .256.5
— -wheel 113.8
— zeichnung . .222.10
— zirkel 228.2
Handle of com-
passes 227.2
—, file- 169.8
— of a hammer .160.6
—, winch and
crank 142.8
— of windlass . .142.4
Hanfdichtung . .135.3
— liderung . . .135.3
— —, Kolben mit 138.4
— packung . . .135.3
— seil 86.9
— — scheibe . . 87.4
— zopf 135.4
Hängebock . . . 46.7
— lager 46.6
— —, geschlossenes 46.8
— —, offenes . . 46.9
— —, offenes — mit
Stangenschluß . 47.1
Hard solder . . .202.7
— -soldering . .201.3
Harden, to . . .198.9

Harden, to — files 171.4
Hardening . . .199.1
—, case- 200.1
— by cooling . .200.2
—, file- 171.5
— by hammering .200.3
—, oil 200.4
—, water 200.5
Hardness 199.5
—, degree of . .199.9
—, natural . . .199.6
Hartborste . , 199.11
— guß 212.2
— lot 202.7
— löten 201.3
Härte 199.5
— Glas- 199.7
— grad 199.9
—, Natur- . . .199.6
— pulver . . 199.10
— riß 199.11
— skala 199.8
Härten 199.1
— (verb) 198.9
—, Feilen 171.4
Härtung durch Ab-
kühlung . . .200.2
—, Feilen- . . .171.5
— durch Hämmern 200.3
—, Oberflächen- .200.1
— in Öl 200.4
— in Wasser . .200.5
Haspelrad . . . 90.6
— seil 88.2
Hatch, to 226.5
Hatched stake . .159.7
Hatchet 191.6
Hatching 226.6
Hauamboß f.Feilen 171.1
Haube (Axt) . .191.1
Hauen, Feilen . .170.8
—, Sägezähne . .187.2
Hauptlager . . . 47.7
— maße 225.8
Haus (Axt) . . .191.1
Hauteur de chute 236.3
— de clavette . . 22.8
— de la dent . . 65.5
— d'épaulement
(tourillon) . . . 37.8
— du pied . . . 65.4
— de la tête . . 65.2
— du tir 236.5
Hawkill 203.2
— -pliers 203.2
Head (key) . . . 23.9
— (screw) . . . 11.4
—, cunter-sunk . 12.3
—, -bolts (cylinder) 130.7
—, cheese- (screw) 12.3
—, fillister . . . 12.2
—, -foreman . . .254.4
—, hexagon (screw) 11.10
—less screw . . 15.2

Head, solid (of con-
necting rod) . . 145.1
—, square- (screw) 12.1
—, sunk (screw) . 12.3
—, T- (screw) . . 12.4
Heading tool . . 196.5
Heat, welding . . 165.3
Heating of a bea-
ring 48.3
— coil 104.8
— -pipe 108.4
Heart-scraper . . 176.7
Hearth (forge) . .166.2
—, forge- 166.4
—, smith's . . .166.3
Heavy duty gears 68.4
Hebelarm d. Kraft
P in bezug auf
den Drehpunkt O 243.2
Hebelschere . . .157.2
Heft, Feilen- . .169.8
— niete 27.3
— zwecke . . . 220.6
Height of ascent . 237.8
— of fall . . . 236.3
— of projection . 237.8
— of shoulder
(journal) . . . 37.8
Heizrohr 108.4
— schlange . . .104.8
Helical line . . . 7.1
Hélice 7.1
Helicoidal surface 7.4
Helicoidal, super-
ficie 7.4
Hélicoïdale, sur-
face 7.4
Héliographie . . 234.1
Helm 191.2
Hembrilla terrajada 14.2
Hemp-cord . . .135.4
— -jointing . . .135.8
— packed piston .138.4
— -packing . . .135.8
— rope 86.9
— -twist 135.4
Herdgeräte . . .166.5
— guß 211.4
— haken . . .166.7
— schaufel . . .166.9
—, Schmiede- . .166.2
Hérisson 110.9
Herminette . . .191.8
Herramienta . . 256.4
— para taladrar . 182.1
Herramientas . . 256.5
—, caja de . . . 256.8
— de fragua . . 166.5
— de gancho . . 92.9
Herrería 166.1
Herringbone gear 70.8
— tooth 70.4
Herzschaber . . .176.7
Hexagon bar . . 215.2

Hexagon head
(screw) 11.10
— iron 215.2
— nut (screw) . . 12.5
Hexagonal angle . 208.4
— -iron 215.8
Hieb, Bastard-
(Feile) 170.2
—, einfacher (Feile) 170.4
—, Feilen- . . .170.1
—, Kreuz- —(Feile) 170.5
—, Ober- (Feile) .170.6
—, Schlicht- (Feile) 170.8
—, Unter- (Feile) .170.7
Hierro 210.1
— angular . . . 215.6
— atruchado . . 210.6
— en barras . . 214.8
— Bessemer . . 213.2
— bruto 210.3
— calibrado . . 215.5
— cilindrado . . 215.5
— de clavos . . 196.5
— colado . . . 210.3
— — blanco . . 210.4
— — gris . . . 210.5
— — manchando .210.6
— cuadrado . . 215.1
— doble T . . . 215.8
— dulce 212.6
— — de fusión . 213.1
— especular . . 211.1
— exagonal . . 215.2
— forjado . . . 212.5
— fundido . . . 211.8
— — endurecido .212.2
— — maleable . . 212.4
— I 215.8
— llanta 215.4
— manganisado . 211.2
— Martin . . . 213.4
— mezclado . . 210.6
—, mineral de . 210.2
— pasamanos . 215.4
— plano 215.8
— pudelado . . 212.7
— de rebatir . 159.9
— de rebordear . 159.8
— redondo . . 214.9
— T 215.7
— Thomas . . . 213.8
— U 215.9
— de volver pesta-
ñas 159.9
— Z 215.10
Hilfsventil . . .116.1
Hinterdrehter
Fräser . . .183.5
Hinterlochter Zahn 186.7
Hipocicloide . . 66.10
Hitze, Schweiß- .165.3
Hobel 191.10
—, Bank- 193.2
— bank 193.9

Hobelbank, Zange
der 194.1
—, Doppel- . . .192.7
— eisen . . . 191.12
—, Façon- . . .193.8
—, Falz- 193.5
—, Gesims- . . .193.4
— kasten . . . 191.11
— maschine . . .194.8
—, Nut- 193.6
—, Profil- 193.8
—, Schiffs- . . .193.7
—, Schlicht- . . .193.1
—, Schrupp- . . 192.10
—, Schurf- . . 192.10
—, Sims- 193.4
— späne 192.6
—s, Spannloch des 192.1
Hobeln 192.5
— (verb) 192.2
—, ab- 192.4
—, be- 192.8
Hogar 166.2
Hohleisen . . .195.1
— feile 175.6
— gewinde . . . 10.5
— keil 24.4
— schaber . . .176.5
Hohle Welle . . 35.9
Hoja de lata . . 216.7
— -latero, fornillo
de 202.8
— de papel de di-
bujo 220.8
— de sierra . . .185.5
Hold-fast 194.2
— 196.9
Holding down bolt
(bearing) . . . 43.8
— on tool . . . 32.3
Hole gauge . . .205.7
Holgura inútil de
la rosca . . . 10.9
Hollow key . . . 24.4
— mill 184.7
— -pivot 38.8
— -punch . . .169.4
— shaft . . . 35.9
Hollowing file . .175.6
— knife 195.5
Holzbohrer . . .180.8
— -Eisen - Verzah-
nung 72.5
— hammer . . .163.6
— keil 22.2
— meißel 194.4
— säge 187.10
— schraube . . 16.4
— zahn 72.8
Hölzerne Riem-
scheibe 83.1
Hook 92.1
— (saw) 185.8
—, chain . . . 92.8

Hook, double . . 92.6
— link chain . . 90.4
—, mouth of . . 92.2
—, neck of . . . 92.8
— -poker 166.7
—, roop 92.7
— -spanner . . . 17.7
—, throat of . . 92.4
— utensils . . . 92.9
—, wall 109.8
Hooke's joint . . 62.2
Hoop-iron . . .215.4
— of spring . . .147.7
Hoops 215.4
Horizontal belt . 78.4
— projection . .238.1
— range 237.7
— shaft 36.1
Horizontaler
Riemen 78.4
Horizontally, tube
cast 102.1
Horn, Amboß- . .159.1
— -amboß . . .158.9
— of the anvil beak 159.1
—, Bank- 159.4
— center 228.7
—, Sperr- 159.2

Hornillo para calen-
tar los roblones . 33.1
Horno de soldar . 165.5
Horquilla del dis-
parador. . . . 84.4
— de la guia (cambia-
correa) 84.4
— de la palanca de
interrupción . . 59.8
Horse-power . .245.8
Hot riveting . . 27.8
Hub 69.4
— begrenzung
(Ventil) 114.2
— —skegel . . .114.8
—, rib of the . . 69.5
—, Ventil- . . .114.1
— ventil 116.2
— zähler 209.8
Hueco del diente 65.7
Huile animale . . 51.2
—, bain d' . . . 55.8
—, burette à . . 52.1
—, chambre d' . . 55.4
—, conduite d' . 52.8
—, couche d' . . 48.8
— pour cylindres 51.6
—, filtre à . . . 53.1

Hulle filtrée . . . 53.2
— fine 51.7
--, godet à . . . 52.9
—, graissage par . 52.4
— de graissage . 50.8
—, graissage par . 52.4
—, injecteur à . . 52.2
— de machines . 51.5
— minérale . . . 51.4
—, pierre à l' . .197.4
—, pompe à . . . 55.7
—, récipient pour 51.8
—, résinification
de l' 51.1
--, l' — se résinifie 50.10
— végétale . . . 51.8
—, vidange d' . . 55.5
—, vider l' . . . 55.6
—, viscosité de l'. 50.9
Hülse, Distanz- . 14.7
—, Kupplungs-. . 57.1
—, Lager- . . . 42.1
Hülsenkupplung . 56.8
—schlüssel . . . 17.5
Husillo del tornillo 153.4
Hyperbolical wheel 71.9
Hyperboloidrad . 71.9
Hypocycloid . . 66.10
Hypocykloide . 66.10

I. J.

I-beam 215.8
Jack-plane . . 192.10
— shaft 36.5
Jambe de compas .226.9
— du T 219.7
Jante, boulon de .150.2
—, épaisseur de la 81.9
—, joint de la . .150.1
— de poulie . . 81.8
—, rupture de la .150.6
— du volant . .149.5
Jauge à coulisses .205.4
— pour fils de fer 206.6
— pour les tôles .206.3
—, robinet de . 129.10
Jaw of the gauge 205.1
— of hook . . . 92.1
—, size of . . . 16.7
—, -socket . . .154.1
—, span of . . . 16.7
— of spanner . . 16.6
—, vice 153.6
— -vice 153.1
Jaws, false . . .154.1
— of the vice . .153.5
Idler (flexible gea-
ring) 77.9
— (flexible gearing) 78.2
Jefe de taller . .254.4
Jeringa para en-
grase 52.2
Jet horizontal . .238.1

Jet vertical . . .238.2
Jeu inutile (de la
vis) 10.9
— du piston . .136.4
— de la soupape .115.4
Igualar 172.8
Imbocco, curva d' 64.2
Impanatrice . . 20.8
Impanatura de-
strorsa 8.6
— doppia. . . . 9.2
— fina 10.7
—, multipla . . . 9.4
— quadrangolare 9.7
— sinistrorsa . . 8.8
— tonda 10.2
— trapezia . . . 10.4
— triangolare . . 9.5
— tripla 9.8
Implements . . .256.4
Impugnatura . .142.4
Impulsión por aco-
plamiento de en-
granaje 58.7
—, altura de . .237.8
—, amplitud de .237.7
—, ángulo de . .237.6
— por correa . . 77.4
— horizontal . .238.1
— á manivela . .140.8
— con tensión por
peso 78.1

Impulsión, velo-
cidad de . . 237.10
Impulso, duración
del 236.6
— ad innesto . . 58.7
— oblicuo . . .237.5
— vertical . . .238.2
Incasso 23.3
Incavare 194.5
Incavatoio . . .194.4
Inchiodare . . .196.1
Inchiostro di China 231.8
Inclinación . . . 7.8
— de la cuña . . 22.1
Inclinaison, angle d' 7.2
Inclination angle of 7.2
Inclinazione. . . 7.8
— del cuneo . . 22.1
Inclined plane . .239.6
— projection . .237.5
Incollare 196.6
— la cinghia . . 80.10
Incorsatoio . . .193.5
— femmina . . .193.6
Incudine 158.8
—, area dell' . .158.4
— da banco. . .158.8
—, bicornio dell' .159.1
— da calderaio .159.9
—, ceppo dell' . .158.5
— a corno . . .158.9
—, corno dell'. . .159.1

Incudine da fucina 158.6
— per lime . . . 171.1
— a mano . . . 158.7
—, piano dell' . . 158.4
—, tassetto da . . 159.5
Incudinella . . . 158.7
India-rubber valve 123.4
Indian ink . . . 231.3
Indicador de nivel
de agua . . . 111.2
— —, caja del . . 111.3
— —, cristal del . 111.4
— —, grifo del . . 111.5
Indicateur de
niveau d'eau . 111.2
Indicatore di livello 111.2
— —, robinetto
dell' 111.5
— —, scatola dell' 111.3
— —, vetro dell' . 111.4
Indicatrice di mi-
sura 225.4
Indifferent equi-
librium . . . 244.10
Indifferentes
Gleichgewicht 244.10
Inertia, moment of 243.7
— of the valve . 114.5
Inertie, moment d' 243.7
— de la soupape . 114.5
Infilare un bullone 14.1
— il chiodo . . . 30.6
Ingegnere mecca-
nico 254.8
Ingeniero . . . 254.3
Ingenieur, Maschi-
nen- 254.8
Ingénieur mécani-
cien 254.8
Ingerto oblicuo . 106.5
— recto . . . 106.2
—, tubo de . . 106.4
— de tubo . . . 106.1
Ingot-iron . . . 213.1
— -steel . . . 213.8
Ingranaggio . . . 63.2
— 63.9
— cilindrico . . 68.6
— conico ad angolo
retto 71.3
— a crimagliera . 70.6
— a dentatura in-
terna 70.1
— a dentiera . . 70.6
— a doppio punto 67.5
— ferro con ferro 72.4
— a lanterna . . 67.4
— legno con ferro 72.5
—, linea dell' . . 64.1
— a profilo retti-
lineo 67.6
—, ruota d' . . . 63.3
— a ruote coniche 70.8
—, arco d' . . . 64.8

Ingranaggio a svi-
luppante . . . 67.8
— a vite perpetua 71.5
— a vite senza fine 71.5
Ingranamento, arco
d' 64.8
Ingranare 63.8
— 72.6
Ingrassatore
Stauffer. . . . 55.8
— ad angolo . . 55.9
Injecteur à huile . 52.2
Initial velocity . . 235.8
Ink . . . . . . 2'1.8
— eraser . . . 230.10
— holder . . . 231.9
—, Indian . . . 231.8
— in, to . . . 231.2
Inlet clack . . . 124.4
— -pipe . . . 109.2
Innenlager . . . 47.8
— strehler . . . 20.6
— taster . . . 206.0
Innenverzahnung . 67.7
—, Getriebe mit 70.1
Innerer Gewinde-
durchmesser . . 8.3
Innestare 59.5
— 62.5
Innestato 62.6
— direttamente con 62.7
Innesto 58.6
—, albero d' . . 59.4
— articolato . . 61.8
— di aste . . . 61.7
— a cinghia . . 61.6
— a cono di frizione 61.1
— a cuoio . . . 61.4
— a denti . . 60.2
— elettromagnetico 61.5
—, forchetta d' . 59.8
— a frizione . . 60.7
—, leva d' . . . 59.2
— mobile 58.8
— 61.8
— a movimento
longitudinale . 58.4
— a nastro . . 61.6
— a nottolino . . 60.5
— a scatto . . 60.5
— a spazzola . . 61.8
— universale . 62.2
Inscription des
cotes . . . 225.10
Inserted gudgeon 39.6
— journal . . . 39.6
Inside bearing . . 47.8
— breadth (link of
a chain) . . . 89.1
— calipers . . 206.9
— chaser . . . 20.6
— chasing-tool . 20.6
— diameter of
pipe 97.6

Inside length of
the chain . . . 88.10
— micrometer-
gauge 205.4
Instalación de tu-
bos 109.4
Installation, pipe- 109.4
Intensidad de pre-
sión 251.1
— de la tracción . 250.5
Interchangeable
gear wheels . . 68.3
Intermediate belt
gearing . . . 77.3
— shaft 36.5
Intermittant oiling 49.8
Internal cylindrical
gauge 205.8
— diameter of in-
let (valve) . . 112.5
— diameter of valve
seat 112.6
— and external
gauge 205.5
— gear 67.7
— — 70.1
— tooth wheel . 70.2
Interrupción . . 59.7
— automática . . 60.1
Intrecciare la
corda 85.4
Introducir el roblón 30.7
Introdurre il chiodo 30.7
Involucro del ci-
lindro 131.2
Involute 67.9
— system (tooth) . 67.8
Inwendiger
Schraubstahl . . 20.6
Joggle (bearing) . 44.1
Join, to — by sol-
dering 200.8
Joindre par sou-
dure 200.8
Joiner's bench . . 193.9
Joint 85.10
— (rope) 86.1
—, anneau de . . 99.7
—, ball and socket 62.4
—, belt 80.7
— bolt 14.8
— à boulet . . . 62.4
— à brides . . . 98.7
— — et à boulons 98.8
— du câble . . . 85.8
— Cardan . . . 62.2
—, cemented belt 80.9
—, chain 89.4
— de chaine . . 89.4
— face 99.5
—, faire un — de
plomb 101.8
— -file 175.8
— —, round-edge . 175.3

Joint, gland ex-
pansion . . . 104.4
—, glued belt . . 80.9
— de la jante . . 150.1
— à manchon . . 101.2
— -packing . . . 99.6
—, pipe 98.5
—, to pour lead in
the 101.8
—, recessed flan-
ged 99.8
—, riveted . . . 27.4
—, rim 150.1
—, screw 56.6
— du segment de
piston 139.2
— sphérique. . . 62.4
—, spigot and
socket 101.2
—, spring ring . . 139.2
—, stuffing-box . 104.4
— à T (tuyau) . . 106.6
— -tongue . . . 25.4
— de tuyaux . . 98.5
— universal . . . 62.2
— universel . . . 62.2
— à vis de tuyaux 98.6
—, to (stuffing-box) 135.2
Jointed coupling . 61.8
Jointer cooper . . 193.2
Jointing (stuffing-
box) 132.9
—, asbestos- . . . 135.5
—, hemp 135.8
—, metal- 135.8
—, metallic . . . 135.8
—, rubber- . . . 135.7
—, size of (stuffing-
box) 133.2
Jolt, to 164.7
Journal 37.6
—, axle- 33.8
—, ball. 39.4
— -bearing . . . 41.5
— box 42.1
—, collar 38.9

Journal with collars 38.5
— with (three, four)
collars 38.9
—, conical . . . 39.3
—, cylindrical . . 39.2
—, end- 38.6
— on end of shaft 38.6
—, forked. . . . 39.5
— friction . . . 33.9
—, friction of . . 38.1
—, inserted . . . 39.6
— in middle of
shaft. 38.4
—, neck- 38.4
—, neck -collar- . 38.5
—, pivot- 38.7
—, pointed . . . 39.1
— pressure . . . 37.9
— which has sett-
led in its place. 38.3
—, spherical. . . 39.4
—, thrust. . . . 38.9
— to go in a thrust-
block. 38.9
—, to turn on a . 39.8
—, vertical . . . 38.7
Ipocicloide . . . 66.10
Iron 210.1
—, angle- 215.6
— bar 214.9
—, bar- 214.8
— bench stop . . 194.2
—, Bessemer . . 213.2
—, cast- 211.3
—, cast — -pipe . 101.9
— -cast in a loam
mould 212.1
— cutting saw . . 187.9
—, drawn-out . . 215.5
— -gearing . . . 72.4
—, H- 215.8
—, hexagon . . . 215.2
—, hoop- 215.4
—, ingot- 213.1
—, malleable . . 212.5
—, manganese-cast 211.2

Iron, mottled . . 210.6
—, open hearth . 213.4
— -ore 210.2
—, pig- 210.3
— -plate . . . 215.11
— -plate, black . 216.2
—, puddled . . . 212.7
—, rolled 215.5
—, round 214.9
—, sheet 216.1
—, spiegel- . . . 211.1
—, square- . . . 215.1
— -stone 210.2
—, T- 215.7
—, Thomas . . . 213.8
—, U- 215.9
— wedge 22.3
—, wrought- . . 212.5
—, wrought- . . 212.6
—, wrought — pipe 102.2
—, Z- 215.10
Irregular curves 219.10
Irrégularité, coëf-
ficient d' (vo-
lant) 149.8
Iscrizione delle
misure 225.10
Isolating valve . . 110.5
Juego de em-
brague 58.8
— de granada . . 58.8
— de plantillas
para rosca . . . 206.2
— de poleas fijas . 93.9
— — móviles . . 94.1
— de trinquete . 95.5
— de la válvula . 115.4
Jump, to 164.7
Junk ring of the
piston 139.5
Junta de enchufe . 101.2'
— de tubos . . . 98.5
Juntar con clavos 196.1
— con saldadura . 165.1
— por saldadura . 200.7
Junterilla. . . . 193.5

K.

Kabelseil 88.1
Kalibrierte Kette . 90.8
Kalt hämmern . . 160.8
— meißel . . 165.10
—e Nietung. . . 27.9
— säge 187.7
— sägen . . . 187.5
— schmieden . . 164.1
— schrotmeißel 165.10
Kamm (Kammrad) 72.2
— lager 41.4
— rad 72.1
— zapfen . . . 38.9
Kämmen (Zahnrad) 72.6

Kanne, Öl- . . . 51.9
—, Schmier-. . . 51.9
Kanonenmetall . 217.8
Kappe (Hobel) . .192.9
—nkopf (Pleuel-
stange) 145.3
—, Verschluß-
(Rohr) 105.2
—nzange 155.7
Karpfenfeile . . .174.8
Kastenguß . . .211.5
Kegelbremse . . 96.7
— feder 148.4
— pendel. . . .239.4

Kegelrad 71.2
— —, Reibungs- . 74.1
— — getriebe . . 70.8
— regulator . . .151.7
—, Reibungs- . . 74.5
— scheibe . . . 83.4
— —ntrieb . . . 78.3
— ventil 116.5
Kehle, Haken- . 92.4
Keil 21.6
—, einen — antrei-
ben 25.9
—, einen — an-
ziehen 25.9

Keil, Anzug des —s 22.1
— auflager . . . 23.2
— beilage . . . 24.8
— breite 22.9
—, Doppel- . . . 24.6
—, einen — ein-
treiben 25.8
—, Eisen-. . . . 22.8
—, Feder- . . . 25.4
—, Flach- . . . 24.8
— fläche 21.7
—, Gegen- . . . 24.7
— höhe 22.8
—, Hohl- 24.4
—, Holz- 22.2
— länge . . . 22.10
—, Längs- . . . 22.7
— loch. 23.1
—, Nachstell- . . 25.1
—, Nasen- . . . 23.8
— nut 23.8
— nute (Reibungs-
getriebe) . . . 75.1
— nutenwinkel . 75.2
—, Nuten-. . . . 23.10
—, Quadrat-. . . 24.1
—, Quer- 22.6
— rad 74.7
— radbremse . . 96.7
— rädergetriebe . 74.6
— rille 75.1
—, Ring- 25.2
— rücken . . . 21.8
—, Rund-. . . . 24.2
—, Schluß- . . . 24.4
— sicherung . . 25.5
—, Stahl- 22.4
— stärke 22.9
—s, Steigung des 22.1
—, Stell- 25.1
—, Stell- (Lager) . 44.2
—, Tangential- . . 24.5
— verbindung . . 22.5
—, Vorsteck- . . 16.1
— winkel 21.9
Keilen, auf- . . . 25.6
—, los-. 25.7
Kern 8.5
— durchmesser . 8.8
Kesselamboß . . 159.9
— blech 216.4
— rohr 107.10
— steinhammer . 163.4
Kette 88.6
—, Anker- . . . 91.9
—, Baulänge der . 88.10
— ohne Ende . . 91.11
—, endlose . . . 91.11
—, Gallsche . . . 91.8
— Gelenk- . . . 90.9
—, geschweißte . 89.5
—, Glieder- . . . 88.8
—, Haken- . . . 90.4
—, kalibrierte . . 90.8

Kette, Kran- . . . 91.8
—, kurzgliedrige . 89.8
—, langgliedrige . 89.9
—, Laschen-. . . 90.9
—, Last- 91.7
—, Schaken- . . 88.8
—, Steg- 90.1
—, Teilung der 88.10
—, Treib- 91.6
Kettenachse . . . 91.5
—bolzen 91.2
—eisen 89.2
—flaschenzug . . 94.7
—führungsbügel . 90.7
—glied 88.9
—haken 92.8
—lasche 90.10
—lauf 91.10
—nietung 30.2
—nuß 90.5
—rad 88.7
—rad, verzahntes . 91.4
—reibung 89.8
—riemen 80.6
—rolle 90.8
—schloß 89.4
—trieb 88.5
—trommel . . . 95.8
—wirbel 90.5
—zug 94.7
Key 22.7
—, bearing surface of 23.2
—, cap. 17.5
—, eye bolt and . 14.8
—, flat. 24.8
— on flat. . . . 24.3
—, forelock-. . . 16.1
—, gibheaded . . 23.8
— -hole saw . 188.10
—, hollow . . . 24.4
—, to knock the —
out 25.7
—, length of a . 22.10
—, round 24.2
—, saddle . . . 24.4
—, screw . . . 101.1
— -securing-device 25.5
—, slot and . . . 25.8
—, slot for . . . 23.1
—, square . . . 24.1
—, sunk . . . 23.10
—, thickness of a 22.8
—, tightening- . . 25.1
— -way 23.8
—, to cut a — -way 23.4
—, width of a . 22.9
—, to — on . . . 25.6
Keying 22.5
Kinematics . . . 234.8
Kinetic energy. . 245.4
Kinetische Energie 245.4
Klappschraube . . 14.8
— ventil 123.1
— zange . . . 156.8

Klappe, Rück-
schlag- 123.7
—, Sicherheits-. . 123.6
—, Ventil- . . . 123.2
Klaue 60.8
Klauenausrückung 60.4
— kupplung . . 60.2
Klemmgesperre . 95.8
— kegel 95.9
— kegel(Kupplung) 58.2
— schraube . . . 15.1
Klemmen, die Stopf-
büchse klemmt
sich 134.5
Klettern, der Rie-
men klettert . . 79.2
Klinke (Kupplung) 60.6
Klinkenkupplung . 60.5
Kloben, Feil- . . 154.6
—, Hand- . . . 154.6
—, Reif- 154.7
—, Rollen- . . . 93.8
—, Spitz- 154.8
—, Stift- 155.1
Klobsäge 189.6
Klotzbremse. . . 96.2
Kluppe 21.1
—, Niet- 32.8
—, Schneid- . . . 21.1
—, Spann- . . . 155.2
Knarre, Bohr- . .182.9
Knebel (Säge) . .189.8
— schraube . . . 15.8
Kneifzange . . . 156.2
Knickbeanspru-
chung 252.4
— festigkeit . . .252.8
Knickung 252.2
Knierohr 107.4
—, abgerundetes .107.7
—, scharfes . . .107.5
—, scharfes ver-
jüngtes 107.6
Kniestück 107.4
Knife-edge (bearing) 46.2
— -edge bearing . 46.1
— -file 175.1
— with two handles 195.8
Knock, to — the
key out . . . 25.7
Knocking in the
crank 142.8
Koeffizient, Deh-
nun·s- 249.1
—, Reibungs- . .245.8
—, Schub- . . .252.9
Kolben. 136.7
— aufgang . . .138.1
— beschleunigung 137.6
—, Dampf- . . .140.5
— decke 139.5
— deckel 139.5
— — schraube . .139.6
— dichtung . . .138.8

Kolbendurch-
messer 136.2
—, eingeschliffener 140.1
—, einen — ein-
schleifen . . . 140.2
—, Ersatz- . . : 140.7
—, Gaslöt- . . . 201.9
— geschwindigkeit 137.4
—, Hammer- . . 201.7
— mit Hanfliderung 138.4
— hingang . . . 137.9
— höhe 136.3
— hub 137.7
— körper 139.4
— kraft 136.5
— mit Labyrinth-
dichtung . . . 139.8
— mit Lederlide-
rung 138.5
—, einen —
beledern . . . 138.6
— liderung . . . 138.3
—, Löt- 201.6
— mit Metallide-
rung 138.7
— niedergang . . 138.2
— packung . . . 138.3
—, Plunger- . . . 140.4
—, Pumpen- . . . 140.6
— reibung . . . 137.6
— ring 139.1
— ring, selbstspan-
nender 139.3
— ringschloß . . 139.2
— rückgang . . . 137.10
—, Scheiben- . . 140.3
— schieber . . . 127.4
— schlüssel . . . 137.1
— schmierung . . 137.3
— schraube . . . 136.9
— spiel 137.8
— — raum . . . 136.4
—, Spitz- 201.8
— stange . . . 136.6
— —nende . . . 136.7
— —nführung . . 136.8
— stopfbüchse . . 137.2
—, Tauch- . . . 140.4
— weg 137.7
Komponente . . 242.1
—, Beschleuni-
gungs- 240.2
— der Beschleuni-
gung 240.2
—, eine Beschleu-
nigung in ihre
—n zerlegen . . 240.1
—, Geschwindig-
keits- 240.2
— der Geschwin-
digkeit 240.2
—, eine Geschwin-
digkeit in ihre —n
zerlegen . . 240.1

Konischer Zapfen 39.3
Konsollager, Längs- 47.5
Konsole, Wand- . 46.5
—, Winkel- . . . 47.6
Konstruieren . . 222.2
Konstrukteur . . 222.3
Konstruktion . . 222.4
—sbureau . . . 218.4
—sfehler . . . 222.5
Konushahn . . . 128.3
— kupplung . . 61.1
Kopf (Schraube) . 11.4
— bahn 64.7
— —, Hammer- . 12.4
— höhe (Zahnrad) 65.2
— kreis 63.6
— der Reißschiene 219.6
—, runder (Schraube)12.2
— schraube . . 13.9
— schweiße (der
Kettenglieder) . 89.6
—, versenkter . . 12.3
Korb, Saug- . . . 108.6
Kornsickenhammer163.6
— zange . . . 156.8
Körner 168.4
— marke . . . 168.5
— punkt 168.5
Körnung des Schleif-
steines 197.2
Körper, Lager- . . 43.4
Kraft 241.5
—, Angriffspunkt
der 241.7
—, Brems- . . . 96.6
—, Zentripetal- . 237.8
—, Druck- . . . 251.1
—, Flieh- 237.4
—, die Kräfte be-
finden sich im
Gleichgewicht . 242.9
—, Hebelarm der —
P in bezug auf
den Drehpunkt O 243.2
—, -maschine . . 256.7
—, Mittel- . . . 241.9
—, Moment der —
P in bezug auf den
Drehpunkt O . 243.1
—, nietung . . . 28.1
—, Normal- . . . 237.3
—, Parallelogramm
der Kräfte . . 241.8
—, Prinzip der Er-
haltung der . . 245.5
— räder 68.4
— richtung . . . 241.6
—, Schwer- . . . 244.3
—, Seiten- . . . 242.1
—, Stütz- 238.5
—, Tangential- . . 237.2
—, übertragene
(Riementrieb) . 75.9
—, Zug- 250.5

Kräftedreieck . . 242.2
— paar 243.3
— —s, Moment des 243.4
— plan 242.3
— —,geschlossener 242.8
— polygon . . . 242.8
— zug 242.3
Krankette . . . 91.8
— seil 87.9
Kranz, aufgesetzter 69.8
— bruch 150.6
— schraube . . . 150.2
— stoß 150.1
— wulst 69.3
Krausköpf . . . 180.7
Kreis, Fuß- . . . 63.7
—, Kopf- 63.6
—, Kronen- . . . 63.6
— pendel 238.8
— reißer 207.8
— säge 190.4
— schieber . . . 126.8
— seiltrieb . . . 84.8
—, Teil- 63.5
—, Wurzel- . . - 63.7
Kreuzfinne . . . 162.1
— gelenkkupplung 62.2
— hieb 170.5
Kreuzkopf . . . 146.5
— bolzen . . . 146.7
— führung . . . 146.4
— keil 147.1
— stange . . . 146.8
— zapfen . . . 146.7
Kreuzmeißel . . 167.6
— schlaghammer . 161.6
— stück (Rohr) . 106.5
— stutzen . . . 62.8
— winkel 208.3
Kronenkreis . . . 63.6
— mutter . . . 12.6
— ventil 119.1
Kröpfen 37.1
Kröpfung . . . 36.10
Krummeisen . . 195.5
Krummlinige Be-
wegung 236.7
Krümmer . . . 105.6
Kugelbewegung,
Stehlager mit . 45.1
— finne, Hammer
· mit 162.2
— gelenk 62.4
— hammer . . . 162.7
— lager 45.8
— lagerschale . . 45.7
—, Lauf- (Lager) . 45.4
— spur (Lager) . 45.5
— spurlager . . . 41.3
— taster 207.3
— ventil 116.7
— zange 155.7
— zapfen 39.4
— zapfenlager . . 45.6

Kühlschlange . .104.7
Kulisse (Kurbel) . 143.2
—nstein 143.3
Kupfer 216.6
— hammer . . . 163.8
— rohr 103.6
Kuppelstange . . 145.4
Kuppeln 62.5
—, an- 62.5
—, ent- 63.1
—, los- 63.1
—, zusammen- . . 62.5
Kupplung . . . 56.1
—, Ausdehnungs- . 58.4
—, die — auslösen 59.6
—, Auslösungs- . 58.6
—, Ausrück- . . 58.6
—, die — ausrücken 59.6
—, Band- 61.6
—, bewegliche . . 58.8
—, Bürsten- . . 61.8
—, die — einrücken 59.5
—, elastische . . 58.5
—, Elektromagnet- 61.5
—, feste 56.8
—sflansch 57.6
—, Flanschen- . . 57.5
—, Gelenk- . . . 61.8

Kupplung, Ge-
winde 56.6
—shebel 59.2
—shülse 57.1
—, Hülsen- . . . 56.8
—, Klauen- . . . 60.2
—, Klinken- . . . 60.5
—, Konus- . . . 61.1
—, Kreuzgelenk- . 62.2
—, Leder- 61.4
—, lösbare . . . 58.6
—, die — lösen . 63.1
—smuffe, lösbare . 59.1
—, Muffen- . . . 56.4
—, Reibungs- . . 60.7
—, Riemen- . . . 61.6
—sschale 57.8
—, Schalen- . . . 57.2
—sscheibe . . . 57.6
—, Scheiben- . . 57.5
—sschraube . . . 57.4
—, Schrauben- . 56.6
—, Sellers- . . . 58.1
—, Stangen- . . . 61.7
—, Wellen- . . . 56.2
—, Zahn- 60.2
Kurbel 141.2
—, (Bohr-) . . . 182.8

Kurbelarm . . . 141.3
—, Bohr- 182.8
—, einmännische . 142.5
—, Gegen- . . . 142.1
— getriebe . . . 140.8
— griff 142.4
—, Hand- 142.3
— körper 141.8
— lager 141.5
— scheibe . . . 142.2
— schlag 142.8
— schleife . . . 143.1
—, Sicherheits- . 142.7
—, Stirn- 141.8
— trieb 140.8
— welle 141.4
— wellenlager . . 141.5
— zapfen 141.6
—, zweimännische 142.6
Kurbeln (verb) . 142.9
Kurve, ballistische 237.11
Kurvenlineal . . 219.10
—schiene . . . 219.10
—stab 220.1
—ziehfeder . . . 229.7
Kürzen, den Riemen 79.4
Kurzgliedrige Kette 89.8

L.

Labbro (chioda-
tura) 27.7
Labiles Gleichge-
wicht 244.9
Laboratorio ciano-
grafico 234.6
Labrar con cepillo 192.8
Labros de la cor-
rea 81.4
Labyrinthdichtung,
Kolben mit . . 139.8
Lace, to — the belt 81.2
Laced belt . . . 81.1
Ladle 203.4
Lado brillante de
la correa . . . 77.1
— rugoso de la
correa 77.2
Ladro 188.10
Lager 40.1
—, Achs- 33.4
—, Augen- . . . 41.8
—, das — ausbüch-
sen 42.2
—, ein — ausfüttern 43.1
—, Außen- . . . 48.1
—s, Baulänge des 40.4
— bock 47.2
—s, Bohrung des 40.8
— büchse 42.1
— deckel 43.5
—, Druck- . . . 41.4

Lagerdruck . . . 40.6
—s, Durchmesser
des 40.3
—, einteiliges . . 41.8
—, das — frißt . 48.5
— fuß 43.7
— fußschraube . 43.8
— futter 42.6
—, geschlossenes . 41.8
—, Hals- 41.7
—, Hänge- . . . 46.6
—, Haupt- . . . 47.7
— hülse 42.1
—, Innen- . . . 47.8
—, Kamm- . . . 41.4
— körper 43.4
—, Kugel- . . . 45.3
—, Kugelspur- . . 45.8
—, Kugelzapfen- . 45.6
—, Kurbel- . . . 141.5
—, Kurbelwellen- . 141.5
—, Kurbelzapfen- . 141.7
—s, Länge des . . 40.2
—, Längskonsol- . 47.5
—, das — läuft sich
aus 48.4
—, das — einer Ma-
schine läuft warm 48.2
—, Mauer- . . . 46.4
—, das — nach-
stellen 48.6
— platte 43.0

Lager, Ringschmier- 45.2
—, Ringspur- . . 41.1
—, Rollen- . . . 45.8
—, Rumpf- . . . 44.7
— rumpf 44.3
—, Säulen(konsol)- 47.4
— schale 42.4
—, Kugel- . . . 45.7
— —, nachstell-
bare 42.5
—, das — schmieren 48.7
—, Schneiden- . . 46.1
—, Schräg- . . . 44.8
— schraube . . . 43.6
—, Sellers- . . . 45.1
—, sohle 43.7
—, Spur- 40.8
—, Steh 42.8
—, Steh — mit
Kugelbewegung. 45.1
—, Stirn- 41.6
— stuhl 47.2
—, Stütz- 40.8
—, Trag- 41.5
—, Walzen- . . . 45.8
—, Mauer- . . . 46.4
—s, Warmlaufen
des 48.3
—, ein — mit Weiß-
metall ausgießen 43.2
Lagging, cylinder. 131.2
Laiton 217.5

Laiton, tuyau en . 103.7
Lama doppia (pialla) 192.8
— della sega . . 185.5
Lame 156.10
— de scie . . . 185.5
Lamiera da caldaie 216.4
— di ferro . . 215.11
— fina 216.8
— nera 216.2
— ondulata . . . 216.6
— striata 216.5
Lámina de palastro 216.1
Laminador de tubos 103.3
Laminated plate
  waggon spring . 147.6
Laminatoio da tubi 103.8
Laminé, tuyau . . 103.1
Laminoir, train de
  —s à tuyaux . 103.2
—s à tuyaux . . 103.3
Lampada da saldatore 202.1
— per saldare . . 202.1
Lámpara para
  soldar 202.1
Lampe à braser . 202.1
Länge des Lagers. 40.2
Längenänderung . 248.7
— —, bleibende . 249.5
— aufriß 224.5
Langgliedrige Kette 89.9
Langlochbohrer . 181.5
Längsbewegliche
  Kupplung . . . 58.4
Längskeil . . . 22.7
— konsollager . . 47.5
— schnitt 224.9
Languette . . . 25.4
—, rainure et . . 25.8
Lanière pour attache . . . 81.3
Lanterne de soupape 112.2
Lap-riveting . . . 28.7
— welded pipe. . 102.6
Lapis 230.2
Lápiz 230.2
— azul 233.6
— de color . . . 233.4
—, hacer punta al 230.3
— rojo 233.5
Lappenschraube . 15.4
Largeur de clavette 22.9
— de la courroie . 76.8
— de la dent . . 65.8
— du filet . . . 8.2
— du passage (soupape). 113.1
— de la poulie . 81.10
— de la spire . . 8.2
Larghezza della
  chiavella . . . 22.9
— della cinghia . 76.8

Larghezza del
  dente 65.8
— della puleggia . 81.10
Lasche 29.3
—, Ketten- . . . 90.10
Laschenkette . . 90.9
—nietung 29.1
—kopf 91.1
Lasciar uscire l'olio 55.6
Lastkette 91.7
Lateral contraction 248.8
Lathe, axle- . . . 35.1
Latón 217.5
Latta 216.7
Latte 220.1
Laubsäge 189.5
Lauffläche (Zapfen) 38.2
— kugel (Lager) . 45.4
— ring (Lager). . 45.5
Laufendes Seil . . 86.5
Lavoro 245.1
— d'attrito . . . 246.5
— — fra i denti . 66.6
— di deformazione 248.6
— totale (attrito) . 246.6
— utile (attrito) . 246.7
Law of the conservation of energy 245.5
Lay, to — a pipe . 109.6
— box 229.3
— compass . . . 228.1
— eraser 230.9
—, to pour — in
  the joint . . . 101.8
— rubber 230.9
— of a screw . . 7.8
Leading axle . . 34.4
Leak, to, the stuffing-box —s . . 134.6
Leather, belt . . 80.4
— cement . . . 80.11
— -coupling . . . 61.4
— glue. 80.11
—, to pack the
  piston with . . 138.6
— packing, piston
  with 138.5
— — collar (stuffing-box) . . . 134.1
— — ring (stuffingbox) 134.1
Lecho de la chaveta 23.2
Lederklappenventil 123.3
— kupplung . . . 61.4
— leim. 80.11
— liderung, Kolben
  mit 138.5
— manschette
  (Stopfbüchse) . 134.1
—, Riemen- . . . 80.4
— stopfbüchse . 133.8

Lederstulp (Stopfbüchse) 134.1
Ledern, einen Kolben 138.6
Leerer Gang
  (Schraube). . . 10.9
Leerlaufbüchse . 83.9
Left hand 8.9
— handed . . . 8.9
— hand thread . 8.8
Leg of T-square . 219.7
Légende 223.7
—, écrire la . . . 231.5
Legno smeriglio . 198.1
Lehmguß 212.1
Lehrdorn 205.8
Lehre 204.3
—, Blech- 206.8
—, Draht- 206.6
—, Gewinde- . . 206.1
—, Grenz- . . . 206.4
—, Loch- 205.8
—, Mikrometer- . 204.5
—, Normal- . . . 206.5
—, Rachen- . . . 205.5
—, Schieb- . . . 204.6
—, Schrauben- . . 204.4
—, Schub- . . . 204.6
—, Taster- . . . 205.5
—, Tiefen- . . . 205.6
—, Toleranz- . . 206.4
Leim 196.8
— knecht 196.9
—, Leder- . . . 80.11
Leimen 196.6
—, zusammen- . . 196.7
—, den Riemen . 80.10
Leistung 245.2
—sregulator . . . 152.5
Leitachse . . . 34.4
— rolle. 77.9
Leitung, Dampf- . 109.9
—, Druck- . . . 108.9
—, Gas- 110.1
—, Rohr- 109.1
—, Saug- 108.7
—, Wasser- . . . 109.10
—, Wellen- . . . 35.4
Length over all
  (valve) 113.9
— of the base (bearing) . . . 40.4
— of the bearing . 40.3
— of a cotter . . 22.10
— over the flanges
  (pipe). 98.2
— of a key . . . 22.10
— inside pitchline 65.4
— outside pitchline 65.2
— of tooth . . . 65.5
Lengthening bar . 227.8
Lengüeta . . . 25.4
Lettering pen . . 231.4
Leva del freno . 96.5

Leva d' innesto . 59.2
Levée de la sou-
pape 115.7
Level, air- . . .208.8
—, round spirit .209.1
—, spirit· 208.8
—, water-. . . .208.8
Lever-dolly . . . 32.6
— -shears . . .157.2
— weighted safety
valve 119.7
Levier de débrayage 59.2
— de frein . . . 96.5
— du régulateur .151.8
— de la soupape .119.9
Libelle 208.8
—, Dosen- . . .209.1
Licciaiuola . . .186.9
Lichte Weite (Ven-
til) 112.5
— — des Rohres . 97.6
— —, das Rohr hat
x mm 97 7
Lichtpausapparat .234.5
— pausatelier . .234.6
— pauspapier . .234.2
Lichtpause . . .234.1
Lie on, to —, the
belt is lying on
the shaft . . . 80.1
Liegend gegossenes
Rohr 102.1
Liegende Welle . 36.1
Lidern (Stopf-
büchse) 135.2
Liderung (Stopf-
büchse) 132.9
—, Hanf- 135.8
—, Kolben- . . .138.8
--sring 139.1
Lift of the gover-
nor-socket. . . .151.2
—, shoulder on val-
ve's stem to limit 114.2
— -valve 116.2
— of a valve . .114.1
Lifting eye, trian-
gular. 93.1
— of the valve .115.7
Ligne de cote . .225.4
— des dents . .186.2
— d'engrènement 64.1
— de fermeture .242.7
— de rivets . . . 27.5
— supérieur des
dents 186.3
Lima 169.7
— achaflanada. .175.4
— para afilar sierras 175.7
— ad ago. . . .175.5
— para agujeros .176.1
— almendrada. .174.8
— appuntita . .173.6
— áspera 173.2

Lima basta . . .173.2
— bastarda . . .172.4
— bonete 174.6
— a braccio . . .172.8
— al brazo . . .172.8
— bruñidor . . .173.1
—, cabo de . . .169.8
— de canal . . .175.6
— carleta bombe-
ada 172.2
— a cerniera . .175.8
— cilindrica. . .174.7
—s, cincel para 170.10
— de charnela. .175.8
— cola de ratón .175.5
— da coltello . .175.1
— cuadrada . . .174.8
— a digrossare .172.8
— dolce 172.5
— — da brunire .173.1
— dulce para alisar 172.5
— -escoplo . . 170.10
— de espada . .175.2
— fina puntiaguda 173.6
— finísima . . .172.7
— a foglia di salvia 174.8
— da forare . . .175.6
— da fori . . .176.1
— germanica . .173.2
— gruesa 173.8
— impagliata . .173.2
—, incudine per 171.1
— para el lápiz .230.6
— a mandorla . .175.4
—, mango de . .169.8
—, manico della .169.8
— a mano . . .172.2
— á mano . . .172.2
—, martello per 170.11
— -martillo . . 170.11
— per matite . .230.6
— de media caña .174.5
— mezzo tonda .174.5
— muza 172.5
— de navaja . .175.1
— obtusa 173.5
— ottusa 173.5
— oval 174.8
— ovale 174.8
— piatta 173.4
— — appuntita .173.7
— — ottusa . . .174.1
—s, picador de .170.9
—, picadura de la 170.1
—s, picar . . .170.8
— plana 173.4
— — -apuntada .173.7
— — -roma . . .174.1
— de pulimentar .173.1
— quadra 174.8
—, raja de . . .171.7
—, rasgo de la. .171.7
— redonda . . .174.4
— de redondear .174.7

Lima repicada . .171.8
—s, repicar . . .171.2
—s, retajar . . .171.2
—, ritagliare le lime 171.2
— ritagliata . . .171.8
—, scalpello per 170.10
— da sega . . .175.7
— semibastarda .172.6
— —dolce . . .172.6
— —fina 172.6
— para sierras . .175.7
— soprafina . .172.7
— a spada . . .175.2
— tabla 173.8
—, tagliare lime .170.8
—, tagliatore di
lime 170.9
—, taglio della .170.1
— a taglio bastardo 172.4
— — fino 172.7
— — grosso. . .173.8
— — mezzo fino .172.6
—s, tajar 170.8
—, temperare lime 171.4
—s, templar . . .171.4
—s, temple de . .171.5
—, tempratura di .171.5
— tonda 174.4
—, tratto della .171.7
— triangular . .174.2
— triangolare .. .174.2
—, virutas de . .171.8
—s, yunque para
picar 171.1
Limaduras . . .171.9
Limaille 171.8
Limallas 171.8
Limar 171.6
—, banco para . .172.1
Lime 171.6
—, banco da . .172.1
Limatón cuadrado 172.8
Limatura, polvere
di 171.9
Limature 171.8
Lime 169.7
— à aiguille . .175.5
— à arrondir . .174.7
— bâtarde . . .172.4
— à bras 172.8
— carrée 174.8
— à charnière . .175.8
— coulisses . . .175.8
—, coup de . . .171.7
— à couteaux . .175.1
— à crayons . .230.6
— demi-douce . .172.6
— — -ronde. . .174.5
— douce 172.5
—, enclume à —s .171.5
— d'entrée . . .176.1
— à fendre . . .175.4
— à forer 175.6
— grosse 173.8

Lime, manche de . 169.8
—, marteau à —s 170.11
— mordante . . . 176.2
— obtuse 173.5
— ovale 174.8
— au paquet . . 173.2
— à pignon . . . 175.2
— plate 173.4
— — pointue . . 173.7
— pointue . . . 173.6
— rectangulaire . 174.1
— retaillée . . . 171.3
—, retailler les . 171.2
— ronde 174.4
— pour (à) scies . 175.7
— superfine . . . 172.7
—, tailler des —s . 170.8
—, tailleur de —s . 170.9
—, trempe de —s . 171.5
— tremper des —s 171.4
— triangulaire . . 174.2
Limer 171.6
—, banc à . . . 172.1
Limit gauge . . . 206.4
,— of proportiona-
lity 249.8
— of stretching
strain 250.1
Limite admissible . 247.7
— di duttilità . . 250.1
— d'écoulement . 250.1
— d'elasticità . . 249.7
— d'élasticité . . 249.7
— d'étirage . . . 250.1
— de proportiona-
lité 249.8
— di proporziona-
lità 249.8
— di sollecitamento 247.7
Límite de elastici-
dad 249.7
— de estiraje . . 250.1
— de proportiona-
lidad 249.8
Line, addendum- . 63.6
— of contact . . 63.1
—, pipe- 109.1
— piping 109.1
—, pitch- 63.5
—, root- 63.7
—, to — a babbit . 43.1
—, to — a bearing 43.1
Linea di chiusa . 242.7
— d'imbocco . . 64.2
— dell'ingranaggio 64.1
— di misura . . . 225.4
— —, freccia della 225.5
Linea di cierre . 242.7
— de cota . . . 225.4
— —, flecha de la 225.5
— de engrane . . 64.1
Lineal 219.9
—, Kurven- . . . 219.10
Lineale 219.9

Lineale curvo . 219.10
Linguetta 25.4
—, bullone a . . 14.8
Lining of the bea-
ring 42.6
Link 143.2
— (coupling) . . 61.9
— belt 80.6
— block 143.8
— of a chain . . 88.9
— -pin 62.1
— — 91.2
— -plate 90.10
Linksgängig . . . 8.9
— gewinde . . . 8.8
Lip 44.1
Liquid lubricant . 50.5
Liquide, matière
lubrifiante . . 50.5
Lisciare 172.8
List of details . . 223.7
Lista dei dettagli . 223.7
— de las partes . 223.7
— dei pezzi . . . 223.7
Liste de pièces . . 223.7
Listello di guida . 126.1
Liteau de guidage 126.1
Little beak-iron . 158.8
Litze 85.2
Live load 248.8
Livello d'acqua,
linea del . . . 111.6
— a bolla d'aria . 208.8
— sferico 209.1
Llama de soldadura 202.2
Llanta, engrosa-
miento de la . 69.8
— de la polea . . 81.8
Llave, abertura de la 16.7
— de abertura va-
riable 18.1
— acodada . . . 17.2
—, boca de la . . 16.6
— de dos bocas . 17.1
— de brida . . . 101.1
— cerrada . . . 17.2
— de descarga . . 129.5
— doble 17.1
— de paso del en-
grasador . . . 53.6
— para espita . . 17.6
— espitera . . . 17.6
— de gancho . . 17.7
— de grifos . . . 17.5
— de horquilla . 17.8
— inglesa 18.2
— de macho . . . 127.7
— con mango de
ángulo 17.2
— — curvado . . 17.2
— de muletilla . 17.4
— semifija . . . 18.1
— sencilla . . . 16.8
— simple 13.3

Llave tenedor . . 17.8
— del tornillo de
presión 17.3
— tubular . . . 17.4
— para tubos . . 110.6
— para tuercas . 16.5
— — circulares . 17.7
— de vaso . . . 17.4
Load on axle . . 33.7
— chain 91.7
—, form of . . . 247.8
— governor . . . 152.5
—, live 248.8
—, oscillating . . 248.2
—, oscillatory . . 248.2
— on piston . . . 136.5
—, safe 247.7
—, steady or dead 248.1
— on the valve . 119.8
—, to — the valve 120.3
—, varying . . . 248.8
Loam-casting . . 212.1
Lochbeitel . . . 194.7
— eisen 169.4
— feile 176.1
— hammer . . . 163.3
— kreis (Flansch) . 99.4
— lehre 205.7
— mutter 12.9
— platte 160.2
— säge 188.10
— scheibe . . . 169.1
— schere 158.1
— taster 206.9
— zange 169.5
Lochen 169.6
Lock mechanism . 95.4
— -nut 13.2
—smith's hammer . 160.9
Locked cable . . 85.7
— rope. 85.7
Locker werden . . 19.5
Lockern, eine
Schraube . . . 19.4
Lock filer's clamps 154.7
Locking mechanism 95.4
—, pipe- 104.9
Löffelbohrer . . . 181.3
Logement de gar-
niture (presse-
étoupe) 133.1
Long auger . . . 181.5
— borer 181.5
— eye auger . . 181.4
— -link chain . . 89.9
— saw 188.4
Longitud de la base
del soporte . . 40.4
— de la chaveta . 22.10
— del diente . . 65.5
— del soporte . . 40.2
— útil (tubo) . . 98.2
Longitudinal wall
hanger-bearing . 47.5

Longitudinal sec-
tion 224.9
— view 224.5
Longueur de cla-
vette 22.10
— de construction
du palier . . . 40.4
— de la dent . . 65.5
— de la garniture 101.7
— du palier . . . 40.2
— du pied . . . 65.4
— de la tête . . 65.2
— totale 113.9
— utile (tuyau) . 98.2
Loop 93.1
Loose collar. . . 36.8
— flange 100.5
—, to get. . . . 19.5
— pulley 83.8
— —. 93.4
— side of belt . . 76.1
Loosen, to —
a screw . . . 19.4
Lösbare Kupplung 58.6
— —smuffe . . . 59.1
Loskeilen. . . . 25.7
—kuppeln . . . 63.1
— löten 200.9
— schrauben . . 19.3
— scheibe . . . 83.6
— —, Fest- und . 83.6
— —, einen Riemen
von der — auf
die Festscheibe
schieben . . . 84.1
Lose Flasche . . 94.1
— Riemscheibe . 83.8
— Rolle 93.4
Loser Flansch . .100.5
Löschhaken . . .166.8
— spieß(Schmiede) 166.6
— wedel 166.8
Lösen(Schraube) . 19.3
Lot 202.4
—, Hart- 202.7
—, Schlag- . . .202.7
—, Schnell- . . .202.6
—, Senk- 209.2
—, Weich- 202.5
—, Weiß-. 202.5
—, Zinn- 202.5
Lötbrenner . . 201.10
— eisen 201.6

Lötflamme . . .202.2
— fuge 201.5
— kolben 201.6
— lampe 202.1
— naht 201.4
— ofen 202.3
— probe 203.8
— ring 100.6
— rohr. 203.1
— säure 202.9
— stelle 201.5
— versuch . . .203.3
— wasser 202.8
— zange 156.6
— — 203.2
Löten 200.10
—, Hart- 201.3
—, Weich- 201.2
— (verb) 200.6
—, an- 200.8
—, los-. 200.9
—, zusammen- . .200.7
Lötung 201.1
Lower block . . 94.3
— cut 170.7
Lubricant . . . 50.4
-, liquid 50.5
—, rope 86.4
Lubricate, to —
the bearing . . 48.7
Lubricating,
syringe for . . 52.2
— oil 50.8
Lubrication . . . 49.1
—, central . . . 50.2
-, centrifugal . . 54.9
—, continuous . . 49.2
—, cylinder . . .131.7
-, oil 52.4
—, piston. . . .137.3
—, ring . . . . 5 .1
—, separate . . . 50.1
Lubricator . . . 53.7
— actuated by
hand 49.5
—, angle 55.9
—, automatic . . 49.7
-- box 53.5
—, needle- . . . 54.5
—, rotating crank 54.8
—, self-acting . . 49.7
—, separate . . . 50.1

Lubrificator,
Stauffer- . . . 55.8
—, wick- 54.2
Lubricity of the
oil 50.10
Lubrifiante,
matière. . . . 50.4
—, matière — li-
quide 50.5
—, matière — so-
lide 50.9
Lubrificación . . 49.1
— del cilindro . .131.7
Lubrificador . . . 53.3
Lubrificante della
corda 86.4
— liquido . . . 50.5
— sólido 50.6
Lubrificar el coji-
nete 48.7
Lubrificare il
cuscinetto . . 48.7
—, foro per . . . 52.5
Lubrificatore ad
ago 54.5
— automatico . . 49.7
— centrale . . . 50.3
— centrifugo . . 54.9
— girante . . . 54.8
— a mano . . . 49.5
— a stoppino . . 54.2
Lubrificazione . . 49.1
— ad anello . . 55.1
— automatica . . 49.6
—, canaletto per la 53.4
— centrale . . . 50.2
— del cilindro . .131.7
— continua . . . 49.2
— a mano . . . 49.4
— ad olio . . . 52.4
— periodica . . . 49.3
— separata . . . 49.8
— a stoppino . . 54.1
Lucido 233.8
Luftventil. . . .121.8
Lumière du rabot 192.1
Lunghezza alla base
del sopporto . . 40.2
— della chiavella 22.10
— del sopporto . 40.2
— utile (tubo) . . 98.2
Luz del tubo . . 97.6

M.

Macchina 253.6
— per affilare . .197.6
—, costruire una .253.8
—, fermare una .255.8
— da filettare . . 21.5
— per formare ruote 73.1

Macchina per in-
trecciare la cor-
da. 85.5
—, mettere in movi-
mento una . .255.6
—, montare una .254.7

Macchina opera-
trice 256.6
—, organi di . .253.7
— a piallare. . .194.3
— per scanalare . 23.6
— da smerigliare .198.7

Macchina, smon-
tare una . . . 255.4
—, smontatura
d'una 255.5
— soffiante . . . 167.1
— per tagliare in-
granaggi : . . 73.2
— utensile . . . 256.8
Maceta 161.7
Machine 253.6
— à aiguiser . . 197.6
— à aléser les cy-
lindres 131.6
—s, atelier de con-
struction de . . 254.1
— à battre les cordes 85.5
—, to break off a. 255.6
—, breaking off a. 255.5
—, to build a . . 253.8
— a cisailler . . 157.8
—, to construct a. 253.8
—s, constructeur de 254.2
—s, construction de 253.9
—s, construction of 253.9
—, construire une 253.8
—, démontage
d'une 255.5
—, démonter une . 255.4
—, dessin de —s. 222.7
—s, dessinage de . 222.6
— drawing . . . 222.6
—, drawing of a . 222.7
—, to erect a . . 254.7
—, erecting of a . 255.1
—, erection of a . 255.1
— à fileter . . . 21.5
—, to fit up a . . 254.7
— -fitter 255.2
—, fitting up of a 255.1
—s, huile de . . 51.5
—, to make a . . 253.8
— à meuler . . . 197.6
— de meules
d'émeri 198.7
—, mettre une —
en marche . . . 255.6
—, mettre une — en
train 255.6
—, monter une . 254.7
— -motrice . . . 256.7
— à mouler les en-
grenages . . . 73.1
—, to set a — going 255.6
— -oil 51.5
— -outil 256.8
— -parts 253.7
— à percer . . . 183.1
— à raboter . . . 194.3
— -reamer . . . 178.2
— à river 31.7
— -riveting . . . 31.6
— à scier 190.2
— screw 12.3
—, shearing . . . 157.8

Machine, to stop a 255.8
— à tailler les en-
grenages . . . 73.2
—, to take down a 255.4
— à tarauder . . 21.5
— -tool 256.8
— à travailler . . 256.6
—, working . . . 256.6
— -works 254.1
Machinery, maker
of 254.2
Machinist . . . 254.6
—, erecting . . . 255.2
Macho de aterrajar 21.8
— de fragua . . 161.8
— de fragua con
peña invertida . 161.8
— del grifo . . . 127.8
Mâchoire d'étau . 153.6
—s de la clef . . . 1b.6
—s d'étau 153.5
Madrevite 10.5
— di guida . . . 126.2
Maestro 254.5
— de baile . . . 206.9
Maglia della catena 88.9
—, ferro per le ma-
glie 89.2
—, larghezza in-
terna della . . 89.1
—, lunghezza in-
terna della . . 88.10
— saldata in fianco 89.7
— — in testa . 89.6
Maille de chaîne . 90.10
—, œil de . . . 91.1
—, tête de . . . 91.1
Maillon 89.2
—s, chaîne de . . 90.9
—, largeur inté-
rieur du . . . 89.1
—, pas du . . . 88.10
Main bearing . . 47.7
Maitre 254.5
Make a belt joint
with cement, to . 80.10
Maker of machinery 254.2
Mall 161.7
Malla (cadena) . . 90.10
—, cabeza de la . 91.1
Malleable cast-iron 212.4
— iron 212.5
Mallet, round . . 163.6
Mallo 161.2
— de corte . . . 161.6
Manche de la hache 191.2
— de lime . . . 169.8
— de manivelle . 142.4
— du marteau . 160.6
Manchon, accou-
plement par . . 56.4
— d'accouplement 56.5
—, assemblage à . 101.2
— double 105.5

Manchon droit. . 107.3
— pour le faux-
bouton 178.5
— pour foret . . 178.5
—, joint à . . . 101.2
— mobile 59.1
— de la poulie folle 83.9
—, profondeur du 101.6
— de réduction . 107.1
— du régulateur . 151.1
— de tuyau . . . 101.4
—, tuyau à . . . 101.3
— à vis 56.7
— 106.9
Mandarria . . . 1b1.6
Mandrilado (rueda) 69.6
Mandrilar un
cilindro . . . 131.5
Maneton 141.6
—, palier de . . 141.7
Manette 113.8
Manga de cuero . 134.1
Manganese - cast-
iron 211.2
Mangle gear . . . 67.4
Mango de lima. . 169.8
— de la manivela 142.4
— de la sierra . . 185.6
Manguito (acopla-
miento) . . . 56.5
— de acoplamiento 57.1
— para la broca . 178.5
— doble 105.5
— de embrague . 59.1
— de interrupción 159.1
— de dos luces . 07.1
— roscado . . . 56.7
— 106.9
— de unión . . . 56.4
Manico della lima 169.8
— della sega . . 185.6
Manicotto d'acco- 56.5
ppiamento .
— di disinnesto . 59.1
— doppio 105.5
— — interno . . 107.8
— filettato . . . 56.7
— 106.9
— interno . . . 107.2
—, profondità del. 101.6
— di riduzione . 107.4
— del tubo . . . 101.1
— a vite 56.7
— — 106.9
Manila rope . . . 86.9
Manille 89.4
Manivela 141.2
—, botón de la . 141.6
—, brazo de la . 141.3
—, clavija de la . 141.9
—, contra- . . . 142.1
— à cuatro manos 142.6
—, dar á la . . . 142.9
— de disco . . . 142.2

Manivela de doble
  codo 143.1
— á dos manos . 142.5
—, eje de la. . . .141.4
— extrema 141.8
—, golpe de la. . 142.8
—, maniobrar la . 142.9
— á mano . . . 142.3
— de seguridad . 142.7
—, soporte de la
  clavija de la . . 141.7
—, soporte del
  eje de la . . . 141.5
Manivelle 141.2
—, arbre de . . . 141.4
— en bout . . . 141.8
—, bouton de . . 141.6
— à bras 142.3
—, cogne dans la . 142.8
—, contre 142.1
—, corps de . . . 141.8
—, coulisse . . . 143.1
— frontale . . . 141.8
— à deux hommes 142.6
— à un homme . 142.5
— à main . . . 142.3
—, manche de . . 142.4
—, palier de l'arbre
  de 141.5
—, plateau . . . 142.2
—, poignée de . . 142.4
— de sûreté . . . 142.7
—, tourner la . . 142.9
—, transmission par 140.8
Manovella , . . 141.2
—, albero della . 141.4
—, braccio della . 141.3
—, colpo della . . 142.8
—, contro- . . . 142.1
— a disco . . . 142.2
— d'estremità . . 141.8
— frontale . . . 141.8
— a glifo 143.1
— a mano . . . 142.3
—, manovrare la . 142.9
—, perno della . 141.6
—, di sicurezza . 142.7
—, sopporto dell'
  albero della . . 141.5
—, sopporto del
  perno della . . 141.7
— a due uomini . 142.6
— ad un uomo . 142.5
Manovellismo . . 140.8
Manschette, Leder-
  (Stopfbüchse). . 134.1
Mantel, Cylinder- . 130.4
Mantice 167.2
Manubrio 142.4
— de cabria . . 142.4
— de taladrar . 182.8
Manufacturer . 254.2
Mappenständer . . 219.3
Máquina 253.6

Máquina para ace-
  pillar 194.3
— de afilar . . . 197.6
— de aserrar . . 190.2
— de barrenar . . 183.1
—, construir una . 253.8
—, desmontaje de
  una 255.5
—, desmontar una 255.4
— de escoplar ra-
  nuras 23.6
— de esmerilar . 198.7
— para formar rue-
  das 73.1
— de fresar . . . 185.2
— — dientes . . 73.2
— herramienta . 256.8
— de mandrilar ci-
  lindros 131.6
—, montar una . 254.7
— motriz . . . 256.7
— operadora . 256.6
—, parar una . . 255.8
—, poner en función
  una 255.6
—, poner en
  marcha una . . 255.6
— de roscar. . . 21.5
— de taladrar . 183.1
— de tallar dientes 73.2
— para torcer la
  cuerda 85.5
— para trazar pun-
  tos 229.9
— útil 256.6
Marbre 208.7
Marcador de circu-
  los. 207.8
— paralelo . . . 207.7
Marcar 207.5
Marcare . . . 207.5
Marcha, estar en . 255.7
Marchar . . . 255 7
Marche en arrière
  du piston . . 137.10
— en avant du
  piston 137.9
—, être en . . . 255.7
Marine end (con-
  necting rod) . . 145.2
— kopf (Pleuel-
  stange) 145.2
Marión 234.1
— azul. 234.3
— blanco . . . 234.4
Mark scraper . 207.6
—, to — the center
  with the center-
  punch 168.6
—, to — out . 207.5
Marking gauge . 207.9
— tool 207.6
Marquer 207.5
Marteau . . . 160.3

Marteau à balle . 162.6
— cannelé en sil-
  lons 163.5
— en cuivre. . . 163.8
— à dégrossir . . 161.2
— à devant . . . 161.3
— — avec panne
  en travers . . . 161.6
— à emboutir . . 163.1
— d'établi . . . 161.5
—, face du . . . 160.4
— de forge . . . 161.1
— de frappeur . . 161.3
— à limes . . 170.11
— à main. . . . 161.4
—, manche du . . 160.6
— en métal blanc 163.7
— à panne . . . 163.2
— — fendue . . 196.8
— — — . . . 162.3
— — sphérique . 162.2
— — de travers . 162.1
—, panne du . . 160.5
— à piquage . . 163.4
— à planer . . . 162.5
— plat 161.9
— à pointe . . . 161.8
— à river . . . 32.1
— rond 162.7
— de serrurier . . 160.9
Marteler 160.7
Martellare . . . 160.7
Martello 160.3
— appuntito . . 161.8
— da banco . . . 161.5
— da calderaio . 160.9
— da carpentiere . 162.3
— da chiodi . . 196.8
— da digrossare . 161.2
— da fabbro . . 160.9
— da fucina . . 161.1
— laminatore . . 161.2
— per lime . . 170.11
—, manico del . 160.6
— a mano . . . 161.4
— a palla . . . 162.6
— a pareggiare . 162.5
— a penna . . . 163.2
— con penna a
  croce 162.1
— con penna di-
  visa 162.8
— con penna
  sferica 162.2
—, penna del . . 160.5
— piano 161.9
—, piano del . . 160.4
— piatto 161.2
— punteruolo . . 163.3
— di rame . . . 163.8
— da ribadire . . 32.1
— da ricalcare . 163.1
— a scrostare . . 163.4
— scrostatore . . 163.4

Martello a stampo 163.5
— a taglio . . . 165.8
— a terzo . . . 161.6
— a testa rotonda 162.7
— di zinco . . . 163.7
Martillar 160.7
— en frío . . . 160.8
Martillo 160.3
— acanalado . . 163.5
— de ajustador . 160.9
— apuntado. . . 161.8
— de banco . . . 161.5
—, boca del . . . 160.4
— de bola de
2 bocas . . . 162.2
— de carpintero . 162.8
— cincel . . . 165.8
— para clavar . . 196.8
— de cobre . . . 163.8
— de corte . . . 163.2
—, corte del . . 160.5
— cruzado . . . 162.1
— para desincru-
star 163.4
— á dos manos . 161.8
— de embutir . . 163.1
— estampa . . . 32.2
— de forja . . . 161.1
— formón . . . 162.6
—, lima- . . . 170.11
—, mango del . . 160.6
— á mano . . . 161.4
— de orejas . . . 162.8
—, peña del . . 160.5
— de peña . . . 32.1
— para picar
limas 170.11
— pilón . . . 162.5
— plano . . . 161.9
—, plano del . . 160.4
— de rebatir . . 161.2
— taladro . . . 163.8
— de zinc . . . 163.7
Martín, acier . . 214.1
— eisen 213.4
—, fer 213.4
— stahl . . . 214.1
Martinetto . . . 32.4
—, punzone del . 32.6
Marzellare . . . 164.3
Masa 244.5
— de la válvula . 114.5
Maschine . . . 253.6
—, Abbau einer 255.6
—, eine — abstellen 255.8
—, eine — auf-
stellen . . . 254.7
—, eine — bauen 253.8
—, eine — in Be-
trieb setzen . . 255.5
—, Demontage
einer. . . . 255.4
—, eine — demon-
tieren . . . 255.4

Maschine, eine —
in Gang setzen . 255.6
—, Kraft- . . . 256.7
—, Montage einer 255.1
—, eine — mon-
tieren . . . 254.7
—, Werkzeug- . . 256.8
Maschinenbau . . 253.9
—bauer . . . 254.6
—bauwerkstätte . 254.1
—fabrik . . . 254.1
—fabrikant . . 254.2
—ingenieur . . 254.3
—nietung . . . 31.6
—öl 51.5
—reibahle . . . 178.2
—schere . . . 157.8
—schlosser . . . 254.6
—teil, einen — in
Ansicht darstel-
len 224.1
—teil, einen — im
Schnitt darstel-
len 224.8
—teile . . . 253.7
—zeichnen . . . 222.6
—zeichnung . . 222.7
Maschio creatore . 21.8
— del rubinetto . 127.8
Mass. 244.5
Massa 244.5
— della valvola . 114.5
Masse 244.5
—nmittelpunkt . . 244.2
Massette 161.7
Maß 220.8
—, Band- . . . 221.4
— eintragung 225.10
—e eintragen . 225.9
— linie . . . 225.4
—, Meter- . . . 220.9
—, Normal- . . 220.11
— pfeil . . . 225.5
—, Schwind- . . 221.9
— skizze . . . 223.8
Maßstab 221.1
—, Falt- . . . 221.8
—, Glieder . . 221.8
—, Meter- . . . 221.7
—, Transversal- . 221.6
—, verjüngter 221.5
Maßstäblich
zeichnen . . 218.8
Maßzahl . . . 225.6
Maschiettare . . 21.4
Mastice . . . 80.11
Mastio 21.8
Matage 164.8
Mater (rivets) . 31.1
Materia lubrificante 50.4
Matière lubrifiante 50.4
— — liquide . . 50.5
— — solide . . 50.6
— à souder . . 202.4

Matita 230.2
— azzurra . . . 233.6
— bleu. 233.6
— a colore . . . 233.4
— di ricambio . . 227.4
— rossa 233.5
—, temperare la . 230.3
Matoir 31.2
Matrice 169.1
Matriz (punzón) . 169.1
Matrize 169.1
Mauerkasten . . . 47.8
— lager 46.4
Maul, Haken- . . 92.2
— des Schrauben-
schlüssels . . . 16.6
— weite 16.7
Mazo 163.6
Mazza 161.7
— traversa . . . 161.6
Mazzetta 161.8
— di legno . . . 163.6
Mean velocity . 235.10
Measure 220.8
— 221.1
—, folding po-
cket 221.8
—, foot 220.10
—, metric . . . 220.9
—, standard . . 220.11
—, tape- 221.4
—, to 220.7
—, to — accura-
tely 204.1
Measuring, accu-
rate 204.2
Mécanicien . . . 254.6
Mecánico . . . 254.3
Mecanismo de
freno 96.1
— de paro por
mordiente . . . 95.8
Meccanico . . . 254.6
Meccanismo di dis-
innesto . . . 58.8
Mecchia . . . 180.1
— appuntita . . 180.8
— a centro . . 180.4
— —, punta cen-
trale della . . 180.5
— a legno . . 180.8
— spirale . . . 180.6
— a due tagli . 180.2
Mecha capilar . . 54.8
—, la — se ob-
struye . . . 54.4
Mechanical dra-
wing 222.6
— engineer . . 254.8
— engineering . 253.9
— power . . . 246.7
Mèche 178.4
— pour bois . . 180.8
— à centre . . 180.4

Mèche, la — se
feutre 54.4
—, graissage à . . 54.1
—, graisseur à . . 54.2
— du graisseur . 54.3
— à deux tranches 180.2
-- à une tranche . 180 1
Mechero para sol-
dar . • . . 201.10
Media luna . . . 195.5
Medida 220.8
— de escala de
reducción . . . 221.5
— métrica . . . 220.9
— normal . . . 220.11
— plegable . . . 221.3
— de precisión . . 204.2
— en pulgadas . 220.10
Medir 220.7
— con precisión . 204.1
Mehrfacher Rie-
men 80.3
— gängiges Ge-
winde 9.4
— gängige Schrau-
be 16.3
— reihige Nietung 29.7
— schnittige Nie-
tung 28.6
Meißel 167.4
—, Bank- 168.1
—, Feilen- . . . 170.10
—, Flach- 167.5
—, Hand- 167.9
—, Kalt- 165.10
—, Kaltschrot- . . 165.10
—, Kreuz- 167.6
—, Schrot- . . . 165.8
—, Stein- 167.8
—, Stemm- . . . 31.2
—, Warm- . . . 165.9
—, Warmschrot- . 165.9
Meißeln 168.2
—, ab- 168.3
Meister 254.5
Mélange, robinet
de 129.3
Mensola 46.5
— angolare . . . 47.6
— ad angolo . . 47.6
Mentonnet . . . 194 2
Mescolare un co-
lore 232.7
Messen 220.7
—, fein- 204.1
Messerfeile . . . 175.1
Messing . . . 217.5
— rohr 103.7
Mesurage précis . 204.2
Mesure 220.8
— de contraction . 221.9
— étalon . . . 220.11
— métrique . . 220.9
— en pouce . . 220.10

Mesurer 220.7
—, (action de —
avec précision) . 204.2
— avec précision . 204.1
Metal blanco . 217.10
— para campanas 217.9
— delta . . . 217.11
— saw 187.9
— -jointing . . . 135.8
Métal blanc . . 217.10
— —, garnir un
coussinet de . . 43.2
— de cloches . . 217.9
— delta . . . 217.11
Metall, Glocken- . 217.9
—liderung, Kolben
mit 138.7
— packung . . . 135.8
— säge 187.9
— schere . . . 157.9
— stopfbüchse . 134.2
Metallic jointing . 135.8
— packing, piston
with 138.7
— stuffing-box . . 134.2
Metallische Pak-
kung 135.8
Metallo bianco . 217.10
— delta . . . 217.11
Metermaß . . . 220.9
— stab 221.7
Mètre 221.8
— à ruban . . . 221.4
Metric measure . 220 9
— scale 221.7
Metro de bolsillo . 221.8
— de cinta . . . 221.4
— de quincha . . 221.4
— snodato . . . 221.3
Mettere una boc-
cola 42.2
— un bossolo . . 42.2
— denti di legno
ad una ruota . 72.7
— le misure . . 225.9
Mettre une cour-
roie sur la poulie 79.7
— un coussinet . 42.2
— en prise . . . 64.5
Meule 197.7
— à aiguiser . 196.10
— d'émeri . . . 198.2
—, grain de la . 197.2
Meuler, machine à 197.6
Mezclar un color . 232.7
Mezzaria . . . 225.3
—, da — a . . . 225.7
Micrometer-screw . 15.5
Micromètre . . . 204.5
Micrométrique, vis 15.5
Micrometro . . . 204.5
Mikrometerlehre . 204 5
— schraube . . . 15.5
Mill, end- 184.3

Mill, hollow . . . 184.7
—, shank-end- . . 184.3
— -stone-piercer . 181.7
—, tube-rolling . 103.2
—, wheel- . . . 197.7
—, to — with a
cutter 184.9
—, to — grooves . 23.7
Milled edge thumb
screw 15.5
— nut 12.10
— tooth 66.2
Milling 185.1
— -cutter . . . 183.2
— — with inser-
ted teeth . . . 183.4
— —, screw- . . 20.8
— machine . . . 185.2
Mineral de fer . . 210.2
— de hierro . . . 210.2
— oil 51.4
— -öl 51.4
Minerale di ferro . 210.2
Minérale, huile ; 51.4
Mischhahn . . . 129.3
Misura 220.8
— 225.6
— di contrazione . 221.9
— metrica . . . 220.9
— a nastro . . . 221.4
— normale . . . 220.11
— in pollici . . 220.10
— di precisione . 204.2
Misure principali , 225.8
Misurare 220.7
— con precisione . 204.1
Mitre gear . . . 71.3
— wheel . . . 71.4
— — gearing . 71.3
Mitte, von — zu
Mitte 225.7
Mittelkraft . . . 241.9
— linie 225.8
— punkt, Massen- 244.2
Mittlere Geschwin-
digkeit . . . 235.10
Mixing cock . . . 129.3
Mode de charge-
ment 247.8
Modérateur . . . 150.7
Modo de actuar la
carga 247.8
— di caricamento . 247.8
Modul, Elasti-
zitäts- 249.2
—, Gleit- . . . 253.1
Module d'élasti-
cité 249.2
Modulo d'elasti-
cità 249.2
— di scorrimento 253.1
Módulo de elasti-
cidad . . . 249.2

Módulo de resbala-
miento 253.1
Modulus of elasti-
city 249.2
— — for tension . 249.1
— —, transverse . 253.1
— of rigidity . . 253.1
— of shearing . . 252.9
— of sliding move-
ment. 253.1
Mola da affilare 196.10
—, grana della . 197.2
Molla 147.2
— a balestra . . 147.6
— cavalletto della 147.9
—, compressione
della 148.7
—, comprimere la 148.8
— dritta 147.8
— a foglia . . 147.4
—, occhiello della 147.8
—, saetta di cedi-
mento . . . 147.5
—, a sezione circo-
lare 148.6
— — rettangolare 148.5
—, spira della . . 149.1
— a spirale . . . 148.1
— — cilindrica . 148.3
— — conica . . 148.4
—, staffa della . . 147.7
—, tendere una . 148.9
— di torsione . . 148.2
Mollejón 197.1
Moment, bending. 251.6
—, Biegungs- . . 251.6
— du couple . . 243.4
— of the couple . 243.4
—, Dreh- 253.4
— fléchissant . . 251.6
— de la force P
pour le centre
de rotation O . 243.1
— of the force P
with reference to
the centre of mo-
tion O . . . 243.1
— de flexion . . 251.6
— of flexure . . 251.6
— of inertia . . 243.7
— —, equatorial . 243.8
— —, polar . . . 244.1
— d'inertie . . . 243.7
— — par rapport à
un axe 243.8
— — — un point 244.1
— der Kraft P in
bezug auf den
Drehpunkt O . 243.1
— des Kräftepaares 243.4
— de résistance . 251.8
— of resistance . 251.8
—, static 243.6
— statique . . . 243.6

Moment, statisches 243.6
— de torsion . . 253.4
— of torsion . . 253.4
—, Trägheits- . . 243.7
—, Widerstands- . 251.8
Momento della cop-
pia 243.4
— estático . . . 243.6
— di flessione . . 251.6
— de flexión . . 251.6
— della forza P ri-
spetto al centro di
rotazione O . . 243.1
— de la fuerza P con
relación al punto
de giro O . . . 243.1
— de inercia . . 243.7
— de inercia ecua-
torial 243.8
— de inercia polar 244.1
— d'inerzia . . . 243.7
— — rispetto ad
un asse . . 243.8
— — — ad un punto 244.1
— del par de fu-
erzas 243.4
— de resistencia . 251.8
— resistente . . 251.8
— di resistenza . 251.8
— statico . . . 243.6
— de torsión . . -253.4
— di torsione . . 253.4
Monkey wrench . 18.2
Monta-cinghia . . 79.6
— correas . . . 79.6
Montador 255.2
Montage einer Ma-
schine 255.1
— d'une machine 255.1
Montaje 255.1
Montar una correa
sobre la polea . 79.7
— una máquina . 254.7
Montare una cin-
ghia sulla puleg-
gia 79.7
— una macchina . 254.7
Montatore . . . 255.2
Montatura . . . 255.1
Monte-courroie . . 79.6
Montée du piston 138.1
Monter, la courroie
monte 79.2
— une machine . 254.7
Monteur 255.2
Montieren, eine
Maschine . . . 254.7
Montierungswerk-
stätte 255.5
Mordache 155.2
— à chanfrein . . 154.7
Mordaza 154.7
— de manguito . 155.1
— de pico apuntado 154.8

Mordiente, meca-
nismo de paro
por 95.8
Mordientes . . . 154.1
Morsa 153.1
— da banco . . . 153.2
— del banco . . 194.1
—, ganascie
della. 153.5
— a mano . . . 154.6
— parallela . . . 154.2
—, serrare un pezzo
alla 153.8
—, stringere un
pezzo alla. . . 153.8
— per tubi . . . 154.5
—, vite per . . . 153.4
Morsetta 196.9
Morsetto appun-
tito 154.8
— di legno . . . 155.2
— obliquo . . . '154.7
— tenditore . . . 155.1
Mortaiser des dents
dans une roue . 72.7
Mortajas, hacer . 194.5
Mortice, to — cogs
into a gear wheel 72.7
— wheel 72.1
— — tooth . . . 72.2
Mortise axe . . . 191.5
— chisel . . . 194.7
Moteur 256.7
Motion 234.7
—, eccentric . . 144.5
—, rectilinear . . 234.9
—, restricted . . 238.8
— of rotation . . 240.6
— of translation . 240.5
—, uniform . . . 235.1
—, uniformly acce-
lerated . . . 235.11
—, uniformly retar-
ded 236.1
Moto 234.7
— curvilineo . . 236.7
Motor 256.7
— engine . . . 256.7
Motore 256.7
—, albero . . . 36.4
Mottled iron . . 210.6
Moufle 93.7
— du bas . . . 94.8
— à chaîne . . . 94.7
— à corde . . . 94.6
— différentielle . 94.4
— fixe 93.9
— du haut . . . 94.2
— mobile 94.1
Moulage en terre . 212.1
Mould 164.4
Moulding machine,
wheel 73.1
— plane 193.8

Mouler, machine à
— les engre-nages 73.1
Mouth of hook . 92.2
— of the plane .192.1
— of the tongs .155.4
Mouvement . . .234.7
— curviligne . .236.7
— rectiligne. . .234.9
— sollicité . . .238.3
— uniforme. . . .235.1
-- uniformément
accéléré . . 235.11
— — retardé . .236.1
— varié 235.5
Moveable axle . . 34.8
— block 94.1
— coupling . . . 58.8
— longitudinally
coupling . . . 58.4
— pulley 93.4
Movement . . .234.7
Mover un eje por
correa 76.4
Movimento . . .234.7
—, essere in . . 255 7
— forzato . . .238.8
— rettilineo . . .234.9
— uniforme . . .235.1
— uniformemente
accelerato . . 235.11
— — ritardato . . 236 1
— variabile . . .235.5
— vario 235.5
— vincolato. . .238.8
Movimiento . . .234.7
— curvilineo . .236 7
— forzado . . .238.8
— obligado . . .238.8
— rectilíneo . .234.9
— uniforme . . .235.1
— uniformemente
acelerado . . 235.11
— — retardado . .236.1
— variable . . .235.5

Moyeu, boulon de 150.8
—, collet du . . 69.5
— de la roue . . 69.4
— du volant . .149.7
Mozzo, nervatura
del 69.5
— della ruota . . 69.4
M-tooth 186.6
Mud-valve . . .122.9
Muela de esmeril .198.2
—, picado de la .197.2
Muelle 147.2
—, apoyo del . .147.9
— de ballesta . .147.6
—, brida del . .147.7
—, compresión del 148.7
—, comprimir un .148.8
—, distender un .148.9
—, espira del . .149.1
— espiral 148.1
—, flecha del . .147.5
— de flexión . .147.3
— helizoidal cilín-
drico 148.3
— helizoidal cónico 148.4
— de hojas . . .147.4
— de laminas múl-
tiplas 147.6
—, oreja del . .147.8
— de sección cir-
cular. 148.6
— — rectangular .148 5
— de torsión . .148.2
Muff-coupling . . 56.4
Muffe 56.5
—, Absatz- . . .107 1
—, Ausrück- . . 59.1
—, Gewinde-
(Kupplung) . . 56.7
—, Gewinde- . .106.9
—, Regulator- . .151.1
—, Rohr- 101.4
—, Schrauben-
kupplungs- . . 56.7

Muffe, Überschieb- 105.5
—, verjüngte . .107.1
Muffenhub des Re-
gulators . . .151.2
—hülse 56.5
—kupplung . . 56.4
—rohr 101.8
—tiefe 101.6
—verbindung . .101.2
Multiple belt . . 80 8
— riveting . . . 29.7
— shear riveting . 28.6
— thread screw . 16.3
— V-gear 74.6
Multiplex thread . 9.4
Muñón, carga en
el 37.9
—, presión en el . 37.9
— tubular . . 108.10
Muovere un albero
con cinghia . . 76.4
Mutamento di un
asse 34.11
Mutare un asse . 34.10
Mutter (Schraube) 11.5
—, Bolzen mit Kopf
und 11.9
—, Bund-. . . . 12.8
—, Flügel- . . . 12.7
—, Führungs- . .126.2
—, Gegen- . . . 13.2
—, gerändelte . 12.10
—, gerippte. . . 12.10
— gewinde . . . 10.5
—, Kronen- . . 12.6
—, Loch-. . . . 12.9
— schlüssel . . 16 5
— schraube . . . 11.9
—, Schrauben-. . 11.5
—, Sechskant . 12.5
—, Stell- . . . 12.9
—, Überwurf- . . 13.1
M-Zahn 186 6

N.

Nabe, Rad- . . . 69.4
Nabenbüchse . . 83.9
— schraube . . .150.8
— wulst 69.5
Nachbohren . . .179.8
— drehen, einen
Cylinder . . .131.4
— lassen 199.8
— — (verb) . . .199.2
— schaben . . .177.8
— schneiden, Ge-
winde 20.1
— —, Schrauben . 20.1
— spannen, den
Riemen 79.8
— —, eine Schraube 19.7

Nachstellbare
Lagerschale . . 42.5
— stellen, das La-
ger 48.6
— stellkeil . . . 25.1
— ziehen, eine
Schraube . . . 19.7
Nadeleinsatz . .227.6
— feile 175.5
— fuß 227.7
— schmierer . . 54.5
— schmiergefäß . 54.5
— spitze 227.7
Nagel 195.6
— bohrer 179.7
— eisen 196.5

Nagelhammer . . 196.8
— loch 196.2
— zange 156.8
— zieher 156.8
Nageln 195.7
—, zusammen-. . 196.1
Nähen, den Riemen 81.2
Nähriemen . . . 81.8
Nahtloses Rohr . 102 9
Nail 195.6
— -hole 196.2
— -nippers . . .156.8
— -puller. . . .156.8
—, to 195.7
Nase (Keil) . . . 23.9
— (Lager) . . . 44.1

Nasenkeil . . . 23.8
Nasello (chiavella) 23.9
— (sopporto) . . 44.1
Nastro del freno . 97.1
Natural hardness . 199.6
Nature du filet . 10.8
Naturhärte . . . 199.6
Natürliche Größe,
  in —r—zeichnen 218.2
Nave 69.4
— collar 69.5
Neck (shaft) . . . 35.7
— (of hook) . . . 92.3
—, axle- 33.3
— -collar-journal . 38.5
— -journal . . . 38.4
— — -bearing . . 41.7
Neck ring (stuffing
  box) 133.5
Needle 227.7
—, dotting . . . 229.1
— -file 175.5
— -lubricator . . 54.5
— -point 227.6
Neigungswinkel . 7.2
—der schiefen Ebene 239.7
Nervatura della co-
  rona (ruota) . . 69.3
— del mozzo . . 69.5
Nervure de la cou-
  ronne 69.3
Nichelio . . . 216.11
Nickel 216.11
— stahl 214.5
— -steel 214.5
Nicker 180.5
Niederschraub-
  hahn 128.5
Nietfeuer 33.1
— hammer . . . 32.1
— kluppe . . . 32.8
— kopf 26.3
— —, den — aus-
  kreuzen . . . 31.4
— loch 26.7
— naht 27.5
— pfanne 32.5
— schaft 26.2
— teilung . . . 27.6
— winde 32.4
— wippe 32.6
— zange 32.7
Niete 26.1
—, die —einlassen 30.6
—, die — eintreiben 30.7
—, die — einziehen 30.7
— mit gehämmer-
  tem Kopf . . . 27.2
— mit geschelltem
  Kopf 27.1
—nglühofen . . . 32.9
—, halbversenkte 26.9
— mit halbver-
  senktem Kopf . 26.9

Niete, Heft- . . . 27.3
—n lossschlagen . 31.3
—, die — versenken 30.6
—, versenkte . . 26 8
— mit versenktem
  Kopf 26 8
—n verstemmen . 31.1
—nzieher 30.8
Nieten (verb) . . 30.5
—, ent- 31.3
Nietung 27.4
—, Bördel- . . . 29.4
—, dichte 28.2
—, Dichtungs- . . 28.2
—, Doppellaschen- 29.2
—, einreihige . . 29.5
—, einschnittige . 28.3
—, feste 28.1
—, Festigkeits- . 28.1
—, Gefäß- . . . 28.2
—, Hand- . . . 31.5
—, kalte 27.9
—, Ketten- . . . 30.2
—, Kraft- . . . 28.1
—, Laschen- . . 29.1
—, Maschinen- . . 31.6
—, mehrreihige . 29.7
—, mehrschnittige 28.6
—, Parallel- . . . 30.2
—, Überlappungs- 28.7
—, verjüngte . . 30.3
—, Versatz- . . . 30.1
—, warme . . . 27.8
—, Zickzack- . . 30.1
—, zweireihige . 29.6
—, zweischnittige. 28.5
Nippel 107.2
—, Doppel- . . . 107 3
Nippers 156.2
—, cutting- . . . 156.1
—, nail- 156.3
Nipple 107.2
—, double . . . 107.3
Niquel 216.11
Niveau à bulle d'air 208 8
— d'eau, boîte du 111.3
— —, indicateur de 111.2
— —, robinet du 111.5
— —, tube de verre
  du 111.4
— maximum (indi-
  cateur du niveau
  d'eau) . . . 111.6
— sphérique . . 209.1
— supérieur (indi-
  cateur du niveau
  d'eau) . . . 111.6
Nivel del agua,
  línea de . . 111.6
— de aire . . 208.8
— — de caja . . 209.1
Noeud 201.5
Nombre d'enroule-
  ments 149 2

Nomenclature . . 223.7
Non-return flap . 123.7
Normalbeschleuni-
  gung 236.9
— kraft 237.3
— lehre 206.5
— maß . . . 220.11
— spannung . . 247.4
— tension . . . 247.4
— widerstand . . 238.5
Nottolino (arresto) 95.7
— (innesto) . . . 60.6
— eccentrico . . 95.9
Noyau, diamètre du 8.3
— de la vis . . . 8.5
Nozzle, sight feed 54.7
Núcleo del perno . 8.5
Nullenzirkel . . 228.4
Number of coils (of
  spring) 149.2
— of turns (spring) 149.2
Nuß, Ketten- . . 90.5
Nut 11.5
—, adjusting . . 12.9
—, bolt with head
  and 11.9
—, cap 13.1
—, castellated . . 12.6
—, check- . . . 13.2
—, circular . . . 12.9
—, collar . . . 12.8
—, counter-sunk-
  head and . . . 14.4
—, flange . . . 12.8
—, fly- 12.7
—, guiding . . . 126.2
—, hexagon (screw) 12.5
—, jam- (screw) . 12.9
—, jam- 13.2
—, knurled . . . 12.10
—, lock- 13.2
—, milled . . . 12.10
—, piston . . . 136.9
—, screw- . . . 11.5
—, thumb- . . . 12.7
—, winged . . . 12.7
Nut, Flansch mit
  Feder und . . 100.1
— eisen 23.5
— und Feder . . 25.3
— hobel . . . 193.6
—, Keil- 23.3
Nute, Keil- (Rei-
  bungsgetriebe) . 75.1
—, Öl- 52.6
—, Schmier- . . 52.6
—, Seil- 87.2
Nuten fräsen . . 23.7
— fräser . . . 183.7
— keil 23.10
— stoßen . . . 23.4
— stoßmaschine . 23.6
Nutzarbeit . . . 246.7
— länge (Rohr) . 98.2

O.

Oberflächenhär-
tung 200.1
Obergesenk . . . 164.6
— hieb. 170.6
— flasche. . . . 94.2
Oblique pillow-
block-bearing . 44.8
— plummer-block-
bearing 44.8
Obrador 256.1
Obturador extremo
roscado 105.2
Obturateur de
tuyau 104.9
Obturation, bride d' 105.3
—, surface d' (sou-
pape). 113.5
Occhiello 92.10
Ocluir 124.7
Oclusión 124.8
Oeil de hache . . 191.1
— de maille. . . 91.1
— de ressort . . 147.8
Oeillard 47.3
Oeillet 52.10
— de clou . . . 196.2
Ofen, Löt- . . . 202.8
—, Schweiß- . . 165.5
Offener Pleuelkopf 145.2
— Riemen . . . 77.5
Offenes Hängelager 46.9
— — mit Stangen-
schluß 47.1
Office, drawing . 218.4
Officina 256.1
— di montatura . 255.3
— meccanica . . 254.1
Oficina de con-
strucción . . . 218.4
Öhr (Axt). . . . 191.1
— bohrer. . . . 181.2
Oil 50.4
— -bath 55.3
— -can. 51.9
— — with thumb-
button 51.10
— —, thumb-pres-
sure 52.1
— —, valve . . . 51.10
— catcher under
bearing 52.9
— -chamber . . . 55.4
— -container . . 55.4
— -cup. 53.8
— — under bea-
ring 52.9
—, cylinder . . . 51.6
— -dish (bearing). 44.6
— distributing box 50.3
— -drainer . . . 55.5
—, to drain the . 55.6

Oil-feed 52.3
—, film of . . . 48.8
— -filter 53.1
— -groove . . . 52.6
— — (bearing) . . 44.5
— hardening . . 200.4
— -hole 52.5
— — (bearing) . . 44.4
—, to let off the . 55.6
—, lubricating . . 50.8
— -lubrication . . 52.4
—, lubricity of the 50.9
—, machine . . . 51.5
—, mineral . . . 51.4
— -pipe 53.4
— -pump 55.7
—, purified . . . 53.2
—, refiltered . . 53.2
—, refined . . . 53.2
— -reservoir. . . 51.8
—, resinification of
the 51.1
—, revolving —
dip-ring 52s
— -ring (stuffing-
box) 133.6
— saving bearing. 45.2
— -stone 197.4
— —, grinder's . 197.4
— -supply . . . 52.3
— -syphon . .. 54.2
— -tank 51.8
—, vegetable . . 51.3
—, watch-maker's 51.7
—, to — the bea-
ring 48.7
Oiler 52.1
—, sight feed . . 54.6
Oiling 49.1
—, automatic . . 49.6
—, continuous . . 49.2
—, cylinder . . . 131.7
—, hand 49.4
—, intermittant . 49.3
—, piston. . . . 137.8
— ring 55.2
—, self 49.6
—, separate . . 49.8
—, wick 54.1
Ojal 92.10
Ojuelo 93.1
Olablaß 55.5
— ablassen . . . 55.6
— bad 55.3
— behälter . . . 51.8
—, Cylinder- . . 51.6
— fänger 52.9
— — (Lager) . . 44.6
—, gereinigtes . . 53.2
— kammer . . . 55.4
— kanne 51.9

Ölkanne, Ventil- . 51.10
—, Maschinen- . . 51.5
—, Mineral- . . . 51.4
— nute 52.6
—, Pflanzen- . . 51.3
— pumpe 55.7
— reiniger . . . 53.1
— reinigungsvor-
richtung . . . 53.1
— ring (Stopf-
büchse) 133.6
—, Schmier- . . . 50.8
— schmierung . . 52.4
—, Spindel- . . . 51.7
— spritzkanne . . 52.1
— spritze. . . . 52.2
— stein 197.4
—, Tier-. 51.2
— vase 53.8
—s, Verharzung
des 51.1
— zufluß 52.8
Öler 53.7
— docht 54.8
—, Einzel- . . . 50.1
— glas 53.9
—, Selbst- . . . 49.7
—, Tropf- 54.6
Oliatore 53.7
— 51.9
— contagoccie . . 54.6
— separato . . . 50.1
— speciale . . . 50.1
— a valvola . . . 51.10
— di vetro . . . 53.9
Olio 50.8
—, animale . . . 51.2
—, bagno d' . . . 55.3
—, camera d' . . 55.4
— per cilindri . . 51.6
—, conduttura d'. 52.3
—, filtro dell' . . 53.1
— fino 51.7
—, lubrificazione
ad. 52.4
— per macchine . 51.5
— minerale . . . 51.4
—, pompa d' . . 55.7
— purificato . . 53.2
—, recipiente per. 51.8
—, l' — si resini-
fica 50.10
—, resinificazione
dell' 51.1
—, scanalatura per
l' 52.6
—, scaricare l' . . 55.6
—, scarico dell' . 55.5
— vegetale . . . 51.3
—, viscosità dell' . 50.9
Ombreggiare . . 226.5

Ombreggiatura . . 226.6
Ondulé, tuyau . .104.3
Open belt : . . 77.5
— hearth iron . .214.1
— link chain . . 88.8
— sand-castings .211.4
Opening of the valve115.6
— of wrench . . 16.6
Or 217.2
Ore, iron-. . . .210.2
Organes de ma-
chine 253.7
Organi di macchina 253.7
Orifice d'entrée
(valve) 112.5
Orifizio per olia-
tura (sopporto) . 44.4
Origin of force . 241.7
Orlo (cuscinetto) . 43.3
— (tubo a flangie) 99.5
Oro 217.2
Ortersäge 189.7

Oscilación del pén-
dulo 239.2
— —, duración de
la 239.3
Oscilar 149.3
Oscillare 149.3
Oscillating cylin-
drical valve . .126.7
— load 248.2
Oscillation, dura-
tion of 239.3
—, durée d'. . .239.3
— du pendule . .239.2
— of the pendulum 239.2
—, time of . . .239.3
Oscillatory load . 248.2
Oscillazione del
pendolo . . .239.2
— —, durata dell' 239.3
Ose 92.10
Ösenschraube . . 14.2
Ottone 217.5

Otturatore esterno
a vite 105.2
Otturatura del
tubo 104.9
Outside bearing . 48.1
— chaser ͺ . . . 20.7
Outil 256.4
—s, boîte à . . .256.3
—s, coffre d' . .256.3
— à forer. . . .182.1
—, machine- . .256.8
Outillage 256.5
Ouverture de la clef 16.7
— du crochet . . 92.2
— de passage (sou-
pape) 113.1
— de la soupape . 115.6
Oval file 174.8
Ovalillo (tornillo) . 11.6
Overload, to — the
valve 120.5
Overpressure-valve 122.1

P.

Pack, to (stuffing-
box) 135.2
—, to — the piston
with leather . .138.6
Packen (Stopf-
büchse) 135.2
Packfeile 173.2
— hahn 128.6
Packing (stuffing-
box) 132.9
— collar, leather
(stuffing-box) . .134.1
—, depth of . . .101.7
--, hemp- 135.3
—, joint 99.6
—, pipe 101.5
—, piston- . . .138.3
—, piston with
leather 138.5
—, piston with me-
tallic 138.7
— ring 99.7
— ring 125.7
— —, leather (stuf-
fing-box) . . .134.1
— space 101.5
--, V-ring metallic
gland 134.2
Packung (Stopf-
büchse) 132.9
—, Asbest- . . .135.3
—sdicke (Stopf-
büchse) 133.2
—, Flanschen- . . 99.6
—, Gummi- . . .135.7
—, Hanf- 135.3
—, Kolben- . . .138.3
—, Metall- . . .135.8

Packung, metal-
lische 135.8
—sraum (Stopf-
büchse) . . .133.1
—, Rohr- 101.5
Pad saw 188 7
Paille de trempe 199.11
Pair of compasses 226.8
Pala de fogón . .166.9
Palan à chaîne. . 94.7
Palanca de embra-
gue 59.2
— del freno . . . 96.5
— de interrupción 59.2
— para roblonar . 32.6
Palastro 216.2
— de hierro . . 215.11
Paletta. 166.9
Palier 40.1
—, alésage du . . 40.3
— d'appui . . . 41.5
— de l'arbre de
couche 141.5
— de manivelle 141.5
— articulé . . . 45.1
— à billes . . . 45.3
—, boulon pour . 43.8
— à cannelures . 41.4
—, chapeau de . 43.5
— à collets . . . 41.7
— -console à co-
lonne 47.4
— -console fermé. 47.5
—, corps de . . . 43.4
—, diamètre du . 40.3
—, diamètre de
l'alésage du . . 40.3
—, échauffement du 48.3

Palier extérieur . 48.1
— fermé 41.8
--, graisser le . . 48.7
—, le — grippe . 48.5
—, intérieur . . . 47.8
—, longueur du . 40.2
— longueur de con-
struction du . . 40.4
—, le — d'une ma-
chine chauffe . 48.2
— de maneton . .141.7
— oblique . . . 44.8
— ordinaire . . . 42.3
— principal . . . 47.7
—, le — se rode . 48.4
— à rotule . . . 45.1
— à rouleaux . . 45.8
— Sellers 45.1
— à tourillon
sphérique . . . 45.6
Palla scorrevole
(sopporto) . . . 45.4
Palmer. 205.4
Palomilla 46.4
Pane, ball- — ham-
mer 162.2
—, cross —
hammer 162.4
— of a hammer .160.5
— destro, vite a . 8.7
— destrorsa, vite a 8.7
—, a — quadrango-
lare 10.1
— sinistrorsa, vite a 8.9
—, a — tondo . . 10.3
—, a — triangolare 9.6
Paning hammer .163.2
Panne du marteau 160.5

Panne, marteau à
  devant avec — en
  travers 161.6
—, marteau à . . 163.2
—, marteau à —
  fendue 162.3
—, marteau à —
  sphérique . . . 162.2
—, marteau à —
  de travers . . . 162.1
Pantómetro . . . 208.5
Papel para calcar 233.9
— chupón . . . 232.9
— para croquis . 220.4
— de dibujo . . 220.2
— de esmeril . . 197.9
— esmerilado . . 197.9
— heliográfico . . 234.2
— Marión . . . 234.2
Paper, drawing . 220.2
—, émery- . . . 197.9
—, printing . . . 234.2
—, sketching . . 220.4
Papier buvard . . 232.9
— calque . . . 233.9
— à calquer . . 233.9
— à croquis . . 220.4
— à dessin . . 220.2
— à émeri . . . 197.9
—, Fließ-. . . . 232.9
— héliographique . 234.2
—, Lichtpaus- . . 234.2
—, Paus- . . . 233.9
— photocalque . 234.2
—, Schmirgel- . . 197.9
—, Skizzier- . . 220.4
—, Zeichen- . . 220.2
Papillon 124.6
Par de fuerzas . 243.3
— —, eje del . . 243.5
— —, momento
  del 243.4
Paralelas . . . 145.7
Paralelogramo de
  aceleraciones . 239.8
— de las fuerzas . 241.8
— de velocidades . 239.8
Parallel bench-
  vice 154.2
— line pen . . 229.8
— nietung . . . 30.2
— reißer . . . 207.7
— schere . . . 157.8
— schraubstock . 154.2
— shears . . . 157.5
— zirkel . . . 207.8
Parallelogram of
  forces . . . 241.8
— of velocities . 239.8
Parallelogramm,
  Beschleuni-
  gungs- 239.8
— der Beschleuni-
  gungen 239.8

Parallelogramm
  der Geschwindig-
  keiten 239.8
—, Geschwindig-
  keits- 239.8
— der Kräfte . . 241.8
Parallelogramma
  delle accelera-
  zioni. 239.8
— delle forze . . 241.8
— delle velocità . 239.8
Parallélogramme
  des forces . . . 241.8
— des vitesses . . 239.8
Paranco 93.7
— a catena . . . 94.7
— a corda . . . 94.6
— differenziale . 94.4
Parar una má-
  quina 255.8
Parauso 179.7
Pared del tubo . 97.8
—, espesor de la . 98.1
Parete del tubo . 97.8
— —, spessore
  della 98.1
Paroi du cylindre 130.4
—, épaisseur de —
  du tuyau . . . 98.1
— du tuyau . . 97.8
Parte conciata
  della cinghia . 77.2
— naturale della
  cinghia 77.1
Parti di macchina 253.7
Parting-tool . . . 195.2
Pas 7.8
— circulaire . . . 63.4
—, double- . . . 9.2
— du maillon . . 88.10
— multiple . . . 9.4
—, vis à . . . 9.4
—, simple . . . 9.1
—, triple . . . 9.3
—, vis à triple . . 9.3
— d'une vis . . 7.8
—, vis à double . 9.2
—, vis à — simple 9.1
Pasador . . . 24.11
— de aletas . ⌐ 24.10
— de la arti-
  culación . . . 62.1
Pasar los colores 231.10
— el roblón . . 30.6
— en tinta . . . 231.2
Paso, altura del . 7.8
—, á — cuadrado 10.1
—, de — derecho 8.7
—, del engranaje . 63.4
—, de — izquierdo 8.9
— de remache . 27.6
—, á — redondo . 10.3
— del tornillo . . 7.8
—, á — triangular . 9.6

Paso de la válvula,
  diámetro del . . 113.1
— —, luz del . . 113.1
— —, sección del 113.2
Passage (valve) . 112.6
—, ouverture de
  (soupape) . . . 113.1
—, section de
  (soupape) . . . 113.2
—, sectional area
  of the (valve) . 113.2
—, width of (valve) 113.1
Passaggio (val-
  vola). 112.6
—, apertura di . . 113.1
—, area di . . . 113.2
—, sezione di . . 113.1
Passare a penna . 231.2
Passe-partout . . 188.4
— — (scie) . . . 188.5
Passer à l'encre . 231.2
Passetto diviso in
  pollici 221.8
Passo 7.3
— dei chiodi . . 27.6
— della dentatura 63.4
— semplice . . . 9.1
— d'una vite . . 7.8
Paßrohr 105.4
— schraube . . . 13.10
Pastel 233.4
Pata de araña . . 52.6
— — (soporte) . . 44.5
Path of chain . . 91.10
— of contact . . 64.2
— of projectile . 237.9
Patin (palier) . . 43.7
—. 145.6
— (crosse) . . . 146.6
—, guia del . . . 145.7
Patte d'araignée
  (palier) 44.5
Pattern. 205.2
Pattino 145.6
— (manovella) . . 143.8
Pause 233.8
—, Blau- 234.8
—, Licht- 234.1
—, Weiß- 234.4
Pausen. 233.7
Pausleinwand . 233.10
— papier . . . 233.9
— zeichnung . . 233.8
Pavonar (verbo) . 199.2
—. 199.3
Pawl 95.7
— (coupling) . . 60.6
— -coupling. . . 60.5
Pedano 194.7
Pedestal 42.3
— angle- — -bea-
  ring 44.8
— base. 43.7
— bearing . . . 44.7

Pedestal body . . 43.4
—, plain 41.8
—, solid 41.8
Pegar con cola . .196.6
Peigne 20.5
— femelle . . . 20.6
—, fileter au . . 20.1
— mâle 20.7
Péine . , . . . 20.5
— de exteriores . 20.6
— de interiores . 20.7
Peinture du tuyau 98.3
Pelle à feu (forge) 166.9
Pen-point . . . 227.5
Pencil box . . . 229.8
—, coloured . . . 233.4
— -point 227.4
—, red 233.5
—, to sharpen the 230.4
— sharpener . . 230.4
— 230.5
Pendel 238.7
— ausschlag . . 238.9
—, Centrifugal- . 239.4
—, Cykloiden . . 239.5
—, Kegel- . . 239.4
—, Kreis- . . 238.8
— regler 151.6
— regulator . . . 151.6
— schwingung . . 239.2
Pendolo 238.7
—, amplitudine del 238.8
— cicloidale. . . 239.5
— circolare . . . 238.8
— conico 239.4
—, oscillazione del 239.2
Pendule 238.7
— circulaire . . 238.8
— conique . . . 239.4
— cycloidal . . . 239.5
—, oscillation du . 239.2
Péndulo 238.7
— centrifugo . . 239.4
— cicloidal . . . 239.5
— circular . . . 238.8
—, desviación del 238.9
—, oscilación del. 239.2
Pendulum. . . . 238.7
—, circular . . . 238.8
—, conical . . . 239.4
—, cycloidal. . . 239.5
— governor . . . 151.6
—, oscillation of the 239.2
Pennello 232.5
Pennina da dise-
gnare 231.4
— porta inchiostro 231.9
— di rotondo . . 231.8
Pente 239.6
— de coin . . . 21.7
Perçage 179.5
Perce-meule . . 181.7
Percer 169.6
— 179.2

Percer, chasse à . 163.3
Perceuse 183.1
— à main . . . 179.6
Perçoir 169.1
Perçure de trempe 199.11
Perdre, le presse-
étoupe perd . . 134.6
Perfil 224.7
— del diente . . 64.9
Perforadora . . . 183.1
— á mano . . . 179.6
Perforate, to . . 169.6
—, to 179.2
Perforatrice cisaille 158.1
— à main . . . 179.6
Perforer 169.6
— 179.2
Pericicloide . . . 67.1
Pericycloid . . . 67.1
Pericycloide . . 67.1
Péricycloïde . . . 67.1
Periferia 63.6
— of contact . . 64.4
Périodique, grais-
sage 49.3
Permanent elastic
deformation . 249.5
Perno 37.6
—, (tornillo) . . 11.3
— che si è adat-
tato nei suoi cus-
cini 38.3
— con anillos . 38.9
— d'appoggio . . 38.4
— apuntado . . 39.1
— d'articolazione 62.1
— dell' asse. . . 33,8
—, attrito del . . 38.1
—, attrito del . . 33.9
—, carico sul . . 37.9
— della catena ar-
ticolata. . . . 91.2
—, chavetear un . 14.9
— cilindrico . . 39.2
— cilindrico . . 39.2
— a colletto . . 38.5
— conico 39.3
— cónico 39.3
—, diámetro exte-
rior del . . . 8.4
—, diámetro en el
fondo del . . . 8.8
— empotrado . . 39.6
— esférico . . . 39.4
— d'estremità . . 38.6
— — dell' albero . 35.6
— a forchetta . . 39.5
— frontale . . . 38.6
— incastrato . . 39.6
— intermedio . . 35.7
— — 38.5
— logorato . . . 38.3

Perno multiplo ad
anelli 38.9
—, núcleo del . . 8.5
— portante . . . 38.4
— a punta . . . 39.1
—, rotare sopra un 39.8
— di rotazione . 39.7
— sferico 39.4
—, sopporto del . 33.4
— di spinta . . . 38.7
— — ad anello . 38.8
Pestaña del co-
jinete 43.3
— del cubo de la
rueda 69.5
— de refuerzo de
la corona . . . 69.3
Pettine 20.5
— femmina . . . 20.6
— maschio . . . 20.7
Pezuña del tornillo 153.5
Pezzi di macchina 253.7
Pezzo d'adatta-
mento 105.4
Pfanne (Lager) . . 46.3
Pfeilhöhe (Riemen-
trieb) 76.2
— rad 70.3
Pferdestärke . 245.3
Pflanzenöl . . . 51.3
Pfropfen,Verschluß-
(Rohr) 105.1
Phosphorbronze . 217.7
— -bronze . . . 217.7
Photocalque. . . 234.1
Pialla 191.10
— da banco . . . 193.2
—, ceppo della 191.11
— doppia . . . 192.7
— —, controferro 192.9
— —, controlama 192.9
— —, ferro doppio 192.8
— a due ferri . 192.7
—, ferro da . . 191.12
— da intarsiatore 193.6
—, lama della . 191.12
—, luce della . 192.1
— a mano . . . 193.3
— a profilo . . 193.3
— a sgrossare . 192.10
Piallare 192.2
Piallatrice . . . 194.3
Piallatura . . . 192.5
Pialletto 193.1
Piallone 192.10
Piano 223.2
— d'appoggio del
cuneo 23.2
— inclinato . . . 239.6
— della tubazione 109.5
Pianta 224.3
Piastra (vite) . . 11.6
— di base (sop-
porto) 40.9

Piastra — 328 — *Pipe*

Piastra da brunire 160.1
— di fondamento 16.2
— di fondazione . 16.2
— di fondazione
(sopporto) . . . 43.9
— da pulire . . .160.1
Piastrella (cadena) 90.10
—, testa della . . 91.1
Piattino 232.6
Picadq de la muela 197.2
Picador de limas . 170.9
Picadura de ba-
starda 170.2
— en cruz . . .170.5
— fina 170.3
— inferior . . .170.7
— de la lima . .170.1
— simple 170.4
— superior . . .170.6
Picar limas . . .170.8
Pickhammer . . .163.4
Pico de cabra . . 195.2
Pie de cabra . .195.2
— del diente . . 65.3
— del soporte . . 43.7
Pied (gauge) . . 205.1
— de compas . . 226.10
— à coulisse . . 204.6
— de la dent . . 65.3
— à profondeur . 205.6
Piede del sopporto 43.7
Piedra aceitada
para afilar . .197.4
— de afilar . . .197.3
— amoladera . . 196.10
— esmeril . . .198.5
— de repasar . .197.8
Piegamento . . .251.3
Piercer. 168.7
Piercing saw . . 188.10
Pierre à adoucir .197.3
— d'émeri . . .198.5
— à l'huile . . .197.4
Piés de rey . . .204.6
Pietra da affilare .197.3
— di Candia . .197.4
— di smeriglio .198.5
Pieza para lápiz . 227.4
— de prolongación 227.8
—s adicionales de
mordaza . . .154.1
—s de maquinaria 253.7
Pig 210.3
— -iron 210.3
— —, grey . . .210.5
— —, white . . .210.4
Pige 205.2
Pignon 68.7
— à chaine . . . 90.5
—, lime à . . .175.2
Pignone 68.7
Pillar-bolt . . . 14.5
Pillow (bearing) . 42.4
(block 42.3

Pillow - block - bea-
ring 44.7
Pin 26.1
—, crank 141.6
—, drawing . . . 220.6
— -drill 179.8
— -hole 196.2
—, link- . . : . 62.1
—, link- . . . 91.2
— spanner . . . 17.8
—, split- . . 16.1; 24.10
—, taper- . . . 24.11
—, thumb . . . 220.6
— -tongs 155.8
— -vice 155.1
— wheel 67.4
Pince 156.2
— (pour forgerons)166.10
—, accouplement à 58.1
— américaine . .155.9
— coupante . . .156.1
— à emboutir . .156.4
— à fil de fer . .158.2
— à gaz 156.7
— à poinçonner .169.5
— à rivets . . . 32.7
— — 32.8
— à souder . . . 203.2
— à tirer 156.5
— à trous . . . 169.5
— à tubes . . .110.7
Pinceau 232.5
Pincel 232.5
Pincers 156.8
Pincette 156.8
Pinion 68.7
—, annular gear and 70.1
—, rack and . . 70.6
Pinnhammer . .163.2
Piñón 68.7
— de cadena . . 90.5
Pinsel 232.5
Pintar 231.10
Pintura del tubo . 98.3
Pinza 156.2
Pinzas 156.8
— de alambre . .158.2
— de soldador . . 203.2
Pinzetta 155.5
— 156.8
— a bocca tonda .155.6
— a palla . . .155.7
— da saldatore . 203.2
Pioche 191.5
Piombare la corda 85.9
Piombino . . . 209.2
Piombo 202.4
— 217.1
Pipe 97.4
—, angle 105.7
—, blow- . . . 203.1
—, bore of . . . 97.6
—, the — has bore
of x mm . . . 97.7

Pipe, branch- . .106.4
— -branch . . .106.1
—, brass 103.7
— burst 110.4
—, butt welded .102.5
—, cast iron . .101.9
— closier . . .104.9
—, coil- 104.6
—, compensating .104.1
—, copper- . . .103.6
—, corrugated . .104.3
— covering . . . 98.4
—, cross- 106.5
— -cutter 110.8
—, delivery- . . .108.8
—, drain 109.3
—, expansion . .104.2
— explosion . .110.4
— -fitting 105.4
—, flanged . . . 98.9
—, flanged — with
loose back flange 103.8
—, four-way- . .106.8
—, gas- 107.8
— hanger- . . .109.7
—, heating- . . .108.4
—, inlet- 109.2
—, inside diameter
of 97.6
— -installation . .109.4
— —, plan of . .109.5
— joint 98.5
—, lap welded . .102.6
—, to lay a . . .109.6
— -line 109.1
— —, gas- . . .110.1
— packing . . .101.5
— -paint . . . 98.8
—, reducing . .105.9
—, ribbed . . .104.5
—, riveted . . .102.8
—, rose- 108.6
—, screwed- —
-coupling . . . 98.6
—, seamless . . .102.9
—, shell of a . . 97.8
—, socket . . .101.3
—, soldered . . .102.8
—, spiral welded .102.7
—, suction- . . .108.5
—, suction- . . .108.7
—, T- 106.6
—, thickness of . 98.1
—, three-way- . .106.7
— -tongs 110.7
—, U- 105.8
— -vice 154.3
—, wall of . . . 97.8
—, waste- 109.3
—, water- 107.9
—, welded . . .102.4
—, worm- 104.6
— -wrench . . .110.6
—, wrought iron . 102.2

Pipe, Y- 106.8
Piping plan . . .109.5
—, steam- . . .109.9
—, water- . . 109.10
Piquage, marteau a 163.4
Pistolet . . . 219.10
Piston 136.1
— acceleration . 137.5
—, accélération du 137.5
—, avance du . . 137.9
—, backward stroke
of the 137.10
— -body 139.4
—-, body of the . 139.4
— bolt 139.6
—, clearance of the 186.4
—, clef du . . . 137.1
—, corps du . . .139.4
—, coup double du 137.8
—, course du . . 137.7
—, couvercle du .139.5
— curl 139.7
—, depth of the .136.8
—, descente du . 138.2
—, diameter of the 136.2
—, diamètre du .136.2
—, disk 140.8
—-, down-stroke of
the 138.2
—-, épaisseur du .136.8
— -follower-bolt .139.6
—-, forward stroke
of the 137.9
— friction . . . 137.6
—, frottement du 137.6
—, garnir un — de
cuir 138.6
—, garniture du .138.8
— à garniture en
cannelures . .139.8
— à garniture de
chanvre . . . 138.4
— — de cuir . 138.5
— — métallique . 138.7
—, graissage du . 137.8
—, to grind in a . 140.2
—, grooved . . .139.8
—, ground and
polished . . .140.1
—, guide de la
tige du 136.8
—, hemp packed . 138.4
—, jeu du 136.4
—, joint du segment
de 139.2
—, junk ring of the 139.5
— with leather
packing . . .138.5
—, load on . . .136.5
— lubrication . .137.3
—, marche en ar-
rière du . . . 137.10
—, marche en avant
du 137.9

Piston with me-
tallic packing . 138.7
— montée du . .138.1
— nut 136.9
— oiling 137.8
—, to pack the —
with leather . 138.6
— -packing . . .138.8
—, plateau du . .139.5
— plein 140.8
— plongeur . . .140.4
— de pompe . .140.6
— -power. . . .136.5
—, power of . .136.5
—, presse-étoupe du 137.2
—-, pump 140.6
—, queue de la tige
du 136.7
— de rechange . 140.7
—, retour du . 137.10
— -ring 139.1
— -ring lock . . 139 2
— -rod 136.6
— -rod end . . 136.7
— -rod guide . .136.8
— -rod, tail piece
of the 136.7
— rodé. 140.1
— roder un . . .140.2
—, segment de. .139.1
—, segment de —
élastique . . .139.3
—, solid 140.8
—, spare- 140.7
— speed 137.4
— spring 139.7
—, steam 140.5
—-, stroke of. . .137.7
— 'stuffing box . 137.2
—, tête de . . .146.5
—, tige du . . .136.6
—, tour du . . .137.8
—, travel of. . .137.8
—, up-stroke of the 138.1
— -valve 127.4
— à vapeur . .140.5
—, vis du 136.9
—, vis du couver-
cle de 139.6
—, vitesse du . .137.4
—, water grooved 139.8
— wrench . . .137.1
Pit saw 188.4
Pitch 7.8
— circle 63.5
— — (tooth) . 67.2
—, circular . . . 63.4
— -cone (bevil gear
wheel) 70.9
— -line 63.5
— of rivets . . 27.6
— of a screw . . 7.8
Piton à tige tarau-
déo 14.2

Pivot 38.7
— annulaire . . . 38.8
—, conical . . . 39.1
—, hollow- . . . 38.8
— -journal . . . 38.7
— -reamer . . .178.1
—-, ring- 88.8
Placa de freno . . 96.4
— de fundación . 16.2
— del soporte . . 43.9
Placer le rivet . . 30.7
Plain pedestal . . 41.8
Plan 224.6
— 224.6
— d'ensemble . .223.4
—, general . . .223.4
— incliné 239.6
— of pipe instal-
lation 109.5
—, rough 223.3
— de tuyauterie .109.5
Planfräser 184.4
— -scheibengetriebe 74.2
Plancha para calde-
ras 216.4
— desbastada . . 216.4
— à enderezar
mármol 208.7
— de hierro . . 215.11
— de palastro . 216.1
Planche à dessin .219.4
Planchette à aigui-
ser les crayons .230.5
Plane 191.10
—, bench- . . .193.2
—, compass-. . .193.7
— creuse 195.5
— à deux manches 195.8
—, double iron . 192.7
—, hand 193.8
—, jack- 192.10
—, inclined . . .239.6
— -iron . . . 191.12
— à lame courbe .195.5
— — droite . .195.4
—, moulding . .193.8
—, mouth of the .192.1
—, side-rabbet . .193.4
—, side-rebate- . .193.4
—, smoothing . .193.1
— -stock . . . 191.11
—, tonguing and
grooving . . .193.6
—, top- — -iron .192.9
— wood . . . 191.11
—, to (file) . . .172.8
—, to 192.2
—, to 192.4
—, to — smooth .192.3
Planear 172.8
— 192.4
Planed tooth . . 66.1
Planer (lime) . .172.8
—, marteau à . .162.5

Planing 192.5
— machine . . . 194.3
Planishing hammer 162.5
— knife 195.4
Plano 223.2
— general . . . 223.4
— inclinado . . 239.6
— de la instalación
de tubos . . . 109.5
— para pulir . . 160.1
Planomètre . . . 208.7
Planta 224.6
Plantilla de curvas
múltiples . . 219.10
— exterior para
filetear 20.7
— para filetear . 20.5
— flexibile . . . 220.1
— interior para
filetear . . . 20.6
— limite 206.4
— normal . . . 206.5
— de pistoletas 219.10
Plaque à dresser . 208.7
— pour étaux . . 154.1
— de fondation . 16.2
— — (palier) . . 43.9
Plat (-nosed) pliers 155.5
Plata 217.3
Plate, anvil . . . 158.4
—, boiler 216.4
—, channeled . . 216.5
—, -coupling . . 57.5
—, enlarged end of 91.1
— formspring . . 147.4
— -gauge . . . 206.3
—, iron- . . . 215.11
— -link . . . 90.10
— à main . . . 172.2
—, polishing . . 160.1
—. shears . . . 157.9
— — fixed on the
table 157.4
— -spring . . . 147.4
—, thin 216.3
—, tin 216.7
Plateau d'accou-
plement . . . 57.6
—, excentrique . 143.6
— — en deux
pièces 143.8
— — en une pièce 143.7
— à friction . . 61.2
— — 74.3
—x à friction,
transmission par 74.2
— manivelle . . 142.2
— du piston . . 139.5
— de la soupape . 116.4
Platillo . . ..6 . 232
Platin 217.4
Platine 217.4
Platino 217.4
Platinum . . . 217.4

Plato de acopla-
miento 57.6
— de fricción
(acoplamiento) . 61.2
— de sujeción (tor-
nillo para fun-
dación) 15.8
Platte, Gesenk- . 160.2
—, Loch- . . . 160.2
—, Polier- . . . 160.1
Plattzange . . . 155.5
Play, the — of the
valve 115.4
Plegador 94.8
Pleuelkopf . . . 144.9
—, geschlossener . 145.1
—, offener . . . 145.2
Pleuelstange . . 144.7
Pliers 155.3
—, flat 155.5
—, forming . . 156.4
—, gas 155.7
—, gas-burner . 156.7
—, globe 155.7
—, plat 155.5
—, round 155.6
Plomada 209.2
Plomb 217.1
—, faire un joint de 101.8
Plomo 217.1
Plongeur, piston . 140.4
Plough-bit (only
for wood) . . . 23.5
Plug cock . . . 127.7
— — with packed
gland 128.6
— of cock . . . 127.8
—, conical . . . 128.3
— gauge 205.8
—, screw 13.5
—, screwed (pipe) 105.1
Pluma de dibujo . 231.4
— para redon-
dilla 231.8
— -tintero . . . 231.9
Plumb-bob . . . 209.2
— -line 209.2
Plume à dessin . 231.4
— de rond . . . 231.8
Plummer-block . 42.3
— — -bearing . 44.7
Plummet 209.2
Plunger 140.4
— kolben 140.4
Plyer 156.5
Plyers 155.9
Poche à couler . 203.4
Pocketed valve . 118.8
Poids 244.3
Poignée de mani-
velle 142.4
Poinçon 169.3
Poinçonner . . . 169.6
—, pince à . . . 169.5

Point of compasses 227.1
— mort (manivelle) 141.1
Pointe de centre . 180.5
— de compas . . 227.7
— du compas . . 227.1
— de Paris . . . 196.4
— sèche du compas 227.6
— à tracer . . . 207.6
Pointeau 168.4
—, coup de . . . 168.5
Pointed-end drill . 180.3
— hammer . . . 161.8
— hand-vice . . 154.8
— journal . . . 39.1
— -steel-hammer . 161.8
Pointiller 226.3
Poker 166.6
—, hook- 166.7
—, straight . . . 166.6
Pol 242.4
— abstand . . . 242.5
Polar distance . 242.5
— moment of in-
ertia 244.1
Polares Trägheits-
moment . . . 244.1
Pole 242.4
Pôle 242.4
Polea 81.7
— 93.2
—, ancho de la . 81.10
—, anillo de la . 81.8
— armadura de la 93.5
— con brazos cur-
vos 82.5
— — rectos . . . 82.4
— para cables . 87.1
— — metálicos . 87.3
— de cadena . . 88.7
— para cadena . 90.8
— cónica 83.4
— para cuerdas . 87.1
— para cuerda de
cáñamo 87.4
—, curvatura de
la llanta de la 82.3
— diferencial . . 94.5
— dirigida . . . 75.7
— con doble fila de
brazos 82.6
— en dos mitades 83.3
—, eje de la . . 93.6
— entera 83.2
— fija 83.7
— — 93.3
— — 94.2
— fija y loca . . 83.6
— del freno . . 96.3
— de fundición . 82.7
—, grueso de la
corona de la . 81.9
— guía de la cuerda 84.7
— de hierro forjado 82.8
— impulsada . . 75.7

Polea de llanta cur-
vada 82.2
— de llanta plana. 82.1
— loca. 83.8
— —, caja de la . 83.9
— de madera . . 83.1
— motriz 75.6
— móvil 93.4
— — 94.3
— múltiple . . . 83.5
— partida . . . 83.3
— de tensión . . 78.2
Polierfeile . . .173.1
— platte 160.1
— scheibe . . .197.7
Poligono delle forze 242.3
— — chiuso . . .242.8
— funicolare . . 242.6
Poligono de fuerzas
cerrado 242.8
— de las fuerzas .242.3
— funicular . . .242.6
Polipasto 93.7
Polir à l'émeri . .198.6
Polish, to 198.6
Polisher 160.1
Polishing file . .173.1
— plate 160.1
— wheel 197.7
Polissoir 198.1
Polissoire 160.1
Polo. 242.4
Polvere di limatura 171.9
— di smeriglio. .198.8
— da temperare 199.10
Polvo de esmeril .198.8
— de temple . 199.10
Polygon, equili-
brium 242.8
— fermé 242.8
— of forces . . 242.3
— — 242.6
— funiculaire . . 242.6
Polygone de forces 242.3
Pompa d' olio . . 55.7
Pompe, cylindre de 132.8
— à huile . . . 55.7
—, piston de . .140.6
Poner un dado . 42.2
Poppet valve . . 118.8
Porra 161.6
Porrilla 161.7
Porta-aguja del
compás 227.6
— -cartella . . .219.3
— -cartera . . .219.3
— -cuchillo (tala-
dro) 178.6
— -lápiz del com-
pás 227.4
Portable forge . .167.3
Portasega. . . .185.6
Porte-encre . . .231.9
— -foret 182.2

Porte-mine . . .229.3
— -scie 185.6
Portée (arbre) . . 36.7
— de la bride . . 99.5
— du tir 237.7
Portfolio 219.2
— -rack 219.3
Poser, la courroie
pose sur l'arbre. 80.1
— un tuyau . . .109.6
Posición de equili-
brio de un cuerpo 244.7
— muerta . . .140.9
Position au point
mort (manivelle) 140.9
Posizione del pun-
to morto . . .140.9
Post-bearing . . 47.4
— -hanger-bearing 47.4
Potenza 245.2
Poudre d'émeri . 198.8
— à tremper . 199.10
Poulie 81.7
— 93.2
—, axe de la . . 93.6
— en bois . . . 83.1
— bombée . . . 82.2
— à câble . . . 87.1
— — de chanvre . 87.4
— — métallique . 87.3
— de (à) chaînes . 90.8
—, chape de la . 93.5
— à coin 74.7
— de commande . 75.6
—, commande par
—s cônes . . . 78.3
— commandée . . 75.7
— à corde . . . 87.1
— — 87.4
—, la courroie tom-
be de la . . . 79.5
— cylindrique . . 82.1
— différentielle . 94.5
— à double bras . 82.6
—, enlever une
courroie de la . 79.8
— en fer 82.8
— fixe 83.7
— fixe 93.8
— — et poulie folle 83.6
—, flèche de la . 82.8
— folle 83.8
— — 93.4
— en fonte . . 82.7
— de frein . . . 96.8
— à friction . . 73.4
— à gorge . . . 74.7
—, transmission
à friction par . 74.6
—, jante de . . . 81.8
—, largeur de la . 81.10
—, manchon de la
— folle 83.9
— menante . . . 75.6

Poulie menée . . 75.7
—, mettre une
courroie sur la . 79.7
— mobile. . . . 93.4
— motrice . . . 75.6
— à deux (plusieurs)
pièces 83.8
— en une pièce . 83.2
— à rayons cour-
bés 82.5
— — droits . . . 82.4
— à bras rectilignes 82.4
Power 245.2
—, effective . . . 246.7
—, mechanical. . 246.7
— of piston . . .136.5
Première taille . .170.7
— tête (rivet) . . 26.4
Premistoppa . . .132.6
—, bullone del .133.3
—, flangia del . .132.7
—, serrare il . .134.4
Prensa de tornillo 154.4
Prensaestopas,
atornillar el . .134.4
—, casquillo del .132.6
—, platina del . .132.7
—, tornillo del . .133.3
Presella da spianare 162.4
Presellare 31.1
Presello 31.2
Presión 250.7
— en la base del
soporte . . . 40.6
— sobre el diente 66.3
— específica del so-
porte. 40.7
— de fricción . . 73.5
— en las guías . 145.9
— en el muñón . 37.9
— por unidad de
superficie del
diente 66.4
Preßcylinder . .132.4
Press, glue- . . .196.9
— of a joiner's
bench 194.1
— schraube . . 13.7
Presse d'établi . .154.5
— — de menusier .194.1
Presse-étoupe . .132.5
— —, boulon de .133.3
— —, le — coince 134.5
— — du cylindre 131.1
— —, le cylindre
est rendu étanche
par un 135.1
— —, le — est
étanche 134.7
— —, frottement
de. 134.3
— —, garnir un .135.2
— — à garniture
en cuir 133.8

Presse-étoupe à
garniture mé-
tallique. . . . 134.2
— —, le — perd . 134.6
— — du piston . 137.2
— —, le — serre
de travers . . . 134.5
— —, serrer le . . 134.4
— —, tuyau à . .104.4
— — à vapeur . .133.7
Presse à main . . 154.4
— — 196.9
Pression d'appui
(palier) 40.6
— sur la dent . . 66.3
— d'excentrique . 144.3
— de friction . . 73.5
— sur la glissière 145.9
— sur le tourillon 37.9
— unitaire sur la
dent 66.4
— par unité de sur-
face 40.7
—, vis de 13.7
Pressione 250.7
— 251.2
— d'appoggio
(sopporto) . . . 40.6
— sul dente . . . 66.3
— producente la
frizione 73.5
— sulla guida . . 145.9
— specifica (sop-
porto) 40.7
— specifica per
unità di area (sop-
porto) 66.4
Pressung, Flächen-
(Lager) 40.7
Pressure 250.7
— on bearing . . 40.6
— clack 124.3
— -cylinder . . . 132.4
—, eccentric . . 144.3
—, force of . . . 251.1
— at pitchline
(tooth) 66.3
—, specific — at
pitchline (tooth) 66.4
—, a body is under
strain of . . . 247.6
— per unit of area 40.7
Primer oficial . . 254.4
Principe de la con-
servation de
l'énergie . . . 245.5
Principio di con-
servazione
dell'energia . . 245.5
— de la conser-
vación de la
fuerza viva . . 245.5
Print 160.2
— 164.4

Print 234.1
—, white 234.4
Printing 231.7
— frame 234.5
— paper 234.2
— room 234.6
Prinzip der Erhal-
tung der Kraft . 245.5
Prisonnier. . . . 13.8
Probierhahn . 129.10
— ventil 122.8
Process of welding 164.10
Profil-cutter. . . 184.8
— de la dent . . 64.9
— fräser 184.8
— hobel 193.8
—, Zahn- 64.9
Profilo del dente . 64.9
Profondeur
d'engrènement
(poulie à gorge). 75.3
— du filet . . . 8.1
— de la garni-
ture 101.7
— du manchon . 101.6
Profondità del
filetto 8.1
— della gola . . 75.3
Profundidad del
canal. 75.3
— del filete . . . 8.1
Progettare . . . 223.1
Progetto 223.2
Project. 223.2
—, to 223.1
Projection, height
of 237.8
—, horizontal . . 238.1
—, inclined . . . 237.5
—, velocity of . 237.10
—, vertical . . . 238.2
Projet 223.2
Projeter 223.1
Promener le rabot 192.3
Proportional divi-
ders 228.5
Proportionalitäts-
grenze 249.8
Proportionalité,
limite de . . . 249.8
Proportionality,
limit of 249.8
Protractor . . . 229.4
— set square . . 229.5
Prova dell' asse . 34.8
— di saldatura. . 203.3
Proyección horizon-
tal. 224.6
Proyectar 223.1
Proyecto 223.2
Prueba del eje . . 34.8
— de soldadura . 203.3
Puddeleisen . . . 212.7
— stahl 213.7

Puddled iron . . 212.7
— steel 213.7
Puissance 245.2
Puleggia 81.7
— per catena . . 90.8
— cilindrica . . . 82.1
— a cono. . . . 83.4
— a corda . . . 87.1
—, corona della . 81.8
— a corona cur-
vata 82.2
—, curvatura della
corona della . . 82.3
— dentata da ca-
tena 91.4
— differenziale. . 94.5
— divisa 83.3
— con doppia co-
rona di razze . . 82.6
— di ferro . . . 82.8
— fissa. 83.7
— — e folle . . . 83.6
— folle. 83.8
— folle, foro del
mozzo della . . 83.9
— del freno . . . 96.3
— di frizione . . 74.3
— a fune 87.1
— — di canape . 87.4
— — metallica. . 87.3
— di ghisa . . . 82.7
— di guida . . . 77.9
— — della corda . 84.7
— intera 83.2
—, larghezza della 81.10
— di legno . . . 83.1
— mossa 75.7
— motrice . . . 75.6
— multipla . . . 83.5
— con razze curve 82.5
— a razze dritte . 82.4
—, spessore della
corona della . . 81.9
Pulir, disco para . 160.1
Pulire, piastra da . 160.1
Pull 250.2
—, effective (belt
driving). . . . 75.9
Pulley. 93.2
— axle 93.6
—, belt 81.7
—, the belt runs off
the 79.5
— blocks 93.7
—, cone — drive . 78.3
—, crowned . . . 82.2
—, curved armed . 82.5
—, differential . . 94.5
—, differential —
block 94.4
—, driven. . . . 75.7
—, driving . . . 75.6
— face, breadth . 81.10
—, fast. 83.6

Pulley, fast and loose 83.6
—, fixed 93.3
—, flat face . . . 82.1
— fork 93.5
—, friction 73.4
—, guide — of rope 84.7
—, loose 83.8
—, moveable . . 93.4
—, to put a belt on a 79.7
— rim 81.8
—, rope 87.1
—, rope 87.4
— with two sets of
arms 82.6
—, side engaging
with (of belt) . 76.6
—, solid belt . . 83.2
—, split belt . . 83.3
—, step 83.5
—, straight-armed 82.4
—, tension . . . 78.2
—, to throw a belt
off the 79.8
—, tight 83.7
—, wire rope . . 87.3
—, wood belt . . 83.1
Pulsierende Be-
lastung 248.2
Pump-cylinder . .132.3
—, oil- 55.7

Pumppiston 140.6
Pumpe, Öl- 55.7
Pumpencylinder .132.3
— kolben 140.6
Punaise 220.6
Punceta de cala-
fatear 31.2
Punch 168.7
— 169.3
—, center . . .168.4
—, hand- 169.2
—, hollow- . . .169.4
—, to 169.6
Punching-tongs .169.5
Punktierfeder . .229.9
— nadel 229.1
— rädchen . . .229.2
Punktieren . . .226.3
Punta 227.7
— da forare . .182.6
— de Paris . . .196.4
— di ricambio .227.6
— da segnare . .207.6
— de segnare . .229.1
— de trazar . .207.6
Puntear 226.3
Punteggiare . . .226.3
Puntello 90.2
Puntero para pic-
dra 181.7

Punteruolo, mar-
care col . . .168.6
—, segnare col .168.6
Puntina 196.4
— 220.6
Punto de aplicación
de la fuerza . .241.7
— d'applicazione
delle forze . .241.7
— della broca . .180.5
— morto 141.1
— muerto . . .141.1
— di piombatura
d'una corda . . 85.10
— de punzón . .168.5
— de unión (cuer-
da) 85.10
Punzón cuadrado .163.3
— de fragua . .161.8
— á mano . . .169.2
— para marcar .168.4
—, punto de . .168.5
Punzone 168.7
— a freddo . . .169.3
— a mano . . .169.2
— del martinetto. 32.6
Purificador de
aceite 53.1
Put on, to — a belt
on a pulley . . 79.7

Q.

Quadrateisen . .215.1
— keil 24.1
Quarter turn belt 77.7
Querhaupt . . .146.5
— keil 22.6
— säge 188.5

Querschnitt . . .225.1
— —, Abscherungs- 28.4
Queue (enclume) .159.3
—, ta▾ à 159.5
— de la tige du
piston 136.7

Quicionera (sopor
te) 40.9
Quiebro por flexión 252.2
Quitar (chaveta) . 25.7
— la correa de la
polea 79.8

R.

Rabattre, fer à . .159.7
— le collet du
tuyau . . . 103.10
Rabot 191.10
— cintré . . .193.7
— à contre-fer . .192.7
—, donner un coup
de — à qch. . .192.4
— à double fer .192.7
— d'établi . . .193.2
—, fer de . . .191.12
—, fer double de .192.8
—, fût de . . .191.11
—, lumiére du . .192.1
— à main : . .193.3
— à moulures . .193.8
— pour profils . .193.8

Rabot, promener
le 192.3
— à rainures . . .193.6
— rond 193.7
Rabotage 192.5
Raboter 192.2
—, machine à . .194.8
Raboteuse 194.8
Raccoglitore d'olio
(sopporto) . . . 44.6
Raccord 105.4
— courbé . . .105.7
—, double — à vis 107.8
— avec réduction
de diamètre . .105.9
— en U 105.8
— à vis 107.2

Raccordo doppio
a vite 107.8
— a vite 107.2
Raccourcir la cour-
roie 79.4
Rachenlehre . .205.5
Rack (gear) . . . 70.7
— and pinion . . 70.6
Racler 177.1
Racloir 176.4
— cannelé . . .176.5
— en forme de
cœur 176.7
— triangulaire . .176.6
Radachse 34.6
— arm 69.7
—, gesprengtes . 69.10

Rad, geteiltes . . 69.9
—, Haspel- . . . 90.6
— mit Innenver-
zahnung . . . 70.2
—, Keil- 74.7
—, Ketten- . . . 88.7
— nabe 69.4
—, Reibungs- . . 73.4
—, Reibungskegel- 74.1
—, Rillen- . . . 74.7
—, Stufen- . . . 83.5
— mit Winkel-
zähnen 70.8
—, Zahn- 63.8
Räderformmaschine 73.1
— fräser 184.5
— fräsmaschine . 73.2
— getriebe, Keil- . 74.6
— schneidmaschine 73.2
—, die — tönen . 72.8
Radiergummi . . 230.8
— messer. . . . 231.1
Radieren 230.7
Radio de la rueda 69.7
Rag-bolt . . . 15.6
Rahmenschere . . 157.6
Raja de lima . . 171.7
Rainure 23.8
—, clavette à . . 23.10
—s, faire des . . 23.4
—s, fraiser des . 23.7
— et languette . 25.8
—s, machine à
faire des . . . 23.6
Ralentissement . 235.7
Ralla (sopporto) . 40.9
Rallonge 227.8
Rame 216.8
Randabstand(Niete) 27.7
— stärke . . . 81.9
Ranella (vite) . . 11.6
Rang de rivets . 27.5
Rangua 40.8
— anular. . . . 41.1
Ranura de la cha-
veta 23.8
— de engrase . . 52.6
— — (soporte) . 44.5
— y lengüeta . . 25.8
Rápe 176.2
Rapport de trans-
mission 68.8
Rapporteur . . . 229.4
— à équerre . . 229.5
Rapporto di tras-
missione . . . 68.8
Rapprochement,
tuyau soudé à . 102.5
Rascador 176.8
— acanalado . . 176.5
— curvo 176.7
— plano 176.4
— triangular . . 176.6
— de tubos. . . 111.1

Rascar 177.1
Raschiare. . . . 177.1
— 230.7
Raschiatoio per
tubi 111.1
Raschietto . . . 176.8
— a cuore . . . 176.7
— curvo 176.7
— piatto 176.4
—, ripassare al . 177.8
— scanalato . . 176.5
— a scanalature . 176.5
— triangolare . . 176.6
Raschino 231.1
Rasgo de la lima. 171.7
Rasp 176.2
Raspa 176.2
Raspador 176.8
— de lápices . . 230.5
—, repasar con el 177.8
Raspel. 176.2
Rasping-file . . . 176.2
Ratchet 95.5
— -brace 182.9
—, friction . . . 95.9
— wheel 95.6
Ratio of gearing . 68.8
Ratissette . . . 166.7
Ratsche 182.9
Rayador 207.6
Rayar 226.5
Razza (ruota) . . 69.7
Reacción elástica 249.6
Reaction on body 238.4
— -trap 123.7
Réaction sur un
corps 238.4
Readjust, to — the
stuffing-box . . 134.4
Réaléser un cylin-
dre 131.4
Ream, to . . . 176.8
Reamed bolt . . 13.10
Reamer 177.4
—, angular . . . 177.6
—, to enlarge with
the 178.8
—, ground . . . 177.5
—, machine- . . 178.2
—, pivot- . . . 178.1
—, spiral fluted . 177.7
— with spiral
fluts 177.7
—, straight fluted 177.8
— with straight
fluts 177.8
—, taper 177.9
Reazione elastica 249.6
Rebajo. 37.7
Rebord du cous-
sinet. 43.8
Reborde 103.9
— de hermetici-
dad 99.5

Rebordear la ca-
beza del roblón. 31.4
Rebore, to . . . 179.8
—, to — a cylinder 131.4
Recalcadura. . . 164.8
Recalcar 164.7
Recessed flanged
joint. 99.8
Rechange, piston
de. 140.7
Réchauffeur, ser-
pentin 104.8
Rechenschieber . 222.1
— stab 222.1
Rechteckfeder . . 148.5
— winkelige Ab-
zweigung . . . 106.2
Rechtsgängig . . 8.7
Rechtsgewinde. . 8.6
Recidere 165.6
Récipient pour
huile 51.8
Recipiente per olio 51.8
Recissione . . . 252.5
Recogedor de aceite 52.9
Recortar 165.6
— la correa. . . 79.4
Recouvrement,
tuyau soudé à . 102.6
Rectilinear motion 234.9
Rectilinial face
toothing . . . 67.6
Recuire 199.2
Recuit 199.3
Re-cut, to — files 171.2
— file 171.8
Red pencil . . . 233.5
— tubular . . . 109.4
Redondilla . . . 231.6
Redresser. . . . 208.6
Reduced scale . . 221.5
Reducer 107.1
—, angle 107.6
Reducing com-
passes 228.5
— elbow 107.6
— pipe 105.9
— socket. . . . 107.1
Reduktionsventil . 121.5
— zirkel 228.5
Reduzierventil . . 121.5
Refaire 179.8
Refined-steel . . 214.8
Refoulement, con-
duite de . . . 108.9
—, tuyau de . . 108.8
Refouler 164.7
Refroidisseur, ser-
pentin 104.7
Refuerzo de esla-
bón 90.2
Regeln 152.6
Reggia di ferro . 215.4
Registro 162.4

Regla 219.9	Regulador . . . 150.7	Regulator, Pendel- 151.6
— de cálculo . . 222.1	—, aparato gradua-	— spindel . . . 150.8
— de calibre . . 205.2	dor del 151.4	—s, Stellzeug des. 151.4
— graduada . . . 221.2	—, árbol del . . 150.8	Regulieren . . . 152.6
— del gramil . . 219.7	— axial 151.8	Reheating-furnace 165.5
— en pulgadas . 221.8	—, bola girante del 150.9	Reibahle 177.4
Réglage du régu-	— de capacidad . 152.5	—, gerade genutete 177.8
lateur 151.4	—, carrera del	—, geriefelte . . 177.8
Règle (plate) . . 219.0	manguito del . 151.2	—, geschliffene . 177.5
— à calcul . . . 222.1	— centrífugo . . 151.5	—, konische . . . 177.9
— courbe . . . 219.10	— cónico 151.7	—, Maschinen- . . 178.2
— à échelle de ré-	—, contrapeso del 152.1	—, spiral genutete 177.7
duction 221.5	—, cuerpo girante	—, Winkel- . . . 177.6
— flexible . . . 220.1	del 150.9	—, Zapfen- . . . 178.1
— graduée en	—, esfera girante	Reibrad 73.4
pouces 221.8	del 150.9	Reibung 245.6
Regler 150.7	—, manguito del . 151.1	—, Achsen- . . . 33.8
—, Achseu- . . . 151.8	—, masa centrifuga	—, Achsschenkel- . 33.9
—, Feder- . . . 152.2	del 150.9	—, Bahn- (Gleit-
— feder 152.3	—, palanca del . 151.3	bahn) 145.10
—, Flach- . . . 151.8	— de péndulo . . 151.6	—, Excenter- . . 144.4
—, Fliehkraft- . . 151.5	— pesante . . . 151.9	—, gleitende . . 246.8
—, Geschwindig-	— de resorte . . 152.2	—, Ketten- . . . 89.3
keits- 152.4	—, resorte del . . 152.3	—, Kolben- . . . 137.6
— gewicht . . . 152.1	—, resorte del . . 152.3	—, rollende . . . 246.4
—, Gewichts- . . 151.9	—, de velocidad . 152.4	— der Ruhe . . . 246.2
— hebel . . . 151.3	Regular 152.6	—, Seil- 86.2
—, Kegel- . . . 151.7	— la carga de la	—, Stopfbüchsen- . 134.8
—, Leistungs- . . 152.5	válvula 120.4	—, wälzende . . 246.4
— muffe 151.1	Regulate, to . . 152.6	—, Zapfen- . . . 38.1
—, Pendel- . . . 151.6	Régulateur . . . 150.7	Reibungsarbeit . 246.5
— spindel . . . 150.8	—, arbre du . . . 150.8	—arbeit, Zahn- . 66.6
Régler 152.6	— axial 151.8	—fläche 246.1
— les coussinets 48.6	—, boule du . . 150.9	—getriebe . . . 73.8
Regolare 152.6	— à cône 150.9	—kegel 74.5
— il carico della	—, contrepoids de 152.1	—kegelrad . . . 74.1
valvola . . . 120.4	—, course du man-	—koefficient . . 245.8
— il cuscinetto . 48.6	chon du 151.2	—kupplung . . . 60.7
Regolatore . . . 150.7	— à force centri-	—rad 73.4
—, albero del . . 150.8	fuge 151.5	—rad,cylindrisches 73.6
—, apparato grad-	—, levier du . . 151.3	—scheibe 74.3
uatore del . . . 151.4	—, manchon du . 151.1	—vorgelege . . . 75.4
— assiale 151.8	— à pendule . . 151.6	—walze 74.4
— conico 151.7	— à poids . . . 151.9	—widerstand . . 245.7
—, contrapeso	— de puissance . 152.5	Reifkloben . . . 154.7
del 152.1	—, réglage du . . 151.4	Reißbrett 219.4
— a contropeso . 151.9	— à ressort . . . 152.2	— feder 229.6
—, corsa del mani-	—, ressort du . . 152.3	— nadel 207.6
cotto del . . . 151.2	— de vitesse . . 152.4	— nagel 220.6
— a forza centri-	Regulating shaft . 37.4	— schiene . . . 219.9
fuga 151.5	Regulator 150.7	— —, Kopf der . 219.9
—, leva del . . . 151.3	—, Achsen- . . . 151.8	— —, Zunge der . 219.5
—, manicotto del. 151.1	—, Centrifugal- . 151.5	— zeug 226.7
—, massa rotante . 150.9	—, Feder- . . . 152.2	— zwecke . . . 220.6
—, a molla . . . 152.2	— feder 152.3	Relación de ruedas 68.8
—, molla del . . 152.3	—, Geschwindig-	Relative elongation 248.1
— palla rotante . 150.9	keits- 152.4	Rellenar el cojinete 43.7
— a pendolo . . 151.6	— gewicht . . . 152.1	Remachado . . . 27.4
— della potenza . 152.5	—, Gewichts- . . 151.9	— alternado . . . 30.1
— della velocità . 152.4	—, hebel 151.3	— angular . . . 29.4
Regolazione, al-	—, Kegel- . . . 151.7	— de cadena . . 30.2
bero di . . . 37.4	—, Leistungs- . . 152.5	— en caliente . . 27.8
Regolo 219.9	— muffe . . . 151.1	— converjente . . 30.3
— calcolatore . 222.1	—s, Muffenhub des 151.2	— en costura doble 29.6

Remachado en	
costura múltiple	29.7
– — sencilla . .	29.5
— de cubrejunta	29.1
— de doble cubre-	
junta	29.2
— doble	28.5
— á doble eclise .	29.2
— á eclise . . .	29.1
— en frio. . . .	27.9
— de fuerza. . .	28.1
— hermético . .	28.2
— á mano . . .	31.5
— á máquina . .	31.6
— múltiple . . .	28.6
— paralelo . . .	30.2
— para recipiente	28.2
— sencillo . . .	28.3
— sólido . . .	28.1
— por superposi-	
ción	28.7
— al tresbolillo .	30.1
Remachadora . .	31.7
Remachar. . . .	30.5
—, taco para . .	32.3
—, torno de . . .	32.4
Remache . . .	26.1
—, agujero del. .	26.7
— á cabeza de cas-	
quete . . .	27.1
— á cabeza de dia-	
mante . . .	27.2
— á cabeza de gota	
de sebo. . . .	27.1
— á cabeza hundida	26.8
— — martillada .	27.2
— — semi-hundida	26.9
—, cabeza del . .	26.3
—, cabeza de cierre	
del	26.5
—, cabeza estampa	
del	26.4
— de costura . .	27.3
—, cuerpo del . .	26.2
—, paso de . .	27.6
Rendimento . . .	246.8
Rendimiento .	246.8
Renew, to — an	
axle	34.10
Renewing of an	
axle	34.11
Renflement(essieu)	33.6
Reniflard . . .	122.1
Renvoi à courroie	77.3
— a engrenage .	68.2
— a friction. . .	75.4
Repasar con el ra-	
spador	177.3
— con el taladro .	179.3
— el temple . .	199.2
— un tornillo . .	20.1
Repaso del temple	199.3
Repicar limas . .	171.2
Rescissione . . .	252.5
Rescrape, to . .	177.3
Reserrer	19.7
Reservoir, oil . .	51.8
Resilience work of	
deformation . .	248.6
Resinificación del	
aceite	51.1
Résinification de	
l'huile	51.1
Resinification of	
the oil . . .	51.1
Resinificazione	
dell' olio . . .	51.1
Résinifie, l'huile se	50.10
Resinous, to be-	
come (of the oil)	50.10
Resistance . . .	247.1
—, bearing . . .	238.5
— to bending strain	251.4
— to breaking	
strain	252.3
— to compressive	
strain	250.8
—, frictional . .	245.7
—, moment of . .	251.8
— to shearing	
strain	252.6
—, supporting . .	238.5
—, tangential . .	238.6
— to tensible strain	250.3
Résistance . . .	247.1
— d'appui . . .	238.5
— au cisaillement	252.6
— à la compression	250.8
— à la flexion . .	251.4
— —	252.3
— du frottement .	245.7
—, moment de . .	251.8
— normale . . .	238.5
—, science de la --	
des matériaux .	247.2
— tangentielle . .	238.6
— à la traction .	250.3
— de voie . . .	238.4
Resistencia . . .	247.1
— de la carrera .	238.4
— al empuje . .	252.6
— á la flexión . .	251.4
— normal . . .	238.5
— á la presión .	250.8
— á la rotura por	
flexión	252.3
— de rozamiento .	245.7
— tangencial . .	238.6
— á la tracción .	250.3
Resistenza . . .	247.1
— dovuta all' at-	
trito	245.7
— alla flessione .	251.4
— normale . . .	238.5
— alla pressione .	250.8
— alla rescissione	252.6
— alla rottura . .	252.3
— tangenziale . .	238.6
Resistenza della	
traiettoria. . .	238.4
— alla trazione .	250.3
Resorte, com-	
presión del . .	148.7
—, distender un .	148.9
— de flexión . .	147.3
— de sección cir-	
cular.	148.6
Ressort	147.2
— à boudin . . .	148.3
—, bride de . . .	147.7
—, compression du	148.7
—, comprimer un	148.8
— conique . . .	148.4
— à feuille . . .	147.4
— à fil rond . . .	148.6
— de flexion . .	147.3
— en hélice . . .	148.3
— à lame	147.4
— — plate . . .	148.5
— à lames super-	
posées	147.6
—, œil de	147.8
— du régulateur .	152.3
— à section circu-	
laire	148.6
— — rectangulaire	148.5
—, soupape à . .	119.4
— de soupape . .	119.5
— (de charge) de	
la soupape . .	120.2
— en spirale . .	148.1
— spire de . . .	149.1
—, tendre un . .	148.0
— de torsion . .	148.2
Reste d'allonge-	
ment	249.5
Restricted motion	238.3
— movement . .	238.3
Restringimento .	248.8
Resudar . . .	164.11
Resultant . . .	241.9
—, to find the — of	
several velocities	240.3
— force	241.9
— velocity . . .	240.4
Resultante . . .	241.9
Résultante, réunir	
plusieurs vitesses	
en leur	240.3
— de la vitesse .	240.4
Resultierende . .	241.9
— Beschleunigung	240.4
—, mehrere Be-	
schleunigungen	
zu ihrer —n zu-	
sammensetzen .	240.3
— Geschwindigkeit	240.4
—, mehrere Ge-	
schwindigkeiten	
zu ihrer —n zu-	
sammensetzen .	240.3
Retajar limas . .	171.2

Retailler les limes 171.2
Retardation . . . 235.7
Retardo 235.7
Rete di tubi . . 109.4
Retornear un cilin-
dro 131.4
Retour du piston 137.10
Retrécissement . 248.8
Retroceso del ém-
bolo 137.10
Retta di chiusa . 242.7
Return-crank . . 142.1
— valve, non . . 121.8
Reversing shaft . 37.5
Revestimiento
(cojinete) . . . 42.6
— del cilindro . . 131.2
Revestir un soporte
con metal blanco 43.2
Revêtement du
tuyau 98.4
Revolution of an
axle 34.7
Revolving axle . 33.11
— oil dip-ring . . 52.8
— ring 55.2
Rib of the hub . 69.5
— of the rim . . 69.3
Ribattere (ferro) . 164.7
Ribattitore . . . 30.8
Ribattitura . . . 164.8
Ribbed pipe. . . 104.5
Ribbon spring . . 148.2
Ricalcare . . . 233.7
Richtmeister . . 255.2
— platte . . . 208.7
Richten 208.6
Ricottura . . . 199.8
Ricuocere . . . 199.2
Ridurre la sezione
di passaggio . . 124.7
Riemkegel . . . 83.4
Riemscheibe . . 81.7
—, ballig gedrehte 82.2
—, — gewölbte . 82.2
—, Breite der . . 81.10
—, einteilige . . 83.2
—, feste 83.7
—, ganze 83.2
— mit geraden Ar-
men 82.4
—, gerade ge-
drehte 82.1
— mit geschweif-
ten Armen . . 82.5
—, geteilte . . . 83.3
—, gußeiserne . . 82.7
—, hölzerne . . 83.1
—, lose 83.8
—, schmiede-
eiserne 82.8
—, ungeteilte . . 83.2
Riemen 76.5
— antrieb . . . 77.4

Riemenaufleger . 79.6
— ausrücker . . 84.8
— breite 76.8
— dicke 76.9
—, Doppel- . . . 80.2
— ende, ablaufen-
des 76.7
— —, auflaufendes 76.6
—s, Fleischseite
des 77.1
— gabel 84.4
— gekreuzter . . 77.6
—, geleimter . . 80.9
—, genähter . . 81.1
—, geschränkter . 77.6
—, der — gleitet . 79.1
—, Glieder- . . . 80.6
—, Haarseite
des 77.2
—, halbgeschränk-
ter 77.7
—, Halbkreuz- . . 77.7
—, horizontaler . 78.4
—, Ketten- . . . 80.6
—, der — klettert 79.2
— kralle 81.6
— kupplung . . 61.6
—, den — kürzen 79.4
— leder 80.4
—, den — leimen 80.10
—, einen — von
der Losscheibe
auf die Fest-
scheibe schieben 84.1
—, mehrfacher . 80.3
—, den — nach-
spannen . . . 79.3
—, den — nähen . 81.2
—, offener . . . 77.5
—, der — ruht auf
der Welle auf . 80.1
—, der — rutscht 79.1
—, einen — von der
Scheibe abwerfen 79.8
—, einen — auf die
Scheibe auflegen 79.7
—, schiefer — von
links unten nach
rechts oben . . 78.6
—, schiefer — von
rechts unten nach
links oben . . . 78.7
—, der — schlägt 78.8
— schloß 81.4
—, schraube . . 81.5
—, senkrechter . 78.5
— spanner . . . 80.8
—, spannung . . 75.8
—, der — springt
von der Scheibe
ab 79.5
— stärke 76.9
—, Treib- 80.5
— trieb 75.5

Riemenverbindung 80.7
— vorgelege . . . 77.3
—, eine Welle durch
— antreiben . . 76.4
Riffelblech . . . 216.5
Riffler 176.1
Rifïard 192.10
Rifloir 176.1
Riflurel 176.1
Riga 219.7
— flessibile . . 220.1
— a T 219.5
— —, testa della . 219.6
Right angle bevil
gear system . . 71.8
— —friction wheels 74.2
— angled branch
(pipe) . . . 106.2
— -hand 8.7
— -handed . . . 8,7
— — thread . . . 8,6
Rigid axle . . . 33.10
— shaft . . . 33.10
Rigidez de la cu-
erda 86.8
Rigidezza della
corda 86.8
Rigidité du câble . 86.8
Rigidity, modulus
of 253.1
Rille, Keil- . . . 75.1
Rillenrad 74.7
Rim, breadth of . 81.10
—, breakage of the 150.6
—, built up . . . 69.8
— collar . . . 69.8
— of the fly-wheel 149.5
—, fracture of the 150.6
— of gear wheel . 69.2
— joint 150.1
— — bolt. . . . 150.2
—, pulley . . . 81.8
—, rib of the . . 69.3
—, thickness of . 81.9
Rinforzo (catena) . 90.2
Ring, adjusting . 36.8
—, Dichtungs- . . 99.7
—, Flanschen- . . 100.5
— of the fly-wheel 149.5
—, gasket . . . 99.7
—, Grund- (Stopf-
büchse) 133.5
— keil 25.2
—, Kolben . . . 139.1
—, leather packing
(stuffing box) . 134.1
—, Liderungs- . . 139.1
— lubricating bea-
ring 45.2
— lubrication . . 55.1
—, neck 133.5
—, oil-(stuffing box) 133.6
—, Öl-(Stopfbüchse) 133.6
—, packing . . . 99.7

Ring, piston. . . .139.1
— -pivot 38.8
— schmierlager . 45.2
— schmierung . . 55.1
—, Spann- 139.7
—, Spur- 41.2
—, Spur — lager . 41.1
—, spring . . .139.8
—, spring — joint 139.2
—, taper 133.5
—, V- — metallic
    gland packing .134.2
Ring valve . . .118.2
— —, double . .118.4
— —, multiple. .118.5
— —, single . .118.8
Ringventil . . .118.2
—, doppeltes . .118.4
—, einfaches . .118.3
—, mehrfaches . 118.5
Ring, wedge- . .133.5
— zapfen . . . 38.8
Rinvio a cinghia . 77.8
— a frizione. . . 75.4
— ad ingranaggi . 68.2
Ripassare il flietto 20.1
— al raschietto .177.8
— al tornio un ci-
    lindro 131.4
— al trapano . .179.8
Ripiallare . . .192.8
Rippenführung
    (Ventil). . . .117.1
— —, Ventil mit
    oberer 117.2
— rohr 104.5
Ripping chisel . .194.6
Riscaldamento del
    sopporto . . . 48.8
Riserrare . . . 19.7
— una chiavella . 25.9
Rising anvil . . .159.4
Riß, Grund- . . .224.6
Ritagliare le lime 171.2
Ritardo 235.7
Ritornire un cilin-
    dro 131.4
Ritzel 68.7
Rivé, tuyau . . .102.8
Rivée, bride . .100.7
River 30.5
—, machine à . . 31.7
—, marteau à . . 32.1
Rivestimento del
    cilindro . . .131.2
— d'un tubo . . 98.4
Rivestimiento del
    tubo 98.4
Rivet 26.1
— (posé d'avance) 27.8
—, angle du frai-
    sage de . . . 26.6
—, binding . . . 27.8
—, corps de. . . 26.2

Rivet, to counter-
    sink a 30.6
— with counter-
    sunk head . . 26.8
—, couper la tête
    du 31.4
— with cup head 27.1
—s, to cut out the 31.8
—, distance from
    — centre to angle
    side 30.4
—, to drive in a . 30.7
—, dummy . . . 27.8
—s, écartement des 27.6
—s, enlever les . 31.3
—, flush 26.8
— forge 33.1
—s, four à . . . 32.9
—, fraiser le . . 30.6
— -furnace . . . 32.9
— with half coun-
    tersunk-head. . 26.9
— with hand-made
    head . . . ! . 27.2
— -head 26.8
— -hearth . . . 33.1
— hole 26.7
—s, ligne de . . 27.5
— noyée 26.8
—s, pince à . . . 32.8
—s, pitch of . . 27.6
—, placer le . . 30.7
— -point . . . 26.5
—s, rang de . . 27.5
—, to remove the —
    with cross-chisel 31.4
—s, riveting by —
    in double shear 28.5
—s, riveting by —
    in multiple shear 28.6
—s, riveting by —
    in single shear . 28.3
—s, row of . . . 27.5
—, shank of a . . 26.2
—, to sink in a . 30.6
— with snap head 27.1
—, tête de . . . 26.8
—, tête de . . . 26.8
— à tête bombée. 27.1
— — bouterollée. 27.1
— — martellée . 27.2
— — noyée . . . 26.8
— — saillante . 26.9
—, tige de . . . 26.2
—s, trace de . . 27.5
—, trou de . . . 26.7
—, to 30.5
Riveted flange . .100.7
— joint 27.4
— pipe 102.8
— tube 102.8
Riveter 31.7
Riveting 27.4
—, chain 30.2

Riveting-clamp . . 32.8
—, cold 27.9
—, double . . . 29.6
—, double cover-
    plate 29.2
—, double shear . 28.5
— in groops . . 30.8
— -hammer . . . 32.1
— — 162.1
—, hand- 31.5
— of high effi-
    ciency 28.1
—, hot 27.8
— -knob 32.8
— lap- 28.7
— of low effici-
    ency 28.2
—, machine- . . 31.6
—, multiple- . . 29·7
—, multiple shear 28.6
— -set 30.8
—, single . . . 29.5
—, single cover-
    plate 29.1
—, single shear . 28.8
—, strength. . . 28.1
—, tight 28.2
— tongs 32.7
∟-, zig-zag- . . 30.1
Riveur 30.8
Riveuse 31.7
Rivoir 32.1
Rivure 27.4
— en carré . . . 30.2
— à chaine . . . 30.2
— à chaud . . . 27.8
— convergeante . 30.8
— à une coupe . 28.3
— à couvre-joint . 29.1
— — double . . 29.2
— à deux coupes 28.5
— (par des rivets)
    à deux sections
    de cisaillement . 28.5
— double . . . 29.6
— droite à plat
    joint 28.7
— en échiquier . 30.1
— étanche . . . 28.2
— à froid . . . 27.9
— à la main . . 31.5
— parallèle . . . 30.2
— à plusieurs cou-
    pes 28.6
— — rangs . . . 29.7
— (par des rivets)
    à sections de ci-
    saillement multi-
    ples 28.6
— (par des rivets)
    à une section de
    cisaillement . . 28.3
— simple 29.5

Rivure à simple
  recouvrement . 28.7
— solide 28.1
— en zig-zag . . 30.1
Robinet 127.7
— d'alimentation 129.9
— d'angle . . . 128.8
— d'arrêt . . . 129.4
—, clef de . . . 127.8
— conique . . . 128.8
— droit 128.7
— d'eau 129.5
— d'évacuation . 129.7
—, fermer le . . 128.2
— à gaz 129.6
— de graissage . 53.6
— graisseur . . . 53.6
— de jauge . . 129.10
— de mélange . . 128.6
— du niveau d'eau 111.5
— ordinaire . . 128.7
—, ouvrir le . . 128.1
— avec presse-
  étoupe . . . 128.6
— à quatre voies 129.1
—, tête de . . . 127.9
— à trois voies . 128.9
— -valve 128.4
— de vidange . . 129.2
— à vis 128.5
Robinetto . . . 127.7
Roblón, embutidor
  del 30.8
—, introducir el . 30.7
—, pasar el . . . 30.6
—, rebordear la ca-
  beza del . . . 31.4
Roblonado . . . 27.4
—, deshacer el . 31.3
— por superposi-
  ción 28.7
Roblonar, báscula
  para 32.6
Roblones, estampa
  para 31.8
—, fragua para ca-
  lentar los . . . 32.9
—, hornillo para
  calentar los . . 33.1
—, tenaza para . 32.7
Rocchetto . . . 68.7
— 90.5
Rochet 95.5
— 182.9
—, roue à . . . 95.6
Rod, connecting . 144.7
— coupling . . . 61.7
—, eccentric . . 144.2
— guide 146.1
—, piston . . . 136.6
—, valve 127.3
Roder un piston . 140.2
Rodillo guia . . 77.9
— tensor 78.2

Roheisen 210.8
—, Bessemer- . . 213.2
—, graues . . . 210.5
—, halbiertes . . 210.6
—, Thomas- . . . 213.3
—, weißes . . . 210.4
Roh gegossener
  Zahn 65.9
Rohr 97.4
—, Abfluß- . . . 109.8
— abschneider . . 110.8
—, Abzweig- . . 106.4
— ansatz . . . 108.10
— anstrich . . . 98.8
—, Ausgleichungs- 104.1
— auskratzer . . 111.1
— bekleidung . . 98.4
—, das — mit Blei
  ausgleßen . . . 101.8
—, Bogen- . . . 105.7
— bruch 110.4
— — ventil . . . 110.5
—, Dehnungs- . . 104.1
—, dichtung . . . 101.5
—, Druck- . . . 108.8
—, Feder- . . . 104.2
—, Feuer- . . . 108.2
—, Flamm- . . . 108.1
— flansch . . . 98.10
—, Flanschen- . . 98.9
—, Gas- 107.8
— gelötetes . . . 102.8
—, genietetes . . 102.8
—, geschweißtes 102.4
—, gewalztes . . 103.1
—, gezogenes . . 103.4
—, gußeisernes . 101.9
— haken 109.8
—, Heiz- . . . 108.4
—, Kessel- . . 107.10
—, Knie- 107.4
— Kupfer- . . . 103.6
— leitung . . . 109.1
—, liegend ge-
  gossenes . . . 102.1
—, Löt- 208.1
—, Messing- . . 103.7
—, das — mißt
  x mm im Lichten 97.7
— muffe 101.4
—, Muffen- . . 101.8
—, nahtloses . . 102.9
— netz 109.4
— packung . . . 101.5
—, Paß- 105.4
— plan 109.5
—, Rippen- . . . 104.5
—, Saug- 105.5
—, scharfes Knie- 107.5
— schelle . . . 109.7
—, Schlangen- . . 104.6
— schlüssel . . . 110.6
—, schmiede-
  eisernes . . . 102.2

Rohr, Siede- . . . 108.8
—, spiral geschweiß-
  tes 102.7
—, stehend ge-
  gossenes . . 101.10
—, Stopfbüchsen- . 104.4
—, stumpf ge-
  schweißtes . . 102.5
— stutzen . . 108.10
—, Übergangs- . . 105.9
—, überlappt ge-
  schweißtes . . 102.6
—, das — umbör-
  deln 103.10
—, umgebördeltes
  — mit losem
  Flansch . . . 103.8
— ventil . . . 118.8
— verbindung . . 98.5
—, das — ver-
  legen 109.6
— verschluß. . . 104.9
— verschraubung . 98.6
— verzweigung . 106.1
— walzapparat. . 103.2
— wand 97.8
—, Wasser- . . . 107.9
—, weite 97.6
—, lichte Weite d.
  —es 97.6
—, das — hat x mm
  lichte Weite . . 97.7
—, Well- 104.3
— wischer . . . 110.9
—, zange . . . 110.7
—, Zufluß- . . . 109.2
—, Zuleitungs- . . 109.2
—, Zweig- . . . 106.4
Röhrenförmig . . 97.5
— walzwerk . . . 103.3
— ziehen . . . 103.5
Roll, conical . . 74.5
—, friction . . . 74.4
— kreis (Zahnrad) 67.8
Rolle 93.2
—, Differential- . 94.5
—, feste 93.8
—, Führungs- . . 77.9
—, Ketten- . . . 90.8
—, Leit- 77.9
—, lose 93.4
—, Seil- 87.1
—, Spann- . . . 78.2
—, Treib- . . . 75.6
Rollenachse . . . 93.6
— bohrer . . . 182.8
— bügel 93.5
— kloben . . . 93.8
— lager 45.8
— zug 93.7
Rollende Reibung. 246.4
Rolled iron . . . 215.5
— tube 103.1
Roller-bearing . . 45.8

Rolling circle (tooth) 67.8
— friction . . . 246.4
—, tube — mill . 103.2
—, tube- — works . 103.8
Rondelle (vis) . . 11.6
Root (of tooth) . 65.4
— -circle 63.7
— -line 63.7
— of the tooth . 65.8
Rope 85.1
—, cotton . . . 86.10
—, crane 87.9
— drive 84.5
—, driving . . . 87.6
— drum 95.2
—, elevator- . . . 87.8
— friction . . . 86.2
—, guide pulley of 84.7
—, hemp 86.9
— hook 92.7
—, locked . . . 85.7
— lubricant . . . 86.4
—, manila . . . 86.0
— in motion . . 86.5
— pulley 87.1
— — 87.4
— at rest 86.6
— sheave . . . 87.1
—, to spin the . . 85.4
— spinning machine 85.5
—, spiral 85.6
— splice 85.8
—, to splice a . . 85.9
—, steel-wire- . . 86.8
—, strength of . . 86.3
— tackle block . 94.6
— tension . . . 84.6
—, transmission . 87.5
—, to twist the . 85.4
—, twisted . . . 85.6
—, to unwind a . 88.4
—, winch 88.2
—, to wind up a . 88.8
—, winding . . . 87.7
—, wire- 86.7
—, working . . . 86.5
Rosca, cierre auto-
  mático de la . . 10.10
—, espacio hueco
  de la 10.9
—, filete de . . . 7.7
— con mariposa . 15.4
— del tornillo . . 7.7
Roscado de la tapa
  del cilindro . . 130.7
— de tubos . . . 98.6
Rose-pipe . . . 108.6
Rosetta (bullone di
  fondazione) . . 15.8
— (vite) 11.6
Rotación del eje . 34.7
Rotare sopra un
  perno 39.8

Rotary disk valve . 126.8
Rotating crank
  lubricator . . . 54.8
Rotation 240.6
—, angle de . . . 241.2
—, angle of . . . 241.2
—, axe de . . . 34.5
—, axe de . . . 241.1
— de l'axe . . . 34.7
—, axis of . . . 34.5
—, axis of . . . 241.1
— of an axle . . 34.7
—, motion of . . 240.6
Rotazione . . . 240.6
—, angolo di . . . 241.2
— dell' asse . . 34.7
—, asse di . . . 241.1
Rotondo 231.6
Rotstift 233.5
Rottura dell' asse 34.9
— per flessione . 252.2
— del tubo . . . 110.4
— del volano . . 150.5
Rotular un dibujo 231.5
Rotura del eje . . 34.9
— por flexión . . 252.2
— del tubo . . . 110.4
— del volante . . 150.5
Roue d'angle . . 71.4
—, bras de la . . 69.7
— à chaine . . . 88.7
— — 90.6
— — dentée . . . 91.4
— à cliquet . . . 95.6
—, les — s cognent 72.8
— à coin 74.7
— conique . . . 71.2
— cylindrique . . 69.1
— — hélicoïdale . 71.8
— dentée 63.3
— à dents de bois 72.1
— à denture à che-
  vrons 70.8
— — intérieure . 70.2
— droite 69.1
— d'émeri . . . 198.3
— d'engrenage . 63.3
— s de force . . 68.4
— à friction . . . 73.4
— — conique . . 74.1
— — cylindrique . 73.6
— à gorge . . . 74.7
— hélicoïdale . . 71.6
— hyperbolique . 71.9
—, mortaiser des
  dents dans une . 72.7
—, moyeu de la . 69.4
— partagée . . . 69.9
— en plusieurs
  pièces 69.10
— à pointillé . . 229.2
— à rochet . . . 95.6
— s de série . . . 68.3
— s de transmission 68.5

Roues de travail . 68.5
Rough file . . . 173.2
— plan 223.3
— tooth 65.9
Rouleau galet à
  friction 74.4
Round bar . . . 214.9
— bar iron . . . 214.9
— bar-spiral spring 148.6
— -edge joint-file . 175.8
— elbow (pipe) . 107.1
— file 174.4
— hand writing . 231.6
— — pen 231.8
— -head stake . . 159.9
— iron 214.9
— key 24.2
— -mallet 163.6
— -off file . . . 174.7
— pliers 155.6
— set-hammer . . 162.6
— spirit level . . 209.1
— thread 10.2
— threaded . . . 10.8
Rounded 10.3
Row of rivets . . 27.5
Rozamiento . . . 245.6
— de adherencia . 246.2
— de resbalamien-
  to 246.8
— de rotación . . 246.4
Rub, to 197.5
—, to 198.6
— out, to . . . 230.7
Rubber (file) . . . 172.8
— 197.8
— 230.8
— -jointing . . . 135.7
—, lead 230.9
Rubbing surfaces . 246.1
Rubinetto 127.7
— d'acqua . . . 129.5
— d'alimentazione 129.9
— ad angolo . . 128.8
—, aprire il . . . 128.1
— d'arresto . . . 129.4
—, bossolo del . 127.10
—, chiave del . . 127.8
— chiudere il . . 128.2
— conico 128.3
— d'evacuazione . 129.7
— da gas 129.6
— con guarnizione 128.6
— lubrificatore . . 53.6
—, maschio del . 127.8
— per miscuglio . 129.8
— con movimento
  a vite 128.5
— con premistoppa 128.6
— di prova . . . 129.10
— a quattro vie . 129.1
— di scarica . . 129.2
— — 129.8
— semplice . . . 128.7

Rubinetto, testa
del 127.9
— a tre vie . . . 128.0
— a valvola . . . 128.4
Rückschlagklappe 123.7
— — ventil . . . 121.3
— sprung, Flansch
mit Vor- und . 99.8
Rückensäge . . . 188.8
—, Sägen-. . . . 188.9
Rueda de ángulo . 70.3
— de cabillas . . 91.4
— de cabrestante . 90.6
-- de canal . . . 74.7
— cilindrica . . . 69.1
— — de fricción . 73.6
— cónica 71.2
— — para ángulo
recto 71.4
— -- de fricción . 74.1
—, cubo de la . . 69.4
— dentada . . . 63.3
— con dientes de
madera 72.1
— en dos mitades 69.9
—, eje de una . . 34.6
— de engranaje . 63.3
— de engranaje
interior 70.2
-- de engrane de
cadenas. . . . 90.5
-- de esmeril . . 198.3
— de fricción . . 73.4
— para hacer líneas
de puntos . . . 229.2
—s harmónicas . 68.3
— helizoidal . . 71.6
— — 71.8

Rueda hiperbólica 71.9
— manubrio (vál-
vula) 113.8
— motriz. . . . 68.7
— partida . . . 69.9
—s de potencia . 68.4
-- quebrada . . 69.10
—, radio de la . 69.7
—s, las — rechi-
nan 72.8
— recta 69.1
—s de trabajo . . 68.5
— de trinquete . 95.6
Ruhende Belastung 248.1
— Reibung . . . 246.2
Rule 221.1
—, folding pocket 221.3
—, foot 221.8
—, shrinkage . . 221.9
—, slide 222.1
Ruler 219.9
Rullo tenditore . 78.2
Rumpf, Lager-. . 43.4
— lager 44.7
Run off, to —, the
belt runs off the
pulley 79.5
Rundeisen . . . 214.9
— feder . . . 148.6
— feile 174.4
— gängig 10.3
— keil 24.2
— schieber . . . 126.7
— schrift 231.6
— — feder . . . 231.8
— zange . . . 155.6
Runder Kopf . . 12.2
Rundes Gewinde . 10.2

Ruota d'argano . 90.6
— d'arresto . . . 95.6
—, asse della . . 34.6
— a catena . . . 88.7
— cilindrica . . 69.1
— ·conica. . . . 71.2
— — ad angolo
retto 71.4
— dentata . . . 63.3
— a dentatura a
cuspide . . . 70.3
— — interna . . 70.2
— a denti di legno 72.1
— elicoidale . .· . 71.6
— — 71.8
— di frizione . . 73.4
— — ·cilindrica . 73.6
— — conica . . 74.1
— a gola 74.7
— d'ingranaggio . 63.3
— iperboloidica . 71.9
—, mozzo della . 69.4
— in più pezzi . 69.9
— da punteggiare 229.2
—, razza della . . 69.7
— di smeriglio . 198.3
— spaccata . . . 69.10
Ruote d'assorti-
mento 68.3
— di forza . . . C3.4
—, le — stridono. 72.8
— di trasmissione 88.5
Rupture de l'axe. 34.9
— de l'essieu . . 34.9
— de la jante . . 150.6
— de tuyau . . . 110.4
Rutschen, der
Riemen rutscht . 79.1

S.

Sabot de frein . . 96.4
Sabotear 191.9
Sac d'eau (à eau) . 110.2
Sacabocados . . . 169.4
Sacar (chaveta) . 25.7
Sacatrapos . . . 110.9
Saddle key . . . 24.4
Saetta d'incurva-
mento della fune 76.2
— d'inflessione . 147.5
Safe load 247.7
Safety crank . . 142.7
— flap 123.6
— valve 119.6
Sag 76.2
Säge. 185.3
— angel . . . 185.6
—, Band- . . . 190.3
—, Band der . 185.5
—, Bauch- . . . 188.6
—, Baum- . . . 188.4
— blatt . . . 185.5

Sägeblock . . . 190.7
—, Bogen- . . . 189.3
—, Breit 188.4
—, Einstreich- . . 189.1
—, feile 175.7
—, Furnier- . . . 189.6
—, Gatter- . . . 190.6
— gatter 190.5
—, gespannte . . 189.2
—, Hand-. . . . 188.1
—, Holz- . . . 187.10
—, Kalt- 187.7
—, klinge . . . 185.5
—, Klob- . . . 189.6
—, Kreis- . . . 190.4
—, Laub- . . . 189.5
—, Loch- . . . 188.10
—, maschine . . 190.2
—, Metall- . . . 187.9
—, Örter · . . . 189.7
—, Quer- 188.5
— randlinie . . 186.3

Säge, Rücken- . . 188.8
—, Schließ- . . . 189.9
— schnitt. . . . 185.4
—, Schraubenkopf- 189.1
—, Schrot- . . . 188.4
—, Schweif- . . . 190.1
— späne 187.4
—, Spann- . . . 189.2
—, Spitz- . . . 188.10
—, Stich- . . . 188.10
—, ungespannte . 188.8
—, Warm- . . . 187.8
—, Wiegen- . . . 188.6
— zahn 185.7
— zähne hauen . 187.2
—, zweimännische 188.2
Sägen 187.3
—, kalt 187.5
— bogen 189.4
— rücken. . . . 188.9
Saillie de la dent. 65.1
Saldare **164.9**

Saldare 200.6
—, acqua per . . 202.8
—, acqua forte per 202.9
—, cannello da . 203.1
—, fornella per . 202.8
— insieme . . . 200.7
Saldatoio 201.6
— a gas 201.9
— a martello . . 201.7
— a punta . . . 201.8
Saldatore, tanaglia
da 203.2
Saldatura . . . 164.10
— 200.10
— debole 201.2
—, errore di. . . 165.4
— forte 201.8
— — 202.7
— leggera 201.2
—, prova di . . . 203.8
— rapida 202.6
—, sbaglio di . . 165.4
— tenera 201.2
Saltaregla . . . 208.5
Salto de la válvula 114.1
— —, límite del . 114.2
Sand-casting'. . . 211.6
— guß 211.6
Saracco 188.7
— a dorso . . . 188.8
Saracinesca . . . 125.1
— p•r acqua . . 126.4
—, anello di guar-
nizione 125.7
— d'arresto . . . 126.8
— — per vapore . 126.6
—, camera della . 125.2
—, coperchio della 125.8
—, corpo della . . 125.5
— per gas . . . 126.5
—, guida della . . 125.8
—, specchio della 125.6
—, stelo della . . 125.4
Sash-saw 189.9
Satzräder . . . 68.8
Saugklappe . . 124.2
— korb 108.6
— leitung . . . 108.7
— rohr 108.5
— ventil . . . 121.6
Säulen-(konsol-)
lager 47.4
Säure, Löt- . . . 202.9
Saut (chevron) . . 70.5
Saw 185.8
— 187.10
—, arm- 188.1
—, back of the . 188.9
—, band- . . . 190.8
—, belt- 190.8
— -bench . . . 190.2
— -blade . . . 185.6
— -block . . . 190.7
—, board- . . . 189.6

Saw, bow- . . . 189.8
—, bow 190.1
—, circular . . . 190.4
—, cold 187.7
—, compass . . 188.10
—, cross-cut- . . 188.5
— -cut 185.4
—, disk 190.4
— -dust . . . 187.4
—, endless . . . 190.8
—, felling . . 188.6
— -file 175.7
—, frame- . . . 189.2
—, frame- . . . 189.6
—, frame- . . . 190.6
— -frame . . . 189.4
— — 190.5
—, framed . . . 189.2
—, framed-whip . 189.7
—, fret 189.5
— -gate . . . 190.5
—, great span . 189.7
—, hand- . . . 188.1
—, hand- . . . 188.7
—, iron cutting . 187.9
—, key-hole . . 188.10
— -log 190.7
—, long 188.4
—, metal . . . 187.9
— -notch . . . 185.4
—, pad 188.7
—, piercing . . 188.10
—, pit 188.4
—, sash- . . . 189.9
— -sash . . . 190.5
—, scroll . . . 189.5
— set 186.9
—, slash- . . . 189.9
—, slitting . . 189.1
—, span- . . . 189.2
—, tenon- . . . 188.8
—, turning- . . 189.7
— for two men . 188.2
—, unset . . . 188.8
—, veneer- . . . 189.6
—, warm . . . 187.8
— -web 185.5
—, wood . . . 187.10
—, to warm . . 187.6
Sawing-machine . 190.2
Scala 221.1
— metrica . . 221.7
— di riduzione . 221.5
— delle tempere . 199.8
Scale 221.2
— of hardness . 199.8
—, metric . . 221.7
—, reduced . . 221.5
—, transverse . 221.6
Scalpellare . . 168.2
— 194.5
— via 168.3
Scalpello . . . 167.4
— 194.4

Scalpello da acce-
care 31.2
— da fabbro . . 168.1
— a freddo . . . 168.1
— per lime . . 170.10
— a mano . . . 167.9
— piano . . . 167.5
— per pietre . . 167.8
— a sgorbia . . 195.1
— a taglio . . 194.6
— ugnato . . . 191.5
Scanalare . . . 23.4
— alla fresa . . 23.7
Scanalatura . . 23.8
— e linguetta . . 25.8
— per l'olio . . 52.6
Scarica dell' olio . 55.5
— della valvola 115.10
Scaricare l'olio . 55.6
— la valvola . 115.9
Scatola 132.8
— di colori . . 232.1
— di compassi . 226.7
— a stoppa . . 132.5
— —, attrito della 134.8
— —, guarnire la 135.2
— — a guarnizione
di cuoio . . . 133.8
— a stoppa, la —
s' ingrana . . 134.5
— —, la — fa tenuta 134.7
— —, la — non fa
tenuta . . . 134.6
— —, la — tiene . 134.7
— —, la — non
tiene 134.3
— per vapore . 133.7
— di tenuta a guar-
nizione metallica 134.2
— lubrificatrice . 53.5
Schaben . . . 177.1
—, auf- . . . 177.2
—, nach- . . . 177.8
Schaber . . . 176.8
—, Dreikant- . . 176.6
—, Flach- . . 176.4
—, Herz- . . . 176.7
—, Hohl- . . . 176.5
Schablone, Ge-
winde- . . . 206.2
Schaft (Schraube) 11.8
— fräser . . . 184.8
— der Schubstange 144.8
Schake 88.9
—nkette . . . 88.8
Schale, Kupplungs- 57.8
—, Lager- . . . 42.4
Schalenbund . 43.8
— kupplung . 57.2
— rand . . . 43.8
Schaltklinke . . 95.7
— rad 95.6
Scharfes Gewinde 9.5

Scharfes Knierohr . 107.5
— verjüngtes Knie-
rohr 107.6
Scharfgängig . . 9.6
Scharnierfeile . . 175.3
Schaufel, Herd- . 166.9
Scheibe, Antriebs- 75.6
— mit Doppelarm-
kreuz 82.6
—, Excenter- . . 143.6
—, getriebene . . 75.7
—, Kurbel . . . 142.2
—, Reibungs- . . 74.3
—, einen Riemen
von der — ab-
werfen 79.8
—, einen Riemen
auf die — auf-
legen 79.7
—, der Riemen
springt von der
— ab 79.5
—, Stufen- . . . 83.5
—, treibende . . 75.6
Scheibenfräser . . 183.6
— kolben . . . 140.8
— kranz . . . 81.8
— kupplung . . 57.5
Schekel 92.5
Schelleisen . . . 31.8
— hammer . . . 32.2
Schenkelabstand . 30.4
Scherbacke . . . 156.10
— blatt 156.10
Schere 156.9
—, Blech- . . . 157.9
—, Bock- . . . 157.8
—, Bogen- . . . 157.1
—, Draht- . . . 158.2
—, Hand- . . . 157.7
—, Hebel- . . . 157.2
—, Loch- . . . 158.1
—, Metall- . . . 157.9
—, Parallel- . . 157.5
—, Rahmen- . . 157.6
—, Stock- . . . 157.3
—, Tafel- . . . 157.4
Schichtfeder . . . 147.6
Schieblehre . . . 204.6
— zange 155.8
Schieber 125.1
—, Absperr- . . 126.3
—, Dampfabsperr- 126.6
— deckel 125,3
—, Dreh- . . . 126.8
—, entlasteter . . 127.5
—, Flach- . . . 127.1
— führung . . . 125.8
—, Gas- 126.5
— gehäuse . . . 125.2
—, Kolben- . . . 127.4
— körper 125.5
—, Kreis- 126.8
—, Muschel- . . 127.3

Schieber, Rund- . 126.7
— spiegel . . . 125.6
— spindel . . . 125.4
— stange . . . 127.8
— steuerung . . 127.6
—, Verteilungs- . 126.9
—, Wasser- . . 126.4
Schiebung . . . 240.5
Schiefe Ebene . . 289.6
Schiefer Wurf . . 287.5
Schiene, Kurven- 219.10
Schiffshobel . . . 193.7
Schlodare . . . 31.3
Schizzare 222.8
Schizzo 222.9
— con misure . 223.8
Schlaglot 202.7
— stöckchen . . 159.5
Schlägel 161.7
Schlagen, der Rie-
men schlägt . . 78.8
—, das Seil . . 85.4
Schlammventil . . 122.9
Schlange, Heiz- . 104.8
—, Kühl- . . . 104.7
—nrohr 104.6
Schlaufe 93.1
Schleifmaschine,
Schmirgel- . . 198.7
— scheibe . . . 197.7
— stein . . . 196.10
— —, Körnung des
— es 197.2
— — trog . . . 197.1
— trog 197.1
— vorrichtung . 197.6
Schleife 143.2
—, Kurbel- . . . 143.1
Schleifen 197.5
Schleuderbremse . 97.3
Schlichtbohrer . . 179.4
Schlichtfeile . . . 172.5
—, Doppel- . . . 172.7
—, Fein- . . . 172.7
—, Halb- . . . 172.6
—, Schlicht- . . 172.7
Schlichthammer . 162.5
— hieb (Feile) . . 170.3
— hobel . . . 193.1
Schlichten (feilen) 172.8
Schließbolzen . . 14.8
— kopf (Niete) . 26.5
— säge . . . 189.9
Schließe 24.9
Schlitten (Kreuz-
kopf) 146.6
Schlitzfräser . . . 184.2
Schloß, Ketten- . 89.4
—, Kolbenring- . 139.2
Schlosser, Maschi-
nen- 254.6
— hammer . . . 160.9

Schlüpfrigkeit des
Schmieröls . . 50.9
Schlußkeil . . . 24.4
Schlüssel, Aufsatz- 17.4
—, Doppel- . . . 17.1
—, doppelmäuliger 17.1
—, Flanschen- . . 101.1
—, Gabelschrauben- 17.8
—, Hahn- . . . 17.6
—, Haken- . . . 17.7
—, Hülsen- . . . 17.5
—, Kolben- . . . 137.1
—, Mutter- . . . 16.5
—, Rohr- . . . 110.6
—, Schrauben- . . 16.5
—, Steck- . . . 17.4
— weite . . . 16.7
—, Wende- . . . 17.2
Schmiedbarer Guß 212.4
— hammer . . . 161.1
Schmiede 166.1
— amboß . . . 158.6
— eisen . . . 212.5
—eiserne Riem-
scheibe 82.8
— eisernes Rohr . 102.2
— esse 166.3
—, Feld- . . . 167.3
— feuer 166.4
— gebläse . . . 167.1
— herd 166.2
— zange . . . 166.10
Schmieden . . . 163.9
—, im Gesenk . 164.3
—, kalt . . . 164.1
—, warm . . . 164.2
Schmiege 208.5
Schmierbüchse . 53.5
—, Docht- . . . 54.2
—, Winkel- . . 55.9
Schmiergefäß . . 53.7
—, Nadel- . . . 54.5
—, Tropf- . . . 54.6
—, umlaufendes . 54.8
Schmierhahn . . 53.6
— kanne . . . 51.9
— loch (Lager) . 44.4
— — 52.5
— mittel . . . 50.4
— nut (Lager) . 44.5
— nute . . . 52.6
— öl 50.8
— —, Schlüpfrig-
keit des —s . 50.9
— —, das — ver-
harzt 50.10
—ring 55.2
— röhrchen . . 53.4
— schicht . . 48.8
— spritze . . 52.2
— vase 53.8
Schmiervorrichtung 53.3
—, Hand- . . . 49.5

Schmiervorrich-
tung, selbsttätige 49.7
—, Zentral- . . . 50.3
Schmiere 50.4
—, flüssige . . . 50.5
—, Flüssigkeits-
grad der . . . 50.7
—, Seil 86.4
—, Starr- . . . 50.6
Schmieren, das La-
ger 48.7
Schmierer, Nadel . 54.5
Schmierung . . . 49.1
—, beständige . . 49.2
—, Centrifugal- . 54.9
—, Cylinder- . 131.7
—, Docht- . . . 54.1
—, Einzel- . . . 49.8
—, Hand- 49.4
—, Kolben- . . . 137.8
—, Öl- 52.4
—, Ring- . . . 55.1
—, selbsttätige . 49.6
—, unterbrochene 49.3
—, Zentral- . . . 50.2
Schmirgel . . . 197.8
— zylinder . . . 198.4
— holz 198.1
— leinen . . . 197.10
— leinwand . . 197.10
— papier . . . 197.9
— pulver 198.8
— rad 198.3
— ring 198.8
— scheibe . . . 198.2
— schleifmaschine 198.7
— staub 198.8
— stein 198.5
— walze . . . 198.4
Schmirgeln . . . 198.8
Schmutzventil . 122.9
Schnabel der Lehre 205.1
Scharnrchventil . 122.1
Schnecke 71.7
Schneckenbohrer . 181.1
—fräser . . . 184.6
—getriebe . . . 71.5
—linie 7.1
—rad 71.6
Schneidbacken . . 21.2
— eisen 20.2
— kluppe . . . 21.1
— maschine, Räder- 73.2
— winkel . . . 185.9
Schneide (Lager) . 46.2
— (der Axt) . . 190.9
—nlager . . . 46.1
Schnellot . . . 202.6
Schnitt, Längs- 224.9
—, einen Maschinen-
teil im — dar-
stellen . . . 224.8
—, Quer- . . . 225.1
— schraube . . 15.2

Schnitt (nach) x—y 225.2
Schnitzmesser . . 195.8
Schnüffelventil . 122.1
Schnur, Dichtungs- 99.7
Schraffieren . . . 226.5
Schraffierung . . 226.6
Schräglager . . . 44.8
Schränkeisen . . 186.9
Schränken . . . 187.1
Schraubstahl . . 20.5
—, auswendiger . 20.7
—, inwendiger . 20.6
Schraubstock . 153.1
— backen . . . 153.5
—, Bank- . . . 153.2
—, Gasrohr- . . 154.3
—, Parallel- . . 154.2
— spindel . . . 153.4
—, ein Werkstück
in den — ein-
spannen . . . 153.3
Schraubzwinge . 154.4
— 196.9
Schraube 11.2
—, Anker- . . . 44.3
—, eine — anziehen 19.6
—, Befestigungs- . 13.4
—, Bewegungs- . 13.6
—, Daumen- . . 15.2
—, Deckel- (Lager) 43.6
—, Deckel . . 130.6
—, Druck- . . . 13.7
—, eingelassene . 14.4
—, eingepaßte . . 13.10
—, eine — einpassen 14.1
— ohne Ende . . 71.7
—, Flanschen- . . 99.8
—, Flügel- . . . 15.4
—, Fundament- . 15.7
—, Fundament . . 44.3
—, Gangbreite der 8.2
—, Ganghöhe der . 7.8
—, Gangtiefe der . 8.1
—, die — hat x Gän-
ge auf einen Zoll 7.6
—, Gelenk- . . . 14.3
—, Grund- . . . 15.7
—, Holz- 16.4
—, Klapp- . . . 14.3
—, Klemm- . . . 15.1
—, Knebel- . . . 15.3
—, Kolben- . . . 136.9
—, Kolbendeckel- . 139.6
—, Kopf- 13.9
—, Kranz- . . . 150.2
—, Kupplungs- . 57.4
—, Lager- . . . 43.6
—, Lagerfuß- . . 43.8
—, Lappen- . . . 15.4
—, eine — lockern 19.4
—, mehrgängige . 16.3
—, Mikrometer- . 15.5
—, Mutter- . . . 11.9
—, Naben- . . . 150.3

Schraube, eine —
nachspannen . 19.7
—, eine — nach-
ziehen 19.7
—, Ösen- 14.2
—, Paß- 13.10
—, Preß- 13.7
—, Riemen- . . . 81.5
—, Schnitt- . . . 15.2
—, Stein- 15.6
—, Stell- 15.1
—, Stift- 13.8
—, Stopfbüchsen- . 133.3
—, eine — über-
drehen 19.8
—, Ventildeckel- . 112.4
—, Verschluß- . . 13.5
—, Verschluß
(Rohr) . . . 105.1
—, versenkte . . 14.4
Schraubenbohrer . 21.8
— bolzen . . . 11.2
— feder, cylindri-
sche 148.3
— fläche 7.4
— gang 7.5
— gewinde . . . 7.7
— kern 8.5
— kopffeile . . . 175.4
— — säge . . . 189.1
— kupplung . . 56.6
— —smuffe . . 56.7
— lehre . . . 204.4
— linie 7.1
— loch 11.7
— mutter . . . 11.5
— nachschneiden . 20.1
— rad 71.8
Schraubenschlüssel 16.5
—, einfacher . . 16.8
—, englischer . . 18.2
—, Gabel- . . . 17.8
—, Maul des . . 16.6
—, Stell- 17.3
—, verstellbarer . 18.1
Schrauben schnei-
den 19.9
— mit dem Dreh-
stahl schneiden . 20.4
— mit Gewinde-
eisen schneiden . 20.3
— aus freier Hand
schneiden . . 19.10
— schneid-
maschine . . . 21.5
— sicherung . . 13.3
— windung . . . 7.5
—, zieher 18.3
—, ab- 19.3
—, an- 18.7
—, ein- 18.8
—, fest- 18.9
—, los- 19.3
—, ver- 18.5

Schrauben, zu- . . 19.1
—, zusammen- . . 19.2
Schrotmeißel . . 165.8
—, Kalt- . . . 165.10
—, Warm- . . . 165.9
Schrotsäge . . . 188.4
Schrupphobel . 192.10
Schub 252.5
— beanspruchung 252.7
— festigkeit . . . 252.6
— kasten . . . 218.8
— koefficient . 252.9
— lehre 204.6
— spannung . . 252.8
Schubstange . . 144.7
—, Schaft der . 144.8
—nkopf 144.9
Schulterhöhe (Zap-
fen) 37.8
Schürfhobel . . 192.10
Schwamm . . . 233.2
—, die Zeichnung
mit dem — ab-
waschen . . . 233.1
Schwarzblech . 216.2
Schweifsäge . . . 190.1
Schweißeisen . . 212.6
— fehler 165.4
— hitze 165.3
— ofen 165.5
— stahl 213.6
— stelle . . . 165.2
Schweiße . . . 164.10
—, Kopf- (der Ket-
tenglieder) . . 89,6
Schweißen . . . 164.10
— (verb) 164.9
—, an- 164.11
—, zusammen- . . 165.1
Schwerkraft . . 244.8
— punkt 244.2
Schwere . . . 244.3
Schwertfeile . . 175.2
Schwindmaß . . 221.9
Schwingung, Pen-
del 239.2
—sdauer 239.8
Schwungkugeln . 150.9
— masse . . . 150.9
Schwungrad . . . 149.4
— arm 149.6
— explosion . . 150.5
—, geteiltes . . 149.8
—, gezahntes . . 150.4
— kranz 149.5
— nabe . . . 149.7
Schwungring . . 149.5
Scie 185.3
—, agraffe de . . 185.6
— allemande . . 189.9
— à arc . . . 189.3
— en archet . . 189.3
— à bois . . . 187.10
— à cadre . . . 190.6

Scie à chantourner 190.1
— à châssis . . . 189.2
—s, châssis de . . 190.5
— à chaud . . 187.8
— circulaire . . 190.4
— à débiter . . 189.7
— à découper . 188.5
—, dent de . . . 185.7
— à deux hommes 188.2
— à dos . . . 188.8
—, dos de la . . 188.9
— à froid . . . 187.7
— à guichet . 188.10
— d'horloger . . 189.5
—, lame de . . . 185.5
— à lame sans fin 190.8
—, lime pour (à)—s 175.7
— de long . . . 188.4
— à main . . . 188.1
— — 188.7
— à manche . . 188.7
— mécanique . . 190.2
— à métaux . . 187.9
— — à dos . . 189.1
— montée . . . 189.2
— à monture . . 189.2
— à placage . . 189.6
—, porte- . . . 185.6
— ralentie . . . 188.3
— à ruban . . . 190.3
—, trait de . . 185.4
— ventrée . . . 188.6
Science de la rési-
stance des maté-
riaux 247.2
— of strength of
materials . . . 247.2
Scier 187.3
— à chaud . . 187.6
— à froid . . . 187.5
Scissors . . . 156.9
Sciure 187.4
Scomporre una ac-
celerazione nei
suoi componenti 240.1
— una velocità nei
suoi componenti 240.1
Scour, to . . . 177.2
Scrape, to . . . 177.1
—, to 177.3
Scraper 176.2
— (forge) . . . 166.9
—, flat 176.4
—, fluted . . . 176.5
—, heart . . . 176.7
—, mark- . . . 207.6
—, three square . 176.6
—, trianular . . 176.6
Screw 11.2
—, adjusting . . 13.6
— belt fastener . 81.5
—, bench- . . . 153.2
—, body of a . . 8.5

Screw-bolt . . . 11.2
— -cap 13.1
—, cap 13.9
—, cap- (bearing) . 43.6
—, to chase a —
-thread 20.1
—, clamping- . . 15.1
—, counter sunk . 14.4
— -coupling . . . 56.6
— — box . . . 56.7
—s, to cut . . . 19.9
—, to cut —s with
a chaser . . . 20.4
—, to cut —s with
a die 20.3
—, to cut —s by
hand 19.10
—-cutting-machine 21.5
—, diameter of . 8.4
—, -dies 21.2
—, -driver . . . 18.8
—, endless . . . 71.7
—, eye- 14.2
—s, to fasten with 18.9
—s, to fasten with 19.2
—, fastening . . 13.4
—, fineness of the 10.8
—, to fit a — tight 14.1
—, fixing . . . 13.4
— flange-coupling 98.8
—, forcing . . . 13.7
— -gauge . . . 204.4
—, grub 15.2
—, headless . . . 15.2
— -joint 56.6
— -key 101.1
—, lead of a . . 7.8
—, -locking- de-
vice 13.8
—, to loosen a . 19.4
—, machine . . 12.8
—, micrometer- . 15.5
—, milled edge
thumb 15.5
—, multiple thread 16.8
— -nut 11.5
— pitch gauge . 206.2
—, pitch of a . . 7.8
— -plate . . . 20.2
—, plug 13.5
—s, to secure by . 19.9
—, set 13.9
—, set 15.1
—, set 13.4
—, set — spanner 17.3
—, to slacken a . 19.4
— -stock . . . 21.1
— -tap 21.3
—, thread of . . 7.5
—, thread of . . 7.7
—, to thread a . 19.9
— with many
threads 16.8

Screw, the — has x
 threads per inch 7.6
—, thrust 13.7
—, thumb . . . 15.4
—, tight fitting . 13.10
— to tighten a . 19.7
—, tommy- . . . 15.3
—, turn- 18.3
⌐ -wheel 71.8
⌐ wing \ 15.4
—, wood- 16.4
—, to 18.5
—, to 18.7
—, to 19.6
—, to — in . . . 18.8
—, to — a piece of
 work into the vice 153.3
—, to — off . . . 19.3
—, to — on . . . 18.7
—, to — together 19.2
—, to — up . . . 19.6
Screwed cap (pipe) 105.2
— flange 100.9
— -pipe-coupling . 98.6
— plug (pipe) . . 105.1
— socket 106.9
Scribing compasses 207.8
Scrittura verticale 231.7
Scroll saw . . . 189.5
Scure 190.8
— da banco . . . 191.4
—, foro della . . 191.1
—, lama della . . 190.9
—, manico della . 191.2
— a mano . . . 191.3
—, occhio della . 191.1
—, taglio della . . 190.9
Seam, angle (rivet) 29.4
Seamless pipe . . 102.9
— tube 102.9
Seat 46.3
—, contact surface
 of the (valve) . 113.5
—, to emery the
 valve into its . 113.6
—, to grind the
 valve in the . . 113.6
— of the valve . 113.4
Sección longitu-
 dinal 224.9
— de resistencia
 al corte (re-
 machado) . . . 28.4
— transversal . . 225.1
— x—y 225.2
Sechskant . . . 11.10
— eisen 215.2
— kopf 11.10
— mutter 12.5
— winkel . . . 208.4
Second cut . . . 170.5
— — 170.6
— — file . . . 172.6
Seconde tête(rivet) 26.5

Section de cisaille-
 ment 28.4
—, cross 225.1
—, to draw a part
 of a machine in 224.8
—, longitudinal . 224.9
— de passage
 (soupape) . . . 113.2
—, shearing- . . 28.4
— through x—y . 225.2
Sectional area of
 the passage (val-
 ve) 113.2
Secure, to — by
 screws 18.9
Seele 85.3
Sega 185.3
— allentata . . . 188.3
— ad archetto . . 189.3
— ad arco . . . 189.3
—, arco della . . 189.4
— a caldo . . . 187.8
— da cantiere . . 189.6
— circolare . . . 190.4
—, dente della . . 185.7
— da denti . . . 189.9
—, dorso della . . 188.9
— a due uomini . 188.2
— da falegname . 189.7
— senza fine . . 190.3
— a freddo . . . 187.7
— intelaiata . . . 189.2
—, lama della . . 185.5
— a lama continua 190.3
— da legno . . 187.10
— a macchina . . 190.2
— — 190.6
—, manico della . 185.6
— a mano . . . 188.1
— meccanica . . 190.2
— da metalli . . 187.9
— per metallo a
 dorso 189.1
— a nastro . . . 190.3
—, nottola della . 189.8
— da traforo . . 189.5
— trasversale . . 188.5
—, tratto della . . 185.4
— ventrata . . . 188.6
— verticale . . . 188.4
— da volgere . . 190.1
Segare 187.8
— a caldo . . . 187.6
— a freddo . . . 187.5
Segatura 187.4
Seghetto 190.1
Segment de piston 139.1
— — élastique . . 139.3
— —, joint du . . 139.2
Segnare 207.5
Segone 188.4
— ad arco . . . 189.6
Seil 85.1

Seil, das — ab-
 wickeln . . . 88.4
—, Antriebs- . . 87.6
—, das — auf-
 wickeln 88.3
—, Aufzugs- . . 87.8
—, Baumwoll- . . 86.10
— flaschenzug . . 94.6
—, Förder- . . . 87.7
— führungsrolle . 84.7
— haken 92.7
—, Hanf- 86.9
—, Haspel- . . . 88.2
—, Kabel- . . . 88.1
—, Kran- 87.9
—, laufendes . . 86.5
— nute 87.2
— plan 242.6
— polygon . . . 242.6
— reibung . . . 86.2
— rille 87.2
— rolle 87.1
— scheibe . . . 87.1
—, Draht- . . . 87.8
—, Hanf- . . . 67.4
—, das — schlagen 85.4
— schlagmaschine 85.5
— schloß 86.1
— schmiere . . . 86.4
— spannung . . 84.6
—, Spiral- . . . 85.6
—, stehendes . . 86.6
— steifigkeit . . : 86.3
—, Trieb- . . . 87.5
— trieb 84.5
—, Kreis- . , . 84.8
—, Triebwerks- . 87.5
— trommel . . . 95.2
— verbindung . . 85.8
—, verschlossenes . 85.7
—, das — verspleißen 85.9
—, vollschlächtiges 85.7
— zug . , . . . 94.6
—, das — zusam-
 menschlagen . . 85.4
Seitenansicht . . 224.3
— kraft 242.1
— schweiße (der
 Kettenglieder) . 89.7
Seize, to —, the
 bearing —s . : 48.5
Selbstöler . . . 49.7
— spannender Kol-
 benring 139.3
— sperrung (der
 Schraube) . . . 10.10
Selbsttätige Aus-
 lösung (Kupp-
 lung) 60.1
— Ausrückung . . 60.1
— Schmierung . . 49.6
— Schmiervor-
 richtung . . . 49.7
—s Ventil . . . 120.7

Self-acting lubri-
cator 49.7
—-catching (screw) 10.10
— closing valve . 110.5
— lubricating bea-
ring 45.2
— oiling 49.6
— stopping (screw) 10.10
Sellers, accouple-
ment 58.1
—, acoplamiento de 58.1
— apoyo 45.1
— -bearing . . . 45.1
— -coupling . . . 58.1
—, giunto . . . 58.1
— kupplung . . . 58.1
— lager 45.1
—, palier 45.1
—, sopporto . . . 45.1
Semelle (palier) . 43.7
— de l'enclume . 158.5
Senklot 209.2
Senkrechter
Riemen 78.5
— Wurf 238.2
Sentanilla . . . 208.5
Separate lubri-
cation 50.1
— lubricator . . 50.1
— oiling 49.8
Serbatoio d'acqua 110.2
Sergent 196.9
Sergente 154.4
— da falegname . 196.9
Serpentin . . . 104.6
— réchauffeur . . 104.8
— refroidisseur . 104.7
Serpentin de cale-
facción . . . 104.8
— refrigerante . . 104.7
Serpentino . . . 104.6
Serrage du coin . 22.1
Seramento automa-
tico (filetto) . . 10.10
Serrar 187.8
Serrare una chia-
vella 25.8
— a fondo . . . 19.7
— un pezzo alla
morsa 158.8
Serre-joints . . . 154.4
— — 196.9
Serrer 19.6
— une clavette . 25,8
— une pièce dans
l'étau 153.8
— le presse-étoupe 134.4
—, le presse-étou-
pe — serre de
travers 134.5
— la vis 18.7
Serrucho 188.7
— de calar . . 188.10
— de costilla . . 188.8

Serrucho de cu-
chilla 189.1
— de lomo refor-
zado 188.8
Serrurier, mar-
teau de 160.9
Set 249.5
— of drawing in-
struments . . . 226.7
— collar 36.8
Set-hammer . . . 161.9
— — 162.4
— —, round . . . 162.6
— —, square . 162.4
Set-screw 13.4
— — 13.9
— — 15.1
— screw-spanner . 17.8
—, to (the teeth) 187.1
Setzeisen 165.8
— hammer . . . 162.4
— kopf (Niete) . . 26.4
Sezione longitudi-
nale 224.9
— di resistenza al
taglio (chiodatura) 28.4
— trasversale . 225.1
— x—y . . . 225.2
Sforzo di pressione 250.9
Sgocciolatoio . . 52.9
Sgocciolatore . . 52.7
Sgorbia triangolare 195.2
Sgravare la valvola 115.9
Shackle 92.5
—, spring . . . 147.7
Shaft 35.5
— of an axe . 191.2
—, the belt is
lying on the . 80.1
— -coupling . . 56.2
—, crank . . . 141.4
—, to cut off a . 37.8
—, disengaging . 36.6
—, disengaging . 59.4
—, double throw
crank . . . 37.2
—, to drive a —
by belting . . . 76.4
—, driving . . . 36.4
—, excentric . . 37.4
—, flexible . . . 36.8
—, governor . . . 151.8
—, hollow . . . 35.9
—, horizontal . . 36.1
—, jack 36,5
—, intermediate . 36.5
—, journal on end of 38.6
— in one piece 35.11
—, regulating . . 37.4
—, reversing . . 37.5
—, rigid . . . 33.10
—, single throw
crank 36.9
—, solid 35.8

Shaft, square . . 35.10
—s, to turn . . . 35.8
—, stationary . . 33.10
—, vertical . . . 36.2
— with wheel gearing 68.2
Shafting 35.4
—, continuous line of 35.11
Shank 11.8
Shank-end-mill . . 184.8
— of a rivet . . 26.2
Shaper 164.4
Sharpen, to . . . 197.5
Shave hook . . . 176.7
Shavings 192.6
Shear 252.7
— -blade . . . 156.10
— -steel 214.8
Shearing 252.5
— machine . . . 157.8
—, modulus of . 252.9
— -section . . . 28.4
— strain, resistance
to 252.6
— strength . . . 252.6
— stress 252.8
Shears 156.9
— — 157.9
—, arc 157.1
—, bench- . . . 157.8
—, block- . . . 157.8
— for cutting holes 158.1
—, frame- . . . 157.6
—, hand- 157.7
—, lever- 157.2
—, parallel . . . 157.5
—, plate- 157.9
—, plate — fixed
on the table . 157.4
—, stock- 157.8
—, tinner's . . . 157.9
—, wire- 158.2
Sheave 93.2
—, chain 90.6
—, differential . . 94.5
—, eccentric . . 143.6
—, eccentric — in
two parts . . . 143.8
—, solid excentric 143.7
Sheet-iron . . . 216.1
— —, black . . . 216.2
— —, corrugated . 216.6
— —, tinned . . 216.7
— —, undulated . 216.6
Shell auger . . . 181.8
—, drum 94.9
— of a pipe . . 97.8
Shifting gauge . . 207.9
— -spanner . . . 18.2
Shoe (cross-head) . 146.6
— -brake . . . 96.2
Shoot, to — off . 192.4
Shop, axle-turning- 35.2
—, erecting . . . 255.8
Shops 256.1

Shops for construc-
ting machines . 254.1
Short-link chain . 89.8
Shorten, to — the
belt 79.4
Shoulder 37.7
— on valve's stem
to limit lift . . 114.2
Shovel (forge) . . 166.9
Shrew-dolly . . . 32.4
Shrinkage rule . . 221.9
Shut-off cock . . 129.4
— — valve . . . 121.1
Shutting clack . . 124.1
Sicherheitsklappe . 123.6
— kurbel 142.7
— ventil 119.6
— ventil mit Fe-
derbelastung . . 120.1
— ventil mit Ge-
wichtsbelastung 119.7
Sicherung, Keil- . 25.5
—, Schrauben- . . 13.8
Side of delivery (of
belt) 76.7
— elevation . . . 224.3
— engaging with
pulley (of belt) . 76.8
— rabbet-plane . 193.4
— -rebate-plane . 193.4
— lap weld (of the
link of chains) . 89.7
— -milling cutter . 183.6
— view 224.8
Siederohr 108.3
Siège, roder la sou-
pape sur son . . 113.6
— de la soupape . 113.4
— de la vanne . . 125.6
Siemens-Martin,
acier 214.1
— — -stahl . . . 214.3
Sierra 185.8
—, arco de . . . 189.4
— de arco . . . 189.3
—, armazón de . 189.4
— de aserrador . 189.4
— de bastidor . . 189.2
— en caliente . . 187.6
— de carpintero . 189.7
— de cinta . . . 190.8
— circular . . . 190.4
— continua . . . 190.3
—, corte de . . . 185.4
— de cuatro manos 188.2
— delgada . . . 189.9
—, dentar una . . 187.2
—, diente de . . 185.7
— de dos manos . 189.6
— de embutir . . 190.1
—, fiador de la . 189.8
— sin fin . . . 190.8
— floja 188.3
— en frío . . . 187.7

Sierra, hoja de . 185.5
— de hoja de lomo
arqueado . . . 188.6
— de hoja tensa . 189.2
— de leñador . . 188.4
—, lomo de la . . 188.9
— para madera 187.10
—, mango de la . 185.6
— de mano . . . 188.1
— de marquetería 189.5
— — 190.6
— para metales . 187.9
— de rodear . . 190.1
— de San José . . 189.7
—, taco de la . . 189.8
— para trozar . . 188.5
Sifón 110.2
Sight feed nozzle . 54.7
— — oiler . . . 54.6
Silber 217.3
Silla de suspensión 46.6
Silleta de soporte
de suspensión . 46.7
Sillons, marteau
cannelé en . . 163.5
Silver 217.3
Simsbobel . . . 193.4
Single acting cy-
linder . . . 131.8
— arm anvil . . 159.2
— cover-plate rive-
ting 29.1
— curve gear . . 67.8
— cut 170.4
— ended spanner . 16.8
— — wrench . . 16.8
— riveting . . . 29.5
— shear riveting . 28.3
— thread . . . 9.1
— throw crank shaft 36.9
Sink, to — in a
rivet 30.6
Siringa lubrifica-
trice 52.2
Sistema de engra-
naje 68.1
Sitzfläche (Ventil) . 113.5
Size of jaw . . 16.7
— of jointing (stuf-
fing-box) . . 133.2
Skala, Härte- . . 199.8
Sketch 222.9
—, dimensioned . 223.8
—, free hand . 222.10
—, to 222.8
Sketching pad . . 220.5
— paper . . . 220.4
Skew-gear . . . 71.9
Skilled erector . . 255.2
Skizze 222.9
—, Entwurfs- . . 223.8
—, Maß- . . . 223.8
Skizzierblock . . 220.5
— papier . . . 220.4

Skizzieren . . . 222.8
Slack side of belt . 76.1
Slacken, to — a
screw 19.4
Slash-saw . . . 189.9
Sledge 161.7
—, about- — hammer 161.6
— -hammer . . . 161.8
—, straigth peen 161.6
—, uphand . . . 161.8
Sleeve-coupling . 56.8
— of coupling . . 57.1
Slide 145.7
— bars 145.5
— -block . . . 145.6
— — friction . 145.10
— — pressure . 145.9
—, distributing-
valve 126.9
— -face 1.5.8
— -gauge 204.6
— -rod 146.8
— rule 222.1
Slide valve . . . 125.1
— — case . . . 125.2
— —, cut off- . 126.8
— — gear . . . 127.6
— —, equilibrium 127.5
— —, three-port . 127.2
Sliding axle . . 34.8
— block (slot) . . 143.8
— caliper . . . 204.6
— friction . . . 246.8
— guide 125.8
— movement, mo-
dulus of . . . 253.1
— sluice valve . . 125.1
— tongs 155.8
Slip 197.3
—, to, the belt slips 79.1
Slipper 145.6
—, cross head and 146.4
Slitting file . . . 175.4
— saw 189.1
Slot 23.8
— (crank) . . . 143.2
— borer . . . 181.5
— for cotter . . 23.1
— and crank . 143.1
— -cutter . . . 183.7
— — 184.2
— driller . . . 181.5
— and key . . 25.3
— for key . . 23.1
— -milling cutter . 183.7
—, to 23.6
Slotting machine . 23.4
Small anvil . . . 158.7
— forceps . . . 156.6
Smeriglio . . . 198.6
— la sede della
valvola 113.6
Smerigliatrice . . 198.7
Smeriglio . . . 197.8

Smith's blowing
  machine . . .167.1
— tongs . . . 166.10
— tools 166.5
Smithy. 166.1
Smontare una cin-
  ghia dalla puleg-
  gia 79.8
— una macchina .255.4
Smontatura d'una
  macchina . . .255.5
Smooth cut (tile) .170.8
— file 172.5
—, to (file) . . .172.8
—, to 197.5
—, to — off . . .192.4
Smoothing hammer162.5
— plane 193.1
Snap-gauge . . .205.5
— tool 31.8
Snifting valve . .122.1
Snips 157.7
— tinner's . . .157.9
Snodo, bullone a . 14.8
Sobrecarga de la
  válvula 114.4
Sobrecargar la vál-
  vula 120.5
Socket 101.4
—, depth of . . .101.6
—, double- . . .105.5
—, flanged . . 108.10
—, governor- . .151.1
—, jaw- 154.1
— pipe 101.8
—, reducing . . .107.1
—, screwed — cou-
  pling (pipe) . .106.9
—, spigot and —
  joint 101.2
— -wrench . . . 17.4
Socle de l'enclume 158.5
Soffiatrice 167.1
Soft solder . . .202.6
— -soldering . .201.2
Sohlplatte (Lager) 43.9
Soldador 201.6
— 203.1
— apuntado . . .201.8
— de corte . . .201.7
—, cucharilla de .203.4
— á gas 201.9
—, pinzas de . .203.2
Soldadura. . . .164.10
— 200.10
— 202.4
— blanda . . .201.2
—, defecto de . .165.4
— dura 202.7
— de ensayo . .203.3
— de estaño . .202.5
— rápida 202.6
— sólida 201.8

Soldar 164.9
— 200.6
—, agua para . .202.8
Solder 202.4
—, hard 202.7
—, soft. 202.6
—, tin 202.5
—, to 200.6
—, to — together.200.7
Soldered pipe . .102.8
Soldering . . . 200.10
— 201.1
— acid 202.9
— copper . . .201.6
— fluid 202.8
— furnace . . .202.8
—, gas — copper .201.9
—, hard- 201.8
—, to join by . .200.8
— lamp 202.1
— seam 201.4
— — 201.5
—, soft 201.2
—, tin- 201.2
— tongs 156.6
— tweezers . . .203.2
— water 202.8
Sole-plate (bearing) 43.9
Solid belt pulley . 83.2
— drawn tube . .103.4
— eccentric sheave 143.7
— head (of connec-
  ting rod) . . .145.1
— journal-bearing 41.8
— piston . . .140.3
— shaft 35.8
Solide, matière lu-
  brifiante . . . 50.6
Solidez. 247.1
Sollecitamento alla
  flessione . . .252.4
— alla recissione .252.7
— alla torsione . 253.8
— alla trazione .250.4
Sollecitato, un cor-
  po è — per ten-
  sione. 247.6
Sollecitazione . .247.5
— alla flessione .251.5
Sombreado . . .226.6
Sonda 181.6
Sonde 181.6
Soplete. 203.1
Soporte 40.1
— á bolas . . . 45.8
— cerrado . . . 41.8
— colgante cerrado 46.8
— — abierto . . 46.9
— — — con trave-
  saño de cierre . 47.1
— de collar . . 41.7
— de cónsola para
  columna . . . 47.4
— — longitudinal 47.5

Soporte, cuerpo
  del 43.4
— de cuña . . . 46.1
—, diámetro inte-
  rior del. . . . 40.8
— del eje. . . . 33.4
— de engrase auto-
  mático con anil-
  los 45.2
— exterior . . . 48.1
— de extrangula-
  miento 41.7
— extremo . . . 41.6
— de fiel 46.1
— frontal. . . . 41.6
— para gorrón es-
  férico 45.6
— interior . . . 47.8
— intermedio . . 41.5
—, longitud del . 40.2
—, longitud de la
  base del . . . 40.4
—, el — de una
  máquina se ca-
  lienta 48.2
— oblicuo . . . 44.8
— de pared . . . 46.4
—, pie del . . . 43.7
—, placa del . . 43.9
—, presión en la
  base del . . . 40.6
— principal . . . 47.7
— recto 42.3
— — ordinario . . 44.7
—, revestir un —
  con metal blanco 43.2
— de rodillos . . 45.8
— Sellers 45.1
— de silla . . . 42.3
— de silleta . . . 46.4
—, superficie de
  contacto del . . 40.5
— de suspensión . 46.6
—, tapa del . . . 43.5
Sopporto 40.1
— di base ad anello 41.1
— — a palle . . 41.8
—, bullone del . . 43.6
—, cappello del . 43.5
—, castello del . 43.4
— chiuso 41.8
—, coperchio del . 43.5
—, corpo del . . 43.4
—, diametro del . 40.3
— diritto ordinario 44.7
— esterno . . . 48.1
— d' estremità . 41.6
— frontale . . . 41.6
—, guarnire un . 43.1
—, guarnire nn —
  con metallo
  bianco 43.2
—, il — si ingrana 48.5
— intermedio . . 41.5

Sopporto interno . 47.8
—, lunghezza del. 40.2
—, lunghezza alla
  base del . . . 40.4
—, il — di una
  macchina si ris-
  calda 48.2
— a mensola . . 46.4
— — per colonne 47.4
— — longitudinale 47.5
— obliquo . . . 44.8
— con oliatura auto-
  matica ad anello 45.2
— ordinario . . . 42.8
— a palle . . . 45.3
— pendente . . . 46.6
— — aperto . . 46.9
— — chiuso . . 46.8
— — con traversa
  di chiusura . . 47.1
— per perni di base 40.8
— — a colletto . 41.7
— del perno . . 33.4
— per perno sferico 45.6
—, piede del . . 43.7
—, pressione d'ap-
  poggio del . . 40.6
—, pressione spe-
  cifica 40.7
— principale . . 47.7
— ritto 42.8
— a rulli . . . 45.8
— Sellers . . . 45.1
— a snodo . . . 45.1
—, superficie d'ap-
  poggio del . . 40.5
— per tubi . . . 109.7
Sopracaricare la
  valvola 120.5
— pressione della
  valvola 114.4
Soudant, blanc . 165.8
Soudé, tube . . 102.8
—, tuyan 102.4
—, tuyau — à
  rapprochement . 102.5
—, tube tuyau à re-
  couvrement . . 102.6
—, — — en spirale 102.7
Soudée, bague . . 100.6
—, bride . . . 100.8
Souder 164.9
— 164.11
— 200.6
— 200.8
—, barre à . . . 201.6
— ensemble . . . 200.7
—, fer à . . . 201.6
—, fer à — au gaz 201.9
—, fer à — en mar-
  teau . . . 201.7
—, fer à — pointu 201.8
—, four à . . . 165.5
—, four à . . . 202.8

Souder, matière à 202.4
—, pince à . . : 203.2
Soudure . . . 164.10
— 165.2
— 200.10
— 201.1
— 201.4
— 201.5
— sur côté (des
  maillons) . . . 89.7
—, défaut de . 165.4
— à l'étain tendre 202.5
— forte 201.8
— — 202.7
—, joindre par . 200.8
— latérale (des
  maillons) . . . 89.7
— tendre . . . 201.2
— en tête (des
  maillons) . . . 89.6
—, tube sans . 102.9
— vive 202.6
Soufflerie de forge 167.1
Soufflet 167.2
Soupape 112.1
—, accélération de
  la 114.6
— d'admission . 122.2
— d'alimentation 122.7
— d'arrêt . . . 121.1
— — de vapeur . 121.2
— d'aspiration . 121.6
— atmosphérique. 121.8
— automatique . 120.7
— auxiliaire . . 116.1
—, la — se bloque 114.8
— à boulet . . 116.7
—, boulet de la . 116.8
—, chapelle de . 112.2
—, charge de . 119.8
— à charge directe 119.2
—, charger la . . 120.8
— a clapet . . 123.1
— — en caoutchouc 123.4
— — en cuir . 123.8
— à cloche . . 119.1
—, la — cogne 115.1
—, la — coince 114.7
— commandée . 120.8
— à cône . . . 115.5
—, cône de la . 116.6
—, contre-poids de
  la 119.8
—, corps de . 112.2
—, corps de . 113.8
—, course de . 114.1
— à course recti-
  ligne . . . 116.2
—, couvercle de . 112.8
—, diagramme de
  la levée de la . 115.8
—, distribution à
— s 120.9
— à double siège 118.7

Soupape droite . 117.8
— d'échappement 122.8
— à échelons . . 118.6
— d'émission . . 122.5
— à épreuve . . 122.8
— d'équerre . 117.9
—, équilibrage de
  la 115.10
—, équilibrer la . 115.9
— d'évacuation . 122.4
—, fermer la . 115.8
—, fermeture de la 115.5
— à gorge . . . 124.6
— à gradins . . 118.6
— avec guide à
  ailettes en bas . 117.8
— — — en haut . 117.2
— de jauge . . . 122.8
—, jeu de la . 115.4
—, inertie de la . 114.5
—, lanterne de . 112.2
—, levée de la . 115.7
—, levier de la . 119.9
— ordinaire . . 117.8
—, la — oscille . 114.9
—, ouverture de la 115.6
—, ouvrir la . . 115.2
— à plateau . . 116.8
—, plateau de la . 116.4
— de purge . . . 122.9
— de réduction . 121.5
— de refoulement 121.7
—, régler la charge
  de la 120.4
— reniflante . . 122.1
— de rentrée d'air 121.8
— à ressort . . . 119.4
— de retenue . 121.8
—, roder la — sur
  son siège . . . 113.6
— de rupture . 121.4
—, siège de la . . 113.4
— à siège annu-
  laire 118.2
— — double . . 118.4
— à sièges annu-
  laires multiples. 118.5
— à siège conique 116.5
— à siège plan . 116.8
— à un siège an-
  nulaire 118.8
— sphérique . 116.7
—, surcharger la . 120.5
— de sûreté . 119.6
— — à contre-poids 119.7
— — à ressort . 120.1
—, surpression de
  la 114.4
—, tige de . . . 113.7
— à trois voies 118.1
— de vidange . 122.4
— 122.6
Space 235.2
— of tooth . . . 65.7

Spalla 37.7
Span of jaw . . . 16.7
— -saw 189.2
Späne, Feil- . . . 171.8
Spannkluppe . . 155.2
— loch des Hobels 192.1
— ring 139.7
— rolle 78.2
— säge 189.2
Spannen, eine
  Feder . . . 148.9
Spanner . . . 16.5
—, adjustable . . 18.1
—, bent . . . 17.2
—, cock- 17.6
—, double ended . 17.1
—, fork 17.8
—, hook- 17.7
—, jaw of . . . 16.8
—, pin 17.8
—, set screw . . 17.8
—, shifting- . . . 18.2
—, single ended . 16.8
—, socket- . . . 17.5
Spannung . . . 247.8
—, Biegungs- . . 251.7
—, Druck- . . . 251.2
—, Normal- . . . 247.4
—, Riemen- . . . 75.8
—, Schub- . . . 252.8
—, Seil- . . . 84.6
—, Zug- 250.6
Spare-piston . . . 140.7
Spazza-tubi . . . 110.9
Specific pressure
  (bearing) . . . 40.7
— — at pitchline
  (tooth) 66.4
Specifischer Auf-
  lagerdruck . . 40.7
— Zahndruck . . 66.4
Speed 235.8
— governor . . . 152.4
— indicator . . . 209.4
—, piston . . . 137.4
Spegnitoio . . . 166.6
Speiche . . . 69.7
Speisehahn . . . 129.9
— ventil 122.7
Spelter 216.9
Sperrhaken . . . 95.7
— horn 159.2
— rad 95.6
Sperrung, Selbst-
  (der Schraube) . 10.10
Spessore della
  chiavella . . . 22.9
— della cinghia . 76.9
— della corona
  (puleggia) . . . 81.9
— del dente . . 65.6
Sphärisches End-
  maß 205.8

Spherical bush
  (bearing) . . . 45.7
— journal . . . 39.4
Spiana 162.4
Spianare . . . 172.8
Spiegeleisen . . 211.1
— -iron 211.1
Spiel, das — des
  Ventils 115.4
Spielraum, Kolben- 136.4
Spigot and socket
  joint 101.2
Spike (anvil) . . 159.8
— -driver . . . 196.8
Spillo 24.10
Spin, to — the rope 85.4
Spina 24.11
Spindel, Bohr- . . 178.6
— öl 51.7
—, Regulator- . . 150.8
—, Schieber- . . 125.4
—, Schraubstock- . 153.4
—, Ventil- . . . 113.7
Spindle (vice) . . 153.4
— of the governor 150.8
—, valve- . . . 113.7
Spira della molla . 149.1
— —, numero delle
  spire 149.2
— d'una vite . . 7.5
Spiral gear . . . 71.8
— drill 182.2
— geschweißtes
  Rohr 102.7
— rope 85.6
— spring . . . 148.1
— welded pipe . 102.7
Spiralbohrer . . . 180.6
— feder 148.1
— seil 85.6
Spirale, tuyau
  soudé en . . . 102.7
Spire, largeur de
  la 8.2
— de ressort . . 149.1
— de vis . . . 7.5
Spirit-level . . . 208.8
Spitzbohrer . . . 180.8
— feile 173.6
— hammer . . . 161.8
— kloben . . . 154.8
— kolben . . . 201.8
— säge . . . 188.10
— stöckel . . . 159.6
— winkelige Ab-
  zweigung (Rohr) 106.8
— zapfen 39.1
— zirkel . . . 207.4
Spleißstelle , . . 85.10
Splice 85.10
—, to — a rope . 85.9
Splint 16.1
— 24.10
—, Bolzen mit . . 14.8

Split belt pulley . 83.8
— -coupling . . . 57.2
— -pin . . 16.1; 24.10
— wheel . . . 69.10
Spoke 69.7
Sponderuola . . . 193.4
— a barca . . . 193.7
— a bastone . .193.7
Sponge 233.2
Sposta-cinghia . . 84.8,
Spring 147.2
— bow compasses 228.4
— bow dividers . 228.8
— -bracket . . . 147.9
— calipers . . . 207.1
—, to compress a . 148.8
—, compression of
  the 148.7
—, cylindrical spiral 148.8
—, eye of — plate 147.8
—, flexion . . . 147.8
—, governor . . . 152.2
—, hoop of . . . 147.7
—, laminated plate
  waggon 147.6
— load of the
  safety-valve . . 120.2
— loaded safety-
  valve 120.1
—, loaded valve . 119.4
—, plate- . . . 147.4
—, plateform- . . 147.4
—, to put a — un-
  der tension . . 148.9
—, ribbon . . . 148.2
—, ring 139.8
— — joint . . . 139.2
—, round-bar-spiral 148.6
— shackle . . . 147.7
—, spiral . . . 148.1
—, square-bar-
  spiral 148.5
—, torsional . . . 148.2
—, turn of the . . 149.1
— valve 119.4
—, volute . . . 148.4
—, to 149.8
Sprinkle . . . 166.8
Spritzkanne, Öl- . 52.1
— ring 52.8
Spritze, Öl- . . . 52.2
—, Schmier- . . . 52.2
Sprocket . . . 91.4
— chain . . . 90.9
Sprung (Winkel-
  zahn) 70.5
Spugna 233.2
Spur gear . . . 69.1
— gear system . . 68.6
— gear wheel . . 69.1
— wheel, double
  helical 70.8
— lager 40.8
—, Kugel — lager . 41.8

Spurlager, Ring- . 41.1
— pfanne . . . 40.9
— platte 40.9
— ring 41.2
— zapfen . ' . . 38.7
Squadra 208.1
— 219.8
— doppia 208.3
— falsa 208.5
— con spalla . . 208.2
— a T 208.3
Square 208.1
—, back 208.2
— bar 215.1
— -bar-spiral spring 148.5
— elbow (pipe) . 107.5
— -file 174.3
— -head 12.1
— -iron 215.1
— -key 24.1
— set-hammer . . 162.4
— shaft 35.10
—, T- 208.3
— thread 9.7
— threaded . . . 10.1
—, triangular set . 219.8
—, try 208.1
Squeak, the wheels 72.8
Stabeisen 214.8
Stabiles Gleich-
gewicht . . . 244.8
Stability polygon . 242.8
Stable equilibrium 244.8
Staccio aspirante . 108.6
Staffa (carrucola) . 93.5
— d'arresto della
valvola 116.9
Stagno 202.5
— 216.10
Stahl 213.5
—, Bessemer- . . 213.9
—, Blasen- . . . 214.2
— drahtseil . . . 86.8
—, Fluß- 213.8
—, Gerb- 214.3
— guß 212.8
— keil 22.4
—, Martin- . . . 214.1
—, Nickel- . . . 214.5
—, Puddel- . . . 213.7
—, Schweiß- . . . 213.8
—, Siemens-Martin-214.1
—, Thomas-' . 213.10
—, Tiegel- . . . 214.4
—, Werkzeug- . . 214.7
—, Wolfram- . . 214.6
—, Zement- . . . 214.2
Stake, anvil . . . 159.5
—, hatched . . . 159.7
—, hatched . . . 159.8
— round-head . . 159.9
Stampo 160.2
— 164.4
· — per chiodi . . 31.8

Stampo superiore . 164.6
Stand, anvil . . . 158.5
Standard gauge . 206.5
— — for steel pla-
tes 206.3
— -lever 151.3
— measure . . 220.11
Standing-vice . . 153.2
Stange, Excenter- . 144.2
—, Kolben- . . . 136.6
—, Pleuel- . . . 144.7
—, Schub- . . . 144.7
Stangenbohrer . . 181.4
—führung . . . 146.1
—kupplung . . . 61.7
—schluß, offenes
Hängelager mit 47.1
—zirkel 228.6
Stantuffo 136.1
—, accelerazione
dello 137.5
—, anello tenditore 139.7
—, attrito dello . 137.6
— di cambio . . 140.7
—, chiave dello . 137.1
—, coperchio dello 139.5
—, corpo dello . . 139.4
—, corsa dello . . 137.7
—, corsa di andata
dello 137.9
—, corsa di ritorno
dello 137.10
—, diametro dello 136.2
—, discesa dello . 138.2
— a disco . . . 140.3
—, forza dello . . 136.5
—, gioco dello . . 136.4
—, guarnire uno —
con cuoio . . . 138.6
—, guarnizione
dello 138.3
— a guarnizione
metallica . . . 138.7
— con guarnizione
di canape . . . 138.4
— — di cuoio . . 138.5
— senza guar-
nizione . . . 140.1
—, lubrificazione
dello 137.3
— massiccio . . . 140.4
— di pompa. . . 140.6
— di riserva. . . 140.7
—, salita dello . . 138.1
— con scanalatura
di guarnizione . 139.8
—, scatola dello . 137.2
—, smerigliare uno 140.2
— smerigliato . . 140.1
—, spessore dello . 136.3
—, stelo dello . . 136.6
— tuffante . . . 140.4
— a vapore . . . 140.5
—, velocità dello . 137.4

Stantuffo, vite
dello 136.9
—, vite del co-
perchio dello . 139.6
Starrschmiere . . 50.6
Start, to 255.6
Static moment . . 243.6
Statical friction . 246.2
Stationary shaft 33.10
Statisches Moment 243.6
Staub, Feil- . . . 171.9
Stauchen 164.8
— (verb) 164.7
Staufferbüchse . . 55.8
—, engrasador . . 55.8
—, graisseur. . . 55.8
—, grassatore . . 55.8
— -lubricator . . 55.8
Stay bolt 14.5
Steam-cut-off-valve 126.6
— -cylinder . . . 132.2
—, jacket, cylinder 130.4
— pipe isolating
valve 121.4
— -piping 109.9
— piston 140.5
— stop valve . . 121.2
— stuffing-box . . 133.7
Stechbeitel 194.6
— zirkel 228.2
Steckschlüssel . . 17.4
Steel 213.5
—. 213.8
—, Bessemer . . 213.9
—, blister 214.2
—, -castings . . . 212.8
—, cemented . . . 214.2
—, crucible . . . 214.4
—, ingot- 213.8
— open hearth . 214.1
—, puddled . . . 213.7
—, refined- . . . 214.3
—, shear- 214.3
—, Thomas . . . 213.10
—, tool- 214.7
— wedge 22.4
—, weld- 213.6
— -wire-rope . . 86.8
—, Wolfram- . . 214.6
Steg (Kette) . . . 90.2
— kette 90.1
Stehbolzen 47.2
— bolzen 14.5
Stehend gegossenes
Rohr 101.10
Stehende Welle . 36.2
Stehendes Seil . . 86.6
Stehlager 42.8
— mit Kugelbe-
wegung 45.1
Steighöhe . . . 236.5
Steigung 7.8
— des Keils . . 22.1
—swinkel 7.2

Steilschrift . . . 231.7
Steinbohrer . . . 181.7
— meißel. . . . 167.8
— schraube . . . 15.6
Stellkeil 25.1
— keil (Lager) . . 44.2
— mutter. . . . 12.9
— ring 36.8
— schraube . . . 15.1
— schrauben-
 schlüssel . . . 17.3
— stift 24.11
— zeug des Regula-
 tors (des Reglers) 151.4
Stelo dello stantuffo 136.6
— —, estremità
 dello 136.7
— —, guida dello 136.8
Stem guide . . . 117.5
— of slide valve . 125.4
— wing (valve) . 117.5
Stemmeisen . . . 194.4
— meißel 31.2
— setze 31.2
Stemmen 194.5
Stemperare un co-
 lore 232.8
Step (bearing) . . 40.9
— -bearing . . . 40.8
—, collar 41.2
—, collar - — be-
 aring. 41.1
— cones 83.5
—s, crank pin . . 141.7
— pulley 83.5
— -valve 118.6
Steuerung, Schie-
 ber- 127.6
—, Ventil- . . . 120.9
Steuerventil . . . 120.8
— welle 37.4
Stichaxt 191.5
— flamme . . . 202.2
— maß. 205.2
— —, Cylinder- . 205.4
— säge 188.10
Stiel, Hammer-. . 160.6
Stift, Anzugs- . . 24.11
— führung (Ventil) 117.5
— kloben. . . . 155.1
— schraube . . . 13.8
—, Stell- . . . 24.11
Stirare tubi . . . 103.5
Stirnansicht . . . 224.2
— kurbel 141.8
— lager 41.6
— rad 69.1
— radgetriebe . . 68.6
— zapfen 38.6
Stock 191.11
—, Amboß- . . . 158.5
— anvil 159.5
—, anvil's . . . 158.5
—, die 21.1

Stocks and dies . 20.9
Stockschere. . . . 157.3
Stock, screw- . . . 21.1
— -shears. . . . 157.3
— zahn 186.6
Stöckel. 159.5
—, Amboß- . . . 159.5
—, Spitz- 159.6
Stone bolt . . . 15.6
— chisel 167.8
Stop, to — a ma-
 chine 255.8
—, iron-bench . . 194.2
Stopfbüchse . . . 132.5
—, die — anziehen 134.4
—, Cylinder- . . 131.1
—, der Cylinder ist
 durch eine — ab-
 gedichtet . . . 135.1
—, Dampf- . . . 133.7
—, die — ist dicht 134.7
—, die — dichtet. 134.7
—, die — eckt . . 134.5
—, die — klemmt
 sich 134.6
—, Kolben- . . . 137.2
—, Leder- . . . 133.8
—, Metall- . . . 134.2
—, die — ist un-
 dicht. 134.6
Stopfbüchsenhahn 128.6
— reibung . . . 134.3
— rohr. 104.4
— schraube . . . 133.3
Stopfen 105.1
Stopping-valve . . 121.1
Stoppino 54.3
—, lo — si feltra. 54.4
—, lo — si scioglie 54.4
Stoßaxt 191.5
Stozzatrice . . . 23.6
Strähne 85.2
Straight - armed
 pulley 82.4
— peen sledge . . 161.6
— poker 166.6
— -way cock . 128.7
Straighten, to . 208.6
Strain . . . 247.5
— 250.7
—, breaking . . 252.4
—, compressive . 250.9
—, comp essive . 251.2
— of flexure . . 251.5
—, limit of stret-
 ching 250.1
—, resistance to
 bending . . . 251.4
—, resistance to
 compressive . . 250.8
—, tensile . . . 250.4
—, tensive . . . 250.6
—, torsional. . . 253.3
—, transverse . 251.71

Strainer 108.6
Strand 85.2
Strap brake . . . 96.9
— of the brake . 97.1
—, eccentric . 144.1
— and key end . 145.3
Strappare il verme
 ad una vite . . 19.8
Strato di grasso . 48.8
Straw-file 173.2
Streckgrenze . . 250.1
— hammer . . . 161.2
Strehler, Außen- . 20.7
—, Gewinde- . . 20.5
—, Innen- . . . 20.6
Streichmaß . . . 207.9
Strength, compres-
 sive 250.8
— for extension . 250.8
— of flexure . . 251.4
— riveting . . . 28.1
— of rope . . . 86.8
—, science of — of
 materials . . . 247.2
—, shearing . . . 252.6
—, tensile . . . 250.8
—, transverse . 251.4
Stress 250.2
—, shearing . . . 252.6
—, torsional . . 253.3
— of ultimate tena-
 city 249.8
Stretcher, belt . . 80.8
Strettoio da banco 154.5
— a vite 154.4
Stricheln 226.2
Strichpunktieren . 226.4
Striction 248.8
Stringere una vite 19.6
Strip, to — the
 thread of a screw 19.8
Striscia di cuoio
 per cucire . . . 81.3
Strohfeile . . . 173.2
Stroke, backward
 — of the piston 137.10
— -counter . . . 209.8
—, double . . . 137.8
—, down- — of the
 piston 138.2
—, file- 171.7
—, forward — of the
 piston 137.9
— of piston . . . 137.7
—, up- — of the
 piston 138.1
Strozzamento della
 valvola 124.8
Strozzare 124.7
Stub-end 145.3
Stückfarben . . . 232.2
— liste 223.7
— zirkel 227.3
Stud 13.8

Stud (chain) . . 90.2
— -bolt 13.8
— link chain . . 90.1
Studiare 223.1
Studio 223.2
— di disegno . . 218.4
Stufenrad . . . 83.5
— scheibe . . . 83.5
— ventil 118.6
Stuffing-box . . . 132.5
— 133.1
—, the — binds . 134.5
— bolt 133.8
— cock 128.6
—, cylinder . . . 131.1
—, the cylinder is
kept tight by
means of a . . 135.1
— friction . . . 134.8
—, gland 132.5
— joint 104.4
—, the — leaks . 134.6
—, with leather
lining 133.8
—, the — is made
tight 134.7
—, metallic . . . 134.2
—, piston . . . 137.2
—, to readjust the 134.4
—, steam 133.7
Stumpffeile . . . 173.5
— geschweißtes
Rohr 102.5
Stützkraft . . . 238.5
— lager 40.8
— zapfen . . . 38.7
Stutzen, Rohr- 108.10
Succhiello . . . 179.7
— 181.4
— a chiocciola . 181.1
— a due mani . . 181.2
— a sgorbia . . 181.8

Suction clack . . 124.2
— -pipe 108.5
— — 108.7
— valve 121.6
Sufridera . . . 169.1
— de remachar . 32.8
Sujeción á un es-
fuerzo 247.5
Sujeto, el cuerpo
está — á esfuerzo
de tracción . . 247.6
Sunk key . . . 23.10
Superficie d'appog-
gio (supporto) . 40.5
— de la chaveta . 23.2
— de contacto . 38.2
— — (soporte) . 40.5
— di contatto . . 38.2
— — per la tenuta 99.5
— del cuneo . . 21.7
— elicoidale . . 7.4
— helicoidal . . 7.4
— piana . . . 208.7
— de resbala-
miento . . . 145.8
— de rozamiento . 246.1
— di scorrimento 38.2
— — 145.8
Superfine file . 172.7
Suplemento de bola
para yunque . 159.9
— de corte para
yunque . . . 159.7
—s de la mordaza
de tornillo de
banco . . . 153.6
— rebordeador . 159.8
Supply, oil . . 52.8
Support à couteau 46.1
— de l'essieu . 33.4
— à levier de con-
tre-bouterolle . 32.6

Support de res-
sort 147.9
Supporting force . 238.5
— resistance . 238.5
Surcharger la sou-
pape 120.5
Sûreté, manivelle de 142.7
Surface d'appui
(palier) . . . 40.5
— — de clavette 23.2
— de contact (sou-
pape) 113.5
—s in contact . 246.1
— of contact (jour-
nal) 38.2
— de frottement . 246.1
— — (tourillon) . 38.2
— gauge . . . 207.7
— de glissement . 145.8
— de glissière . 145.8
—, helicoidal . . 7.4
— d'obturation
(soupape) . . 113.5
— plate . . . 208.7
Surtido de ruedas 68.8
Svia-cinghia . . 84.8
Sviluppante . . 67.9
Svitare 19.8
Svolgere una corda 88.4
Swage 156.4
— 164.4
— block . . . 160.2
— -head (rivet) . 26.4
—, to 164.8
Swell (shaft) . . 36.7
— (pulley) . . 82.8
Swing-bolt . . 14.8
Switch, top- . . 163.5
Swivel bearing . 45.1
— pen 229.7
Syringe for lubri-
cating 52.2

T.

T 219.5
— bar 215.7
— -Eisen . . . 215.7
— —, Doppel- . 215.8
—, fer à . . . 215.7
— head (screw) . 12.4
—, jambe du . 219.7
— -iron . . . 215.7
— —, double- . 215.8
— -pipe . . . 106.6
— -square . . 208.8
— — 219.5
— —, blade of . 219.7
— —, head of . 219.6
— —, leg of . 219.7
— -Stück (Rohr) . 106.6
—, tête à . . . 12.4
—, tête du . . 219.6

T-Träger . . . 215.7
— —, Doppel- . 215.8
Table à dessin . 218.7
— — ajustable . 219.1
Tablero de dibujo 218.7
— — ajustable . 219.1
Tablets of colours . 232.2
Tacchetto (sop-
porto) . . . 44.1
Tachimètre . . 209.4
Tachometer . . 209.4
Taco (soporte) . 44.1
— para remachar . 32.8
Tafelschere . . 157.4
Taglia 93.8
— ferro a freddo . 168.1
— fili 155.10
— fissa 93.9

Taglia inferiore . 94.8
— mobile . . . 94.1
— superiore . . 94.2
— -tubi . . . 110.8
Tagliare un asse . 37.8
— denti di sega . 187.2
— lime 170.8
— la testa al chio-
do 31.4
Tagliatore di lime 170.9
Taglio 252.5
— bastardo . . 170.2
— a croce . . 170.5
— dolce . . . 170.8
— inferiore . . 170.7
— della lima . 170.1
— semplice . . 170.4
— superiore . 170.6

Tagliuolo. . . .165.7
— a caldo . . .165.9
— a freddo . . 165.10
Tajadera 165.7
— de astil . . .165.8
— en caliente . .16,.9
— en frio . . 165.10
Tajar limas . . .170.8
Tail-piece of the
piston rod. . .136.7
Taille (de lime) . 170.1
—, angle de. . . 185.9
— bâtarde (lime) . 170.2
— -crayons . . .230.4
— croisée (lime) . 170.5
— douce (lime) . 170.8
— moyenne (de
lime). 170.2
—, première (lime) 170.7
—, simple (lime) . 170.4
Tailler au ciseau . 194.5
— le crayon . . .230.8
— des limes. . . 170.8
—, machine à —
les engrenages . 73.2
Tailleur de limes . 170.9
— —, étoile du 170.10
Take down, to —
a machine. . .255.4
— up, to — the belt 79.4
Taladrador . . .179.7
— à hélice . . .181.1
— de vástago . .179.8
Taladrar 169.6
— — 179.5
— otra vez . . .179.8
Taladro 178.4
—, barra del . .178.6
— de dos manos . 181.2
— para madera . 180.8
—, mango del . .178.5
— á mano . . .169.2
— de media caña. 181.5
—, porta-cuchillo . 178.6
— para refinar . .179.4
—, repasar con el . 179.8
Talje 93.7
Taller 256.1
— de calcado . .234.6
— heliográfico . .234.6
—, jefe de . . .254.4
— de maquinaria . 254.1
— de tornero . . 35.2
Talleres de montaje 255.8
Tallow cock. . . 53.6
— cup 53.6
Talon (clavette) . 23.9
—, clavette à . . 23.8
Tambor 94.8
— para cable . . 95.2
— — cadena . . 95.8
—, eje del . . . 95.1
—, envolvente del 94.9
Tambour . . . 94.8

Tambour, arbre du 95.1
—, axe du . . . 95.1
— à chaîne . . . 95.8
— conique à friction 74.5
— à corde . . . 95.2
— d'émeri . . .198.4
—, enveloppe du . 94.9
—, transmission
par —s cônes . 78.8
Tamburo 94.8
—, albero del . . 95.1
—, asse del . . . 9).1
— per catena . . 95.8
— per corda . . 95.2
— per fune . . . 95.2
—, involucro del . 94.9
—, perno del . . 95.1
Tanaglia 155.8
— per becchi a gas 156.7
—, bocca della. . 155.4
— a bocca tonda . 155.6
— da chiodi. . . 32.7
— da fabbro . . 166.10
— da forare . . 169.5
— da fucina. . 166.10
— mordenté per
chiodi 32.8
— piatta 155.5
— premente . . .156.4
— a punzone . .169.5
— da saldatore . 156.6
— — 203.2
— a sdrucciolo . 155.8
— a taglio . . . 156.2
— per tubi . . .110.7
Tangent wedge . 24.5
Tangentialbeschleu-
nigung 236.8
— force 237.2
— keil 24.5
— kraft 237.2
— resistance. . 238.4
— widerstand . . 238.6
Tank, oil- . . . 51.8
Tap 21.3
— bolt 13.9
—, screw- . . . 21.8
—, to (thread) . . 21.4
Tapa del cilindro . 130.5
— —, roscado de la 130.7
— —, tornillo dè la 130.6
— del soporte . . 43.5
— de la válvula . 112.8
— —, tornillo de la 112.4
Tape-measure . .221.4
Taper of wedge . 22.1
— -file 173.6
— flat file . . . 173.7
— hand file . . 173.7
— -pin 24.11
— ring (stuffing box)133.5
— -washer . . . 25.2
Tapón roscado . .105.1
Tappo a vite . . 13.1

Tappo a vite . . .105.1
Taquet limitànt la
course 114.8
Taraud 21.3
Tarauder (filet) . . 21.4
— — 19.9
—, machine à . . 21.5
— à la volée (vis) 19.10
Tarière 179.8
— à cuiller . . .181.8
— à douille . . .181.2
— hélicoïdale . . 181.1
— pour le sol . . 181.6
— torse 181.4
Tás de banco . .160.2
— de espiga . .159.5
— de punta . .159.6
Tas-étampe . . .160.2
— à queue . . .159.5
Tasseau 159.5
Tassetto acuto . .159.6
— da incudine . .159.5
Taster 206.7
—, Außen- . . .206.8
—, Feder-. . . .207.2
—, Gewinde- . .207.1
—, Innen-. . . .206.9
—, Kugel- . . .207.8
— lehre - 205.5
—, Loch-. . . .206.9
Tauchkolben . .140.4
Tavola da disegno 218.7
— — regolabile . 219.1
— per eguagliare . 208.7
— pitagorica . .221.6
Tavoletta di di-
segno 219.4
Teilkreis 63.5
— zirkel 228.8
Teiluug der Kette 88.10
—, Niet-. . . . 27.6
—, Zahn-. . . . 63.4
Teinter 231.10
Tejuelo 40.8
Tela de calcar . 233.10
— da dilucidare 233.10
— de esmeril . 197.10
— esmerilada . 197.10
— smerigliata . 197.10
Telaio d'una sega
meccanica . .190.5
Tellerventil . . .116.8
Temper, to . . .199.2
— guß. 212.4
Tempera 199.1
— all' acqua . .200.5
— a cartoccio . .200.1
— a fassetto . .200.1
—, frattura per ec-
cesso di . . 199.11
—, grado della .199.9
— improvvisa . .200.2
— indurita . . .199.7
— a martello . .200.8

Tempera-matite . 230.4	Tenazas de presión 156.4	Testa ad ancora
— naturale . . . 199.6	— punzón . . . 169.5	(vite) 12.4
— all' olio . . . 200.4	— para roblones . 32.7	— dell' asse. . . 33.5
— subitanea . . 200.2	— de soldador . . 156.6	— a croce, chia-
—, tinta della . 199.4	— de sujeción . . 156.2	vella della. . . 147.1
Tempere, scala	— de tracción . . 156.5	— del chiodo . . 26.3
delle . , . . . 199.8	— para tubos . . 110.7	— a croce . . . 146.5
Temperare . . . 198.9	Tendere la cinghia 79.3	— —, pattino della 146.6
— lime 171.4	— una molla . . 148.9	— —, perno della 146.7
— la matita . . . 230.3	Tendeur, anneau . 139.7	— —, stelo della . 146.8
—, polvere a . 199.10	— de courroie . . 80.8	— del cuneo . . 21.8
Temperatura . . 199.1	—, galet 78.2	— del dente. . . 65.1
— di lime . . . 171.5	Tendre la courroie 79.8	— —, altezza della 65.2
Tempering . . . 199.8	— un ressort . . 148.9	— esagonale (vite) 11.10
— -colour . . . 199.4	Tenon-saw . . . 188.8	— incassata (vite). 12.8
— powder . . 199.10	Tensar la correa . 79.3	— di posa . . . 26.4
Templador . , . . 189.8	Tensile force . . 250.5	— quadra (vite) . 12.1
Templar 198.9	— strain 250.4	— ribadita . . . 26.5
— limas 171.4	— strength . . . 250.3	— a T (vite). . . 12.4
Template 205.2	Tension 247.3	— tonda (vite). . 12.2
Temple 199.1	—, belt 75.8	Tested chain . . 90.3
— 199.5	—, a body is under	Testing cock . 129.10
— al aceite . . . 200.4	strain of . . . 247.6	— valve 122.8
— al agua . . . 200.5	— du câble . . . 84.6	Tête (vis) 11.4
—, color del . . 199.4	— de cisaillement . 252.8	— de bielle . . . 144.9
— por enfriamiento 200.2	— de courroie . . 75.8	— — avec chape . 145.3
— por forjado . . 200.3	— de flexion . . 251.7	— — fermée . . 145.1
—, grieta por ex-	—, modulus of ela-	— — type marine . 145.2
ceso de . . . 199.11	sticity for . . 249.1	— carrée (vis) . . 12.1
— de limas . . . 171.5	—, normal . . . 247.4	—, cercle de . . 63.6
— natural . . . 199.6	— normale . . . 247.4	— du compas . . 227.2
—, polvo de . 199.10	— pulley 78.2	— de la dent . . 65.1
— superficial . . 200.1	—, to put a spring	— fermante (rivet) 26.5
— vitreo 199.7	on 148.9	— de maille . . . 91.1
Tempo 235.4	—, rope 84.6	— noyée 12.8
Temps 235.4	— de traction . . 250.6	— de piston . . . 146.5
Tenacillas planas . 155.9	—, transmission	— de pose (rivet). 26.4
Tenacity, stress of	par — provoquée 78.1	— de rivet . . . 26.8
ultimate . . . 249.3	Tensión 247.3	— ronde (vis) . . 12.2
Tenaglino . . . 155.9	— de la correa . 75.8	— à six pans . . 11.10
Tenaille 155.3	— de la cuerda . 84.6	— à T (vis) . . . 12.4
— (pour forgerons) 166.10	— de empuje . . 252.8	Texel 191.8
—, bouche de la . 155.4	— de flexión . . 251.7	Texeln 191.9
— à bouche ronde 155.7	— normal. . . . 247.4	Thicken, to (of the
— à boucle . . . 155.8	— de la presión . 251.2	oil) 50.10
— à chanfrein . . 154.7	— de la tracción . 250.6	Thickness of belt 76.9
— à couper . . . 156.2	Tensione 247.8	— of a cotter . . 22.9
— droite 155.5	— 250.6	— of flange . . . 99.2
— pour ferblantier 157.9	— della cinghia . 75.8	— of a key . . . 22.8
— plate 155.5	— della corda . . 84.6	— of pipe . . . 98.1
— ronde 155.6	— normale . . . 247.4	— of rim 81.9
Tenazas 155.8	Tensive force . . 250.5	— at root of tooth 65.6
— con apresadera 155.8	— strain 250.6	Thin plate . . . 216.8
—, boca de . . . 155.4	Tensor de correa . 80.8	Thomas, acier . 213.10
— cañonas . . . 155.6	Teoria della re-	— eisen 213.8
— para clavos . . 156.8	sistenza dei ma-	—, fer 213.8
— de corte . . . 156.1	teriali 247.2	— iron 213.8
— dentadas . . . 155.7	Terminal velocity . 235.9	— pig 213.8
— con fiador . . 155.8	Terraja 20.2	— roheisen . . . 213.8
— de forja . . 166.10	— de anillo . . . 21.1	— stahl . . . 213 10
— de mordaza para	— de cojinete . . 20.9	— steel . . . 213..10
tubos 156.7	Terrajar 21.4	Thread, angular . 9.5
— de pico plano . 155.5	Test of an axle . 34.8	—, buttress . ᴛ . 10.4
— — rotondo . 155.6	Testa (vite) . . . 11.4	— calipers . . . 207.2

Thread, to chase a screw- 20.1
—, depth of . . . 8.1
—, diameter at bottom of 8.3
—, double . . . 9.2
—, female . . . 10.5
—, fine 10.7
—, gas-pipe . . . 10.6
— gauge . . . 206.1
—, left-handed . . 8.8
— milling-cutter . 20.8
—, multiplex . . 9.4
—, right-handed . 8.6
—, round 10.2
— of screw . . . 7.5
—s, screw with many 16.8
—, single 9.1
—, square . . . 9.7
—, to strip the — of a screw . . 19.8
—, triangular . . 9.5
—, triple 9.8
—, V- 9.5
—, width of . . . 8.2
—, to — a screw . 19.9
Threaded, round . 10.8
—, square . . . 10.1
—, triangular . . 9.6
Three-port slide valve 127.2
— -square-file . . 174.2
— — scraper . . 176.6
— -way cock . . 128.9
— — -pipe . . . 106.7
— — -valve . . . 118.1
Throat (of hook) . 92.4
—, angle of . . . 186.1
Throttling gear . 124.8
Throttle, to . . . 124.7
— valve 124.6
Through bolt . . 11.2
Through-way-valve 117.8
Throw off a belt, to 79.8
— —, to throw a belt off the pulley 79.8
Throwing out of gear 59.7
Thrust-bearing . . 40.9
— screw 13.7
Thumb-button, oil-can with . . 51.10
— -nut 12.7
— pin 220.6
— -pressure oil-can 52.1
— -screw 15.4
— tack 220.6
Tie, to 18.6
Tiefe, Eingriffs- (Reibungsgetriebe) . 75.8
—nlehre 205.6
Tiegelflußstahl . . 214.4
— stahl 214.4

Tiempo 235.4
Tieröl 51.2
Tige du crochet . 92.8
— de crosse . . . 146.8
— d'excentrique . 144.2
— -glissière . . . 146.8
— -guide 146.1
—, guide de la — du piston . . . 136.8
— du piston . . . 186.6
— —, queue de la 136.7
— de rivet . . . 26.2
— de soupape . . 113.7
— de tiroir . . . 127.8
— de vanne . . . 125.4
Tight fitting screw 13 10
— pulley 83.7
— riveting . . . 28.2
— side of belt . . 75.10
—, the stuffing-box is made. . . . 134.7
Tighten, to — the belt 79.8
—, to — up a cotter 25.9
—, to — a screw . 19.7
Tightener (flexible gearing) . . . 78.2
Tightening-key . . 24.7
— -key 25.1
Tijeras 156.9
— agujereadora . 158.1
— de arco . . . 157.1
— de banco . . . 157.8
—, hoja de las . 156.10
— de mano . . . 157.7
— de marco . . . 157.6
— mecánicas . . 157.8
— de palanca . . 157.2
— paralelas . . 157.5
— de plancha . . 157.4
— — 157.9
— de zócalo. . . 157.3
Time 235.4
— of fall . . . 236.4
— of oscillation . 239.8
— of passage . . 236.6
Tin 216.10
— -plate . . . 216.7
— -solder . . . 202.5
— -soldering . . 201.2
Tinned sheet-iron. 216.7
Tinner's shears . . 157.9
— snips 157.9
Tint, to 231.10
Tinta China . . . 231.8
— della tempra . 199.4
Tinteneinsatz . . 227.5
— gummi . . . 230.10
Tinting brush . . 282.5
— saucer. . . . 232.6
Tir, hauteur du . 237.8
— parabolique . . 237.5
—, portée du . . 237.7
—, vitesse du . 237.10

Tira-chiodi . . . 156.8
— -curvelinee . . 229.7
— -linee 229.6
—, affilare il . . 230.1
— doppio . . . 229.8
— — di ricambio . 227.5
Tiralineas . . . 229.6
—, afilar el . . . 230.1
— de caminos . . 229.8
— del compás . . 227.5
— curvo 229.7
— doble 229.8
Tirante 14.6
Tirantino . . . 14.5
Tire-curviligne . . 229.7
Tire-ligne 229.6
— du compas . . 227.5
— double . . . 229.8
— à pointillé . . 229.9
Tirer, pince à . . 156.5
Tiro, altezza del . 236.5
—, altezza del . . 237.8
—, ampiezza del . 237.6
—, amplitudine del 237.7
—, durata del . . 236.6
— inclinato . . . 237.5
— orizzontale . . 238.1
— parabolico . . 237.5
— verticale . . . 238.2
Tiroir 218.8
— à coquille . . 127.2
— Corliss . . . 126.7
— de distribution 126.9
— équilibré . . . 127.5
— oscillant . . 126.7
— plat 127.1
— piston . . . 127.4
— rond 127.4
— rotatif . . . 126.8
Tischkasten . . . 218.8
Tisonnier 166.6
Togliere una cinghia dalla puleggia . . . 79.8
— allo scalpello . 168.3
Toile à calquer 233.10
— à émeri . . 197.10
Tôle 216.2
— à chaudière . . 216.4
— de chaudronnerie 216.4
— de fer . . . 215.11
—, feuille de . 216.1
—, feuille de . . 216.8
— forte . . . 216.4
— ondulée . . 216.6
— russe 216.2
— striée 216.5
—, tuyau en . 102.2
Toleranzlehre . 206.4
Tomber, la courroie tombe de la poulie 79.5
Tommy-screw . . 15.8

Tönen, die Räder . 72.8
Tongs 155.3
—, forge- . . . 166.10
—, gas pipe . . .155.7
—, mouth of the .155.4
—, pin- 155.8
—, pipe- 110.7
—, punching- . .169.5
—, sliding . . .155.8
—, smith's . . 166.10
—, soldering . . .156.6
Tongue (anvil) . .159.3
— (saw) 189.8
Tonguing and groo-
ving plane . . .193.6
Tool, bordering . 159.8
— boring- —s . .182.1
— box 256.3
—, chasing- . . . 20.5
— chest 256.3
—s, hand- . . .256.5
—, heading . . .196.5
—, inside chasing- 20.6
—, machine- . . .256.8
—, marking . . .207.6
—, parting- . . .195.2
Tools 256.4
—, smith's . . .166.5
— -steel 214.7
Tooth 64.8
— 185.7
—, addendum of a 65.1
—, bottom line of
teeth 186.3
—, breadth of . . 65.8
—, briar 186.5
—, cast 65.9
—, célérité . . .186.7
—, cut 66.1
—, cut 66.2
—, to cut teeth .187.2
— of the cutter . 183.3
—, depth of . . . 65.5
—, double . . .186.8
—, double helical. 70.4
—, face of a . . 65.1
—, face line of teeth 186.2
—, flank of a . . 64.10
— -friction . . 66.5
— —, work done
by 66.6
—, gullet- . . .186.5
—, herringbone . 70.4
—, length of . . 65.5
—, M- 186.6
—, milled 66.2
—, mortice wheel 72.2
— -outline . . . 64.9
—, planed . . . 66.1
— -profile. . . . 64.9
—, root of the . . 65.3
—, rough . . . 65.9
—, space of . . . 65.7
—, thickness of . 65.6

Tooth, top line of
teeth 186.2
—, travel of the . 64.7
—, triangular . .186.4
—, width of . . 65.8
—, wood 72.3
Toothed gearing . 68.1
— wheel 63.3
Top die 164.6
— line of teeth .186.2
— -plane-iron . .192.9
— swage . 163.5; 164.6
— -switch . . .163.5
Torcer la cuerda . 85.4
— el tornillo . . 19.8
Torchietto per cia-
nografia . . .234.5
Tornear un cilindro 131.3
— los ejes . . . 35.3
Torneria d'assi . 35.2
— de ejes . . . 35.2
Tornillo 11.2
— 153.1
— del acoplamiento 57.4
—, acoplamiento
por 11.1
—, agujero del. . 11.7
—, ajustar un . . 14.1
— ajuste . . . 15.1
—, aparato de se-
guridad del . . 13.3
— arriostrado . . 14.6
— de asiento (so-
porte) 44.3
— de banco . . .153.2
— —, suplementos
de la mordaza de 153.6
—, boca del . . .153.5
—, cabeza del . . 11.4
—, con cabeza arti-
culada . . . 14.3
— — y tuerca . . 11.9
— — — empotra-
das 14.4
— de la cadena
articulada . . 91.2
— de carpintero .194.1
— central . . . 13.9
— de cierre . . . 13.5
— para correa . 81.5
—, diámetro del . 11.8
— embutido . . 14.4
— para empotrar
en piedra ó fá-
brica. 15.6
— con fiador em-
butido 13.10
—, fijar una pieza
en el 153.3
— sin fin . . . 71.7
—, husillo del . .153.4
— de mano . . .154.6
— micrométrico . 15.5
— de movimiento 13.6

Tornillo con movi-
miento paralelo 154.2
— de muletilla . 15.3
— de oreja . . . 15.4
— paralelo . . .154.2
—, paso del . . . 7.5
—, perno del . . 11.3
—, pezuña del . .153.5
— de las platinas. 99.3
— de presión . . 13.7
— — 15.1
— prisionero . . 15.2
— de rosca de
madera . . . 16.4
— del soporte . . 43.8
— de sujeción . . 13.4
— con sujeción por
chaveta. . . . 14.8
— para sujeción ó
fundación . . . 15.7
— de la tapa . . 43.6
—, el — tiene x pa-
sos por pulgada 7.6
— para tubos . .154.3
—, tuerca del . . 11.5
— de varios filetes 16.8
—, vástago del . .153.4
Tornio per assi . 35.1
Tornire gli assi . 35.3
— un cilindro . .131.8
Torno para ejes . 35.1
— de remachar . 32.4
Toron 85.2
Torsion 253.2
—, effort de . . .253.8
—, moment de . .253.4
—, moment of . .253.4
Torsión 253.2
Torsional spring . 148.2
— strain 253.8
— stress 253.8
Torsione 253.2
Totlage (Kurbel) .140.9
— punkt (Kurbel) 141.1
— stellung (Kurbel)140.9
Totalbeschleuni-
gung 237.1
— length (of tooth) 65.5
— work 246.6
Toter Gang
(Schraube) . . 10.9
— Punkt (Kurbel) 141.1
Touch (file) . . .171.7
Tour, atelier des
—s 35.2
— à essieux . . 35.1
— du piston . .137.6
Tourillon 37.6
— 35.6
— 91.2
— d'appui . . . 38.4
— d'articulation . 62.1
— à cannelures . 38.9
— à collets . . . 35.7

Tourillon à collets 38.5
— conique . . . 39.3
— de crosse . 146.7
— cylindrique . . 39.2
— à fourchette . 39.5
— frontal. . . . 38.6
—, frottement du. 38.1
— intermédiaire . 35.7
— — 38.5
— à pointe . . . 39.1
—, pression sur le 37.9
— rapporté . . 39.6
— rodé 38.3
— de rotation . . 39.7
— sphérique . . 39.4
—, tourner sur un 39.8
Tourne-à-gauche . 20.9
— — 186.9
Tourner des es-
sieux 35.3
— la manivelle . 142.9
Tournevis. . . . 18.8
Trabajo 245.1
— de deformación 248.6
— de fricción del
diente 66.6
— de rozamiento . 246.5
— total (roza-
miento) . . . 246.6
Traccia-parallele . 207.7
Tracción 250.2
Trace de rivets . 27.5
Trace, to . . . 207.5
—, to 233.7
Tracer 207.5
— 218.1
— au crayon . . 226.1
Tracing . . . 233.8
— cloth . . . 233.10
— paper . . . 233.9
Traction . . . 250.2
—, un corps est
soumis à un ef-
fort de . . . 247.6
—, effort de . . 250.4
—, force de . . 250.5
—, tension de . 250.6
— unitaire . . 250.6
Trafila 20.2
— ad anello. . . 20.9
— a cuscinetti . . 21.1
Traforatrice . . . 158.1
Traglager . . . 41.5
— zapfen . . . 38.4
Träger, T- . . . 215.7
Trägheitsmoment 243.7
—, äquatoriales . 243.8
—, polares . . . 244.1
Trajectoire . . . 237.9
Trajectory . . . 237.9
Trajet de la tête
de la dent . . 64.7
Traiettoria . . . 235.2
— 237.9

Traiettoria della
testa del dente. 64.7
Train de laminoirs
à tuyaux . . . 103.2
Trait de scie . . 185.4
Trammels . . . 228.6
Tranchant . . . 156.10
— (hache) . . . 190.9
Tranche 165.8
— 167.4
— à chaud . . . 165.9
— d'enclume . . 165.7
— à froid . . 165.10
— à mange . . . 165.8
Trancher 165.6
Trancia 157.6
Translation . . . 240.5
—, motion of . . 240.5
Transmisión . . . 35.4
— angular . . . 77.8
—, árbol de . . . 35.5
— de cadena . . 88.5
— circular por cu-
erda 84.8
— por correas . . 75.5
— por cuerdas . . 84.5
— por disco de
fricción 74.2
— por engranaje . 68.1
— por fricción . . 73.8
— intermedia por
correa 77.8
— de manivela . 140.8
— por poleas có-
nicas 78.8
— por ruedas de
canal 74.6
Transmission . . 35.4
— à angle (par
courroie) . . . 77.8
— à brins multi-
ples 84.8
—, câble de. . . 87.5
— par câble . . 84.5
— par chaînes . . 88.5
— par courroie . 75.5
— cyclique par
câble 84.8
— à friction . . . 73.8
— — par poulies à
gorge 74.6
— par manivelle . 140.8
— par plateaux à
friction 74.2
—, rapport de . . 68.8
— rope 87.5
—, roues de . . . 68.5
— par tambours
cônes 78.8
— par tension pro-
voqué 78.1
Transmitting fric-
tion gearing . . 75.4
— gears 68.5

Transportador . . 229.4
— angular . . . 229.5
Transporteur . . 229.4
Transversalmaß-
stab 221.6
Transversale scale 221.6
Transverse modu-
lus of elasticity 253.1
— strain 251.7
— strength . . . 251.4
Trap, reaction- . 123.7
—, water- . . . 110.2
Trapanare . . . 179.2
— un cilindro . . 131.5
Trapanatrice . . 183.1
Trapano 178.4
— 182.2
—, albero del . . 178.6
— appuntito . . 180.3
— ad archetto . . 182.8
— ad arco . . . 182.7
— a centro . . . 180.4
— a chiocciola . 181.1
— a cricco . . . 182.9
— a due mani . . 181.2
— a due tagli . . 180.2
— fino 179.4
— fodera del . 178.5
— foro fatto al . 179.1
— a legno . . . 180.8
— lungo 181.5
— a mano . . . 179.6
— per pietre . . 181.7
—, ripassare al . 179.8
— a spirale . . . 180.6
— ad un taglio . 180.1
Trapezgewinde . . 10.4
Trapézoidal, filet . 10.4
Traslación . . . 240.5
Traslazione . . . 240.5
Trasmissione ad al-
bero 35.4
— ad angolo . . 77.8
— a catena . . . 88.5
— a cinghia . . 77.4
— per cinghia . . 75.5
— circolare a corda 84.8
— a corda . . . 84.5
— per dischi di
frizione . . . 74.2
— a frizione con
ruote a gola . . 74.6
— per ingranaggi 68.1
— per manovella . 140.8
— a puleggie co-
niche 78.8
—, rapporto di . 68.8
— a ruote di fri-
zione 73.8
— con tensione a
peso 78.1
Tratado de resi-
stencia de mate-
riales 247.2

Tratteggiare . . . 226.2
— e punteggiare . 226.4
Tratto ascendente
  (cinghia) . . . 76.6
— condotto . . . 76.1
— conduttore . . 75.10
— discendente
  (cinghia) . . . 76.7
— della lima . . 171.7
— della sega . . 185.4
— che va (cinghia) 76.7
— che viene (cin-
  ghia) 76.6
Travail 245.1
— de déformation 248.6
— de frottement . 246.5
— — des dents . . 66.8
— total . . . 246.6
— utile . . . 246.7
Travailler, ma-
  chine à 256.6
Travel of piston . 137.8
— of the tooth . . 64.7
Travelling forge . 167.3
Traversa . . . 92.5
Traverse . . . 146.5
Traverso . . . 90.2
Trayectoria . . . 237.9
Trazar 207.5
— 226.2
— y puntear . . 226.4
Trazione . . . 250.2
Treccia di canape 135.4
Trefolo (corda) . . 85.2
Treibflaschenzug . 94.4
— hammer . . 163.1
— kette 91.6
— riemen . . . 80.5
— rolle 75.6
— seil 87.5
Treibende Scheibe 75.6
Trempe 199.1
— au bain . . 200.2
— par battre . 200.3
— à l'eau . . . 200.5
— glacée . . . 199.7
— à l'huile . . 200.4
— de limes . . . 171.5
— par martelage . 200.3
— de la surface . 200.1
Tremper . . . 198.9
— des limes . . 171.4
—, poudre à 199.10
Trenza de amianto 135.6
— de cáñamo . . 135.4
Tresse d'amiante . 135.6
— de chanvre . . 135.4
— de forces . . 85.2
Triangle de forces 242.2
— of forces . . . 242.2
Triangolo . . . 174.2
— delle forze . 242.2
Triangular file . . 174.2
— scraper . . . 176.6

Triangular set
  square 219.8
— thread 9.5
— threaded . . . 9.6
— tooth 186.4
Triángulo de las
  fuerzas 242.2
Trieb 68.7
— rad 68.7
— stockverzahnung 67.4
— werksseil . . 87.5
Trinquete . . . 95.4
— de fricción . . 95.9
Trip-hammer . . 161.1
Triple pas . . . 9.3
— thread 9.3
Triscador . . . 186.9
Triscar 187.1
Trivella a chioc-
  ciola per terreno 181.6
— ad elica . . . 181.1
Trommel . . . 94.8
—, Ketten- . . . 95.3
— mantel . . . 94.9
—, Seil- 95.2
— welle 95.1
Tronchese . . . 156.1
Tropfbehälter(Lager)44.6
— düse 54.7
— ring 52.7
— schale (Lager) . 44.6
— — 52.9
— schmiergefäß . 54.6
Trou 179.1
— de boulon . . 11.7
— de cheville . . 196.2
— de clavette . . 23.1
— de graissage
  (palier) 44.4
— de rivet . . . 26.7
Trough . . . 197.1
Truc à vis . . . 32.4
Trucioli . . . 192.6
Trum, gezogenes . 76.1
—, ziehendes . . 75.10
Truogolo . . . 197.1
Truschino . . . 207.7
— a mano . . . 207.9
Trusquin . . . 207.7
— 207.9
Tubazione . . . 109.1
— del gas . . . 110.1
Tube 97.4
—s, agrafe pour . 109.8
—, boiler- . . . 107.10
— brasé 102.8
—, brass 103.7
— -brush . . . 107.10
— cast vertically 101.10
— de chaudière 107.10
—s, clef à . . . 110.6
—, copper- . . . 103.6
—, corrugated . 104.3
— de couleur . . 232.4

Tube, coupe-—s . 110.8
—, distance-sink- . 14.7
— de distribution
du graisseur . . 54.7
—, drawn 103.4
—s, to draw . 103.5
—s, étau pour . . 154.8
— à feu 108.1
—, fire- 108.1
—, to flange the 103.10
—, flanged . . . 98.9
—, flue- 108.1
—, furnace- . . . 108.2
— de graissage . 53.4
—s, grattoir à . . 111.1
— cast horizon-
tally 102.1
—s, pince à . . 110.7
— de retour de
flamme 108.2
—, riveted . . . 102.8
—, rolled 103.1
— -rolling mill. . 103.2
— — works . . . 103.8
— -scraper . . . 111.1
—, seamless . . . 102.9
—, solid drawn . 103.4
— soudé 102.8
— sans soudure . 102.9
— de verre du
niveau d'eau . . 111.4
— -vice 154.8
—, water- 108.8
—, welded . . . 102.4
Tubería 109.1
— para agua . 109.10
— para gas . . . 110.1
— para vapor . . 109.9
Tubetto di colore 232.4
— gocciolatore. . 54.7
Tubi, apparato
laminatore per . 103.2
—, chiave per . . 110.6
—, gancio per . . 109.8
—, giunzione dei . 98.5
—, giunzione a vite
dei 98.6
—, raschiatore per 111.1
—, rete di . . . 109.4
—, sostegno per . 109.7
—, spazza- . . . 110.9
—, taglia- . . . 110.8
—, tanaglia per . 110.7
Tubito de engrase 53.4
Tubo 97.4
— acodado abierto 105.7
— acodado recto . 105.6
— acostillado . . 104.5
— per acqua . . 107.9
— adillado . . . 107.4
— de admisión . 109.2
— de agua . . . 107.9
— de aletas . . . 104.5
— de alimentación 109.2

Tubo d'ammis-
sione 109.2
—, aparato para
laminar 103.2
— ad arco . . . 105.7
— ad arco doppio 105.8
— arqueado . . . 105.7
— arriostrado . . 14.7
— aspirante . . . 108.5
— biforcato . . . 105.8
— bollitore . . . 108.4
— — da caldaia 107.10
— con dos bocas
roscadas . . . 107.3
— con bordo a
flangia mobile . 103.8
—, brida para . . 109.7
— con bridas . . 98.9
— de caldera . 107.10
— de calefacción . 108.4
— capilar de salida 54.7
—, casco del . . 97.8
— chiodato . . . 102.8
—, cierre del . . 104.9
— cilindrado . . 103.1
— cilindrato . . 103.1
— de cobre . . . 103.6
—, colocar un . . 109.6
— de colores . . 232.4
— compensatore . 104.1
— de comunicación 105.4
— cónico 105.9
— cosido 102.3
—s, corta- . . . 110.8
— a croce . . . 106.5
— curvo 105.6
— — 105.7
— de descarga . . 108.8
—, diametro inter-
no del 97.6
—, il — ha x mm di
diametro interno 97.7
— de dilatación . 104.1
— di dilatazione . 104.1
— di diramazione 106.4
—, diramazione del 106.1
— doblado con
borde móvil . . 103.8
—, doblar el borde
de un 103.10
— elastico . . . 104.2
— elástico . . . 104.2
— de embranque . 106.4
—, empaquetadura
del 101.5
— de enchufe . . 101.3
—s, escobilla para
limpiar 110.9
— estirado . . . 103.4
— fare il bordo ad
un 103.10
— fatto al lamina-
toio 103.1
— di ferro dolce . 102.2

Tubo a flangie . . 98.9
— da focolare . . 108.1
— forma U . . . 105.8
— da fumo . . . 108.2
— fundido hori-
zontalmente . . 102.1
— — verticalmente 101.10
— fuso orizzontal-
mente 102.1
— — verticalmente 101.11
— da gas 107.8
— de gas 107.8
— di ghisa . . . 101.9
—, guarnizione del 101.5
— hervidor . . . 108.8
— de hierro dulce 102.2
— — fundido . . 101.9
— de humo . . . 108.2
—s, junta de . . 98.5
— laminato . . . 103.1
— de latón . . . 103.7
— di llama . . . 108.1
—s, llave para . . 110.6
—, luz del . . . 97.6
— a manicotto . . 101.3
—, mettere in opera
un 109.6
— a nervature . . 104.5
— ondulato . . . 104.8
— d'ottone . . . 103.7
—, otturatura del 104.9
—, pared del . . 97.8
—, parete del . . 97.8
— con pareti sal-
date a smusso . 102.5
— — a sovrraposi-
zione. 102.6
— de paso . . . 105.9
—, pintura del . . 98.8
— con prensaesto-
pas 104.4
— di pressione . . 108.8
— a quattro vie . 106.8
— di rame . . . 103.6
—s, rascador de . 111.1
— de reborde con
brida móvil . . 103.8
— redondeado . . 107.7
— refrigerante . . 104.7
— remachado . . 102.3
— di riduzione . . 105.9
— riscaldatore . . 108.3
—, rivestimento d'un 98.4
—, rivestimiento del 98.4
—s, roscado de . 98.6
—, rottura del . . 110.4
—, rotura del . . 110.4
— saldato . . . 102.4
— saldato . . . 102.8
— — a spirale . . 102.7
— senza saldatura 102.9
— de salida del
aceite 55.5
— di scarica . . . 109.8

Tubo con scatola
a stoppa . . . 104.4
— de serpentín . 104.6
— a serpentino bol-
litore 104.8
— soldado . . . 102.4
— — 102.8
— — en espiral . 102.7
— — á solapa . . 102.6
— — á tope . . . 102.5
— soldador . . . 203.1
— sin soldadura . 102.9
— stirato 103.4
— a T 106.6
— de T 106.6
—s, tenaza para . 110.7
—, el — tiene x mm
de diámetro in-
terior 97.7
—, el — tiene x mm
de luz 97.7
— a tre vie . . . 106.7
— a U 105.8
—, un — di x mm 97.7
—, vernice del . . 98.8
Tubolare 97.5
Tubuladura . . . 108.10
Tubulaire 97.5
Tubular 97.5
Tubulure 105.4
— 108.10
Tuerca (tornillo) . 11.5
— con basa . . . 12.8
— hexagonal (tor-
nillo). 12.5
— — con entallas 12.6
— de oreja . . . 12.7
— de presión . . 12.9
— redonda rayada 12.10
— de seguridad . 13.2
— tapón con rosca 13.1
— y tornillo. . . 11.9
Tungstic-steel . . 214.6
Turn, number
of —s 149.2
— -screw 18.3
— of the spring 149.1
—, to (crank) . . 142.9
—, to — axles . . 35.3
—, to — out a cy-
linder 131.3
—, to — shafts . 35.3
Turning axle . . 33.11
— -saw 189.7
— slide valve . . 126.8
Tuscheinsatz . . 227.5
— kasten 232.1
— napf 232.6
— pinsel 232.5
— schale 232.6
Tusche anreiben . 232.8
— anrühren . . . 232.7
—, flüssige . . . 231.3
Tuyau 97.4

Tuyau d'admission 109.2
— à ailettes . . 104.5
— d'arrivée . . . 109.2
— d'aspiration . . 108.5
—x, assemblage de 98.5
—x, — à vis de . 98.6
— de branchement 106.4
— à brides . . . 98.9
— de chauffage . 108.4
— compensateur . 104.1
—x, conduite de . 109.1
— couché . . . 102.1
— — debout . 101.10
— coulé (fondu) . 102.1
— en croix . . . 106.5
— en cuivre . . 103.6
—, diamètre inté-
rieur du . . . 97.6
—, le — a x mm
de diamètre in-
térieur . . . , 97.7
— à eau . . . 107.9
— d'échappement 109.3
— élastique . . . 104.2
— à emboîtement 101.3
— embouti avec
bride rapportée . 103.8

Tuyau, emboutir
le 103.10
—, enveloppe du . 98.4
—, épaisseur de
paroi du . . . 98.1
— étiré 103.4
—x, étirer des . . 103.5
— extensible . . 104.1
— en fonte . . . 101.9
—, garniture de . 101.5
— à gaz . . . 107.8
—x, joint de . . 98.5
—x, joint à vis de 98.6
— en laiton . . . 103.7
— laminé . . . 103.1
—x, laminoirs à . 103.8
— à manchon . . 101.8
—, manchon de . 101.4
—, obturateur de . 104.9
— ondulé . . . 104.3
—, paroi du . . . 97.8
—, peinture du . 98.3
—, poser un . . . 109.6
— à presse-étoupe 104.4
—, rabattre le collet
du 103.10
— de refoulement 108.8

Tuyau, revêtement
du 98.4
— rivé 102.3
— rupture de . . 110.4
— soudé 102.4
— — à rapproche-
ment 102.5
— — à recrouvre-
ment 102.6
— — en spirale . 102.7
—x, train de lami-
noir à 103.2
— à quatre voies . 106.8
— en trois voies . 106.7
—, c'est un — de x
mm 97.7
Tuyauterie . . . 109.4
—, plan de . . . 109.5
Tweezers 156.8
Twist 253.2
— drill 180.6
Twisted eye bit . 181.2
— rope 85.6
Two-beaked anvil 159.4
— -handed ham-
mer 161.3

U.

U-Eisen 215.9
— -iron 215.9
— -pipe 105.8
Überdrehen, eine
Schraube . . . 19.8
Überfeder . . . 231.9
Übergangsrohr . . 105.9
Überlappt ge-
schweißtes Rohr 102.6
Überlappungs-
nietung 28.7
Überlasten, das
Ventil 120.5
Überschiebmuffe . 105.5
Übersetzung . . . 68.8
—sverhältnis . . 68.8
Übertragene Kraft
(Riementrieb) . 75.9
Überwurfmutter . 13.1
Ufficio di disegno 218.4
Ugnetto 20.5
Umbördeln, das
Rohr. . . . 103.10
Umbördelung . . 103.9
Umdrehung, . . .
Achsen- . . . 34.7
Umdrehungsachse 34.5
Umgebördeltes
Rohr mit losem
Flansch . . . 103.8
Umlaufzähler . . 209.4

Umlaufendes
Schmiergefäß . 54.8
Umriß 224.7
Umschlageisen . . 159.7
Umschlingungs-
winkel (Riemen) 76.8
Umsteuerwelle . . 37.5
Uncino 166.7
Uncouple, to . . 63.1
—d axle . . . 34.2
Undicht, die Stopf-
büchse ist . . . 134.6
Undulated sheet-
iron 216.6
Unfreie Bewe-
gung. 238.3
Ungekuppelte
Achse 34.2
Ungespannte Säge 188.3
Ungeteilte Riem-
scheibe 83.2
Unghietta 167.6
—, segnare coll' . 167.7
Ungleichförmigkeits-
grad (Schwung-
rad) 149.8
Ungleichförmige
Bewegung. . . 235.5
Uniform motion . 235.1
Uniformly accele-
rated motion . 235.11
— retarded motion 236.1

Unión por bridas . 98.7
— por chaveta . . 22.5
— de correa . . 80.7
— de cuerda . . 85.8
— por platinas . 98.7
— a tornillo de las
bridas 98.8
— de tubos . . 98.5
Unione di corde . 85.8
— a flangia . . . 98.7
— dei tubi . . 98.5
Unir à chaud . . 165.1
— los extremos de
las cuerdas . . 85.9
— por soldadura . 200.7
— con tornillos . 19.2
Unire con chiodi . 196.1
— con colla. . . 196.7
— con saldatura . 200.8
— a vite . . . 19.2
Universalgelenk . 62.2
Universal joint. . 62.2
Unrivet, to . . . 31.3
Unscrew, to . . . 19.3
Unset saw . . . 188.3
Unsolder, to . . 200.9
Unstable equili-
brium 244.9
Unterbrochene
Schmierung . . 49.3
Unterflasche . . 94.3
— gesenk . . . 164.5

Unterhieb	— 363 —	Valve

Unterhieb . . . 170.7	Up-set, to . . . 164.7	Utensile a mano . 256.5
— lagscheibe . . 11.6	Up-setting . . . 164.8	Utensili, armadio
— satz, Amboß- . 158.5	Up-stroke of the	degli 256.3
Untuosidad del	piston . . . 138.1	— per forare . 182.1
aceite 50.9	Upper block . . 94.2	— da fucina . . 166.5
Unwind, to —	— cut 170.6	Utensilios . . 256.5
a rope . . . 88.4	Useful effect . 246.7	Utensils, hook . . 92.9
Uphand sledge . . 161.3	Utensile . . . 256.4	

V.

V-ring metallic	Valve, disc- . . . 116.3	Valve -oil-can . . 51.10
gland packing . 134.2	— disc 116.4	—, to open the . 115.2
— -shaped brake . 96.7	—, distributing —	—, opening of the 115.6
— -thread . . . 9.5	motion 120.9	—, oscillating cy-
— threaded . . 9.6	—, distributing	lindrical . . . 126.7
Vaciar el aceite . 55.6	slide 126.9	—, to overload the 120.5
Valet d'établi . . 194.2	—, double-beat . 118.7	—, overpressure- . 122.0
Valve 112.1	— , double-faced	—, piston- . . . 127.4
— acceleration. . 114.6	sluice gate . . 125.1	—, the play of the 115.4
—, actuated by —	—, double seat . 118.7	—, pocketed. . . 118.8
gear 120.8	—, draining . . 122.6	—, poppet . . . 118.8
—, admission . . 122.2	—, eduction . . 122.4	—, pressure on —
—, angle . . . 117.9	—, to emery the —	face 114.4
—, atmospheric . 121.8	into its seat . . 113.6	—, reduction . . 121.5
—, auxiliary. . . 116.1	—,equilibrium slide127.5	—, to regulate the
—, back pressure . 121.3	—, exhaust . . . 122.3	load on the . 120.4
—, to balance the 115.9	— -face 125.6	—, non return . 121.3
—,balancing of the 115.10	—, feed 122.7	—, ring 118.2
—, ball. . . . 116.7	—, flap. . . . 123.1	— rod 127.3
—, ball of . . . 116.8	— flap 123.2	—, robinet- . . . 128.4
—, bell-chaped. . 119.1	—, flap — faced with	—, rotary disk . 126.8
—, the — binds . 114.7	leather 123.3	—, safety . . . 119.6
—, blow off . . 122.4	—, foot 120.6	— seat 113.4
—, blow-through . 122.5	—, forcing . . . 121.7	— —, internal dia-
—, body of the . 113.3	—, gas 126.5	meter of . . . 112.6
—, body of the	—, gate 125.1	— seating . . . 113.5
sluice 125.5	— gear. 120.9	—, the — seizes . 114.8
— -box 112.2	—, globe . . . 112.1	—, self-acting . . 120.7
—, butterfly . . . 124.6	—, globe — with	—, shut-off . . . 121.1
—, bye-pass . . 116.1	bibb 128.5	—, slide . . . 126.8
— -cap 125.3	—, to grind the —	—, slide — case . 125.2
— chamber . . . 112.2	in the seat . . 113.6	—, slide gear . . 127.6
—, change . . . 112.6	— guide . . . 116.10	—, sliding sluice . 125.1
—, the — chatters 115.1	— guide wings . . 117.1	—, snifting . . . 122.1
—, check- . . . 121.2	— guided above . 117.2	— -spindle . . . 113.7
—, clack- . . . 123.1	— guided below . 117.3	— — -guide . . . 117.7
— clack 123.2	—, india-rubber . 123.4	—, spring . . . 119.4
—, to close the . 115.3	—, inertia of the . 114.5	— spring 119.5
—, closing of the . 115.5	—, isolating . . . 110.5	—, spring loaded . 119.4
— cock 128.4	—, the — knocks . 114.9	—, spring loaded
—, common slide . 127.1	— lever 119.9	safety- 120.1
—, cone of . . . 116.6	—, lever weighted	—, steam-cut-off- . 126.6
—, conical . . . 116.5	safety 119.7	—, steam pipe iso-
—, corliss . . . 126.7	—, lift-. 116.2	lating 121.4
— cover 112.3	— lift-diagram . . 115.8	—, steam stop . . 121.2
— —, bolt for the 112.4	—, lift of a . . . 114.1	— stem 113.7
—, cross 118.1	—, lifting of the . 115.7	—, step- 118.6
—, cup- 119.1	—, load on the . 119.3	—, stop- 121.2
—, D-slide . . . 127.2	—, to load the . 120.3	—, stopping- . . 121.1
—, dead-weight . 119.2	—s, mécanisme de	—, suction . . . 121.6
—, delivery . . . 121.7	distribution par. 120.9	— de sûreté . . . 110.5
— disc 113.8	—, mud- 122.9	—, testing . . 122.8

Valve, the — is too
tight 114.7
—, three-port
slide 127.2
—, three-way- . .118.1
—, throttle . . .124.6
—, transforming .121.5
—, turning slide 126.8
—, weight on the 119.8
—, weighted . .119.2
-- wings on bottom 117.8
— — on top. . .117.2
Valvola 112.1
—, accelerazione
della. 114.6
— d'alimentazione 122.7
— ad alzata . . .116.2
—, alzata della. .114.1
—, alzata della .115.7
— d'ammissione 122.2,
124,1
— ad angolo . .117.9
—, apertura della.115.6
—, aprire la . . .115.2
— d'arresto . . .121.1
— — per vapore .121.2
— d'aspirazione .124.2
— atmosferica . .121.8
— ausiliaria . . .116.1
— automatica . .120.7
—, la — batte . .115.1
—, camera della .112.2
— a campana . .119.1
—, cappello della.112.8
—, caricare la . .120.8
—, carico della .119.8
—, cerniera della.123.2
— a cerniera . .123.1
— — di cuoio . .123.8
— — di gomma .123.4
— — —, rosetta
della 123.5
—, chiudere la. .115.8
—, chiusura della 115.5
— cilindrica. . .126.7
— comandata . .120.8
—, comando a . .120.9
— a cono. . . .116.5
—, cono della . .116.6
—, coperchio della 112.8
—, corpo della. .113.2
— con costole in-
feriori 117.8
— — superiori . .117.2
—, diametro inter-
no della . . .112.5
— di distribuzione
rotativa 126.8
— a doppia sede .118.7
— — 119.1
— a due sedi an-
nulari 118.4
— di emissione .122.8
— d'evacuazione .122.4

Valvola a farfalla. 124.6
— di fondo . . .120.6
—, gioco della. .115.4
— a gradinata . .118.6
—, guida ad alette 117.1
—, guida a copiglia 117.5
—, guida a costole 117.1
—, guida della .116.10
—, guida dello stelo
della. 117.7
—, la — si ingrana 114.7
—, leva della . .119.9
—, luce interna
della. 112.5
—, lunghezza to-
tale della . . .113.9
—, massa della .114.5
—, mecanismo di
comando della .120.9
— a molla . . .119.4
—, molla della. .119.5
—, molla della. .120.2
— ordinaria. . .117.8
—, la — oscilla .114.9
— a palla . . .116.7
—, palla della . .116.8
— di passaggio .122.5
— a pesi 119.2
—, peso di carico
della. 119.8
—, piatto della. .116.4
— a più sedi annu-
lari 118.5
— premente 121.7, 124.8
— di pressione. .121.6
— di prova . . .122.8
—, la — resta so-
spesa 114.8
— di riduzione. .121.5
— di ritegno 121.8, 123.7
— di scambio . .118.1
— di scappamento 122.1
—, scaricare la .115.9
—, scarica della 115.10
— di scarica 122.4, 124.5
— — 122.6
—, sede della . .113.4
— a sede annulare 118.2
— ad una sede an-
nulare 118.8
— a sede conica .116.5
— — piana . . .116.3
— semplice ad
anello 118.8
— sferica 116.7
—, sgravare la. .115.9
— di sicurezza . .110.5
— — . . . 119.6, 123.6
— — con carico a
peso 119.7
— — a molla . .120.1
— — per tubi . .121.4
—, smerigliare la
sede della. . . .113.6

Valvola, sopracari-
care la 120.5
—, soprapressione
della. 114.4
— di spurgo . . .122.9
—, staffo d'arresto
della. 116.9
—, stelo della . .113.7
—, superficie di
contatto della .113.5
— sussidiaria . .116.1
— a tre vie . . .118.1
— a tubo. . . .118.8
—, la — vacilla . .114.9
—, volantino della 113.8
Válvula 112.1
—, abertura de la 115.6
—, abrir la . . .115.2
—, aceleración de
la 114.6
— de admisión . .122.2
—, afinar la . . .113.6
—, la — se agarra 114.7
— de alimentación 122.7
— de alza . . .116.2
— anular 118.2
— — doble . . .118.4
— — múltiple . .118.5
—, sencilla . . .118.8
—, apertura de la 115.6
—, asiento de la .113.4
— atmosférica . .121.8
— automática . .120.7
— auxiliar . . .116.1
—, brida-tope de la 116.9
—, caja de la . .112.2
—, cámara de la 112.2
—, la — canta . .115.1
—, carga de la . .119.8
—, cargar la : . .120.8
—, carrera de la .115.7
— de cerradura .121.1
— — de vapor. .121.2
—, cerrar la . . .115.8
— de cierre . . .121.1
—, cierre de la .115.5
— cilindrica. . .126.7
— circular . . .126.7
— de compuerta .125.1
— —, anillo de la 125.7
— —, cámara de la 125.2
— —, cara de la 125.6
— —, cuerpo de la 125.5
— —, guía de la .125.8
— —, tapa de la .125.8
— —, tope de la
varilla 126.2
— —, varilla de la 125.4
— —, varilla de
corredera . . .126.1
—, cono de la . .116.6
—, cono alto de la 114.8'
— cónica 116.5
— de contrapeso .116.7

Válvula de con-
trapeso 119.2
—, contrapeso de la 119.8
— de copa . . .119.1
— de corredera .125.1
— corredera para
agua 126.4
— — de concha .127.2
— — para gas . .126.5
— corredera plana 127.1
— — de retención 126.3
— del cortavapor .126.6
—, cuerpo de la .113.3
— de descarga . .121.6
— — 122.6
—, descarga de la 115.10
—, descargar la .115.9
—, diámetro inte-
rior de la . . .112.5
—, disco de la . .123.2
— de disco . . .116.3
— — 123.1
— — de cuero . .123.3
— — de goma . .123.4
— — —, guarda
gomas 123.5
—, distribución por 120.9
— de distribución 120.8
— — circular . .126.8
— doble golpe . .118.7
— de educción .122.4
— de efecto alter-
nativo 118.1
— de emisión . .122.3
— escalonada . .118.6
— de escape . .122.1
— esfera de la .116.8
— esférica . . .116.7
— de evacuación .122.4
—, guía de la . 116.10
—, guía de aletas .117.1
—, guía de la es-
piga 117.5
—, guía del vástago
de la 117.7
— de guía inferior 117.3
— — superior . .117.2
— hemisférica . .119.1
— de impulsión .121.7
—, juego de la .115.4
— de limpieza . .122.5
—, longitud de la 113.9
— de mariposa .124.6
—, masa de la . .114.5
— de obstrucción 121.1
—, la — oscila . .114.9
—, palanca de la .119.9
—, paso de la . .112.6
— de paso angu-
lar 117.9
— — de ángulo .117.9
— — recto . .117.8
— de pie 120.6
—, plato de la . .116.4

Válvula de
prueba 122.8
— de purga . . .122.9
—, la — queda su-
spensa 114.8
— de reducción .121.5
—, resorte de la .119.5
—, resorte de la .120.2
— de resorte . .119.4
— de retención. .121.3
—, rueda ma-
nubrio de la . .113.8
—, salto de la . .114.1
— de seguridad .119.6
— — con contra-
peso 119.7
— — con resorte .120.1
— — contra la ro-
tura de tubos . .121.4
— — para tubos .110.5
—, sobrecarga de la 114.4
—, sobrecargar la 120.5
—, superficie de
contacto de la .113.5
—, tapa de la . .112.3
— de toma . . .122.4
—, la — traquetea 115.1
— de triple paso .118.1
— á tubo . . .118.8
—, vástago de la .113.7
— de visagra . .123.1
— — de admisión 124.4
— — aspirante . .124.2
— — de descarga 124.5
— — impelente .124.3
— — de paro . .124.1
— — de retención 123.7
— — de seguridad 123.6
—, zona de con-
tacto de la . .113.5
Vanne 118.8
— 125.1
— d'arrêt . . .126.3
—, cage de la . .125.2
—, chambre de
la 125.2
—, corps de la .125.5
—, couvercle de la 125.3
— à eau 126.4
—, faces de la . .125.6
—, siège de la . .125.6
—, tige de . . .124.4
— de vapeur . .126.6
Vano fra due denti 65.7
Vapeur, conduite
de. 109.9
—, piston à . . .140.5
Vapor, conducción
para 109.9
—, válvula de cer-
radura de . . .121.2
Vapore, condut-
tura di 109.9

Vapore, valvola
d'arresto per . . 121.2
Variable motion . 235.5
Variation in speed,
(fly wheel) coef-
ficient of . . .149.8
Varloppe 193.1
Varying load . . 248.3
Vasija de engrasa-
dor 53.7
Vaso lubrificatore 53.7
— dell' olio . . . 53.8
Vástago con anillos 38.9
— cilindrico . . 39.2
— cónico . . . 39.3
— del émbolo . .136.6
— —, extremo del 136.7
— —, guia del . .136.8
— empotrado . . 39.6
— esférico . . . 39.4
—, girar sobre un 39.8
—, llave del . .137.1
—, rosca del . .136.9
— de rotación . . 39.7
Vegetable fat . . 51.8
— oil 51.3
Végétale, huile . . 51.8
Velocidad . . . 235.3
— angular . . . 241.3
— final 235.9
— de impulsión 237.10
— inicial 235.8
— media . . . 235.10
— resultante . . 240.4
Velocità 235.3
— angolare . . . 241.3
— finale . . . 235.9
— iniziale . . . 235.8
— media . . . 235.10
— del proiettile 237.10
— risultante . . 240.4
Velocity 235.3
—, angular . . . 241.3
—, component of . 240.2
—, to compound
several compo-
nent velocities
into a single re-
sultant 240.3
—, to find the re-
sultant of several
velocities . . . 240.8
—, initial . . . 235.8
—, mean . . . 235.10
—, parallelogram
of velocities . . 239.8
— of projection 237.10
—, to resolve a —
into its compo-
nents 240.1
—, resultant . . 240.4
Veneer-saw . . .189.6
Ventil 112.1
—, Abblase- . . .122.4

Ventil, Abfluß-. . 122.6
—, Ablaß- 122.6
—, Absperr- . . . 121.1
—, atmosphärisches121.8
—, das — auf den
—sitz aufschlei-
fen 113.6
—, Ausblase- . . 122.4
—, Auslaß- . . . 122.3
—, das — belasten 120.3
— belastung . . . 119.3
—, die Belastung
des —s richtig
bemessen . . . 120.4
— beschleunigung 114.6
—, das — bleibt
hängen 114.8
—, Boden- . . . 120.6
—, Dampfabsperr- 121.2
— deckel 112.3
— — schraube . . 112.4
—, Doppelsitz- . . 118.7
—, Dreiweg- . . . 118.1
—, Druck- . . . 121.7
—, Durchblase- . 122.5
—, Durchgangs- . 117.8
—, Eck- 117.9
—, Einlaß- . . . 122.2
— das — entlasten 115.9
—, Entlastungs- . 116.1
— entlastung . 115.10
— erhebung . . . 115.7
— —sdiagramm . 115.8
— 'eröffnung . . 115.6
— fänger 123.5
—, Feder- . . . 119.4
— feder 119.5
— — 120.2
—, das — flattert. 114.9
— führung . . . 116.10
—, Fuß- 120.6
— gehäuse . . . 112.2
— — deckel . . . 112.3
—, gesteuertes . . 120.8
—, Gewichts- . . 119.2
—, Glocken- . . . 119.1
—, Gummiklappen- 123.4
— hahn 128.4
— hebel 119.9
—, Hilfs- 116.1
—, Hub- 116.2
— hub 114.1
— kammer . . . 112.2
—, Kegel- . . . 116.5
— kegel 116.6
—, Klapp- . . . 123.1
— klappe . . . 123.2
—, das — klappert 115.1
—, das — klemmt
sich 114.7
— körper . . . 113.8
—, Kronen- . . . 119.1
—, Kugel- . . . 116.7
— kugel 116.8

Ventil, Leder-
klappen- . . . 123.3
—, Lu.t- 121.8
— masse 114.5
—, das — öffnen . 115.2
— ölkanne . . . 51.10
—, Probier- . . . 122.8
—, Reduktions- . 121.5
—, Reduzier- . . 121.5
—, Ring- 118.2
— mit oberer Rip-
penführung . . 117.2
—, mit unterer
Rippenführung . 117.3
—, Rohr- 118.8
—, Rohrbruch- . 110.5
—, Ronrbruch- . 121.4
—, Rückschlag- . 121.3
—, Saug- . . . 121.6
—, Schlamm- . . 122.9
—, das — schlies-
sen 115.3
— schluß . . . 115.5
—, Schmutz- . . 122.9
—, Schnarch- . . 122.1
—, Schnüffel- . . 122.1
—, selbsttätiges . 120.7
—, Sicherheits- . 119.6
— sitz 113.4
— —, das Ventil
auf den — auf-
schleifen . . . 113.6
—, Speise- . . . 122.7
—s, das Spiel des. 115.4
— spindel . . . 113.7
—, Steuer- . . . 120.8
— steuerung . . 120.9
—, Stufen- . . . 118.6
—, Teller- . . . 116.3
— teller 116.4
— überdruck . . 114.4
—, das — über-
lasten 120.5
—, umgesteuertes. 120.7
—, Wechsel- . . . 118.1
Verankern . . . 18.6
Verbindung,
Riemen- . . . 80.7
Verbolzen . . . 18.4
Verbolzung . . . 11.1
Verfilzen,der Docht
verfilzt 54.4
Verharzen, das
Schmieröl ver-
harzt 50.10
Verharzung des Öls 51.1
Verjüngte Muffe . 107.1
— Nietung . . . 30.8
Verjüngter Maß-
stab 221.5
Verjüngtes Knie-
rohr, scharfes . 107.8
Verkeilung . . . 22.5

Verkleidung, Cy-
linder- 131.2
Verlängerungs-
stange 227.8
Verlegen, das Rohr 109.6
Verme, a — qua-
drangolare . . 10.1
—, a — tondo . . 10.8
—; a — triangolare 9.6
—, vite a — doppio 9.2
— d'una vite . . 7.7
—, vite a — triplo 9.3
Vernice del tubo . 98.3
Vernier caliper . . 204.6
Vernieten 30.5
Vernietung . . . 27.4
Vernietung, Warm- 27.8
Verpacken (Stopf-
büchse) 135.2
Versatznietung . . 30.1
Verschiebbare
Achse 34.3
Verschlossenes Seil 85.7
Verschlußkappe
(Rohr) 105.2
— pfropfen (Rohr) 105.1
—, Rohr- 104.9
— schraube . . . 13.5
— — (Rohr) . . . 105.1
Verschrauben . . 18.5
Verschraubung . . 11.1
—, Deckel- (Cylin-
der) 130.7
—, Flanschen- . . 98.8
—, Rohr- 98.6
Versenker. . . . 180.7
Versenkte Niete . 26.8
— Schraube . . . 14.4
Versenkter Kopf
(Schraube). . . 12.3
Versenkungs-
winkel (Niete) . 26.8
Verspleißen, das
Seil 85.9
Versplinten, einen
Bolzen 14.9
Verstellbar.Schrau-
benschlüssel . . 18.1
Verstemmen, Nie-
ten 31.1
Verteilungs-
schieber . . . 126.9
Vertical belt . . 78.5
— journal . . . 38.7
— projection . . 238.2
— shaft 36.2
— writing . . . 231.7
Verzahntes Ketten-
rad 91.4
Verzahnung . . . 63.2
—, Cykloiden- . . 66.7
—, Doppelpunkt- . 67.5
—, Eisen-Eisen- . 72.4
—, Evolventen- . 67.8

Verzahnung, Gerad-
flanken-. . . . 67.6
—, Innen- . . . 67.7
—, Triebstock- . . 67.4
Verzögerung . . 235.7
Verzweigung, Rohr- 106.1
Vice 153.1
—, bench- . . . 153.2
— bench . . . 256.2
—, bits of the . . 153.5
— -clamps . . . 154.7
— -clamps . . . 155.2
—, filing- . . . 154.6
—, hand- . . . 154.6
—, hand . . . 155.2
—, jaw- 153.1
— -jaw 153.6
—, jaws of the . 153.5
—, parallel bench- 154.2
—, pin- 155.1
—, pipe- 154.8
—, pointed hand- . 154.8
—, to screw a piece
of work into the 153.8
—, standing- . . 153.2
—, tube- 154.8
Vidange d'huile . 55.5
—, robinet de . . 129.2
Vide 65.7
— 179.1
Vider l'huile . . 55.6
Viereckig. Gewinde 9.7
Vierkant 12.1
— eisen 215.1
— feile 174.8
— kopf 12.1
— welle 35.10
Vierweghahn . . 129.1
— wegestück
(Rohr) . . . 106.8
Viera conica
d'innesto . . . 58.2
— del tirante . . 14.7
View, to draw a —
of a machine part 224.1
—, front 224.2
—, longitudinal . 224.5
—, side 224.3
Viga de hierro T . 215.7
Vilebrequin . . . 182.5
Viruta 192.6
Virutas de lima . 171.8
— de sierra . . . 187.4
Vis 11.2
—, accouplement à 56.6
— agrafe de cour-
roie 81.5
— à ailettes . . . 15.4
— d'arrêt 15.1
—, arrêt de sûreté
de 13.8
— à bois 16.4
—, bouchon à
(tuyau) . . . 105.1

Vis, boulon à . . 11.2
—, calibre à . . 204.2
—, calibre à . . 204.4
— à clef 15.8
—, clef à — d'arrêt 17.8
— de couvercle du
piston 139.6
—, déformer la . 19.8
— d'étau . . . 153.4
— de fermeture . 13.5
—, filet d'une . . 7.7
— sans fin . . . 71.7
— —, engrenage à 71.4
— de fixation . . 13.7
—, manchon à . . 56.5
— micrométrique 15.6
— de mouvement 13.5
—, noyau de la . 8.2
— à œil 14.8
—, pas d'une . . 7.5
— à double pas 9.2
— à pas multiple 9.4
— — simple . . 9.1
— à triple pas . 9.8
—, la — a x pas au
pouce 7.6
— du piston . . 136.9
— à plusieurs filets 16.3
— de pression . . 13.7
— de réglage . . 15.1
—, robinet à . . 128.5
— de serrage . . 15.1
—, serrer la . . 18.7
—, spire de . . . 7.5
— à tête . . . 13.9
Viscosità dell' olio 50.9
Viscosité de
l'huile 50.9
Vissage 11.1
Vissée, bride . . 100.9
Visser 18.5
— 18.8
Vista di fianco . . 224.4
— frontale . . 224.2
— laterale . . . 224.3
— longitudinale . 224.5
— di profilo . . 224.3
Vite 11.2
—, accoppiamento a 11.1
— di aggiustamento 13.6
— ad alette . . . 15.4
—, anima della . 8.5
— d'arresto . . 15.1
— —, chiave a . 17.3
—, arresto di sicu-
rezza della . . 13.8
— d' attacco . 13.4
— di chiusura . 13.4
—, collegamento a 11.1
— di collegamento 13.4
— per congiun-
gere cinghie . 81.5
—, dado della . 11.5
— a più filetti . 16.3

Vite, filetto d'una 7.7
— senza fine . . 71.7
—, foro della . . 11.7
—, gambo della . 11.3
—, giunzione a . 11.1
— da legno . . . 16.4
— micrometrica . 15.5
— mordente . . 13.9
— per morsa . . 153.4
— ad occhio . . 14.2
— a pane destro . 8.7
— — destrorsa . . 8.7
— — sinistrorsa . 8.9
— a più pani . . 16.3
— passante . . . 13.10
—, passo d' una . 7.8
— a passo semplice 9.1
—, la — a x passi
per pollice . . 7.6
— perpetua . . 71.7
— di, pressione . 13.7
— 15.1
— prigioniera . . 13.8
—, ranella della . 11.6
—, spira d'una . 7.5
—, strappare il verme
ad una . . . 19.8
—, testa della . . 11.4
— a testa e dado
incassati . . . 14.4
— con testa a spi-
netta 15.8
—, verme d' una . 7.7
— a verme doppio 9.2
— — triplo . . 9.3
Vitesse 235.3
—, composante de
la 240.2
—, décomposer une
— en ses compo-
santes 240.1
— finale . . . 235.9
— initiale . . . 235.8
— moyenne . . 235.10
—s, parallelogram-
me des . . . 239.8
— du piston . 137.4
—, résultante de la 240.4
—s, réunir plusi-
eurs — en leur
résultante . . 240.3
— du tir . . . 237.10
Vogelzunge . . . 174.8
Volano 149.4
—, corona del . 149.5
— dentato . . . 150.4
— diviso 149.9
— —, bullone della
corona 150.2
— —, bullone del
mozzo 150.8
— —, giunzione
della corona . 150.1
—, esplosione del 150.5

Volano, grado.
d'irregolarità . 149.8
—, mozzo del . . 149.7
—, razza del . . 149.6
—, rottura della
corona 150.6
Volant 149.4
—, bras du . . . 149.6
— denté 150.4
— en deux parties 149.9
—, explosion du . 150.5
—, jante du . . 149.5
—, moyeu du . . 149.7
Volante 149.4
—, brazo del . . 149.6
—, corona del . 149.5
—, cubo del . . 149.7
— dentado . . . 150.4
—, grado de des-
igualdad . . . 149.8

Volante, llanta
del 149.5
— de piezas arma-
das 149.9
— de piezas arma-
das, junta de la
corona 150.1
— —, tornillo de la
corona 150.2
— —, tornillo del
cubo 150.3
—, rotura del . . 150.5
—, rotura de la co-
rona 150.6
Volantino (valvola) 113.8
Volée, tarauder à
la 19.10
Volle Welle . . . 35.8
Vollschlächtiges
Seil 85.7

Volute spring . . 148.4
Vorfeile 172.4
Vorgelege, Rei-
bungs- . . . . 75.
—, Riemen- . . . 77.1
—, Zahnrad- . . 68.1
— welle 36.5
Vorhalter 32.3
Vorreißer 207.6
Vorschlaghammer. 161.1
Vorsprung, Flansch
mit — u. Rück-
sprung . . . . 99.
Vorsteckkeil . . 16.
— . . . . . . 24.
—, Bolzen mit . . 14.
Vrille . . . . . 179.
Vue de côté . . 224.3
— de face . . 224.2
— longitudinale . 224.5

W.

Wagerechter Wurf. 238.1
Waggon spring, la-
minated plate . 147.6
Wall-box-frame . . 47.3
— -bracket . . . 46.5
— — -bearing . . 46.4
— -chisel . . . 181.7
— hook (pipe) . . 109.8
— of pipe . . . 97.8
Walzapparat, Rohr- 103.2
— eisen . . . 215.5
— werk, Röhren- . 103.3
Walze, Reibungs- 74.4
Walzenfräser . . 184.1
— lager 45.8
Wälzende Reibung 246.4
Wälzfeile 174.7
Wandbock . . . 46.5
— konsole . . . 46.5
— lager 46.4
— — stuhl . . . 46.5
— stärke (Rohr) . 98.1
Wandung,Cylinder- 130.4
Warmlaufen des
Lagers 48.3
— —, das Lager
einer Maschine
läuft warm . . 48.2
Warmmeißel. . . 165.9
— säge. 187.8
— sägen 187.6
— saw 187.8
— —, to . . . 187.6
— schmieden . . 164.2
— schrotmeißel . 165.9
— vernietung . . 27.8
Warme Nietung . 27.8
Washer (screw). . 11.6
Wasserfarbe,
Feucht-. . . . 232.3

Wasserhahn . . . 129.5
— leitung . . 109.10
— rohr. 107.9
— sack 110.2
— säule. . . . 111.7
— schieber . . 126.4
— schlag . . . 110.3
Wasserstands-
gehäuse . . . 111.3
— glas 111.4
— hahn 111.5
— linie 111.6
— marke . . . 111.6
— zeiger 111.2
Wasserwage . . . 208.8
Waste-pipe . . . 109.3
Watch-maker's oil 51.7
Water cock . . . 129.5
— -colour. . . . 232.3
— —s, box of . . 232.1
— -column . . . 111.7
— faucet 129.5
— -gauge 111.2
— — -casting . . 111.3
— — -cock . . . 111.5
— — glass . . . 111.4
— grooved piston 139.8
— — hammering . 110.3
— hardening . . 200.5
— -level 208.8
— -line 111.6
— -mark 111.6
— pipe. 107.9
— -piping. . . . 109.10
— sluice gate . 126.4
— -trap 110.2
— -tube 108.3
Wear, to — out (of
the bearing) . . 48.4
Web, crank . . . 141.3

Web, saw- . . . 185.5
Wechselventil . . 118.1
Wechselnde Be-
lastung 248.8
Wedge 21.6
—, angle of . . . 21.9
—, back of the . 21.8
— -bolt 25.1
— for coupling . 58.2
— -ended-hammer 161.8
— -friction-gear . 74.6
— — wheel . . . 74.7
—, iron 22.3
— -ring (stuffing-
box) 133.5
—, steel 22.4
— -surface . . . 21.7
—, tangent . . . 24.5
—, taper of . . . 22.1
—, wooden . . . 22.2
Weg 235.2
Weichlöten . . . 201.2
Weighted governor 151.9
Weighted, drive
with — belt tigh-
tener. 78.1
— valve 119.2
Weißblech . . . 216.7
— guß 217.10
— lot 202.5
— metall . . . 217.10
— —, ein Lager
mit — ausgießen 43.2
— pause 234.4
— strahleisen . 211.2
Weißes Roheisen . 210.4
Weite, lichte (Ven-
til) 112.5
—, das Rohr hat
x mm lichte . . 97.7

Weite, lichte — des
Rohres 97.6
Veld 164.10
— 165.2
⌐, end lap (of the
⌐links of chain) . 89.6
⌐, side lap (of the
link of chains) . 89.7
— -steel 213.6
—, to 164.9
⌐ to — on . . 164.11
- -, to — together 164.11
⤙, to — together 165.1
Welded chain . . 89.5
⌐ pipe 102.4
⌐ —, butt . . 102.5
⤙ —, lap . . . 102.6
⌐ —, spiral . . 102.7
⌐ tube 102.4
Welding . . . 164.10
—, defect in . . 165.4
— -furnace . . 165.5
— heat . . . 165.8
—, process of . 164.10
Wellblech . . 216.6
— rohr 104.3
Welle 35.5
—, eine — ab-
stechen . . . 37.3
—, Antriebs- . . 36.4
—, Ausrück- . . 36.6
—, Ausrück- . . 59.4
—, biegsame . . 36.3
—, durchgehende 35.11
—, gekröpfte . 36.9
—, doppelt ge-
kröpfte 37.2
—, hohle . . . 35.9
—, Kurbel- . . 141.4
—, liegende . . 36.1
—, eine — durch
Riemen antrei-
ben 76.4
—, der Riemen ruht
auf der — auf . 80.1
—, stehende . . 36.2
—, Steuer- . . 37.4
—, Trommel- . . 95.1
—, Umsteuer- . 37.5
—, volle . . . 35.8
—, Vorgelege- . 36.5
—, Zwischen- . 36.5
Wellenbund . . 36.7
—hals 35.7
—kupplung . . 56.2
—leitung . . . 35.4
—zapfen . . . 35.6
Wendeisen . . 20.9
Wendeschlüssel . 17.2
Werkbank . . 256.2
— führer . . . 254.4
— stätte . . . 256.1
— —, Maschinen-
bau- 254.1

Werkstätte, Mon-
tierungs- . . . 255.8
— stück, ein — in
den Schraub-
stock einspannen 153.8
— zeichnung . . 223.6
Werkzeug . . . 256.4
—, Hand- . . . 256.5
— kasten . . . 256.3
— maschine . . . 256.8
— stahl . . . 214.7
Wheel, arm of a . 69.7
—, bevil gear . . 71.2
—, bevil gear . . 71.4
—, built up . . . 69.9
— — 88.7
—, chain . . . 90.5
—, chain 90.8
—, circumferential
friction . . . 73.6
—, cog 72.1
—, cogged . . . 72.1
— cutter 184.5
— cutting machine 73.2
—, dotting . . . 229.2
—, friction . . . 73.4
—, friction . . . 74.3
—, hyperbolical . 71.9
—, internal tooth 70.3
— -mill 197.7
—, mitre 71.4
—, mitre — gearing 71.8
—, mortice . . . 72.1
— moulding ma-
chine 73.1
—, pin 67.4
—s, right angle fric-
tion 74.2
—, rim of gear . 69.2
—, screw . . . 71.8
— seat 33.5
— gearing, shaft
with 68.2
—, split . . . 69.10
—, spur gear . . 69.1
—, the —s squeak 72.8
—, toothed . . . 63.3
— wedge friction . 74.7
—, worm 71.6
—, worm 71.8
—, worm and . . 71.5
Whet, to 197.5
— stone 197.3
White-metal . . 217.10
— pig-iron . . 210.4
— print 234.4
Wick, the — is
clogged up . . 54.4
— -lubricator . . 54.2
— for oil-syphon . 54.3
— -oiling 54.1
Widderkopf . . . 92.6
Widen, to . . . 179.3
Widerstand, Bahn- 238.1

Widerstand, Nor-
mal- 238.5
—, Reibungs- . . 245.7
—, Tangential- . . 238.6
—smoment . . . 251.8
— of passage (valve) 113.1
— of tooth . . . 65.8
— of thread . . . 8.2
Wiegensäge . . . 188.6
Wimble 180.8
— 182.2
Winch and crank
handle 142.3
— rope 88.2
Windeisen . . . 20.9
Wind, to 142.9
—, to — up a rope 88.3
Winde, Niet- . . 32.4
Winding rope . . 87.7
Windlass 142.3
—, handle of . . 142.4
— for a single man 142.5
— for two man . 142.6
Windungszahl der
Feder 149.2
Wing screw . . . 15.4
Winged nut . . . 12.7
Winkel 208.1
— 219.8
— Anschlag- . . 208.2
— beschleunigung 241.4
— bohrer 182.7
—, Brust- . . . 185.8
—, Drehungs- . . 253.5
— eisen 215.6
— flansch . . . 100.3
— geschwindigkeit 241.3
— getriebe . . . 71.3
— hahn 128.8
—, Keil- 21.9
—, Keilnuten- . . 75.2
— konsole . . . 47.6
—, Kreuz- . . 208.3
—, Neigungs- . . 7.2
— rad 71.4
—, reibahle . . . 177.6
—, schmierbüchse . 55.9
—, Schneid- . . 185.9
—, schnelle . . . 241.3
—, Sechskant- . . 208.4
—, Steigungs- . . 7.2
— transporteur. . 229.5
— trieb (Riemen) . 77.8
— Umschlingungs-
(Riemen) . . . 76.8
—, Versenkungs-
(Niete) 26.6
—, Wurf- 237.6
— zahn 70.3
—, zähnen, Rad mit 70.3
—, Zuschärfungs- . 186.1
Wirbel, Ketten- . 90.5
Wire-cutter . . . 155.10

Wire gauge 206.6
— -rope 86.7
— -nail 196.4
— — pulley . . . 87.3
— -shears. . . .158.2
— -tack 196.4
Wirkungsgrad . .216.8
Wischer, Rohr-. . .110.9
Woarn-in journal . 38.3
Wölbung (Riem-
scheibe) . . . 82.3
Wolframstahl . .214.6
— steel 214.6
Wolfszahn . . .186.5
Wood belt pulley . 83.1
— on iron-gearing 72.5
— saw 187.10
— -screw 16.4
— tooth 72.8
Wooden hammer .163.6
— wedge 22.2
Work 245.1
—, to be at . . . 255.7
— bench 256.2
—s, engine- . . .254.1
— of friction . .246.5
—s, machine- . .254.1
—, resilience — of
deformation . . 248.6

Work room . . . 256.1
— shops 256.1
— shop for construc-
ting machines . 254.1
— done by tooth-
friction 66.6
—, total 246.6
—, to 255.7
—, to (crank) . . 142.9
—, to — with a
chisel 168.2
Working drawing . 223.6
— machine . . . 256.6
— rope 86.5
Worm 71.7
— gear. 71.5
— hobs 184.6
— -pipe 104.6
— -wheel 71.6
— — 71.8
— and wheel . . 71.5
Wrench . . 16.5; 17.8
— adjustable . . 18.1
—, alligator . . .110.6
—, bent 17.2
—, box- 17.5
—, coach 18.2
—, cock- 17.6
—, double ended . 17.1

Wrench, flange- . .101.1
—, monkey- . . . 18.2
—, opening of . . 16.6
—, pipe- 110.6
—, piston 187.1
—, set screw - . 17.3
—, single ended . 16.8
—, socket- . . . 17.4
Writing, vertical .231.7
—, roundhand . .231.6
Wrought-iron . .212.5
— — 212.6
— — belt pulley . 82.8
— — pipe . . .102.2
Wulst, Kranz- . . 69.3
—, Naben- . . . 69.5
Wurfbahn 237.9
— dauer 236.6
—geschwindigkeit 237.10
— höhe 237.8
—, schiefer . . .237.5
—, senkrechter. . 238.2
—, wagerechter .238.1
— weite 237.7
— winkel. . . .237.6
Wurm (Schnecken-
rad) 71.7
— getriebe . . . 71.6
Wurzelkreis . . . 63.7

Y.

Y-pipe 106.3
Yellow-brass . .217.5
— -copper . . .217.5
Yunque 158.3
— de banco . . .158.8
—, cara superior del 158.4

Yunque de cincel .165.7
—, cuello del . .159.3
—, cuerno del . .159.1
—, espiga del . .159.3
— de forja . . .158.6
— de mano . . .158.7

Yunque para picar
limas 171.1
—, suplemento de
corte para. . .159.7
—, tabla del. . .158.4
—, tajo base . .158.5

Z.

Z-bar 215.10
Z-Eisen . . . 215.10
— -iron . . . 215.10
Zahn 64.8
— (Kupplung) . . 60.3
— breite . . . 65.8
—, Dreiecks- . .186.4
— druck . . . 66.3
— —, specifischer 66.4
—, eingesetzter . 72.2
— flanke . . . 64.10
— form 64.9
—, Fräser- . . .183.3
— fuß 65.8
—, gefräster . . 66.2
—, gehobelter . . 66.1
—, geschnittener . 66.1
—, geschränkter .186.8
— gesperre . . 95.5
—, hinterlochter .186.7

Zahnkopf . . . 65.1
— kranz 69.2
— krone . . . 65.1
— kupplung. . . 60.2
— länge 65.5
— lücke . . . 65.7
—, M- 186.6
— profil . . . 64.9
— rad 63.3
— — fräser . . .184.5
— — getriebe . . 68.1
— — vorgelege . 68.2
— reibung . . . 66.5
— -sarbeit . . 66.6
—, roh gegossener 65.9
— spitzenlinie . .186.2
— stange . . . 70.7
— stangengetriebe 70.6
— stärke 65.6

Zahn, Stock- . .186.8
— teilung . . . 63.4
—, Wolfs- . . .186.5
— wurzel. . . 65.3
Zanca 182.8
Zange 155.8
—, Beiß- 156.1
—, Brenner- . . .156.7
—, Draht- . . .155.9
—, Drück- . . .156.4
—, Feder- . . .156.8
—, Flach- . . .155.5
— der Hobelbank 194.1
—, Kappen- . . .155.7
—, Klapp- . . .156.8
—, Kneif- . . .156.2
—, Korn- . . .156.8
—, Kugel- . . .155.7
—, Loch- . . .169.5
—, Löt- 156.6

Zange, Löt- 203.2
—, Nagel- 156.8
—, Niet- 32.7
—, Platt- 155.5
—, Rohr- 110.7
—, Rund- 155.6
—, Schieb- . . .155.8
—, Schmiede- . 166.10
—, Zieh- 156.5
Zangenmaul. . .155.4
Zapata del freno . 96.4
Zapfen 37.6
— bohrer. . . .179.8
—, cylindrischer . 39.2
—, Dreh- 39.7
—, sich auf einem
— drehen . . . 39.8
— druck 37.9
—, eingelaufener . 38.3
—, eingesetzter . 39.6
—, Gabel- . . . 39.5
—, Gelenk- . . . 62.1
—, Hals- 38.5
—, Kamm- . . . 38.9
—, konischer . . 39.3
—, Kreuzkopf- . .146.7
—, Kugel- . . . 39.4
—, Kurbel- . . .141.6
— reibahle . . .178.1
— reibung . . . 38.1
—, Ring- 38.8
—, Spitz- 39.1
—, Spur- 38.7
—, Stirn- 38.6
—, Stütz- 38.7
—, Trag- 38.4
—, Wellen- . . . 35.6
Zeichenbogen . .220.3
— bureau . . .218.4
— feder 231.4
— mappe 219.2
— papier 220.2
— stift 230.2
— tisch 218.7
— tisch, verstell-
barer 219.1
Zeichnen,
Maschinen . .222.6
— (verb) 218.1
—, maßstäblich .218.3
—, in natürlicher
Größe 218.2
—, in natürlichem
Maßstabe . .218.2
—, in verjüngtem
Maßstabe . . .218.3

Zeichner 218.5
Zeichnung . . .218.6
—, die — beschrei-
ben 231.5
—, eine — in Blei
anfertigen . . .226.1
—, Detail- . . .223.5
—, Hand- . . .222.10
—, Maschinen- . .222.7
—, die — verzieht
sich 233.3
—, Werk- 223.6
—sentwurf . . .223.2
—smappe . . .219.2
Zeit 235.4
Zementstahl . .214.2
Zentralschmierung 50.2
— schmiervorrich-
tung 50.3
Zentrifugalpendel 239.4
Zentrumsscheibe .228.7
— stift 228.7
Zickzack-Nietung . 30.1
Ziehform . . .229.6
—, Doppel- . . .229.8
— einsatz . . .227.5
—, Kurven- . . .229.7
Ziehmesser . .195.8
Ziehzange . . .156.5
Ziehen, Röhren- .103.5
Ziehendes Trum . 75.10
Zig-Zag-riveting . 30.1
Zinc 216.9
— hammer . . .163.7
Zinco 216.9
Zink 216.9
— hammer . . .163.7
Zinn 216.10
— lot 202.5
Zirkel 226.8
—, Bleistift- . . .228.1
—, Einsatz- . . .227.3
—, Feder- 228.3
— fuß 226.10
—, Hand- 228.2
— kopf 227.2
—, Nullen- . . .228.4
—, Parallel- . . .207.8
—, Reduktions- . .228.5
— schenkel . . .226.9
— schlüssel . . .227.9
—, Spitz- 207.4
— spitze 227.1
—, Stangen- . . .228.6
—, Stech- 228.2

Zirkel, Stück- . .227.3
—, Teil- 228.3
— verlängerung .227.8
Zollmaß 220.10
Zollstab 221.8
— stock 221.3
— stock 221.8
Zudrehen, den
Hahn 128.2
Zufluß, Öl- . . . 52.3
— rohr 109.2
Zug 250.2
— beanspruchung 250.4
— festigkeit . . .250.3
—, ein Körper
ist auf — bean-
sprucht 247.6
— kraft 250.5
— messer . . .195.3
— spannung . .250.6
Zulässige Anstren-
gung 247.7
— Beanspruchung 247.7
Zuleitungsrohr . .109.2
Zunge der Reiß-
schiene 219.7
Zusammendrük-
kung der Feder. 148.7
— drücken, eine
Feder 148.8
— leimen 196.7
— löten 200.7
— kuppeln . . . 62.5
— nageln 196.1
— schlagen, das Seil 85.4
— schrauben . . 19.2
— schweißen . .165.1
Zuschärfungs-
winkel 186.1
Zuschlaghammer .161.3
Zuschrauben . . 19.1
Zwanglauflehre . .234.8
Zweigängiges Ge-
winde 9.2
Zweimännische
Kurbel 142.6
— Säge 188.2
Zweireihige Nie-
tung 29.6
— schnittige Nie-
tung 28.5
— teilige Excenter-
scheibe 143.8
Zweigrohr . . .106.4
Zwinge, Schraub- .196.9
Zwischenwelle . . 36.5

А.

Автоматическая
  смазка . . . 49.6
—ой —и, устр.
  для — — . . 49.7
—ій клапанъ . . 120.7
—ое разобщеніе . 60.1
Акварельная
  краска . . . 232.3
Амбусъ 159.5

Амплитуда качан.
  маятника . . . 238.9
Англійскій ключъ 18.2
Анкерная доска . 15.8
— плита 15.8
—ый болтъ . . 15.6
—ыми —ами
  скрѣпить . . . 18.6
Аппаратъ для
  очистки масла . 53.1

Аппаратъ для
  свѣтопеча-
  танія 234.5
— для смазыв.
  по каплямъ . 54.6
— тормазный . 96.1
Асбестовая на-
  бивка . . . 135.5
— тесьма . . . 135.6

Б.

Балистическая
  кривая . . 237.11
Банница для
  очистки трубъ 111.1
Баня маслянная . 55.3
Барабанъ . . . 94.8
— для канатовъ . 95.2
— — цѣпей . . 95.3
—а валъ . . . 95.1
— цилиндръ . . 94.9
Барашекъ . . . 12.7
—ка 15.4
—ковый винтъ . 15.4
Башмакъ тор-
  мазный . . 96.4
Безконечная
  цѣпь . . . 91.11
— ый винтъ . . 71.7
Безразличное
  равновѣсіе . 244.10
Бертелэйзенъ . 159.8
Бессемеровская
  сталь . . 213.9
—ое желѣзо . . 213.2
Блокъ 93.2
— бутылочный . 93.7
— дифферен-
  ціальный . 94.5
— для цѣпей . 90.8
— — эскизовъ . 220.5

Блокъ глухой . 93.8
— неподвижный 93.3
— передвижной . 93.4
— сложный . . 93.7
— холостой . . 93.4
— цѣпной . . . 88.7
— — зубчатый . 91.4
—а коробка . . 93.8
— обойма . . . 93.5
— — 93.8
— ось 93.6
Блюдце для туши 232.6
Боевой молотокъ 161.3
— — съ поперечн.
  лицомъ . . 161.6
Бой молотка . . 160.4
Болтъ 11.2
— анкерный . . 15.6
— крейцкопфа . 146.7
— крестовины . 146.7
— крышки
  поршня 139.6
— — цилиндра . 130.6
— кулака . . . 146.7
— основ. под-
  шипника . . 43.8
— отъ крышки
  подшипника . 43.6
— перекидной . 14.3
— поршня . . . 136.9

Болтъ распорный 14.5
— сальника . . 133.8
— скрѣпляющій . 57.4
— соединительн. 57.4
— стыковой
  обода 150.2
— — ступицы . 150.3
— стяжной . . 57.4
— съ головк. и
  гайк. . . . 11.9
— съ крышки
  клапана . . 112.4
— съ чекою . . 14.8
— флянца . . . 99.3
— фундаментный 15.7
— — 44.3
— цѣпи . . . 91.2
— шарнирный . 14.8
—ы нарѣзать . . 19.9
—ами скрѣплять . 18.4
— — 18.6
—овая связь . . 14.6
—орѣзный ста-
  нокъ 21.5
Боровка шкива 87.2
—чат. шкивъ д.
  канат. 87.1
Бортъ вкладыша 43.8
Бочечный буравъ 179.8
Бревно 190.7

Бродокъ 169.4
Бронза 217.6
— колокольн. ⸗ . 217.9
— пушечная . . 217.8
— фосфорист. . 217.7
Брусовка . . . 172.3
Брусокъ наждач-
ный 198.1
Букса 132.8
—, грунд- . . . 133.4
— направляющ.. 146.2
Бумага вос-
сковая . . . 233.9
— для эскизовъ. 220.4
— наждачная . 197.9

Бумага пропуск-
ная 232.9
— свѣточувстви-
тельн. . . . 234.2
— чертежная . 220.2
—и —ой листъ . 220.3
Буравить . . . 179.2
—чикъ . . . 179.7
—ъ бочечный . . 179.8
— земляной . . 181.6
— насосный . . 181.1
— плотничій . 180.8
— ручной . . 179.6
— съ бочечн.
ушкомъ . . . 181.2

Буреніе 179.5
Буровой инстру-
ментъ 182.7
Буръ для камня 181.7
Бутылочный
блокъ . . . 93.7
Бѣлая жесть . 216.7
—ый металлъ . 217.10
— сплавъ . . 217.10
— чугунъ передѣ-
лочн. . . . 210.4
Бюгель направл.
цѣпной пере-
дачи 90.7
Бюро чертежное 218.4

В.

Валъ 35.5
— барабана . . 95.1
— горизонталь-
—ный 36.1
— двухколѣнча-
тый 37.2
— для перем. хода 37.5
— квадратный . 35.10
— колѣнчатый . 36.9
— массивный . . 35.8
— передаточный 36.5
— полый . . . 35.9
— приводный . 36.4
—промежуточный 36.5
— разобщающійся 36.6
— разобщитель-
ный 59.4
— распредѣли-
тельный . . 37.4
— сквозной . . 35.11
— стоячій . . 36.2
— упругій . . 36.3
— подрѣзать . . 37.8
— приводить въ
движ. посред-
ствомъ ремня 76.4
—а колѣно . . 36.10
— обварка . . 36.7
— шейка . . . 35.7
— шипъ . . . 35.6
—овъ сцѣпленіе . 56.2
Валикъ наждач-
ный 198.4
— рессорный . 147.8
— цѣпной . . 91.5
Вальцованное
желѣзо . . . 215.5
Ванна масляная . 55.3
Ватерпасъ . . 208.8
Ввинчивать . . 18.8
Вгонять заклепку 30.7
— клинъ . . . 25.8
Ведомая часть
ремня . . . 76.1
—ый шкивъ . . 75.7

Ведущая часть
ремня . . . 75.10
— ось 34.4
—ее колесо . . 68.7
—ій шкивъ . . 75.6
Величина ключа 16.7
— работы . . 245.2
Веретенное масло 51.7
Верстакъ . . 193.9
— 256.2
—чная наковальня 158.8
—чный винтъ . 15.8
— молотокъ . 161.5
— струбцинка . 154.5
Верстачные тиски 153.2
Вертикальный
валъ 36.2
— видъ . . . 224.4
— ремень . . 78.5
Верхнее желѣзко 192.9
—ій блокъ . . 94.2
—яя коробка . 94.2
— обойма . . 94.2
Видъ вертикаль-
ный . . . 224.4
— продольный . 224.5
— сбоку . . . 224.8
— спереди . . 224.2
Вилка направля-
ющая . . . 84.4
— приводнаго ры-
чага 59.3
—ообразная го-
ловка . . . 145.3
Вилочный ключъ 17.8
Винтиль . . . 112.1
Винтъ 11.2
— барашковый . 15.4
— верстачный . 15.8
— закрѣпляющій 13.4
— микрометриче-
скій 15.5
— многооборот-
ный 16.8
— нажимной . . 15.1

Винтъ передающій
движен. . . 13.6
— прессовый . 13.7
— прессующій . 13.7
— пригнанный . 13.10
— ременной за-
стежки . . . 81.5
— скрѣпляющій . 13.5
— съ головкою . 13.9
— — потайн. . . 14.4
— кругл.ходомъ 10.3
— лапками . . 15.4
— лѣв. ходомъ 8.9
— остр. ходомъ 9.6
— петлей . . 14.2
— правымъ
ходомъ . . 8.7
— прорѣзомъ 15.2
— прямоугольн.
нарѣзк. . . 10.1
— установочный 13.4
— тисковый . . 15.3
— отпустить . 19.4
— подтянуть . 19.7
— пригонять . 14.1
— притянуть . 19.6
—, сдаетъ . . 19.5
—а, на дюймъ —
приходится х
нарѣзокъ . . 7.6
—, стержень . 8.5
—, ходъ . . . 7.5
Винтовальная
доска . . . 20.2
Винтовая доска . 20.2
— линія . . . 7.1
— муфта . . . 56.7
— (трубн.) . 106.9
— нарѣзка . . 7.7
—, лѣвая . . 8.8
—, правая . . 8.6
— поверхность 7.4
— рессора . . 148.3
— стяжка . . 57.4
—ое колесо . . 71.8

Винтовое соеди-
  неніе 56.6
— — трубъ . . 98.6
Винтовой
  ключъ . . . 16.5
— нарѣаки
  калибръ 206.1
— — шаблонъ . 206.2
—ыя впадины
  полаго цилин-
  дра . . . 10.5
Витая рессора . 148.1
—окъ рессоры . 149.1
—ковъ, число . . 149.2
Вкладышъ . . . 42.4
— кольцевой . . 41.2
— подпятника . 40.9
— подшипника
  шаров. . . . 45.7
— регулируемый 42.5
—а бортъ . . . 43.3
— длина . . . 40.2
— закраина . . 43.3
— прокладка . . 42.6
— футеровка . . 42.6
Включа(и)ть . . 84.2
Внесеніе размѣ-
  ровъ . . . 225.10
—ти размѣры . 225.9
Внутреннее
  зацѣпленіе . . 67.7
—ій діаметръ
  клапана 112.5
— — трубы . . 97.6
— — 97.7
— подшипникъ . 47.8
Вогнать клинъ . 25.8
— заклепку . . 30.7
Водомѣрное
  стекло . . . 111.4
—ый кранъ . 111.5
Водопроводъ . 109.10
—ная задвижка . 126.4
— труба . . . 107.9
—спускной
  кранъ. . . . 129.5
Водоуказатель . 111.2
—я, футляръ
  для 111.3
Воды, линія
  уровня — . . 111.6
— резервуаръ
  для — . . . 110.2
— ударъ . . . 110.3
— указатель
  уровня — . . 111.2
—яной столбъ . 111.7
Возвратная
  заслонка . . . 123.7
—ый клапанъ . 121.3
Воздушный — . 121.8
Воздуходувный
  мѣхъ 167.2

Волнистая
  труба 104.3
—ое листовое
  желѣзо . . . 216.6
Волнообразная
  труба 104.3
Волочильныя
  клещи 156.5
Волосная пила . 189.5
Волчій зубъ . . 186.5
Вольфрамистая
  сталь 214.6
Ворота ручнаго
  колесо . . . 90.6
Восковая бума-
  га 233.9
Впадинъ, кругъ 63.7
Впадины винт.
  полаго цил. . . 10.5
— ширина . . . 65.7
Впускная тру-
  ба 109.2
—ой клапанъ . . 124.4
Вращать руко-
  ятку 142.9
—ся на шипѣ . . 39.8
Вращающаяся
  задвижка . . 126.8
— цапфа . . . 39.7
—ійся шаръ . . 150.9
Вращеніе . . . 240.6
— оси 34.7
—я уголъ . . . 241.2
—, ось 34.5
— 241.1
Вредное про-
  странство . . 136.4
Время 235.4
—енная заклеп-
  ка 27.3
Всасывающая
  сѣтка 108.6
— труба . . . 108.5
—ій клапанъ . . 121.6
— 124.2
—ія трубы . . . 108.7
Вставить втулку
  въ стаканъ . . 42.2
— зубья въ ко-
  лесо 72.7
Вставка цир-
  кульная . . . 227.4
— 227.5
—ленный зубъ . 72.2
—очная игла . . 227.6
—ыя тисочныя
  губы 154.1
Втулка колеса . 69.4
— муфты . . . 56.5
— сальника . . 132.6
— — нажим-
  ная 104.4

Втулка стакана . 42.1
— ступицы . . . 83.9
—и отверстіе . . 69.6
— приливъ . . . 69.5
— флянецъ . . 132.7
Вывѣри(я)ть . . 208.6
—очная плиты . 208.7
Выгнутая попе-
  речка 188.6
Выдувательный
  клапанъ . . . 122.4
—ной клапанъ . 122.1
Выключа(и)ть . 84.2
— машину . . . 255.8
Выпуклость . . 82.3
—ый шкивъ . . 82.2
Выпускная за-
  слонка 124.1
—ой клапанъ . . 122.6
— — 124.5
— кранъ . . . 129.8
—тить масло . . 55.6
Выруба(и)ть закл.
  головку . . . 31.4
Высверлить . . 179.8
— цилиндръ . . 131.5
—енная дыра . . 179.1
Высота головки
  зуба 65.2
— заплечика
  цапфы . . . 37.8
— зуба . . . 65.5
— клина . . . 22.8
— корня зуба . 65.4
— ножки . . . 65.4
— паденія . . . 236.8
— подъема . . 236.5
— полета . . . 237.8
— поршня . . . 136.8
— хода 7.8
Выступъ клина . 23.8
— муфты . . . 60.8
— обода . . . 69.9
— плиты под-
  шипн. . . . 44.6
—овъ, кругъ . . 63.6
Выгибъ 252.2
Высѣчка 169.4
Вытеканія пре-
  дѣлъ 250.1
Выточить ци-
  линдръ . . . 131.3
Выгнутая попе-
  речная пила . 188.6
Вытягиванія пре-
  дѣлъ 250.1
Вѣнецъ зубчат-
  ый 69.2
Вѣтвь трубы . . 106.4
Вязкость смазочн.
  масла 50.9

Г.

Гаечный затворъ 13.1
— ключъ 16.5
— — англ. . . . 18.2
— — франц. . . 18.2
Газовая труба . 107.8
—ой —ы нарѣзка 10.6
—ый кранъ . . 129.6
— паяльникъ . 201.9
—проводъ . . . 110.1
—ная задвижка . 126.5
Гайка 11.5
— закрѣпная . . 13.2
—, контръ- . . . 13.2
— направляющ. . 126.2
— регулировоч-
    ная 12.9
— соединительн. 12.8
— съ накаткой . 12.10
— — ушками . 12.7
— тычковая . . 12.6
— установочная 12.9
— шестигранная 12.5
—и нарѣзка . 10.5
Галля цѣпь .. . 91.3
Гаспельный ка-
    натъ . . . 88.2
Гвоздарная
    оправка . . . 196.4
Гвоздильный мо-
    лотокъ . . . 196.3
Гвоздильня . . 196.4
Гвоздодеръ . . 156.3
Гвоздь 195.6
—я, дыра отъ — . 196.2
—ями сколачи-
    вать 196.1
Гиперболическ.
    колесо 71.9

Гипоциклоида . 66.10
Гладилка . . . 162.4
—ьникъ 164.6
—ый молотокъ . 162.5
Глиняная отлив-
    ка 212.1
Глубина захватки 75.3
— муфты . . . 101.6
— нарѣзки . . . 8.1
Глухое сцѣпленіе 56.3
—ой блокъ . . . 93.3
— флянецъ . . 100.4
Гнѣздо пилы . 185.6
Головка болта . 11.4
— винта . . . 11.4
— — кругл. . . 12.2
— — потайн. . . 12.3
— — тавров. . 12.4
— — шестигр. . 11.10
— заклепки . . 26.3
— — закладн. . 26.4
— — замыкающ. 26.5
— — начальн. . 26.4
— — зуба . . . 65.1
—и — высота . . 65.2
— — траекторія 64.7
—а клина . . . 21.8
— крана . . . 127.9
— накладки цѣпи 91.1
— оси 33.5
— рейсшины . 219.6
— циркуля . . 227.2
— шатуна . . 144.9
— — вилкообр. . 145.3
— — замкнут. . 145.1
— — открытая . 145.2
Головочн. окруж-
    ность 63.6

Горбачъ 193.7
Горизонтальный
    валъ 36.1
— ремень . . . 78.4
Горно перенос-
    ное 32.9
—ъ д. нагрѣв.
    заклеп. . . . 33.1
Горнъ кузнеч-
    ный 166.2
— наковальни . 159.1
— переносный . 167.3
—у, принадлежн.
    къ — 166.5
Горѣлка паялль-
    ная 201.10
Горячая клепка . 27.8
Готовальня . . 226.7
Гофрированный
    листъ жел. . 216.5
Гребенка . . . 20.5
— верстака . . 194.1
— для нарѣзки
    винт. . . . 20.7
— — гаекъ . . 20.6
—чатая шейка . 38.9
—ый подшипникъ 41.4
Грудной колово-
    ротъ 182.5
Грузъ регу-
    лятора . . . 152.1
—овая цѣпь . . 88.8
—ой клапанъ . 119.8
— регуляторъ . 151.9
Грундъ-букса . . 133.4
Губка 233.2
Губы тисочныя . 153.5
— — вставочн. . 154.1

Д.

Давильныя клещи 156.4
Давленіе 250.7
— на единицу
    поверхности 40.7
— — зубъ . . . 66.3
— — подшипникъ 40.6
— — салазки . 145.9
— — цапфы . . 37.9
— эксцентрика . 144.3
—я высокаго
    трубопроводы 108.9
Дальность полета 237.7
Двигатель . . . 256.7
Движеніе . . . 234.7
— криволинейное 236.7
— неравномѣрное 235.3
— —свободное . 238.3
—прямолинейное 234.9
—я —аго на-
    правляющія . 145.5

Движеніе рав-
    номѣрное . 235.1
— — замедлен. . 236.1
— — ускорен.. 235.11
Движитель . . . 256.7
Двойное желѣзо 192.8
—ой ключъ . . 17.1
— клапанъ коль-
    цевой . . . 118.4
— крюкъ . . . 92.6
— ниппель . . 107.3
— ремень . . . 80.2
— рубанокъ . 192.7
— шовъ . . . 29.6
Двуносовая
    наковальня . 158.9
—ой шперакъ . 159.4
Двуплечая под-
    вѣска Селлерса 46.8
Двуручная пила 188.2

Двусторонній
    ключъ . . . 17.1
Двутавровое
    желѣзо . . . 215.8
— колѣнчатый
    валъ 37.2
— .конусная
    муфта Селлерса 58.1
—оборотная
    нарѣзка . . 9.2
— ходовая . . 9.2
— шарнирный
    крейцкопфъ . 62.8
Дельта-металлъ 217.11
Деревянный зубъ 72.3
— клинъ . . . 22.2
— молотокъ . 163.6
— шкивъ . . . 83.1
Державка . . . 31.8
— рессорная . 147.9

Деталь машины
 представить въ
 перспективѣ . 224.1
— — — разрѣзѣ 224.8
Деформація . . 248.4
Дискъ криво-
 шипа . . . 142.2
— точильный . . 197.7
— фрикціонный 61.2
— 74.8
— эксцентри-
 ковый . 143.6
— — простой . . 143.7
— — сост. изъ
 двухъ частей . 143.8
—овая муфта . . 57.5
— шарошка . . 183.6
—ый поршень. . 140.3
Дифференціаль-
 ный блокъ . . 94.5
— полиспасть . . 94.4
— тормазъ . . . 97.2
Діаграмма подня-
 тія клапана . . 115.8
Діаметръ болта . 11.8
— вала 40.3
— внутрен. кла-
 пана 112.5
— — нарѣзки . . 8.8
— — трубы . . 97.6
— — —равенъ х mm 97.7
— внѣшн.нарѣзки 8.4
— поршня . . . 136.2
— стержня винта 8.3

Діаметръ флянца 99.1
— цилиндра . . 130.8
Длина вкладыша 40.2
— зацѣпленія . 64.2
— зуба 65.8
— клина . . . 22.10
— коробки кла-
 пана. . . . 113.9
— набивки . . 101.7
— отверстія звена 88.10
— подшипника . 40.4
— полезная . . 98.2
Дно цилиндра . 130.8
Долбить . . . 23.4
— 168.2
— долотомъ . . 194.5
—ежная машина 23.6
—ое зубило . . 23.5
Долото 167.4
— 194.4
— 194.7
— камнетесное . 167.8
— ручное . . . 167.9
— трехгранное . 195.2
—мъ долбить . . 194.5
— сглаживать . 168.3
Дорожникъ . . 193.6
Доска анкерная . 15.8
— чертежная . . 219.4
Дощечка д. измѣ-
 рен. листовъ . 206.3
— калиберная . 206.3
— 206.6
Дратва 81.3

Драчковый
 стругъ . . . 192.10
Дополнительн.
 конусъ . . . 71.1
Допускаемое на-
 пряжен. . . . 247.7
Дорожка и шпон-
 ка 25.3
Дрель 182.2
— смычковая . 182.3
—и смычекъ . . 182.4
Дроссель . . . 124.8
Дуга зацѣпленія 64.3
—овая труба . . 105.7
Душка крюка . 92.5
Дымогарная тру-
 ба 108.4
Дыра высверлен-
 ная 179.1
— заклепочная . 26.7
— отъ гвоздя . 196.2
—ы пробивать . 169.6
Дыромѣръ . . . 205.7
—пробивный
 молотокъ . 163.3
— —ыя клещи . 158.1
Дышло 145.4
Дѣйствія, полез-
 наго — сте-
 пень 246.8
Дѣлительная
 окружность . 63.5
—ый конусъ . . 70.9
Дюймовая мѣра 220.10

Ж.

Жаровая труба 108.1
Желобить . . . 23.4
Желобокъ шкива 87.2
Желобъ клино-
 образный . . 75.1
—а уклонъ . . . 75.2
—чатое желѣзо . 215.9
Желтая мѣдь . . 217.5
Желѣзко
 рубанка . . . 191.12
— — двойное . . 192.8
— — верхнее . . 192.9
Желѣзная руда 210.2
—ый клинъ . . 22.3
— листъ гоф-
 рировъ. . . 216.5
— шкивъ . . . 82.8
Желѣзо 210.1
— бессемеров-
 ское 213.2
— болтовое . . 214.9
— брусковое . . 215.1
— вальцованное . 215.5
— желобчатое . 215.9

Желѣзо зак-
 лепочное . . 31.8
— квадратное . 215.1
— котельное . 216.4
— крынолинное . 215.4
— круглое . . 214.9
— листовое . . 215.11
— — волнистое . 216.6
— — луженое . 216.7
— — толстое . 216.4
— — тонкое . . 216.3
— литое . . . 213.1
— мартенов-
 ское 213.4
— Г-образное . . 215.9
— Z — . . . 215.10
— обручное . . 215.4
— плоское . . 215.3
— полосовое . 212.5
— — 214.8
— прокатное . . 215.5
— прутковое . . 214.9
— пудлинговое . 212.7
— сварочное . . 212.6

Желѣзо
 тавровое . . 215.7
—, дву- 215.8
— томассовское . 213.3
— угловое . . 215.3
— узкополосое . 215.8
— фасонное . . 215.3
— шестигранное 215.2
— шинное . . . 215.4
Жесткость
 каната . . . 86.3
Жесть бѣлая . . 216.7
— черная . . . 216.2
—и листъ . . . 216.1
Живая сила . . 245.4
Животное
 масло 51.2
Жидкая
 смазка 50.5
Жила 85.2
Журавликъ . . 32.6
Журавъ 32.6

З.

Завинчивать . . 19.1
Заводъ машино-
строительн. . 254.1
— трубопрокат-
ный 103.8
—скій слесарь . 254.6
Завѣдующій ма-
стерскими . . 254.4
Загонять клинъ . 25.8
Задвижка . . . 125.1
— водопроводная 126.4
— вращающаяся 126.8
— газопроводная 126.5
— запирающая . 126.8
— паропроводная 126.6
— цилиндрическ. 126.7
—и крышка . . 125.8
— стержень . . 125.4
— тѣло . . . 125.5
— ящикъ . . . 125.2
Задняя сторона
ремня . . . 77.1
Зажимать обра-
батыв. предметъ
въ тиски . . 153.8
—ющіе остановы 95.8
—й конусъ . . 95.9
Зажимъ (заклеп-
ки). 30.8
—ная двухконусн.
муфта . . . 58.1
—ое кольцо . . 36.8
—й конусъ . . 58.2
Зажимныя клещи 156.4
Зазоръ 136.4
Закаливаніе . . 199.1
— въ водѣ . . 200.5
— маслѣ . . 200.4
— подъ молотомъ 200.8
— поср. охлажд. 200.2
Закаливать . . 198.9
— напилокъ . . 171.4
Закалка . . . 199.1
— крѣпкая . . 199.7
— напилка. . . 171.5
— поверхности . 200.1
—и, порошокъ
для 199.10
— степень . . 199.9
Заклепать . . . 30.5
Заклепка . . . 26.1
— временная . . 27.8
— съ головк.
подъ молот. . 27.2
— — — обжимку 27.1
— — — потайной 26.8
— — — полу — . 26.9
— — — утоплен. 26.8
—и головка . . 26.8
— — закладная . 26.4
— — замыкаю-
щая . . . 26.5

Заклепки голов-
ка начальная . 26.4
— стержень . . 26.2
Заклепокъ, под-
держка для . . 32.8
—, поддержка для 32.5
—, подпорка для . 32.4
Заклепникъ . . 32.1
—ый молотъ . 32.1
—очная дыра . 26.7
Заклепочн.желѣзо 31.8
— соедин. въ
напускъ 28.6
— — въ нахлестку 28.7
— — многорядное 29.7
— — съ 1 накладк. 29.1
— — 2 — . 29.2
— — — зигзагообр.
располож. 30.1
— — — параллельн.
располож. 30.2
— — — цѣпнымъ
располож. 30.2
— — — шахматнымъ
располож. 30.1
Заклепочн. молотъ 32.1
— — шовъ . . . 27.5
— — въ нѣсколько
рядовъ . 29.7
— — съ двойнымъ
перерѣзыв. 28.5
— — — многократн.
перерѣзыв. 28.6
— — — одиночнымъ
перерѣзыв. 28.8
Заклепочн. клещи 32.7
Заклепывать . . 30.5
Заклинивать . . 25.6
Законъ сохран.
энергіи . . 245.5
Закраина вкла-
дыша 43.8
Закройникъ . . 193.4
Закрутка пилы . 189.8
Закрытіе клапана 115.5
Закрыть клапанъ 115.8
— кранъ . . . 128.2
—ый перекрестн.
ремень . . . 77.6
Закрѣпленіе
крышки цилин-
дра 130.7
—ять болтъ чекою 14.9
—яющій винтъ . 13.4
—ная гайка . . 13.2
Залить вкладышъ
бѣлымъ метал. 43.2
— трубу свинцомъ 101.8
Замедленіе . . 235.7
Замкнутая голов-
ка 145.1
—ый крюкъ . . 93.1·

Замкнутый много-
угольникъ силъ 242.8
Замокъ для кана-
товъ . . 86.1
— — ремней . . 81.4
— — цѣпей . . 89.4
— клина 25.5
— кольцевой
поршня . . 139.2
Замыкающая го-
ловка заклепки 26.5
Заостренія уголъ 186.1
Запасной пор-
шень 140.7
Запирающая за-
движка . . . 126.8
— поверхность . 125.6
Заплечика высота 37.8
Запорный кла-
панъ 121.1
Зарубить киргой 191.9
Заслонка . . . 123.2
— возвратная . 123.7
— выпускная . . 124.1
— предохранит.
клапана . . 123.6
—ный клапанъ . 123.1
— — 123.8
— — 123.4
Застежки ремен.
винтъ . . . 81.5
Затвердѣніе масла 51.1
Затворъ гаечный 13.1
— трубы . . . 104.9
—ный кранъ . . 129.4
— флянецъ . . 105.8
Заточенная ша-
рошка . . . 183.5
Затушевать . . 231.10
Затянуть саль-
никъ 134.4
Захватки глуби-
на 75.8
Захлопка проме-
жуточная, про-
пускн. 117.8
Зацѣпить . . . 72.6
Зацѣпленіе . . . 63.2
— 63.9
— внутреннее . . 67.7
— деревян. зубь-
евъ съ желѣзн. 72.5
—желѣзн.— — — 72.4
— прямобочное . 67.6
— разверточное . 67.8
— циклоидальное 66.7
— цѣвочное . . 67.4
—, находиться
въ 63.8
—я длина . . . 64.2
— дуга . . . 64.8
— линія . . . 64.1

Зацѣпленіе про-
  должительность 64.4
Зацѣпленія,
  шагъ 63.4
Зачеканить . . 31.1
Защелкивающій
  механизмъ . . 95.4
Звено, соедини-
  тельное . . . 89.4
Звено цѣпи . . 88.9
—а, длина отвер-
  стія — . . 88.10
— ширина . . 89.1
Звѣздочка . . . 91.4
Земляной буравъ 181.6
—ное притяженіе 244.4
Зензубель . . . 193.4
Зеркало . . . 125.6
—ьный чугунъ 211.1
Змѣевикъ . . 104.6
— нагрѣватель-
  ный . . . 104.8
— холодильника 104.7
Золотникъ . . 126.9
— коробчатый 127.2
— плоскій . . 127.1
— поршневой . 127.4
— разгруженный 127.5
— скользящій 127.1
—овая тяга . . 127.3
—ое парораспре-
  дѣленіе . . . 127.6
Золото . . . 217.2
Зубецъ . . . 64.8
— м-образный . 186.6
— разведенный . 186.8

Зубецъ съ располо-
  женными надъ
  нимъ отверстіями 186.7
— треугольный . 186.4
— фрезера . . . 183.8
— шарошки . . 183.8
Зубило 167.4
— долбежное . . 23.5
— для металла
  горячаго 165.9
— — —холоднаго 165.10
— для насѣчки
  напильниковъ 170.10
— для разрубанія
  желѣзныхъ по-
  лосъ 165.8
— мечевидное . 167.6
— плоское . . 167.5
— прорубное . 165.7
—мъ, обруба(и)ть 168.3
Зуборѣзная ма-
  шина . . . 73.2
—чатая муфта,
  раздвижная . 60.2
— передача . . 68.1
— — коническая 71.8
— — цилиндри-
  ческая . 68.6
— рейка . . . 70.7
—ое колесо . . 63.8
— — маховое . . 150.4
— — съ внутрен-
  нимъ зацѣпле-
  ніемъ . . . 70.1
—ые остоновы . 95.5
—й блокъ цѣпной 91.4

Зубчатый махо-
  викъ 150.4
— ободъ . . . 69.2
— переборъ . . 68.2
Зубъ 64.8
— волчій . . 186.5
— вставленный . 72.2
— въ видѣ буквы М 186.6
— литой . . . 65.9
— (муфты) . . . 60.8
— нарѣзанный . 66.1
— пилы . . . 185.7
— строганный . 66.1
— угловой . . 70.4
— фрезированный 66.2
—ья въ колесо
  вставить . . 72.7
Зуба высота . . 65.5
—, головка . . 65.1
— длина . . 65.8
— корень . . 65.8
— ножка . . 65.8
—, очертаніе . 64.10
—, профиль . . 64.9
— скосъ . . . 70.5
— толщина . 65.6
—, траекторія
  головки . . . 64.7
— ширина . . 65.8
—ьевъ, линія вер-
  шинъ оконеч-
  ностей . . . 186.2
— линія основанія 186.3
— работа тренія 66.6
— треніе . . . 66.5
Зѣвъ ключа . . 16.6

И.

Игла вставоч-
  ная 227.6
— пунктирная . 229.1
—ы остріе . . 227.7
Игольчатая ма-
  сленка . . . 54.5
Игра клапана . 115.4
— поршня . . 137.8
Избытокъ давле-
  нія 114.4
Изгибающаяся
  рессора . . . 147.8
—ее усиліе . . 252.4
—ій моментъ . 251.6
Изгибъ . . . 251.3
— продольный . 252.2
—, рессора на — 147.3

Изгибу сопро-
  тивленіе . . 252.3
Изготовить чер-
  тежъ въ ка-
  рандашѣ . . 226.1
Измѣненіе про-
  дольное . . 248.7
— формы . . . 248.5
— упругое . . 248.6
Измѣреніе точное 204.2
—итель скорости
  хода . . . 209.8
—ный циркуль . 228.2
—ри(я)ть . . . 220.7
— — точно . . 204.1
Израсходованная
  общая работа . 246.6

Инерціи моментъ 243.7
— — полярный . 244.1
— — экваторіа-
  льный . . 243.8
Инженеръ-ма-
  шиностро-
  итель . . . 254.8
— механикъ . . 254.8
Инструментъ . . 256.4
— буровой . . 182.1
— ручной . . 256.5
—альная сталь . 214.7
—ый ящикъ . . 256.3
Исподникъ . . 164.5
Испытаніе оси . 34.8
—тельный кла-
  панъ 122.8

К.

Кабельный ка-
  натъ 88.1
Калевка 193.5
Калибръ 204.3

Калибръ винто-
  вой . . . 204.4
— — нарѣзки . 206.1
— —вы(раз)движной 204.6

Калибръ для из-
  мѣренія глубины 205.6
— микрометри-
  ческій . . . 204.5

Калибръ необ-
    работанный . 205.5
— нормальный . 206.5
— — стержневой 205.3
— предѣльный
    для проволоки 206.4
— съ остріями . 205.2
— цилиндри-
    ческій . . . 205.8
—а ползунъ . . 205.1
Калиберная до-
    щечка . . . 206.3
— 206.6
—рованная цѣпь 90.3
Калька . . . 233.10
— ировать . . 233.7
Камень кулиссы 143.3
— наждачный . 198.5
— скользящій . 143.3
— точильный см.
    точило . . .196.10
Камера для на-
    бивки . . . 133.1
Камнетесный мо-
    лотокъ . . . 161.7
Канавка смазоч-
    ная 44.5
— 52.6
Каналъ смазоч-
    ный 44.5
— 52.6
Канатъ . . . 85.1
— гаспельный . 88.2
— для руднич-
    наго элеватора 87.7
— изъ стальной
    проволоки . 86.8
—, кабельный . 88.1
—, пеньковый . 86.9
—, передаточный 87.6
—, подвижный 86.5
— неподвижный 86.6
— подъемнаго
    крана . . . 87.9
—, подъемный . 87.8
—, приводный . 87.5
—, проволочный .86.7
— сомкнутый . 85.7
—, спиральный . 85.6
—,хлопчатобумаж-
    ный . . . 86.10
—, намотать . . 88.3
—, размотать . 88.4
—, скручивать . 85.4
—, сращивать . 85.9
—а, жесткость . 86.3
—, машина для
    скручиванія . 85.5
—, натяженіе . . 84.6
—, треніе . . 86.2
—, шкивъ для
    пеньковаго — 87.4
—,шкивъ для про-
    волочнаго — . 87.3

Канатовъ, бара-
    банъ для —. 95.2
— замокъ для — 86.1
—, крюкъ для —. 92.7
—, смазка — —. 86.4
—ная передача . 84.5
— — круговая 84.8
—ое соединеніе . 85.8
—ый полиспастъ 94.6
Кантовалка . . 32.2
Кантовка . . . 32.2
Капельный коль-
    цевой стокъ . 52.7
— чатая масленка 54.6
Каплеуказатель . 54.7
Карандашъ . . 230.2
— красный . . 233.5
— синій . . . 233.6
— цвѣтной . . 233.4
— очинить . . 230.3
—ный циркуль . 228.1
Кардана шарниръ 62.2
Касательная сила 237.2
— ое ускореніе . 236.8
Катящійся кругъ 67.3
—ихся тѣлъ тре-
    ніе 246.4
Качаніе маятника 239.2
—я — амплитуда 238.9
— — продолжи-
    тельность . . 239.3
Каучуковая на-
    бивка . . . 135.7
Квадратное же-
    лѣзо . . . 215.1
—ый валъ . . 35.10
— клинъ . . 24.1
Кернеръ . . . 168.4
—омъ отмѣчать . 168.6
Кернъ . . . 168.5
Кинематика . . 234.8
—тическая энер-
    гія 245.4
Кипятильная тру-
    ба . . . 108.8
Кирга . . . 191.8
—ой заруба(и)ть 191.9
Кислота для
    пайки . . 202.8
— — —,крѣпкая 202.9
Кисть для туши 232.5
Клапанъ . . . 112.1
— автоматическій 120.7
— возвратный . 121.3
— воздушный . 121.8
— впускной . . 124.4
— всасывающій . 121.6
— — 124.2
— вспомогатель-
    ный . . . 116.1
—выдувательный 122.4
— выдувной . . 122.1
— выпускной . 122.6
— грузовой . . 119.2

Клапанъ запор-
    ный 121.1
— — паровой . . 121.2
— заслонный . . 123.7
— — 123.8
— — 123.4
— застряваеть . 114.8
— заѣдается
    (защемляется) 114.7
— испытательный 122.8
— кожанный
    створный . . 123.8
— колокольный . 119.1
— кольцевой . . 118.5
— — составной . 118.5
— коническій . 116.5
— конусообраз-
    ный 116.5
— корончатый . 119.1
— нагнетатель-
    ный 121.7
— — 124.8
— нагрузить . . 120.8
— напорный . . 124.8
— откидной . . 123.8
— — 123.4
— о трехъ ходахъ 118.1
— паровпускной 122.2
— — впускной 122.8
— парораспредѣ-
    лительный . . 120.8
— перегрузить . 120.5
— питательный . 122.7
— плоскій . . 116.8
— подающій . . 122.7
— подовый . . 120.6
— подъемный . 116.2
— — 121.8
— предохрани-
    тельный . . 119.6
—, предохрани-
    тельный на слу-
    чай разрыва
    трубы . . . 110.5
— предохрани-
    тельный съ на-
    грузкой . . 119.7
— — съ пружин-
    ной нагрузкой 120.1
— приемный . . 121.8
— пробный . . 122.8
— продуватель-
    ный 122.5
— пружинный . 119.4
— прыгаетъ . . 114.9
— разгрузной . 116.1
— редукціонный 121.5
— резиновый . . 123.4
— ручной . . . 121.1
— скачетъ . . 114.9
— сквозной . . 118.8
— спускной . . 122.6
— створный . . 123.1
— — 123.4

Клапанъ створча-
  тый 123.1
— — 123.3
— — 123.4
— стопорный . . 121.1
— сточный . . . 122.9
— ступенчатый . 118.6
— стучить . . . 115.1
— съ двойнымъ
  сѣдломъ . . 118.7
— — направляю-
  щими ребрами
  верхними . . 117.2
— съ направляю-
  щими ребрами
  нижними . . 117.3
— тарелочный . 116.8
— трехходовой . 118.1
— трубный . . 118.8
— угловой . . 117.9
— фыркающій . 122.1
— чашечный . 119.1
— шаровой . 116.7
— закрыть . . 115.3
— нагружать . 120.8
— открыть . . 115.2
— перегружать . 120.5
— пришлифовать
  къ сѣдлу . 113.6
— разгружать 115.9
— а внутренній
  діаметръ . 112.5
—, діаграмма
  поднятія . 115.8
— закрытіе . 115.5
— игра . . . 115.4
— конусъ . . 116.6
— нагрузка . 119.8
— — очная
  пружина . 120.2
— направляющія 116.10
— открытіе . 115.6
— поднятіе . 115.7
— пружина . 119.2
— разгрузка 115.10
— рычагъ . 119.9
— сѣдло . . 113.4
— тѣло . . 113.3
— тарелка . 116.4
— ускореніе . 114.6
— ходъ . . 114.1
— шаръ . . 116.8
— шпиндель . 113.7
— ная коробка 112.2
— ное парораспре-
  дѣленіе . 120.9
— ый кранъ . 128.4
Клеенный ремень 80.9
Клей 196.8
— для ремней . 80.11
Клеить . . . 196.6
Клепало . . . 32.1
— ьная машина . 31.7
Клепанная труба 102.3

Клепка . . . 27.4
— горячая . . 27.8
— машинная . 31.6
— плотная . . 28.2
— прочная . . 28.1
— ручная . . 31.5
— холодная . . 27.9
Клещи . . . 155.3
— волочильныя . 156.5
— давильныя . 156.4
— для газовыхъ
  горѣлокъ 156.7
— — трубъ . . 155.7
— — захватки
  паяльника 203.2
— — трубъ . . 110.7
— дыропробив-
  ныя . . . 158.1
— — 169.5
— зажимныя . 156.4
— заклепочныя . 32.7
— кузнечныя . 166.10
— паяльныя . 156.6
— пломбировоч-
  ныя . . . 156.4
— пробивныя . 158.1
— съ хомутикомъ 155.8
— ей пасть . . 155.4
Клинокъ верстака 194.2
Клинъ . . . 21.6
— вогнать (вго-
  нять) . . . 25.8
— деревянный . 22.2
— желѣзный . 22.3
— квадратный . 24.1
— крейцкопфа . 147.1
— крестовины . 147.1
— кулака . . 147.1
— подтянуть . 25.9
— поперечный . 22.6
— стальной . 22.4
— съ выступомъ 23.8
— установитель-
  ный . . . 25.1
— установочный 44.5
— шпунтовый . 23.10
— а высота . . 22.8
— головка . . 21.8
— длина . . 22.10
— замокъ . . 25.5
—, натягъ . . 22.1
—, опорная пло-
  скость . . 23.2
—, основаніе . . 21.8
—, уголъ . . 21.9
—, уклонъ . . 22.1
—, ширина . . 22.9
Клина щека . 21.7
— образный же-
  лобъ . . . 75.1
— вое отверстіе . 23.1
— соединеніе . 22.5
Клиновой тормазъ 96.7
Клинчатое колесо 74.7

Клупикъ . . . 155.2
Клуппъ . . . 21.1
— для заклепокъ 32.8
—, малый — съ
  кольцомъ . 20.0
Ключъ англійскій 18.2
— вилочный . 17.8
— винтовой . 16.5
— гаечный . 16.5
— двойной . . 17.1
— двусторонній. 17.1
— для круглыхъ
  головокъ . . 17.7
— для подвинчи-
  ванія . . . 17.3
— — подтягиванія 110.6
— — трубъ . 110.6
— — флянцевъ . 101.1
— накладной . 17.5
— одинарный . 16.8
— односторонній 16.8
— отъ крана . 17.0
— поршневой . 137.1
— прикладный . 17.2
— раздвижной . 18.1
— съ замкнутымъ
  зѣвомъ . . 17.5
— торцовый . 17.4
— французскій
  гаечный . . 18.2
— циркульный . 17.8
— 227.9
— а величина . 16.7
— зѣвъ . . . 16.6
— отверстіе . 16.7
Кнопка . . . 220.6
Ковать . . . 163.9
— въ горячую . 164.2
— — холодную . 160.8
— 164.1
— молотомъ . 160.7
Ковать штампов-
  нымъ молотомъ 164.8
— кій чугунъ . 212.4
Ковшъ литейный 203.4
Кожа для ремней 80.4
— ная манжета . 134.1
— муфта . . 61.4
— ный створный
  клапанъ . . 123.8
Кожуха болта . 13.1
Кожухъ соедини-
  тельной муфты 57.1
Колебаніе маят-
  ника . . . 239.2
— я продол-
  жительность . 239.3
Колесико пунк-
  тирное . . . 229.2
Колесо ведущее 68.7
— гиперболи-
  ческое . . 71.9
— желобчатое . 74.7
— зубчатое . . 63.3

Колесо зубчатое
  маховое . . 150.4
— клиновое . . 74.7
— коническое . 71.2
— — 71.4
—, маховое . . 149.4
— приводное . . 68.7
— разъемное . . 69.9
— ручнаго ворота 90.6
— со внутрен-
  нимъ зацѣпле-
  ніемъ . . . 70.2
—, составное ма-
  ховое . . . 149.9
— съ зубьями
  деревян. . 72.1
— — зубцами
  (зубьями) угло-
  выми . . . 70.3
— съ разрѣзнымъ
  ободомъ . . 69.10
—, тормазное . . 95.6
—, тормозное . . 96.3
— тренія . . . 73.4
—, храповое . . 95.6
— цилиндриче-
  ское . . . 69.1
— червячное . . 71.6
— — 71.8
—а гармони-
  ческія . . . 68.3
— гремять . . 72.8
— зубчатыя со
  внутреннимъ
  зацѣпленіемъ 70.1
— легкія . . . 68.5
— смѣнныя . . 68.3
— съ ходомъ
  быстрымъ 68.5
— — — тихимъ . 68.4
— тяжелыя . . 68.4
— втулка . . . 68.4
— ободъ маховаго 149.5
— ось 34.6
—, разрывъ ма-
  ховаго — . . 150.5
—, спица махо-
  ваго — . . . 149.6
—, ступица махо-
  ваго — . . . 149.7
Коловоротъ гру-
  дной . . . 182.5
— съ шестерней 182.7
—а мотыль . . 182.8
— станокъ . . 182.8
Колодка, тор-
  мозная . . . 96.4
— рубанка . 191.11
Колокольная
  бронза . . 217.9
Колокольный
  клапанъ . . 119.1
— металлъ . . 217.9
— сплавъ . . . 217.9

Колотильный
  молотокъ . . . 163.6
Колпакъ . . . 105.2
Кольцо . . . 89.2
— зажимное . . 36.8
— набивочное . 139.1
— наждачное . 198.3
— основное
  (сальникъ) . 133.6
— поршневое . . 139.1
— — самонажи-
  мающее · . 139.3
— припаянное . 100.6
— прокладочное 99.7
— — 125.7
— смазочное . 52.8
— смазывающее . 55.2
— уплотняющее . 99.7
— установочное . 36.8
—евая смазка . 55.1
— пята . . . 38.8
— цапфа . . . 38.6
— цѣпи . . . 89.2
— чека . . . 25.2
—ой вкладышъ
  подпятника . 41.2
— замокъ поршня 139.2
— капельный
  стокъ . . 52.7
— клапанъ . . 118.2
— — обыкновен-
  ный . . 118.3
— — простой . 118.3
— — подпятникъ . 41.1
Концевой криво-
  шипъ . . . 141.8
Колѣно вала . 36.10
— трубное . . 105.6
— — дугов. . . 105.7
— — угольн. . . 107.4
— — сгибать . . 37.1
—чатая труба . 105.6
— — дугов. . . 105.7
— — — угольн. . 107.4
—ый валъ . . 36.9
Компенсаторъ . 104.1
Конецъ поршне-
  вого стержня 136.7
— ремня набѣ-
  гающій . . 76.6
—чная скорость . 235.9
Концевая ша-
  рошка . . . 184.4
—ой подшипникъ 41.6
— шипъ . . . 38.6
Коническая
  зубчатая пере-
  дача 70.8
— — — . . . 71.8
— развертка . 177.9
— рессора . . 148.4
— цапфа . . 39.8
—ій клапанъ . 116.5
— маятникъ . . 239.4

Коническій
  регуляторъ . 151.7
— тормазъ . . 96.8
— шипъ . . . 39.8
— шкивъ . . . 83.4
—ое зубчатое
  сцѣпленіе . . 70.8
— колесо . . . 71.2
— — 71.4
— — тренія . . 74.1
— — фрикціонное 74.1
— сцѣпленіе
  треніемъ . . 61.1
Конструкторъ . 222.3
Конструкція . . 222.4
—онная ошибка 222.5
Контуръ . . . 224.7
Контръ-гайка . 13.2
— -клинъ . . 24.7
— -кривошипъ . 142.1
— -флянецъ . 100.2
Конусъ до- олни-
  тельный . . 71.1
— дѣлительный . 70.9
—, зажимающій . 95.9
—, зажимный . 58.2
— клапана . . 116.6
— крана . . 127.8·
— начальный . 70.9
— основной . 70.9
— фрикціонный 74.5
Конусообразный
  клапанъ . . 116.5
— кранъ . . 128.3
— упоръ . . . 114.3
Копія бѣлая . . 234.4
— на свѣточувст-
  вительной бу-
  магѣ . . . 234.1
— синяя . . . 234.3
Корень зуба · . 65.3
—ня зуба высота 65.4
Коренной под-
  шипникъ . . 47.7
—невая окруж-
  ность . . . 63.7
Коробка блока . 93.8
—, верхняя . . 94.2
— задвижки . 125.2
—, клапанная . 112.2
— крана . . 127.10
—, неподвижная 93.9
—, нижняя . . 94.3
—, смазочная . 53.5
— стѣнная . . 47.3
— точила . . 197.1
—, холостая . 94.1
—и клапанной
  крышка . . 112.3
Коробчатый золот-
  никъ . . . 127.2
Корончатый кла-
  панъ . . . 119.1
Корыто точила . 197.1

Косая шпонка . 24.5
Косой подшипникъ 44.8
Котельная нако-
　вальня . . . 159.9
— труба . . 107.10
—ое желѣзо . . 216.4
Кочерга . . . 166.7
Коэффиціентъ не-
　равномѣрности
　движенія . . 149.8
— сдвига . . 252.9
— тренія . . 245.8
— удлиненія . 249.1
Кранъ . . . 127.7
—, водомѣрный 111.5
— водоспускной 129.5
— выпускной . . 129.8
— газовый . . 129.6
— закрытый . 128.2
— затворный . 129.4
— клапанный . 128.4
— питательный . 129.9
— пробный . 129.10
— продуватель-
　ный . . . 129.7
— проходной . 128.7
— смѣсительный 129.8
— спускной . 129.2
— съ винтовымъ
　затворомъ. 128.5
— — сальникомъ 128.6
— трехходный . 128.9
— угольный . 128.8
—четырехходный 129.1
— закрыть . 128.2
— открыть . 128.1
—а головка . 127.9
—, канатъ подъ-
　емнаго — . 87.9
—, ключъ отъ — . 17.6
— конусъ . . 127.8
— коробка . 127.10
Краска акварель-
　ная . . . 232.8
— въ плиткахъ . 232.2
—у разводить . 232.7
— растирать . 232.8
Красное сверло 179.4
Края обода тол-
　щина . . . 81.9
Крейцкопфъ . 146.5
—,двухшарнирный 62.8
—а болтъ . . 146.7
— клинъ . . 147.1
— тяга . . 146.8
— цапфа . . 146.7
— штанга . . 146.8

Крейцмейсель . 167.6
—емъ обраба-
　тывать . . 167.7
Крестовина . . 146.5
— трубная . . 106.5
—ы, болтъ . . 146.7
—, клинъ . . 147.1
—, тяга . . 146.8
— цапфа . . 146.7
— штанга . . 146.8
Кривая балисти-
　ческая . . 237.11
криволинейное
　движеніе . 236.7
Кривоносовыя
　ножницы . 157.1
Кривошипъ . 141.2
— безопасный . 142.7
—, контръ . . 142.1
— концевой . 141.8
— ручной . . 142.3
— — на 1 чел. 142.5
— — 2 —. . 142.6
— съ кулиссою 143.1
—а дискъ . 142.2
— ось . . . 141.4
— палецъ . . 141.6
— плечо . . 141.8
— рукоятка . 142.4
— тѣло . . 141.3
— цапфа . 141.6
—наго вала под-
　шипникъ . 141.5
Кровельныя нож-
　ницы . . . 157.4
Кронциркуль . 206.7
— — — . . 206.8
— — — . . 228.4
— кольцеобраз-
　ный . . . 207.8
— пружинный 207.1
— — для винтовой
　нарѣзки . 207.2
Кронштейнъ . 46.5
— стѣнной Сел-
　лерса . . 47.4
— — — . . 47.5
Круглая головка 12.2
— нарѣзка . 10.2
— пила . . 190.4
— шпонка . 24.2
Круглогубцы . 155.6
Круглое желѣзо 214.9
—ый угольникъ 107.7
Кругъ впадинъ . 63.7
— выступовъ . 63.6
— катящійся . 67.8

Кругъ наждач-
　ный точильный 198.2
— основной . . 67.2
Круговая канат-
　ная передача . 84.8
— масленка . . 54.8
Крученіе . . . 253.2
—я уголъ . . 253.5
Крутящее усиліе 253.3
—ій моментъ . 253.4
Крылатка . . 12.7
Крышка задвиж-
　ки. . . . 125.3
— клапанной
　коробки . . 112.3
— подшипника . 43.5
— поршня . . 130.5
— цилиндра . . 130.5
—и цилиндра
　болтъ . . 130.6
Крюкъ . . . 92.1
— двойной . . 92.6
— для канатовъ . 92.8
— — цѣпей . . 92.8
—, замкнутый . 93.1
—, поддерживаю-
　щій . . . 109.8
—а душка . . 92.5
— отверстіе . 92.2
— стержень . 92.4
— цапфа . . 92.3
Крючковая цѣпь 90.4
Кузнечная нако-
　вальня . . 158.6
—ые круглогуб-
　цы . . . 155.6
— плоскогубцы 155.5
—ый горнъ . 166.2
— молотокъ . 161.1
— мѣхъ . . 167.1
— огонь . . 166.4
—ыя клещи . 166.1
Кузница . . 166.1
Кузовъ подшип-
　ника . . . 43.4
Кулакъ . . . 146.5
— деревянный
　зуба . . . 72.8
—а болтъ . . 146.7
— клинъ . . 147.1
— цапфа . . 146.8
— тяга . . 146.7
— штанга . . 146.8
Кулисса . . 143.2
—ы, камень . 143.8
Кусачки . . 155.10
Кусцы . . 155.10

Л.

Лампа паяльная 202.1
Лапка . . . 60.8
Латунь . . . 217.5
Латунная труба 103.7

Легкія колеса . 68.5
Лезвіе топора . 190.9
Лекало . . . 219.10
Лента пилы . 185.5

Ленточная
　муфта . . 61.6
— пила безконеч-
　ная . . . 190.8

Ленточная пила
  ненатянутая 188.з
—ый тормазъ . . 96.9
Лерка см. калибръ
Линейка . . . 219.9
— масштабная . 221.2
— рейсшины . . 219.7
— счетная . . . 222.1
— чертильная . 228.6
— 219.5
Линейки чертиль-
  ной головка . 219.6
Линія вершинъ
  зубьевъ . . . 186.2
— основанія зубь-
  евъ 186.8
— винтовая . . . 7.1
— зацѣпленія . . 64.1
— размѣрная . . 225.4
— уровня воды . 111.6
Лисичка 21.2
Листъ бумаги
  чертежной . . 220.з

Листъ желѣзный
  гофрирован-
  ный 216.5
— жести 216.1
— пилы 185.5
—, рессорный . . 147.4
Листовая
  рессора . . . 147.6
—ое желѣзо . 215.11
— — волнистое . 216.6
— — луженое . 216.7
— — толстое . 216.4
— — тонкое . 216.з
Литая сталь . 213.8
Литейный ковшъ 203.4
— чугунъ . . . 210.5
Литое желѣзо . 213.1
—й зубъ . . . 65.9
Лицевая сторона
  ремня . . . 77.2
Лицо задвижки . 125.6
— молот(к)а . 160.5
— наковальни . 158.4

Лицовка 172.5
Личная пила . . 172.5
Лобзикъ . . . 189.5
Лобъ молот(к)а . 160.4
Лобовая шарош-
  ка 184.з
Ложечная перка 181.з
Лопата для очи-
  щенія горновъ 166.9
Лопатень . . 179.8
Лошадиная сила 245.з
Лубрикаторъ,
  устройство для
  автоматической
  смазки . . . 49.7
Лучекъ пилы . 189.4
Лучковая
  пила . . . 189.з
— — небольшая 189.9
— — столярная 189.7
— — — узенькая 190.1
Лѣсопильная
  рама . . . 190.6

М.

М - образный
  зубецъ . . . 186.6
Мааь 50.6
Малка 208.5
Малый клуппъ съ
  кольцомъ . . 20.9
Манжета кожаная 134.1
Мартеновская
  сталь . . 214.1
—ое желѣзо . . 213.4
Масленка . . 53.5
— 53.7
— игольчатая . 54.5
— капельчатая . 54.6
— круговая . . 54.8
— ручная . . . 51.9
— — съ клапа-
  номъ . . 51.10
— — — пружин-
  нымъ дномъ . 52.1
— стеклянная . 53.9
— съ двумя кра-
  нами 53.6
— угловая . . . 55.9
— фитильная . . 54.2
— Штауффера . 55.8
Масло веретен-
  ное . . . 51.7
— выпустить . 55.6
— животное . 51.2
— машинное . 51.5
— минеральное . 51.4
— очищенное . 53.2
— растительное . 51.3
— смазочное . 50.8
— — густѣетъ . 50.10
— цилиндровое . 51.6

Масла вязкость . 50.9
— затвердѣніе . 51.1
—, приборъ для
  очистки — . 53.1
— приток ъ . . 52.8
—, резервуаръ
  для — . . . 51.8
—, резервуаръ
  для — . . . 55.4
—, спринцовка
  для — . . . 52.2
—, чашечка для . 52.9
Маслодержатель 133.6
Маслоспускное
  отверстіе . . 55.5
Маслоуловитель. 44.6
— 52.9
Масляная ванна 55.з
Маслянка для
  мѣстной смазки 50.1
Масса 244.5
— клапана . . 114.5
Массивный валъ 35.8
Мастеръ . . . 254.5
Мастерская . . 256.1
— для обточки осей 35.2
— сборная . . . 255.з
—ими завѣдующій 254.4
Масштабъ . . . 221.1
— въ метрахъ . 221.7
— поперечный . 221.6
— раздѣленный
  по діагоналѣ 221.6
— складной . . 221.з
— уменьшенный 221.5
Масштабная
  линейка . . . 221.2

Матеріалъ, сма-
  зочный . . . 50.4
—овъ сопро-
  тивленіе . . 247.1
Матрица . . . 169.1
Маховая пила . 188.4
Маховикъ . . . 149.4
— зубчатый . . 150.4
— составной . . 149.9
—а ободъ . . . 149.5
— поломка . . 150.6
— разрывъ . . 150.5
— спица . . . 149.6
— ступица . . 149.7
Маховичекъ . . 150.3
Маховое колесо 149.4
— — зубчатое . 150.4
— — составное . 149.9
—го колеса
  поломка . . 150.6
Машина . . . 253.6
— для насѣчки
  напильник. 170.9
— — распиловки 190.2
— для растачи-
  ванія цилиндр. 131.6
— для скручива-
  нія каната . 85.5
— для формовки
  зубчатыхъ
  колесъ . . . 73.1
— долбежная . . 23.6
— клепальная . 31.7
— рабочая . . 256.6
—ы разборка . 255.5
— чертежъ . . 222.7
—у выключить . 255.8

Машину монти-
ровать . . . 254.7
— останавливать 255.8
— построить . . 253.8
— пустить въ
ходъ 255.6
— разобрать . . 255.4
— собрать . . 254.7
Машинка для
очинки каран-
дашей . . . 230.4
Машинная клеп-
ка 31.6
— часть . . . 253.7
—ое масло . . 51.5
— черченіе . . 222.6
Машинозавод-
чикъ 254.2
Машиностроеніе 253.9
Машинострои-
тель . . . 254.6
—ный заводъ . . 254.1
Маятникъ . . 238.7
— коническій . 239.4
— круговой . . 238.8
—, регуляторъ — 151.6
— центробѣжный 239.4
— циклоидаль-
ный . . 239.5
—а амплитуда
качанія . . 238.9
— качаніе . . 239.2
— колебаніе . . 239.2
— размахъ . . 238.9
Мелкая нарѣзка 10.7
Мелкозубка . . 172.5
Мертвая точка . 140.9
— — 141.1
—ый ходъ . . 10.9
Металлъ бѣлый 217.10
—дельта 217.11
— колокольный 217.9
— пушечный . 217.8
Металлическая
набивка . . 135.8
Метчикъ 21.8
—омъ нарѣзать
рѣзьбу . . . 21.4
Метрическая мѣра 220.9
Механизмъ защел-
кивающій . . 95.4
— разобщитель-
ный . . . 58.8
— установит. ре-
гулятора . . 151.4
Механическая
работа . . . 245.1
Микрометриче-
скій винтъ . . 15.5
Минеральное
масло . . . 51.4
Многооборотная
нарѣзка . . . 9.4
—ый винтъ . . 16.3

Многорядное за-
клепочное сое-
диненіе . . . 29.7
—ый шовъ . . . 29.7
Многоугольникъ
веревочный . 242.6
—, замкнутый —
силъ 242.8
— силъ 242.8
Многоходовая
нарѣзка . . . 9.4
Модуль сколь-
женія . . . 253.1
— упругости . 249.2
Молотокъ . . . 160.8
— боевой . . . 161.3
— — съ попереч-
нымъ лицомъ 161.6
— верстачный . 161.5
— гвоздильный . 196.8
— гладильный . 162.5
— деревянный . 163.6
— для выдерги-
ванія гвоздей 162.8
— для круглыхъ
предметовъ . 162.6
— для отбиванія
накипи въ кот-
лахъ . . . 163.4
— дыропробив-
ный 163.8
— изъ красной
мѣди . . . 163.8
— цинка . . 163.7
— кабинетный . 162.8
— камнетесный . 161.7
— колотильный . 163.6
— кузнечный . 161.1
— насѣчный 170.11
— остроконеч-
ный 161.8
— -пробойникъ . 161.8
— разгонный . 163.1
— расковочный . 161.2
— ручной . . . 161.4
— столярный . 163.2
— — 160.9
— съ боемъ круг-
лымъ 162.7
— — — шаровид-
нымъ . . 162.6
— — хвостомъ
крестообразн. 162.1
— съ хвостомъ
круглымъ . 162.7
— — — раздвоен. 162.3
— — — шарооб-
разн. . . 162.2
Молотка бой . . 160.4
— лицо . . . 160.5
— лобъ . . . 160.4
— рукоятка . . 160.6
— ручка . . . 160.6
Молотомъ ковать 160.7

Молотомъ обрабо-
тать 160.7
Молотъ 160.3
— заклепный . 32.1
— осадочный . 162.4
— рихтовальный 161.9
— штамповный . 164.4
— штамповый . 163.5
Молота бой . . 160.4
— лицо . . . 160.5
— рукоятка . . 160.6
— ручка . . . 160.6
—омъ ковать . 160.7
— обработать . 160.7
Моментъ изгиба . 251.6
— инерціи . . 243.7
— — полярный . 244.1
— — экваторіа-
льный . . . 243.8
— крученія . . 253.4
— пары силъ . 243.4
— силы Р относи-
тельно точки
вращенія О . 243.1
— сопротивленія 251.8
— статическій . 243.6
Монтажъ . . . 255.1
Монтеръ 255.2
Монтировать ма-
шину 254.7
Моторъ 256.7
Мотыль колово-
рота 182.8
Мощность . . . 245.2
Муфта 56.1
— винтовая . . 56.7
— — 106.9
— двойная над-
вижная . . 105.5
— дисковая . . 57.5
— кожаная . . 61.4
— ленточная (ре-
менная) . . 61.6
— переходная . 107.1
— подвижная . 58.3
— постоянная . 56.3
— раздвижная . 58.4
— зубчатая . . 60.2
— соединитель-
ная 58.6
— разобщающая 59.1
— регулятора . 151.1
— Селлерса . . 58.1
— стержневая
(штанговая) . 61.7
— суставчатая . 61.8
— съ нарѣзкой . 106.9
— — натяжными
кольцами . . 56.8
— патронная . 56.8
— тарелочная . 57.2
— тренія . . . 60.7
— трубы . . . 101.4
— упругая . . . 58.5

Муфта фланце-
вая 57.2
— храповая . . 60.5
— шарнирная . 62.2
— щеточная . . 61.3
— электромагнит-
ная 61.5
—ы втулка . . 56.5
— глубина . . 101.6
— кожухъ соеди-
нительной — 57.1
—, подъемъ — ре-
гулятора . . 151.2

Муфты разобщеніе 60.4
-- тазъ 57.8
— тарелка . . 57.8
— фланецъ . . 57.3
—у разобщи(а)тъ 59.6
— разъединить . 59.6
— сцѣпить . . . 59.5
Мѣдь 216.8
— желтая . . . 217.5
Мѣдная труба . 103.6
Мѣстная смазка . 49.8
—ой смазки, мас-
лянка для —. 50.1

Мѣсто припоя . 201.5
— сварки . . . 165.2
— срощенія . . 85.10
Мѣра 220.8
— дюймовая . . 220.10
— метрическая . 220.9
— нормальная 220.11
— сжатія . . . 221.9
— усадки . . . 221.9
Мѣрить 220.7
Мѣхъ воздуходув-
ный 167.2
— кузнечный . . 167.1

Н.

Набивать вкла-
дышъ проклад-
кой 43.1
— сальникъ . . 135.2
Набивка . . . 101.5
— асбестовая . 135.5
— каучуковая . 135.7
— металлическая 135.8
— пеньковая . 135.3
— поршня . . 138.3
— сальника . . 132.9
—и, длина . . 101.7
—, для — камера 133.1
— толщина . . 133.2
Набивочное коль-
цо 139.1
Набойка . . . 162.6
Набросить эскизъ 222.8
Набросокъ . . 222.9
Набѣгающій ко-
нецъ ремня . 76.6
Навертное сверло 180.8
Навертка . . . 179.7
Нагнетательная
труба . . . 108.8
—ый клапанъ . 121.7
— - 124.3
Нагрузить кла-
панъ 120.3
Нагрузка клапа-
на 119.3
— мѣняющаяся
въ предѣлахъ
отъ 0 до ∞ . . 248.2
— — въ предѣлахъ
отъ −∞ до +∞ 248.3
— оси 33.7
— предохранитель-
наго клапана . 119.8
— регулятора . 152.1
— спокойная . 248.1
—у клапана
регулировать . 120.4
Нагрузочная пру-
жина клапана 120.2
Нагрѣваніе под-
шипника . . . 48.8

Нагрѣвательный
змѣевикъ . . 104.8
Надвижная муфта
двойная . . 105.5
Надписать чер-
тежъ 231.5
Надрѣзъ пилой . 185.4
Надѣватель ремня 79.6
Надѣть ремень
на шкивъ . . 79.7
Нажатіе . . . 73.5
Наждакъ . . . 197.8
—омъ полиро-
вать . . . 198.6
— точить . . 198.6
— шлифовать . . 198.6
Наждачная бу-
мага . . . 197.9
— пыль . . . 198.8
—ое кольцо . 198.3
— полотно . . 197.10
— точило . . . 198.7
—ый брусокъ 198.1
— валикъ . . 198.4
— камень . . 198.5
— точильный
кругъ . . 198.2
— цилиндръ . 198.4
Нажимной винтъ 15.1
Накаткой, гайка
съ — . . 12.10
Накладка . . . 29.3
— цѣпи . . . 90.10
—и головка . 91.1
Накладной
ключъ . . . 17.5
Наклонная пло-
скость . . 239.6
—ый влѣво
книзу ремень 78.7
— вправо кверху
ремень . . 78.6
— подшипникъ 197.8
Наклона уголъ . 239.7
Наковальня . 158.8
— верстачная . 158.8
— двуносовая . 158.9

Наковальня
для загибанія
желѣза . . . 159.7
— котельная . 159.9
— кузнечная . 158.6
— насѣчная . 171.1
— одноносовая . 158.9
— ручная . . 158.7
— сварочная . 160.2
—и горнъ . . 159.1
— лицо . . . 158.4
— носъ . . . 159.1
Наковаленъ, под-
ставка для — 158.5
—, рогъ для — 159.6
—, тассо для — 159.6
Наматывать ка-
натъ 88.3
Напаянный флю-
нецъ . . . 100.8
Напорный кла-
панъ . . . 124.8
Намѣчать штри-
хами . . . 226.2
Наносить пунк-
тиръ 226.3
— — смѣшанный 226.4
Напары . . . 181.4
Напилокъ см. на-
пильникъ . .
Напильникъ . 169.7
— вогнутый . 175.6
— грубый . . 173.8
— для закругле-
нія колесныхъ
зубцовъ . . 174.7
— для точки ка-
рандашей 230.6
— — — пилъ . 175.7
— драчевый . 172.4
— желобчатый . 175.6
— изогнутый . 176.1
— круглый . . 174.4
— насѣкать . 170.8
— ножевочный . 175.1
— овальный . 174.8
— остроносый 173.6

Напильникъ ост-
  роносый пло-
  скій 173.7
— пересѣченный 171.8
— плоскій . . . 173.4
— полукруглый . 174.5
— полушлифной 172.6
— проволочный . 175.5
— ручной . . 172.2
— саблевый . . 175.2
— съ острымъ
  ребромъ . . 175.4
— трехгранный . 174.2
— — 174.6
— тупоносный . 173.5
— — плоскій . 174.1
— упакованный
  въ солому . 173.2
— 4гранный . . 174.3
— — съ грубой
  насѣчкой . 172.3
— шарнирный . 175.8
— шлифной . . 173.1
— — тонкій . . 172.7
— закаливать . 171.4
—а закалка . 171.5
—а насѣчка . 170.1
—а ручка . . 169.8
Напилки насѣ-
  кать . . . 170.8
— пересѣкать . . 171.2
Направленіе
  силы . . . 241.6
Направляющая
  букса . . 146.2
— вилка. . . 84.4
— гайка . . 126.2
— золотника . 125.8
— планка . . 126.1
— стержня кла-
  пана. . . 117.5
— тяга . . . 146.1
— штанга . . 146.1
— —у клапана . 117.7
—ее ребро . . 117.4
—ій бюгель цѣп-
  ной передачи 90.7
— роликъ . . 77.9
— стержень . 117.6
—, шкивъ — ка-
  натъ . . . 84.7
—ія клапана . 116.10
— поршневого
  штока . . 136.8
— прямолиней-
  наго движенія 145.5
— ребра . . . 117.1
Напряженіе . 247.3
— допускаемое . 247.7
— на сжатіе . 251.5
— нормальное . 247.4
— при нагибаніи 251.7
— — растяженіи 250.4
— 250.6

Напряженіе при
  сдвигѣ . . . 252.8
— при сжатіи . 250.9
— — — . . . 251.2
— сдвига . . . 252.8
Напускъ, сварка
  въ — . . . 89.7
— фланца . . 99.5
Наружный под-
  шипникъ. . . 48.1
Нарѣзать болты 19.9
— винты доскою 20.8
— — на токар-
  номъ станкѣ 20.4
— — отъ руки . 19.10
— желоба . . . 23.7
— пазы . . . 23.7
— рѣзьбу . . . 19.0
— — метчикомъ . 21.4
Нарѣзанный зубъ 66.1
Нарѣзка винтовая 7.7
— газовыхъ трубъ 10.6
— гайки . . . 10.5
— двухоборотная 9.2
— двухоходовая . 9.2
— круглая . . 10.2
— лѣвая . . . 9.4
— мелкая . . . 10.7
— многооборотная 9.4
— многоходовая . 9.4
— однооборотная 9.1
— одноходовая . 9.1
— правая . . . 8.6
— остроугольная 9.7
— прямоугольная 9.7
— трапецевидная 10.4
— треугольная . 9.5
— трехоборотная 9.3
— трехходовая . 9.3
— и винтовой
  калибръ . 206.1
— — шаблонъ . 206.2
— глубина . . 8.1
— ширина . . 8.2
Нарѣзокъ, на
  дюймъ винта
  приходится х — 7.6
Насаженный
  ободъ . . . 69.8
Насоса поршень 140.6
—, цилиндръ . 132.8
Насосный буравъ 181.1
Насѣкать напиль-
  ники 170.8
Насѣчка верхняя 170.4
— вторая . . . 170.6
— крупная . . 170.2
— мелкая . . . 170.3
— напилка . . 170.1
— нижняя . . . 170.7
— обыкновенная 170.4
— первая . . . 170.7
— перекрестная . 170.5
— простая . . 170.4

Насѣчная нако-
  вальня . . . 171.1
—ой молотокъ 170.11
Наточить рейс-
  федеръ . . . 230.1
Натрубокъ . . 108.10
Натягъ клина . 22.1
Натяженіе . . 247.3
— земное . . . 244.4
— каната . . . 84.6
— ремня . . . 75.8
Натяжная чека . 25.1
Натяжной для
  ремней приборъ 80.8
Натяжный ро-
  ликъ 78.2
Натянутая пила 189.2
Находиться въ
  дѣйствіи . . 255.7
— въ зацѣпленіи 63.8
Начальная (дѣли-
  тельная) окруж-
  ность . . . 63.5
— 67.2
— скорость . . 235.8
—ый конусъ . . 70.9
Начертить . . 207.5
Ненатянутая лен-
  точная пила . 188.3
Неперекрестный
  ремень. . . . 77.5
Неподвижная ко-
  робка . . . 93.9
— ось . . . 33.10
—ый блокъ . . 93.8
— канатъ . . . 86.6
Непрерывная
  смазка . . . 49.2
Неравномѣрное
  движеніе . . 235.5
Неравномѣрно-
  сти коэффи-
  ціентъ . . . 149.8
Несвободное дви-
  женіе . . . 238.3
Неустойчивое
  равновѣсіе . . 244.9
Нижній блокъ . 94.8
Нижникъ . . 164.5
Нижняя коробка
  (обойма) . . 94.8
Никкель. . . 216.11
Никкелевая сталь 214.5
Ниппель. . . 107.2
— двойной . . 107.8
Ножевая опора . 46.1
Ножевка (напиль-
  никъ) 175.1
— (пила) . . . 188.7
— для прорѣзыва-
  нія пазовъ . 189.1
— съ обухомъ . 188.8
— узкая . . . 188.10
— и обухъ . . 188.9

Ножичекъ для
  подчистки чер-
  тежей . . . 231.1
Ножка циркуля 226.9
—и циркульной
  нижняя часть 226.10
— циркульной
  удлиненіе . . 227.8
Ножницы . . 156.9
— для рѣзки
  жести 157.9
— — — проволоки 158.2
— кривоносовыя 157.1
— кровельныя . 157.4

Ножницы
  параллельныя 157.5
— приводныя . . 157.8
— рамочныя . . 157.6
— ручныя . . . 157.7
— рычажныя . . 157.2
— стуловыя . . 157.3
— съ дугообразно
  выгнутыми
  лезвіями . . 157.1
— фасонныя . . 157.1
—ъ челюсть . . 156.10
Нормали, ускоре-
  ніе по — . . . 236.9

Нормальная
  мѣра . . 220.11
— сила . . . 237.3
Нормальное на-
  пряженіе . . 247.4
— сопротивленіе 238.5
—ый подшип-
  никъ 42.3
Носъ наковальни 159.1
Нутромѣръ . . 206.9
— для цилиндровъ 205.4
Ныряло . . . 140.4
— съ лабирин-
  томъ 139.8

О.

Обварка вала . . 36.7
Обводить тушью 231.2
Обжимка . . . 32.2
— плоская . . 162.5
Обжимъ . . . 31.8
Обичайка . . . 139.7
Обмотка трубы . 98.4
Ободъ зубчатый 69.2
— маховика . 149.5
— насаженный . 69.8
— шкива . . 81.8
—а выступъ . . 69.3
—, стыковой
  болтъ . . 150.2
—, стыкъ . . . 150.1
—, толщина края — 81.9
·Обода, ширина —
  шкива . . . 81.10
Обойма блока . 93.8
— — . . . 93.5
—, верхняя . 94.2
— неподвижная . 93.9
—, нижняя . 94.3
— подшипника . 45.5
— холостая . 94.1
Обрабатывать
  крейцмейселемъ 167.7
— молотомъ . 160.7
Образующая
  окружность . 67.3
Обрубать зуби-
  ломъ . . . 168.8
Обручное желѣзо 215.4
Обстругать . . 192.8
Обточить оси . 35.8
Обточки осей, ма-
  стерская для — 35.2
— —, токарный
  станокъ для — 35.1
Обухъ ножевки 188.9
Обшивка цилин-
  дра . . . 131.2
Обшить поршень
  кожей . . . 138.6
Общая израсхо-
  дованная работа 246.6

Обыкновенная
  цѣпь . . . 88.8
—ый кольцевой
  клапана . . 118.3
— подшипникъ 42.3
Огневая труба . 108.2
Огонь кузнечный 166.4
Ограничитель для
  тарелки клапана 123.5
Одинарный
  ключъ . . . 16.8
Одиночный шовъ 29.5
Одноносовая на-
  ковальня . . 158.9
Однооборотная
  нарѣзка . . 9.1
Односторонній
  ключъ . . . 16.8
Одноходовая
  нарѣзка . . 9.1
Окраска трубъ . 98.8
Окружность
  головочная . 63.6
— дѣлительная . 63.5
—, корневая . . 63.7
— начальная . 67.2
— образующая . 67.3
— центровъ от-
  верстій . . 99.4
Олово . . . 216.10
Опилки . . . 187.4
Опись предметовъ 223.7
Опора на каткѣ . 45.8
— ножевая . . 46.1
— призматическая 46.1
—ы —ой подушка 46.3
— площадь . . 40.5
Опорная пло-
  скость клина 23.2
— призма . . 46.2
—ое треніе . . 246.2
Опочная отливка 211.5
Оправка гвоз-
  дарная . . . 196.4
Осадочный мо-
  лотъ . . . 162.4

Осевая шейка . 33.8
—ой регуляторъ 151.8
Оселокъ . . . 197.4
— для точки ка-
  рандашей . . 230.5
Основаніе клина 21.8
— подшипника . 43.7
—ія — болтъ . . 43.8
Основная плита
  подшипника . 43.9
—ое кольцо (саль-
  никъ) . . 133.5
—ой конусъ . . 70.9
— кругъ . . . 67.2
Остановить маши-
  ну . . . 255.8
Остановы, зажи-
  мающіе . . . 95.8
Остановы, зубча-
  тые . . . 95.5
Остріе иглы . . 227.7
— центуры . . 180.5
— циркуля . . 227.1
Острогубцы . 156.1
Остроконечный
  молотокъ . . 161.8
Остроугольная
  нарѣзка . . 9.5
—ый отводъ . 106.8
Ось 33.2
— 33.6
— блока . . 93.6
— ведущая . 34.4
— вращенія . 34.5
— 241.1
— колеса . . 34.6
— кривошипа . 141.4
— неподвижная 33.10
— пары силъ . 243.5
— передвижная . 34.8
— подвижная . 33.11
— подрѣзать . 37.8
— регулятора . 150.8
— свободная . 34.2
— спаренная . 34.1
— цилиндра . 130.2

Ось чертежа . . 225.8
— смѣнить . . . 34.10
— обточить . . 35.8
Оси вращенiе . . 34.7
— головка . . . 33.5
— испытанiе . . 34.8
— нагрузка . . 33.7
—, отъ — до оси 225.7
— поломка . . . 34.9
— проба . . . 34.8
— смѣна . . . 34.11
— тренiе . . . 33.8
Отверстiе втулки 69.6
— высверленное . 179.1
— для болта . . 11.7
— — винта . . 11.7
— — желѣзокъ . 192.1
— — клина . . . 23.1
— заклепочное . 26.7
— ключа . . . 16.7
— крюка . . . 92.2
— маслоспускное 55.5
— подшипника . 40.8
— пропускное . 113.1
— проходное . . 113.1
— смазочное . . 44.4
— — 52.6
Отвертка . . . 18.8
Отгибанiе края
трубы . . . 103.9
Отвинтить . . . 19.8
Отвинтиться . . 19.6
Отвинчивать . . 19.8

Отвинчиваться . 19.6
Отвинчиванiя,
приспособленiе
противъ — . . 13.8
Отводъ остро-
угольный . . 106.8
— прямоугольный 106.2
Отвѣсъ . . . 209.2
Отдача рукоятки 142.8
Отжигать . . . 199.2
Откидной кла-
панъ . . . 123.8
— — 123.4
Отклоненiя уголъ 239.1
Открыть клапанъ 115.2
— кранъ . . . 128.1
Открытая голов-
ка 145.2
— подвѣска Сел-
лерса 46.9
— — — со струною 47.1
—ый ремень . . 77.5
Открытiе клапа-
на 115.6
Отливка въ глинѣ 212.1
— — зеленомъ
пескѣ . . 211.8
— — массу . . 211.7
— — опокахъ . 211.5
— — песочныя
формы 211.6
— — —ой формѣ
открытой . . 211.4

Отливка въ су-
хомъ пескѣ . 211.7
— обжигаемая . 212.4
— опочная . . 211.5
— съ жесткою
корою . . . 212.2
Отмѣтить керне-
ромъ 168.6
Отогнуть край
трубы . . . 103.10
Отпаять . . . 200.9
Отпуска цвѣтъ . 199.4
Отпусканiе стали 199.8
Отпускать винтъ 19.4
Отпускать (ме-
таллъ) . . . 199.2
Отрѣзокъ, сцѣ-
пляющiйся . . 64.2
Очертанiе зубца 64.10
— зубцовъ по
двумъ точкамъ 67.5
Очинить каран-
дапъ 230.3
Очинки, машина
для — каран-
дашей . . . 230.4
Очистки, приборъ
для — масла . 53.1
Очищенное масло 53.2
Ошибка кон-
струкцiонная 222.5
— при сварива-
нiи 165.4

П.

Паденiе свобод-
ное 236.2
—я высота . . 236.8
— продолжитель-
ность . . . 236.4
Пазникъ . . . 193.6
Пазовикъ . . . 193.6
Пазъ 23.8
Пайка . . . 201.1
— мягкимъ при-
поемъ . . . 201.2
— на крѣпкомъ
припоѣ . . . 201.8
— пробная . . 203.8
Пайки шовъ . . 201.4
Палецъ криво-
шипа . . . 141.6
— (цапфа) . . 39.6
Папка для черте-
жей 219.2
Пара силъ . . 243.8
Пары силъ мо-
ментъ 243.4
— — ось . . 243.5
Параллелограммъ
силъ . . . 241.8
— скоростей . 239.8

Параллелограммъ
ускоренiй . 239.8
Параллель . . 146.4
Параллельные
тиски . . . 154.2
—ыя ножницы . 157.5
Паровой запор-
ный клапанъ 121.8
— поршень . . 140.5
— цилиндръ . 132.2
—го цилиндра
сальникъ . . 133.7
Паровпускной
клапанъ . . 122.2
Паровыпускной
клапанъ . . 122.8
Паропроводная
задвижка . . 126.6
Паропроводъ . 109.9
Парораспредѣле-
нiе золотнико-
вое 127.6
— клапанное . 120.9
Пастма . . . 85.2
Пасть клещей . 155.4
Патронная муф-
та 56.8

Патронъ для
перки . . . 178.5
— — сверла . 178.5
Паяльная го-
рѣлка . . . 201.10
— лампа . . . 202.1
— печь . . . 202.8
— трубка . . 203.1
Паяльникъ . . 201.6
— газовый . . 201.9
— молоткообраз-
ный 201.7
— остроконечный 201.8
Паяльное пламя 202.2
—ыя клещи . . 156.6
Паянiе . . . 200.10
Паять 200.6
Пеньковая на-
бивка . . . 135.8
—ый канатъ . 86.9
Пеньковаго ка-
ната, шкивъ
для 87.4
Пеньковый пле-
тень 135.4
Переборъ зубча-
тый 68.2

ПЕРЕГРУЗИТЬ — 389 — ПОДПЯТНИКЪ

Перегрузить
  клапанъ . . . 120.5
Передаваемое
  усиліе . . . 75.9
Передаточная
  труба . . . 105.0
—ый валъ . . 36.5
— канатъ . . . 87.6
Передача зубчатая 68.1
— —ой рейкой . 70.6
— канатная . . 84.5
— — круговая . 84.8
— кривошипомъ 140.8
— подъ угломъ . 77.8
— при помощи
  коническихъ
  барабановъ . 78.8
— помощью желоб-
  чатыхъ колесъ 74.6
— — клиновыхъ
  колесъ . . 74.6
— — фрикціон-
  ныхъ дисковъ 74.2
— ременная . . 75.5
— съ натягиваю-
  - щимъ грузомъ 78.1
— фрикціонная . 73.8
—, цѣпная . . 88.5
—, цѣпная . . 91.10
—эксцентриковая 144.6
Передачи, направ-
  ляющій бюгель
  цѣпной — . . 90.7
Передвижная ось 34.3
—ой блокъ . . 93.4
Перекидной за-
  жимный болтъ 14.8
Перекрещенный
  ремень 77.6
Переносное горно 32.9
—ый горнъ . . 167.3
Пересѣкать на-
  пилки . . . 171.2
Пересѣченный
  напильникъ . 171.8
Переходная муфта107.1
Періодическая
  смазка 49.8
Перициклоида . 67.1
Перка 178.4
— ложечная . . 181.3
— центровая . . 180.4
Перки центровой
  остріе 180.5
Перка червячная 181.1
— — съ ушкомъ 181.2
Перки шпиндель 178.6
Перо для вычер-
  чив. кривыхъ 229.7
— — круглаго
  шрифта . . 231.8
— пунктирное . 229.9
— чертежное . . 229.6
— — двойное . 229.8

Перо чертежное
  точить 230.1
Перышко рисо-
  вальное чер-
  тежное . . . 231.4
Петля 92.10
Печь паяльная . 202.8
— сварочная . . 165.5
Пила 185.8
— волосная . . 189.5
— двуручная . . 188.2
— для дерева . 187.10
— — металловъ . 187.9
— — распиловки
  металловъ
  нагрѣтыхъ. 187.8
— — металловъ
  холодныхъ . 187.7
— круглая . . . 190.4
— ленточная без-
  конечная . . 190.8
— — ненатянутая 188.3
— личная . . 172.5
— лучковая . . 189.8
— — небольшая . 189.9
— — столярная . 189.7
— — — узенькая 190.1
— маховая . . . 188.4
— натянутая . . 189.2
— поперечная . 188.5
— — выгнутая . 188.6
— — продольная . 188.4
— рамная . . . 190.6
— ручная . . . 188.1
— садовническая 188.4
— фанерочная . 189.6
— фурнирная . . 189.8
— -- циркульная . 190.4
Пилы гнѣздо . 185.6
— закрытень . . 189.8
— закрутка . . 189.8
— лента . . . 185.5
— листъ . . . 185.5
— лучекъ . . . 189.4
— полотно . . 185.5
— станокъ . . 189.4
— язычекъ . . 189.8
Пилить . . . 187.3
— въ нагрѣтомъ
  видѣ . . . 187.6
— — холодномъ — 187.5
Пильная рама . 190.5
—ый зубъ . . 185.7
— станокъ . . 190.2
Пинцетъ . . . 156.8
Письмо круглое 231.6
— прямое . . 231.7
Питательный
  клапанъ . . 122.7
— кранъ . . 129.9
Пламя паяльное 202.2
Планка гибкая . 220.1
— направляющая 126.1
Планъ 224.6

Планъ расположе-
  нія трубъ . . 109.5
Платина 217.4
Плашка . . . 21.2
Плетень пенько-
  вый 135.4
Плечо 37.7
— кривошипа . 141.8
Плита анкерная 15.8
— вывѣрочная . 208.7
— основная под-
  шипника . . 43.9
— полировочная 160.1
— фундаментная 16.2
Плиты выступъ
  (подшип.) . . 44.1
Пломбировочныя
  клещи 156.4
Плоская обжим-
  ка 162.5
Плоскій золот-
  никъ 127.1
Плоскогубцы . . 155.5
— 155.9
Плоское желѣзо 215.8
Плоскость на-
  клонная . . . 239.6
Плотничій буравъ 180.8
Площадь опоры 40.5
— соприкоснове-
  нія 113.5
— срѣза 28.4
Плунжеръ . . . 140.4
Поверхность вин-
  товая 7.4
— скользящая . 145.8
— тренія . . . 246.1
— трущаяся . . 38.2
—и закалка . . 200.1
Подающій кла-
  панъ 122.7
Подверженіе
  дѣйств. силы . 247.5
Подвижная муфта 58.8
— ось 33.11
—ый канатъ . . 86.5
Подвѣска . . . 46.7
— Селлерса дву-
  плечая . . . 46.8
— — открытая . 47.1
— — — 46.9
Подгаешникъ. . 13.2
Поддержка для
  заклепокъ . . 32.3
— 32.5
Поднятіеклапана 115.7
Подовый клапанъ 120.6
Подпилить . . . 171.6
Подпятникъ . . 40.8
— кольцевой . . 41.1
— съ шариками . 41.8
— смазать . . . 48.7
—а, кольцев. вкла-
  дышъ 41.2

Подпорка для за-
клепокъ . . . 32.4
Подпятникъ . . 40.8
— кольцевой . . 41.4
— съ шариками. 41.8
—а вкладышъ 40.9
— — кольцевой . 41.2
Подрѣзать валъ . 37.8
— ось 37.8
— рѣзьбу . . . 20.1
Подставка для
наковаленъ . . 158.5
Подтачивать ци-
линдръ . . . 131.4
Подтянуть винтъ 19.7
— клинъ . . . 25.9
— подшипникъ . 48.6
— ремень . . . 79.8
Подушка призмат.
опоры . . . 46.8
Подчеканить . . 31.1
Подчищать свер-
ломъ . . . 179.8
Подшабрить . . 177.8
Подшипникъ . . 40.1
— 41.5
— безъ лапокъ . 44.7
— внутренній . 47.8
— выплавляется. 48.4
— гребенчатый . 41.4
— грѣется . . . 48.2
—, давленіе на — 40.6
— для цапфъ вала 141.7
— заѣдается . . 48.6
— изнашивается . 48.4
— концевой . . 41.6
— косой . . . 44.8
— коренной . . 47.7
— кривошипн.
вала . . . 141.5
— наклонный . . 44.8
— на кронштейнѣ 46.4
— — подвѣскѣ . 46.6
— наружный . . 48.1
— на шарикахъ . 45.8
— нормальный . 42.8
— обыкновенный 42.8
— промежуточный 41.7
— Селлерса . . 45.1
— скошенный . . 44.8
— съ кольцевой
смазкой . . 45.2
— шаровой . . 45.6
— подтянуть . . 48.6
— смазать . . . 48.7
—а шарового
вкладышъ . 45.7
— длина . . . 40.4
— крышка . . , 43.5
— кузовъ . . . 43.4
— нагрѣваніе . 48.8
— обойма . . . 45.5
— основаніе . . 43.7
— основная плита 43.9

Подшипника от-
верстіе . . . 40.8
— шарикъ . . . 45.4
—овъ, стойка для 47.2
Подъемная цѣпь 91.7
—ый канатъ . . 87.8
— клапанъ . . . 116.2
— 121.8
Подъемъ муфты
регулятора . 151.2
— поршня . . . 138.1
—а высота . . 236.5
— продолжи-
тельность . . 236.6
— уголъ . . . 7.8
Полезная длина. 98.2
— работа . . . 246.7
—аго дѣйствія
степень . . 246.6
Полетъ верти-
кально вверхъ 238.2
— наклонно къ
горизонту . . 237.5
— параллельно
горизонту . . 238.1
—а высота . . 237.8
— дальность . . 237.7
— скорость . 237.10
— траекторія . 237.9
— уголъ . . . 237.6
Ползунъ . . . 145.6
— 146.5
— калибра . 205.1
Полировать наж-
дакомъ . . 198.6
—очная плита . 160.1
Полиспастъ . . 93.7
— дифференціаль-
ный . . . 94.4
— канатный . . 94.6
— цѣпной . . . 94.7
Полное ускоре-
ніе 237.1
Положеніе тѣла
въ равновѣсіи 244.7
Поломка ма-
ховика . . . 150.6
— оси . . . 34.9
— трубы . . . 110.4
Полосовое желѣзо 212.5
— 214.8
Полотно наждач-
ное . . . 197.10
— пилы . . . 185.5
Полуда . . . 202.5
Полуперекрест-
ный ремень . 77.7
Полый валъ . 35.9
Полярный мо-
ментъ инерціи 244.1
Полюсъ . . . 242.4
—а разстояніе . 242.5
Поперечка . . . 188.5
— выгнутая . . 188.6

Поперечная пила 188.5
— — выгнутая . 188.6
—ое сѣченіе . . 225.1
— — пропускн.
отверстія . 113.2
—ый клинъ . . 22.6
Порошокъ для
закалки . . 199.10
Поршень . . . 136.1
— дисковый . . 140.8
— запасной . . 140.7
— насоса . . . 140.6
— паровой . . . 140.5
— пришлифован-
ный . . . 140.1
— резервный . . 140.7
— съ набивкой
кожаной 138.5
— — метал. . . 138.7
— — пеньковой 138.4
— обшить кожей 138.6
— пришлифо-
вать . . . 140.2
Поршня болтъ . 136.9
— высота . . . 136.8
— діаметръ . . 136.2
— игра . . . 137.8
— кольцевой за-
мокъ . . . 139.2
— крышка . . . 139.5
— набивка . . . 138.3
— подъемъ . . 138.1
— сальникъ . . 137.2
— сила . . . 136.5
— скорость . . 137.4
— смазка . . . 137.8
— стержень . . 136.6
— треніе . . . 137.6
— тѣло . . . 139.4
— ускореніе . . 137.5
— ходъ . . . 137.7
— — вверхъ . . 138.1
— — внизъ . . 138.2
— — обратный 137.10
— — прямой . . 137.9
— штанга . . . 136.6
— штокъ . . . 136.6
Поршневое коль-
цо 139.1
— — самона-
жимающее . 139.3
—ой золотникъ . 127.4
— ключъ . . . 137.1
Поршневого стер-
жня конецъ . 136.7
— штока напра-
вленія . . 136.8
Послѣдѣйствіе
упругое . . . 249.6
Постоянная муфта 56.8
Построить . . . 222.2
— машину . . . 253.8
Потайная голов-
ка 12.8

Предохранитель-
   ная заслонка 123.6
—аго клапана за-
   слонка . . . 123.6
—ый клапанъ . . 119.6
— — на случай
   разрыва трубы 110.5
— клапанъ съ на-
   грузкой . . 119.7
— съ пружинной
   нагрузкой . 120.1
Представить де-
   таль машины
   въ перспективѣ 224.1
— — — раз-
   рѣзѣ 224.8
Предѣлъ вытяги-
   ванія . . . 250.1
— пропорціональ-
   ности . . . 249.8
— упругости . . 249.7
Предѣльный ка-
   либръ для про-
   волоки . . . 206.4
Прессовый винтъ 13.7
— цилиндръ . . 132.4
—ующій винтъ . 13.7
Прессъ смазоч-
   ный 55.7
Прибивать гвоз-
   демъ 195.7
Приборъ водо-
   указательный 111.2
— для очистки
   масла . . . 53.1
— натяжной для
   ремней . . . 80.8
— смазочный . . 53.3
Привертная струб-
   цинка 154.5
Привести валъ въ
   движеніе пос-
   редствомъ ремня 76.4
Привинтить . . 18.7
Приводить валъ
   въ движеніе
   посредствомъ
   ремня 76.4
Приводная цѣпь 91.6
—ое колесо . . 68.7
—ый валъ . . 36.4
— канатъ . . . 87.5
— ремень . . . 80.5
— рычагъ . . . 59.2
—ыя ножницы . 157.8
Приводъ разобщи-
   тельный . . 84.3
— ременной . . 77.4
— съ зубчатой
   муфтой . . . 58.7
Пригвоздить . . 195.7
Пригнать винтъ 14.1
Пригонъ . . . 37.7
Пригонять винтъ 14.1

Пригнанный
   винтъ 13.10
Пріемный кла-
   панъ 121.8
Прижимъ для га-
   зовыхъ трубъ 154.8
Призма опорная 46.2
Призматическая
   опора . . . 46.1
—ой опоры подуш-
   ка 46.8
Прикладный
   ключъ . . . 17.2
Приклепанный
   флянецъ . . . 100.7
Приливъ втулки 69.5
Принадлежности
   къ горну . . 166.5
— — крюку . . 92.9
Принципъ сохра-
   ненія энергіи 245.5
Припаять . . 200.8
Припаянное
   кольцо . . . 100.6
Припой . . . 202.4
— крѣпкій . . 202.7
— мягкій . . 202.5
— — легкоплав-
   кій 202.6
Припоя мѣсто . 201.5
Приработав-
   шаяся цапфа . 38.8
Приспособленіе
   для ручной
   смазки . . . 49.5
— противъ от-
   винчиванія . 13.8
— точильное . 197.6
Притокъ масла . 52.8
Притяженіе зем-
   ное 244.4
Притянуть винтъ 19.6
Причека . . . 24.8
Пришабрить . . 177.2
Пришлифовать
   клапанъ къ
   своему сѣдлу 113.6
— поршень . . 140.2
—нный поршень 140.1
Проба оси . . 34.8
Пробить дыру . 169.6
— зубцы . . 187.2
Пробивныя клещи 158.1
Пробка . . . 105.1
Пробная пайка . 203.8
— —ый клапанъ 122.8
— кранъ . . . 129.10
Пробойникъ . . 168.7
⊤ для станковъ 169.8
— ручной . . 169.2
Пробуравить . . 179.2
Проволочный ка-
   натъ 86.7
Провѣсъ . . . 76.2

Прогибъ 147.5
— 252.1
Продолжитель-
   ность зацѣпле-
   нія 64.4
— качанія маят-
   ника 239.8
— паденія . . 236.4
— подъема . . 236.6
Продольная пила 188.4
—ое измѣненіе . 248.7
—ый видъ . . 224.5
—изгибъ . . . 252.2
— разрѣзъ . . 224.9
Продувательный
   клапанъ . . 122.5
— кранъ . . . 129.7
Проектировать . 223.1
Проектъ . . . 223.2
—а эскизъ . . 223.8
Прозоръ . . . 136.4
Производитель-
   ность . . . 245.2
—и, регуляторъ
   машины . . 152.5
Прокатанная
   труба . . . 103.1
—ное желѣзо . 215.5
Прокладка вкла-
   дыша . . . 42.6
— между флян-
   цами . . . 99.6
Прокладой на-
   бивать вкла-
   дышъ . . . 43.1
Прокладочное
   кольцо . . . 99.7
— — 125.7
Проложить (про-
   кладывать)
   трубу . . . 109.6
Промежуточная
   пропускная
   захлопка . . 117.8
—ый валъ . . 36.5
— подшипникъ . 41.7
Пропорціональ-
   ности предѣлъ 249.8
Пропускная
   бумага . . . 232.9
—ое отверстіе . 113.1
Прорубанъ(и)ть . 165.6
Порубовое зубило 165.7
Прорѣзъ сквоз-
   ной 23.8
Прорѣзная ша-
   рошка 184.2
Просверлить . . 179.2
Простой кольце-
   вой клапанъ . 118.8
Пространство
   вредное . . . 136.4
Проушина . . 191.1
Профиль зубца . 64.9

Профильная ша-
  рошка . . . 184.8
Проходникъ . . 181.4
Проходъ . . . 112.6
Проходное отвер-
  стіе 113.1
—ой кранъ . . 128.7
Прочная склепка
  (клина) . . 28.1
Пружина клапана 119.5
— регулятора . 152.8
Пружиненіе
  упругое . . 249.4
Пружинить . . 149.8
Пружинный кла-
  панъ . . . 119.4
— регуляторъ . 152.2

Пружинящая
  труба . . . 104.2
Прядь 85.2
Прямобочное за-
  цѣпленіе . . . 67.6
Прямой уголь-
  никъ 107.5
— — переходный 107.6
Прямолинейное
  движеніе . . . 234.9
Прямоугольная
  нарѣзка . . 9.7
—ый отводъ . . 106.2
Пудлинговое же-
  лѣзо 212.7
—ая сталь . . 213.7
Пунктирная игла 229.1

Пунктирное коле-
  сико 229.2
— перо 229.9
Пунктировать . 226.8
Пунктиръ нано-
  сить 226.8
Пускать въ ходъ
  машину . . . 255.6
Путь 235.2
— головки зуба 64.7
Пушечная бронза 217.8
—ый металлъ . . 217.8
— сплавъ . . . 217.8
Пыль наждач-
  ная 198.8
Пята 38.7
— кольцевая . . 38.8

Р.

Работа израсхо-
  дованная об-
  щая . . . 246.6
— механическая . 245.1
— полезная . . 246.7
— тренія . . 246.5
— — зубьевъ . . 66.6
Работы величина 245.2
—, регуляторъ —
  машины . . 152.5
Рабочая машина 256.6
— сторона ремня 77.1
—ій шкивъ . . 83.7
— — холостой . 83.6
Равновѣсіе . . 244.6
— безразличное 244.10
— устойчивое . 244.8
— не— 244.9
Равнодѣйствую-
  щая сила . . 241.9
— скорости . . 240.4
— ускоренія . . 240.4
—ей замѣнить
  нѣсколько
  скоростей 240.8
— — — ускореній 240.8
Равномѣрное дви-
  женіе . . 235.1
—о замедленное
  движеніе . 236.1
— ускоренное — 235.11
Разборка машины 255.5
Разбуравить . . 179.8
Развертка (кривая) 67.9
— (рейбаль) . . 177.4
— вставляющаяся
  въ шпиндель
  станка . . 178.2
— со спиральными
  желобками . 177.7
— съ дорожками 177.8
— — цапфами . 178.1
— угловая . . 177.6

Развертка шлифо-
  ванная . . . 177.5
Развернѣть . . 178.8
—очное зацѣпле-
  ніе 67.8
Развести зубцы
  пилы . . . 187.1
—денный зубецъ 186.8
Разводить зубцы
  пилы . . . 187.1
— краску . . . 232.7
— тушь . . . 232.7
Разводка (зуб-
  цевъ) . . . 186.9
Развѣтвленіе
  трубъ . . . 106.1
Разгонный моло-
  токъ 163.1
Разгружать кла-
  панъ . . . 115.9
—енный золот-
  никъ . . . 127.5
Разгрузка клапа-
  на 115.10
Разгрузной кла-
  панъ . . . 116.1
Раздвижная
  муфта . . . 58.4
— — зубчатая . 60.2
— — соединитель-
  ная 58.6
— часть штанген-
  циркуля . . 205.1
—ой ключъ . . 18.1
— (ступеньчатый)
  шкивъ . . . 83.5
Разложить ско-
  рость на со-
  ставляющія . 240.1
— ускореніе на
  составляющія 240.1
Размахъ маятни-
  ка 238.9

Размотать (раз-
  матывать) ка-
  нать 88.4
Размѣръ цифро-
  вый 225.6
Размѣры внести 225.9
— вносить . . 225.9
— главные . . 225.8
Размѣровъ внесе-
  ніе 225.10
Размѣрная линія 225.4
— стрѣлка . . 255.5
Разобрать маши-
  ну 225.4
Разобщать . . 63.1
— 64.6
— муфту . . . 59.5
Разобщающая
  муфта . . . 59.1
—ійся валъ . . 36.6
Разобщеніе . . 59.7
— посредствомъ
  раздвижной
  зубчатой муфты 60.4
— самодѣйствую-
  щее 60.1
Разобщительный
  валъ 59.4
— механизмъ . . 58.8
— приводъ . . 84.8
Разрывъ махови-
  ка 150.5
— трубы . . . 110.4
Разрѣзъ по х—у 225.2
— продольный . 224.9
Разстояніе между
  заклепками . 27.6
— отъ края
  листа 27.7
— — полокъ уголь-
  ника . . . 30.4
— полюса . . . 242.5
Разъединеніе . 59.7

Разъединеніе са-
модѣйствующее   60.1
Разъединитель-
ный валъ . .   59.4
— рычагъ . . .   59.2
— — 84.3
Разъедини(я)ть .   63.1
— муфту . . .   59.6
Разъемное колесо   69.9
Рама лѣсопиль-
ная 190.6
— пильная . . .   190.5
Рамная пила . .   190.6
Рамочныя нож-
ницы 157.6
Расклепать . .   31.3
Расклинить . .   25.7
Расковать . . .   164.7
Расковка . . .   164.8
Расковочный мо-
лотокъ . . .   161.2
Распиловки, ма-
шины для —   190.2
Расположеніе об-
щее 223.4
Распредѣленіе
общее 223.4
Распредѣлитель-
ный валъ . .   37.4
Распорка · . .   90.2
Распорками, цѣпь
съ 90.1
Распорная труба   14.7
—ый болтъ . .   14.5
Растирать краску   232.8
— тушь . . .   232.8
Растительное
масло 51.3
Растягивать рес-
сору 148.9
Растягивающая
сила 250.5
Растяженіе . . .   250.2
—ію подвержено
тѣло 247.6
— сопротивленіе   250.3
Рачка 182.9
Рашпиль . . .   176.2
Рванина послѣ
закалки . . .   199.11
Ребра направ-
ляющія . . .   117.1
Ребро направ-
ляющее . . .   117.4
Ребристая труба   104.5
Регулировать . .   152.6
— нагрузку кла-
пана 120.4
Регулировочная
гайка 12.9
Регулируемый
вкладышъ . .   42.5
Регуляторъ . . .   150.7
- , грузовой . .   151.9

Регуляторъ, ко-
ническій . .   151.7
— маятникъ . .   151.6
— осевой . . .   151.8
— производитель-
ности машины   151.5
—, пружинный .   152.2
— работы ма-
шины . . .   152.5
— скорости . .   152.4
— съ нагрузкой   151.9
— центробѣж-
ный 151.5
—а муфта . . .   151.1
— ось 150.8
— шпиндель . .   150.8
— подъемъ муф-
ты — . . .   151.2
— рычагъ . . .   151.3
— установитель-
ный меха-
низмъ . . .   151.4
Редукціонный
клапанъ . . .   121.5
Резервный пор-
шень · . . .   140.7
Резервуаръ для
воды 110.2
— — масла . .   51.8
— — — . . .   55.4
Резинка 230.8
— для карандаша   230.9
— — чернилъ   230.10
Резиновый кла-
панъ 123.4
Рейбалъ см. раз-
вертка . . .   177.4
Рейсфедеръ . .   229.6
— двойной . .   229.8
Рейсшина . . .   219.5
—ы головка . .   219.6
— линейка . .   219.7
Ремень 76.5
— буксуетъ . .   79.1
— бьетъ . . .   78.8
— вертикальный   78.5
— горизонталь-
ный 78.4
— двойной . .   80.2
— клееный . .   80.9
— набѣгаетъ . .   79.2
— наклонный
вправо . . .   78.6
— — кверху . .   78.6
— — книзу . .   78.7
— неперекрест-
ный 77.5
— перекрестный   77.6
— покоится на
валѣ 80.1
—полуперекрест-
ный 77.7
— приводной . .   70.5
— скользить . .   79.1

Ремень сложный   80.3
— соскакиваетъ
со шкива . .   79.5
— суставный . .   80.6
— надѣть на
шкивъ . . .   79.7
— подтянуть . .   79.8
— сбросить со
шкива . . .   79.8
— склеить . . .   80.10
— сшить . . .   81.2
— сшитый . . .   81.1
— укоротить . .   79.4
Ремня гладкая
сторона . . .   77.2
— лицевая сто-
рона 77.2
— рабочая сторона   77.1
— толщина . .   76.9
— ширина . . .   76.8
Ремней соединеніе   80.7
—, замокъ для —   81.4
Ременная передача   75.5
— — 77.8
— муфта . . .   61.6
—ой приводъ . .   77.3
Ремешокъ, сши-
вающій —; (дра-
тва) 81.3
Ремненадѣватель   79 6
Ресмусъ 207.9
Рессора 147.4
— винтовая . .   148.8
— коническая . .   148.4
— круглаго сѣче-
нія 148.6
— листовая . .   147.6
— на изгибъ . .   147.8
— — скручиваніе   148.2
— прямоуголь-
наго сѣченія   148.5
— скручиваю-
щаяся . . .   148.2
— спиральная .   148.1
— цилиндриче-
ская 148.3
Рессорная дер-
жавка . . .   147.9
—ый валикъ . .   147.8
— листъ . . .   147.4
— хомутъ . . .   147.7
Рессору сжимать   148.8
—ы витокъ . .   149.1
— сжатіе . . .   148.7
Рифлуаръ . . .   176.1
Рихтовальный
молотокъ . .   161.9
Рогъ для накова-
лень 159.6
Рожокъ 108.10
Роликъ направ-
ляющій . . .   77.9
— натяжной . .   78.2
—, цѣпной . . .   91.5

Рубанокъ . . 191.10
— двойной . . . 192.7
— ручной . . . 193.3
— столярный . . 193.2
— съ двойнымъ
  желѣзкомъ . 192.7
— фасонный . . 193.8
Рубанка желѣзко 191.12
— колодка . . .191.11
Руда желѣзная . 210.2
Рукоятка криво-
  шипа . . . 142.4
— молотка . . . 160.6
—и отдача . . . 142.8
—у вращать . . 142.9
Рулетка . . . 221.4
Ручка молотка . 160.6
— напилка . . . 169.8
— топора . . . 191.2
Ручная клепка . 31.5
— масленка . . 51.9
— —съ клапаномъ 51.10

Ручная масленка
  съ пружин-
  нымъ дномъ . 52.1
— наковальня . 158.7
— пила 188.1
— смазка . . 49.4
—ой смазки, при-
  способленіе
  для . . . 49.5
—ое сверло. . . 179.6
Ручной буравъ . 179.6
— инструментъ . 256.5
— клапанъ . . . 121.1
— молотокъ . . 161.4
— напилокъ . . 172.2
— пробойникъ . 169.2
— рубанокъ . . 193.3
— стругъ . . . 193.3
— топоръ . . . 191.3
—ые тиски . . 154.6
—ыя ножницы . 157.7
Рычагъ клапана 119.9

Рычагъ приводный 59.2
— разъедини-
  тельный . 59.2
— — 84.3
— регулятора . 151.3
— силы Р относи-
  тельно точки
  вращенія О . 243.2
— тормозный . . 96.5
Рычага, вилка
  приводнаго . 59.3
Рычажныя нож-
  ницы . . . 157.2
Рѣзакъ для хо-
  лоднаго желѣза 168.1
Рѣзакомъ обру-
  бать . . . 168.3
— обрубить . . 168.3
Рѣза уголъ . . 185.9
Рѣзьбу нарѣзать 19.9
— подрѣзать . . 20.1
— сорвать . . . 19.9

С.

Садовническая
  пила 188.4
Салазки 145.7
— 146.6
—, давленіе на — 145.9
Салазокъ, тре-
  ніе 145.10
Сальникъ . . . 132.5
— защемляется 134.5
— неплотенъ . . 134.6
— парового ци-
  линдра . . . 133.7
— плотенъ . . . 134.7
— поршня . . . 137.2
— съ кожаной
  набивкой . . 133.8
— металлической
  набивкой . 134.2
— цилиндра . . 131.1
— затягивать . 134.4
— набивать . . 135.2
Сальника болтъ . 133.8
— набивка . . . 132.9
— нажимная
  втулка . . . 104.4
Самодѣйствую-
  щее разобще-
  ніе 60.1
—ій клапанъ при
  поломкѣ мрубъ 121.4
Самоторможеніе . 10.10
Сборка 255.1
Сборная мастер-
  ская 255.3
Сборщикъ ма-
  шинъ 255.2
Сбрасывать ре-
  мень со шкива 79.8

Сбѣгающій ко-
  нецъ ремня . . 76.7
Сваливается,
  фитиль . . . 54.4
Сваренная труба 102.4
— —въ напускъ . 102.5
— — стыкъ . . 102.5
— спиральн. трб. 102.7
— цѣпь . . . 89.5
Свариваніе . 164.10
Свариванія тем-
  пература . . 165.3
Сваривать . . . 164.9
— 164.11
— 165.1
Сварка . . 164.10
— въ напускъ . 89.7
— — стыкъ . 89.6
Сварки мѣсто . 165.2
Сварочная нако-
  вальня . . . 160.2
— печь 165.5
— сталь 213.6
— — рафиниро-
  ванная . . . 214.3
—ое желѣзо . . 212.6
Сверленіе . . . 179.5
Сверлильный
  станокъ . . . 183.1
Сверлить . . . 179·2
Сверло для про-
  дольныхъ дыръ 181.5
— красное . . . 179.4
— навертное . . 180.3
— перковое . . 178.4
— ручное . . . 179.6
— спиральное . 180.6
— съ лезвіемъ . 180.1

Сверло съ 2 лез-
  віями . . . 180.2
—а шпиндель . 178.1
Свертный шкивъ 83.5
Свинецъ 83.9
— 217.2
Свинтить . . . 18.2
— 18.2
— 19.1
Свитокъ 181.3
Свободная ось . 34.6
—ое паденіе . 236.3
—ый флянецъ . 100.5
Свѣтопечатня . 234.6
Свѣточувстви-
  тельная бумага 234.2
Связь болтовая . 14.6
Сгибать колѣно . 37.1
Сглаживать доло-
  томъ 168.8
Сдвигъ 252.5
Сдвига коэффи-
  ціентъ . . . 252.9
— напряженіе . 252.8
—у сопротивленіе 252.6
Сдвигающее уси-
  ліе 252.7
Сдвиженіе . . . 240.5
Селлерса крон-
  штейнъ стѣнной 47.4
— 47.5
— муфта . . . 58.1
— подвѣска дву-
  плечая . . . 46.8
— — открытая . 46.9
— 47.1
— подшипникъ . 45.1
Сердцевина . . 85.3

SEREBRO — 395 — SOEDINENIE

Серебро	217.8	Сквозной прорѣзъ	23.8
Сжатіе	250.7	Складочная сталь	214.8
— рессоры	148.7	Склеить	196.7
Сжатіи, напряже-		— ремень	80.10
ніе при —	251.2	Склепанная труба	102.8
— — —	251.5	Склепка	27.4
—, сопротивленіе		— бортовъ	29.4
при —	251.4	— горячая	27.8
Сжатія сила	251.1	— плотная	28.2
—ію подвержено		— прочная	28.1
тѣло	247.6	— ступенчатая	30.3
— сопротивленіе	250.8	— холодная	27.9
Сжимать рессору	148.8	Сколачивать гвоз-	
Сжимающее уси-		дями	196.1
ліе	251.1	Скольженія мо-	
Сила	241.5	дуль	253.1
— живая	245.4	Скользящее тре-	
— касательная	237.2	ніе	246.8
— лошадиная	245.8	Скользунъ	145.6
— нормальная	237.8	Скользящая по-	
— поршня	136.5	верхность	145.8
— равнодѣйству-		—ій золотникъ	127.1
ющая	241.9	Скорость	235.8
— растягива-		— конечная	235.9
ющая	250.5	— начальная	235.8
— сжатія	251.1	— полета	237.10
— сжимающая	251.1	— поршня	137.4
— слагающая	242.1	— разложить на	
— тормозящая	96.6	составляющія	240.1
— тяжести	244.8	— средняя	235.10
— центробѣжная	237.4	— угловая	241.8
— центростреми-		—и равнодѣй-	
тельная	237.8	ствующая	240.2
Силы тяжести		— составляющая	240.2
натяженіе	244.4	—ей параллело-	
— направленіе	241.6	граммъ	239.8
— Р рычагъ отно-		Скосъ зуба	70.5
сительно точ-		Скошенный под-	
ки вращенія O	243.2	шипникъ	44.8
—, подверженіе		Скребокъ для	
дѣйствію —	247.5	чистки трубъ	111.1
— Р моментъ отно-		Скрутить канатъ	85.4
сительно точ-		Скручиваніе, рес-	
ки вращенія O	243.1	сора на —	148.2
— точка прило-		—ія, машина для	
женія	241.7	— каната	85.5
— находятся въ		—ющаяся рессора	148.2
равновѣсіи	242.9	Скрѣпить болтами	18.4
Силъ многоуголь-		— — анкерными	18.6
никъ	242.8	— — связями	18.6
— — замкнутый	242.8	Скрѣпленіе бол-	
— пара	242.8	тами	11.1
— пары моментъ	243.8	Скрѣпляющій	
— — ось	243.5	болтъ	57.4
— параллело-		— винтъ	13.5
граммъ	241.8	Слагающая сила	242.1
— треугольникъ	242.2	— скорости	240.2
Система трубъ		— ускоренія	240.2
для провода		Слесарь заводскій	254.6
воды подъ на-		Сложный блокъ	93.7
поромъ	108.9	— ремень	80.8
Скала твердости	199.8	Слой смазки	48.8
Сквозной валъ	35.11	Слѣдъ отъ напил-	
— клапанъ	118.8	ка	171.7
Смазать подшип-			
никъ	48.7		
Смазка	49.1		
— автоматическая	49.6		
— для канатовъ	86.4		
— жидкая	50.5		
— кольцевая	55.1		
— масломъ	52.4		
— мѣстная	49.8		
— непрерывная	49.2		
— періодическая	49.8		
— поршня	137.8		
— ручная	49.4		
— твердая	50.6		
— фитилемъ	54.1		
— центральная	50.2		
— центробѣжная	54.9		
— цилиндровъ	131.7		
Смазки слой	48.8		
—, тягучесть	50.7		
—, устройство для			
автоматической			
—, лубрикаторъ	49.7		
—, устройство для			
центральной —	50.8		
Смазочная канав			
ка	44.5		
— —	52.6		
— коробка	53.5		
— трубка	53.4		
—ое масло	50.8		
— — густѣетъ	50.10		
— кольцо	52.8		
— отверстіе	44.4		
— —	52.5		
—ый каналъ	44.5		
— матеріалъ	50.4		
— прессъ	55.7		
— приборъ	53.8		
Смазочнаго масла			
вязкость	50.9		
Смазывающее			
кольцо	55.2		
Смыть чертежъ			
губкою	233.1		
Смычекъ дрели	182.4		
Смѣна оси	34.11		
Смѣни(я)ть ось	34.10		
Смѣнныя колеса	68.8		
Смѣсительный			
кранъ	129.8		
Смягченіе стали	199.8		
Собачка	60.6		
— (для перьевъ)	231.9		
Собрать машину	254.7		
Согнуть колѣно	37.1		
Соединеніе	56.1		
— валовъ	56.2		
— винтовое	56.6		
— глухое	56.8		
— дисковое	57.5		
— канатное	85.8		
— клиновое	22.5		
— муфтою	56.4		

Соединеніе помо-
щью болтовъ
и флянцевъ . 98.8
— — флянцевъ . . 98.7
— ремней . . . 80.7
— трубное . . . 98.5
— трубъ винтовое 98.6
— — муфтами . 101.2
—, шаровое шар-
нирное . . . 62.4
Соединенъ (а, о) 62.6
— — непосред-
ственно съ — 62.7
Соединитель . . 89.4
— для ремней . . 81.6
Соединительная
гайка . . . 12.8
— муфта . . . 58.6
— тяга . . . 145.4
—ое звено . . 89.4
—ый болтъ . . 57.4
Соедини(я)ть . . 62.5
Соколъ . . . 166.6
Сомкнутый ка-
натъ . . . 85.7
Сопротивленіе
временное. . 249.3
— движенію въ
пути 238.4
— изгибу . . . 252.3
— матеріаловъ . 247.1
— нормальное . 238.5
Сопротивленіе отъ
тренія . . . 245.7
— по касательной 238.6
— при сжатіи . 251.4
— растяженію . 250.3
— сдвигу . . . 252.6
— сжатію . . . 250.8
—іи, ученіе о —. 247.2
—ія моментъ . . 251.8
Сопряженіе . . 56.1
— валовъ . . . 56.2
— глухое . . . 56.3
— дисковое . . 57.5
Сопряженъ (а, о) 62.6
— непосредствен-
но съ 62.7
Сорвать рѣзьбу . 19.8
Составляющая
скорости . . 240.2
— ускоренія . . 240.2
Составное махо-
вое колесо . 149.9
—ой кольцевой
клапанъ . . 118.5
— маховикъ . . 149.9
Состругать . . 192.4
Сохраненія энер-
гіи принципъ . 245.5
Снаять . . . 200.7
Спайка см. пайка
Спаренная ось . 34.1
Спаянная труба 102.8

Спилки . . . 171.9
Спиральная рес-
сора . . . 148.1
—щетка для
трубъ . . 110.9
—ое сверло . 180.6
—ый канатъ . . 85.6
— скребокъ для
трубъ . . 110.9
Список предме-
товъ . . . 223.7
Спица . . . 69.7
— маховика . . 149.6
Сплавъ бѣлый 217.10
— колокольный 217.9
— пушечный . 217.8
Спокойная на-
грузка . . . 248.1
Способъ нагруз-
ки 247.8
Спринцовка для
масла . . . 52.2
Спускная труба 109.3
—ой клапанъ . 122.6
— кранъ . . 129.2
Сращивать ка-
натъ . . . 85.9
Средняя ско-
рость . . 235.10
Срощенія мѣсто 85.10
Срывать рѣзьбу . 19.8
Срѣза площадь . 28.4
Стаканъ . . . 41.8
Стакана, втулка 42.1
Сталь . . . 213.5
— бессемеров-
ская . . . 213.9
— вольфрами-
стая . . . 214.6
— инструмен-
тальная . 214.7
— литая . . . 213.8
— мартеновская 214.1
— никкелевая . 214.5
— пуддлинговая . 213.7
— сварочная . 213.6
— — рафиниро-
ванная . . 214.8
— складочная . 214.8
— тигельная . . 214.4
— томасовская 213.10
— цементная . 214.2
Стали отпусканіе 199.8
— смягченіе . . 199.8
Сталеватый
чугунъ . . 212.8
Стальной клинъ 22.4
Стамеска . . 194.4
— полукруглая . 195.1
— прямая . . 194.6
Стамеской стро-
гать . . . 194.5
Станокъ . . . 256.8
— болторѣзный . 21.5

Станокъ для
нарѣзки зуб-
чатыхъ колесъ 73.2
— коловорота . 182.8
— пилы . . . 189.4
— — . . . 190.2
— сверлильный 183.1
— строгательный 194.8
— токарный — для
обточки осей 35.1
— трубопрокат-
ный . . . 103.2
— фрезерный . 185.2
— шарошечный . 185.2
Статическій мо-
ментъ . . . 243.6
Стволъ шатуна . 144.8
Створный кла-
панъ . . . 123.1
— — . . . 123.4
Створчатый кла-
панъ . . . 123.1
— — . . . 123.4
Стекло водомѣр-
ное . . . 111.4
Стеклянная ма-
сленка . . . 53.9
Степень закалки 199.9
— полезнаго
дѣйствія . 246.8
— тонкости на-
рѣзки . . 10.8
Стержень болта . 11.3
— винта . . . 8.5
— — . . . 11.8
— задвижки . 125.4
— заклепки . . 26.2
— крюка . . . 92.4
— направляющій 117.6
— поршня . . 136.6
— шатуна . . 144.8
Стержневая
муфта . . 61.7
Стержня винта
діаметръ . . 8.3
— поршневого
конецъ . . 136.7
Стирать резиной 230.7
Стойка . . . 159.8
— для папокъ . 219.3
— — подшипни-
ковъ . . . 47.2
Стокъ, капельный
кольцевой . 52.7
Столбъ водяной 111.7
Столъ чертежный 218.7
— — передвиж-
ной . . . 219.1
— — переставной 219.1
Стола ящикъ . 218.8
Столярная пила
лучковая . . 189.7
— — узенькая 190.1
—ый молотокъ . 160.9

Столярный моло-
токъ 163.2
— рубанокъ . . 193.2
Стопорный кла-
панъ 121.1
Сторона замыка-
ющая . . . 242.7
Сточный клапанъ 122.9
Стоячіе тиски . 153.2
—ій валъ . . . 36.2
Строгалка . . . 194.3
Строганіе . . . 192.5
Строгать . . . 192.2
— стамеской . . 194.5
Строганный зубъ 66.1
Строгательный
станокъ . . . 194.3
Строить 222.2
— машину . . . 253.8
Струбцинка . . 154.4
— верстачная . 154.5
— для склейки
предметовъ . 196.9
Стругъ 191.10
— 195.8
— драчковый . 192.10
— ручной . . . 193.3
— съ плоскимъ
желѣзкомъ . 195.4
— съ полукруг-
лымъ желѣз-
комъ . . . 195.5
Струга желѣзко 191.12
— колодка . . . 191.11
Стружки 171.8
— 192.6
Стрѣлка размѣр-
ная 225.5
Стуловые тиски . 153.2
—ыя ножницы . 157.3

Ступеньчатая
склепка . . 30.8
—ый клапанъ . . 118.6
— шкивъ . . . 83.5
Ступица махови-
ка 149.7
—ы, втулка . . 83.9
—, стыковой
болтъ . . . 150.8
Стучить клапанъ 115.1
Стыкъ обода . . 150.1
—, сварка въ —. 89.6
Стыковой болтъ
обода . . . 150.2
—ый болтъ сту-
пицы . . . 150.8
Стягиваніе бол-
тами 11.1
Стяжка винто-
вая 57.4
Стяжная шайба . 57.6
—ой болтъ . . 57.4
Стѣнка трубы . 97.8
— цилиндра . 130.4
—и толщина . 98.1
Стѣнная короб-
ка 47.3
—ой кронштейнъ
Селлерса . . 47.4
— 47.5
— угольникъ . 47.6
Суставъ 61.9
Сустава, цапфа . 62.1
Суставный ремень 80.7
Суставчатая
муфта 61.8
Сцѣпить 62.5
— 64.5
— муфту . . . 59.5
Сцѣпка винтовая 57.4

Сцѣпленіе . . . 56.1
— 63.9
— валовъ . . . 56.2
— глухое . . . 56.8
— дисковое . . 57.5
— за лапку . . 60.2
—, коническое —
треніемъ . . 61.1
— треніемъ . . 60.7
— электромагнит-
ное 61.5
Сцѣпленъ (а, о) . 62.6
— — непосред-
ственно съ . 62.7
Сцѣпляющійся
отрѣзокъ . . . 64.2
Сцѣпной шатунъ 145.4
Счетчикъ числа
оборотовъ . 209.4
— хода . . . 209.3
Склейвать ремень 80.10
Сшивающій реме-
шокъ, дратва . 81.8
Сшить ремень . 81.2
— сшитый ремень . 81.1
Съуженіе . . . 248.8
Съуживаніе дрос-
селя 124.8
Съузить (дрос-
сель) 124.7
Сыпь точила . . 197.2
Сѣдло клапана . 113.4
Сѣкачъ для холод-
наго желѣза . 168.1
Сѣтка, всасываю-
щая 108.6
Сѣть, трубопро-
водная . . . 109.4
Сѣченіе попереч-
ное 225.1

Т.

Тавровая голов-
ка 12.4
—ое желѣзо . . 215.7
Тазъ муфты . . 57.3
Тангенціальная
шпонка . . . 24.5
—ое ускореніе . 236.8
Тарелка клапана 116.4
— муфты . . . 57.3
Тарелочная муф-
та 57.2
—ый клапанъ . 116.3
Тассо для нако-
валенъ . . . 159.6
Тахометръ . . . 209.8
Тахоскопъ . . . 209.4
Твердая смазка . 50.6
Твердость . . . 199.5
— природная . . 199.6
Твердости скала 199.8

Температура
свариванія . . 165.8
Терчугъ 176.2
Терчужекъ . . . 175.5
Тесьма асбестовая 135.6
Тигельная сталь . 214.4
Тиски 153.1
— 172.1
— верстачные . 153.2
— для газовыхъ
трубъ . . . 154.6
— параллельные 154.2
— ручные . . . 154.6
— стоячіе . . . 153.2
— стуловые . . 153.2
Тисковъ шпин-
дель 153.4
Тисковый винтъ . 15.3
Тисочки 154.7
— со штифтомъ . 155.1

Тисочки съ ба-
рашкомъ . . 154.8
Тисочныя губы . 153.5
Т-образная труба 106.6
Токарн. станокъ
для обточки
осей 35.1
Толщина зуба . 65.6
— края обода . 81.9
— набивки . . 133.2
— ремня . . . 57.6
— стѣнки трубы 98.1
— флянца . . . 99.2
Томасовская
сталь 213.10
—ое желѣзо . . 213.8
Томленка . . . 214.2
Тонкости на-
рѣзки степень . 10.8
Топорикъ . . . 191.7

Топорикъ ручной 191.8
—ище 191.2
Топоръ 190.8
— 191.6
— плотничій . . 191.4
—а лезвіе . . . 190.9
— ручка . . . 191.2
Тормазъ . . . 96.1
— дифферен-
цiальный . . 97.2
— клиновой . . 96.7
— коническій . . 96.8
— ленточный . . 96.9
— съ колодками 96.2
— — коническимъ
колесомъ . . 96.8
— центробѣжный 97.8
Тормозная ко-
лодка . . . 96.4
— лента 97.1
— полоса . . . 97.1
— колесо . . . 95.6
— 96.8
Тормозный аппа-
ратъ 96.1
— башмакъ . . 96.4
— рычагъ . . . 96.5
— шкивъ . . . 96.8
Тормозящая сила 96.6
Торцовый ключъ 17.4
Точило . . . 196.10
— наждачное . 198.7
— плоское . . 197.8
—а коробка . . 197.1
— корыто . . . 197.1
— сыпь 197.2
Точильное при-
способленіе . 197.6
—ый дискъ . . 167.7
— камень см. точило.
Точить . . . 197.5
— наждакомъ . 198.6
— рейсфедеръ . 230.1
Точка мертвая 140.9
— 141.4
— приложенія
силы. . . . 241.7
Точная цѣпь . . 90.8
—ое измѣреніе 204.2
Траекторія го-
ловки зубца . 64.7
— полета . . . 237.9
Трансмиссія . . 35.4
Транспортиръ 229.4
— угольный . 229.5
Трапецевидная
нарѣзка . . . 10.4
Треніе . . . 245.6
— втораго рода . 246.4
— въ покоѣ . . 246.2
— сальникахъ . 134.8
— зубьевъ . . . 66.5
— каната . . . 86.2
— опорное . . 246.2

Треніе оси . . . 33.8
— перваго рода . 246.8
— поршня . . 137.6
— при катаніи 246.4
— салазокъ . 145.10
— скользящее . 246.8
— тѣлъ катя-
щихся . . . 246.4
— цапфъ . . . 38.1
— цѣпи . . . 89.8
— шейки оси . . 33.9
— эксцентрика . 144.4
Тренія коэф-
фиціентъ . . 245.8
— поверхность . 246.1
— работа . . . 346.5
—, сопроти-
вленіе отъ . 245.7
— уголъ . . . 245.9
Третни(я)къ . . 202.6
Треугольникъ . 219.8
— силъ . . . 242.2
Треугольная
нарѣзка . . . 9.5
—ый зубецъ . 186.4
Трехоборотная
нарѣзка . . . 9.8
Трехходный
кранъ . . . 128.9
—ая нарѣзка . 9.3
— труба . . . 106.7
Трехходовой
кранъ . . . 128.9
—ый клапанъ . 118.1
Трещетка . . . 182.9
Трещина послѣ
закалки . . 199.11
Тройникъ . . 106.7
Тросъ 86.8
Труба 97.4
— безъ шва . 102.9
— водопроводная 107.9
— волнистая . 104.8
— волнообразная 104.3
— впускная . 109.2
— всасывающая . 108.5
— газовая . . 107.8
— дуговая . . 105.7
— дымогарная . 108.4
— жаровая . . 108.1
— изъ полосо-
ваго желѣза . 102.2
— кипятильная 108.3
— клепанная . 102.8
— колѣнчатая . 105.6
— 105.7
— 107.4
— котельная . 107.10
— латунная . 103.7
— мѣдная . . 103.6
—, нагнетатеальная 108.8
—, огневая . . 108.2
— вертикально
отлитая . .101.10

Труба горизон-
тально . . . 102.1
— отогнутая со
свободнымъ
флянцемъ . . 103.8
— передаточная . 105.9
— прокатанная . 103.1
— пружинящая . 104.2
— распорная . 14.7
— ребристая . 104.5
— сваренная . 102.4
— — въ напускъ 102.6
— — — стыкъ . 102.5
— спаянная . 102.8
— спирально
сваренная . . 102.7
—, спускная . . 109.8
— съ муфтой . 101.8
— — флянцемъ . 98.9
— Т-образная . 106.6
— трехходовая . 106.7
— тянутая . 103.4
— U-образная . 105.8
— фасонная . 105.4
— четыреххо-
дован . . . 106.8
— чугунная . 101.9
Трубъ, клещ... для 110.7
—, — — газовыхъ 155.7
—, ключъ для — 110.6
— окраска . . 98.8
—, планъ располо-
женія . . . 109.5
—, развѣтвленіе 106.1
—, система — для
провода воды
подъ напо-
ромъ . . . 108.9
—, скребокъ для
чистки . . 111.1
—, спиральный
скребокъ для
чистки — . 110.9
—, тиски для га-
зовыхъ — . 154.8
Трубы внутрен-
ній діаметръ 97.6
— — 97.7
— вѣтвь . . 106.4
— затворъ . 104.9
— обмотка . 98.4
—, отгибаніе края 103.9
— прокладывать 109.6
— разрывъ . 110.4
— стѣнка . 97.8
— тянуть . 103.5
— расширяющія 108.7
Трубка паяль-
ная . . . 203.1
— смазочная . 53.4
Трубка съ
краскою . . 232.4
Трубное сое-
диненіе . . . 98.5

Трубчатый кла-
панъ 118.8
Трубообраззый . 97.5
Трубопроводъ . 109.1
— высокаго
давленія . . 108.9
Трубопровода,
поддерживаю-
щій крюкъ
для —. . . . 109.8
Трубопроводная
сѣть 109.4
Трубопрокатный
заводъ . . . 103.8
— станокъ . . 103.2
Труборѣзъ . . 110.8
Трубчатое
соединеніе . . 98.5
—ый клапанъ . 118.8

Трущаяся поверх-
ность 38.2
Трущееся,
сцѣпленіе . . 60.7
Тушевать . . 231.10
Тушь жидкая . 231.8
— китайская . . 231.8
— разводить . . 232.7
— растирать . 232.8
Тычка . . . 168.4
— 168.5
Тычковая гайка 12.6
Тѣло задвижки 125.5
— клапана . . 118.8
— кривошипа . 141.8
— подвержено
изгибу 247.6
— — растяженію 247.6
— — сжатію . 247.6

Тѣло поршня . . 139.4
—а положеніе въ
равновѣсіи . 244.7
Тѣлъ катящихся
треніе 246.4
Тяга золотнико-
вая 127.8
— крестовины . 146.8
—,направляющая 146.1
— соединитель-
ная 145.4
— эксцентрико-
вая 144.2
Тягучесть смазки 50.7
Тяжелыя колеса 68.4
Тяжести сила . 244.8
— центръ . . . 244.2
Тянуть трубы . 103.5
— труба . . . 103.4

У.

Угловая масленка 55.9
— развертка . . 177.6
— скорость . . 241.8
—ое желѣзо . . 215.6
— ускореніе . . 241.4
—ой зубъ . . . 70.4
— клапанъ . . 117.9
— флянецъ . . 100.8
Углубить заклеп-
ку въ потай . 30.6
Уголъ вращенія 241.2
— заостренія . 168.1
— зинкованія
отверстій . . 26.6
— клина . . . 21.9
— крученія . 253.5
— наклона . . 239.7
— обхвата . . . 76.8
— отклоненія . 239.1
— полета . . 237.6
— подъема . . . 7.2
— рѣзца . . . 185.9
— тренія . . 245.9
— уклона . . . 7.2
— упора . . . 185.8
Угольникъ . . 208.1
— 219.8
— аншлажный . 208.2
— круглый . . 107.7
— перекрестный 208.8
— прямой . . . 107.5
— — переходный 107.8
— стѣнной . . 47.6
— трубный . . 107.4
Угольника рас-
стояніе отъ
полокъ . . . 30.4
Угольный кранъ 128.8
Ударъ воды . . 110.8
Удлиненіе . . 248.9
— остаточное . 249.5

Удлиненіе отъ
разрыва . . 249.8
— упругое . . 249.4
— циркульной
ножки . . . 227.8
—ія коэф-
фиціентъ . . 249.1
Удѣльное давленіе 66.4
Узкая ножевка 188.10
Указатель уровня
воды 111.2
Уклонъ клина . 22.1
— желоба . . 75.2
Уклона уголъ . 7.2
Укоротить ремень 79.4
Уменьшенный
масштабъ . . 221.8
Универсальный
шарниръ . . 62.2
U-образная труба 105.8
Уплотняющее
кольцо . . . 99.7
Упоръ . . . 114.2
— конусообраз-
ный 114.8
Упора уголъ . 185.8
Упорный хомутъ 116.9
Упругая муфта . 58.5
—ій валъ . . 36.8
Упругое удлине-
ніе 249.4
Упругости модуль 249.2
— предѣлъ . . 249.7
Урегулировать . 152.6
— нагрузку
клапана . . 120.4
Уровень . . 208.8
— въ круглой
оправѣ . . 209.1
Уровня, линія —
воды . . . 111.6

Уровня, указатель
— воды . . . 111.2
Усиліе изгиба-
ющее 252.4
— крутящее . . 253.8
— растягивающее 250.5
— сдвигающее . 252.7
Ускореніе . . . 235.6
— касательной . 236.8
— клапана . . 114.6
— полное . . 237.1
— по нормали . 236.9
— поршня . . . 137.5
— разложить на
составлющія 240.1
— угловое . . 241.4
—ія равнодѣйст-
вующая . . 240.4
— составляющая 240.2
—ій парал-
лелограммъ . 239.8
Установитель-
ный клинъ . 25.1
— — механизмъ
регулятора . 151.4
Установка . . 255.1
Установочная
гайка . . . 12.9
—ое кольцо . . 36.8
—ый винтъ . . 13.4
— клинъ . . . 44.2
установщикъ . 255.2
устойчивое рав-
новѣсіе . . 244.8
Устройство для
смазки автома-
тической . . 49.7
— — центральной 50.8
Ученіе о сопро-
тивленіи . . 247.2
Ушко 92.10

Ф.

Фальцгубель . . 193.5
Фальцовка . . . 195.5
Фанерочная пила 189.6
Фасонная труба . 105.4
—ое желѣзо . . 215.5
—ыя ножницы . 157.1
Фейфка 203.1
Фитиль . . . 54.3
— сваливается . 54.4
Фитильная ма-
сленка . . . 54.2
Фланцъ см.
флянецъ.
Флянецъ . . . 98.10
— (втулки) . . 132.7
— глухой . . . 100.4
— затворный . 105.3
—, контръ — . 100.2
— муфты . . 57.3
— напаянный . 100.8
— привинченный 100.9
— приклепанный 100.7
— свободный . 100.5
—, стяжной . . 57.6

Флянецъ съ высту-
помъ и уступомъ 99.8
— съ перомъ и
гребнемъ . . 100.1
— угловой . . . 100.3
Флянца болтъ . 99.3
— втулка . . 132.7
— діаметръ . . 99.1
— толщина . . 99.2
Флянцевъ, ключъ
для —. . . . 101.1
Флянцевая муфта 57.2
Формы измѣненіе 248.5
— — упругое . 248.6
Фосфористая
бронза . . . 217.7
Французскій
гаечный ключъ 18.2
Фрезерованіе . . 185.1
Фрезеровать . . 184.9
—ный станокъ . 185.2
—ованный зубъ . 66.2
Фрезеръ см. ша-
рошка.

Фрикціонная пе-
редача . . . 73.3
— шпонка . . . 24.4
—ое колесо . . . 73.4
—ый дискъ . . . 61.2
— — 74.3
— конусъ . . . 74.5
— цилиндръ . . 74.4
Фуганокъ . . . 193.1
Фуксшванцъ . . 188.7
Фундаментная
плита . . . 16.2
—ый болтъ . . . 15.7
— — 44.8
Фурнирная пила 189.6
Футеровка . . . 153.6
— вкладыша . . 42.6
Футлярчикъ для
карандашей . 229.3
Футляръ для во-
дуказателя . . 111.3
Футштокъ . . . 221.8
Фыркающій кла-
панъ 122.1

Х.

Хвость шперака 159.8
Хлопчатобумаж-
ный канатъ 86.10
Ходъ винта . . 7.5
— клапана . . 114.1
— мертвый . . 10.9
— поршня . . 137.7
— — вверхъ . 138.1
— — внизъ . 138.2
— обратный 137.10
— — прямой . 137.9
Хода высота . . 7.8

Хода счетчикъ . 209.3
Ходомъ, винтъ съ
кругл. — 10.3
—, — — лѣвымъ 8.9
—, — — острымъ 9.6
—, — — правымъ 8.7
Холодильника
змѣевикъ . . 104.7
Холодная клепка 27.9
Холостая коробка 94.1
—ой блокъ . . 93.4
— шкивъ . . . 83.8

Холостой и ра-
бочій шкивъ . 83.6
Хомутникъ . . 109.7
Хомутъ, направля-
ющій — цѣп-
ной передачи 90.7
— рессорный . 147.7
— упорный . 116.9
— эксцентрика . 144.1
Храповая муфта 60.5
Храповикъ . . . 95.6
Храповое колесо 95.6

II.

Цапфа . . . 37.6
— вращающаяся 39.7
— коническая . 39.3
— концевая . . 38.6
— крейцкопфа . 146.7
— крестовины . 146.7
— кривошипа . 141.6
— крюка . . 92.3
— кулака . 146.7
— приработав-
шаяся . . . 38.3
— сустава . . 62.1
— цилиндриче-
ская . . . 39.2
Цапфъ треніе . 38.1
Цапфы, давленіе
на 37.9
Цвѣтъ отпуска 199.4

Цементная сталь 214.2
Центральная
смазка . . . 50.2
—ой смазки, устрой-
ство для — . 50.3
Центрикъ . . . 228.7
Центробѣжная
смазка . . . 54.9
— сила . . . 237.4
—ый маятникъ . 239.4
— регуляторъ . 151.5
— тормазъ . . 97.3
Центровая перка 180.4
—ой перки остріе 180.5
Центростреми-
тельная сила . 237.3
Центръ (тычка) . 168.5
— (цапфа) . . . 39.1

Центръ тяжести 244.2
Центура . . . 180.4
—ы остріе . . . 180.5
Циклоида . . . 66.9
Циклоидальное
зацѣпленіе . 66.7
—ый маятникъ . 239.5
Цилиндръ . . . 130.1
— барабана . . 94.6
— двойного
дѣйствія . . 132.1
— насоса . . . 132.3
— наждачный . 198.4
— одиночнаго
дѣйствія . . 131.8
— паровой . . 132.2
— пресса . . . 132.4
— прессовый . 132.4

Цилиндръ про-
 стого дѣйствія 131.8
—уплотненъ саль-
 никомъ . . . 135.4
— фрикціонный . 74.5
— высверлить . 131.5
— выточить . . 131.4
— подтачивать . 131.4
Цилиндра, болтъ
 крышки . . 130.6
— діаметръ . . 130.3
—, дно 130.8
— крышка . . . 130.5
— обшивка . . 131.2
—, ось 130.2
— парового саль-
 ни къ . . . 133.7
— сальникъ . . 131.1
— стѣнка . . . 130.4
Цилиндровъ, ма-
 шина для
 растачиванія 131.6
— смазка . . . 131.7
Цилиндрическая
 задвижка . . 126.7
— зубчатая пере-
 дача 68.6
— рессора . . . 148.3
— цапфа . . . 39.2
— шарошка со
 спиральными
 зубьями . . 184.1
—ій шипъ . . . 39.2
— шкивъ . . . 82.1

Цилиндрическое
 колесо 69.1
— — тренія . . 73.6
Цилиндровое
 масло 51.6
Цинкъ 216.9
Циркуль . . . 226.8
— волосковый . 228.3
— дѣлительный . 228.3
— измѣрительный 228.2
— карандашный 228.1
— остроконечный 207.4
— параллельный . 207.8
— пропорціонный 228.5
— пружинный . 228.3
— редукціонный 228.5
-- рычажный . . 228.6
— со вставными
 ножками . . 227.3
Циркуля головка 227.2
— остріе . . . 227.1
Циркульная нож-
 ка 226.9
—ой ножки ниж-
 няя часть 226.10
— — удлиненіе . 227.8
—ая пила . . 190.4
—ый ключъ . . 227.9
— — (винтовой) . 17.8
Цѣвочное зацѣ-
 пленіе 67.4
Цѣльный шкивъ 83.2
Цѣпь 88.6
—, безконечная . 91.11

Цѣпь Галля . . 91.3
— грузовая . . 88.8
— для крановъ . 91.8
— калиброван-
 ная 90.3
— крючковая . . 90.4
— обыкновен-
 ная 88.8
— приводная . 91.6
—, подъемная . 91.7
— сваренная . . 89.5
— съ длинными
 звеньями 89.9
— — короткими— 89.8
— — распорками . 90.1
— — точная . . 90.3
— шарнирная . 90.9
— якорная . . . 91.8
Цѣпи болтъ . . 91.9
—, замокъ для — 89.4
— звено . . . 88.9
— накладка . . 90.10
— треніе . . . 89.8
Цѣпей, барабанъ
 для 95.8
—, блокъ для —. 90.8
—, крюкъ для . 92.8
Цѣпная передача 88.5
— 91.10
—ой блокъ . . 88.7
—, — зубчатый . 91.4
— валикъ . . . 91.5
— полиспастъ . 94.7
— роликъ . . . 91.6

Ч.

Часть машины . 253.7
Чашечка для
 масла 52.9
— — разведенія
 туши . . 232.6
Чашечный кла-
 панъ 119.1
Чека 16.1
— 24.9
— кольцевая . 25.2
— натяжная . . 25.1
Чеканка . . . 31.2
Челюсть нож-
 ницы . . . 156.10
Червячная пере-
 дача 71.5
— перка . . . 181.1
— — съ ушкомъ 181.2
—ое колесо . . 71.6
— — 71.8
Черная жесть . 216.2
Чертежникъ . 218.5
Чертежъ . . . 218.6
— детальный . 223.5
— изготовить въ
 карандашѣ . 226.1

Чертежъ коробит-
 ся 233.3
— машины . . 222.7
— надписать . 231.5
— на калькѣ . 233.8
— отъ руки . 222.10
— рабочій . . 223.6
Чертежная бума-
 га 220.2
—ой бумаги листъ 220.3
— доска . . . 219.4
—ое бюро . . 218.4
— перо . . . 229.6
— — двойное . 229.8
— — точить . 230.1
— перышко . 231.4
—ый столъ . . 219.1
— — передвижной 219.1
Чертилка . . . 207.6
— параллельная . 207.7
Чертильная ли-
 нейка 219.5
— — (штанген-
 циркуль) . . 228.6
—ой линейки го-
 ловка . . . £19.6

Чертить 218.1
— (Чертилкой) . 207.5
— въ натураль-
 ную величину 218.2
— въ уменьшен-
 номъ масштабѣ 218.3
— на калькѣ . 233.7
Чертокъ . . . 220.6
Черченіе машин-
 ное 222.6
Четырехгранная
 головка 12.1
—ходовая труба 106.8
—ходный кранъ 129.1
Чинить каран-
 дашъ . . . 230.3
Число витковъ . 149.2
— передаточное 68.6
Чистки трубъ,
 скребокъ для — 111.1
Чугунъ . . . 210.3
— 211.3
— бѣлый лучи-
 стый 211.2
— передѣлоч-
 ный . . . 210.4

Чугунъ зеркаль-
ный 211.1
— ковкій . . . 212.4
— литейный . . 210.5

Чугунъ пестрый
третной . . 210.6
— половинча-
тый 210.6

Чугунъ сталева-
тый 212.3
Чугунная труба 101.9
—ый шкивъ . . 82.7

Ш.

Шаберъ 176.3
— желобчатый . 176.5
— плоскій . . . 176.4
— сердцевидный 176.7
— трехгранный . 176.6
Шаблонъ винто-
вой нарѣзки . 206.2
Шабрить . . . 177.1
Шагъ зацѣпленія 63.4
— шва 27.6
Шайба . . . 11.6
— (франц.),стяж-
ная 57.6
— эксцентрико-
вая . 143.6
— — простая . . 143.7
— — состоящая
изъ 2 частей . 143.8
Шарикъ подшип-
ника 45.4
Шарниръ универ-
сальный (Кар-
дана) 62.2
Шарнирная муф-
та 62.2
— цѣпь . . . 90.9
—ое шаровое —
соединеніе . 62.4
—ый болтъ . . 14.3
Шаровое шарнир-
ное соединеніе 62.4
Шаровой клапанъ 116.7
— подшипникъ . 45.6
— шипъ . . . 39.4
Шароваго под-
шипника вкла-
дышъ . . . 45.7
Шарошеваніе. . 185.1
Шарошевать . . 184.9
Шарошка . . . 183.2
— дисковая . . 183.6
— для внѣшняго
фрезерованія 184.7
— для зубчатыхъ
колесъ . 184.5
— — нарѣзокъ . 20.8
— — пазовъ . . 183.7
— — червячныхъ
колесъ . . 184.6
— заточенная . 183.5
— концевая . . 184.4
— лобовая . . 184.3
— прорѣзная . 184.2
— профильная . 184.3
— со вставными
зубьями . . 183.4

Шарошка цилинд-
рическая со спи-
ральными зубь-
ями 184.1
Шарошечный
станокъ . . 185.2
Шаръ вращаю-
щійся . . 150.9
— клапана . . 116.8
Шатунъ . . . 144.7
— сцѣпной . , 145.4
Шатуна головка 144.9
— стволъ . . 144.8
— стержень . . 144.8
Швабра для сма-
чиванія угля . 166.8
Шейка вала . . 35.7
— гребенчатая . 38.9
—,осевая . . . 33.3
— поддерживаю-
щая ось . . 33.4
— (цапфа) . . 38.4
. . . . . 38.5
Шейки оси тре-
ніе 33.9
Шерхебель. . 192.10
Шестерня . . 90.5
Шестигранная
гайка . . . 12.5
— головка . . 11.10
—ое желѣзо . 215.2
Шестиугольникъ 208.4
Шипъ вала . . 35.6
— въ развилку . 39.5
— коническій . 39.3
— концевой . . 38.6
— цилиндриче-
скій . . . 39.2
— Шаровой . . 39.4
Шиповая шляхта 191.5
Ширина впадины 65.7
— зуба . . . 65.8
— клина 22.9
— нарѣзки . . 8.2
— обода шкива . 81.10
— отверстія звена 89.1
— ремня . . . 76.8
Шкивъ 81.7
—,бородчатый —
для канатовъ 87.1
— ведомый . . 75.7
—,выпуклый . . 82.2
—,деревянный . 83.1
— для пеньковаго
каната . . 87.4
— —проволочнаго 87.3

Шкивъ желѣзный 82.8
—, коническій . 83.4
— направляющій
канатъ . . 84.7
—, рабочій . . . 88.7
—, — и холостой 83.6
—, раздвижной . 83.5
—, свертный . . 83.3
— съ двойнымъ
рядомъ пря-
мыхъ спицъ 82.6
— съ изогнутыми
спицами . 82.5
— — прямыми
спицами . 82.4
— — ручками . 82.5
—, тормозный . 96.3
Шкивъ, холостой 83.8
— цилиндричес-
кій 82.1
— цѣльный . . 83.2
— чугунный . 82.7
Шкива, желобокъ
(бороздка) . 87.2
—, ободъ . . 81.8
—, ширина обода 81.10
Шлифовать наж-
дакомъ . . . 198.6
Шлифованная
развертка . . 177.5
Шлихтовать . . 172.8
Шляхта шиповая 191.5
Шовъ двойной . 29.6
— заклепочный . 27.5
— — въ нѣсколь-
ко рядовъ . . 29.7
— — съ двойнымъ
перерѣ-
зываніемъ 28.5
— — — много-
кратнымъ пере-
рѣзываніемъ . 28.6
— — съ одиночн.
перерѣзыва-
ніемъ . . 28.3
— многорядный 29.7
— одиночный . 29.5
— пайки . . . 201.4
Шва шагъ . . . 27.6
Шперакъ . . . 159.2
— двуносовой . 159.4
Шперака хвостъ 159.3
Шпилька . . . 13.8
. . . . . 196.5
Шпиндель кла-
пана . . . 113.7

Шпиндель перки 178.6
— регулятора . 150.8
— сверла . . . 178.6
— тисковъ . . . 153.4
Шплинтъ . . . 24.10
Шпонка 22.7
— 23.10
— 25.4
— косая 24.5
— круглая . . . 24.2
— на лыскѣ . . 24.3
— и дорожка . . 25.3
— съ контръ-
  клиномъ . . . 24.6
— тангенціаль-
  ная 24.5
— фрикціонная . 24.4
Шпунтгубель . . 193.6
Шпунтовый
  клинъ 23.10

Шраффировать 226.5
Шраффировка . 226.6
Шрифтъ круглый 231.6
— прямой . . . 231.7
Штампа 164.4
— для заклепокъ 31.8
Штамповый
  молотъ . . . 163.5
— — (штампа) . 164.4
Штанга крейц-
  копфа . . . 146.8
— крестовины . 146.8
Штанга кулака 146.8
— направляющая 146.1
— поршня . . . 136.6
—у, направляю-
  щая — клапана 117.7
Штангенцир-
  куль (калибръ) 204.6
— (рычажный) . 228.6

Штангенциркуля
  раздвижная
  часть 205.1
Штанговая муфта 61.7
Штауффера
  масленка . . . 55.8
Штифтъ . . . 24.11
— 196.5
Штокъ 146.3
— (золотникъ) . 127.3
— (футштокъ) . 221.8
— поршня . . . 136.6
Штока поршне-
  вого напра-
  вляющія . . . 136.8
Штриховать . . 226.5
Штрихъ отъ на-
  пилка 171.7
Штуцеръ . . . 108.10
Шурупъ . . . 16.4

Э.

Экваторіальный
  моментъ инер-
  ціи 243.8
Эксцентрикъ . . 143.4
—а давленіе . . 144.3
— треніе . . . 144.4
— хомутъ . . . 144.1
—овая передача 144.5
— тяга 144.2
— шайба . . . 143.6
— — простая . . 143.7
— — состоящая
  изъ 2 частей 143.8

Эксцентриковый
  дискъ 143.6
— — простой . 143.7
— — сост. изъ
  2 част. . . . 143.8
Эксцентрици-
  тетъ 143.5
Эксцентрично . 144.6
Элеватора
  канатъ для
  рудничнаго . . 87.7
Электромагнит-
  ное сцѣпленіе 61.5

Энергія кинети-
  ческая 245.4
Энергіи сохране-
  нія принципъ 245.5
Эпициклоида . . 66.8
Эскизъ 222.9
— наброса(и)ть . 232.8
— проекта . . . 232.3
— съ соблюде-
  ніемъ размѣ-
  ровъ 223.8
Эффектъ . . . 245.2

Я.

Язычекъ
  пилы 189.8
Якорная
  цѣпь 91.9

Ящикъ для ин-
  струмента . . 256.3
— задвижки . . 125.2
— (подвѣски) . . 47.3

Ящикъ стола . 218.8
— съ крас-
  ками 232.1
— съ тушью . . 232.1

———————— ◆ ————————

R. Oldenbourg, München.

www.ingramcontent.com/pod-product-compliance
Lightning Source LLC
Chambersburg PA
CBHW031412180326
41458CB00002B/334